石油钻井完井文集

Selected Papers on Petroleum Drilling and Completion

（下 册）

张绍槐　著

石油工业出版社

内 容 提 要

本书主要阐述了从 20 世纪 80 年代初到现在,作者 30 多年来在钻井完井工程技术方面的教学、科研与学术交流成果。全书分上、下两册共 7 篇。上册主要内容包括世界石油技术进展与发展战略,中国石油市场与 21 世纪钻井技术发展对策,以及导向钻井新技术;下册主要内容包括智能钻井完井新技术,保护油层理论与技术,海洋油气与非常规油气勘探、开发,以及钻井基础理论与喷射钻井技术。全书共配有图 500 多幅、表格 500 多个,图文并茂,便于读者阅读。

本书可供从事石油勘探开发的工程技术人员、科研人员及管理人员使用,也可供高等院校相关专业师生参考。

图书在版编目(CIP)数据

石油钻井完井文集 . 下册/张绍槐著 . —北京:
石油工业出版社,2018.3
ISBN 978 - 7 - 5183 - 2320 - 3

Ⅰ.①石… Ⅱ.①张… Ⅲ.①油气钻井 - 完井 - 文集
Ⅳ.①TE257 - 53

中国版本图书馆 CIP 数据核字(2017)第 305263 号

出版发行:石油工业出版社
(北京安定门外安华里 2 区 1 号楼 100011)
网 址:www. petropub. com
编辑部:(010)64523535 图书营销中心:(010)64523633
经 销:全国新华书店
印 刷:北京中石油彩色印刷有限责任公司
2018 年 3 月第 1 版 2018 年 3 月第 1 次印刷
787 × 1092 毫米 开本:1/16 印张:29. 75
字数:760 千字
定价:178. 00 元
(如出现印装质量问题,我社图书营销中心负责调换)

前　言

　　能源是我国经济社会发展的重要基础。常规石油、天然气和非常规油气是重要的化石能源之一,其需求随着我国国民经济持续稳定发展和人民生活水平的不断提高仍将稳定增长。我国能源中长期发展战略目标为:节约优先重点发展低碳经济;"稳油兴气"。全国常规油气资源动态评价表明,截至"十二五"末,我国石油地质储量 371.7×10^8 t,探明程度为 34%,处于勘探中期阶段,天然气探明程度更低,处于初期。近年,石油储量快速增长,连续 10 年新增探明石油地质储量超过 10×10^8 t,自 2000 年起,国内石油产量连续 6 年稳定在 2×10^8 t 以上。2016 年受世界低油价影响,石油产量跌破 2×10^8 t,为 1.99×10^8 t。国家发展和改革委员会于 2016 年 12 月发布的《石油发展"十三五"规划》《天然气发展"十三五"规划》对我国石油天然气发展战略做了部署。党中央在十八大以来和五中全会提出:全面建成小康社会、全面深化改革、全面依法治国、全面从严治党的"四个全面"战略;坚持科学发展、明确发展是硬道理、发展必须是科学发展;加快建设教育强国、加快建设人才强国;坚持创新发展深入实施创新驱动发展战略,加快突破新一代信息通信、新能源、智能制造等领域核心技术,瞄准"瓶颈"制约问题制订解决方案,依托企业高校科研院所建设一批国家技术创新中心,再建设一批国家重点实验室;加快开放电力、交通、石油、天然气等自然垄断行业的竞争性业务,拓展发展新空间等。这些重大决策和有力措施,给我这个毕生从事教育、科技工作的人极大的振奋和启示。我相信"中国梦""油气梦"一定能够实现! 回忆我自己从入读北洋大学—天津大学—清华大学并于1953 年春季毕业,先后在清华大学、北京石油学院、西安石油学院、西南石油学院、西安石油大学工作直到 1998 年退休。退休后在"老有所为"的精神下继续做了一些科学研究和学术工作;实践了"学石油、爱石油、干一辈子石油"的诺言。现在回想我曾在 3 个大学读书,5 个高校工作,曾经工作过和曾经走访过我国大多数油田和不少科研院所、高校,在国外曾与 UNDP 工作交流,参加过多次世界石油大会和多次国际学术会议以及走访过近 10 个国家的近百个企业、公司、高校、油田;特别是"文化大革命"以后,在改革开放时代这 30 多年,是我一生包括夕阳时期在内的黄金时代。我衷心感谢党的培养教育,我要为实现小康社会发挥余热。我在退休前出版了几本书和发表过近百篇论文。年轻时曾想多写点书,但时光是不能倒流的,为落实习近平主席提出的"追赶超越"的目标与期许,在"两学一做"中写《石油钻井完井文集》这本书,总结我曾经做过的比较熟悉的方面,其中 73% 是第一次公开发表的内容。希望所选的内容不仅可以有助于读者分析当时的理论与技术历程,而且在当前和今后一定时期内仍有借鉴和指导价值。

　　仅以此书奉献给党和我曾经学习和工作过的单位,我的老同事、老朋友、合作者、我的学生们以及所有从事石油天然气工作的人们,特别是年轻一代。

张绍槐

2017. 7. 1

目　录

上　册

第一篇　世界石油技术进展与发展战略篇

第二篇　中国石油市场与21世纪钻井技术发展对策篇

第三篇　导向钻井新技术篇

下　　册

第四篇　智能钻井完井新技术篇

第五篇　保护油层理论与技术篇

第六篇　海洋油气与非常规油气勘探开发篇

第七篇　钻井基础理论与喷射钻井技术篇

第四篇

智能钻井完井新技术篇

【导读】

使用先进钻井装备和常规钻柱进行智能钻井是从 20 世纪 70 年代末 80 年代初发明和应用钻井液脉冲无线随钻测量(MWD)技术开始的。当时誉之为:"MWD is the Eye of Drilling"。30 多年来,以 MWD 为核心的第一代智能钻井技术不断发展,现在是国内外在用的先进和主流技术之一。但是 MWD 本身的若干弱点已成为制约智能钻井技术的致命瓶颈。为此,国外和国内近年研究了多种有线信息传输技术;在钻柱内孔吊装电缆线或者在钻柱内壁镶嵌电导线形成有线智能电子钻柱;它能够高速双向传输几十个信息,传输速率高达 $1 \times 10^4 \sim 2 \times 10^6$ bit/s,智能电子钻柱闭环信息传输不受钻井液流体类型和性能的限制;在钻柱内壁镶嵌电导线的智能钻柱还能够从地面向井下输送电力。有线智能电子钻柱形成了第二代智能钻井新技术。《智能钻井—录井与旋转导向集成技术及其控制井身轨迹》《钻井录井信息与随钻测量信息的集成和发展》及《智能油井管在石油勘探开发中的应用与发展前景》等文章是国家自然科学基金重点资助项目(编号 50234030)。文章分析指出了钻井液脉冲无线随钻传输(以 MWD 为代表)的缺点,指出了目前井下用电靠井下电池或井下涡轮发电机供电所存在的问题。智能电子钻柱可以在传输信息的同时向井下供电,并能把钻井工程信息、录井信息、随钻测量信息集成起来。文章介绍了智能电子钻柱的形成、发展、功能、优点及发展前景,研究了智能钻杆的设计与研制,智能钻柱的结构与专用硬件等。

《智能钻柱信息及电力传输系统的研究》一文,研究了智能钻井电力及信息传输的方案、流程及应用结构,做了地面模拟试验,证明电力与信息"二合一"传输的可行性等。本篇有 7 篇文章介绍了第二代智能钻井的理论与优点,智能电子钻柱的方案与设计、加工与样件制造,智能电子钻柱能够把钻井与录井集成应用,以及第二代智能钻井的应用与进一步发展等。

《石油钻井信息技术的智能化研究》和《油气钻井智能信息综合集成系统》两文是国家高技术研究发展计划("863")资助项目。根据信息化、智能化、综合(集成)化(国际上称之为三"I")是信息科学最本质内涵的论断,文章研究完成了油气钻井智能信息综合集成系统的逻辑结构与系统环境,设计了智能决策的软件平台和开发环境等。

我们在国内首先研究了智能完井新技术;第一个立项研究智能完井;2010—2013 年多次为中国石化、中国海油、中国石油及其所属油田以及石油高校讲授智能完井新技术。《智能完井新技术进展》一文详细讲述了为什么和怎么样实施智能完井、国外的实践实例和主要经验、国内开展情况等,希望能够有助于我国进一步研究和应用智能完井新技术。《随钻地震技术的理论及工程应用》一文说明随钻地震是一项在国际上已经运用的新技术,作者及其博士研究生从 20 世纪 90 年代就进行了研究,在江汉油田进行的现场试验表明能够获取随钻地震信息,但是还不能解释信息。钻井专业的人解释不了地震信息,解释工作需要地震专业的专家合作进行。为此,中国石油已经把随钻地震项目交给了中国石油地球物理勘探局(简称物探局)继续研究。本篇选入的文章是:

《论智能钻井理论技术及其发展》;

《智能钻柱设计方案及其应用》;

《智能油井管在勘探开发中的应用与发展前景》;

《智能钻柱信息及电力传输系统的研究》;

《智能油田和智能钻采技术的应用与发展》;

《钻井录井信息与随钻测量信息的集成和发展》;

《智能钻井—录井与旋转导向集成技术及其控制井身轨迹》；

《石油钻井信息技术的智能化研究》；

《油气钻井智能信息综合集成系统》；

《随钻地震技术的理论及工程应用》；

《智能完井新技术进展》；

《智能 MRC 钻完井的理论与技术》。

论智能钻井理论与技术及其发展❶

张绍槐

摘　要:复杂地质条件下,钻井工程会遇到大量非均质性、不确定性、非结构性、非数值化的难题,
迫切需要智能钻井理论与技术来解决以上难题。将理论与实践结合,论述了第一代和第二代智能
钻井技术的发展历程和技术价值,后者能够更广泛更全面地集成当代高科技和当代钻井、测井、录
井等成果,将成为今后的主流钻井技术,其主要工作与关键技术是设计研制电子钻柱。分析了未
来智能钻井技术的其他研究方向。深入研究了智能钻井的基本理论、基本技术及其概念与内涵。
重点介绍了正在研发中的基于对接式电接头电子钻柱的智能钻井技术,论述了其主要的研究内容
和技术难点。基于对接式电接头电子钻柱的智能钻井技术具有众多优点,可彻底解决第一代智能
钻井技术的瓶颈问题。

关键词:智能钻井;随钻测量;闭环控制;电子(智能)钻柱;信息技术

进入21世纪,石油天然气钻井完井技术正由机械化和科学化钻井阶段向自动化钻井阶段
发展。2004年,斯仑贝谢公司在英国剑桥研究中心控制了远在8000km以外美国得克萨斯州
Cameron的一口试验井的钻井作业,这是走向自动化钻井里程碑似的标志性工程之一。石油
天然气钻井是一项地下隐蔽性工程,被喻为"入地比上天难"。尤其是在复杂地质条件下钻复
杂结构井、超深井、超大位移井和特殊工艺井和超越极限时,存在着大量非均质性、不确定性、
非结构性、非数值化的难题。解决这些工程"黑箱"问题迫切需要信息技术、智能技术和当代
高端科学技术。智能钻井理论与技术将迎难而进,快速发展[1-3]。

1　智能钻井的发展

1.1　第一代智能钻井技术

使用先进钻井装备和常规钻柱进行智能钻井已有较长历史。20世纪80年代发明和应用
钻井液脉冲MWD技术以来,形成了基于钻井液脉冲的随钻测量技术,把原来依靠钻后信息和
经验钻井的状况发展为可以部分地依靠井下随钻信息来钻井的新阶段,是钻井技术的重大突
破。第一代智能钻井不断依靠当时先进的钻井信息技术,不断更新的AIES专家系统,不断发
展的钻井软件技术和现代钻井工程信息化、数字管理系统,集成了现代机电仪器等先进技术到
石油天然气钻井主流技术中来。经过近30年的积累已发展形成了第一代智能钻井技术。这
是当前国内外在用的钻井先进和主流技术之一,还在不断完善之中,预计可能还将继续发展应
用几十年。钻井液脉冲无线随钻测量(MWD)技术推动和产生了智能钻井技术(图1),但是
MWD本身的若干弱点却成为制约智能钻井技术的致命"瓶颈"[1]。这些问题主要是:信息上

❶ 国家自然科学基金项目,编号50234030,部分研究成果。油气藏地质及开发工程国家重点实验室,2007年国际学术
会议论文。

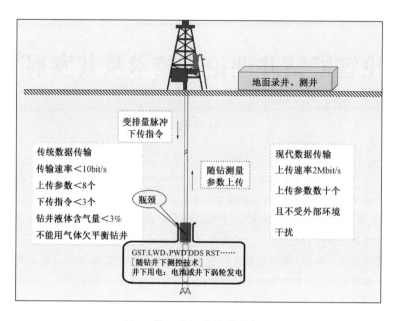

图1 第一代智能钻井示意图

传速率只有10bit/s左右,信息延迟到达地面时间较长,MWD信息下传技术很不成熟而形不成闭环,钻井液脉冲传输的信息量极其有限,目前最多只能同时传输8个信息,钻井液脉冲信息在气体(和含气钻井液)钻井时失效而使用MWD的钻井条件受限。几乎在钻井液脉冲技术产生的同时,这些技术问题和"瓶颈"弱点以及快速发展起来的随钻测井(LWD)、随钻测压(PWD)、地质导向工具(GST)和旋转导向钻井工具(RST)等技术因无线MWD的限制,使人们必须寻求新一代井下有线传输技术。

1.2 第二代智能钻井技术

针对上述钻井"瓶颈"问题,国外和国内近年先后研究了多种有线传输技术及其测控工具。目前比较成熟和开始试用的是智能电子钻柱。智能钻井应配备先进的电驱钻机和装备。智能钻井系统包括:智能钻柱系统、地面电装备和井下电控工具3大部分(图2)。在钻柱中嵌装植入多芯铜导线,建立起从地面向井下连续输送强电电力并同时建立起多参数双向双工闭环信息系统。可以高速传输信息,传输速率高达$1 \times 10^4 \sim 2 \times 10^6$bit/s,有线闭环信息的传输不受钻井流体类型和性能的影响与限制。该井下信息系统还可与局域网/因特网连接,形成石油天然气钻井井下与地面及远方的立体网络系统。创造性地实现了基于电子钻柱的第二代智能钻井技术。它在更大范围内更加全面地把石油钻井随钻实时信息的采集、传输、处理、应用提高到崭新水平,它还能把快速发展起来的随钻测井(LWD)、随钻测压(PWD)、随钻地震(SWD)、随钻核磁共振(NRWD)、地质导向工具(GST)、旋转导向钻井工具(RST)和钻井诊断系统(DDS)等井下随钻测控工具和可与之配套的智能钻头、井下安全工具(井下防喷阀、震击器、减振降阻器等)、井下动态诊断(漏、喷、塌、卡、斜)工具、井下工程参数(p, n, t)(钻压、转速、扭矩)测控工具、钻柱分布式测力短节等系列化选择性电控仪表工具有效地集成使用,实现随钻测控和随钻计算、储存、随钻传输,特别是随钻建模功能把实时数据纳入其油气藏与工程模型中,有效地解决了技术难题和促成超越极限(图3)。

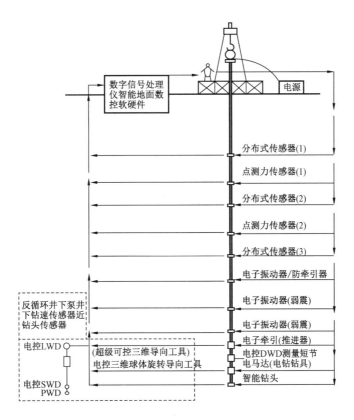

图 2　智能钻井总体示意图

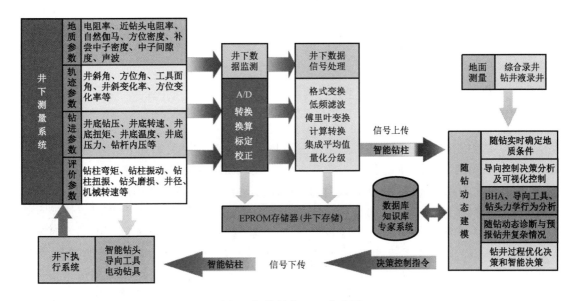

图 3　智能钻井 SOD 集成图

　　第二代智能钻井技术的主要工作与关键技术是设计研制电子钻柱,国内外研究了多种结构电子钻柱的方案[2-6]。这些方案可归纳为 3 类:一是对接式电子钻柱,它是由钻杆本体和对接式电接头组成,在钻杆本体与电接头中植入多芯的铜导线,多芯电导线在钻柱中连续贯通,它既可以从地面向井下传送强电电力,又可建立双向双工闭环信息通道;二是感应式电子钻柱,它是由钻杆本体和感应线圈电接头组成,它不能传送电力,只能传输信号,且由于感应线圈的发射与接收信号易衰减不仅要加用放大器,而且这种电子钻柱的可用长度(钻井深度)受限;三是在连续油管(CT)中植入铜(或光纤)导线,因为连续油管(CT)钻井技术本身还不够成熟等原因,目前这种方案也不宜作为主选方案。

第二代智能钻井技术将更全面地更高水平地实现智能化、信息化和自动化钻井。在这项技术方面,我国与世界少数几个发达国家的大石油公司及石油装备管具制造公司几乎同时起步,我国如能在近年取得突破并实现工程化应用,再不断完善提升,将可能发展成为第二代智能钻井系列化配套技术。预计第二代智能钻井技术将发展成为今后的钻井主流技术。

1.3 未来智能钻井技术的其他研究方向

随着世界新技术革命的深化,必将不断推动石油天然气钻井和石油科技的更大进步。国内已有人研究并提出了基于连续油管和井下智能机器人的智能钻井集成化新技术。它将集成使用电子连续管及其配套装备、高智能机器人、井下闭环电子智能控制和信息系统,微机械电子技术及其软硬件,如纳米级新型电路和纳米电子器件、纳米电缆、超微电动机、神经计算机、智能通信网络系统等新技术。这无疑是一项创新思维和大胆设想的创新科技工程。由于"入地比上天难",在地面和空间的成功技术用于井下还要做更多工作,预计这一步研究计划从起步到实际钻井工程应用,可能需要更长的时间(几十年),它或许能成为未来第三代智能钻井技术。

笔者认为,当前智能钻井的研究路线宜在不断提升发展第一代智能钻井技术的同时,重点研发第二代智能钻井技术,以第二代智能钻井技术为重点和主体,一方面不断吸收第一代智能钻井技术的成果,另一方面随时融入某些第三代智能钻井技术的单项成熟技术,使我国的智能钻井技术居于世界先进水平。

2 智能钻井的基本理论与基本技术

2.1 智能钻井的基本理论

智能钻井的基本理论是通过建立井下与地面之间的闭环高速信息公路,以双向双工闭环系统来解决钻井工程的"黑箱"难题,随钻掌握钻井对象(地层、储层)和井下实时工作情况,实现准确、透明、可视、可控作业。智能钻井的原理是:在地面用传统和现代方法建立模糊地质模型(或地质设计)和工程模型(或工程设计)的基础上充分依据并科学利用随钻测量采集到的井下地质与工程众多实时参数(而且是有目的地设置的参数)与信息,几乎是零时差快速有效地传输到井下 CPU 和地面信息处理中心的计算机处理,形成更符合井下实际情况的实时智能钻井模型与实时决策技术参数,再随钻快速下达各种控制井底测控执行工具的实时指令,使井下测控执行工具准确动作,再反馈信息进行第二轮测量采集。这样连续实现"测量采集—处理决策—控制执行—再测量采集—再处理决策—再控制执行……"如此连续进行,最终达到智能钻井的目标(图 4)。

2.2 智能钻井的基本技术

智能钻井的基本技术主要是:在井口配有强电电源和电龙头等,通过智能钻柱向井下传输电力(直流电或交流电,以直流电为好)满足井下测控工具用电要求。在智能钻柱下部组装的

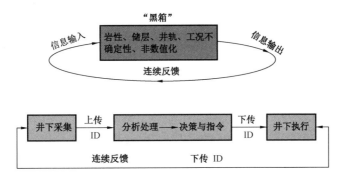

图4 基于"黑箱"理论的智能钻井闭环信息流程图

随钻测井工具和各类电控智能工具中安装有各种高端传感器,如地层电阻率(ρ)、岩性特征测量探头伽马(γ),中子密度探头(N－D),声波探头(S),核磁共振探头(NR),地层孔隙压力传感器(P),井斜角(θ),方位角(α)和导向工具的工具面角(ω)、钻头井底钻压(p_b)、井底转数(N_b)、井底扭矩(T_b)、钻柱不同截面处的测力传感器等,视钻井需求可多达40个传感器。传感器所测量的信息通过数据有线传输法的信号线,用串行总线等方式实时传输到地面。这样,通过随钻采集并经过处理后准确得到真实的地层剖面完整资料。主要包括:地层岩性和深度,储层特性及标志层,气顶、油层、夹层、油底、底水水层等岩性及其深度,地层流体深度和流体压力,流体性质,实钻三维井身轨迹,钻柱及其各组配件与钻头的实时工作情况,井下钻井动态工作情况等。这些实时信息被高速传输到地面后并与地震、测井、工程录井等方法及数据库中的信息进行必要的综合分析与整合,运用软件对这些不同时空采集并具有不同特征(时变的与非时变的、实时的与非实时的、模糊的或确定的、相互支持或彼此冲突的等)信息的相关关系及其融合性加以研究,解释处理得出待钻井段优化的技术参数及决策措施,从而发出相应的下传指令,再通过智能钻柱信号线控制井下各种有关智能电控工具的执行机构,使井下每个智能执行机构及时准确地动作,从而减免风险安全可靠、准确快速、高效优质地完成智能钻井的任务,并兼收环保、节能、降低成本等综合效益。

2.3 技术关键

综上所述可知:智能(电子)钻柱是智能钻井的必要手段。智能动态模型及相应软件是技术关键,包括信息测量、采集、双向传输、处理、控制的闭环信息流的质量与水平是技术保证。由高端传感器所采集的信息要真实准确,上传与下传信息要快速且不受干扰,要同步实时传输,尽量不要分步与压缩传输,信息的智能化处理要高效优质,信息的执行与反馈要随钻闭环连续而不是开环断续等。钻井是主流技术,要实现多方技术与之集成。

3 基于对接式电接头电子钻柱的智能钻井技术

3.1 机遇与挑战

世纪之交,国外开始报道有关智能钻井和智能钻柱的消息,但是外国公司不卖产品,实行技术封锁,这是挑战。国内从21世纪开始在国家自然科学基金重点项目(编号:50234030)中研究了几种方案与结构的智能(电子)钻柱和智能钻井的理论与技术并取得了重要进展。近几年,国内有更多的单位和专家致力于智能钻柱和智能钻井技术的研究,并通过各种方式呼吁国家有关部门予以支持。最近,我们已经按产、学、研路线组成攻关集团研发电子钻柱,抓住了机遇。

3.2 正在研发的对接式电接头电子钻柱

正在研发的对接式电接头电子钻柱,是在钻杆本体植入多芯铜导线,并在铜导线周围敷以绝缘材料构成在钻杆内壁的环形复合层内的电子通道。新型的对接式电接头是单锥或双锥体双台肩结构。内外螺纹接头对扣后,强弱电路均导通。智能钻柱能从地面向井下输送强电以满足井下软硬件对电力的需求,不必使用井下电池和井下涡轮发电机,从而可以有效缩短井下工具长度,更好地实现近钻头测控,还能提高井下供电能力和供电时间,并在底部钻具组合(BHA)的有限长度内同时组装多个测控工具。

对接式智能钻柱能够双向双工传输几十个参数与指令,其双向传输速率可以高达$1 \times 10^4 \sim 1 \times 10^6 \text{bit/s}$,在 BHA 中最大限度地集成电控的随钻测井(LWD)、随钻测压(PWD)、随钻核磁共振测井(NR–WD)等地质导向钻井工具和电控的旋转导向钻井工具(RST)等先进钻井工具并充分发挥它们的作用,彻底解决第一代智能钻井的"瓶颈"问题。

对接式多芯智能(电子)钻柱提高了智能钻井的功能与水平,在钻进时,可实时进行测井录井等随钻作业,可代替或取消现用常规电测井等作业,简化钻完井工序,提高了作业效率,可大幅度降低钻完井成本。

3.3 基于对接式电接头智能钻柱的智能钻井技术的主要研究内容

(1)智能钻井系统设计:按智能钻井的基本理论与基本技术进行全面而有针对性的理论研究,按系统工程的要求和方法进行总系统和分系统的设计,通过地面模拟实验和现场井下试验完善智能钻井工艺设计。

(2)智能钻柱方案设计与论证研制:智能钻柱的结构方案论证与优选,包括机械结构设计、电力导线设计、电信方案及收发传输设计、材料与加工工艺设计等;按试件、样件和产品三步进行设计、加工与单元试验,再进行地面模拟试验与现场井下试验。

(3)智能钻井的地面软硬件设计与配套:智能钻井的地面机电仪器等软硬件配套装备及智能化监控与数据处理系统管理系统,网络及可视化技术的工程应用等。

(4)井下智能工具设计与研制:主要包括与电子钻柱配套的电控地质旋转导向闭环钻井系统、电控随钻测井、随钻测压等系统、智能井下安全工具、智能井下工程参数测控工具等专用电子测控的智能井下工具的设计和研制。

(5)智能钻井理论研究、随钻建模方法与应用软件的研究。

3.4 技术难点

现代钻井已有 160 年的历史,而智能钻井是创新性的系统工程,是全面换代的技术,需要从总体上全面研究分析并单项突破再总体集成。

在硬件方面,要系统全面配备地面机电仪器等装备、整个电子钻柱及各个组件、井下智能钻井专用测控工具和电控钻井选择性工具等。技术难点是按钻井工程多类需求进行系列化、标准化设计与研制并得到实践检验。在软件方面,要按智能钻井 3 大系统建立相应的智能动静态模型与开发智能软件。技术难点是全新的随钻建模工作要通过室内反复研究、计算机模拟和现场不断试验,才能积累和形成高端产品。

4 结论

(1)智能钻井技术是在理论上与实践上完全创新性的研究项目。基于智能(电子)钻柱的第二代智能钻井技术能解决第一代智能钻井的瓶颈问题应该是研究的重点和发展方向。

(2)智能钻柱不仅具有常规钻柱的功能,还能向井下输送电力并高速率地进行双向双工信息传输,建立地面与井下闭环信息网络,且与因特网、局域网连通。对接式电接头的电子钻柱的优点可望成为智能钻柱的主要系列产品。

(3)智能钻井是一项系统工程的换代技术,对其理论与软硬件的开发要全面规划,多学科联合攻关,产、学、研结合直至见到成果并达到世界先进水平。

参 考 文 献

[1]张绍槐,张洁. 21 世纪中国钻井技术发展与创新[J]. 石油学报,2001,22(6):63 – 68.

[2]张绍槐. 智能油井管在石油勘探开发中的应用与发展前景[J]. 石油钻探技术,2004,32(4):1 – 4.

[3]石崇东,李琪,张绍槐. 智能油田和智能钻采技术的应用与发展[J]. 石油钻采工艺,2005,27(3):1 – 4.

[4]石崇东,张绍槐. 智能钻柱设计方案及其应用[J]. 石油钻探技术,2004,32(6):7 – 10.

[5]刘选朝,张绍槐. 智能钻柱信息及电力传输系统的研究[J]. 石油钻探技术,2006,30(5):10 – 13.

[6]程华,李琪. 随钻信息有线钻柱传输技术最新进展[J]. 西安石油大学学报,2004,19(3):41 – 43.

(原文刊于《天然气工业》2008 年(第 28 卷)第 11 期)

智能钻柱设计方案及其应用[1]

石崇东　张绍槐

摘　要：用旋转导向钻井工具在复杂地质条件下钻复杂结构井、特殊工艺井以及建设智能油井是21世纪的重要课题和发展方向之一。分析了钻井液脉冲无线随钻传输以及电磁波传输所存在的问题，指出采用导线传输方式既能由地面向井下输送足够的电力以电控井下仪表传感器和专用硬件，同时又能建立$10^4 \sim 10^6$bit/s的超高速率传输多类参数的有线实时双向闭环钻井信息"高速公路"。提出了智能钻柱的设计思路及方案，并分析了智能钻柱的功能、优点。

关键词：智能钻柱；随钻测量；有线传输；智能钻井

随着世界石油工业迅速发展，国内油气田勘探开发更多地面向复杂地区、滩海及深层发展，采用欠平衡钻(完)井、气体钻井等技术的特殊工艺井也相继出现，并且其数量和比例正在不断增加，难采难动用储量开发的需求日增，石油钻井、完井和采油进入信息化、智能化和自动化阶段，要求对钻井过程能随钻实时采集、传输、处理、反馈并应用地质、工程和井眼的各种信息，以便能及时调整施工工艺，确保施工作业快速、安全。现代旋转导向钻井技术、随钻测井和随钻地震技术等先进的地质导向钻井技术以及钻井动态参数的井下诊断和控制技术的不断发展，使得钻井液脉冲无线随钻测量技术远远不能满足上述钻井新技术的要求，并成为制约钻井新技术发展与应用的瓶颈，而研究与开发新一代有线传输技术成为当务之急。

1　智能钻柱的国内外发展现状

近60年来，国外大油公司和主要石油技术服务公司一直研究既能由地面向井下输送电能，又能在井下使用电控钻井硬件(含井下工具、仪表和传感器等)，并能建立有线随钻实时双向闭环钻井测控信息"高速公路"[1-4]。

Dickson和Dennison等在1940年开始研究电钻杆，解决了在导电介质中导电性的问题。

20世纪70年代，Shell公司研制了湿接头有线随钻传输技术，这一技术虽不断改进，但只有限度地沿用至今。20世纪50年代初，苏联开始应用井下电钻，它是在钻杆每个单根内吊电缆，在钻杆接头处加电插头的方法。往往钻进1000m左右电插头就因磨损而失效，可靠性差。

目前，针对智能钻柱技术难点，国外已有了一些设计和加工制造的方法。美国Grant公司研制的智能钻杆用铜导线输送电能，可以根据井下硬件用电量大小的要求来确定输电功率的大小。智能钻柱的数据传输速率可达10^4bit/s(电导钻杆，Electric Drillpipe)、10^5bit/s(导线式智能钻杆，Wired Intellipipe)和10^6bit/s(光纤式智能钻杆，Intellipipe with Fiber Optic Cables)，最大已达1.56×10^6bit/s[5-7]。国内关于智能钻柱的研究与开发也才刚刚起步。

2　随钻信息传输方式的分析与选择

随钻测量技术已实现了对井眼几何参数(井斜角、方位角)、定向参数(工具面角)、井下工

❶ 国家自然科学基金重点资助项目，编号50234030。

况参数(井底钻压、钻头扭矩、马达转速、井底温度等)、地层测试及评价参数(自然伽马、地层电阻率、地层倾角、孔隙度、密度、中子测井等)等进行测试[4,8]。但是,尽管多类数据能在井下采集到,却不能随钻实时传送到地面,而地面的决策指令也难以实时传输到井下软硬件中。所以,井下与地面之间的数据双向传输问题仍然是一项急需解决的关键技术。目前已应用的井下与地面信息传输方式主要有3种:钻井液脉冲、电磁波和导线传输。

2.1 钻井液脉冲传输

在钻井领域中,Teleco 公司和 Gearhart – Owen 公司率先研制出了标准的钻井液脉冲系统。钻井液脉冲系统的优点是不需要绝缘电缆和特殊钻杆,而是用钻井液作为传输介质;其缺点是当钻井循环流体介质为气体或气液两相流体时,钻井液脉冲 MWD 就不能传输信息了。现用的钻井液脉冲 MWD 的信息传输能力非常有限,国内水平为 3～5bit/s,国外最高水平为 12bit/s,而发展目标也只能是 30～40bit/s。闭环钻井的随钻测控作业要求井下与地面双向传输信息。目前,上传通道主要是应用钻井液脉冲 MWD,而下传的钻井液脉冲通道技术国外也还不很成熟,国内则尚未解决。

2.2 电磁波传输

电磁波传输信号法最早应用于煤矿安全和军事方面。有两种以电磁波方式传输信号的方法:以地层为传输介质和以钻柱为传输导体。在数据传输系统中,主要考虑的是在接收端有效信号的数量。在电磁波传输系统中,接收到的信号电平主要取决于两个因素:频率和电导率,其传输深度可以用趋肤深度来衡量。

电磁波传输数据的速度较快,而且不需要特殊的钻杆。这种传输方式的主要缺点在于电磁波在井壁地层中衰减严重,并且它只能传输信号,不能向井下传送电能,无法满足现代钻井新技术的要求。所以该方法仍只限于在浅井中应用。

2.3 导线传输

导线传输方式是指在钻杆及接头内嵌入导线(一般为铜导线)组成电子智能钻柱,它能满足现代钻井的技术需求。智能钻柱既能由地面向井下输送足够多的电力以电控井下仪表传感器和专用硬件,同时又能以 10^4～10^6bit/s 的超高速率双向传输多类参数。它能真正实现众多参数随钻实时传输测控的功能,建立地面与井下实时双向随钻闭环信息通道。图 1 是智能钻柱钻井的总体设计方案,它包括地面软硬件子系统、智能钻柱子系统及井下软硬件子系统 3 大部分。图 1 中只列举了几种井下测量短节与钻井工具作为代表,其中电控旋转导向钻井工具是最先进的,被称为超级旋转导向工具。

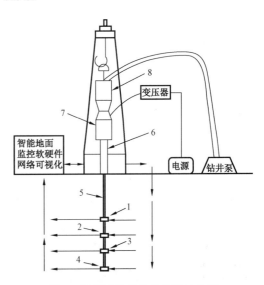

图 1 智能钻柱钻井总体设计方案

1—电控 LWD 测量短节;2—钻进或井眼参数测量短节;
3—电控旋转导向钻井工具;4—智能钻头;5—智能钻杆;
6—方钻杆;7—电龙头;8—水龙头

3 智能钻柱的设计方案

智能钻柱包括钻杆、钻铤、方钻杆、接头及其内嵌的导线与绝缘层几部分。

3.1 电源与导线的选择

智能钻柱可以用三相交流电,也可以用直流电。经研究对比,笔者将直流电作为第一方案。为此,在钻杆与接头中只需嵌装 2 根铜质导线。若采用载波新技术把电力线与信号线"二合一",要比两者分开简单而先进。

3.2 钻杆的设计

为了增加钻杆内钻井液有效过流面积,在钻杆本体内采用扁的铜导线,用特殊绝缘材料将扁的铜导线包覆成"三明治",再将其置于钻杆内孔(图 2)。采用金属管爆燃加衬技术将适量的炸药放进钻杆的内管中;同时,为了保证内管各部分受到均匀的冲击力,在炸药外部用特殊介质传递爆炸力,使内管发生塑性变形、钻杆发生弹性变形,从而使内管及"三明治"层紧紧地贴于钻杆内壁。为了用现有的机泵能正常循环钻井液,宜选用内平钻杆及内平接头,并保证钻柱的力学性能和输电功能,要考虑加有绝缘层和导线后的智能钻柱内孔径要足够大,使钻进时的循环压耗和排量接近常规钻柱。在使用 $\phi215.9mm \sim \phi311.1mm$ 钻头时,宜采用 $\phi149.2mm$ 内平钻杆和 $\phi184.1mm \times \phi104.8mm$ 内平接头,在 $\phi215.9mm \sim \phi311.1mm$ 井眼中可获得较优水力特性和机械性能。

以此为基础,设计配套的钻铤、加重钻杆及方钻杆等。

3.3 接头设计方案 1——感应式接头[6]

目前,国外已开发出遥测钻杆,并成功通过测试。钻杆内螺纹接头(俗称母接头)和外螺纹接头(俗称公接头)两端各有一个感应线圈(图 3),用感应原理依次向相邻接头内的线圈传输数据,两接头对接后,前一个接头内的线圈产生交变磁场,使后者产生感应电流。感应接头采用安装在钻杆两端的无须专门定向的非接触式耦合器,螺纹上紧后就自动完成了测量、控制的通信连接。其接头和导线密封难度较小,缺点是只能传输数据,不能传输电力。

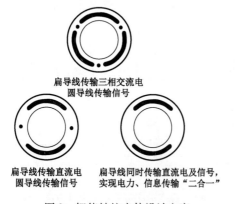

图 2 智能钻柱本体设计方案

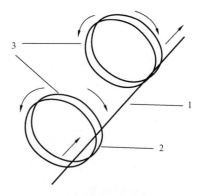

图 3 感应接头原理图
1—嵌入钻柱导线;2—感应线圈;
3—感应接头间短程通信

3.4 接头设计方案2——导线对接式接头

3.4.1 弹性体面密封接头[7]

这种工具接头设计是金属对金属的密封,实质上是弹性金属密封。在外螺纹接头中,车削掉一部分锥体装配导电环。在本体上钻孔,装入裹有绝缘层的导线来对接金属包覆的电导头,它们被焊接到各自相对应的导电环上,一个弹性金属密封被单独加工制造好后,装入外螺纹接头的第二道台肩面的与之匹配的凹槽中。在内螺纹接头中,车出一个较深的槽,同时用钻孔枪钻孔,金属包覆的电导头再被装入孔中。它们被焊在滑环和模组件上。这个整体结构被封装在绝缘的硅材料弹性体中。另外,为确保连接的高压密封性,需用一种不导电的管子涂料充填在螺纹和预留的空间中,以排出可能存在的空气泡并提供给电导头附加的绝缘措施。

这种设计方案的缺点是:在钻杆本体上钻孔影响钻杆的强度和寿命;在试验中观察到这种弹性体面密封有漏失,以至于每个电导头的绝缘缓慢失效。

3.4.2 金属面密封连接

钻杆采用双锥体双台肩接头。第一个锥体用来承载,按常规接头设计。第二个锥体上有铜导线、导电环、绝缘层及密封圈。在其锥体部位是气密的金属—金属密封,同时在其台肩上有一个普通的"金属—金属"密封。外螺纹接头锻造加长锥体,同时在"金属—金属"径向密封的后面切掉一部分金属材料以与滑环相匹配。在钻杆外螺纹接头和相应的内螺纹接头端面各自安装导电环,导电环与导线焊在一起,与接头部分用环氧树脂封装。当外螺纹接头和相应的内螺纹接头旋合在一起时,整个电路相通,从而达到既能由地面向井下输送电能,又能建立有线随钻实时双向闭环钻井测控信息传输通道(图4)。

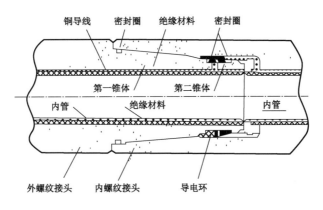

图4 内螺纹、外螺纹接头设计方案

以上两种方案进行对比,根据国内的加工和制造工艺等具体情况,金属面密封连接的导线式对接式接头相对方便、可靠,既可以满足钻杆的基本功能,又可以传输信号和向井下送电满足现代钻井的要求。笔者选用第二方案。

4 智能钻柱的优点

智能钻柱主要应用在复杂地质条件下,用于陆海复杂结构井、特殊工艺井、深井、超深井等。这种具有高速双向通信连接的智能钻柱系统可以把井下测量系统测出的地质参数、轨迹参数、钻进参数及评价参数实时有效地传递到地面的信息处理、监控系统中,进行随钻诊断和决策,再通过智能钻柱下传决策控制指令,从而达到最安全、最有效、最准确和最优化钻井。同时,还可以为现代钻井所需的各种井下传感器和井下工具提供电能。其主要优点为:

(1)降低钻井成本。可应用井下牵引器或推进器来控制钻压以优化钻进过程,并保持钻头转速独立于排量来降低钻井成本。

(2)减轻井眼失稳问题。由于既可通过反循环减低当量循环密度以及又可从分布安放在全井长度范围的传感器来掌握全井各段压力情况,从而能有效防止井眼失稳。

(3)提高钻头寿命。实时振动数据将用于优化钻头设计与选型,从而提高其寿命。

(4)在大位移井中减少卡钻。沿钻柱布置的牵引工具和微震器等可减少钻柱与井壁间的摩阻力,从而减少黏卡事故的概率。

(5)提高井眼质量和产能。由于地质导向和实时数据反馈等技术,使井身轨道的准确性与精确度大大提高,从而可有效地穿越油藏并提高油井质量与产能。

(6)利用井下震源和井内接收器对随钻地震等新技术再改进[8]。

5　结论

(1)石油天然气的勘探开发主要涉及地面和地下两个领域,而采用智能钻柱可以将两个领域的工作更加紧密和实时地结合起来。

(2)智能钻柱不仅具有普通钻柱的各种功能,还具有高速率的双向闭环传输数据和向井下传送足够电力的功能。

(3)智能钻柱既能促进井下软硬件向电子化发展,又能使用多种功能的传感器实现钻井井下及地面的双向测控。

(4)智能钻柱还可使井下实现网络化并与地面网络连接,为随钻导向、实时优化和动态诊断等提供技术支持。

(5)智能钻柱能大大提高钻井效率和钻井安全性,并能降低建井成本。它既能安全顺利地钻复杂地质条件下具有众多不确定因素的复杂井和特殊井。又能高度优化井下工况,保证钻井安全,这将是钻井技术的重大革命。

参 考 文 献

[1]张绍槐,张洁.21世纪中国钻井技术发展与创新[J].石油学报,2001,22(6):63-68.

[2]张绍槐.现代导向钻井技术的新进展及发展方向[J].石油学报,2003,24(3):82-89.

[3]窦宏恩.当今世界最新石油技术[J].石油矿场机械,2003,32(2):1-4.

[4]张绍槐.智能油井管在石油勘探开发中的应用与发展前景广[J].石油钻探技术,2004,32(4):1-4.

[5]Finger J T,Mansure A J,Knudsen S D,et al. Development of a System for Diagnostic while Drilling(DWD)[R]. SPE/IADC 79884,2003.

[6]Michael J J,David R H,Darrell C H,et al. Telemetry Drill Pipe:Enabling Technology for the Down Hole Internet [R]. SPE 79885,2003.

[7]Paul L,Philip H. Jackie E S,et al. Smart Drilling with Electric Drill String [R]. SPE/IADC 79886,2003.

[8]刘修善,苏义脑.地面信号下传系统的方案设计[J].石油学报,2000,21(6):88-92,131-132.

[9]Heisig G,Sancho J,Macpherson J D,et al. Downhole Diagnosis of Drilling Dynamics Data Provides New Level Control to Driller Drilling Process [R]. SPE 49206,1998.

(原文刊于《石油钻探技术》2004年(第32卷)第6期)

智能油井管在石油勘探开发中的应用与发展前景[❶]

摘　要：指出了钻井液脉冲无线随钻传输以及在井下用电池或涡轮发电机供电所存在的问题。先进的钻井、完井、采油技术需要既能由地面向井下输送足够的电能以电控井下仪表、传感器等钻井硬件，同时又能建立 $10^4 \sim 10^6$ bit/s 的超高速率传输多类参数的有线实时双向闭环钻采信息"高速公路"。介绍了智能钻柱的形成与发展，指出了智能油井管在石油勘探开发中应用的功能、优点及发展前景，提出了智能钻杆的设计、研制方案及与智能钻柱配用的多种电控井下硬件等创新点，认为智能油井管是实现智能钻井、完井和建设智能油井以及智能化油田的技术关键和创新工程。

关键词：智能钻柱；智能钻井；智能完井；智能油井；智能化油田；随钻测量

石油钻井、完井和采油正在进入信息化、智能化、自动化阶段，并呈现快速发展的趋势。在复杂地质条件下，钻复杂结构井、特殊工艺井以及建设智能油井是 21 世纪的重要课题和发展方向之一。随着海上油气资源的扩大开发、陆上复杂油气田和难采难动用储量勘探开发需求的增加，我国复杂结构井（水平井、大位移井、多分支井）、欠平衡钻井、气体钻井等特殊工艺井的数量和比例正在不断增加。现代旋转导向钻井技术、随钻测井和随钻地震技术等地质导向钻井技术以及钻井动态参数的井下诊断和控制技术的不断发展，使得钻井液脉冲等无线随钻测量技术不能满足上述钻井新技术的要求，并已成为制约新技术发展的瓶颈[1-3]。同时，井下测量控制仪表和井下硬件对电能的需求越来越高，电池和井下涡轮发电机已远不能满足要求。

国内外长期致力于研究既能由地面向井下输送电能，在井下使用电控钻井硬件（含井下工具、仪表和传感器等），又能建立有线随钻实时双向闭环钻井测控信息的"高速公路"[1-5]。近年来，智能油井管的设计研制与生产应用已经取得了突破性进展。国内外研究表明，智能油井管（智能钻杆、智能油管、智能柔性连续管等）是实现智能钻井、完井、采油的必要条件和发展方向。

1　无线随钻传输存在的主要技术问题

（1）当钻井循环流体介质为气体或气液两相流体时，钻井液脉冲 MWD 就不能传输信息了。

（2）现用的钻井液脉冲 MWD 的信息传输能力非常有限，国产 MWD 传输速度为 3 ~ 5bit/s（传输速率单位为每秒二进位数，即 bits per second，中文名称位/秒），国外 MWD 传输速度最高为 12bit/s，而发展目标也只能是 30 ~ 40bit/s。

（3）闭环钻井的随钻测控作业要求井下与地面双向传输。目前，上传通道主要是应用钻井液脉冲 MWD，而下传的钻井液脉冲通道技术国外也还不很成熟，国内则尚未解决。

（4）钻井液脉冲 MWD 的数据传输时间滞后。当传输较少参数时，在浅井中滞后数秒，在

---

❶ 国家自然科学基金重点资助项目，编号：50234030。

深井中滞后可达 1min 甚至更慢。如果需传输参数较多时,就不得不采用分时传输的办法,而这样就使数据传输的滞后现象更为严重。

(5)由于电磁波在井壁地层中衰减严重,所以目前电滋波无线传输法仍只限于在浅井中研究,尚未能实现工业应用,待技术成熟后工业应用还要一定时间。

无线随钻传输法存在的上述问题制约了信息技术等高新技术与钻井技术的结合[1],它不能真正满足众多参数随钻实时测控传输的要求,更难建立地面与井下双向闭环信息"高速公路"。从需要和发展方向考虑,应该研发新一代有线传输技术。

2 智能油井管的进展

1940 年,Dickson 和 Dennison 等开始研究电钻杆,解决了在导电介质中导电性问题。1942 年,Hare D. C. 用感应接头进行钻柱上下数据通信的研究。20 世纪 70 年代,Shell 公司研制湿接头有线随钻传输,这一技术一直沿用至今。1987 年,Mig Howard 利用霍尔效应传感器连接钻柱接头传输数据,其传输速率高达 100bit/s,但未能商业化应用。20 世纪 50 年代初,苏联应用井下电钻,到 1997 年用电钻具钻井 3200 口,进尺 6422421m(平均每口井 2007m)。它是在钻杆每个单根内吊电缆,在钻杆接头处加电插头,往往钻进 1000m 左右电插头就因磨损而失效,可靠性差。20 世纪 70 年代,美 GE 公司研究电钻杆,但未能商业化应用。20 世纪 80—90 年代,法国 IFP 公司研究唇密封的电钻杆,试用于 1000m 浅井。1990 年,Veneiru A. F. 用连续导线从地面传送电力到井下,可使供电能力几乎不受限制,但因使用不便未能得到应用。

由于在数据传输和向井下送电方面的前期工作不能满足要求,国外少数大公司从 20 世纪 90 年代开始研究新型智能油井管。包括智能钻杆及其接头、智能油管等。以智能钻杆为例,其主要技术难点有:

(1)要具有正常普通钻杆及其组成的钻柱的各种功能,并能正常的接卸单根和循环钻井液;

(2)要设计与制造在钻杆本体与接头内埋置电导线的结构,并切实解决所埋置电导线的可靠绝缘与密封;

(3)要解决地面与井下之间双向闭环信息流及高传输速率问题。

目前,针对这些技术难点,国外已有了一些设计和加工制造的方法[2,4,6,7]。美国 Grant 公司研制的智能钻杆用铜导线输送电能,可以根据井下硬件用电量大小来确定输电功率的大小。智能钻柱的数据传输速率可达 10^4bit/s(电导钻杆,Electric Drillpipe)、10^5bit/s(导线式智能钻杆,Wired Intellipipe)和 10^6bit/s(光纤式智能钻杆,Intellipipe with Fibre Optic Cables),最大已达 1.56×10^6bit/s。

以智能钻柱为例,通过调查知道,我国多家油田认为,在复杂条件下,钻复杂结构井和特殊工艺井时,需要应用智能钻柱这一新技术。其主要技术内容是:

(1)智能钻柱数据传输速率至少 10^4bit/s,同时能向井下送电力约 10kW,需考虑专门研制新型钻杆及接头。

(2)在钻杆本体及接头内壁埋置裹有绝缘层的铜导线并保证绝缘层紧贴在钻杆内壁,同时要使钻杆接头既能正常上卸扣,又能在上好扣之后接通导线。加有绝缘层和导线后的智能钻杆内孔要有足够的内径尺寸,使钻进时的循环压耗接近用普通钻柱时的压耗,以保证现有钻井机泵能在基本上正常循环钻井液的泵压和排量等条件下使用智能钻柱。

(3)地面电源和电龙头、地面数据采集处理监控可视化系统等智能钻柱的配套技术。

（4）可选择性使用的电控软硬件等（图1）。

（5）应用智能钻柱是一项系统工程，我国钻井技术宜在智能化、信息化的道路上加快实现这一重大技术革命。

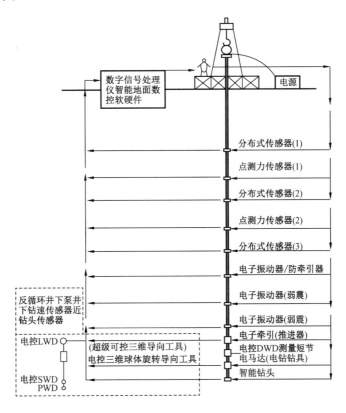

图1　智能钻柱及可选择性硬件的信息（数据）流示意图

3　智能钻柱及其选择性配用的井下硬件

以智能钻井为例，如图1所示，根据钻井工艺和作业需要在智能钻柱上可选择性地安装配用的主要井下硬件有：

（1）智能钻头，即所谓"会说话"的自适应钻头，可以随钻诊断与调整钻头的工况、切削功率及磨损情况等。

（2）电控的随钻测井（LWD）短节、随钻地震（SWD）短节、随钻压力测量（PWD）短节等。

（3）电控的三维球体旋转导向钻井工具，能有效地随钻调控井身轨迹，被称为超级旋转导向工具。

（4）随钻动态测控和诊断短节（DWD），能随钻实时测量、控制井底钻压、扭矩、转速、当量循环密度、排量、井底环空压力、钻头和 BHA 的振动等参数，并可随钻诊断跳钻、黏滑、涡动（反转）、扭振、轴向加速度、横向加速度等。

（5）在易卡井段的 BHA 处安放电子震击器，可有效处理黏卡，防止卡钻。分布安装若干个电子微震震击器可以大大降低钻柱与井壁的摩擦系数，从而有效提高钻井延伸能力，这对于钻水平井、多分支井、大位移井特别有用。

（6）沿钻柱每隔一段距离安装一个分布式测力传感器，可以随钻测量钻柱的动力学参数。

这在复杂和恶劣地质条件、深井超深井和特殊工艺井的钻井中尤其重要,并为钻柱力学行为的研究提供重要依据。

(7)井下反循环电泵、电子牵引/推进器和强化(优化)钻速器等。

(8)新型井底电钻钻具,其功率可大于螺杆钻具。

4 智能钻井、完井与智能油井

4.1 智能钻井

智能钻井将信息技术等现代科技引入钻井井眼内(井下与地面之间),依托和应用智能钻杆,由地面把足够的电能送到井下并实现井下电子硬件的运转与电控,实现新一代的多用途众多参数实时、高速、双向、闭环数据传输与测控;达到更高水平的井下安全、优质、快速、低成本钻井。它既能安全顺利地完成复杂地质条件下复杂结构井及特殊工艺井的钻井施工,又能高度优化井下工况。这必将是钻井技术的重大革命。智能钻井的主要功能和优点为:

(1)实时全面地智能钻井和自动作业,能提高钻速,可代替或取消电缆测井等作业,钻井综合成本约降低5%~20%;

(2)地质类、井身轨迹类、优化钻井类和井下动态诊断类共约40~50个参数的闭环选择性多参数数据采集、处理、分析、决策应用;

(3)双向、双工闭环信息超高传输速率(10^4~10^6bit/s);

(4)随钻实时数据智能分析并优化钻井参数;

(5)随钻实时诊断与判断井下动态复杂情况,有利于安全钻进;

(6)随钻实时钻台显示及可视化;

(7)随钻实时智能决策、实时智能控制;

(8)(管串)钻柱受力实测,为钻柱力学和钻柱设计提供依据;

(9)(管串)钻柱磨损、损坏、寿命的研究;

(10)是研究与油井管有关的新科研项目的重要手段与方法,例如试验研究套管钻井、膨胀套管等,可随钻进行其力学行为与状况的跟踪实测与分析。

4.2 智能完井

在油井完井时就要安装好各种新型永久性监测传感器,使油井成为智能井(聪明井)。它能在单/多层段、单井/多分支井油井中,在地面自动地、连续不断地测量、控制、分析、管理油井,为实现油(气)田永久性信息化、自动化地开发、生产奠定基础。它主要包括3个组成部分:

(1)永久性安装在井下的、间隔分布于整个井筒中的电子测控温度、压力、流量、流速、流相、时间等传感器。

(2)能在地面遥控和诊断井下的装置,如井下电潜泵、封隔器、分隔器、层间控制阀、井下节流器、控制分支井筒密封的开关装置、井下安全阀及水下(或陆地)井口装置等。

(3)已开发出了永久性和移动式地面系统,可以实时获取井下信息的多站井下数据采集和控制系统,地面上需装备相应的智能化钻采监控及网络应用可视化软硬件。智能油井内用含有铜导线或光纤的智能油管,并在井中安装了井下永久性传感器和仪表,自动测控油井压力、温度、流量、振动以及测量水—油界面、气—油界面等参数来诊断控制油井生产和管理油藏,尤其是在多分支井的合采、分采作业时调控多分支井各个分支井眼的采油速度、产量等。贝克石油工具公司等几家公司历时5年共同完成了世界上第一套深水海底全自动智能完井系统,这套系统能够监控井下油管和环空中的压力、温度和流量等参数的实时测量结果。

4.3 智能化油田

智能化油田拥有一套行之有效的管理方法,能够指导技术的应用和开发方案的执行。智能化油田管理涵盖所有主要的价值循环过程,整个过程由数据采集与传输、模拟解释和决策制定组成。据报道,壳牌公司的70口智能井短期内为公司创造了约200万美元的额外净产值。壳牌公司认为,利用智能井进行的测量与监控、井下处理与油藏描述,只有当其成为构成"价值循环周期过程"的一部分时,即当测量、解释和采取恰当的措施使循环回路闭合,才能真正产生效益,否则,还可能损失效益。高度智能化的油田开发过程是一个反复循环提高的过程,随着技术的不断发展,今后几年可以实现的目标:

(1)从井下获取更多不同种类的数据;

(2)光纤、低成本遥感勘测、数据整合、中枢网络的应用将使数据的传输与处理更加高效;

(3)新模拟模型的应用——建立包括地下和生产系统监测的全动态油藏管理模型;

(4)智能井、定期监测、产出液输送、液体举升和处理系统等技术的应用能监控并优化所有井和整个油田的工作过程;

(5)油田开发方案设计时间降低75%,现有油田和新油田产量可以提高10%,新油田的采收率至少可以提高5%。

5 结论

(1)智能钻柱不仅具有普通钻柱的各种功能,还具有超高速率双向双工闭环传输地质及工程多方面数据和向井下传送足够电力的功能。它促进了井下软硬件电子化的进展,又使得传感器安放位置更接近钻头,具有最大程度地近钻头测控等优点。它无疑是在复杂条件下钻复杂结构井及特殊工艺井的最佳技术。

(2)智能油管提供了在井下安装各类永久性传感器和采油工程井下软硬件的必要条件,是建立智能油井和建设智能化油田,实现油田自动化采油和生产管理的重大突破。

(3)近年来,智能油井管研究工作已经展开,并取得了一定的技术突破,这是21世纪具有重要应用价值和良好发展前景的研究方向。

参 考 文 献

[1]张绍槐,张洁.关于21世纪中国钻井技术发展对策的研究[J].石油钻探技术,2000,28(1):4-7.

[2]Finger J T, Mansure A J, Knudsen S D, et al. Development of a System for Diagnostic - While - Drlling (DWD)[R]. SPE/IADC 79884, 2003.

[3]张绍槐.现代导向钻井技术的新进展及发展方向[J].石油学报,2003,24(3):82-89.

[4]Paul L, Philip H Jackte E S, et al. Smart Drilling With Electric Drillstring[R]. SPE/IADC 79886, 2003.

[5]张绍槐.钻井、完井技术发展趋势.第十五届世界石油大会信息[J].图书与石油科技信息,1998,12(1):45-60.

[6]Michael J J, David R H, Darrell C H, et al. Telemetry Drill Pipe:Enabling Technology for the Downhole Internet[R]. SPE/IADC 79885, 2003.

[7]席嘉珍. 美国研制成功带电缆的钻杆[J]. 石油钻探技术,2003,31(6):50.

[8]Heisig G, Sancho J, Mc Pherson J D, et al. Down hole Diagnosis of Drilling Dynamics Data Provides New Level Control to Driller Drilling Process [R]. SPE/IADC 49206,1998.

[9]《石油钻探技术》编辑部. 世界首套深海智能完井系统启用[J]. 石油钻探技术,2004,32(2):70.

（原文刊于《石油钻探技术》2004 年（第 32 卷）第 4 期）

智能钻柱信息及电力传输系统的研究❶

刘选朝　　张绍槐

摘　要：信息与电力传输是智能钻柱的重要组成部分。分析了地面与井下通信技术的发展概况，指出了目前常用的几种传输方案所存在的问题及其局限性。智能钻柱采用导线传输方式，既能由地面向井下输送足够的电力，同时，又能建立 300～500bit/s 以上传输速率的地面与井下双向信息"高速公路"。进行了地面模拟试验，取得了预期结果，从而说明了智能钻柱设计方案的可行性及优越性。

关键词：智能钻井；智能钻柱；随钻测井；有线传输

　　随着石油工业的迅猛发展。易开采油气藏逐渐减少，目前及今后油气田的勘探开发更多地面向陆地深层或复杂构造地区、深海或滩海区域扩展，这种难动用油气藏的勘探开发，对钻采等技术提出了严峻的挑战；同时，还应注意到国际上钻井工程已开始进入自动化新阶段给我们带来的机遇与挑战。现代旋转导向闭环钻井、随钻测井等地质导向钻井技术以及钻井动态参数的井下诊断和控制技术等一大批石油钻井工程新技术也在快速发展，并不断融入自动控制、计算机、现代通信等多项高新技术。上述因素促使石油钻井工程技术不断向自动化、智能化方向发展[1,2]。智能钻井就是将人工智能的理论、方法和技术应用于钻井过程，使其具有类似人工智能特性或功能。它既可以实现地质导向闭环钻井，又可以使钻井快速、安全、低成本完成。它的构成基本上可以概括为 3 部分：地面计算机智能专家系统、井下各种智能工具以及能提供高速双向通信与输送电力的智能钻柱。它的工作流程就是不断将井下几何导向、地质导向、旋转导向以及优化钻井和随钻诊断需要的参数及时准确地传送到地面，地面计算机再运用智能"导向—优化—诊断"系统做出判断，并将新的控制命令送入井下相应的执行机构，实现闭环信息流和闭环测控以及随钻实时闭环钻井[3]。现在，井下工具的发展很快，井下可采集的数据已有 4 大类 40～50 个参数，地面计算机智能专家系统技术也比较成熟且容易实现，而连接井下与地面的双向通信系统成了制约智能钻井的技术的"瓶颈"。因此。开发新一代具有高速、双向通信功能的智能钻柱对于构建智能钻井空间网络系统具有重大意义。

1　钻井信息传输系统的发展概况

　　人们对于钻井信息传输系统的研究，历经半个多世纪，基本可以概括为无线传输和有线传输两种方式。无线传输方式有 3 种：钻井液压力脉冲法、声波法、电磁波法；有线传输方式有 2 种：有线感应法、有线对接法。

1.1　钻井液压力脉冲法

　　钻井液压力脉冲法提出最早，可以追溯到 20 世纪 20 年代，而且也是目前发展最成熟、应

❶ 国家自然科学基金 50234030 项目部分研究成果。

用最广泛的传输方法。主要用于随钻测量(MWD)和随钻测井(LWD)中。它是运用钻杆内的钻井液作为传输介质进行信息传输的。工具内装有压力脉冲发生器,测量数据对其产生的压力脉冲序列进行调制,被调制的压力脉冲波沿井筒上传,并在地面对其进行解调,从而获得测量数据。压力波在钻井液中的传输速度约为1200m/s,再加上调制方式的限制(载波频率低于100Hz)以及传输过程中压力波的损耗,要得到有效的解调,传输速率一般只有3~5bit/s,近期发展目标为12bit/s,远期发展目标也只有30~40bit/s。不但速度慢延迟时间长,而且是单向通信,也无法用于欠平衡钻井[1]。

1.2 声波法

声波法的提出可以追溯到20世纪40年代,它的发展也异常艰难,直到21世纪初才有试验井的传输结果报道,离商业化还有一定距离。这种传输方式是根据声波能够沿钻柱传输的原理进行设计的。工具内安装有声波脉冲发生器。测量数据对其产生的声波脉冲序列进行调制,被调制的声波脉冲波沿井筒上传,并在地面对其进行解调,从而获得测量数据。声波在钻柱中的传输速度约为5000m/s,再加上调制方式的限制(载波频率为400~2000Hz)以及传输过程中声波的损耗,要得到有效的解调,传输速率一般只有20~30bit/s,若进一步采用离散多音调制(DMT)通信技术,可进一步提高传输速率[5,6]。

1.3 电磁波法

电磁波法的提出也比较早,可以追溯到20世纪40年代,我国对电磁波传播在20世纪90年代也进行了有关研究,取得了一定成果,但至今未进行商业化应用[7]。2005年,俄罗斯推出的电磁波随钻测量系统(EM – MWD)在胜利油田进行了现场试验,效果亦不尽如人意[8]。其基本工作原理就是通过在井底下发送低频电磁波沿井筒传输到地面实现信息的传输。其使用有两大限制:一是载波频率只能是低频,一般为30Hz以下,数据传输速率很难提高;二是传输深度受地层电阻率影响较大,要求地层有较高的电阻率(一般大于$1\Omega \cdot m$),因此目前难以推广使用。

1.4 有线感应法[9]

有线感应法是在每根钻杆内孔吊入一根导线,在其两端接头中各设有一个感应线圈,当钻柱连接起来后,利用电磁感应原理,便可以使信号在钻杆内孔吊装的导线间相互传递,形成高速双向信息网络。为了克服信号衰减,每隔约300m需在钻杆内设置一个双向信号放大器,以提高通信距离。目前,该方法已在试验井中应用并获得成功,它的最高传输速率可达2Mbit/s。其制作工艺相对简单,但不足就是只能传输信号不能传输电力。

1.5 有线对接法[10]

有线对接法是在每根钻杆壁内嵌入一对或多对导线,同时使用专门的钻杆接头,当钻柱接好后,信号可在钻杆间相互传递,形成高速双向信息网络,而且可以在双向传输信息的同时自地面向井下输送电力。目前,该方法已在试验井中应用并获得成功,它的最高传输速率可达2Mbit/s。其制作工艺相对复杂,但性能优越,代表了智能钻柱的发展方向。

2 智能钻柱及传输系统设计方案

2.1 方案选择

要发展我国具有自主知识产权的新一代智能钻柱,经过反复研究认为应首选有线对接法。对于有线对接法亦有几种不同的对接方式[11,12],如图 1 所示。

对接式智能钻柱接头是难点,文献[11]和文献[12]中已有阐述。为了减小加工难度,又不影响信息传输及电力传输,宜选择电力与信息同线同步传输的"二合一"方案[11,12],其系统构成如图 2 所示。

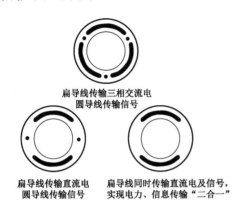

扁导线传输三相交流电
圆导线传输信号

扁导线传输直流电
圆导线传输信号

扁导线同时传输直流电及信号,
实现电力、信息传输"二合一"

图 1 对接式智能钻柱本体端面

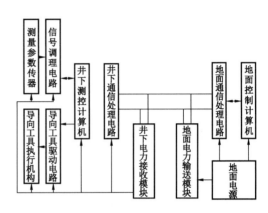

图 2 智能钻井电力及信息传输流程原理

2.2 方案特点

该系统属于分布式测控系统,主机设在地面,从机设在井下。主机主要完成人机对话,根据具体钻井任务设置井下控制参数,并将具体控制参数发送到井下从机,还可及时监视井下钻井过程;井下从机接收到地面主机的控制任务,控制相应的井下工具动作,完成指定的钻井任务。在钻井过程中,井下参数传感器将钻井参数及时反馈给井下从机。一方面,井下从机可以根据传感器参数对井下工具实行闭环控制;另一方面,井下从机也将这些参数及时传送给地面主机。地面钻井专家可以根据这些参数及井下工具的运行状态作出更加科学、合理的判断,并根据这些判断向井下从机发出新的控制指令,这一过程,周而复始随钻连续地进行下去,直到完成钻井任务。

该系统主要有两个特点:

(1)地面系统和井下系统只通过两根导线相连,一方面,地面对井下的所有测控信息通过该线传输;另一方面,地面还要通过该线向井下供给电力。这样可以简化传输通道,降低成本,提高系统可靠性。

(2)地面可以对井下实现全天候、全方位随钻实时监控,保证钻井按既定方案顺利完成。

2.3 地面模拟试验

根据系统总体方案设计的要求,首先对决定该系统成败的技术关键——地面与井下双向高速通信及电力传输环节进行了地面模拟试验。所用通信电缆为国内测井仪器常用的 7 芯电缆,总长 3000m,该试验占用其中 2 芯,具体试验原理及接线连接如图 3 所示。

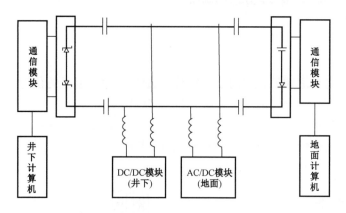

图3 智能钻柱电力信息"二合一"传输原理

该试验旨在对能否通过两根导线同时实现地面与井下全双工双向通信与井下电力供应——"二合一"的可行性研究。在地面,首先将 220V 交流电通过 AC/DC 变换,转变为 180V 直流电,通过两个电感线圈加到电力线上,再将通信模块的 I/O 线通过隔直电容也加到电力线上;在井下,将 DC/DC 模块通过电感线圈连接到电力线上,取得所需电压并接上负载(约100W),再将电力线通过隔直电容连接到井下通信模块的 I/O 线上。然后,启动地面与井下微机,并运行通信软件进行试验,测得通信速率可达 300~500kbit/s。初步试验结果表明,"二合一"方案具有可行性,但仍需对传输的电力功率与通信速率之间的关系及有关参数作进一步的试验研究。

该智能通信模块采用先进的数字用户线(DSL)传输技术,内嵌传输控制协议/网际协议(TCP/IP)。它具有以下特点:

(1)自动线路频谱分析功能。即能根据线路当时的环境状况,特别是传输特性及噪声分布情况决定最佳使用频带。

(2)自动传输波特率选择功能。即能自动根据当时传输信道的传输能力决定传输波特率的大小。

(3)检测与建立自动导线对接功能。钻柱是由单根钻杆一根一根对接而形成的,一旦通路形成,该模块会自动检测得到并自动建立地面与井下连接直到成功。

2.4　直流输电

该系统采用直流输电主要考虑以下两个方面:

(1)有效减小输电对信息传输的影响。采用直流供电,首先是考虑输电与信息传输共用一对导线的特殊情况。该"二合一"传输方案采用频分复用原理实现,若按理想情况考虑 50Hz 的电力信号与至少几百赫兹的信息传输信号频率相差甚远,也较容易分开,且交流变压线路简单,容易实现,应首先考虑选用交流输电。但事实并非如此,交流电网并非只含有 50Hz 电力信号,而是混杂着各种随机干扰信号,将它直接变压传输就会对信息传输信号造成很大干扰,甚至使通信无法进行,而要反过来重新产生一个大功率的、纯净的 50Hz 电力信号又很麻烦;而纯净的直流电却较容易产生,且与信息传输信号的分离更容易、更彻底,在传输电力的同时为信息传输信号建立了一个几乎没有干扰的通道。

(2)直流电缆线路输送容量大,损耗小,不易老化,寿命长。电缆耐受直流电压的能力比耐受交流电压的能力约高3倍以上。因此,同样绝缘和芯线截面的电缆用于直流输电比用于交流输电的输电容量要大很多,且直流输电只有线路的电阻损耗,而没有交流输电所固有的电容电流损耗。因此,对于同样条件的输电线路采用直流供电可以大幅度提高供电容量。

3 结论

(1)石油工业已发展到自动化钻井新阶段,智能钻柱是实现自动化钻井的必要手段。我国发展智能钻井需要优先研发有自主知识产权的新一代智能钻柱。而新一代智能钻柱不仅具有普通钻柱的各种功能,还具有建立地面与井下"立体网络"的功能,以及向井下输送电力的功能。

(2)应该优先开发双线对接式智能钻柱方案,因为它性能优越、结构简单、可靠耐用、容易实现、造价相对低廉。

(3)通过地面模拟,及对双线对接式智能钻柱方案进行的电力与信息同线同步传输试验,证实了该方案的可行性、实用性、先进性。

参 考 文 献

[1]张绍槐,张洁.21世纪中国钻井技术发展与创新[J].石油学报,2001,22(6):63-68.

[2]张绍槐.现代导向钻进技术的新进展及发展方向[J].石油学报,2003,24(3):82-89.

[3]李琪,何华灿,张绍槐.复杂地质条件下复杂结构井的钻井优化方案研究[J].石油学报,2004,25(4):80-83.

[4]Gao L,Finley D,Gardner W, et al. Acoustic Telemetry can Deliver More Real-timc Downhole Data in Under-balanced Drilling Operations[R]. SPE 98948,2006.

[5]Vimal S,Wallace G,Don H J,et al. Design Considerations for a New High Date Rate LWD Acoustic Telemetry System[R]. SPE 88636,2004.

[6]Gao L,Gardner W,Robbins C,et al. Limits on Communication along the Drillstring using Acoustic Waves[R]. SPE 95490,2005.

[7]熊皓,胡斌杰.随钻测量电磁传输信道研究[J].地球物理学报,1997,40(3):431-441.

[8]张进双,赵小祥,刘修善.ZTS电磁波随钻测量系统及其现场试验[J].钻采工艺,2005,28(3):25-27.

[9]Michael J J. David R H. Darrell C H. et al. Telemetry Drill Pipe:Enabling Technology for the Downhole Internet[R]. SPE 79885,2003.

[10]Paul Lurie,Philip Head,Jacke E S. Smart Drilling with Electric Drillstring[R].SPE/IADC 79886,2003.

[11]石崇东,张绍槐.智能钻柱设计方案及其应用[J].石油钻探技术,2004,32(6):7-10.

[12]张绍槐.智能油井管在石油勘探开发中的应用与发展前景[J].石油钻探技术,2004,32(4):1-4.

(原文刊于《石油钻探技术》2005年(第34卷)第5期)

智能油田和智能钻采技术的应用与发展[●]

石崇东　李　琪　张绍槐

摘　要：智能油田是 21 世纪的发展方向之一，是利用内嵌导线的智能油井管建设一套连接地面与井下的闭环信息系统，可伴随作业过程实时指导各项技术的应用和勘探开发方案的执行与管理。指出了智能油田和智能油井的目标和总体结构。利用基于 Web 的面向多智能体的应用软件平台，应用虚拟现实技术和协同决策的方法为不同地域的多方专家创建一个具有临场感的远程协同决策环境。智能油田和油井不仅能连接作业现场与油田基地的信息，尤其能连接地面与井下的信息，地面与井下的连接是关键技术。国外现场应用表明，智能油田及智能钻采技术具有良好的技术效益和社会效益。

关键词：智能油田；钻采信息；网络；虚拟；协同；决策

21 世纪早期，世界石油工业开发已步入中年时期，国内多数油气田已处于开发中后期，勘探开发的目标已面向复杂地区、滩海及深海等难采难动用储量。因比国内外在 21 世纪都面临着地下油气资源开发经济价值最优化和最大化的问题。

在钻井方面，由于现在使用的钻井液脉冲信息传输能力非常有限，能获得的随钻信息量太少，也不能实时反映随钻井底参数和井眼参数的真实程度[1]。井下信息既少又不能及时被掌握和应用。在钻水平井、多分支井等复杂结构井时，井下安全和井身轨迹、导向、钻井参数优化之间的矛盾尤为明显，漏、喷、塌、卡、钻柱振动等情况都不能得到及时准确的判断并进行相应调整，无法实现最优化钻井。

在采油方面，尤其西部地区井与井之间相距较远，依靠人力和交通工具实行非自动化采集、统计、传输，费时费力。地面测量结果一般不能满足精细描述油藏特性的要求，采用生产测井和试井等技术采集井下信息，仍不能及时预测异常情况。

1　智能油田的国内外发展现状

近几年，国际上智能油田的建设发展很快。智能油田具有一套高质量、高水平、高效率的油藏管理与信息管理的方法，能够决策与指导最优技术的应用和最合理开发方案的实施。20 世纪90 年代后期，Baker Hughes 公司、Schlumberger 公司和 Roxar 公司等几家公司都进行了测量和控制井下相结合及元件一体化集成的智能完井技术开发。贝克石油工具公司（Baker Oil Tools）于 1995 年开始研制无须修理干预的流量控制技术。该公司于 1999 年研制的第 1 台液压智能井系统 In - Force 投入商业应用。2000 年下半年全电子智能井系统 In - Charge 投入商业应用[2]。ABB 公司智能井的具体系统是一个综合的油藏可视系统，在油藏中安装了一个具有永久的地震传感器，具有先进的井下监测和油藏控制系统，该系统采用传感器结合井下流量控制阀和控制系统组成，目前正在试验中[3]。21 世纪初，壳牌石油公司的 70 口智能井仅一

---

❶ 国家自然科学基金重点资助项目，编号 50234030，部分研究成果。

年多就为公司创造了约200万美元的额外净产值。壳牌公司目前已经拥有建设智能化油田的关键技术。壳牌公司认为智能油田可以实现的近期目标是[4]:(1)油田开发方案设计时间降低75%;(2)现有油田和新油田的产量可提高10%;(3)新油田的采收率至少可提高5%。

目前,国内还没有智能油田,也没有真正意义上的智能钻采技术和智能油井。

2 智能油田和智能钻采技术

2.1 基本概念

智能油田和智能钻采技术是一套连接地面与井下的闭环信息采集、双向传输和处理应用系统,能够伴随作业过程实时地指导勘探开发方案的执行和相关技术的应用,覆盖所有主要的价值循环过程,整个过程主要由数据采集、模拟、解释和决策组成[5]。

2.2 总体结构

由于计算机技术的不断发展以及应用软件的推广,信息的集成程度增加了,从单个过程、单个领域延伸到了勘探开发的整个过程。智能井不仅包括实时监测与控制部分,而且还包括大规模数据的快速与准确的传输、储存、处理、解释和决策功能,这样才能将监测结果转变为实时有效的行动。面对日益竞争激烈的市场,充分利用现有的因特网技术,在企业内部建立起内联网,在企业外部连接企业、市场、合作伙伴、供应商、客户等建立起外联网。其中内联网与现场总线技术的进展有关。现场总线是综合运用微处理器技术、网络技术、通信技术和自动控制技术的产物。将微处理器置入传统的测量控制仪表中,使其具有数字计算和数字通信能力,成为能独立承担某些控制、通信任务的网络节点。这样,现场总线使自控系统与设备加入到信息网络的行列,成为企业信息网的底层,改变了原有控制系统的结构产生"控制网",也称底层网[6]。石油企业将勘探、地质、油藏、钻井和采油等单学科实时采集到的数据综合集成发布在网上,可建成一套能在因特网上和油田企业内联网上的多方协同工作与实时指导的信息共享、综合集成的智能应用系统(图1)。

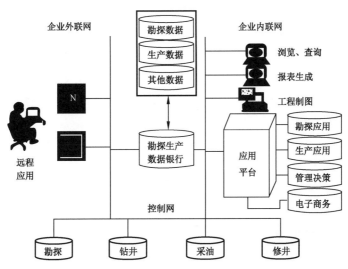

图1　智能油田勘探开发总体结构

2.3 技术基础

利用计算机科学的最新技术来解决复杂的油气传统勘探开发问题,所涉及的核心基础技术有 4 个[7]:

(1)计算机支持的协同工作方法。是用于网上群体决策的主要支撑环境;是一门由计算机技术、通信工程、系统工程以及心理学和社会学等多个学科综合而成的新的交叉领域。

(2)数据仓库技术。是企业中、高层管理人员和工程技术人员决策支持系统的重要组成部分。数据仓库是面向主题的、集成的、稳定的和随时间变化的数据集合,主要用于制定决策。

(3)建立适用于网络上的油气钻采工程典型作业模型和软件系统。以往只针对单个作业中的具体问题建立模型,各个作业相互独立,油田勘探开发的多个作业工程模型难以相互沟通和连接。从油田全局出发,建立面向多个作业工程的智能体,集成各类模型与软件使资源得到共享。

(4)利用虚拟技术构成一个信息处理的虚拟现实环境。虚拟现实是当代信息技术的高度发展的多种技术(人工智能、计算机图形学、人机接口技术、多媒体技术、传感技术等)综合集成的产物,是一种高度逼真的模拟现实世界中视、听、动等行为的人机界面技术。是利用计算机生成的一种由多维信息所构成看似真实的模拟环境。

2.4 技术目标

从油气勘探开发的全局出发,利用基于互联网模型的面向智能体的应用软件平台,建立抽象化协同决策系统由专用化和功能化对象组成的共享工作空间、用户接口、耦合模型以及感知模型。从而能够建成一套可在网络分布式计算环境下实施的综合集成的智能系统。能够自动将井场资料传输最高标准语言转换成相关的基本数据格式,并且实时将其写入项目数据库。运用虚拟现实技术对作业过程中采集的实时信息构成一个信息处理虚拟现实环境。实现全等式钻采分析、解释,并通过网络通信技术、计算机支持、协同工作技术,分布计算技术等,为时空上分散而工作上相互关联的多个专家和工程技术人员提供一个高度可视化的协同决策虚拟现实环境,使其能够实时针对作业过程中的具体问题同步进行协同决策与控制。

油田勘探开发作业管理包括 4 个层次的集成(综合一体化):

(1)数据集成。解决不兼容、不同格式与数据结构问题,实现为技术人员提供通用的实时信息。

(2)专业集成。在项目组内的专业集成,以多学科团组重组工作流程。为此需要 4 个方面技术支持:能实时访问数据;跨学科易于共享数据的集成应用软件;高度交互的计算环境;三维模拟与可视化技术等深化项目组的工作过程和成果。

(3)部门集成。不同项目组之间的工作集成,如油藏描述小组与钻井采油等小组及地面工程建设装备小组的工作一体化。以缩短油田开发周期。

(4)全企业范围内的集成。顶层人员能够交互使用公司积累的知识资产,以便作出正确的决策。

3 智能钻采信息流程

石油的勘探开发信息主要涉及地面和地下两个领域。而采用智能技术可将两个领域的工作有机结合起来。由于钻井液脉冲随钻传输方法存在的局限性和滞后性,难以建立地面与井下实时、有效、双向、闭环信息高速公路。为此研制开发了新一代智能管柱传输系统[8,9]。在钻杆本体及其接头内壁埋置裹有绝缘层的铜导线或在油管外壁卡装光纤。能以 $10^4 \sim 10^6$ bit/s

的传输速率实时双向传输 40 个左右的分类参数，同时，通过智能管柱向井下输送电力。智能管柱系统在井下采用分布式传感器短节，将微处理器分别安装在传感器内部，然后通过耦合元件将微处理器信号耦合到电力线上，再传输到地面传感器。该系统先进的办法是采用直流电传输，如井下硬件需用交流电，可在井下硬件上增设逆变器 DC/AC。为随钻导向、实时优化和动态诊断提供技术支持，运用了井下电子软硬件最新技术，从而使现代钻采技术智能化。随着信息、微电子、通信以及可借鉴的航天、机器人等技术的迅速发展，钻采自动控制技术可使用智能传感器采集静、动态信息，发挥智能计算机的功能来运用信息，再利用双向通信传输技术来传输和反馈信息，形成闭环双向信息流，以达到闭环自动控制的目的(图2)。

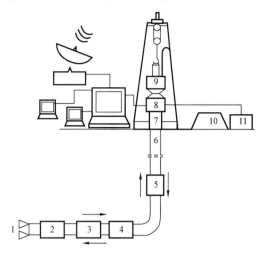

图2　智能钻井信息流程

1—钻头;2—导向工具;3—LWD 短节;4—传感器短节;
5—震击器;6—智能钻柱;7—方钻杆;8—顶驱旋转短节;
9—水龙头;10—钻井泵;11—电源

在采油时，在井下安装永久性传感器及必要的硬件和软件，能够通过智能油管提供作业数据，降低或消除为采集数据而发生的成本；能直接向油藏和完井专家提供压力、单点与连续分布的温度、流量、流相和井下泵工作状态等方面的数据[10]。利用这些数据可以更准确地诊断生产问题预测未来生产动态，使资产评估组随时了解情况，增强及时决策能力，不断改进设计方案，以提高油井的采收率。油藏作业与维护均采用遥控作业，实现智能采油(图3)。

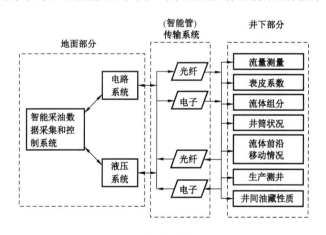

图3　智能采油信息流程

4　钻采智能化的优点

(1)智能勘探开发将从根本上改变以往的油田管理以及勘探开发模式。首先，运用信息化，对油田和油井集成化管理。在油田勘探开发的各个阶段都有相应的数据、模型和措施，借助这些数据资料的解释分析可以为油藏的成功开采、降低不确定因素和风险,综合得出油藏的模拟模型——可视化油藏,尽量真实地反映油藏、油井的特征。

(2)任何地区在勘探开发中遇到的任何一个具体问题可运用计算机科学和网络通信技术,跨越地域屏障,突破时空界限,把远在不同地方的专家聚集在网上进行远程网上决策。

(3)采用智能化技术将地面和地下两方面有机地结合,实现油藏、油井的动态监测,不断优化作业方案,从而实现高额利润。通过对油田的智能化管理将极大地促进油田和油井的作业效率。

5　结论

(1)智能油田和智能钻采技术将能从勘探到开发对企业提供全过程油藏管理和油田技术的综合服务。

(2)智能油田运用信息化、智能化技术为随钻导向、实时优化和动态诊断提供技术支持;对智能井进行数据采集、反复循环分析处理,快速确定经济、有效的勘探开发方案,实现作业过程的最高价值。大大降低了勘探开发中的不确定因素和风险。

(3)智能油田是一个庞大而系统的工程,必须探索新的合作模式,不仅要联合本行业还要和有关高新技术行业密切联系,共同开发油气田智能技术,实现对油气田的实时监控与管理。

(4)建设智能油田必须要有一个整体设计,从勘探钻井阶段开始到各次采油阶段陆续地、有序地建设完成,不断优化其作业过程,为企业获得高额利润。

(5)智能油田的应用与发展将是不断创新、发展与升级的过程,国内应全面规划和及早起步。

参 考 文 献

[1]张绍槐,张洁.关于21世纪中国钻井技术发展对策的研究[J].石油钻探技术,2000,28(1):4-7.

[2]窦洪恩.当今世界上最新的石油技术[J].石油矿场机械,2003,32(2):1-4.

[3]王金旗,孟金焕,纪常杰.智能井系统——发展现状与趋势[J].国外油田工程,2004,20(2):37-39.

[4]Pieter K A. Kapteijn 智能化油田[J].世界石油工业,2003(5):12-16.

[5]石崇东,李琪,沈建文. Construction and Devlopment of lntelligent Oil Field and Study of It's Key Technology During Drilling and Production. World Petroleum Congress 1st Youth Forum,(光盘论文集,100#)2004.

[6]李琪,何华灿,张绍槐.复杂地质条件下复杂结构井的钻井优化方案研究[J].石油学报,2004,25(4):80-83.

[7]王魁生,屈展,方明.远程钻井网上会战智能应用系统研究[J].石油学报,2001,22(2):79-82.

[8]石崇东,张绍槐.智能钻柱设计方案及其应用[J].石油钻探技术,2004,32(6):7-10.

[9]张绍槐.智能油井管在石油勘探开发中的应用与发展前景[J].石油钻探技术,2004,32(4):1-4.

[10]David Chen Mark Smith. Integrated Drilling Dynamics System Closes the Model - Measure - Optimize Loop in Real Time[J]. SPE/IADC 79888,2003.

[11]Paul Lurie Philip Head Jackie E. Smith. Smart Drilling with Electric Drillstring[R]. SPE/IADC 79886,2003.

[12]沈忠厚,王瑞和.现代石油钻井技术50年进展和发展趋势[J].石油钻采工艺,2003,25(5):1-6.

(原文刊于《石油钻采工艺》2005年(第27卷)第3期)

钻井录井信息与随钻测量信息的集成和发展❶

张绍槐

摘 要:钻完井工程是一项复杂且高风险、高投资的系统工程,钻完井工程可产出大量信息,实现录井信息化、网络化和集成化,是保障安全、优质、低成本钻井的重要前提。在系统介绍录井信息主要类别的基础上,综述了随钻测量技术现状,归纳了钻井液和随钻测量与传输技术(mud – MWD)的优缺点。分别对随钻测斜、随钻测井、随钻测压、随钻核磁共振、成像测井、随钻地质与随钻垂直地震测井和随钻声波测井、随钻旋转导向和随钻地质导向等几种随钻信息采集、处理、控制和应用技术予以简述。分析了 mud – MWD 既是在用的主要服务技术又是制约钻井随钻闭环控制技术发展的瓶颈。推荐基于电子钻柱的智能随钻集成技术与智能钻井,介绍了智能钻井的基本理论、基本技术、作用与技术关键及难点。

关键词:钻井工程;录井技术;随钻测量;信息技术;智能钻井;电子钻柱

钻完井工程是一项隐蔽而复杂的系统工程,投资大,风险大,与之相关的主要一级学科是"石油天然气工程"。主要二级学科是"油气井工程"和"油气开发工程",并需要众多学科的支持与配合。钻完井工程可以产生多类大量信息,而信息化则是保障钻完井工程安全、优质、低成本和优化、创新、发展的必要条件。这就从理论上表述了两者的关系,也说明了钻完井信息及其集成应用的重要性[1,2]。钻完井信息主要包括各类钻井录井信息和近年迅速发展着的随钻测量方面的信息。

1 钻完井录井信息类别及应用分析

1.1 钻完井录井信息分类

按一口井在施工作业的钻前、钻井施工时(钻中),钻后不同阶段,可把钻完井录井信息划分为 3 类。

1.1.1 开钻与钻进前的信息

主要有地震、地化及区域或邻区岩心、岩屑等实物岩样信息和钻前地质与工程预告信息(3 个压力剖面、井身地质柱状剖面图等)。

1.1.2 钻进时的信息

(1)录井信息。

钻时录井、岩屑录井、钻井液录井、气测录井、钻柱振动声波录井、地化录井、工程录井(钻进参数、钻头尺寸、钻速、井眼及井底工况等)、故障显示(漏、喷、涌、塌、卡、放空等)及其处理信息。既有常规信息,又有通过新发展起来的录井方法获取的新信息,且还在继续发展之中,

❶ 国家自然科学基金 50234030 项目部分研究成果,全国录井工程 2008 年(三亚)学术会议论文。

但是要注意标准化问题[1-3]。

(2)随钻信息。

① 随钻地震(SWD)是利用钻头破碎岩石产生的振动作为井下震源,可得到钻头前方几十米处的信息并随钻评价在钻与待钻地层,实时修正地质预测模型并获知钻头的实时位置和相对位置[2]。

② 随钻电磁波录井及传输技术(EM MWD)。

③ 随钻声波测井(AWD),如贝克休斯—Inteq 公司生产的 APX[4]。

④ 基于 mud - MWD 的随钻测井(LWD)、随钻测压(PWD)、随钻核磁测井(NMR - LWD)、随钻地层评价(FEWD)信息。

⑤ 基于智能电子钻柱的智能钻井随钻 LWD、PWD、NMR - LWD 信息的测量、控制、计算、处理、储存、传输等系列技术以及远程传输、网上协同工作。

⑥ 与 mud - MWD 配合使用的随钻钻井及钻柱动态数据、井下诊断系统。

1.1.3 完井信息

按井身结构实施各井段钻进后及完井后的钻后信息有:电缆测井,中途测试,固井及完井试井、试油、指挥管理部门的后方信息库中的信息。

1.2 发展与应用

以上各类信息开发技术与信息质量都要不同程度地加以发展完善,各有专用功能且互为补充,应予结合与融合,不能认为"岩屑、岩心等传统录井已没什么必要"或"认为已经过时可以淘汰了"。

如我国独创的 X 射线荧光岩屑录井(XRF),这项技术是以随钻获取的岩屑粉末为分析对象,可获得岩屑的元素组分、含量及其分布规律等信息,通过元素的组合特征识别岩性、判断地层、解释评价储层等[5],经现场 20 多口井的实验,已经展示出良好的应用前景。

2 随钻测量技术的现状

2.1 钻井液脉冲随钻测量技术

钻井液脉冲随钻测量(mud - MWD)技术研发经历了几十年,直到 1979 年才达到工程应用需求。20 世纪 80 年代初,国外首先在海洋钻井中应用,后来很快普遍应用于陆地钻井中,取得了钻井技术的某些重大突破。几乎与此同时,随钻测井(LWD)、随钻测压(PWD)、随钻声波(AWD)以及随后适应复杂结构井钻井要求的现代旋转导向钻井(RST)与地质导向钻井技术(GST)[6]。还有适应油藏工程和提高采收率技术要求的随钻核磁测井(NMR - LWD)等快速地发展起来。

就国内外相继开发及应用的钻井液脉冲随钻测量(mud - MWD)技术而言,其功能指标有待完善与提高[7]。具体表现为:

(1)信息上传速率国内产品只有 5bit/s 左右,国外也只有 10bit/s 左右。虽然有的大公司宣称远期目标可达 30 ~40bit/s,但仍较低。

(2)mud - MWD 普遍使用井下电池或井下涡轮发电机,使测量点距钻头(井底)较远,难以实现近钻头测量。

（3）目前，国内产品及部分引进产品最多只能同时上传 7 种或 8 种信息，钻井信息量有限。

（4）上传信息延迟，到达地面的时间较长，容易造成误差。

（5）mud – MWD 下传信息的技术很不成熟，目前还没有商业化产品，只是开环信息而形不成闭环信息通道。

（6）mud – MWD 在气体(和含气钻井液体)钻井和欠平衡钻井时，由于气泡的存在而减弱了脉冲强度甚至使 mud – MWD 失效。

总之，当前 mud – MWD 虽然是国内外在用的钻井主要服务技术之一，但其存在的欠缺已经成为制约钻井随钻闭环测量、控制技术的"瓶颈"，必须研发新的随钻信息传输技术(图 1)。

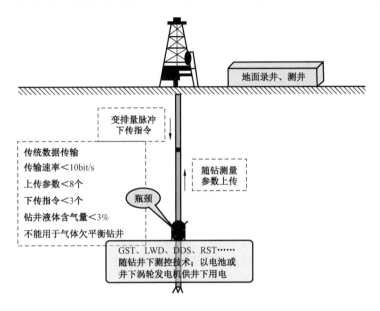

图 1　第一代智能钻井"瓶颈"示意图

2.2　随钻信息采集、处理技术与装备

近 30 年来发展形成的基于 mud – MWD 的随钻信息采集、处理的配套应用技术属于开环系统，还不能用来向井下发送指令。当需从地面向井下发送指令时，也有了一些变通办法，可初步形成闭环，能够应用的随钻测控技术与装备主要有以下一些。

2.2.1　随钻测斜仪

国产产品已接近国际先进水平，国内大多数油田使用国产的单多点测斜仪及有线随钻测斜仪，使用井下电池供电，可测井斜角、方位角、工具面角，还可带伽马，工作温度可达 $125 \sim 150℃$，抗震指标 $15g \sim 20g$，仪器总长约 7m。

2.2.2　随钻测井(LWD)工具

可以随钻测得电阻、中子、密度及伽马测井等资料，有三联或四联组装的，可以识别岩性、地层及储层，能识别解释地层液体(油气水)类别和性能。使用井下电池供电，仪器长 $7 \sim 8m$，工作温度可达 $150℃$，抗震指标为 $15g$。国产仪器已开展研发多年，由于尚处于试验调试阶段，目前各油田只能使用引进的产品。

2.2.3 随钻测压(PWD)工具

能随钻测得井底地层孔隙压力和地层流体压力,加入电阻及伽马传感器还可以随钻识别地层及流体性质,在探井(尤其是初探井和区域重点探井)中或"三个压力剖面"不够清楚、必封点不能确定等复杂地质条件下,特别是面对井身结构中是否需要使用备用层套管这一重大待决策问题时,它可以随钻决定套管鞋的下入深度。PWD 有助于确定钻井液循环当量密度(ECD)和欠平衡作业的施工。

2.2.4 随钻核磁共振成像测井(NMR–LWD)

把医学上的核磁共振检测技术移植用于油气勘探开发工程是一个巨大成功。现在不仅能在室内和井下应用,而且能够与 mud–MWD 配合使用,实现了随钻核磁共振成像测井[7,8]。这是又一重大进步。NMR–LWD 能够直接探测评价地层及储集层物性,测定孔隙度、渗透率及含油饱和度等,能识别含油性和流体类型,特别是能够识别与划分可动流体和束缚流体。尤其在油藏开发的中后期对剩余油状况及提高产量、提高采收率的决策等方面有特殊功能,既可以解决常规测井方法所解释不了的问题,还可以不靠电阻率就直接识别油气水类型。

2.2.5 随钻地震测量

包括随钻地震(SWD)、随钻垂直地震测井(VSP)和随钻声波测井(AWD)。

随钻地震[2]是利用钻头破碎岩石产生的振动作为井下震源,不需 mud–MWD 可以直接获得钻头附近及其前方几十米处的信息,可以随钻评价在钻与待钻地层,实时修正地质预测模型,从而获得真实的实钻地质模型以及钻头与地层的实时位置和相对位置等资料。国外(主要是意大利阿吉普公司等)已于 20 世纪 90 年代开始这项技术的研发并进行了工业应用;1995年,西安石油大学等先后在国家自然科学基金立项研究并由产学研集团进行研发,虽已实现信息采集,但一直未能解决资料处理的技术问题,有待继续研发。

随钻垂直地震剖面测井技术与随钻地震技术原理相同,它是在井中钻柱的适当位置安放震源(不用钻头为震源),在井口搜集信息,这项技术在我国应用较多,也较成熟。

随钻声波测井种类不少,比较成功的是于 2002 年由贝克休斯—Inteq 公司生产的 APX 随钻声波测井仪[4]。其原理是在钻铤上部装置一个声波发生器并以某一最佳频率向井眼周围地层发射声能脉冲,阵列接收器检测到其首波信号后,将声波模拟信号转换成数字信号,经计算获得地层中声波时差(Δt),最后将原始声波数据和预处理声波数据存储在专门设计的高速存储器内,等起出钻铤后回放处理,也可以与 mud–MWD 配用将数据实时传输到地面。

2.3 现代随钻地质导向钻井

为解决井身轨迹的几何导向,不论滑动导向还是旋转导向钻井都需要配用随钻测斜仪和 mud–MWD 或有随钻测斜功能的 mud–MWD。斯仑贝谢公司等研发的产品 Power Driver 和 PowerV 被认为是当今最先进的旋转导向钻井工具,它需要由地面下达指令,控制具有造斜导向功能的部件完成符合井身轨迹要求的动作。由于目前 mud–MWD 的下传信息功能尚未达到实际应用水平,只能通过变化泵排量,用排量脉冲法来向井下工具下达指令。Power Drive 工具内需要配置涡轮发电机来供电和控制导向机构,斯仑贝谢公司不售产品只提供技术服务,从而 Power Drive 显得复杂而神秘。我国 863 计划(编号 2001/2003AA602013)立项课题"旋转导向钻井系统关键技术研究"于 2006 年通过国家验收,现正进行具有自主知识产权的工程样机研制和闭环配套技术研发。尽管这项成果是钻井工程的一项重大突破,但限于使用 mud–MWD 的旋转导向钻井系统仍是不完善和不理想的闭环系统。

随钻地质导向钻井技术于 1993 年研发成功,是为适应水平井、分支井和大位移井等复杂结构钻井需要而发展起来的一项新技术。根据随钻采集的近钻头地质参数与工程参数,经实时处理解释后获得对地层(含储层)岩性分布的认识,可实时调整钻进段的井斜和方位,修正原设计井筒轨迹,使导向钻井工具准确入靶进入油气层,特别是薄油层和有夹层和水层的储层[6]。由于配用 mud-MWD 仍存在某些不足,随钻地质导向系统不仅要解决几何导向还要解决地质(储层)导向,这项最先进的技术也由国外大公司垄断着,只提供技术服务而不售产品。国内已引进的 Geolink 等随钻地质导向系统并非是最先进的。

2007 年 11 月,由苏义脑院士主持的国内首套具有自主知识产权的"CGDS-1 近钻头地质导向钻井系统"通过产品鉴定。李琪教授等把虚拟现实引入地质导向技术之中并得到国家自然科学基金资助,正在进行临境式地质导向钻井信息模拟研究[12]。目前,由于电磁波和声波等无线式随钻测量传输技术尚不及 mud-MWD 成熟,而 mud-MWD 难以满足迅速发展的随钻参数测量、控制导向、诊断处理技术对井下闭环信息传输数量、速度及信息环境的高质量要求,为了探索新的出路、基于智能(电子)钻柱的智能钻井技术应运而生。

3 智能钻井技术

智能钻井是基于电子钻柱的智能随钻测、控、计、储、输闭环信息集成技术,为了实施智能钻井应配备先进的电驱钻机和装备。

3.1 智能钻井系统的构成

智能钻井系统包括:智能钻柱系统,地面电装备和井下电控工具 3 大部分[11](图 2)。

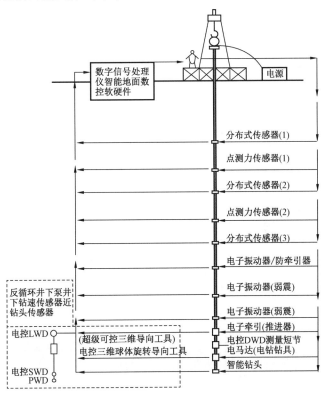

图 2　智能钻井总体示意图

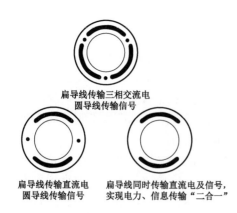

扁导线传输三相交流电
圆导线传输信号

扁导线传输直流电
圆导线传输信号

扁导线同时传输直流电及信号，
实现电力、信息传输"二合一"

图3 多心对接式电子钻柱方案示意图

智能电子钻柱是在钻杆本体内孔（内壁）嵌植入有绝缘材料封装的多芯铜导线（形似"三明治"内管），其内外螺纹接头有两种方案：

一种是有线感应式电接头，即在每对内外螺纹接头中装有一个感应线圈，当钻柱连接好之后，利用电磁感应原理，可使信号在钻柱接头间双向传输信号。为了解决感应信号衰减问题，每隔300m左右需安装一个双向信号放大器，这种感应式电子钻柱不能从地面向井下输送强电。

另一种方案是有线对接式，它是在钻杆及电接头中嵌有绝缘材料封装的多芯铜导线，当钻柱连接好之后，钻杆与接头中嵌入的铜导线直接逐一接触对接构成连续电路并配用绝缘与密封技术，有线对接式电子钻柱不仅能双向双工闭环高速传输多参数信号，还可以从地面向井下输送强电电力，由于多芯有线对接式电子钻杆及接头的研制难点和关键技术多，它有多种不同的设计加工方案。图3为其中的3种，国外GRANT公司虽有产品但不出售，只提供服务，并已开始试用[14]。国内已经开始研制，近年可望出产品。限于篇幅不予赘述，请参阅文献[11]至文献[13]。

电子钻柱可以高速传输信息，传输速率达$1 \times 10^4 \sim 2 \times 10^6 bit/s$，有线闭环信息的传输不受钻井流体类型和性能的影响与限制。该井下信息系统还可与局域网/因特网连接，形成石油钻井井下与地面及远方的立体网络系统，在更大范围内更加全面地把石油钻井各种随钻实时信息的采集、控制、计算、处理、储存、传输、应用集成起来，从而提高到崭新水平。它还能把快速发展起来的 LWD、PWD、SWD-VSP、NMR-LWD、AWD、GST、RST、DDS 等井下随钻测控工具和可与之配套的智能钻头、井下安全工具（井下防喷阀、震击器、减振降阻器等）、井下动态诊断（漏喷塌卡斜）工具、井下工程参数测控工具、钻柱分布式测力短节等系列化选择性电控仪表工具有效地集成使用，实现随钻测控和随钻计算、储存、随钻传输、特别是随钻建模功能，把实时数据纳入其油藏与工程模型中，有效解决技术难题和促成超越极限（图4）。

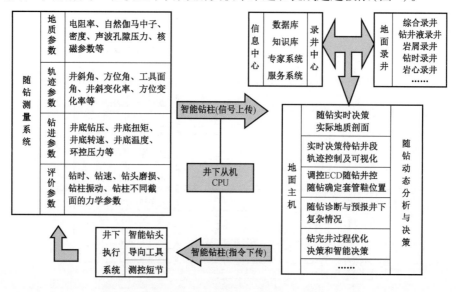

图4 多心对接式电子钻柱方案示意

3.2 智能钻井的基本理论

智能钻井的基本理论是:通过建立井下与地面之间的闭环高速信息公路以双向双工闭环系统来解决钻井工程的"黑箱"难题,随钻掌握钻井对象(地层、储层)和井下实时工况,实现准确、透明、可视、可控作业。

智能钻井的原理是:在地面用传统和现代方法建立模糊地质模型(或地质设计)和工程模型(或工程设计)的基础上,充分依据并科学利用随钻测量采集到的井下地质与工程众多实时参数(而且是有目的地设置的参数)与信息,几乎是零时差快速有效地传输到井下 CPU 和地面信息处理中心的计算机进行处理。形成更符合井下实况的实时智能钻井模型与实时决策技术参数,再随钻快速下达各种控制井底测控执行工具的实时指令,使井下测控执行工具准确动作,再反馈信息进行第二轮测量采集,连续实现"测量采集—处理决策—控制执行—再测量采集—再处理决策—再控制执行……",如此连续进行,最终实现智能钻井目标[7]。

3.3 智能钻井的核心技术

智能钻井的核心技术是:在井口配有强电电源和电龙头等,通过智能钻柱向井下传输电力(直流电或交流电,以直流电为好)满足井下测控工具用电需求;在智能钻柱下部组装的随钻测井工具和各类电控智能工具中安装有各种高端传感器,视钻井需求可同时使用 30 ~ 40 个传感器;传感器所测量的信息数据采用有线传输模式,通过用串行总线等方式实时传输到地面。这样,得到随钻采集并经过处理的准确真实的地层剖面完整资料,主要包括地层岩性和深度、储层特性及标志层、气顶、油层、夹层、油底、底水、水层等岩性及其深度、地层流体和流体压力、流体性质、实钻三维井身轨迹、钻柱及其各组配件与钻头的实时工况、井下钻井动态工况等。

这些实时信息被高速传输到地面并与地震、测井、工程录井等方法及数据库中的信息进行综合分析与整合后,运用软件对这些不同时空采集并具有不同特征(时变的或非时变的、实时的与非实时的、模糊的或确定的、相互支持或彼此冲突的等)信息的相关关系及其融合性加以研究,解释处理得出待钻井段优化的技术参数及决策措施,发出相应的下传指令再通过智能钻柱信号线控制井下各种智能电控工具的执行机构,井下每个智能执行机构及时准确地动作。从而实现减免风险、安全可靠、准确快速、高效优质地完成智能钻井的任务,并兼收环保、节能、降低成本等综合效益[11,13]。

3.4 信息集成的作用与意义

钻井信息与智能自动化钻井密切相关,并需把它们集成。自动化钻井有 10 项主要技术。数据采集、信息处理与应用技术占了其中 5 项[2],足见钻井录井与信息工作的重要性。

其一是地面数据采集,录井技术与信息;其二是井下随钻测量和随钻地层评价技术与信息;其三是井下动态数据的采集、处理静动态信息应用系统[14];其四是地面与井下数据信息的集成与综合解释;其五是钻井信息流闭环系统的建立及地面与井下双向通信系统,井队与后方管理指挥部门之间的通信与网络系统。

可以说,除了单项采集处理应用钻前信息、钻进中的各种录井信息和随钻信息之外,更要把钻前、钻中和钻后不同阶段的信息集成起来综合分析深度运用;集成工作还要把井场地面信息、井下信息、后方信息进行集成并综合分析全面运用;现代智能钻井要求在信息采集与集成时充分利用数字技术,实现数字化。这样集成起来的信息就能够实时或接近实时地监控和管理钻井、完井等作业的优化生产与运行情况[15]。并可以进行远程操作和自动控制。

2004 年 11 月 19 日,从英国剑桥斯伦贝斯研究中心发出的一组数字遥控指令成功地跨过大西洋到达 8000km 以外的美国得克萨斯州一口钻井作业井[16]。这主要归功于基于因特网的信息集成与数字技术,也基于智能钻柱的智能化钻完井作业能利用钻柱内嵌电子线路的有线信息双向双工传输功能,快速地传输并集成 30 ~ 40 个参数,形成理想的众多参数闭环信息流,从而把随钻测控录井、测井、导向钻井等技术融合集成,实现高度实时性和集成化、数字化的钻井作业追求。这就是信息集成与智能钻完井的关系及在勘探开发中的作用与意义。

3.5 技术关键

综上所述,智能(电子)钻柱是智能钻井的必要手段和关键技术,智能动态模型及相应软件是技术关键,信息测量、采集、双向传输、处理、控制的闭环信息流的质量与水平是技术保证。由高端传感器所采集的信息要真实准确,上传下传信息要快速且不受干扰,要同步实时传输。尽量不要分步与压缩传输,信息的智能化处理要高效优质。信息的执行与反馈要随钻闭环连续而不是开环断续等。总之,钻井是主流技术,实现多方技术与之集成则是关键。

4 结论与建议

4.1 井筒信息集成是发展方向

录井工程是采集、分析和运用钻完井信息的重要一环。录井技术要与时俱进,从业者要不断提高对录井工程及信息集成的必要性与重要性的认识;在提高各种单项录井技术水平的同时,更加注意研发智能钻井、随钻测控等具有发展前途的新技术并与常规录井技术融合集成共同发展,使钻完井乃至整个石油勘探开发的信息平台更加丰富。

4.2 加速配置人才资源是可行途径

针对录井行业对多学科、多层次、多技能的人才的需要[1,2]。建议有关高校在学士、硕士、博士三级学位有关专业中设置录井工程学科方向并采取订单式定向培养途径。

参 考 文 献

[1]刘树坤.我国录井技术发展中面临的问题及对策[J].录井工程,2008,19(2):1 - 9.

[2]张绍槐,张洁.21 世纪中国钻井技术发展与创新[J].石油学报,2001,22(6):63 - 58.

[3]王印,万亚旗.综合录井仪器标准化存在问题及对策探讨[J].录井工程,2008,19(1):45 - 47.

[4]林楠.APX 随钻声波测井仪器简介[J].录井工程,2007,18(4):26 - 30.

[5]李一超,李春山,刘德伦.X 射线荧光岩屑录井技术[J].录井工程,2008,19(1):1 - 8.

[6]张绍槐.现代导向钻井技术的新进展及发展方向[J].石油学报,2003,24(3):82 - 89.

[7]赵永刚,吴非.核磁共振测井技术在储集层评价中的应用[J].天然气工业,2007,27(7):12 - 14.

[8]王守军,孙丕善,郭明科,等.核磁共振录井技术影响因素分析与实验研究[J].录井工程,2007,18(4):17 - 21.

[9]宋超.核磁共振录井技术在稠油领域的应用[J].录井工程,2007,18(3):9 - 12.

[10]李琪,李旭梅,刘志坤,等.临境式地质导向钻井信息模拟研究[J].天然气工业,2007,27(3):52 - 54.

[11]张绍槐.智能油井管在石油勘探开发的应用与发展前景[J].石油钻探技术,2004,32(4):1 - 4.

[12]Punl Luric,Smart drilling with electric drillstring[R].SPE,IADC 79886,2003.

[13]刘选朝,张绍槐. 智能钻柱信息及电力传输系统的研究[J]. 石油钻探技术,2006,34(3):10 – 13.

[14]Heising G. Downhole Dingnosis of Drilling Dynamics Data Provides New Level Drilling Proces[J]. Jour. of Petroleum Technology, 1999,51(2): 38 – 49.

[15]郭学增. 录井信息集成技术应用前景初议[J]. 录井工程,2004,15(4):1 – 6.

[16]Walt Aldred. 自动化钻井新技术[J]. 油田新技术,2005 年春季刊(中文版):12 – 49.

(原文刊于《录井工程》2008 年(第 19 卷)第 4 期,
全国录井工程 2008 年(三亚)学术会议论文)

智能钻井—录井与旋转导向集成技术及其控制井身轨迹

张绍槐

本文把控制井身轨迹的旋转导向钻井技术、智能钻井技术和电钻杆随钻录井技术 3 个新技术集成起来讲授,是创新内容。

1 旋转导向闭环钻井技术

在经验钻井阶段和科学钻井阶段前期,使用转盘法只能通过起钻调变钻柱结构和钻进参数等方法,才能打井深不大和井身剖面比较简单的定向井、救援井、短水平井。定向难度大甚至失败,钻速低、工序多、操作复杂、建井效率低、成本高。有了井底动力钻具和先进的测斜工具后,钻定向井、水平井技术进步很大。有了旋转导向闭环钻井技术,就可以钻极其复杂的井。近 30 年来逐步发展成为现代导向钻井技术。图 1 是滑动导向与旋转导向的对比图,图 2 是导向钻井的发展史。

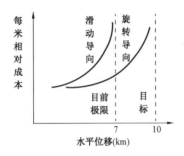

图 1 不同导向方式成本对比

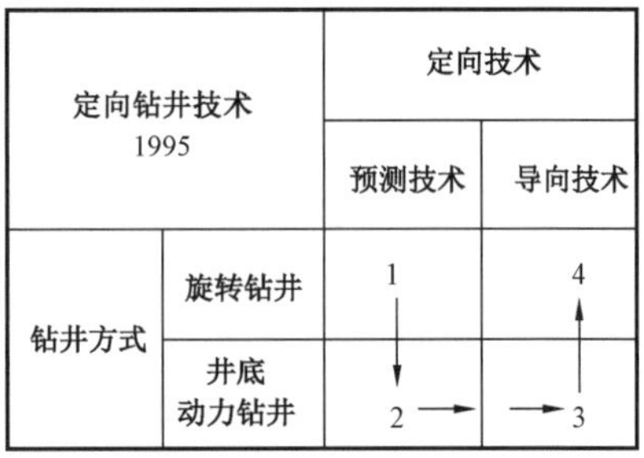

定向钻井技术 1995		定向技术	
		预测技术	导向技术
钻井方式	旋转钻井	1	4
	井底动力钻井	2	3

图 2 导向钻井发展史

1.1 现代导向钻井技术

使用滑动或旋转导向钻井工具,配合使用随钻测量(MWD)、随钻测井(LWD)、随钻地层评价系统(FEWD)等先进装备和系列录井技术,实现了既能几何导向又能地质导向,能够按实际地层和储层状况随钻闭环控制井身轨迹;能够在一趟钻中根据实时井斜、方位等钻录井信息实现造斜、增斜、稳斜和降斜,能钻成三维复杂井身轨迹并精准入靶。现代导向钻井技术包括:几何导向、滑动导向、旋转导向与地质导向。

几何导向的任务就是对钻井井眼空间几何姿态(包括打直和定向)进行控制,使实钻轨道尽量靠近设计轨道,以保证准确钻入设计靶区。但由于地质不确定性,原设计靶区可能并非是储层或不是储层最优位置。在地质导向技术问世之前,常规的井眼轨道控制技术均应属于几何导向范畴;靠几何导向有时要钻一段、起钻、测一次井检查井深—井斜—地层—岩性—流体等、再下钻纠斜或钻进;现在大多数几何导向用随钻测斜仪监测井斜方位,但仍然不能使井轨符合地质要求。

几何导向可使用滑动导向与旋转导向:滑动导向钻井时,钻柱不旋转;用井底动力螺杆钻具或涡轮钻具带动钻头。螺杆钻具及部分钻柱与扶正器贴靠井壁只能贴在井壁向下滑动。它的缺点是摩阻大、有效钻压及扭矩与功率小,钻速低、井眼呈螺旋状不光滑不干净、难精控井轨、井身质量差、易事故,往往被迫启动钻盘采用"复合钻进"。滑动导向极限井深约6000m有时只限4000m,要较大改变井斜方位时,需起钻改变钻柱结构,还增大了录井工作量并带来不方便。

旋转导向闭环系统是以井下旋转工作方式的闭环自控执行工具为导向工具、以MWD为信息上传通道、下传指令通道和地面信息处理软件系统组成的钻井系统。当以常规的MWD作为信息通道时,上传信息只有工程测量参数(井斜角,方位角)而无(或1~2个)地质参数;当以MWD-LWD作为信息通道时,上传信息除工程参数外,还包括地质参数(电阻率、自然伽马以及其他地质参数)。下传指令目前只能以变排量脉冲等方法为载体进行传递。

地质导向需要地质与工程的集成录井来实现:

(1)准确的地质柱状设计图并根据随钻录井识别修正并给出实时标准层、盖层、储层厚度及其变化、有无尖灭断层、油层是否连续、油气—油水界面、油层岩性、有无夹层、油气水流体类别与性质、油底、完钻井深、口袋长度等;

(2)搞准地层孔隙压力、坍塌压力和破裂压力,特别在复杂地层要全面细致地提出对井身结构的建议,卡准套管鞋位置和下入深度,对能否用液体套管穿过高低压和复杂层的地质录井分析论证;

(3)复杂地层的地质特征及漏、喷、塌、卡——各项故障提示、特别是有无硫化氢等危险地层,如果有,必须给出具体情况;

(4)根据多种录井资料特别是随钻录井资料,采用"定—录"一体化技术(MWD+综合录井仪)入窗前重在地层对比,入窗后重在井身轨迹监控提高油层钻遇率,配合实时调整造斜点、分支点、入窗点、靶前距、增降斜点等及井身轨迹跟踪油层措施、在油层内穿越位置的优选及其随钻调整工作(尤其是薄油层和不连续油层等复杂油层的有效措施,以及对防水避水等问题的有效措施);

(5)随钻录井精细描述油藏和储层特征及对储层保护、完井方法、完井管柱结构、完井作业的决策、建议、实施。

复杂油气藏钻复杂结构井是提高产量与采收率的重要手段,需要现代导向钻井技术和相应的录井技术;导向钻井有两个导向功能,打直(尤其是垂钻)与定向(井斜与方位);现代导向钻井主要包括地质导向与旋转导向。

常规导向(传统定向)钻井:调变钻柱结构、尺寸(直径),选择扶正器结构、直径、数目、位置,优选钻头与调整钻压、转速等钻进参数;控制BHA力学特性与变形;属于被动防斜打直和开环定向(造斜、增斜、稳斜、降斜)性质;每钻进一个井段后需起钻测斜分析井身质量和井轨状况后再下钻钻进或纠斜(甚至填井纠斜)再钻。

目前,随钻测斜仪器为MWD,随钻测井仪器有LWD和FEWD。

由于随钻测量仪器的结构特性,在向水平油层段的导向钻井过程中,其前端加有动力钻具,因此其随钻信息距井底(钻头)有一段距离(可称为信息盲区):自然伽马和电阻率测点一般距钻头 12～18m,MWD(井斜、方位)测点一般距钻头 18～20m。图 3 所示为某井使用 LWD 的实例。

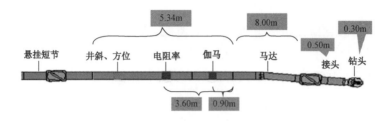

图 3　某井使用 LWD 近井底仪器节的长度

图 4 至图 7 说明进入 21 世纪,地质录井的力度加大。

图 4 及图 5 说明地质导向技术能够控制水平井(及分支井等)的井身轨迹在油层内略有起伏波动而不超出油层,有控制地在油层中穿越,提高油层钻遇率。

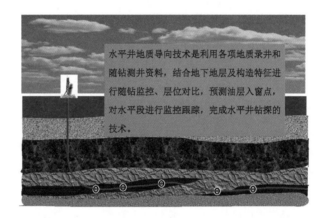

图 4　水平井地质导向能控制在油层内穿越

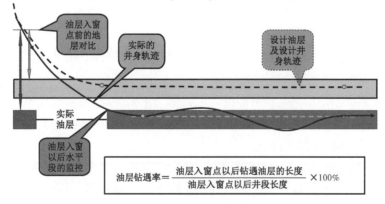

图 5　地质导向能提高油层钻遇率

(注:图示设计油层位置不准确,经导向技术和实钻井身轨迹改正了设计井身轨迹,但实际井身
轨迹仍有上下波动,有的地方超出了实际油层顶底界面,所以还要计算油层钻遇率
并设法提高油层钻遇率,这就是地质导向和工程导向的功能)

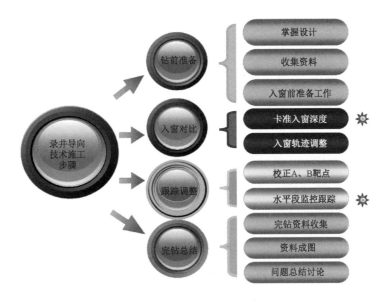

图 6　录井导向技术施工步骤与主要工作示意图

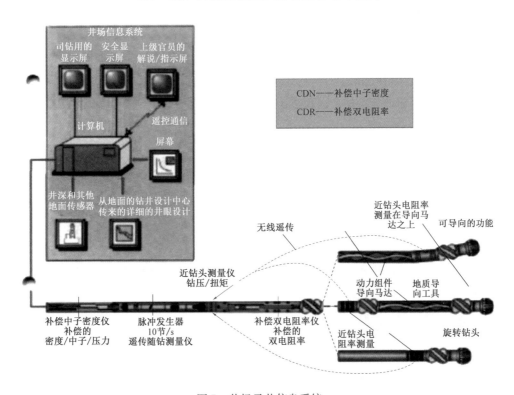

图 7　井场录井信息系统

再例如,法国地质录井公司完成了多项录井新技术,主要有:智能录井系统 GeoNext;实时流体录井技术 FLAIR;实时压力监测、预测技术 PreVeu;现场岩屑分析技术;实时同位素录井技术(利用近红外光吸收原理测量稳定碳同位素比值、利用激光谐振分光原理测量 CH_4 浓度)。

中国石化华北石油局和重庆奥能瑞科公司研发了 X 射线荧光随钻录井技术及随钻解释评价软件,把 XRF 在实验室应用发展到现场应用(这是一项突破),实践表明应用于水平井地质导向等方面很有效。国内还有其他一些进展,如:红外光谱气体录井技术、储层岩矿分析扩展录井应用范围、潜山油藏卡准—识别—评价一体化录井技术、"定—录"一体化技术、岩屑数字图像录井技术等,都有助于复杂结构井的地质导向。

2010年内钻录井技术工作者在一起共开过多次会议研究钻测录技术及其集成;主要论文如下[2010年3个钻录井技术交流会(三亚)论文]:

(1)《智能钻井录井技术理论及发展》(张绍槐)。

(2)《复杂井导向与录井》(张绍槐)。

(3)《中国石油录井技术发展现状》(刘应忠)。

(4)《国外录井技术新动向》(中国石油)。

(5)《中国石化录井专业现状及发展规划》(李一超)。

(6)《中海油录井技术现状及发展方向》(毛敏)。

(7)《实时同位素录井技术简介(中法录井)》。

(8)《录井新技术发展思路》(朱根庆)。

(9)《国外录井技术新动向》(张卫)。

(10)《地化、轻烃、荧光图像技术》(李玉桓)。

(11)《轻烃录进技术》(李玉桓)。

(12)《浅谈 QT – 3000 型轻烃分析仪、RZF – 3000 型》。

(13)《DVL – Technology》(高岩)。

(14)《钻柱振动介绍》(高岩)。

(15)《新一代随钻钻柱振动声波技术测量工具》(高岩)。

(16)《Gaopaper》(高岩)。

(17)《实物照片》(自拍)。

(18)《Demon 振动录像》。

(19)《中原录井》。

(20)《胜利录井水平井地质导向技术》(徐洪泽)。

(21)《定录一体技术在大牛地气田的应用》(张晋园)。

(22)《X 射线录井技术研究》。

(23)《对录井技术延伸和扩展的思考》。

(24)《红外光谱气体录井技术在长庆地区油气勘探》。

(25)《大港录井工程交流材料》。

(26)《录井工程发言材料》(马哲)。

(27)《测井技术简介》(李宝同)。

(28)《测井技术与录井技术的异同》(李宝同)。

(29)《测井技术及发展趋势》(李宝同)。

(30)《OFDM 技术在钻杆声波信道中应用》(尚海燕、周静)。

(31)《钻柱中声波传播特性研究》(蔡文军,胜利)

几个会议在交流现有钻井录井技术的基础上认为:现阶段既要发挥现行录井测井技术水平为钻井完井工程(包括井身轨迹控制)服务,又迫切需要研发新的智能型钻测录一体化集成技术。

井下闭环工具与导向技术的要点可用图8作为图解。

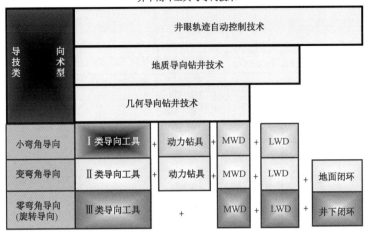

图 8　井下闭环工具与导向技术要点图解

1.2　旋转导向钻井系统

旋转导向钻井系统是转盘驱动钻柱旋转,钻柱及旋转导向工具的导向块(Steering Bias,导向偏置机构)在井壁上滑动(静止滑动式)或滚动(旋转滚动式),旋转导向钻井系统能在钻进中控制调整其造斜与定向功能,能随钻实时完成造斜、增斜、稳斜、降斜,且摩阻小、扭矩小、钻速高、钻头进尺多、时效高、成本低、井身平滑、井身轨迹易控。极限井身可达 15km,是钻长穿越、大直径复杂结构井和海油陆采及超大位移井(15km)的新式武器。

1.2.1　国外现状

国外从 20 世纪 80 年代后期开始进行旋转导向钻井系统的理论研究。20 世纪 90 年代世界上多家公司包括美国 Schlumberger 公司、Anadrill 公司、Baker Hughes 公司与 ENIAgip 公司的联合研究项目组、英国的 Camco 公司、英国的 Cambridge Drilling Automation 公司、日本国家石油公司(JNOC)等,分别形成了各自的旋转导向系统样机,并开始进行现场试验和应用。至 20 世纪末期,三家大的石油技术服务公司、Schlumberger 公司和 Halliburton 公司通过各种方式分别形成了其各自商业化应用的 PowerDrive SRD,AutoTrak RCLS 和 Geo – Pilot 旋转导向钻井系统。以及 PowerV VertiTrak 垂直钻井系统。还有,德国智能钻井公司研发的 VDS 和 ZBE 垂直钻井系统及 Scout 导向钻井系统;PathFinder Energy Services 公司等都有技术服务能力。

国际上普遍认为:旋转自动导向闭环钻井技术是当今世界多国大公司竞争发展(经历 10 ~ 15 年研发)的一项尖端自动化钻井新技术,它代表当今世界钻井技术发展最高水平之一,该技术将使世界钻井技术出现质的飞跃。

目前,国际多家立项研究的主要技术指标大致是:温度 125℃,抗震 $5g \sim 15g$,最大抗液压 100MPa,最大钻压承受能量 300kN,造斜能力(3° ~ 10°)/30m(精度:正负 0.5°)寿命大于 80h。

国外主要旋转导向钻井系统:

(1)贝克休斯——静止推靠式旋转导向钻井系统 AutoTrak 及垂直钻井系统 VertiTrak。

(2)Schlumberger——旋转推靠式旋转导向钻井系统 PowerDrive(Xtra)及垂直钻井系统 PowerV。

(3)Halliburton—Sperry – Sun——指向式旋转导向钻井系统 RCDOS(Remote Controlled Dynamic Orientating System)及 Geo – Pilot。

旋转导向工具原理与类型有 Push – the – Bit 和 Point – the – Bit 两类(表 1,图 9)。

表1　旋转导向工具类型

Push – the – Bit	Point – the – Bit
Schlumberger 公司的 PowerDrive	Sperry – Sun & JNOC 公司合作研制 Geo – Pilot——静止指向式旋转导向工具
Baker Hughes Inteq 公司的 AutoTrak RCLS	

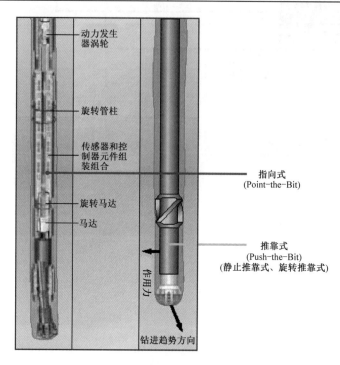

图 9　两类旋转导向系统的原理示意图

推靠式(Push – the – Bit)与指向式(Point – the – Bit)两种原理及其两类结构,谁更具有发展前途,现在还看不出来(有待实践和时间),可能在一段时间内各自有各自优点和应用条件和市场需求。最近,国外几个大公司都在兼搞两类工具,还有人在研究"外推内指"双作用式旋转导向系统(尚未见应用的报道)。图 10 所示为动力驱动推靠式全旋转导向系统。图 11 和图 12 分别为 Auto Trak 型旋转导向工具图及其原理图。

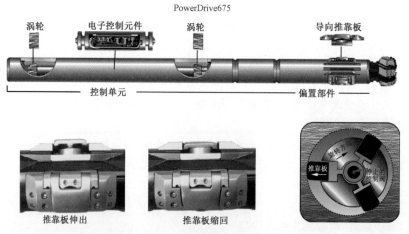

图 10　动力驱动推靠式全旋转导向系统

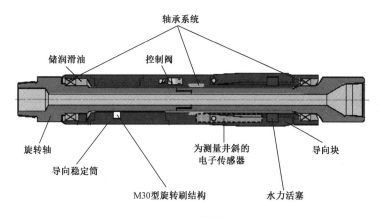

图 11　Auto Trak 型旋转导向工具图

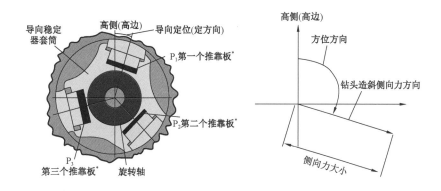

图 12　Auto Trak 型旋转导向工具原理图

P_1,P_2 和 P_3 是三个可伸缩的推靠板,根据导向方位及造斜角度要求,控制 3 个推靠板的瞬态伸出量(伸出或缩回长度),从而控制瞬态井身轨迹,连续变更 P_1,P_2 和 P_3 伸缩量可实现井身轨迹的连续变化

日本国家石油公司(JNOC)提出的遥控动力定向系统(RCDOS—Remote Controlled Dynamic Orientating System),该系统是指向式原理,靠控制轴的弯曲程度和弯曲方向来改变对钻头的导向。旋转的控制轴是复杂的三维动力学难题。1989 年开始研制工作。2000 年 Sperry – Sun 和 JNOC 合作开发了第一代 Geo – Piolt;在第二代 Geo – Pilot7600、Geo – 9600 的基础上,2005 年 Halliburton 公司的第三代产品 Geo – Pilot5200 系列完成许多关键技术并在测试后逐渐商业化;为满足不同工况并提高可靠性又推出了 Geo – Pilot GXT System 和 Geo – Pilot XL System。前后用了 15 年左右时间。这事说明:一个新产品的研制要经过多次改进提高才能逐步成熟。图 13 所示为动力驱动轴弯曲机理示意图,图 14 为 Geo – Pilot 旋转导向工具结构示意图,图 15 为 Geo – Pilot™ 旋转导向系统原理示意图。

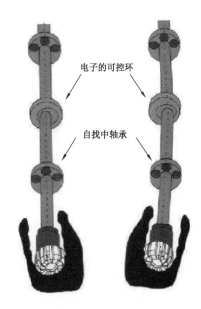

图 13　动力驱动轴弯曲机理示意图

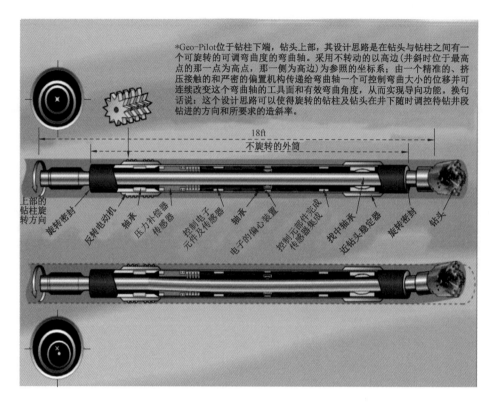

图 14   Geo – Pilot 旋转导向工具原理及结构图

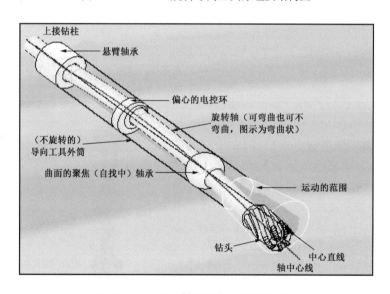

图 15   Geo – Pilot™ 旋转导向系统原理图

1.2.2   国内现状

在使用螺杆和租用国外工具技术服务的同时,近 10 多年来加大自主研发力度,先后研发了以下几种导向工具:

(1)胜利油田和西安石油大学导向钻井研究所(XPU – SDI)承担的"863"调制式基于稳定平台的旋转导向闭环钻井系统(MRSS)已验收,已做工程样机进入试验阶段。

① MRSS 的组成。调制式旋转导向系统 MRSS(Modulate Rotary Steering System)主要由地面监控及可视化系统、调制式旋转导向工具 MRST(Modulate Rotary Steering Tool)、双向闭环信息通信系统三大部分组成(图16)。

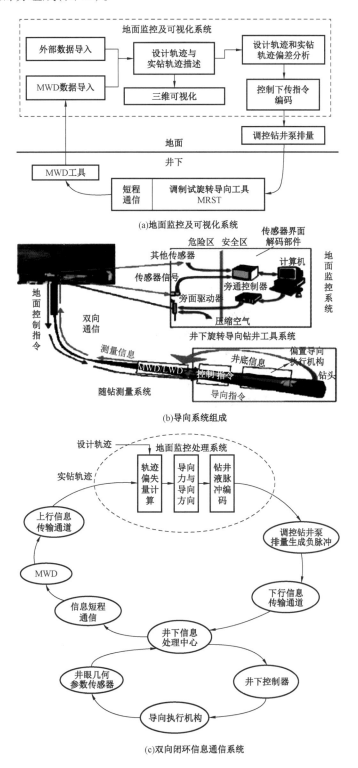

(a)地面监控及可视化系统

(b)导向系统组成

(c)双向闭环信息通信系统

图16　MRSS旋转导向系统组成及工作原理图

② MRST 导向工具的结构与原理。

a. 结构组成。由稳定平台(CU)、工作液控制分配单元(液压控制盘阀)和偏置执行机构 (BU)三部分构成。外筒用无磁材料屏蔽磁干扰。

ⅰ. 稳定平台单元:由上下两个涡轮发电机、测控传感器组(三轴重力加速度计、磁力计、陀螺仪)电子系统及电子仓内的控制电路、检测电路、通信电路、驱动电路、存储器、CPU 等组成。

ⅱ. 工作液控制分配单元:由上下盘阀(控制阀)组成。

ⅲ. 偏置执行机构(BU):柱塞、巴掌(推板、Pad)。

b. 工作原理。

稳定平台的作用:MRST 接在旋转的钻柱中,稳定平台是一个不受钻柱旋转影响、相对稳定的平台,从而能够使导向工具推板(巴掌)的拍打井壁位置在旋转时保持稳定,并可有控制地调节定向造斜工程上的工具面角度。稳定平台的上涡轮发电机是动力发生器,提供井下电源,其旋转方向为顺时针。下涡轮发电机是扭矩发生器,逆时针旋转。上下涡轮发电机的两个扭矩(方向相反,扭矩大小不等)联合作用实现可控调节与平衡稳定。下涡轮发电机的伸出轴就是控制轴并与上盘阀的阀柱相连。稳定平台还有加计、磁力计、陀螺仪、电路板、存储器和 CPU 等。

盘阀是一种工作液控制分配阀,有上下两个同直径的盘阀。上盘阀:阀板上有 200°的弧形高压孔。由稳定平台下端的控制轴决定其方位位置并控制高压孔中心线的方位,还可带动上盘阀转动以改变高压孔方位。MRST 工作时,高压孔中心线的方位就是钻井工程所谓的工具面角方位。下盘阀:固定在偏置机构本体内,随钻柱同步旋转。阀板上有 3 个圆孔(低压孔),分别与执行机构的 3 个驱动柱塞相通。

MRST 导向工作时,高压钻井液由上盘阀高压孔依次流经转动着的下盘阀某 1(2)个圆孔时,高压钻井液流推动该低压圆孔所对应的柱塞,柱塞推动 Pad,3 个 Pad 轮流拍打井壁某一处,将拍打力施于井壁某一处,将钻头向着与其成 180°的方向推移实现导向效果。而上盘阀高压孔中心线的方位(位置)是由稳定平台控制轴决定的,也就决定了工具面角的方位从而实现导向功能。稳斜功能(不导向)时使 CU 控制轴带动上盘阀以约 20r/min 速度顺时针方向匀速旋转,巴掌就会均匀地拍打 360°方向的井壁,实现稳斜。

MRST 的结构及盘阀工作原理如图 17 所示。

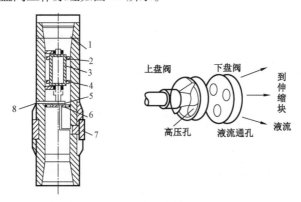

图 17 MRST 结构及盘阀工作原理示意图

1—钻铤;2、4—上下涡轮发电机;3—稳定控制平台;5—上下盘阀;

6—盘阀座;7—伸缩块;8—卸压孔

图 18 所示为国家"863"高技术发展计划——旋转导向钻井系统关键技术研究课题的样机。图 19 为 MRST 在胜利油田井下进行样机试验现场照片。

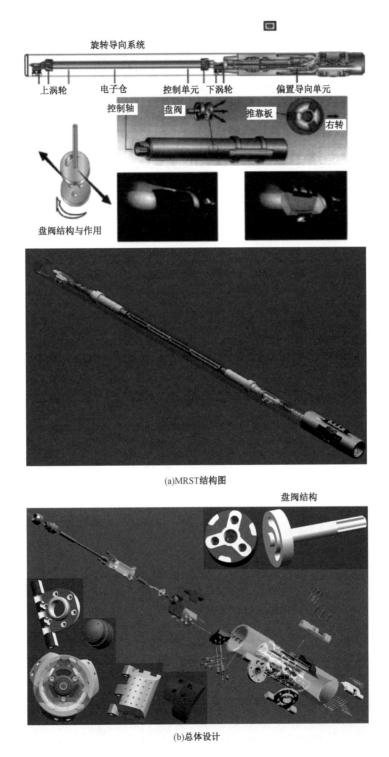

(a)MRST结构图

(b)总体设计

图 18　国家"863"高技术发展计划——旋转导向钻井系统关键技术研究课题的样机

胜利油田
营12-225井
井深1100m
造斜3°/30m

图19　MRST 在胜利油田井下进行样机试验

③ MRSS 地面监控系统软件。地面监控系统是 MRSS 的指挥中心,其主要完成监测井下工具的工作状态和轨迹的变化趋势,按照几何导向或地质导向的要求给出控制指令,遥控井下工具按预定的轨迹钻进,能够根据旋转导向钻井的要求进行轨迹的修正设计,能够直观形象地显示井眼轨迹。本文基于 Windows 平台,采用 Visual Basic 作为软件开发工具,开发地面监控软件系统。该系统在导入设计数据和实时采集 MWD 上传的实钻数据的基础上,进行了设计井眼和实钻井眼的轨迹描述、轨迹偏差分析计算和轨迹修正设计,进而计算出 MRSS 轨迹控制参数及相应的下传控制指令,并实现井眼轨迹三维可视化和防碰计算。

监控系统软件的设计采用模块化设计的思想,通过对需求的具体的调研分析,确定整个系统要实现的功能模块如图20所示。

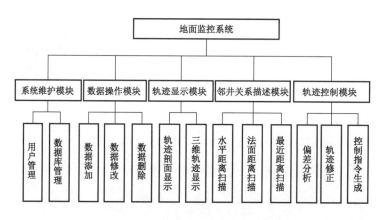

图20　MRSS 地面监控软件系统结构图

a. 防碰计算模块。旋转导向钻井地面监控系统的一个重要组成部分就是对邻井关系的描述。无论是定向井、丛式井等钻井施工中都需要充分考虑邻井的相互关系。在钻进过程中,要时刻关注实钻井眼轨迹与设计井眼轨迹的吻合程度及其变化的趋势,保证中靶。同时,还要充分计算与周围邻井的相互关系,以避免井与井的相碰。在钻井作业过程中,需要了解已钻轨迹的形状,以便判断其发展趋势,以便及时采取措施,进行轨迹控制,这就要求直观形象地显示井眼轨迹。因此,在地面监控软件系统中开发了防碰计算模块用于进行邻井相互关系的描述。如图21所示。

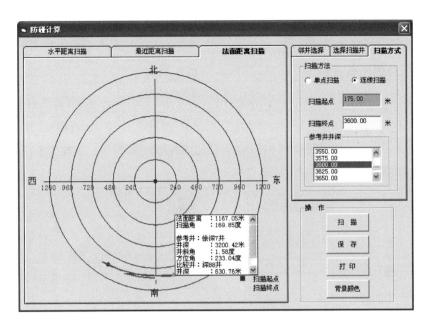

图 21　MRSS 防碰计算模块界面

　　邻井间相互关系的描述形式主要有水平距离扫描、最近距离扫描和法面距离扫描 3 种。

　　b. 轨迹控制模块。旋转导向钻井过程中,轨迹控制模块是完成实时接收来自井下上传的实钻井眼轨迹数据,并与设计井眼轨迹数据进行偏差矢量计算。计算出轨迹控制指令参数,即导向力的方向和大小,以指令编码的方式下传给井下工具。相关界面如图 22 和图 23 所示。

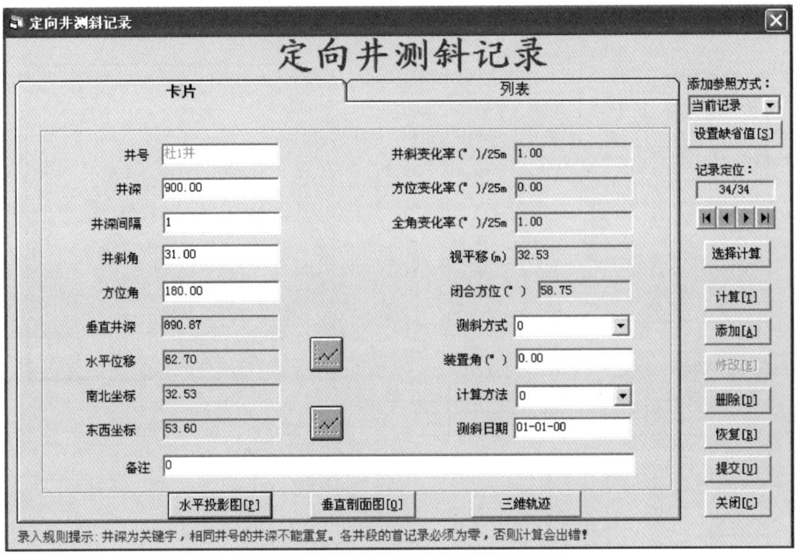

图 22　MRSS 的测斜记录与计算界面

　　c. 轨迹修正模块。由于地层等各种因素使实钻井眼轨迹与设计井眼轨迹偏离较大,无法实现工具纠偏,或因为地质勘探方面的原因,需要中途改变目标点位置或方向,此时都需要对原有的设计轨迹进行修正(图 24)。因此,轨迹修正模块是旋转导向钻井中地面监控软件系统中不可或缺的组成部分。

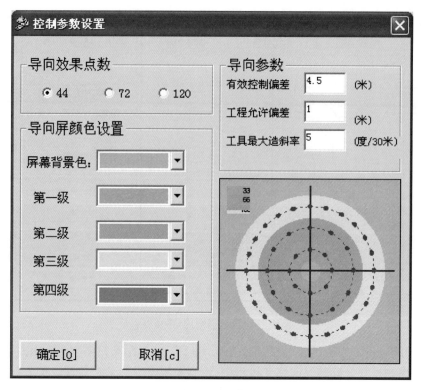

(a)控制参数设置界面

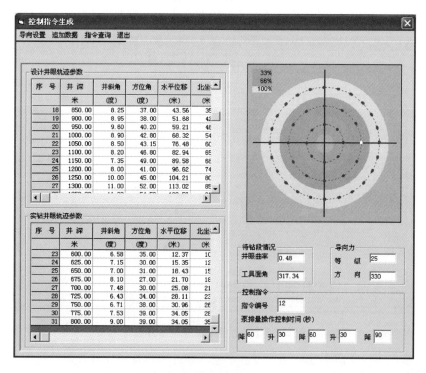

(b)控制指令生成界面

图23 MRSS控制参数设置及其控制指令的生成界面

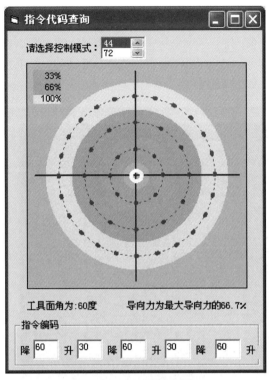

(c)指令代码查询界面

图 23 MRSS 控制参数设置及其控制指令的生成界面(续)

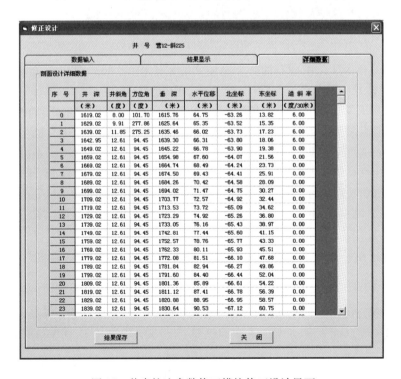

图 24 井身轨迹参数修正模块修正设计界面

d. 三维可视化模块。MRSS 地面监控软件系统三维可视化模块,是实现井眼轨迹三维可视化,直观显示轨迹变化趋势和控制效果。利用测斜计算和插值算法,可以将井眼轨迹任意一点表示为空间的三维坐标值,有了三维坐标值,就可绘制三维视图。在旋转导向钻井中通过三维视图可更直观地了解实钻轨迹与设计轨迹的偏差程度,同时也可了解丛式井组中各定向井井眼轨迹间的空间关系。如图 25 所示。

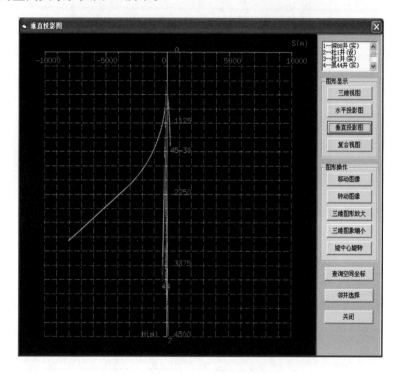

图 25　MRSS 三维可视化模块示例

(2)中国海油和 XPU – 中国石油井下测控实验室承担的"863"基于不旋转外筒和可控偏心器的推靠式旋转导向钻井系统。"863"已验收,正做工程样机。

(3)中国地质大学承担的国家科技部国际合作项目井下闭环指向式导向钻井系统(石油机械 V36 – 8),似尚未深入难点(例如弯曲轴力学计算等)。还有几家也在搞指向式工具。

(4)ϕ311mm 垂直钻井系统于 2009 年由中国石油西部钻探克拉玛依钻井研究院研制成功,其原理为静止推靠式(类似 Auto – Track,ZBE,VDS),于 2009 年 9 月 18 日和 11 月 24 日进行了 2 口井现场试验,防斜打快效果明显。

(5)捷联式自动垂直钻井系统和机械重力式垂钻系统,近由胜利油田钻井院研发应用成功,在坨 181 井、分 2 井和宁深 1 井等试验见效。

1.2.3　国内外旋转导向钻井系统类型原理及其主要结构特征

1.2.3.1　推靠式

(1)斯伦贝谢公司 Power Drive(Xtra):全旋转,无磁外壳,稳定平台(双涡轮发电机、电路、传感器)—液压控制盘阀—滚动式液压伸缩巴掌;于 2004 年推出 P. D. Vorte X Sys. 在 P. D. 上加螺杆马达。

(2)斯伦贝谢公司 PowerV:原理基本同 Power Drive(Xtra)。

(3)中国石化 XPU. MRSS – MRST(导向与垂钻为双笔心式):全旋转,无磁外壳,稳定平台

(双涡轮发电机、电路、传感器)—液压控制盘阀—滚动式液压伸缩巴掌。

(4)BK–H:① AutoTrak & VertiTrak。滑动式液压偏心器伸缩导向块。② AutoTrak X–treme 在 AutoTrak & VertiTrak 基础上加特制的低速高扭矩螺杆(图26)并组装 MWD–LWD。

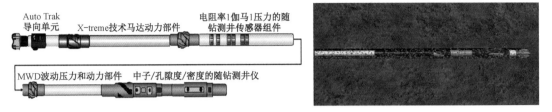

(a)Auto Trak X-treme——典型的(代表性的)下部钻柱设计

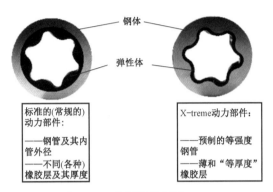

(b)X-treme 技术马达动力部件

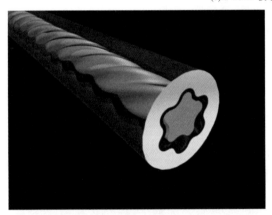

(c)X-treme 马达实物照片图

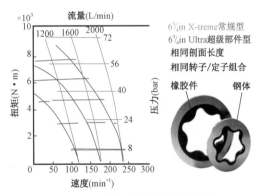

(d)X-treme 技术马达技术参数与特性曲线

图26 Auto Trak 和 X–Treme 结构及其对比图

(5)中国海油–XPU. 研发 XTCS:滑动式液压偏心器。

(6)德国 VDS:滑动式液压支撑块。

中国石油渤海钻井研究院与德国智能钻井(亚洲)公司合作研制 SMART Drilling 两种导向系统:① ZBE5000 垂钻系统;② Scout2000 旋导系统。二者都是推靠原理,用液压支撑块,外壳与轴都是无磁材料,用特殊的磁性罗盘测方位;2006—2009 年在塔里木应用了几口井。

(7)APS(Advanced Product System):旋转导向螺杆(RSM),导向部分被集成在螺杆的轴承壳体内,上面通过万向轴与螺杆相连,有 6 个电子控制仓,单电动机(供井下电源和带泵),推靠式旋转导向原理,上下密封轴承,滚动式液压伸缩巴掌(导向块伸出力量与距离是固定的,导向块与井壁接触的时间及弧长可由转盘的转速来调整,实现导向)。

(8)胜利钻井院,机械式(偏心块)旋转导向工具。

(9)胜利钻井院,捷联式自动垂直钻井系统。

(10)克拉玛依钻井研究院,直径311mm的垂直钻井系统,静止推靠式。

1.2.3.2 指向式

(1)哈里伯顿公司的GeoPilot:工具外筒不旋转,用偏心环使内轴弯曲;

(2)斯伦贝谢公司Power Drive Exceed:能导向也能垂钻(渤海油田于2009年对比使用Power Drive Exceed和Power-V,两种工具都能打直垂钻,各有优点,前者似更先进。

(3)中国地质大学承担科技部指向式导向工具项目(正研中)。

(4)SPE 124865等文介绍,Wetherford公司等在研发"最新一代RSS"——Motorized RSS:把螺杆和指向式导向工具组合在一起,并用电子和机械双重办法控制偏置机构,在导向工具和钻头之间加用转轴(Pivot)稳定器。

表2 Push-the-Bit与Point-the-Bit对比

工具类型	Push-the-Bit	Point-the-Bit
作用原理	力	位移
工作方式	导向工具对井壁无(或有)静止点	由柔性可弯曲轴来控制钻头,井眼可能较光滑
效果	在中硬—硬地层造斜率大,可不产生螺旋井眼	弯曲轴的弯曲度可调,不受地层软硬的限制
难点	稳定平台、液压盘阀、控制指令、闭环系统	旋转弯轴及其弯曲办法、特殊轴承、动密封
偏置机构	调制式	静止式
传感器	静止式,也有捷联式	多为静止式
现场应用	多	少,逐步增多

推靠式钻头(Push-the-Bit)与指向式钻头(Point-the-Bit)两类原理到底谁好说法不一。可能各有各的特点和使用条件(表2)。《石油钻采工艺》2011年第一期同时报道了两篇文章,都是中海油湛江分公司的实例,可能更能回答这个问题:

(1)涠州11-1N油田A8井是一口大斜度双靶点深定向井,在选择旋转导向工具时,最后决定用旋转推靠式旋转导向工具三开用PD-900、四开用PD-675,效果都达到要求。

(2)乐东22-1气田6口大斜度井,井身结构复杂,某井段必须以合适的稳斜角钻进,针对表层造斜点浅,地层疏松等特点,认为螺杆和PD造斜都存在较大风险,决定引入Power Drive Exceed得到成功应用,采用其稳定造斜模式就能达到稳定的狗腿度,满足井轨要求。该文结论说Power Drive Exceed有效解决了软地层和井径易扩大井段的井轨控制,有利于井壁稳定和井眼清洁,有效控制当量循环密度等。这就是说要视实际情况进行优选。

最近,国外几个大公司都在兼搞两类工具,还有人在研究"外推内指"双作用式旋转导向系统,值得我们思考。

1.2.3.3 外推内指式

(1)SPE 105493等文介绍Weatherford公司在研发特型(Specific)外推内指式RSS,外筒有"控斜巴掌"(或配上下稳定器),将螺杆和指向式导向工具组合,用12个液压缸的液力使转轴弯曲或不弯曲以控制造斜导向或不造斜(稳斜、垂钻)。

（2）SPE 114599 介绍 PathFinder Energy Services 研发外推内指式旋转导向系统,在用指向式导向工具的同时,优化 BHA 装配特定直径的稳定器,以调控导向能力与效果(未见实例)。

图 27 所示为特型"外推内指"式旋转导向钻井工具 BHA 示意图。

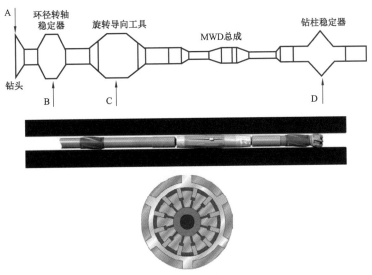

(a)具有以井眼中心定位的旋转导向工具(下图是偏置机构的横剖面图)
——这时旋转导向工具稳斜稳方位

(b)枢轴偏心向井眼中心下移的旋转导向工具,即:有造斜角度时(下面的图是偏置机构的横剖面图
——这时旋转导向工具造斜(增斜或降斜)
注: 对比图(a)(稳斜)与图(b)(造斜),有助于理解其工作原理

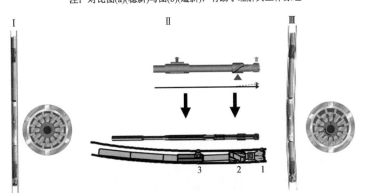

(c)特型"外推内指"式旋转导向钻井工具导向流程[图(a)Ⅰ的稳斜状态→Ⅱ轴弯曲→Ⅲ图(b)的造斜状态]

图 27 特型"外推内指"式旋转导向钻井工具钻柱底部组合(BHA)及工作原理示意图

2 智能钻井测录井集成技术及其对控制井轨的重要作用

钻完井工程是一项隐蔽而复杂的系统工程,投资大、风险大。钻完井作业产生大量信息,大多成为各类钻录井信息。录井信息资料既是档案又是依据更是财富。录井贯穿于并服务于勘探开发全过程,是我国石油天然气行业走向现代化、国际化,参与国际竞争,在国际市场拿到准入证,以及实现石油强国战略的重要技术之一。其中,钻井工程及其录井信息有钻前、钻中、钻后3个阶段。

钻前信息主要有地震、地化、地区或邻井岩屑岩心等;钻中信息既有钻时录井、岩屑录井、钻井液录井、气测录井、综合录井和工程录井等,又有无线(钻井液脉冲、电磁波、声波)或有线(有缆或电子钻柱)随钻测井、随钻测压、随钻地震、随钻地层评价等信息;钻中信息技术是关键也是难点,近30年发展很快,可分为三代智能钻录井;钻后信息有电缆测井、测试试井试油以及信息库中的信息。

经过近30年的积累已发展形成了基于无线式(以钻井液脉冲为主)的第一代智能钻井及其随钻测录井技术,它比钻前和钻后数据更及时、更真实,在岩石物理、油藏与储层描述和评价、地质导向井轨测控、薄油层中靶、决定套管鞋位置等方面,更能满足钻井需要,这是当前在用的钻录井先进和主流技术之一,还将继续发展应用。

第一代智能钻井技术已经用非常有限的数据传输技术和井下电池、涡轮发电机供电的条件,取得了某些异乎寻常的成就。1983年,第十一届世界石油大会评价:MWD is the Eye of Drilling(无线随钻测量是钻井的眼睛)。

2.1 基于钻井液脉冲的智能钻井技术

但是MWD本身的若干弱点却成为制约钻井技术发展的致命"瓶颈"。这些问题主要是:信息上传传输速率只有10bit/s左右,信息延迟到达地面时间较长,MWD信息下传技术很不成熟而且形不成闭环,钻井液脉冲传输的信息量极其有限,目前最多只能同时传输七八个信息,钻井液脉冲信息在气体(和含气钻井液)钻井时失效,不能用于气体欠平衡钻井(UBD),难以实现近钻头测量等,在很大程度上限制了水平井、分支井和MRC等新技术的发展与应用。这些技术问题和瓶颈弱点使快速发展起来的随钻测井(LWD)、随钻测压(PWD)、地质导向钻井(GST)和旋转导向钻井(RST)等技术受MWD的限制,特别是高数据传输能力问题,这就必须要寻求新一代井下有线传输技术。图28所示为智能钻录井方法数据传输及其对比。

无线随钻传输存在的主要技术问题脉冲信号在传输过程中有衰减和干扰两类主要影响因素:

(1)当钻井循环流体介质为气体或气液两相流体时,钻井液脉冲MWD就不能传输信息了;钻井液性能和井深等会有影响;钻井泵、空气包、剧烈活动钻具等会有干扰;当这些因素的影响不严重时,一般可以通过调整地面解码系统的信号检测门限和放大值以及开启滤码功能来减小影响,维持正常工作;但是严重时很难识别有效信号,甚至监测不到有效信号,影响对井眼轨迹等的正常监测和控制。

(2)现用的钻井液脉冲MWD的信息传输能力非常有限(国内水平为3~5bit/s,国外最高水平为12bit/s)而发展目标也只能是30~40bit/s;传输参数的数目也有限。

(3)闭环钻井的随钻测控作业要求井下与地面双向传输。目前,上传通道主要是应用钻井液脉冲MWD,而下传的钻井液脉冲通道技术国外也还不很成熟,国内则尚未解决。

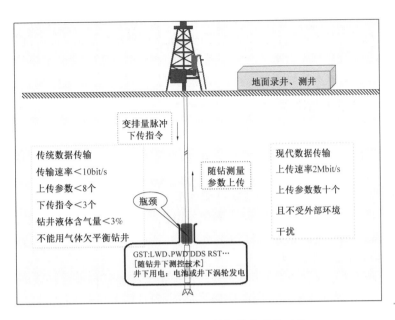

图 28　智能钻录井方法数据传输及其对比

（4）钻井液脉冲 MWD 的数据传输时间滞后。当传输较少参数时，在浅井中滞后数秒，在深井中滞后可达 1min 多甚至更慢。如果需传输稍多几个参数时，就不得不采用分时传输的办法，这就滞后得更严重。

（5）电磁波无线传输法，由于电磁波在井壁地层中衰减严重，所以仍只限于在浅井中研究，尚未能实现工业应用。

（6）应该看到，无线传输法的上述问题是不能或很难解决的，它不能真正实现众多参数随钻实时测控传输的功能，更难以建立地面与井下双向闭环宽带信息高速公路。

（7）钻井液脉冲随钻测量于 20 世纪 80 年代初开始应用，历经 30 年现已规模化应用，还要继续改进提高性能，但按新产品"生命周期"规律分析已快到换代时间。由此，研发新一代有线传输技术成为必然。

2.2　基于电子钻柱的第二代智能钻井测井录井集成技术

近 60 年来，国内外一直研究既能由地面向井下输送电能，又能在井下使用电控钻井硬件（含井下工具、仪表和传感器等）并能建立有线随钻实时双向闭环钻井测控信息的高速公路。近年，智能油井管的设计研制与生产应用已经和正在取得突破性进展。这项研究工作表明，智能油井管（智能钻杆、智能油管、智能柔性连续管等）是实现智能钻井、完井和录井的必要条件和技术关键。针对上述瓶颈问题，近年先后研究了多种有线传输技术及其测控工具。目前比较成熟和开始试用的是智能电子钻柱。

智能钻井应配备先进的电驱钻机和装备。智能钻井系统包括：具备遥传数据和向井下送电双重功能的智能钻柱系统、地面电源与电子监控装备、智能软件和井下电控工具 4 大部分。

在钻柱中嵌装植入或在钻柱内孔中吊装入多芯铜导线，建立起从地面向井下输送电动力和建立双向通信通道；研发了"二合一"技术，同时可双向通信和输送电力。在 CT 管中植入光纤或铜线也是一种办法，但连续管钻井还不成熟。

传输速率高达 $1 \times 10^4 \sim 2 \times 10^6$ bit/s，不受钻井流体类型和性能的影响与限制，还可与局域网/因特网连接,形成井下与地面及远程控制的立体网络系统。预计,可创造性地实现基于电子钻柱的第二代智能钻井技术。它将在更大范围内更加全面地把石油钻井录井随钻实时信息的采集、传输、处理和应用提高到崭新水平。实现随钻测控和随钻计算、贮存、随钻传输,特别是随钻建模功能,把实时数据纳入其油藏与工程模型中,实时有效解决技术难题和促成超越极限。

2.2.1 智能钻杆的形成与进展

(1)从20世纪80年代末(90年代初)钻井技术上提出了需要解决既能随钻实时双向高速传输测控数据的需求,同时又能随钻往井下送电的要求。于是开始研究智能钻杆。其主要理由:

① 无线脉冲传输能力太低,而智能钻杆能成千上万倍地提高传输能力;

② 井下需电能,而用电池和(或)井下涡轮发电机等方法其供电能力有限、费用贵,特别是加长了MWD、LWD、旋转导向钻井工具(Power Drive、AutoTrak、Geo-Pilot)等硬件的长度,难以满足近钻头测量的轴向距离。

(2)智能钻杆的主要难点有三:一要实现与保证正常普通钻杆的各种功能;二要在钻杆内埋导线(铜、光纤);三要解决接头的导电传输与绝缘密封。

(3)智能钻杆中有关电的问题:智能钻杆接头的"机—电"结合;用三相交流电还是用直流电;功率、扭矩、电压等参数的选择;导线截面积及形状(圆、扁);绝缘包装及其外径;动力电缆与信息通道的"二合一";接头螺纹部位的导电及两接头间"对准位置"与"防错位"。

电钻杆本体基本上有3种结构:钻杆内壁为异形,埋线、密封绝缘[图29(a)];钻杆内壁安放一小管,在小管内装入导线并密封绝缘[图29(b)];在钻杆本体内套装同心内管,在钻杆内壁与同心管的环形空间埋导线并浇注绝缘材料,称"三明治"式复合管[图29(c)];用5½in及5⅞in钻杆,倾向用5⅞in钻杆(可用于8½~12¼in钻头)。

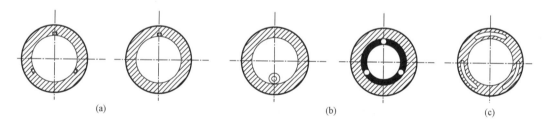

(a)　　　　　　　　(b)　　　　　　　　(c)

图29　智能电钻杆本体的结构方案图

图30　GRANT电钻杆弹性面密封的
外螺纹接头(公接头)端部图

(4)GRANT的电钻杆接头有两种方案:在现有接头上钻孔再嵌入导电材料并密封绝缘;用特制高质量电子接头,双台肩式、金属面密封既有锥体面密封又有双台肩面密封;锥体为气密的弹性金属—金属密封,台肩为普通金属—金属密封,电子接头用环氧树脂等封装。如图30至图32所示。

(5)智能钻杆三相交流电(也试过直流电)的输送电能可以根据井下硬件的要求来选择。智能钻杆的数据传输速率可达1×10^4bit/s(电导钻杆,Electric Drillpipe)、10×10^4bit/s(导线

图31　GRANT 电钻杆弹性面密封的
内螺纹接头(母接头)端部图

图32　GRANT 电钻杆本体内和
接头内的环形接触结构图

式智能钻杆,Wired Intellipipe)和 100×10^4 bit/s(光纤式智能钻杆,Intellipipe with Fibre Optic Cables),最大已达 200×10^4 bit/s。

(6)GRANT PRIDECO 公司除了自己研究之外,1999 年与多家公司(Chevron,Phillips,Exxon,Arco,BP - Amoco,Global Marine 结成战略联盟联合组成一个合作工业项目组(JIP,Joint Industuy Program)研制智能钻杆和复合材料钻杆。进行了卓有成效的设计、制造、试验和评价工作,有重大突破(可参阅 2003 年 2 月 SPE 年会 GRANT 公司公开发表的论文等),这都值得我们借鉴。图 33 至图 36 分别为智能钻柱及可选择性硬件的信息(数据)流示意图、随钻诊断测量短节示意图、地面钻压和井底钻压对比以及钻头的地面测量扭矩和井底测量扭矩的对比。

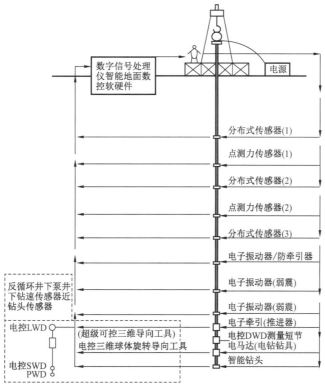

图33　智能钻柱及可选择性硬件的信息(数据)流示意图

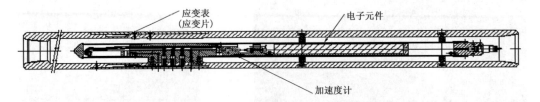

图 34　随钻诊断测量短节示意图

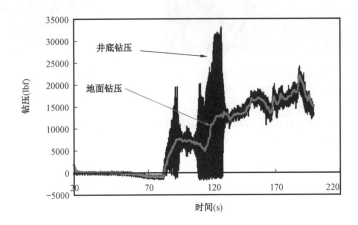

图 35　地面钻压和井底钻压的对比

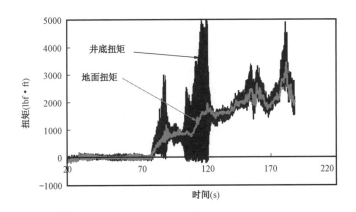

图 36　钻头的地面测量扭矩和井底测量扭矩的对比

由上述可知,智能钻井主要功能与优点:

(1)由地面向井下供给电能,不必再向井下使用电池或涡轮发电机等;可以改进井下工具(如 LWD、旋转导向钻井工具等)的结构,提高它们的性能,还可以缩短它们的长度,有利于实现"近钻头安置";已经用图表明(重示该图)基于钻井液脉冲的随钻测井其测点距井底 20m 左右成为"远钻头安置"。

随钻测斜仪器为 MWD,随钻测井仪器有 LWD 和 FEWD。

由于随钻测量仪器的结构特性,在向水平油层段的导向钻井过程中,其前端加有动力钻具,因此其随钻曲线:自然伽马和电阻率测点一般距钻头 12～18m;MWD(井斜、方位)测点一般距钻头 18～20m。如图 37 所示。

(2)能应用于各种钻井流体中并在地面与井下之间实现双向、双工闭环信息的超高传输

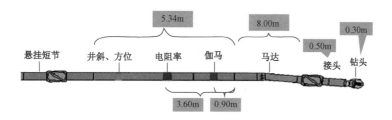

图 37 某井使用 LWD 近井底仪器节的长度

速率(104bit/s 以上),彻底解决了现用技术存在的信息传输滞后的问题,也解决了气体钻井和含气钻井液的随钻测量随钻录井随钻传输的问题;为发展推广欠平衡钻井完井提供保证。

(3)能随钻实时由井下向地面传输地质类、井身轨道类、钻井工程参数类和井下动态诊断类共计 40～50 个(以后还可能更多)实时参数,从而极大地发挥了随钻测井、地质导向、随钻优化和随钻诊断等方面目前已经研发成功的先进技术与装备的作用,而不必因传输能力受限而限用它们,也不必采用分时传输和压缩数据等应变方法。这也解决了随钻上传与下传信息互不干扰的难题。

(4)随钻把钻井、测井和录井等作业信息实时集成起来,并予以智能化同步处理。智能钻井的随钻测量、随钻录井能实时集成,可提高信息质量和自动化程度,控制井眼轨迹最有保证。能提高时效,实时优化智能分析,钻井综合成本可降低 5%～20% 甚至更多。智能随钻测录井很可能取代常规电缆测井等作业,从而简化作业、提高时效。

(5)随钻实时诊断、识别、决策、控制井下动态复杂情况,随钻在井场及钻台直接与管理指挥层交流。实现地层可视化、井眼及钻柱系统可视化、井内流体及其流动状况可视化、井身轨迹可视化、可随钻监控井下隐患的动态变化并分析排除复杂情况,降低风险,确保钻井安全,减少乃至消除钻井事故(例如在高压气层,特别是高含硫气层钻进时,可以随钻实时监视井下有无气侵及气侵程度是否达到井底井喷、井口井涌溢流等临界状况,从而给作业者实时进行科学决策和控制提供依据,并能把事故及时消灭在萌芽状态;再例如,对井下的漏喷塌卡斜和井身轨迹的偏差状况都能随钻监视实时处理等)。

(6)在智能钻柱中分布安置传感器实测不同工况下钻柱受力状况,为钻柱力学和钻具磨损等研究以及钻具寿命和钻柱设计方面提供重要依据。

(7)智能钻柱是研究油井管最新技术、新课题的重要手段。例如,试验研究套管钻井、膨胀管技术、多分支井专用工具等,可随钻进行其力学行为与工况的跟踪实测与分析,为研发工作提供科学依据。

(8)这套技术与膨胀管柔性连续管等项目的研发有关。

实时测量与诊断——判断井下复杂情况,可及时处理保安全钻进;实时录井,几乎可以做到"想录什么就录什么"只要有传感器,并能钻台实时显示及可视化;实时集成、智能决策、实时智能控制;(管串)钻柱受力实测,为钻柱力学和钻柱设计提供依据;进行钻柱磨损、损坏、寿命的研究;实现随钻测控和随钻计算、贮存、随钻传输,特别是随钻建模功能,把实时数据纳入其油藏与工程模型中,有效解决技术难题和促成超越极限。图 38 所示为智能钻井原理、集成与功能示意图,图 39 所示为智能 SOD 总体结构设计。

2.2.2 第二代智能钻井技术的电子钻柱

(1)缆线式电子钻柱。由钻杆本体和电接头组成。一是在钻杆本体与电接头中植入多芯的

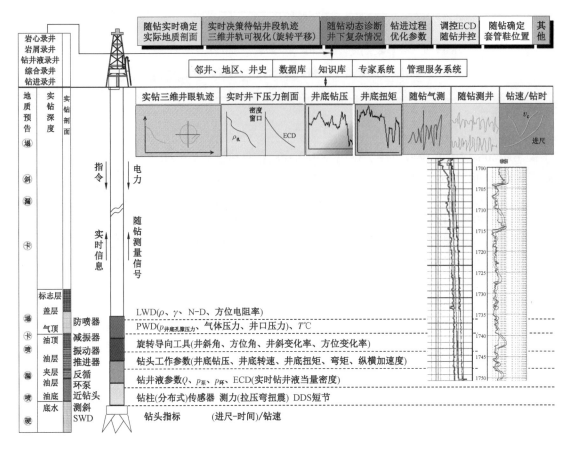

图 38　智能钻井原理、集成与功能示意图

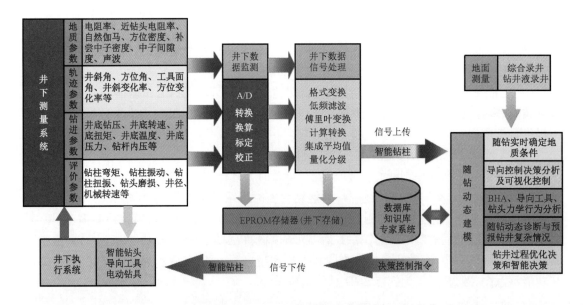

图 39　智能 SOD 总体结构设计

铜导线,多芯电导线在钻柱中连续贯通。二是在钻杆内孔装入电缆。它们既可以从地面向井下传送强电电力又可建立双向双工闭环信息通道。这两种结构正在研制中。图 40 所示为智能电钻杆结构及钻杆本体与接头连接图,图 41 所示为某公司与产学研合作研制的智能钻杆样件。

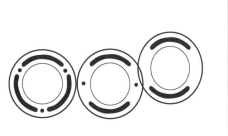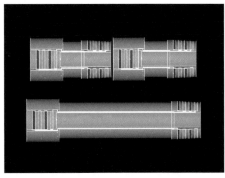

图 40　智能电钻杆结构及钻杆本体与接头连接图

图 41　某公司与产学研合作研制的智能钻杆样件

　　(2)感应式电子钻柱。国外 IntelliServe 主要研究,由钻杆本体和感应线圈电接头(信息收发接头)组成,它不能传送电力,只能传输信号,且由于感应线圈的发射与接收信号易衰减,不仅要每隔 300m 左右加用放大器,而且这种电子钻柱的可用长度(钻井深度)受限。国际石油网报道,这是 2009 年国际石油 10 大科技进展之一,已在 64 口井应用。国内也已开始研究,还在研究电磁、光电原理的感应式电接头。图 42 所示为感应式电子钻柱的电接头及其信息传输原理示意图。

　　(3)电子连续软管(CT)。在连续软管(CT)中植入铜(或光纤)导线,因为连续软管钻井技术本身还不够成熟等原因,这种方案暂不宜作为近期攻关的主选方案。

　　第二代智能钻井录井技术将更全面地更高水平地实现智能化、信息化和自动化钻井。在这项技术方面,我国与世界少数几个发达国家的大石油公司及石油装备管具制造公司几乎同时起步,我国能在近年取得突破并实现工程化应用,再不断完善提升,将发展成为第二代智能

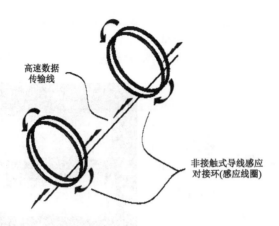

图42　感应式电子钻柱的电接头及其信息传输原理示意图

钻井录井系列化配套技术。预计第二代智能钻井录井技术将发展成为今后的钻井主流技术。

2.2.3　第三代智能钻井技术

随着世界新技术革命的深化,必将不断推动石油钻井完井录井和石油科技的更大进步。

国内已有人研究并提出了基于连续管和井下智能机器人的智能钻井集成化第三代新技术。

2.2.4　目前研发技术关键

(1)智能电子钻柱(含电钻杆、电钻铤、电接头、电钻头、电方钻杆、电龙头等)是智能钻井录井最必要的手段与关键技术。对电子钻柱要反复精心设计(机、电、绝缘层等的结构、材质、尺寸,难点是电接头)、探索怎样加工(如内复合管及其装入钻杆内孔的方法和技术等)、对样(产)品的静动态检(监)测以保证可靠性,特别是“二合一”的可行性、机械力学性能、信号质量、功率损耗,最终要做井下试验,这是一个系统工程,我们称为导通。在此基础上要研制电钻钻具(相当于螺杆钻具)和 eRST(电旋转导向钻井工具),已开始研究中。

(2)基于电子钻柱相配套的系列化井下选择性测试短节,特别是先进的系列化随钻测量电控工具(能否利用和改造基于钻井液脉冲的随钻测量工具和湿接头式有线随钻测斜仪呢?否则重新研制)。

(3)智能钻井录井动态模型及相应解释评价软件是技术关键(含仿真模拟);设计和研制基于电子钻柱的智能钻井井场工作房车。

(4)高端传感器的功能与电子元器件质量也是关键技术。

(5)钻井是主流技术,要实现多方技术与之集成,在很多方面希望得到业界和各方的合作支持。

3　结论

(1)现代钻井已有160年历史,钻井完井技术有了很大发展。旋转导向闭环钻井技术和智能钻井录井测井技术是创新性的全面换代技术,不仅能最有效地控制井轨,还能全面提高钻井水平。技术难度大,挑战性的部分更难,需要足够重视足够投入。

(2)基于钻井液脉冲的钻测录技术已有30年,按科技生命周期规律,要早做换代准备。

基于电子钻柱的第二代智能钻井录井测井集成技术是研究的重点和发展方向;2009年,国际石油科技10大进展之一:有缆钻杆技术突破钻井自动化信息传输瓶颈(中国石油网)。

（3）智能钻柱不仅具有常规钻柱的功能,还能向井下输送电力并高速率地进行双向双工信息传输,建立地面与井下闭环信息网络,且与因特网、局域网连通,推动钻测录井技术的现代化。电子钻柱有几种原理多种结构,应择优研发使之成为主要系列产品。

（4）智能钻井录井测井理论与软硬件的开发以及试验推广要有时间—资金—人才,特别是研发资金,量大面广,要多学科联合攻关,产学研结合,力争尽快见到成果。

（本文为中原油田等钻井培训班2011年及2012年讲稿,2017年修改稿）

石油钻井信息技术的智能化研究❶

张绍槐　何华灿　李　琪　郭建明

摘　要:石油钻井工程是信息密集型行业,钻井技术的发展必须依靠信息化和智能化。文中分析了石油钻井信息采集、分析、处理、解释和应用的主要内容及特点,说明信息科学和智能技术在提高钻井技术水平上的重要性。提出了石油钻井智能信息综合集成系统 PDIIIS 的研究目标、总体结构、逻辑结构设计和开发技术路线,并讨论了它的应用前景。

关键词:石油;钻井工程;信息;人工智能;综合;集成

1　概述

能源(能量)、物质(材料)和信息是现代科学技术的 3 大支柱。石油工业是资金、技术和知识密集的行业,同时也是信息流量大和信息非常密集的行业。石油工业的勘探、开发需要使用大量的物质(材料),而石油工业又为人类提供重要的能源。所以石油工业是集当代科学技术的 3 大支柱于一身的行业。国内外都把钻井工程看作是石油工业的龙头,探井的成败决定着能否把预测的资源量变为现实的可采储量。而当今探井成功率只有 20% 左右。在油气开发阶段也要靠钻大量的油井来开采油气。在国际范围内,钻井成本占了油气勘探开发总成本的 55% ~80%,国际石油会议强调,应依靠技术和管理在近几年内把钻井成本在现有基础上降低 30%,以稳定油价。

近 150 年来,钻井技术的发展经历了 3 个阶段,即经验钻井阶段(1920 年以前)、钻井发展阶段(1920—1948 年)和科学钻井阶段(1948 年至今)(注:21 世纪进入了自动化钻井阶段)。近 20 年来。国际钻井界一直希望尽早实现自动化钻井阶段。1987 年,Monti 提出实现钻井自动化阶段的核心是实现闭环钻井,而在最优化钻井环完全闭合之前主要有 6 项工作要做,即:(1)地面采集、测量数据;(2)地面采集数据的分析和处理;(3)应用井下随钻测量的数据;(4)数据的综合解释分析并应用人工智能对信息和数据进行处理和加工;(5)地面操作控制,用智能化计算机将人从控制环中替出;(6)井下操作控制,用智能化井下工具实现闭环控制。其中(1)至(3)项比较成熟,而(4)至(6)项则刚开始。

Monti 提出了钻井闭环图(图 1),并认为 20 世纪 90 年代就可以全部实现。但现在看来,这个时间还要推迟到 21 世纪初。从超前研究考虑,我国也应把这项技术早日提上议事日程。

国外有识之士认为,发展中国家不能走先工业化后信息化之路,而要以信息化促进工业化。石油行业确定要把高物耗、高能耗、堆工作量的结构转变成节约型、高效益、低伤害的新型结构,这一切表明我国石油钻井从科学钻井阶段向自动化钻井阶段发展,必须依靠信息化和智能化。

---

❶ 国家技术科研计划(863)资助项目"油气开发智能信息综合集成系统"(863 - 306 - 04 - 10 - 1 课题)。

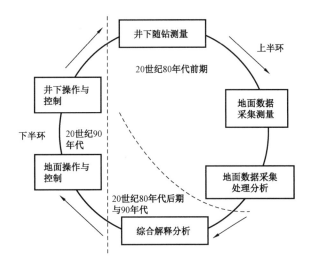

图1 Monti 的优化钻井闭环图

2 钻井信息技术的内容和特点

石油钻井工程是个庞大的系统工程,它的岗位在地下,操作者在地面,决策者在远处。其影响因素多,情况复杂多变。石油钻井信息技术的主要内容和特点如下。

2.1 主要内容

(1)结合石油钻井工程实际的应用基础理论研究;(2)信息的实时采集与建库,包括各类库的管理系统;(3)信息的实时分析与处理,包括应用人工智能等多种手段建模;(4)生产管理信息系统的建设,包括智能决策支持系统;(5)信息的传输与通信;(6)信息技术的硬件配置与软件配套;(7)软件的开发,包括单项技术工程软件和智能化综合集成系统软件平台的开发。

2.2 主要特点

(1)信息采集的实时性和真实性。油气多半埋藏在几千米的地下,主要是靠实时采集各类信息来认识、判断和设计、施工作业、处理决策各类问题。其要害是信息的真实性。

(2)信息采集必须以地面和井下相结合。目前,地面采集比较成熟的是综合录井仪,该仪表是液动式的,可靠性差,精度低,需要用带微机的电子式钻井参数采集装置来代替。现有的地面采集方法和技术水平,还达不到反映井底参数和井眼参数真实性的程度。美国早在20世纪70年代就试验在钻头上直接实测钻压、扭矩等随机参数。80年代以来开始使用井下随钻测量(MWD)技术,它所得到的数据、信息要比地面采集的数据、信息好得多。但是,目前 MWD等技术无论在数量还是质量上都满足不了要求,而且该仪器很昂贵,作业成本费太高,在钻井承包体制的管理方式下往往用不起,这也增加了数据精确性与作业经济性的矛盾。美国 EX-LOG 公司为解决小井眼钻井的早期井涌监测问题,已使用灵敏度、精确度很高的井下传感器。苏联钻超深井时已使用特制的井下传感器来测量井壁受力状态。为准确自动控制井眼轨迹,我们正在研究带有井下监测控制功能的井眼轨迹控制系统。它把信息采集、处理、解释和反馈控制等最先进的航天制导技术用于井下钻井,但是由于地下岩石坚硬、非均质性以及井眼尺寸小等原因,技术难度很大。

(3)信息的不确定性。钻井过程的数据往往是不确定的、模糊的、随机的,很难得到完全真实的数据,这是钻井工程的显著特点。钻井过程中通常还有这样的情况,想改善某一部分数据的测量条件却又恶化了其余部分的测量条件,即互相制约性。这一特性在很大程度上妨碍了钻井过程的描述与控制。为此,需要运用随机过程、模糊数学、混沌理论、突变理论和非线性数学等方法分析处理。还必须建立一种能从整体上提高钻井效率的决策方法。

(4)必须强调数据的综合集成(Intergration)。钻井信息来自多方面,各反映了事物的一个方面,如果不强调综合集成,只能得到局部的片面认识,往往与客观事物的整体面貌相差甚远。钻井信息量大,不是所有的信息都具有同样的"含金量"。根据 PARETO 定律,在一组数据里,有价值的仅是很小一部分(20%左右)。钻井数据具有这一规律,这说明数据处理的难度是较大的。对钻井这样一种复杂对象,为了描述不同方面、不同程度的作用,可以有多个不同类型的模型(例如确定性模型、随机模型和自适应模型等)。由于石油钻井信息的复杂性和不确定性,更由于其处理知识的经验性和专有性,当前国际前沿是采用面向对象技术开发智能综合集成系统的钻井软件。信息科学和信息技术是当代高技术的重要组成部分,信息工程是全世界的跨世纪工程。石油钻井是一个国际公认的复杂对象,迫切需要加速应用信息工程。而智能技术是信息工程极为重要的组成部分。正如钱学森指出:"智能技术是关系一个国家和民族在 21 世纪生死存亡的尖端技术",美国 Simon 也认为智能"是人类科学 4 大基本问题之一"。石油钻井必须依靠信息科学和智能技术来实现从科学钻井阶段向自动化钻井阶段的发展。

3　石油钻井智能信息综合集成系统

3.1　目标

目标是针对油气钻井的特点和特殊性,充分并准确地采集油气钻井各类信息,利用多种通信手段,将信息传送到油田级钻井信息系统(局机关)。针对油气钻井各种不同工况建立切合实际的静动态模型和智能决策系统,实现对油气钻井工程的实时监控与决策。以统一的软件平台为开发基础,充分体现综合集成系统的特点,最终将油气钻井工程信息采集与处理、工程设计与预测、实时监控与决策等环节,有机地结合成为一个整体,实现油气钻井智能信息综合集成系统。

3.2　系统总体结构设计

系统总体结构设计如图 2 所示。共包括 8 个子系统:

(1)数据采集与传输子系统。实时采集钻井现场的地质、工程等信息并传输到油田总部实时显示与实时处理。总部也可以通过本子系统将决策方案等信息实时传送到现场,指导油气钻井作业的实施。系统特点是:实时传输,双向通信。

(2)数据库管理子系统。按照中国石油天然气总公司行业标准和 1991 年发布的勘探、开发、钻井数据库总体设计。该数据库管理子系统在网络环境下,采用 ORACLE 数据库管理系统软件,工作方式分为静态库和动态库两大类(图 2 中的静态 DB 和动态 DB),数据内容上分为设计、生产、定额 3 大类,其数据来源有历史积累和实时采集。系统的特点是统一为其他各子系统提供决策依据。

(3)知识库管理子系统存放着领域的专门知识、常识和元规则等。将建立规则型、事实型和陈述型知识库 20 余个,收集规则 4000 余条。该子系统与钻井专家系统共同为工程设计、诊

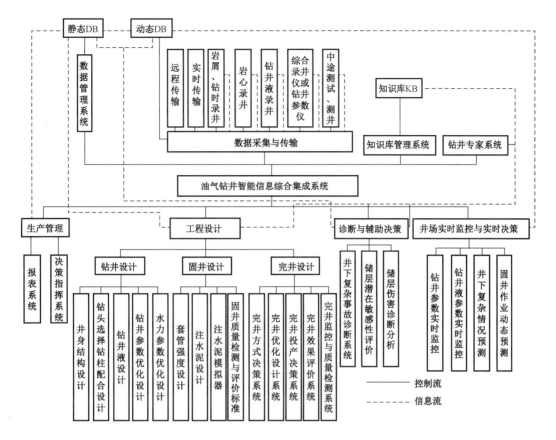

图2　系统总体结构设计图

断与辅助决策、井场实时决策等3个子系统提供智能决策依据。

（4）钻井专家系统利用数据库中的数据和知识库中的知识为其他各子系统实现智能化决策服务。如井身结构设计、井下复杂情况的诊断与处理、储层伤害的识别、诊断与处理，完井方法的优化决策等。

（5）诊断与辅助决策系统是为油田钻井公司及钻井队提供科学化决策服务的，其主要功能是及时准确地诊断井下复杂情况类型并提出处理方法；对储层潜在敏感性和伤害情况进行诊断和分析，为安全钻井提供保障措施。

（6）工程设计子系统借助钻井专家系统和实时数据，完成钻井、固井和完井等设计。

（7）井场实时监控与实时决策子系统。通过对实时数据的监测与传输，实现对钻进参数、钻井液参数、注水泥施工作业参数等实时监测和控制，实现对各种异常情况的预测和监测，保证安全作业。

（8）生产管理子系统以静态数据库为基础，为总公司和油田级指挥部门提供生产管理及决策信息，该子系统包括报表系统和决策指挥系统。

3.3　系统逻辑结构

从油气钻井智能信息综合集成系统的功能及联动方式考虑，其逻辑结构设计如图3所示。有3个虚线框，从功能及作用上分为井场级、油气田级和总公司级3部分。整个子系统是在统一的软件平台上，充分体现了智能信息综合集成系统的特点。

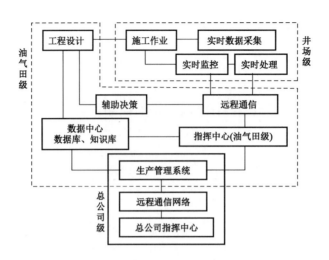

图3 油气井钻井智能信息综合集成系统逻辑结构设计图

3.4 系统综合集成的技术路线

(1)系统包括8个子系统、30多个子模块和20余个数据表,集数据采集与传输、信息处理与分析、工程设计、工况监测与控制、施工作业与宏观管理为一体,具有科学计算、智能分析、建模等功能。为方便开发和利用,必须采用综合集成的技术路线。

(2)系统的综合集成首先是在充分满足钻井各个工况需求的前提下,采用较为完善的软硬件环境和较为成熟的计算机先进技术,将数据、知识、模型及相应的分析及管理系统连接成一个有机的整体,建成一个分别以井场、油田和总公司为中心的综合集成系统。

(3)系统是一个多层次的开放式结构,它有各种形式的接口。① 数据采集与监控系统直接与综合录井仪或常规钻井参数监测仪或专用录井装置(如 MWD 等)连接,完成信息流的采集及传输;② 用有线方式或无线方式完成井场级、油气田级和总公司级数据中心的信息传输;③ 在 Windows 操作系统下,用 C 语言和 ORACLE 关系数据库,完成油气钻井智能信息综合集成系统的软件集成。建立在同一软件平台上的各个子系统间可以实现数据共享和模型的相互调用。

4 结束语

石油钻井工程是地下隐蔽性工程,它的信息量大,复杂多变,难以量化并带有很强的不确定性和非线性。传统方法是靠有实践经历的专家用经验和知识来分析信息,进行思维决策、指导生产。运用计算机后在有些方面能把采集的信息经过归纳统计分析找出内在规律。在若干假设条件的前提下把工程问题简化为物理—数学模型,进行定性分析和定量计算。传统方法虽有一定效果,但无法充分运用专家的丰富经验解决深层次的问题,满足不了现代钻井工程技术和科学决策的需求。近20年来,钻井技术在信息化、智能化和自动化方面不断有所前进和突破,人们越来越认识到钻井不论在广度和深度上都需要应用智能技术。

在多年研究的基础上找出了一个系统的智能化方案,得到"国家科委高技术项目"及中国石油天然气总公司的大力支持。我国每年钻井进尺 1500×10^4 m,年钻井约 8000 口,有 700 多个钻井队、几十个钻井公司,钻井工作量居世界第 3 位。近年,我国钻井队和钻井工程技术已打入国际石油技术市场。石油钻井信息技术的智能化研究是当前国际钻井界的前沿研究领域,其研究成果在国内外都有广阔的技术市场。它的应用将能获得可观的经济效益和社会效益。

参 考 文 献

[1]何华灿. 人工智能导论[M]. 西安:西北工业大学出版社,1988.

[2]周萌清. 信息理论基础[M]. 北京:航空航天大学出版社,1993.

[3]李衍达. 信息技术革命及其对我国的影响[J]. 北京:石油工业计算机应用,1994(2):3－5,23.

[4]张绍槐. 90 年代石油工业的发展与石油工业技术经济的挑战和机遇[J]. 图书与石油科技信息,1992,6(1).

(原文刊于《石油学报》1996 年(第 17 卷)第 4 期)

油气钻井智能信息综合集成系统[❶]

李 琪 张绍槐 郭建明 段 勇

摘 要: 简要介绍了油气钻井智能信息综合集成系统。它以分设在井场和油气田指挥部的两个计算中心为核心,在充分并准确采集油气钻井各类信息及相互切合实际的钻井工程静、动态模型和智能决策模型的基础上,利用多种通信手段,充分体现综合集成的特点,在统一的软件开发平台上,将油气钻井工程信息采集与处理、工程设计与预测、实时监控与辅助决策等环节,有机地结合成为一小整体,合理开发和充分利用各种钻井信息,以实现安全快速、优质钻井。

关键词: 钻井信息;系统;计算机应用

1 概述

信息化(Information)、智能化(Intellectual)和综合化(Integrated)称为三"I",是信息科学最本质的内涵,也是面向21世纪的希望,计算机技术及测量技术在钻井工程中的应用,使得钻井信息技术有了较大的发展和提高。综合录井仪的应用使钻井作业的监控更加及时和准确,提高了钻井的效率和安全性。然而,钻井工程是一系统工程,在实施钻井作业时,不仅要知道实钻井的信息,而且要考虑井的设计、邻井井史、地质、钻井液等相关资料。井场计算机已不局限于综合录井仪的功能,而是集信息采集、信息存储与管理、辅助计算、实时决策、各种显示与报警于一体的计算中心;对于一个油气田来说,优质快速钻进应遵循设计—实施—监控—评价—优化—设计不断反复的过程。因此,还需要一个从事设计、诊断、决策及数据管理、工程管理的油气田级计算中心。两个计算中心应通过通信网络相互联结。此外,石油钻井信息技术的特点是:

(1)突出强调信息的"集成"。如不集成,结果就如同盲人摸象,只能得到局部的片面认识,往往与客观事物的整体面貌相差甚远。

(2)提倡数据共享,或又共享又竞争,并存不悖。在石油信息技术的应用领域里,要求数据共享,即充分地利用数据,使数据上升为信息知识并用于决策。

(3)数据的不确定性。石油信息系统同大气系统一样,本身具有非线性与混线性质,钻井信息的复杂、多变、随机、不确定性及特殊性使得一些过程很难用精确数学模型来描述,为此提出智能化信息技术。

由此可见,针对石油钻井信息的特点,并考虑到以下问题:

(1)信息的采集、传输及存储;

(2)信息的实时处理及智能化处理;

(3)各种信息的综合应用;

(4)两级计算中心的功能划分及有机结合;

---

❶ 本课题属国家高技术研究发展计划("863")资助项目。

(5)工程设计、工程施工、工程管理的相互关系与结合。

需以两个计算中心为核心,在充分并准确采集油气钻井各类信息及建立切合实际的钻井工程静动态模型和智能决策模型的基础上,利用多种通信手段,充分体现综合集成的特点,在统一的软件开发平台上,将油气钻井工程信息采集与处理、工程设计与预测、实时监控与决策等环节有机地结合成为一个整体,开发一完整的油气钻井智能信息综合集成系统。

2 系统总体结构设计

我们把钻井的信息系统分为3级或3个层次,每一级都要求集成。第一级为作业级(操作层),即监控与数据收集系统,提供用于监视各种作业如钻进、起下钻的实时数据和信息,并把其中经过筛选了的部分信息传递给第二级。第二级为战术级(管理层),即作业和技术系统,为特定的涉及各项作业所需的信息;同样,选择其中一部分,传递给第三级。第三级为战略级(决策层),对选定的信息和数据进行处理,供长远规划和评价决策使用。以此为设计思想,结合钻井工程实际,将油气钻井智能信息综合集成系统划分为7个子系统:

(1)数据采集与传输子系统;
(2)数据库管理子系统;
(3)知识库管理子系统;
(4)诊断与辅助决策系统(含钻井专家系统);
(5)工程设计子系统:
(6)井场实时监控与实时决策子系统;
(7)生产管理子系统。

从油气钻井智能信息综合集成系统的功能及联动方式考虑,其逻辑结构设计如图1所示。与钻井信息系统的3个层次相对应。有3个虚线框。从功能及作用上分为井场级、油气田级和总公司级3部分。

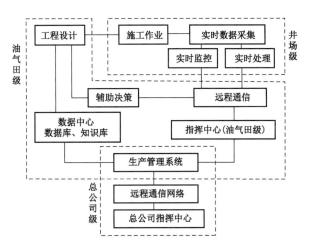

图1 油气钻井智能信息综合集成系统逻辑结构图

3 数据采集与信息传输

准确的数据采集与有效的信息传输是实现钻井信息系统的先决条件。它实时采集钻井现场的地质与工程等信息并传输到两级计算中心,进行实时显示与实时处理,计算中心根据这些信息做出决策后,再将决策方案等信息实时传送到相应的井场,以指导钻井作业的实施。系统的特点是,强调信息传输的实时性。但也包含非实时信息的传输。信息通信是双向的,如图2所示是综合录井仪采集原始数据及其处理功能。

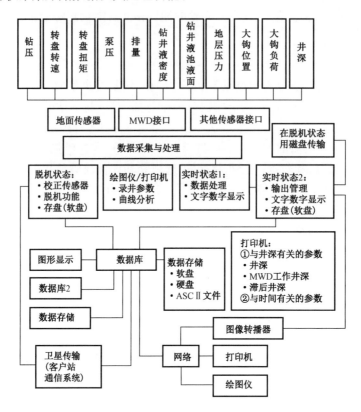

图2　综合录井仪采集原始数据及处理功能图

4　智能应用及系统的智能决策框架设计

油气钻井工程涉及了广泛的知识领域,归纳起来适合于人工智能应用的决策问题包括:
(1)井身结构方案对比与优选;
(2)钻头的优选;
(3)钻井液的优选;
(4)钻井参数和水力参数的优选;
(5)钻柱配合及优化设计;
(6)固井、完井技术的优选;
(7)储层伤害的识别、诊断、评价、预防和处理;
(8)钻井事故的诊断和处理。
在这些领域中存在着大量的复杂和不确定因素,所收集和获取的信息不少是非数值型、不完全、不确定、模糊甚至是多义的。对这些信息,传统的数据处理方法及相应的处理系统已越来越不能满足处理的需要。因此,需建立包括人工智能在内的综合模型及相应的管理系统。以专家经验和知识为主的决策处理,将在系统中担负重要作用。

系统智能决策部分的结构如图 3 所示。它采用以元系统为核心,并行分层的开放式集成化智能软件结构。整个系统分为 3 个层次:管理层、实施层和支持层。

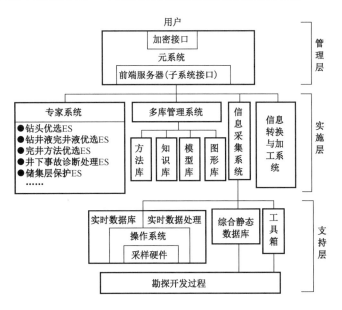

图 3　智能决策与其他各系统的关系图

5　系统的软硬件环境

根据图 1 所示的系统结构,在系统的软、硬件环境配置上考虑由现场实时系统(井场级计算中心)、局级分析决策控制中心(油气田级计算中心)和总公司指挥中心(总公司信息中心)3级组成。现场实时系统主要负责信息采集、分析、预处理、传输和井场实时监控;局级分析决策控制中心是一个在线非实时系统,主要负责工程设计、系统仿真诊断与辅助决策、生产管理等。同时负责收集各井队的现场信息,监控和指挥各井队的施工情况,为各级领导和高级技术人员提供任何重要井区的施工情况,传输有关决策指令到各个井场,并通过与石油广域网的外部接口向上级信息中心(总公司)传递有关生产信息和共享广域网的资源(包括硬件资源、软件资源、特别是信息资源),系统环境配置如图 4 所示。

5.1　局级分析决策控制中心的软、硬件环境

局级分析决策控制中心的软、硬件环境既要负责整个系统的信息存储与处理,又要负责各部分之间的数据传输与共享;既要负责与井场之间的信息传输,又要负责与外部广域网(如校园网、总公司 CNPCnet)的接口;既要考虑到系统的可实现性,又要考虑到系统的先进性和可扩充性。所以选择 Client/Server 作为局级分析决策控制中心的计算机网络的体系结构,采用TCP/IP 协议和 ORACLE 数据库系统,由两台工作站作为 Server,多台微机作为 Client(其中一台通过电话线与外部接口。一台通过电台与外部接口,另外几台作运行专用软件使用)。

Client/Server 中 Server 端的计算机的主要任务是对数据库中的数据进行处理,因为它只需把经过处理的用户所需要的那一部分数据(而不像文件服务器把整个文件)通过局域网(LAN)传送出去,所以它可以被高度优化,以适用于这类任务;同样,Client 端的微机只需承担应用方面的专门任务,所以只需注重其模型的开发和用户界面的设计工作,结果使得整个系统

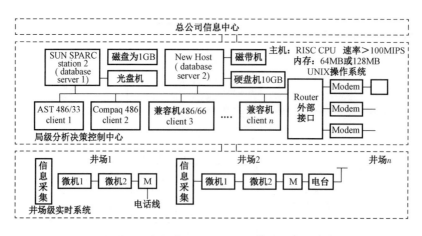

图 4　钻井工程智能信息综合集成系统的系统环境配置

易于开发和维护,而不必像宿主式计算机系统中除对数据进行处理外,还要承担应用的工作。可见,这种结构把处理功能"一分为二",分别交由 Client 和 Server 来处理,所以消除了不必要的网络传输负担,提高了整个系统的运行效率。

5.2　井场级实时监控系统的软、硬件环境

井场级的软、硬件环境既要考虑到系统的实时性和可靠性,还要负责不断地向前指级传递信息和接收指令,所以在微机环境下就需要 2~3 台微机。随着计算机技术的发展和价格的下降,最终应采用多用户操作系统的工作站。

6　系统的综合、集成及统一的软件平台和开发环境

油气钻井智能信息综合集成系统共包括 7 大子系统,共分几十个子模块,包含几百个数据库和知识库,集数据采集与传输、信息处理与分析、工程设计与实时监控等于一体,具有科学计算、智能分析、宏观管理等功能。因而,综合与集成是系统必须具有的特色。

系统的综合与集成主要是从计算机工程角度出发,在最大限度地满足钻井各个工况需求的前提下,采用较为完善的软硬件环境和较为先进的计算机技术,将油气钻井智能信息综合集成系统建立在统一的软件平台上。其开发环境既是一个面向对象程序设计的环境,又是一个以知识库数据库为基础的人工智能开发环境;既是一个网络状态下的多用户共同操作的环境,又是一个独立于物理设备的系统。这样才能快速而直接地开发出专家系统、面向对象的数据库、知识库、计算机辅助设计系统和钻井智能仿真应用软件;才能增强油气钻井智能信息综合集成系统软件的集成性、开放性和可移植性,使之能够方便地推广和应用。本系统采用把人工智能(AI)、面向对象技术(OO)和数据库、知识库以及网络技术和计算机硬件等软、硬件结合起来的智能综合集成软件平台。系统开发的特点为:

(1)系统在 Client/Server 网络环境下开发,充分利用 Client/Server 网络所提供的"一分为二"的特点,使应用软件本身与数据库的存取分离,便于系统的可维护性和可扩充性。

(2)应用面向对象程序设计方法所具有的模块性、信息隐蔽、抽象数据类型、继承性、代码共享和软件重用、多态性和动态聚束、计算反射、对象标识、永久性存储和版本管理等多种特点,采用综合集成的思想,在 Client/Server 网络环境下进行系统开发。

（3）应用软件部分重实用，解决实际生产问题，其开发要追求集成性、开放性和可移植性。所以在 Client/Server 网络环境下，使用统一的 ORACLE 数据库系统，其中 Server 为多用户操作的 UNIX 操作系统和 X – Windows 环境，除了进行数据库服务外，还可以运行诸如人工智能、计算机辅助设计等应用的软件。Client 为中文 Windows 环境和 Visual C + + 语言，既要保证界面友好性，又要保证整个系统的一致性。

7　结束语

该系统的实现从钻井工程角度出发，可望完成如下 3 大主要功能：

（1）对新井进行综合优化设计。通过仿真实验，定量地对比多种钻井方案的技术经济指标。

（2）对施工井的有关作业进行跟踪监测和实时分析，为及时调整施工措施及处理施工中出现的意外情况提供科学决策。

（3）对完钻井的各项工作进行全面的技术经济评价，总结经验教训，加深对该地区的认识，用以修改有关模型的设计参数，加速掌握该地区钻井规律，指导今后的设计，从而不断提高钻井的质量和经济效益。

毫无疑问，完成这样一个系统将使钻井技术上升到一新的水平。本文是所承担的国家"863"高技术研究发展计划项目"油气开发智能信息综合集成系统"的阶段性工作，其真正实现还需进行更深一步的研究与开发，希能引起各方面的关注和切磋交流。

参 考 文 献

[1]吴泉源,刘江宁. 人工智能与专家系统[M]. 长沙:国防科技大学出版社,1995.
[2]王正中,李伯虎,译. 计算机辅助建模和仿真[M]. 北京:科学出版社,1991.

（原文刊于《天然气工业》1997 年（第 17 卷）第 2 期）

随钻地震技术的理论及工程应用❶

张绍槐　韩继勇　朱根法

摘　要：随钻地震是地震技术和钻井技术的结合。随钻地震的主要功能有：指示正钻钻头的工作位置；识别地层、岩性、断层、裂缝带；可以预测钻头前方的地层和地层孔隙异常压力等。它的主要用途为：在探井中可以及时发现油气层，提高探井成功率；为井身轨迹提供地质导向依据，使井身轨迹准确"入窗上靶"。随钻地震获取的信息是油藏未被伤害的原始参数，这对制定保护油气层、油藏描述和油气田开发等工作具有重要价值。随钻地震不需要专门的井下仪器，只需在钻杆的顶部安装传感器和在井场附近的地表埋置常规检波器，就可进行随钻测量和实时处理，可以得到钻井决策的地震资料。随钻地震技术可以降低钻井成本，提高勘探开发综合经济效益。

关键词：钻头；钻井；地震波；数据处理；地质解释

1　概述

随钻地震 SWD(Seismic While Drilling)技术是用钻井过程中钻头产生的自然振动作为井下震源，也称为反向 VSP(逆 VSP)。即检波器分散布置在地面，而震源则在井底激发，这样，多井源距观测资料采集的效率较常规 VSP 采集方法得以提高。

我们对随钻地震技术中的原理处理、方法等关键内容进行了系统的理论研究、计算机的仿真自适应模拟等，取得了一些成果。1996 年 10 月至 12 月，在江汉油田选择了一口井(范 3 井)，在井深 2250m 左右的井段上，利用现有的设备进行随钻地震的数据采集、处理和试验分析。获得随钻地震观测的有效信号并对其进行特征分析、研究干扰波分布以及现有采集、处理设备对有效数据的适应能力等基础数据，为随钻地震建立一套一体化的数据采集、处理与分析，实时为提供钻井地质信息和动态监控参数的轻便实用系统奠定基础。

2　原理和方法

2.1　随钻地震的原理

在钻进过程中，旋转钻头冲击井底岩石产生振动，形成钻头波场。钻头震源波的部分能量沿着钻杆自下而上传播。在钻杆顶端安装的参考传感器(加速度计、检波器等)，接收向上传播的振动波，简称参考信号。同时，钻头震源波的其余能量向地层中传播，以直达波和反射波的形式传播到地面(或海底)，布置在地面(或海底)的检波器接收到来自地层的各种地震波，如直达波、反射波和多种干扰波(图1)，如果将检波器布设在附近的井眼里，就可以实现井间地震技术。

将钻杆顶端的参考信号与地面(或海底)检波器接收到的信号进行互相关，可计算各种波

---

❶ 国家自然科学基金 59474003 项目的部分成果。

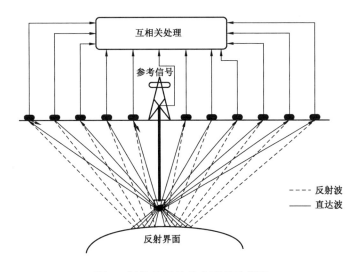

图1 随钻地震的基本原理示意图

至的旅行时间,得到波在各种不同地层的传播速度、钻头位置,从而获得井身几何参数,预测钻头前方岩层及目的层深度、地层岩性及地层界面,裂缝的位置、方向等。

必须指出,在随钻地震的记录期间,钻头是不断前进的,由于钻井的进尺与地层传播速度相比小得多,可以忽略不计,所以我们认为记录期间的钻头深度不变,也就是说,随钻记录、实时处理的随钻地震数据可以反映当时钻头所处的位置以及振动状况等。随着钻头沿井轴不断前进,利用随钻地震技术就可将实钻井身轨迹中每一点的动态情况及时搞清楚。

2.2 随钻地震的野外数据采集

野外资料采集的过程影响原始资料的质量,也关系到以后的资料处理和解释。因此,精心地设计野外资料采集方法并严格地进行施工,是随钻地震测量能否达到预期目的的首要条件。

钻头震源区别于其他物探方法中的人工震源。钻头的冲击力产生纵波(P波),它沿着井轴方向传播,偏离井轴方向能量减小。同时产生横波分量(SV波)。它沿着井底平面径向(垂直井轴)传播,偏离井底平面能量减小。钻头的旋转力产生横波水平分量(SH波)它沿着井底平面径向传播,其质点方向与SV波的质点方向垂直(图2)。以P波为例,钻头信号是一个随机信号。其强度与钻头接触的地层性质及钻头类型有关。比较坚硬的地层,信号较强;比较松软的地层,钻头振动信号弱。在江汉油田范3井采集到的钻头信号(记录长度为8s)的能量相当于750g炸药的激发能量。对一般地层,钻头产生的振动波能量虽然有强弱之别,但振动的能量足以从井底传播到地面被记录下来加以应用。由于钻机与钻杆的存在,还有钻机波、首波、钻杆多次波、钻具组合多次波等次生波。这些次生波有各自的传播路径和传播规律。可以用时距方程来表示,也可用计算机正演模拟它们的时距曲线表示。

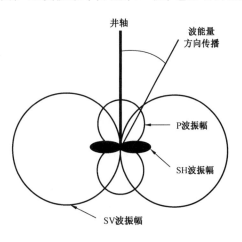

图2 钻头震动波传播示意图

随钻地震的采集是在井场周围的地表面上埋置地震检波器,接收来自地下的钻头振动信息。通常,检波器是按一条直线等距布置,进行二维观测;也可按面积布置,进行三维观测。由于随钻地震的采集是在有井壁碰撞、泵、发电机及动力设备、车辆及人为因素等强噪声的背景下进行的,所以要进行干扰波分析。在观测方法中通过检波器组合和增加接收排列的偏移距来消除地表干扰波(主要是面波)(图3)。

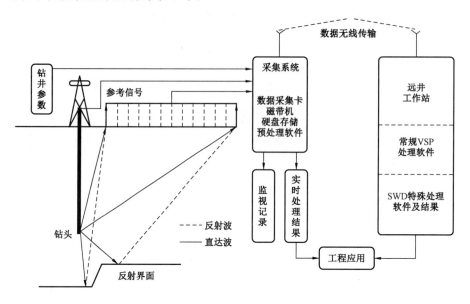

图3　随钻地震数据采集、处理及应用示意图

2.3　随钻地震的资料处理

随钻地震是在强噪声背景下完成资料采集的。原始资料中既包含有用信息,也包含各种相干和随机的噪声。有用信息往往被噪声掩盖。随钻地震资料处理的重点是消除干扰和提取最佳钻头信号。

由于随钻地震是反向VSP,可以将常规VSP处理方法和软件进行修改,引入到随钻地震资料处理中使用。但是,随钻地震资料处理具有它的特殊性(图4)。下面重点介绍相关处理和反褶积。

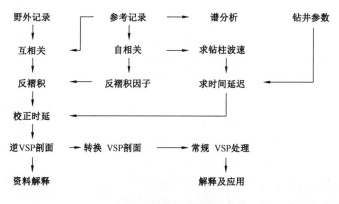

图4　随钻地震资料处理流程

2.3.1 相关处理

相关技术是一门边缘学科,以信息论和随机过程理论作为基础。

将参考信号与地面每个检波器记录的信号作互相关,这与可控震源的方法一样,那里是用可控震源的扫描信号与检波器的记录信号作互相关。互相关使得连续的钻头信号压缩成脉冲信号,每个尖脉冲代表着一种特殊地震波(直达波、反射波、干扰波)。从脉冲对应的时间可测出钻头信号经不同路径到达各接收器所需的旅行时间。互相关过程加强钻头信号的能量,特别对来自钻头下方的反射信号作用更明显。

设 $R(t)$ 为钻柱顶端传感器记录的信号。$G(t)$ 为地面检波器记录的信号,则离散时间的互相关函数的非归一化估计为:

$$CC(f) = \sum_{n=1}^{N} R(nt) G(nt + f) \tag{1}$$

其中:f 为信号 $R(t)$ 和 $G(t)$ 之间的时移;n 为记录的样点序号;N 为总的记录长度(以样点计);t 为采样间隔。信号 $R(t)$ 和 $G(t)$ 之间的延迟时间 f 是两个位置记录的波之间的旅行时之差。

如果参考信号是井底钻头处的钻头信号,互相关函数中的尖脉冲对应的时间就是地震波从钻头出发,经直达路径和反射路径到达地面检波器的旅行时间。实际中参考信号是在井口得到的,参考信号与钻头信号存在差异。第一是钻柱延迟时间,即钻头信号经钻柱传播到井口传感器所需的时间。钻柱延迟时间等于钻柱长度除以钻柱波速度,每增加一节钻杆,钻柱长度就增加,钻柱延迟时间从而也相应变化。将钻柱延迟时间加到互相关的时间轴上,则互相关函数中的钻头信号的延迟时间就变成钻头信号在地层中的旅行时间。第二是钻柱传播效应,钻头信号经钻柱传播变成参考信号。钻柱系统对钻头信号的作用称为褶积(或称为卷积),也就是说,参考信号是钻头信号与钻柱系统函数褶积得到的。为了使参考信号恢复为井下钻头信号,随钻地震资料处理中必须要进行反褶积,消除钻柱传播影响。

2.3.2 反褶积

为了有效地检测和记录钻头信号,需在钻杆顶端设置参考检测器,该检测器类似于陆地利用可控震源激发时,在震源车附近设置的参考信号检波器。不过该检测器接收的信号存在钻柱谐振效应或路径传播效应,致使频谱畸变和存在高速多次波干扰。为消除钻柱谐振效应,可假设钻头信号为白噪信号,且钻柱脉冲响应为最小相位,由参考信号自相关的单边倒数作为反褶积因子,对互相关输出进行反褶积,即可消除互相关输出中参考信号的高速多次波和频谱畸变。

假设在钻柱顶端记录的参考信号 $H(t)$ 可表示成:

$$H(t) = B(t) * D(t) \tag{2}$$

其中:$B(t)$ 是钻头撞击地层的脉冲响应;$D(t)$ 是钻杆的脉冲响应;$*$ 是褶积运算符号。由参考信号自相关的单边倒数作为反褶积因子 $W(t)$,得式(3);对参考信号进行反褶积运算,得式(3),对参考信号进行反褶积运算,得式(4):

$$D(t) * W(t) = 1 \tag{3}$$

$$H(t) * W(t) = B(t) * D(t) * W(t) = B(t) \tag{4}$$

由上述可见,反褶积的目的就是要把参考信号处理成钻头信号。

2.4 随钻地震的资料解释

某探井所在区域覆盖有良好的三维地面地震数据。地面布置一条测线其方位为79°,测线长度2200m,共有45个测点。第1个测点距井口的距离为200m,测点间距为50m采用断续记录。每段的记录时间长度为8min记录时间与软地层中的5~6m或硬地层中的0.15m相对应。这两个数值低于采集参数所能达到的分辨率。对随钻地震资料进行数据处理,主要是参考信号经反褶积后与地震测线上的检波点记录道进行互相关处理,补偿速度与加速度的90°相移等。得到随钻地震剖面(图5和图6)。

图5表明当钻头钻到4778m时,实时采集和处理的随钻地震资料。图5中地震剖面的横坐标为距离(以测点序号表示),纵坐标是地震纵波传播时间。从图5中可以看出,数据的质量很

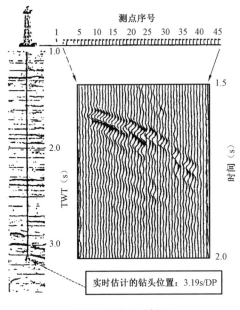

图5 随钻地震剖面

高,从第5个观测点就能拾取初至波传播时间为1.65s。对倾斜的传播射线进行校正后,可估计钻头在穿过探井的参考地震剖面上的位置(3.19s)。

图6中给出了随钻地震测量经反褶积后得到的上行波及相应的地震剖面(即走廊叠加剖面)。记录深度区间为4220~4780m,两边是过井的参考地震剖面。图6中走廊叠加剖面的横坐标为钻头深度,纵坐标是地震纵波传播时间。在走廊叠加剖面中3.32s左右存在一个连续性很好的同相轴(即图中深黑图像的走向线),结合井旁的参考地震剖面,解释为目的层白云岩的顶部。根据地震纵波传播速度的假设,将钻遇地震层序时间预测值转换成深度。当钻头深度为4780m,预测目的层白云岩的深度为5065m,实际钻探结果表明白云岩顶部埋深为5050m,两者深度误差为$(5065-5050)\div5050=0.297\%$,误差很小。

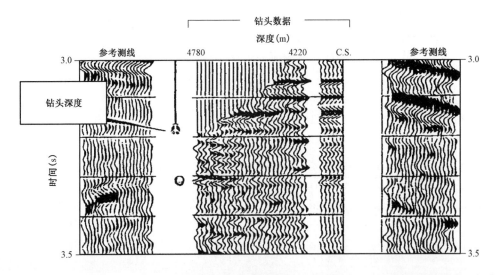

图6 随钻地震资料预测钻头下方地层

3 随钻地震的应用

随钻地震获得的信息有:地震波的旅行时间、传播方向、频率、相位(波形特征)、极性、偏振等。它们反映岩层的波阻抗、反射系数、衰减、层速度、泊松比、各向异性等物理特征,也是岩层的地球物理特征。根据岩层的地球物理特征可以得到以下应用。

3.1 随钻地震研究井孔附近的地层构造细节

在随钻地震中,地震波的传播时间与钻头深度之间的关系称为垂直时距曲线。直达波的传播时间与钻头深度成正比;反射波的传播时间与钻头深度成反比。当地下介质呈层状分布时,直达波垂直时距曲线是一条折线。折点与地层分界面的位置对应。各段直线的斜率倒数就是地震波在各层介质的传播速度(层速度)。反射波垂直时距曲线反映钻头下方某一深度的地层分界面。将直达波和反射波的垂直时距曲线按照它们在井底以上的趋势向深处延伸或外推,两条线相交的深度就指示反射层的深度。

随钻地震可以实时得到的速度资料,对地震剖面进行重新处理(主要是偏移)和修改地质模型,也可以预测地层孔隙异常压力;对声波测井资料进行校正,从而实现测井与速度的一致性;利用得到时深关系数据,从而确定所钻深度在地震剖面上的精确位置;预测钻头前方的地层(包括岩性、地层压力等)。随钻地震具有较高的信噪比、垂直分辨率和水平分辨率。它可以确定井旁小断层。由于礁块下基底灰岩波阻抗很强,有可能得到良好的反射,利用随钻地震资料可识别礁块下基底灰岩。地层不整合面在随钻地震资料中往往显示出强的反射面,利用这些特点可以解释地层不整合面是否存在。利用随钻地震资料可求出地层界面的倾角。对于单层平反射界面倾角可用几何解析法,对于比较复杂的情况常用迭代反演方法。利用随钻地震资料确定断点离井的距离。这是由于断点产生的绕射波同相轴确定引起这些绕射的地层断点离井的距离。这些绕射点离垂直井的距离,是精细解释随钻地震研究井附近地下构造图像关键的量。综合利用直井和斜井的随钻地震资料,可以查明井孔附近的地层构造细节。

3.2 随钻地震可测得实时井深、钻头位置和井身轨迹曲线

从随钻地震记录中可以拾取直达波的旅行时间 t_0,求出钻头上覆地层的平均速度,求出钻进过程中任意深度的钻头空间位置,得到井身轨迹的空间曲线。以二维地震剖面为例(图7)。

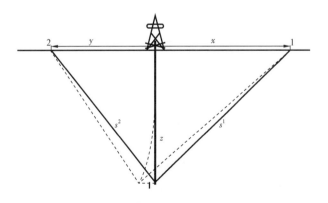

图7 二维地震剖面上钻头位置的确定

设:钻头的深度为 z;检波器 1,2 两点到井口的距离分别为 x 和 y;钻头到 1,2 两点的距离分别为 s^1 和 s^2;地层传播速度 v。则钻头到 1,2 两点的旅行时间分别为:

$$s^1 = v \cdot t^1 \qquad 和 \qquad s^2 = v \cdot t^2 \qquad (5)$$

而钻头到 1,2 点的距离差为:

$$\Delta s^1 = s^1 - s^2 = (z^2 + x^2) - (z^2 + y^2) \qquad (6)$$

如果钻头偏离垂直井轴的距离为 1,那么钻头到 1,2 两点的距离偏移为:

$$\Delta s^2 = [z^2 + (x+1)^2] - [z^2 + (y-1)^2] - \Delta s^1$$

$$= [z^2 + (x+1)^2] - [z^2 + x^2] + [z^2 + y^2] - [z^2 + (y-1)^2] \qquad (7)$$

应用中值定理

$$f(b) - f(a) = (b-a)f(c) \qquad (a < b < c) \qquad (8)$$

则

$$\Delta s_2 \approx \left(\frac{x}{z^2 + x^2} + \frac{y}{z^2 + y^2} \right) l \qquad (9)$$

选择 $x = y$,在已知地层速度 v 和 1,2 两点的直达波时差 $\Delta t = t^{01} - t^{02}$ 时,可求出钻头偏离垂直井轴的距离:

$$l = \frac{z^2 + x^2}{4x^2} v \Delta t \qquad (10)$$

随钻地震在地面的井场周围进行全方位观测,得到多条过井的随钻地震剖面。类似上面的方法,求出不同方向的钻头偏离垂直井轴的距离。最终确定钻头在深度 z 处的空间位置(倾斜角、方位角)。将不同深度 z 处的钻头空间位置连起来,就得到井身轨迹的空间曲线及井身参数值,为井身轨迹控制提供地质导向依据,使井身轨迹准确"入窗上靶"。实现实时地质导向,提高定向井、水平井和丛式井的钻井精度。在探井中可以及时发现油气层,提高探井成功率,特别是在第一口探井中是发现油气层的重要手段。采用横波可以识别裂缝带,为低渗透砂岩及碳酸岩等裂缝型油藏提供有关信息。随钻地震获取的信息是油藏未被伤害的原始参数,这对制订保护油气层和油藏描述、油田开发等工作具有重要价值。

特别强调,因为震源是位于井底的钻头,所以信息采集和识别精度基本不受井深影响,在深井井段有明显优势。

3.3　地层参数的综合研究

钻头信号的形成取决于钻头类型、钻井方式、井眼结构、钻具动力、转速以及地层性质等因素。井口参考信号是研究正钻地层的重要信息,参考信号能量的大小与所钻地层的硬度有关。现场试验表明,地层越硬,能量越强。研究参考信号的统计特征(均值、方差等数字特征),将井底岩石划分成具有不同硬度的地层模式,可以诊断、识别井底的岩性参数。

井场周围的地震检波器记录了大量来自地下的地层信息。经过现场实时处理,可以从地震波的传播时传播方向、频率、波形、极性和偏振等信息中获得地层的纵波和横波的传播速度、泊松比、能量衰减等。估算岩石类型、岩石孔隙度、孔隙压力和其他声学敏感的岩性参数。

井口参考信号和直达波的信息是研究井底钻头处的地层参数的主要依据;有了钻头处的地层参数,结合反射波的信息,运用资料处理技术中的反演技术或建模技术预测钻头下方各深度点的波阻抗参数,并估算钻头下方岩石类型、岩石孔隙度、孔隙压力和其他声学敏感的岩性参数。

随着钻头的钻进,结合钻进参数、录井、地质、测井等资料,未知地层的参数逐步变为已知。再与外推钻头下方的地层参数进行比较和修正,再进行不断重复外推,使钻前外推地层参数逐步逼近真实地层参数。

综上所述,随钻地震技术,在勘探方面可提高探井的成功率;在开发方面可提高开发效益;在钻井方面可提高钻井的精度。

4　结论

随钻地震是一项井中地震新技术。它利用钻进中钻头的振动作为井下震源,进行反向VSP 随钻地震,不仅不影响钻井的正常工作,而且能为优化钻井提供有用信息。随钻地震也不需要专门的井下仪器,只需在钻杆的顶部安装传感器和在井场附近的地表埋置常规检波器,就可进行随钻测量和实时处理,可以得到钻井决策的地震资料,也可以在远离井场的信息处理中心进行精细处理。目前,对于随钻地震的资料处理还没有过关,需要物探部门进行研究。为石油勘探、钻井工程和油田开发提供重要信息。随钻地震技术可以降低钻井成本,提高勘探开发综合经济效益。

参 考 文 献

[1]Rector J W. Using the Drilling Bit as Downhole Seismic Source[J]. Oil & Gas J. ,1989,87(25):55 – 58.

[2]Miranada F,三石,李胜宪. 地震随钻技术对勘探井的意义[J]. 石油物探译丛,1996(4):1 – 14.

[3]韩继勇. 相关技术在随钻地震中的应用[J]. 西南石油学院学报,1998(1):49 – 52.

[4]韩继勇. 随钻地震中钻头震源的研究[J]. 西安石油学院学报,1998(1):7 – 11.

(原文刊于《石油学报》1999 年(第 20 卷)第 2 期)

智能完井新技术进展

张绍槐

1 概述

完井工程已经不再是传统的定义与概念,完井不仅仅是下套管注水泥固井,而必须适应复杂结构井完井要求以及考虑后期采油—增产等现代作业的需要,特别应关注完井与油气井的产能及油气田的采收率密切相关。

国际业界在世纪之交已把钻井完井(Drilling & Completion)合并为一个部门、学科、论坛、栏目;其目的是为了重视与加强完井工程。

完井是钻井与采油相衔接的结合工程而且对采油关系重大。由于完井工程越来越重要,特别是复杂井、深井和海洋井,在一口井的成本中占50%以上;为了保证完井质量很多油公司规定完井成本为50%以上,只能多不能少;完井方案由地质、开发采油与钻井部门共同研究设计,钻井完井部门负责施工;我国大多数油气田还停留在传统概念和传统分工管理。近年,中国海油已经与国际接轨,中国石油与中国石化已予重视。

传统完井是简单完井(裸眼完井、下套管打水泥射孔完井等)主要用于浅井—中深井,多数是直井。20世纪90年代以来,随着水平井多分支等复杂结构井的迅速发展,同时为了适应更多复杂的地质条件和油藏开发技术的进步和提高采收率的目的,发展成为现代完井工程与技术,在直井和水平井中采用了尾管完井、衬管与割缝衬管完井、砾石充填完井、筛管与绕丝筛管完井、金属与陶瓷防砂滤管完井、化学固砂完井等多种完井方法与技术[1]。近年兴起的智能完井(Smart/Intelligent Completion)首先用于复杂地质和复杂油藏条件、复杂结构井、海洋井(特别是海底井口井),陆地井(特别是复杂结构井)的应用近年也越来越多,其发展前景与使用范围不断扩大。需要指出:智能完井的井才是智能井(Smart/Intelligent Well)。智能完井/智能井系统,是由计算机控制和管理并在地面遥控油气井生产的自动控制系统;它能长寿命(几十年)实时监测和控制油气井(含单井眼和多分支井的每一个主/分井段)各个生产层段(段——指的是在穿越油层很长的井段中用封隔器分隔而成的每一个小段)的油气生产、压裂增产、防砂乃至试井、修井等作业。

20世纪80年代后期出现第一口智能井,当时只下了温度计、压力计,可在地面实时读取数据,实时监测油井的井下压力和温度。20世纪90年代以后发展较快,出现了可以在地面控制井下流体及其流量的智能井。在地面通过液压、电力、液电复合3种方式的控制系统,双向传输信息获取井下传输到井口—地面的温度、压力、流量等参数并由地面向井下传送指令。到2004年,全世界已有130多口智能井,还有220多口井下有远程控制装置能在地面遥控井下工具、阀门、仪表,获取更多的油藏开采动态参数的井。到2010年全世界已有1000多口功能更好的智能井,近年发展更快,特别是海洋油气田。

---

[1] 参考万仁溥编著《现代完井工程》,石油工业出版社,1996年6月第一版:43–55。

我国现在还没有真正意义上的智能完井,或者说不能完全自主进行。在认识上似乎也不够全面。但是已经起步了,是值得鼓励的。例如,2011 年第 2 期《石油钻探技术》杂志"胜利油田智能完井技术研究新进展"一文,只是讲了研制(套管、筛管)管外封隔器进行分段完井及其数据采集、处理技术。长水平段和多分支井油层段的水力压裂必须将压裂井筒分段,这是关键也是难题。智能完井为分层分段压裂提供了越来越好的方法。我国 2009 年在塔里木率先应用哈里伯顿公司生产的滑套投球产品与技术进行了 6 段分段压裂(图 1);2010—2012 起华北油田先后为长庆等油田用国产投球滑套进行了 10 段—12 段—14 段分段压裂。自主产权的投球滑套技术仍在继续发展之中。而国外又有 ICV 等新技术了。

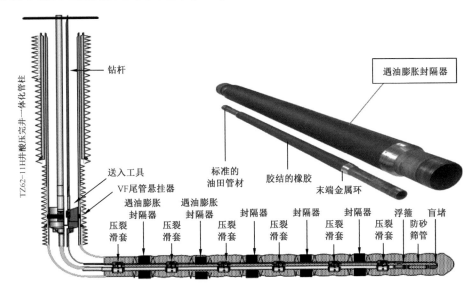

图 1　国内开始用投球滑套式工具分段压裂(塔里木油田)

国内用投球滑套式工具分段压裂(塔里木油田用哈里伯顿公司技术服务)。

膨胀式尾管悬挂器(VersaFlexTM)+5 只遇油膨胀封隔器(SWELLPACKER)+6 只增产压裂滑套(Delta Slim Sleeve),将水平段分成 6 段。

图 2 是华北油田为长庆服务的 10~14 段压裂完井管柱结构图。

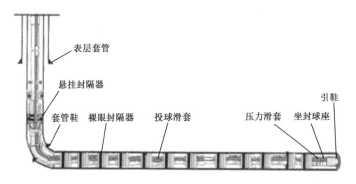

图 2　压裂完井管柱结构示意图

表 1 中 10 级滑套:投球滑套 2 比投球滑套 1 内径大 4.8mm,投球滑套 3 比投球滑套 2 内径大 4.8mm,可见滑套壁厚为 2.3~2.4mm 已很薄,这个结构不能再增加级数,除非调整结构另设计。

表1　压裂工具技术参数

名称	长度(m)	外径(mm)	内径(mm)	坐封压力(MPa)	耐温(℃)	耐压差(MPa)	堵球尺寸(mm)
带筛管引鞋	0.53	127.0			150	70	
自封式球座	0.55	114.3	23.0	15	150	70	28.00
压差滑套	0.93	138.0	70.0	37	150	70	
裸眼封隔器	1.32	144.0	70.0	45	150	70	
投球滑套1	0.89	127.0	30.0	45	150	70	34.80
投球滑套2	0.89	127.0	34.8	45	150	70	39.35
投球滑套3	0.89	127.0	39.4	45	150	70	43.65
投球滑套4	0.89	127.0	43.7	45	150	70	47.00
投球滑套5	0.89	127.0	47.0	45	150	70	51.70
投球滑套6	0.89	127.0	51.7	45	150	70	55.90
投球滑套7	0.89	127.0	55.9	45	150	70	60.30
投球滑套8	0.89	127.0	60.3	45	150	70	64.90
投球滑套9	0.89	127.0	64.9	45	150	70	68.00
悬挂封隔器	1.82	148.0	70.0	20	150	70	
回接筒	2.15	135.0	110.0		150	70	
丢手接头	0.3	142.0	36.0	26	150	70	

投球式多级滑套(各组直径自下而上由小到大,每组球径与具有内外筒滑套的滑套座的内径相配合)。施工时先投入最小直径的球,该球下落坐在最下部的滑套座上,憋压使滑套座连同内筒下移,露出外套筒上的孔,完成最下部一个滑套的打开工作,进行压裂等要做的事。然后,依次投入第二小直径的第二个球打开第二个滑套,进行要做的事。依序由下而上打开每个滑套。每组滑套都是双层内外筒,套筒壁要有一定厚度(上例为2~3mm)。所以在井下直径有限的空间只能使用有限组数。要想增多级数需用更先进的井下控制阀(ICV),它可在一口井使用多达几十个ICV。

2012年第5期《天然气与石油》报道了"不动管柱喷射分段酸压技术在超深井的应用"。该文介绍水力喷射酸化压裂技术已在全球施工360余口井增产效果显著;但不动管柱喷射分段酸化压裂工艺技术在超深井的应用未见报道。它是一项创新、高效、安全的水平井分段酸化压裂技术。塔里木油田的酸化压裂技术从笼统大排量酸化压裂发展到遇油膨胀封隔器分段酸化压裂。但封隔器分段酸化压裂后,封隔器胶筒质量不好时,残留胶块给后期作业带来困难。采用不动管柱定点喷射分段酸化压裂技术可以不用遇油膨胀封隔器而确定压裂裂缝起裂位置,解决了常规的大段笼统酸化压裂时无法控制起裂位置的弊端,同时也解决了封隔器胶筒残留井筒给后期作业的问题。这项技术的工艺设计要点是:

(1)为保证足够的射孔和破岩效果,喷嘴出口流速要大于150m/s,喷嘴节流压差20MPa左右(能大更好),超深井井口泵压通常就很高,所以最大允许泵压是选择喷嘴的前提,尽量使用高压泵。

(2)根据泵压随喷嘴直径、个数的变化关系,结合该地区裂缝延伸压力梯度,对ϕ127mm套管和ϕ152.4mm裸眼进行喷射器的研制,选用12孔×ϕ6mm和6孔×ϕ6mm的喷嘴组合,可满足喷射酸化压裂对喷射速度和泵压的要求。

（3）滑套式喷射工具是实现不动管柱喷射分段酸化压裂的核心部件；它由丢手接头、扶正器、喷枪、单流阀、筛管和引鞋等组成。

（4）以 $0.6 \sim 0.8 m^3/min$ 的排量送入树脂球，当树脂球到达滑套球座上，加压到额定压力剪断销钉，推动滑套下移而露出喷嘴，同时对下部管柱密封，实施本层的喷射酸化压裂施工。施工完成后重复该施工步骤，逐级送一个比一个直径大的球入座打开滑套，管柱不动喷嘴下移施工相应层段。滑套结构必是有限级数。

在哈拉哈塘区已完成 3 口井深近 7000m 的不动管柱水力喷射（喷砂）分段酸化压裂施工，井下工具工作压力达到 119MPa、工作温度 170℃，分段酸化压裂裂缝 1 ~ 8 条缝，单缝酸化压裂成功率 100%。

关于井下测量，我国目前基本上在井下使用简单的温度、压力计而且每口井使用数量少。智能完井能在井下按照要求，安装数量很多的各种测量仪表，还有井下永久式仪表（仪表箱）。我国在完井技术的提高和完井方法的发展方面起步了、前进了，但总体上距现代智能完井还有距离。智能完井和智能井是换代技术，其主要目标是用智能技术最大限度地提高产量、提高最终采收率、提高效益、降低成本，而不只是解决一两个单一的技术问题。

2 智能完井适用范围

国外大油气公司对智能油气井的定义是：一口智能油（气）井，使作业者能够遥控油井油气水流体的流动或注入，在该油藏不需人工（物理）干预即可使得油井产量和油藏管理过程实现最优化。

（1）智能完井适用于多类油气藏，其中高产油气田效果与效益明显。只要在装备成本方面逐步降低之后，经过经济评价确认在低渗透油藏（非常规油气）仍能有效（或者说更需要智能完井）；

（2）广泛用于 H（水平井）—LH（长、超长水平井段）—ML（TAML5 – 6）（多分支井）—MRC（最大油藏接触面积）井及某些老油田的二次开发；

（3）新区首选、海洋井，特别是深水油气井、井口在海底的深海井都需要智能完井；

（4）国外看到智能完井的魅力，在油田老区老井改造时，探索和试验用侧钻水平井、侧钻分支井后，在新井段采用智能完井和强化压裂增产措施，已经有老油气田能够利用低产井、甚至停产井、高含水井改造后再完井（乃至在一个老区反复试验，二次、三次 decompletion & recompletion，放弃一段老井眼侧钻一二个新眼，再完井），恢复和提高产能，有可能收到起死回生（焕发青春）之效；

图 3 是新型完井技术示意图。随着开发技术日趋复杂，越来越需要使用先进的完井技术。超长水平井（左）、多分支井和安装海底设备的深海井（右）的出现，已经促使我们行业认真研究永久性监测系统的部署和控制问题，以便更好地利用实时信息。

2.1 智能井的应用

（1）控制流入，包括：不希望流入的（如硫化氢层及水层流出的水及硫化氢）、控水侵等。

（2）分布式注入。

（3）有控制的选择性分采—合采。

（4）利用气层的气实现自动气举。

（5）利用水层的水流压力实现自流—自动注水。

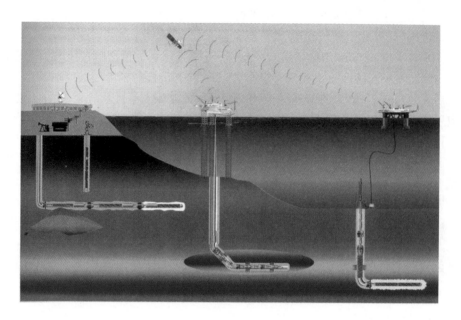

图3 新型完井技术示意图

(6)实现组分(成分)优化组合(掺和、混合)。

(7)实现井眼稳定。

(8)复杂结构井的科学生产管理。

(9)避免井间干扰。

(10)陆地井、海上平台井、海底井口井都能有控地按经济极限速率生产和优化管理提高采收率。

2.2 智能井主要功能

任何一口井装置了一套集成装置后,就能使作业者不需人工物理干预就能:

(1)遥测。在油藏条件下遥测液流在油井中流动或注入。

(2)遥控。在油藏选择性层段(层间封隔层段)遥控油井液流流动或注入。

(3)最优化。碳氢化合物生产和油藏管理方法的优化。

(4)液流监测。井下安装了永久型传感器(温度、压力、流量、流体流动等),特别是永久型井底多相流量计,所以能够连续监测液流的多个参数。

(5)液流控制。井下装置(元部件):地面控制的井下阀门,(液体)流入(井内)的控制装置(ICD)主要指控砂筛管以及层间控制阀(ICV)等。

(6)液流最优化。由传感器采集到的信息输入分析机,帮助分析并做出决策,给液流控制装置以指令,从而调控液流流动方向、流量、作用等,实现油、气、水液流的最优化管理。

据JPT 2011一月号报道,哈里伯顿公司已为全球服务装置了500多口智能井。加上其他公司的服务全球约近千口井。在这方面沙特阿拉伯领跑于全球,2007年共有99口智能完井的智能井,2008年专文总结了100口智能井的文章,现在已有几百口智能井。

Baker-Hughes公司研制了石油行业第一套高级智能完井系统,称为InCharge智能完井系统。斯伦贝谢公司的第一套全电控智能完井系统于2000年8月在Wytch-Farm应用,当老油井出水时,从老眼钻两个分支井眼,并对每个分支进行井下流量控制,从而有效恢复产能。

还在北海一批井安装了可回收式流量控制器。WellDynamics 公司在 200 多口井安装了智能井系统。以上都是大公司的应用,还有其他小公司参与。

2.3 智能井完井的主要功能

(1)能有序管理油气水层、按管理者的意图控制地层—储层流体的流动;

(2)能自动注水、自动气举;

(3)可实现分层段封隔、选择性分级压裂酸化、重复压裂酸化;

(4)既可分采又可合采;

(5)为实现信息化、智能化、自动化、数字油田奠定基础;

(6)(大幅度)提高产量、提高采收率;

(7)降低开发成本。

2.4 智能完井系统在油藏管理和动态监测方面的优点和功能

(1)对多油层油藏能选择性生产,优选工作方式,改善注水井的注入和油井的采出动态,适时关闭产油井中含水层或含气层的井下油嘴,能够自动注水和自动气举,从而提高产量、采收率、经济效益。

(2)不需关井就能进行压力恢复和压降测试,可实时监测各层段产量、压力、温度等参数,可以更为准确地对油藏进行物质平衡计算及时掌握油藏动态,从而实时优化各个层段的生产,并通过有效地分析处理井下各层段的流动参数提高油气井的管理质量和效率。

(3)能对井下任意一个选定的层位随时进行必要的处理而不需井下作业,也减少了井下作业次数和油井停产时间,降低了生产操作费,提高了油田效益。

(4)智能完井系统由于完井装置投资较高,目前主要用于高产井和海洋井,特别用于产能高和井下作业费用较高的油田(待装置费用降低后,投资—收益划算时,在中产乃至低产井也将逐步推广)。在复杂结构井,特别是水平段长的水平井、多分支井、MRC 井使用智能完井更有效。

智能完井目前在沙特阿拉伯、北海、墨西哥湾、西非近海等地应用较多。目前,我国只限于使用井下压力计、滑套式分级压裂等,还没有真正意义的智能完井。智能完井包括以下几个子系统:井下信息传感系统、井下生产控制系统、井下数据传输系统、地面数据收集分析和反馈控制系统。我国应该积极做装备、软件、井下专用工具(封隔器、地面遥控的井下控制阀、井下仪表箱等)、技术、人员等各方面的准备。

2.5 那些特色储层要智能完井

(1)长水平井段且渗透率不等的油藏(图 4)。

图 4 说明在非均质油藏要用智能井。在图 4 中,假设某井水平段包括 4 个 100ft 长的井段,自跟部到趾部的 4 段渗透率分别为 1000mD,300mD、600mD 和 100mD。使用封隔器和层段间隔控制阀(ICV)把 4 个井段分段隔开,这样就可以对渗透率不同的 4 个井段分别采用适于该井段的射孔与压裂等措施,这就可以在投产时对 4 个层段进行合采(或分采)。

(2)智能多层完井解决各层流速不同。

在图 5 中,假设某油藏有 3 个油层,它们每层的液流速度不等,使用层间控制阀(ICV)的智能完井法,就可以对各层采取有区别的措施,并使每口智能井对 3 层合采(或分采)。

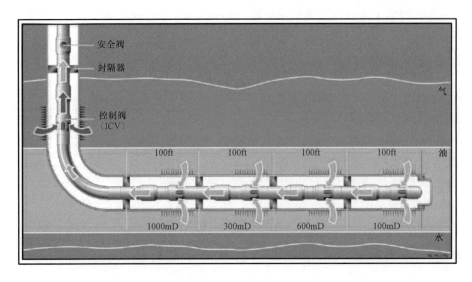

图 4　渗透率不等的油藏用长水平段智能完井法示意图

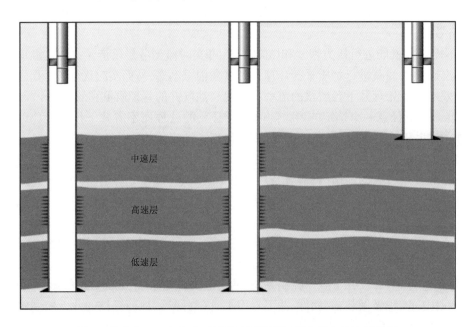

图 5　某油藏有 3 个流速不同的油层采用智能多层完井法示意图

（3）协调（适应）管理。

对图 5 所示各层流速不同的油藏可用分层井网的智能井进行协调管理。

（4）智能统一协调管理。

图 6 假设某油藏的 3 个油层流速不等，可在使用智能完井方法后采用一套井网，每口井都可以分采或 3 层合采，实现智能统一协调管理。

（5）叠式/多层油藏要智能多分支—多级完井。

图 7 是叠式油藏和多层油藏宜采用智能多分支井（智能多分支井水平井）和智能多级完井法进行开采。

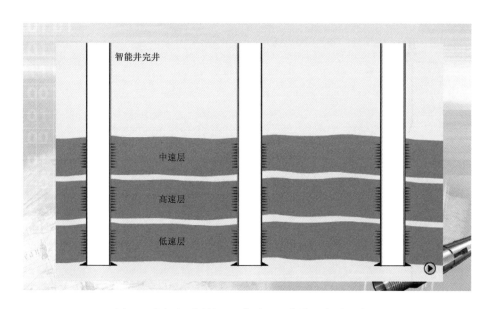

图6 对流速不同的3口井采用一套井网合采示意图

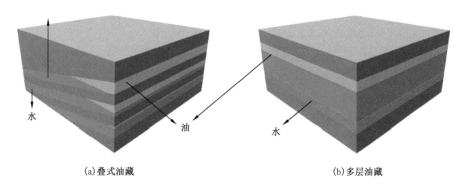

(a)叠式油藏　　　　　　　　　　(b)多层油藏

图7 叠式油藏和多层油藏

3 智能井完井结构设计

以长水平井、多分支井、MRC井及其使用压裂/增产作业的智能完井为例,从原理上说明智能井完井结构设计(主要涉及井型、井身结构、各层井眼直径、油层井段穿越油层长度、完井方法选择、技术套管尺寸、油层膨胀套管—油层套管类型及尺寸、分支段设计、相贯三通、作业管柱)及其主要部件(管材、封隔器、井下控制阀等)。

图8表示水平井、多分支井、复杂结构井用封隔器分段,两个封隔器之间安装ICV阀,在两个封隔器之间的每一段可以通过ICV阀进行压裂等作业,完井投产后可以根据生产中的信息开关任何一个井段并实行多层多段合采。

智能完井可以在直井、水平井和多分支井以及复杂结构井中使用。目前在多分支中的智能完井方法,主要是国际上常的几种多分支井类型,如图9至图12所示。

为了在国内开展智能完井和智能井的实践工作,笔者提出了一个建议方案——"一主二分"代表性方案,如图13及其说明表2所示。图13是在分支井5级、6级完井和MRC井的基础上,用膨胀管扩大生产管直径,用封隔器对油层分段封隔,用井下层间控制阀进行液流控制和压裂等措施。表2有10个推荐方案。

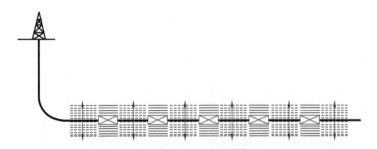

(a)水平井:用封隔器分段,两个封隔器之间安装ICV阀定位射孔—压裂

注:单水平井用5个封隔器把水平段隔为6段，分段压裂

(b)水平井:强化压裂产生多缝—成组缝

注:将图(a)中被封隔器分隔开的6段进行压裂，形成多缝压裂效果

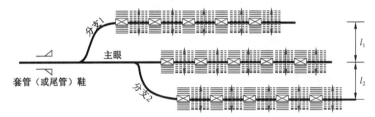

在中间的主眼上、下（实为左、右）各侧钻一个分支井眼。
对每个主眼和分支井眼都安放了封隔器,以备分段压裂

(c)ML/MRC水平井分段压裂

注:主/分井眼直径、水平段长度, l_1与l_2距离、完井方式、封隔器位置等要根据油藏特征、
油层情况等按井逐个精心设计。

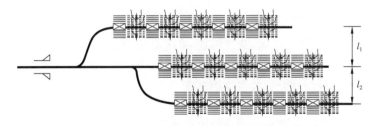

(d)ML/MRC水平井分段强化压裂形成簇状压裂缝

注:对图(c)中用封隔器分隔开的15个分段进行分段压裂
（可以对15段同时一次压裂，也可以分多次压裂），
形成网络状多缝压裂效果

图8 复杂结构井、水平井、多分支井智能完井实行分段措施后可以合采的原理图

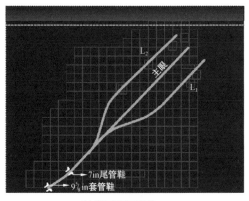

(a) 裸眼侧钻叉型井
(主眼及L₁, L₂两个分支井)

图 9　裸眼侧钻叉型井

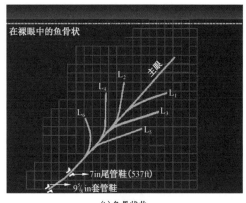

(b) 鱼骨状井
(主眼及L₁—L₆六个分支井)

图 10　鱼骨状井

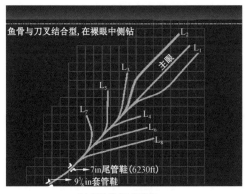

(c) 叉骨结合8分支井
(主眼及L₁—L₈八个分支井)

图 11　叉骨结合 8 分支井

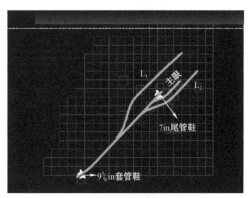

(d) 从尾管开窗侧钻叉型井
(主眼及L₁、L₂两个在尾管中开窗侧钻的分支井)

图 12　套管开窗侧钻叉型井

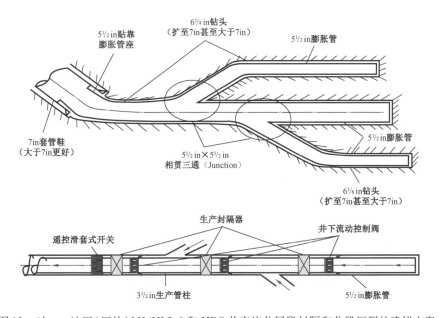

图 13　对××油田(区块)LH/ML5.6 和 MRC 井实施分层段封隔和分段压裂的建议方案

表 2　推荐方案

方案	井型	油层穿越长度（m）	二开井段技术套管（in）	三开钻头（in）	油层套管类型及直径（in）	作业要求
1	LH 水平井（含双向水平井阶梯水平井等）	3000~5000	9⅝	8½	7（套管、尾管、筛管）	常规
2			7	6⅛	5½（套管、尾管、筛管）	常规
3				6⅛	5½（套管、尾管、筛管）	扩眼（边钻边扩或钻后扩眼）
4			7	6⅛（再扩眼）	5½［膨胀管（胀后管内径大于127mm）］	扩眼（边钻边扩）+膨胀管
5	ML5.6 和 MRC 井（优选井型、分支数等）	主眼段（>2000m）	9⅝	8½	7（套管、尾管、筛管）	常规
6			7	6⅛	5½（内径118~127mm）	常规
7			7	6⅛（再扩眼）	5½［膨胀管（胀后管内径大于127mm）］	边钻边扩+膨胀管
5′		各分支段（每支约1500m）>5000	9⅝	8½（侧钻）	7（套管、尾管、筛管）	常规
6′			7	6⅛（侧钻）	5½（内径118~127mm）	常规
7′			7	6⅛（再扩眼）	5½［膨胀管（胀后管内径大于127mm）］	扩眼（边钻边扩）+膨胀管
8*			5½	4¾（再扩眼）	5［膨胀管（胀后管内径约115mm）］	扩眼（边钻边扩）+膨胀管

图 14 是针对陕甘宁盆地（包括延长油矿、长庆油田）的多油气层油藏，采用多层多分支井实施智能完井的建议方案。

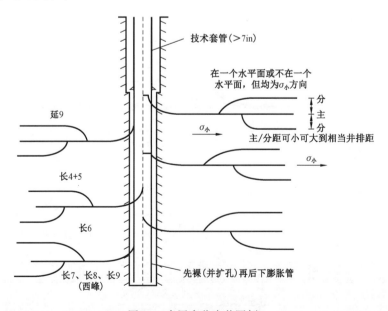

图 14　多层多分支井图例

4 智能井的建立

智能井大多是复杂结构井,钻井的关键是把先进技术集成起来整合应用、把地质—油藏—钻完井—测录井以及工程—经济—HSE 多学科结合起来,主体工作在钻井完井时进行,以 MRC 井为例,如图 15 所示。

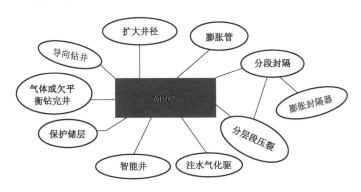

图 15　MRC 智能井及其主要集成技术

智能井能多层合采少井高产、简化井网、节省土地与地面装备。

智能井技术能开采边际油藏和通过控制多油藏合采技术提高油气产量,国际上又称为聪明井(Smart Well)。

图 16 表示某油藏共有 5 个油层,左图是单层单井网共 5 套井网,右图是用单井一套井网对 5 个油层进行合采(也可分采),右图是智能完井的智能井。

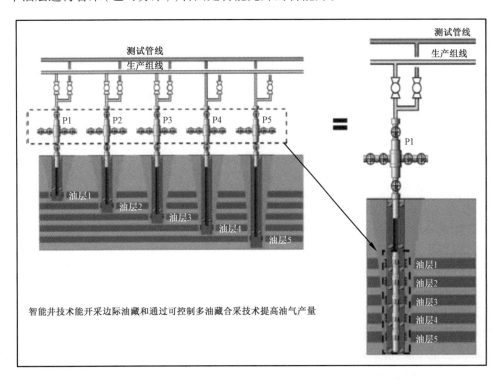

图 16　智能井简化井网示意图

图 17(a)用不同颜色表示分采与合采的采油速率及其对比;图 17(b)表示 5 层合采与单采的产量。图 17(a)的右上角说明不同颜色代表的 5 个单层和 5 层合采的颜色含义。合采的产量大于 5 个单采产量之和;合采的采油速率始终高于经济速率极限,更大于单井分采,单井分采时有部分产量小于经济速率极限。充分说明智能井的优点,尤其在海洋井使用智能井效果更好。

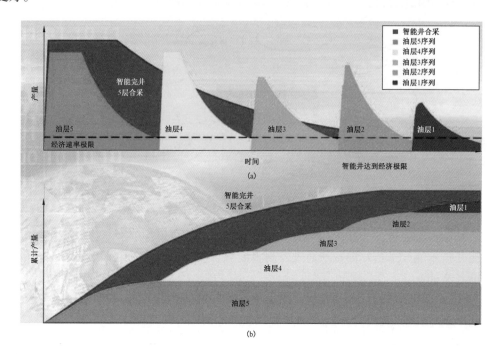

图 17　合采的智能井有序开发与产量及采油速率的关系图

智能井完井的主要优点:

能有序管理油气水层、按管理者的意图控制地层—储层流体的流动、控制产量或注入量;能自动注水、自动气举;可实现主井眼和各个分支井眼的分层段封隔、选择性分级压裂酸化、重复压裂酸化、分层段注采;既可分采又可合采;为实现信息化、智能化、自动化、数字油田奠定基础;(大幅度)提高产量、提高采收率;降低开发成本。

智能井完井的效益:

用油藏分—合采和利用先进的复杂井结构来增加和提高产量;

用较少的油井数,减少地面装置等方法,来开发资源以降低资产投资(CAPEX – capital expenditures)(综合)成本;

通过减少采油修井减小干扰和通过产液的低含水(减少暴露面积)来降低作业操作(OPEX – operations expenditures)成本;

通过较好的注采作业油藏管理,通过边际油层和边际储量的开发(非智能井则不能开发)来增加产量和油气采收率;

在提高产量,降低成本和提高油气采收率诸方面的效益,实现最小化的综合成本和作业成本(Minimize CAPEX & OPEX)。

图 18 是自动气举原理图。自动气举(也称为就地气举系统)利用井下传感器、环空封隔

器和流量控制阀等来确保有足够量的天然气通过套管环空进入油管液柱并将油的油柱提升到地面。在此过程中,需要用流量传感器和流量控制阀来避免天然气进入液柱过量,防止引起层间窜流。与常规系统相比,自动气举系统成本更低。因为自动气举不需要利用地面设施将天然气沿着环空向下输送至目标层。自动气举还具有一项优势,即可以通过一条来自地面的液压管线远程控制注水量。在常规气举作业中,当提升地层流体所需的天然气的体积因流体性质的变化而发生变化时,需起出电缆回收气举阀以进行调整。保护气举阀的气举阀套(蓝色)是油管柱的一部分(图19)。图20是利用水层的水实现对油层的自动注水。自动气举和自动注水都只有在智能完井的井中才能实现,它们都可降低综合成本和作业成本。

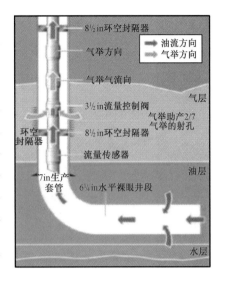

图 18　自动气举原理图

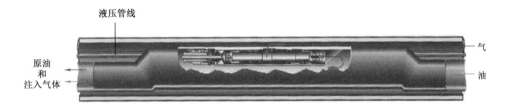

图 19　自动气举的气举阀结构图

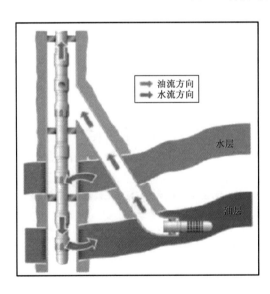

图 20　可控制(水)的自流注水—自动注水

图 21 说明为什么要智能多层完井,是注水和最大化提高采收率(Waterflood and EOR Optimisation)的智能井网及智能管柱图。图21(a)表示智能井的采油井网和注水井网,采用智能井技术能够使作业者在每一个油层(图中深灰色是油层)的每个分支井调整(控制)油井生产,包括开、关某一分支井段,也可以对注水层(图中浅灰色)注水作业进行调控。而且注采工作互不干扰。

在一口多分支井中的注水控制的背景和地下情况是:轻质油油藏;低渗透石灰岩;注水压力稳定;在 20 世纪 90 年代早期应用的多分支井技术(通常为 4~7 分支)。

在一口多分支井中控制注水的解决办法和执行方法如下。

(1)解决办法:用智能完井(多层共用一个电潜泵、一套通信系统、一个储油箱等;每层一个封隔器、一个数字水力检测器、一个层间控制阀)结构解决:

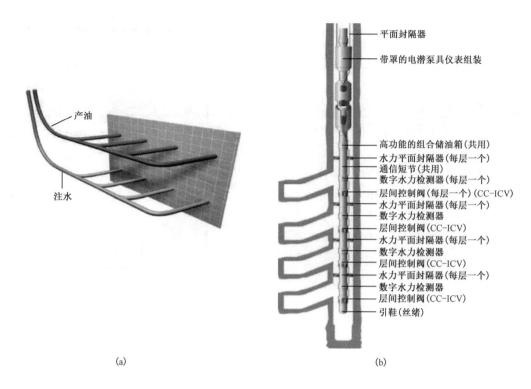

产油

注水

(a)

平面封隔器

带罩的电潜泵仪表组装

高功能的组合储油箱(共用)
水力平面封隔器(每层一个)
通信短节(共用)
数字水力检测器(每层一个)
层间控制阀(每层一个)(CC-ICV)
水力平面封隔器(每层一个)
数字水力检测器
层间控制阀(CC-ICV)
水力平面封隔器(每层一个)
数字水力检测器
层间控制阀(CC-ICV)
水力平面封隔器(每层一个)
数字水力检测器
层间控制阀(CC-ICV)
引鞋(丝绪)

(b)

图21　注水和优化采收率的智能井网及智能管柱图

智能井技术[图(b)装置]能使作业者在每一个油层或每个分支连接处调整/关闭生产
(暂停产油)或调整/停止注水,而不发生干扰

控制各分支的贡献率;减少产出液的含水量;改善注水效率;减少脱水和水处理费用。

(2)执行方法:油井动态系统成功地安装了4个油层的数字水力系统;集成配合用一台电潜泵;油井动态水力释放短节能够将完井结构的下部(液流控制数字水力系统)和上部电潜泵分离脱开。

智能多分支完井的应用(Applications of SMC)对采油井来说,控制不希望有水与气的液流流入井中。

分布式注入水、气、CO_2 等(图21);控制合采(图16 和图17);自动气举(图18);自流—自动注水(图19);避免井间干扰。

5　智能井完井的系列化部件、装备(Systematic Components of SWC)

智能完井的系列化部件有以下几种,并以三层合(分)采完井管串为例(图22):液流控制装置—液控阀(ICV,ICD);温/压传感器等;层间分隔封隔器;可释放短节;地面数据监测和控制系统;通信和供电系统。

智能完井主要装备:

(1)裸眼或套管封隔器、膨胀封隔器、遇油气(水)膨胀封隔器;

(2)井下(永久型)监测—测量仪表:温度、压力、流量、含水量—多相流量计—及其相关软件;

(3)地面遥控(机、电、液、电液结合)方法及其控制系统、地面控制的井下多位阀 ICV、投

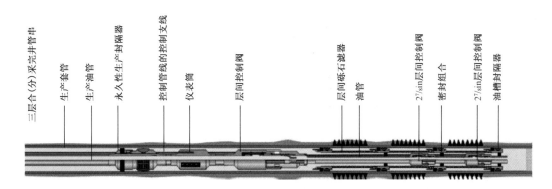

图22 三层合(分)采完井管串结构图

球式滑套、防砂装置、安全阀、地面控制的井下安全阀(SCSSV);

(4)通信系统;

(5)数据管理系统;

(6)膨胀管或/和专用管件。

据此,提出我国需配备与研发的井下工具与仪表系列(10大类):

(1)油井管及附件:主井眼用4in以上油管,主井眼为7in套(尾)管或膨胀管或衬管,用可回收式或永久式悬挂器或重复段膨胀管挂(贴)在上一层9⅝in技术套管内;分支井的完井管柱为7~5½in(套管或膨胀管);主—分相交井段处的拼合技术和金属连接短节—相贯三通;套管接箍定位短节;防砂筛管等;

(2)封隔器、可回收(液压)封隔器、膨胀封隔器、遇油气(水)选择性膨胀封隔器、金属膨胀封隔器、带有反馈控制线路的多封隔器组、异径砾石充填封隔器、同轴轴向封隔器、密封件组合等;

(3)"电—液"多种类型控制的井下阀门、层—段间的控制阀(ICV)、井下流量多位(11位)控制阀又称"井下油嘴"、投球式滑套开关、地面控制的井下安全阀(SCSSV);"地面装备—井内电—液管路—井下阀门"全系统;(ICD)层间控制装置—特指用于防砂筛管方面的井下节流装置;

(4)单/多点压力、温度和流量计、永久型井底多相流量计、地面数据监测与井下测量仪表、永久型井下监测(仪表箱)系统(PDHMS)、数字水力检测器等;

(5)"地面—液压管路—井下仪表"液控(电控、电液复合)系统、带有电—液反馈控制线路的遥控(开关和封隔器等)系统,油气井用的多相流量计;

(6)各类接头、快速密封接头、(水力、电子、磁性、机械式)可快速连接—释放短节、分支井段进出入工具(MLT)、牵引器—爬行器、指示液流触发弯接头、在牵引器不能使用时——为减小摩阻的"减阻剂与井下搅拌器复合装置";

(7)智能井(有线式、无线式)通信系统;

(8)连续管、内含光纤的连续管及其附件;

(9)光纤网络及数据采集系统(SCADA)和远程控制系统;

(10)智能采油装置;智能修井工具和辅助作业专用工具。

还有与之配套的智能完井软件工作。

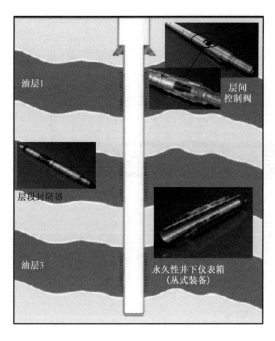

图中标注：油层1　层间控制阀　层段封隔器　油层3　永久性井下仪表箱（从式装备）

图 23　智能完井的井下三个重要部件

产品研发和制造要保证质量。根据各井具体设计,完井装置各部件除单独和地面测试检查外,还要逐井进行整体组装后的功能试验。功能试验至少要有 4 个试验层次,即:一到井场时、二在钻台上、三在坐封隔器前、四在大钩卸载之前。确保井下使用安全可靠。在此强调智能完井特别要重视,井下 3 个重要部件,即层段封隔器、层间控制阀和永久性井下仪表箱(图 23)。

井下 3 个重要部件中,关于层段封隔器和层间控制阀在前面已多次阐述;关于永久型仪表箱的功能与优点:

永久型仪表箱内装有多类仪表和传感器。以压力计为例,一只每秒钟记录一次数据的永久型压力计一年内能记录 3100 万个压力数据。斯仑贝谢公司的内刊认为:单个测量的数据点价值很小甚至没什么价值。数据的价值来自于对瞬变压力的动态分析,而瞬变压力是由流量的持续阶跃变化产生的。只要有产量数据,永久型压力计就会成为压力瞬变分析(PTA)真正的数据宝藏。能够连续采集可靠产量和压力数据的井可使研究人员得以进行产量数据分析(PDA)。通过数据处理可将早期的 PTA 动态和后期的 PDA 响应结合起来作为一个连续、虚拟的恒定产量压降响应加以分析。进而能够揭示近井储层全面的特征,包括诸如大型水力压裂和长水平井的长期响应,以及远距离储层非均质性和边界等信息。

5.1　ML‑MRC 井为什么和怎么样使用地面遥控井下控制多位阀

层间多位阀的提出:在复杂油藏的 ML‑MRC 井,由于其主眼和各分支井段的油层性质不尽相同、气顶底水和自然裂缝等是否存在及分布不同等原因,在合(分)采时必须同时对整个 ML‑MRC 井各井段的井下油嘴大小(含全开或全关)进行优化,否则井段之间严重干扰甚至减产。智能井的井下油嘴就是地面遥控的井下水力控制多位阀(系统)——Surface Controlled Variable Multi‑positional Hydraulic Controlled valve/System。沙特阿拉伯(技术杂志,2009 年刊)撰文"装备了多个多位井下阀的 100 口智能井的经验总结"从发展过程介绍为什么使用和形成规模应用以及使用后得到的效果,应能从中认识其必要性而不该再犹豫。

实例是 GHAWAR 油田第一口 ML‑MRC 井(Haradh‑A‑12 井,图 25)及其智能完井(SC)的设计、钻完井、试井和采油。它是一口三分支井并安装了具有地面遥控水力管线的井下智能装备,还配有压力和温度监控系统的可回收的先进系统。

主要功能:一是实现层段分隔隔离和封隔;二是为在地面对井下控制各分支井段进行分采或合采打好基础;三是用可变位的多位流量控制阀来调控流量、改善采油、持续产油,乃至油井不出水；四是实时监测产量和液流压力能使油井产量最优化。

智能完井设计（具地面控制的多位水力控制系统能够选择性生产的"3 + 1"分支井）如图 24 所示。

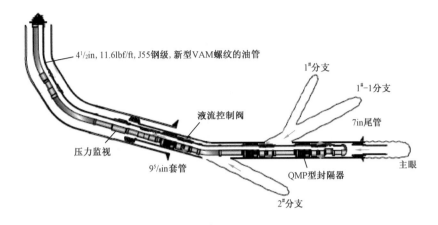

图 24 Haradh – A – 12 井智能完井结构图

经节点分析和采油模拟得到："井下阀门过流面积与推荐产量的关系图"（图 25）。

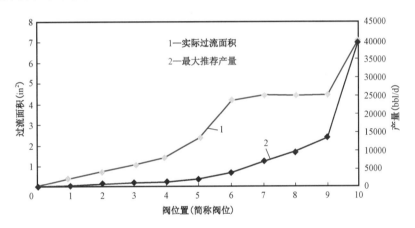

图 25 井下阀门过流面积与推荐产量的关系图

图 25 是井下阀门过流面积（曲线 1）与推荐产量（曲线 2）之间的关系图。图 25 的横坐标为阀位（共 11 个）。

如图 26 所示：井下的计量仪表、多位封隔器和液流控制阀。永久型井下测量系统（PDHMS）通常放在最上面封隔器的上部以监测流量，每 2 个封隔器之间都有一个 11 位的液流控制阀，各阀的阀位（即开关或开口大小）可根据产能优选。下面用表 3 说明之。

智能完井优选主—分井段各个阀门阀位的方法要点：

表 3 中列出 7 次试验的产量、含水量与主—分井段各个控制阀阀位的对应关系，表明第 7 次最好，含水量为零，产量（产油速率）较高。这进一步说明在 ML – MRC 井中为什么和怎么样使用水力控制多位阀。遥控阀位变化的方法是缆线电控或水力液压管液控或电液复合控制；在研无线式遥控方法。

(a)   (b)   (c)

图26　井下仪表(a)、多位封隔器(b)和液流控制阀(c)的结构图

表3　按图25在不同的井下阀位时的流量试验结果

试验次数	井下控制阀阀位			产量(10^6bbl/d)	含水量(%)
	L0	L1	L2		
1	5	3	2	7.7	22
2	5	0	0	1.0	97
3	0	0	5	3.5	65
4	0	0	2	3.5	0
5	0	3	0	3.9	0
6	10	10	10	无产量	—
7	0	3	2	6.0	0

　　图27(a)表示如果阀开过大压差较高时会通过裂缝引发产水,所以必须优选各阀阀位避免产水[图27(b)]。

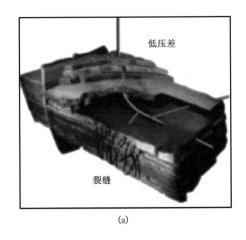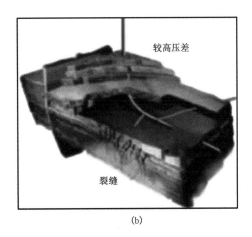

图 27　较高压差通过垂直裂缝引发产水

5.2　井下液流控制装置(ICV)的作用与驱动方式及级别

(1)作用:

① 二进制(开—关);

② 分散的多位系统;

③ 高分辨率及无穷大的变量。

(2)启动(驱动方式):

① 水力平衡;

② 水力弹簧回位;

③ 电子;

④ 电液系统;

⑤ 机械过载装置。

(3)尺寸和级别:

$5\frac{1}{2}$in,$4\frac{1}{2}$in,$3\frac{1}{2}$in 和 $2\frac{7}{8}$in(各种静—动态的)。

(4)按压力级别选用多种材料。

(5)样机(任选项):

① 屏蔽罩;

② 位置反馈传感器。

(6)综合(集成)的压力/温度计:

① 多路复用(传输)阀控;

② 用户阀系调整设计。

(7)井下液流控制装置的其他说明:

① 碳化钨液流防护;

② 金属—金属密封;

③ 径向的对动(双向)液流通道;

④ 耐腐蚀合金材料;

⑤ 用带砂液进行液流闭合循环试验。

图 28 是井下液流层间控制阀的一种结构。图 29 是使用这种层间控制阀进行气举采油工作时,通过可移动套筒的动作以开关阀孔(Orifice),阀体内有一个静止的平衡筒(Trim),图中箭头表示气举流方向和油流方向。图 29 是以气举采油为例来说明层间控制阀的工作原理。图 30 是自适应层间控制装置,可适应遇水膨胀、遇油膨胀或遇气膨胀。图 31 是可回收的裸眼膨胀封隔器,采用无损伤的可回收元件,减少作业工作量,增大了灵活性。

图 28 井下液流控制阀结构

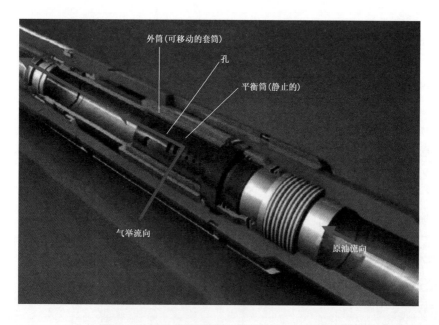

图 29 井下液流控制阀用于气举采油的工作图

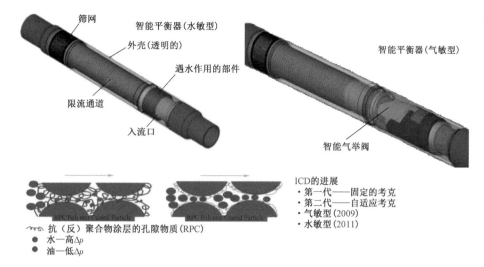

ICD的进展
· 第一代——固定的考克
· 第二代——自适应考克
· 气敏型(2009)
· 水敏型(2011)

〜〜 抗(反)聚合物涂层的孔隙物质(RPC)
● 水—高Δp
● 油—低Δp

图30 抗(反)聚合物涂层的孔隙物质(RPC)自适应层间控制装置(统称 A'ICD)

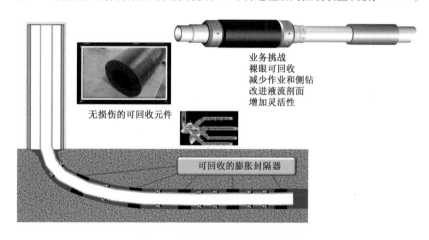

图31 可回收的裸眼膨胀封隔器

图32 是可以用电缆或柔性管牵引器把传感器和启动器等元件送入井下的重入工作能用于多分支井作业。图33 说明可以用 4 种方法来控制层间控制阀。图34 至图37 分别说明每一种控制方法的原理与结构。

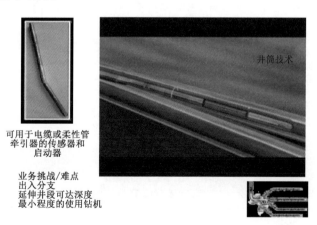

图32 选择性的横向重入/再入牵引器及其挑战难点

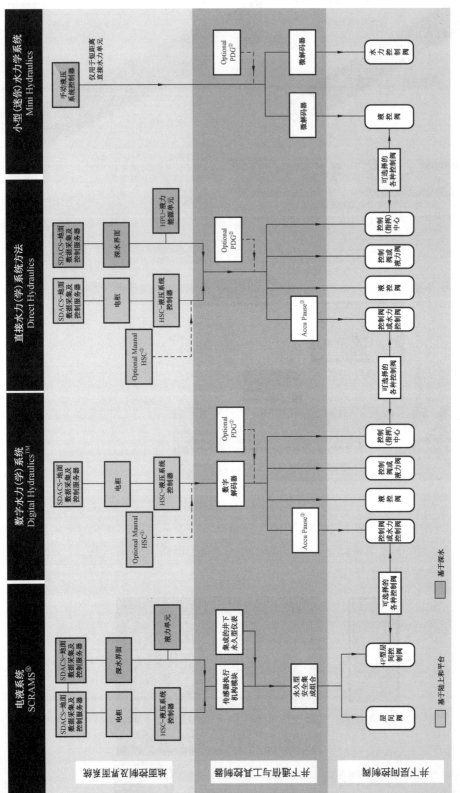

图33 控制层间控制阀的4种方法原理图

注：① 中文为"备用的（任一种）手控液压系统控制器"。
② 中文为"备用的永久型井下仪表"。
③ 是概念方案的商标组合同。利用液压脉冲信号和电信号组合来控制层间控制阀开关，称为"组合波概念方案"。

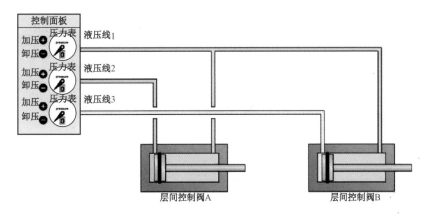

图 34 　直接水力系统法控制两个层间控制阀（A、B）的原理与结构图

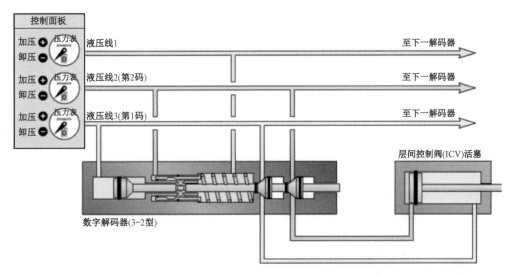

图 35 　数字水力学系统法控制多个层间控制阀的原理与结构图
（用三条水力管线来控制"无限"多个 ICV 的开关操作）

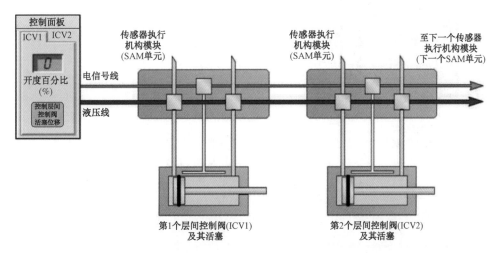

图 36 　用硅可控多个开关快速控制多个（"无限多个"）层间控制阀的原理与结构图
（一条水力管线和一条电路线，用信号识别与执行系统（SAM）来控制"无限"多个 ICV 的开关操作）

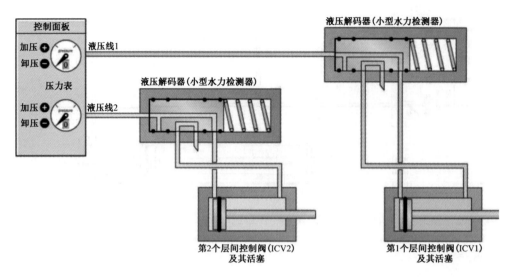

图 37　小型(微型)水力控制系统,用一条水力(液压)管线控制一个层间控制阀的开关
(无回流管线)的结构原理示意图

　　下面说明智能井的几个主要技术部件(单元)。图 38 是智能井的数据监测和信息控制在井下的工作部件,如信息管路和电子线路夹持器等。图 39 是智能的数据管理框图,包括高速网络,远程终端设备、井下完井系统,井口控制装置、数据库及数据管理系统等。图 40 是智能井的通信系统,包括网络系统、平台监控和数据采集系统。

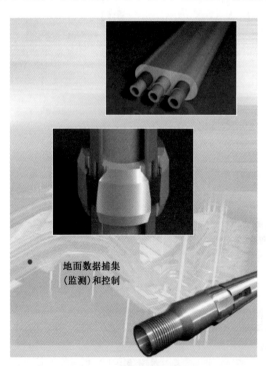

图 38　智能井的地面数据监测和信息控制系统在
井下的部件(信息管路和夹持器等)

　　图 41 是由电缆和连续油管驱动的流动控制阀,这些装置在平衡封隔地层与油管柱之间的压力,实施现场酸化处理和在选择性完井中引导流体从套管流入油管等应用中,使用装有汽门的内套管。内套筒的坐放短节可以配置成独特的形状,以便可以利用标准电缆和连续油管传送的转位工具来选择性地打开或关闭各个套筒。滑套是油管柱的一部分。

　　图 42 是可用电缆或连续油管的可回收式液流控制阀。现在改进的方法与以前的智能流动控制阀用电缆控制方法不同,这些控制阀并不需要利用电缆或连续油管作业来关闭、打开或不断调整流动面积,而是通过一个装在油管内外均可的液压式毛细管[图 42(a)]对其进行无线式远程驱动,或在电气系统中通过向机电驱动器发送一个无线的电信号来实施控制。图中的两种控制阀都可以用油管回收。

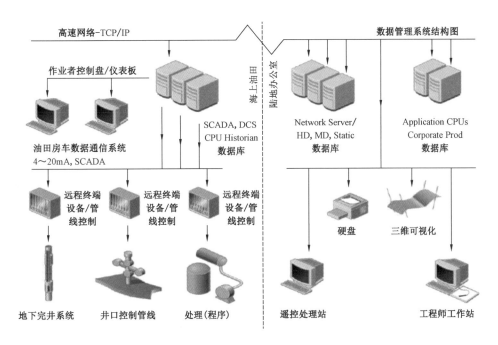

图 39　智能井的数据管理框图

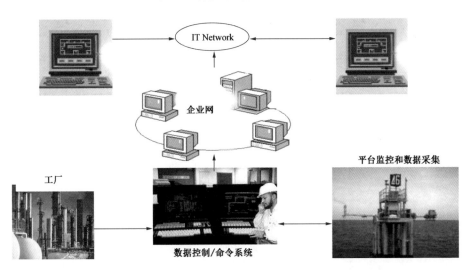

图 40　智能井的通信系统部分

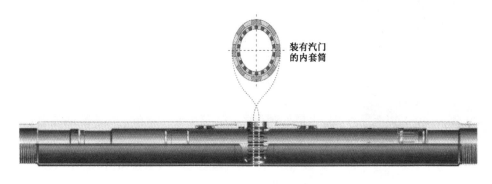

图 41　井下液流流动控制阀

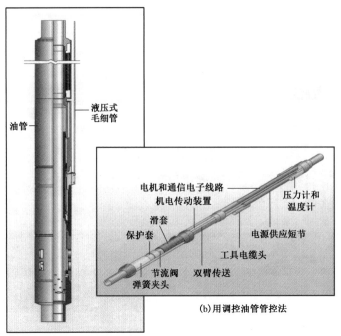

（a）电缆管控及液压式毛细管无线遥控

（b）用调控油管管控法

图42　用电缆（a）和调控油管（b）两种方法的可回收式液流控制阀

图43是永久型实时油藏监测系统的仪表装置方法，包含6个压力计的地面—井下通信系统。永久型石英压力计对储层的底部顶部和油管内部的压力都同时进行测量。

图44是Simpson22井完井作业包括生产封隔器，两个套管外封隔器（ECP），防砂筛管、电子流动控制阀（WRFC. E）、一个电阻率阵列、DTS光纤和压力与温度器。水平完井井段被分隔成1段、2段和3段。隔离薄油层的薄页岩层和穿过第2段的断层，使该井的生产特性非常复杂，图44上部的图是放大的视图，详细地显示出智能完井中的各种硬件：防砂筛管、扶正器和电极、管外砾石充填、电阻率电缆、电子液流控制阀、连接阀的电线、连接套管外封隔器的液压管、套管外封隔器等。

图45是在海洋井的海底井口进行水下注水作业，此海上油田的水井配备有一个FloWatcher一体化永久型生产监测器。该监测器位于流量控制阀的下方，以便可以对下部层段的注入进行实时测量（右上插图），同时，工程人员还测量了生产井中的井下压力和温度，并绘制了流量图（右下插图），另外，通过结合压降试井测试资料以及应用褶积技术，在注水过程中还能进行不稳定试井测试，FloWatcher监测器所测得的注入量比测试过程中在浮式采油、储油和卸油装置（FRSO）的进出口处测得的注入量要大。在位于得克萨斯州Rosharon的斯伦贝谢实验室完成了校准试验后，作业人员得出结论，在确定井组配注量时来自FloWatcher监测器的测试数据比在泵口测得的数据更准确。

图43　永久型井下实时油藏监测系统的仪表装置方法

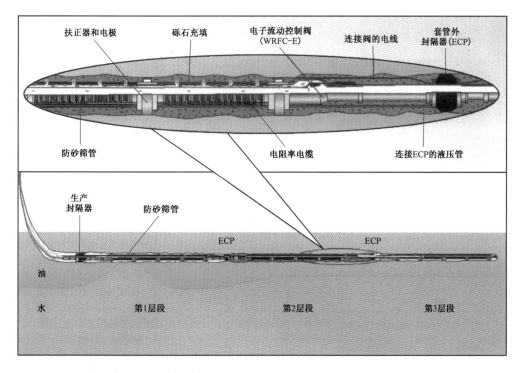

图 44　Simpson22 井完井作业管柱

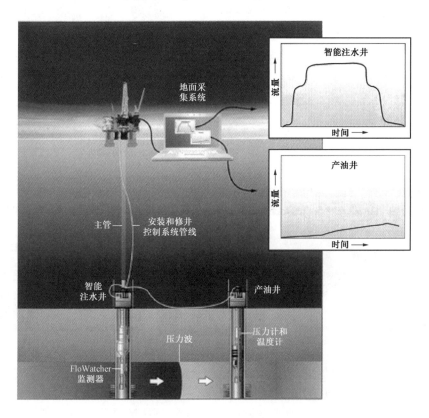

图 45　海洋井的海底井口进行水下注水作业

6 智能完井技术的提高(Future of SWC)

(1)智能完井技术今后的提高方面是:Data 数据的采集、处理、传输、存储等的完善与升级。

① 更多更精确传感器→温度变化(dT)、压力变化(dp)、流量变化(dQ)、含水量变化(dW_C)、化学处理(Chem)、4 维测量 4D/4C 等。

② 更快传输→宽带、光纤,现场集成。

③ 改进的有效的解释处理→NN,GA,RT 各类模型。

④ 数据存储→较高的密度,较易存取,开放系统。

(2)数据分析、处理、应用的改进与提高。

① 集成的石油工程工具(工具箱、软件包)—专家系统。

② 更准确更快的模拟器→减少数据循环时间。

③ 全球访问→有效的专家团队。

④ 改进的可视化。

(3)Control 更有效的实时优化、控制范围更广。

① 前向反馈自动化系统—实时优化。

② 全部资产(油藏、油井、井下作业、加工、输出至集油管库系统)的集成。

图 46 展示了无缆式智能完井技术在近年(2009—2011 年)的某些进展及今后发展的趋势。

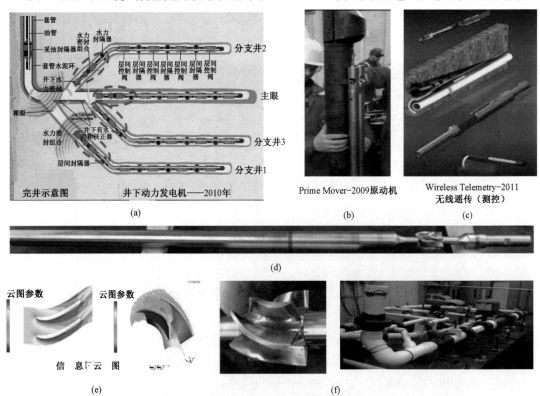

图46 无缆式智能井井眼动态作业图

(a)"一主三分支"多分支井的无缆式智能完井结构示意图,用层间封隔器把生产层隔离成多个层段,用层间控制阀和层间封隔器等对多个层段进行合采或分采,用水力密封组合、水力封隔器、水力控制阀等进行水力(液压)控制,实现无缆遥控作业;(b)用钻机下入安装了测试仪表和作业工具的管柱;(c)上右图是无线遥测(遥控)的几种部件;
(d)作业管串图;(e)测得的信息云图,坐标是云图参数;(f)地面管汇和部件智能完井的基本单元及其相互关系如图 47 所示。

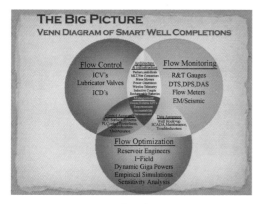

(a)英文原图

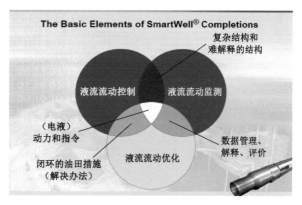

(b)对英文原图的加注

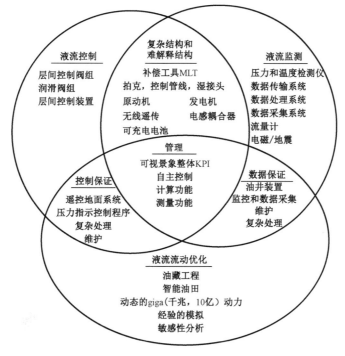

(c)对(a)和(b)图的进一步说明(智能井完井相关环节的图解)

图 47 智能完井的基本单元及其相互关系

智能完井技术发展路线图如图 48 所示,其发展进程图解如图 49 所示。

7 智能完井的挑战性工作

(1)给智能完井目标下定义(目前看法还不一致);

(2)采集必要的数据以及分析处理数据的能力;

(3)理解认识油藏的不确定性;

(4)建立动态油藏模型和动态采油(生产)优化模拟;

(5)智能完井的经济分析;

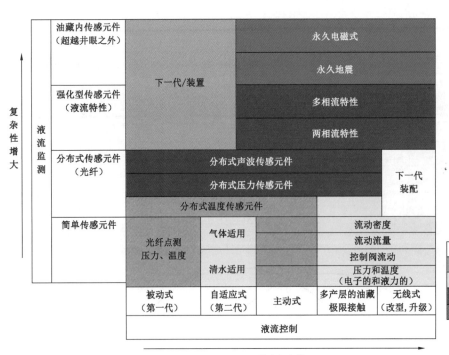

图 48　智能完井技术发展路线图

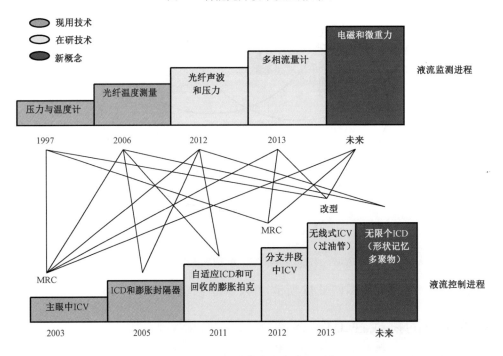

图 49　智能完井技术发展进程图解

（6）启动智能完井早期规划；

（7）建立需要的函数关系；

（8）组建多学科团队，包括：石油工程师、项目工程师、生产作业、操作和装备工程师、设计/管理及质量/可靠性管理师；

(9)使用本项信息和函数关系的计划。

国外智能井多学科团队结构：

(1)石油工程师(钻井、完井、开发采油、井下作业、测录井)；

(2)地质、储层地质师；

(3)智能井井身结构工程师；

(4)经济师、技术销售市场工程师；

(5)设计/加工制造工程师；

(6)质量/可靠性管理师；

(7)项目(多学科)工程师；

(8)操作(作业)/安装工程师；

(9)采油生产操作者。

下面选了4个实例(图50至图53)。

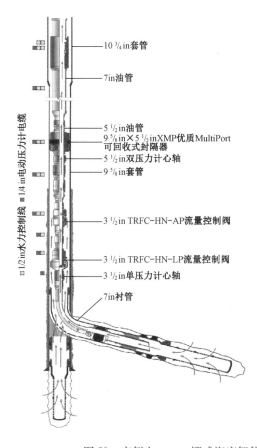

挪威Statoil公司负责的Gullfaks South油田共3口海底智能水平井，F02是其中一口。该井使用一个控制分支井眼的环形流量控制阀TRFC-HN-AP(位于上部，分支段生产的油从环阀进入油管)，另一个控制主井眼的侧线生产阀TFRC-HN-LP(位于下部，主眼的油经侧阀进入油管)。两种生产阀均为电液控制各有11个工作位置(即关闭、完全打开，另9个处于中间位置)，以能提高生产灵活性从而提高产量和采收率。提高采收率后使预测可采储量从240×10⁴m³提高到540×10⁴m³。

图50　实例之一——挪威海底智能多分支井(F02井)

图51是沙特阿拉伯Haradlh油田A12智能MRC井，主井眼为衬管+裸眼，3个分支眼为裸眼。主眼7in衬管×11008ft+4½in衬管×11622ft+6⅛in裸眼至14500ft。

1分支6⅛in×13588ft裸眼；1-1分支6⅛in×13000ft裸眼；2分支6⅛in×14500ft裸眼；主分井眼在油藏中穿越总长约6458.71m。主眼6943ft,7512ft和9234ft处分别装3个TFRC地面控制的液流阀并在各自稍上处分别装3个生产封隔器；最上部6915ft有一滑套式开关(总阀)。

这样，主、分井眼生产的油就分别从各自的液流控制阀进入油管。关闭任一阀该段则停产。

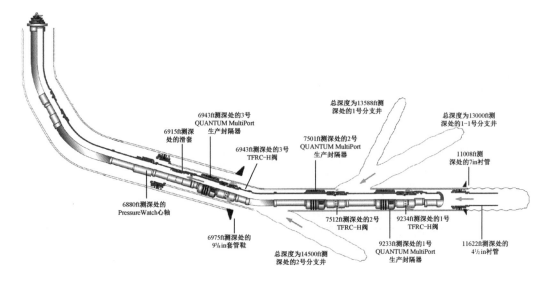

图51 实例之二——沙特阿拉伯 A12 智能 MRC 井

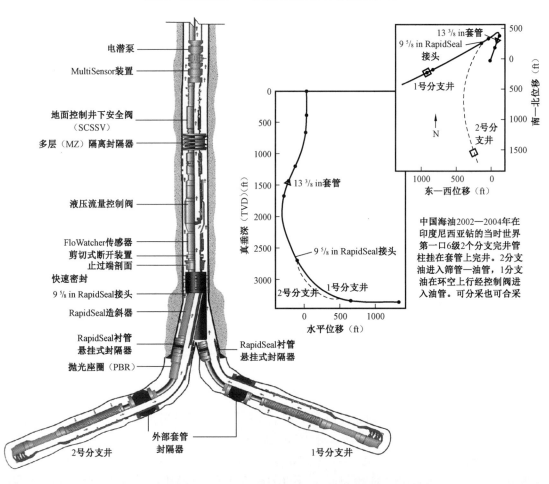

图52 实例之三——中国海洋石油总公司在印度尼西亚完成的
世界第一口智能 ML－6 分支井(1号、2号两个分支)

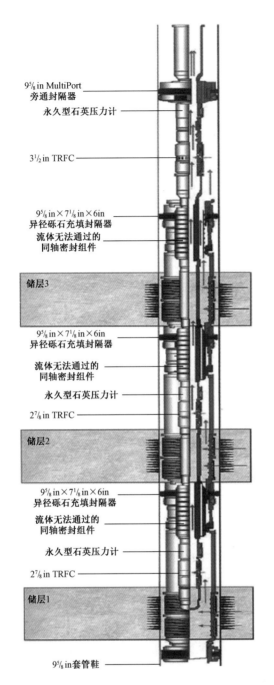

9⅝ in MultiPort
旁通封隔器

永久型石英压力计

3½ in TRFC

9⅝ in×7⅛ in×6in
异径砾石充填封隔器
流体无法通过的
同轴密封组件

储层3

9⅝ in×7⅛ in×6in
异径砾石充填封隔器

流体无法通过的
同轴密封组件

永久型石英压力计

2⅞ in TRFC

储层2

9⅝ in×7⅛ in×6in
异径砾石充填封隔器

流体无法通过的
同轴密封组件

永久型石英压力计

2⅞ in TRFC

储层1

9⅝ in套管鞋

对储层1、储层2和储层3设置多套装置：
(1) 旁通封隔等多种封隔器；
(2) 生产流量控制阀（TRFC）阀；
(3) 同轴密封件；
(4) 压力计或永久型石英压力计；
(5) 其他

图53　实例之四——尼日利亚 USAR 智能井
对 3 组共 35 个储层设置 3 套智能装置,该井能合采也可分采

8　智能井新领域

(1) 主油藏开采到期了(能够成功接替了)；

(2) 产油递减(衰竭后能恢复)；

(3) 储量(置换)回复更困难；

（4）需要更好的储量采收效率；

（5）更加复杂的油藏；

（6）更为复杂的采收机理——二采、三采；

（7）增加资产成本和作业成本；

（8）挑战性地区/环境（领域）。

智能井新领域需要研究智能完井、智能井、智能油田三者的关系。前面已经说明，智能完井的井才是智能井；井眼质量优秀且智能井井数占该油田总井数（或产量比）50%左右的油田才能称为智能油田。（国内某油田）不实施智能钻井，也未完善与推广智能完井，怎么能谈得上智能油田！？

井筒工程的建井工作主要包括钻井和完井两个工序。完井是钻井的后一个工序。众所周知，任何工程的前一个工序都要为后一个工序打好基础。智能钻井能够为智能完井提供完整—准确—实际的地质剖面资料和可靠的钻井工程建井资料，智能钻井最能够保证完井开始前的井筒质量。所以建设智能油田需要智能钻井—完井。新一代智能钻井是用智能钻柱和与之配套的地质导向—旋转导向等智能（化）工具—仪表—传感器等，依托相应的专业软件进行钻井；它可以在任何钻井流体和复杂环境下正常钻进；电子钻柱本身就是井下（井筒内双向双工）信息高速宽带网络，该网络与因特网石油网等连通创建新的网络系统。

智能钻井集成了钻井信息采集—分析处理—传输—应用—软件—IT 技术、智能钻柱及一体化 BHA（与电子钻柱配套的地质—旋转导向工具、随钻跟踪系列装备与技术、仪表传感器等组成的下部钻柱组合）+ 地面电源及供电系统 + 电龙头等系列装备与技术。智能钻井的地面装备—通信—网络等可部分/全部留给完井时使用。

9 总结

2008 年世界第一个小井眼智能完井（裸眼尺寸 $3\frac{7}{8}$ ~ $4\frac{1}{8}$ in）成功。

JPT2011 年 1 月报道：Hlb. 已装备了 500 多口 SmartWell 提高了采收率。

沙特阿拉伯 2009 年总结了装备有 ICV 的 100 口智能井的经验，沙特阿拉伯可能就有几百口智能井。说明国际石油界 1000 多口智能完井——智能井已成熟。

（1）理论与实践证明智能完井已经成功、成熟并正在大力推广，它能够大幅度地提高产量与可采储量（EOR）、提高采收率、能够有效实现"少井高产"、大幅降低成本从而获得很大收益，这是一项新技术，我们要尽快起步，产、学、研结合以及多学科结合自主研发；

（2）石油工程是基础与根本、控制和监测工具是关键、信息技术是神经；应组织系统配套研发并在实践中不断地升级更新，所以要自主研发，自己掌握核心技术；

（3）最优化技术的完善在于反复实践（早起步多实践），对不同油田采取相适应的下列几方面不同的措施：

① 数据的采集与处理方法；

② 控制方案与装备的适应性、可靠性与方便性；

③ 液流最优化的思路与方法；

④ 选择性作业管理的方法与现行方法的深化改进；

（4）完井工程实施之前应确保井筒质量并按标准检测检查。完井工程要钻采、地质结合会同设计，钻井方案设计施工，符合要求才能交井。钻井队和井下作业队应在理论上、实践上切实掌握智能完井技术！

(5)质量优良的智能井且智能井数目占总井数 50% 左右的油田就是智能油田(当然,智能油田并不要求每口井都是智能井。油田性质不同要求也不同)。沙特阿拉伯 Haradh 油田、美国墨西哥湾、北海等已建成智能油田。全球海洋油田建成的智能井/智能油田比陆地油田更早更多。

　　(本文为中石化研究院和中石化培训班讲学并就此立科研项目,为在中国海油、中原油田、西南油气田等培训班和西南石油大学、西安石油大学等的讲学稿。2010—2013 年,2017 年再整理)

智能 MRC 钻完井的理论与技术

张绍槐　熊继有

1　前言

最大油藏接触面积井（MRC—Maximum Reservoir Contact）指的是井身在油层内的穿越长度达 5000m 以上，在选定的井身结构与完井方法条件下，其井身与油藏的接触面积达到最大值，井眼可以是长水平井或多分支井；在油层段的井径越大越好；MRC 井经过压裂造缝更能有效泄油。

多分支井（ML—MultiLateral Well），井型主要有叉形、鱼骨形、叉骨结合形、鸡爪形、羽形等 10 多种，分支数最多可达 60 个左右。分支井完井质量是关键，为此，国际上制定了 TAML 完井级别。MRC 技术适合于碎屑岩、碳酸岩、变质岩、岩浆岩各类储层；适合于新老油田的高—中—低渗透油层、稠（重）油油藏、多层薄油藏、裂缝性油层、复杂断块油藏；也适合于开发煤层气页岩气等非常规油气藏；

1998 年，沙特阿美公司最先钻 MRC 井并一直领跑 MRC 技术；近年，国际上多数油公司不断推广应用，大型石油技术服务公司竞争市场，已成为热门前沿技术。它有接触和控制更大油藏面积的能力、有从多方向穿越油层的能力、有一井立体开发多层的能力；能节省钻机搬迁安装费，节省上部井段的重复钻进和套管水泥钻井液等费用，节省井场、平台和管线费用；在提高单井产量、开发剩余油气、提高采收率和改善油气开发效果、降低成本等方面潜力很大。MRC 钻完井技术既适用于浅—深水油田，高产、高风险油田，也有效地适用于陆地高、中、低渗透油田。

多分支井在 20 世纪八九十年代起步后，近年发展很快，世界上几乎每天都有 ML 井在施工，它对井身和完井质量要求很高，按 TAML 国际标准要求应为 5 级或 6 级。国内起步与应用 ML 井已近 10 年。10 多年前（1997—1998 年），世界上钻成第一口 MRC 井（Shaybah 油田），从开钻到投产，用了约两年时间（图 1）。该井是为提高低渗透区注驱效率、提高单井产能、减少井数、有效利用油田空间、简化地面设施等而设计钻的井。

图 1 中第一口 MRC 井的图内主要文字说明如下：

钻成 7in 主井眼，下入 $5\frac{1}{2}$in × 3931m 实体膨胀管；

两个分支井 $5\frac{1}{2}$in × 4276m，长的单分支为 2417m；

主、分井段在油层总穿越长度 6051m；

完井 L4 级，主眼能压裂，分支井经多次修井（包括补下膨胀管）能正常生产。

沙特阿拉伯发展 MRC 井经过了 3 步：

（1）第一步于 1998 年 3 月开始，历经 2 年不断完善，终于打成世界第一口 MRC 井；

（2）第二步于 1998—2003 年完成了 8 口 MRC 井，实践了 4 类井型，取得了经验；

（3）第三步于 2003 年后在 Haradh 新 3 区用 32 口 ML – MRC 井，总穿越油层长 193km，大

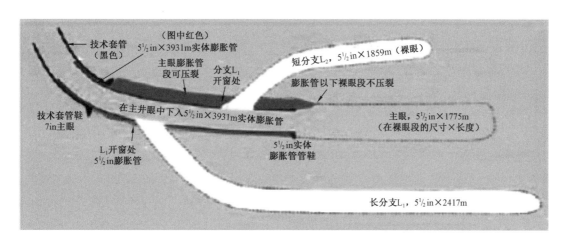

图1 世界上第一口 MRC(1997—1998)

幅提高了产量降低了成本;2008 后 5 年正以 5 倍速度发展 MRC;顺便说明,沙特阿拉伯下个 10 年将同时致力于开发特低渗透油气田($K = 0.5 \sim 2mD$),也要用 LH – ML(MRC)井。

Shaybah 油田 1998—2003 年相继完成 8 口 MRC(完井级别为 L4 和 L5),穿越油层长 67.4km,单井穿越长 12.3km。主要有 4 种井型,如图 2 所示,4 种井型效果比较见表 1。

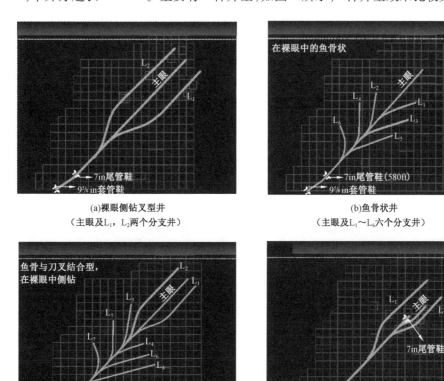

(a)裸眼侧钻叉型井
(主眼及L_1,L_2两个分支井)

(b)鱼骨状井
(主眼及$L_1 \sim L_6$六个分支井)

(c)叉骨结合8分支井
(主眼及$L_1 \sim L_8$八个分支井)

(d)从尾管开窗侧钻叉型井
(主眼及L_1,L_2两个在尾管中开窗侧钻的分支井)

图2 Shaybah 油田 MRC 井的主要井型

表 1　图 9 所示 4 种井型效果对比表

井眼类型	储层接触长度(ft)	时间(d)	产量(10^6 bbl/d)
刀叉型(主眼及 2 个分支井眼)	27817	55.1	10
鱼骨型(主眼及 6 个分支井眼)	19293	47.0	8
鱼骨型(主眼及 8 个分支井眼) (图中实为叉骨结合型)	40384	75.3	12
刀叉型(主眼及 2 个在 7in 尾管中开窗侧钻的分支井)	30289	68.8	15

由表 1 可知,井型与长度重要,而直径也重要。

2　基本理论

(1)MRC 井是一种新的复杂结构井,需要从理论上研究和处理的问题较多(如:从开发方案上研究油藏类型和剩余油富集区分布规律,并从渗流力学与泄油效率等方面进行井型、布井的研究,再设计井身结构。研究 MRC 井的钻井完井新理论新技术等),井型可以是水平井、多分支井、侧钻井(注意它与大位移井不同,而直井与定向井是不可能实现 MRC 的)。

(2)MRC 井与油层接触面积大:MRC 井与油层接触长度大于 5000m;先进方法是在不增大上部井径的前提下尽量扩大油层段完井井径以增大接触面积,具体方法是边钻边扩,扩后使用膨胀管;同时要相应优选完井方法。

(3)井身轨迹设计与控制理论:根据油藏特征、开发方案、地应力等设计三维井轨,井轴应为最小主应力方向,主—分井段宜统筹靠近最小主应力方向;钻 MRC 井难度大要求高,需要使用先进的随钻测井等地质导向技术和系列测录井技术;旋转导向闭环钻井技术和随钻测井径边钻边扩技术;可调控能实时随钻采集处理解释集成多类信息的智能闭环钻井信息系统。

(4)分段封隔技术:在很长的油层穿越井段,根据油层岩性和流体特征,采用新型膨胀封隔器(特别是被誉为完井工程重大革命的遇油气膨胀封隔器,但它尚未接受 30 年以上实践的考验,或许还要继续进行研发)对长井段进行分段封隔,并需要研究怎样卡准坐封位置和保证封隔效果。

(5)分级改造理论:通过压裂酸化、酸压联作等技术,使用遥控开关等智能井下工具对 MRC 井封隔后的各个井段进行分级压裂改造,在油层中打造形成密布的纵横交错"井—缝",既扩大泄油面积又提高导流能力;特别是我国已进入低渗透开发时代,低渗透油气产量和储量已居"半壁江山","三低"[低压、低渗透、低丰度(低产)]油田占有较大比例,压裂改造技术日益重要;同时,继续深化水力和气体压裂理论,研制新压裂液等。压裂增产作业并非全由采油部门承担,有时需要原钻机试油和进行井下作业(特别是在海上);所以,干钻井完井的要研究并会干井下作业。

(6)智能完井:绝大多数甚至全部 MRC 井(及其每一个主分井段)都要建成智能井;钻完井作业要按高级标准完井,即国际完井级别高的 TAML5 - 6 - 6a 进行智能完井,保证"三性"(主分井眼的机械完整性、水力密封性、钻柱重入性);并由钻井部门和钻井队在固井完井时就在井下安装好永久性传感器、智能通信系统、遥控系统等;钻井工作者要懂得和掌握智能油井的基本理论基本技能,为油田智能化、数字化做好前期工程及其基础工作并不断技术创新。

（7）MRC 与 UBS 结合的理论：近年，平衡钻井 UBS 技术发展很快，特别是在低压、低孔、低渗地层，用气体钻井和欠平衡钻井非常有效。UBS 与 MRC 结合就更好。但当含气量大于 3% 时就无法用钻井液脉冲法录井，也不能使用 mud-MWD 了。MRC 与 UBS 结合要使用有缆信息传输，特别是研究电子钻柱信息传输技术；研究钻井完井全过程欠平衡作业的理论、技术与装备；研究气体钻水平井的携带岩屑净化井眼理论—实验—技术；研究气藏用气体钻井完井后能否和怎样用气体压裂的创新理论与技术。

（8）实践证明：以钻井液脉冲为信息传送载体的随钻测控系统，传输速率低传输信息少等缺点已经成为制约智能钻井的瓶颈。基于电子钻柱并配有 eRST、eLWD、ePWD、eDWD 等的智能钻井系统，能由地面向井下供电并解决宽带信息双向双工高速传输，能够使 MRC 钻井录井实现闭环和自动化；地面供电就不需要井下电池和井下涡轮发电机了，从而缩短了传感器和测量探头距井底的距离，能更好地实现近钻头信息采集测量。

（9）MRC（复杂结构井）与气驱、水驱、化学驱结合的理论，既能发挥复杂结构井作用又能提高气驱、水驱、化学驱效果；中高渗透油田三采时，用化学驱把剩余油驱赶到油藏孔渗饱性能相对好的剩余油富集区作为钻井靶位，再用复杂结构井中靶开采；低渗透油田用化学驱效果不一定好，但在水驱和气驱时 MRC 井会有效的。

总之，需要深入研究 MRC 井的基础理论很多，应用的前沿技术很多。要"储层地质—油藏工程—钻完井工程—测录井技术等"多学科结合，从理论和实践的结合上明确 MRC 井有什么好处、为什么要钻这种井以及怎么钻成功。

3　关键技术

（1）首要的关键是把先进技术集成起来整合应用，把地质—油藏—钻完井—测录井以及工程—经济—HSE 多学科结合起来研究（图 3）。

（2）根据油藏精心描述所确定的井位研究井型与井身结构。

一是用长水平井（LH-MRC）布井，代替一排直井、短水平井、定向斜井、丛式井；在地应力发育区，井轴沿最小主应力方向布井，实现一口井顶多井；

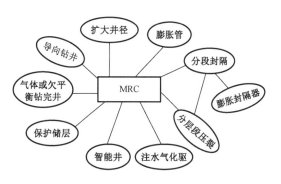

图 3　MRC 井及其集成技术

二是用 ML-MRC 井，实现立体多元开发（图 4），一口井顶多排井或多层多口直井或定向井；

三是最好在新油田开发早期就布 MRC 井（这也是沙特阿拉伯经验，在 Shaybah 油田新区全面布 MRC 井）并确定井身结构，主—分井段可以全是生产井，也可能兼有注入井（注水、气、聚合物）；

四是智能完井的智能井能实行分层分段封隔、分级/分层压裂、分采合采等措施，使单井产量大幅增加（图 5）；

五是本文提出了一个建议方案见图 6 及表 2。

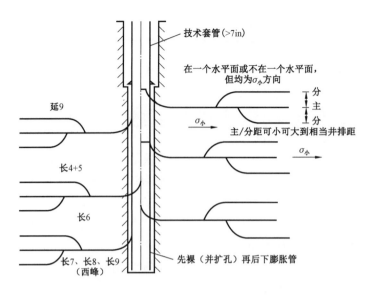

图 4　以陕甘宁油区为例设计的立体开发 MRC 井示意图

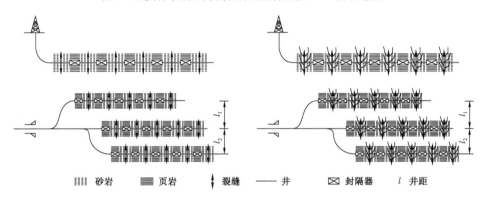

‖‖‖ 砂岩　≡ 页岩　↕ 裂缝　—— 井　⊠ 封隔器　*l* 井距

图 5　MRC 井的几种类型

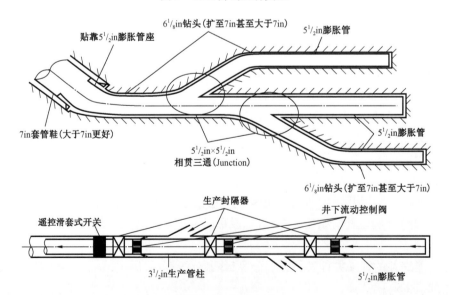

图 6　表 2 的图解

表 2　对××油区(区块)LH/ML5.6 和 MRC 井实施分层段封隔和分段压裂的建议方案

方案	井型	油层穿越长度（m）	二开井段技术套管（in）	三开钻头（in）	油层套管类型及直径（in）	作业要求
1	LH 水平井（含双向水平井阶梯水平井等）	3000～5000	9⅝	8½	7(套管、尾管、筛管)	常规
2			7	6⅛	5½(套管、尾管、筛管)	常规
3			7	6⅛	5½(套管、尾管、筛管)	扩眼(边钻边扩或钻后扩眼)
4			7	6⅛(再扩眼)	5½[膨胀管(胀后管内径大于127mm)]	扩眼(边钻边扩)＋膨胀管
5	ML5.6 和 MRC 井(优选井型、分支数等)	主眼段（>2000m）	9⅝	8½	7(套管、尾管、筛管)	常规
6			7	6⅛	5½(内径118～127mm)	常规
7			7	6⅛(再扩眼)	5½[膨胀管(胀后管内径大于127mm)]	边钻边扩＋膨胀管
5′		各分支段（每支约1500m）	9⅝	8½(侧钻)	7(套管、尾管、筛管)	常规
6′			7	6⅛(侧钻)	5½(内径118～127mm)	常规
7′		>5000	7	6⅛(再扩眼)	5½[膨胀管(胀后管内径大于127mm)]	扩眼(边钻边扩)＋膨胀管
8*			5½	4¾(再扩眼)	5[膨胀管(胀后管内径约115mm)]	扩眼(边钻边扩)＋膨胀管

(3)现代导向钻井技术:钻 MRC 井需要使用高端旋转导向与地质导向钻井系统及随钻闭环测控技术卡准地层、识别岩性、评价油层、顺利入窗、准确中靶、精控井轨。地质导向包括 LWD 和 PWD 等先进技术和综合录井、X 射线荧光录井、岩屑数字图像录井技术等应用有效的水平井地质录井随钻分析评价技术,确保卡准井深、识别岩性、解释油藏、准确入窗中靶、为随钻控制井轨提供地质依据。旋转导向闭环钻井系统和随钻测控技术相结合对井轨实时调控。用同心扩眼器边钻边扩和随钻测井径技术扩大井径。

必要时用"顶驱＋螺杆(低速高扭)＋转盘(带动旋转导向工具)＋钻头"三套动力配合使用以满足水平井段大扭矩钻进的需要。实践证明,用滑动导向和螺杆钻具钻井时由于摩阻大,控制方位不准等原因,很难甚至不能钻成 LH－ML(MRC)井。旋转导向钻井工具发展很快,有推靠式、指向式、外推内指式等原理的近 10 种商业化产品问世。国内正在研发的有几种。全旋转导向钻井系统的偏置机构(巴掌)在井壁上滚动,滚动摩擦阻力小,能较好地在钻进中实时控制调整井斜与方位,能在一趟钻中随钻实时完成造斜、增斜、稳斜、降斜,且摩阻小、扭矩小、钻速高、钻头进尺多、时效高、成本低、井身平滑井轨易控。极限井身可达 15km。

图 7 是井下闭环工具与导向技术的分类示意图。

国内外旋转导向钻井系统类型原理及其主要结构特征如图 8 所示。

① 推靠式。

a. 斯伦贝谢公司 Power Drive(Xtra):全旋转,无磁外壳,稳定平台(双涡轮发电机、电路、传感器)—液压控制盘阀—滚动式液压伸缩巴掌;2004 年推出 Power Drive Vorte X System 在

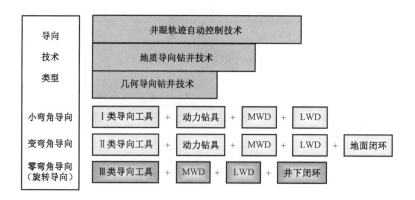

导向技术类型						
	井眼轨迹自动控制技术					
	地质导向钻井技术					
	几何导向钻井技术					
小弯角导向	Ⅰ类导向工具	+ 动力钻具	+ MWD	+ LWD		
变弯角导向	Ⅱ类导向工具	+ 动力钻具	+ MWD	+ LWD	+ 地面闭环	
零弯角导向（旋转导向）	Ⅲ类导向工具	+ MWD	+ LWD	+ 井下闭环		

图7 井下闭环工具与导向技术

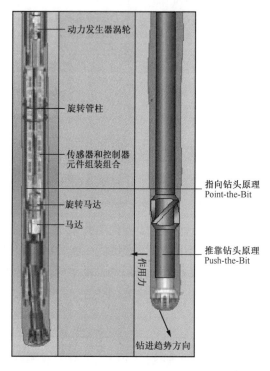

动力发生器涡轮
旋转管柱
传感器和控制器元件组装组合
旋转马达
马达
指向钻头原理 Point-the-Bit
作用力
推靠钻头原理 Push-the-Bit
钻进趋势方向

图8 两类旋转导向系统的原理示意图

Power Drive 上加螺杆马达。

b. 斯伦贝谢公司 PowerV，原理基本同 Power Drive(Xtra)。

c. 中国石化 - XPU. MRSS - MRST(导向与垂钻为双笔心式)：全旋转，无磁外壳，稳定平台(双涡轮发电机、电路、传感器)——液压控制盘阀——滚动式液压伸缩巴掌。

d. BK - H：ⅰ. AutoTrak & VertiTrak：滑动式液压偏心器伸缩导向块；ⅱ. AutoTrak X - treme 在 AutoTrak & VertiTrak 基础上加 螺杆并组装 MWD - LWD。

e. 中国海油 - XPU. 研发 XTCS：滑动式液压偏心器。

f. 德国，VDS：滑动式液压支撑块。

中国石油渤海钻井研究院与德国智能钻井(亚洲)公司合作研制 SMART Drilling 两种导向系统(ZBE5000 垂钻系统和 Scout2000 旋导系统)都是推靠原理，用液压支撑块，外壳与轴都是无磁材料，用特殊的磁性罗盘测方位；2006—2009 年在塔里木应用几口井。

g. APS(Advanced Product System)：旋转导向螺杆(RSM)，导向部分被集成在螺杆的轴承壳体内，上面通过万向轴与螺杆相连，有 6 个电子控制仓，单电机(供井下电源和带泵)，推靠式旋转导向原理，上下密封轴承，滚动式液压伸缩巴掌(导向块伸出力量与距离是固定的，导向块与井壁接触的时间及弧长可由转盘的转速来调整，实现导向)。

h. 胜利钻井院，机械式(偏心块)旋转导向工具。

i. 胜利钻井院，捷联式自动垂直钻井系统。

j. 克拉玛依钻井研究院，直径 ϕ311mm 的垂直钻井系统，静止推靠式。

② 指向式。

a. 哈里伯顿公司的 GeoPilot：工具外筒不旋转，用偏心环使内轴弯曲。

b. 斯伦贝谢公司的 Power Drive Exceed(6.75);能导向也能垂钻[渤海油田于 2009 年对比使用 Power Drive Exceed(简称 PDE)和 PowerV],两种工具都能打垂直井段各有优点,PDE 似更先进。

c. 中国地质大学承担科技部指向式导向工具项目(正研中)。

d. SPE 124865 等文介绍,Wetherford 等公司在研发"最新一代 RSS"——Moterized RSS:把螺杆和指向式导向工具组合在一起,并用电子和机械双重办法控制偏置机构,在导向工具和钻头之间加用转轴(Pivot)稳定器。

③ 外推内指式。目前有以下两种:

第一种,SPE 105493 等文介绍 Weatherford 公司在研发特型(Specific)外推内指式 RSS(图 9),外筒有"控斜巴掌"(或配上下稳定器),将螺杆和指向式导向工具组合,用 12 个液压缸的液力使转轴弯曲或不弯曲以控制造斜导向或不造斜(稳斜、垂钻)。

第二种,SPE 114599 介绍 PathFinder Energy Services 研发外推内指式旋转导向系统,在用指向式导向工具的同时,优化 BHA 装配特定直径的稳定器,以调控导向能力与效果。

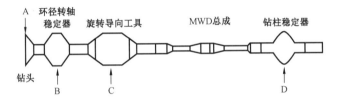

图 9　特型"外推内指"式旋转导向钻井工具 BHA 示意图

(4)MRC 需要高级别完井(TAML5、6),要可靠地保证主—分井眼的机械完整性、水力密封性、钻柱重入性或选入性(图 10),分支油层段专用(特殊)完井技术,更高级别智能化的完井工具与工艺技术,经济评价与方案论证。

(5)欠平衡钻井(UBS)与 MRC 结合。

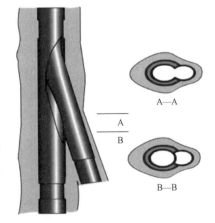

图 10　主井眼与分支井眼的结合部位

发挥 UBS 优势,研发基于电子钻柱的智能钻井技术能在欠平衡钻井时进行双向信息通信,同时配用不间断循环钻井液系统(不停泵接单根)实现钻 MRC 井全过程欠平衡作业;国内已有先进实例:广安 002 – H8 – 2 井用天然气钻水平井并创当时 3 项纪录;广安 002 – H1 井用井下套管阀完成了第一口气体钻水平井全过程欠平衡钻完井试验,并以 2010m 水平段长度再创纪录;气体钻井包括空气、氮气、天然气等干气和雾化、泡沫、充气钻井。目前,欠平衡钻井与水平井、分支井、MRC 井集成应用还不够成熟,但在保护储层提高钻速提高产能等方面已显示潜力,需继续完善工艺技术,还有装备、安全、成本问题等。俄罗斯在使用电钻进行空气钻井和钻水平井、多底井等方面有较好经验。

(6)使用智能完井技术在油层段边钻边扩后下入膨胀管。

下面简单介绍地中海地区边钻边扩的经验,其中 A 井的下部钻柱结构为:12¼inPDC 钻头 + 12¼in 近钻头稳定器 + RSS(RST)+ 电阻率 LWD + MWD + 12in 钻柱稳定器 + 2×8in 无磁钻

链 +12⅛in 钻柱稳定器 +13in 扩眼器 +8in 钻铤。B 井的下部钻柱结构为：12¼inPDC 钻头 +12¼in 近钻头稳定器 +RSS(RST) +电阻率 LWD +声波 LWD +12⅛in 钻柱稳定器 +MWD +12³⁄₁₆in 钻柱稳定器 +14in 扩眼器 +8in 钻铤。5 口井的边钻边扩钻柱结构如图 11 所示。

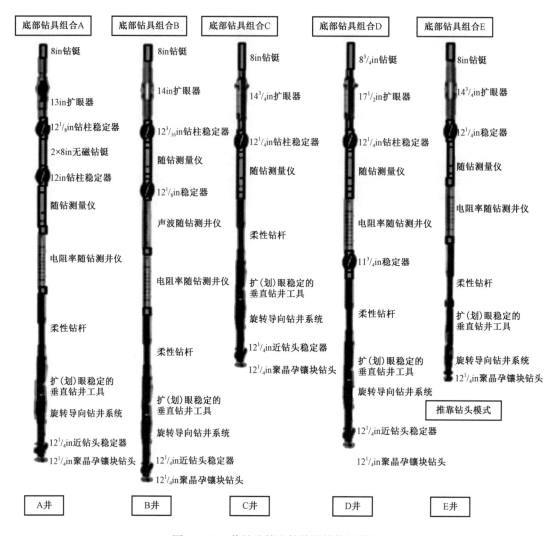

图 11　5 口井的边钻边扩钻柱结构示意图

井眼扩大后下入膨胀管。该技术包括膨胀管制造、膨胀悬挂器系统、胀管器、施工技术等。膨胀管技术是以机械或液压的方法使下入井内的膨胀管发生永久性塑性变形,使管子内径变大,能实现等直径(甚至大于上层套管直径)完井,可采用膨胀式橡胶(封隔)悬挂器悬挂完井管柱。膨胀管柱要用送入管柱和安全卡瓦逐根下入,待全部下入后开泵打压,推动膨胀锥上行,使管柱径向膨胀,当膨胀锥到达直井段时,膨胀管上部膨胀后就坐挂在上一层套管鞋以上部位,作业结束。沙特阿美公司 2003 年开始采用实体膨胀管,至 2008 年已在 70 口井使用 39624m 可膨胀管。到 2009 年 11 月,我国在胜利、江苏、大港等油田成功地完成了 46 口井 49 次膨胀套管膨胀作业,有了一定基础。

膨胀管技术主要的基础理论有以下几方面:

① 膨胀管材质与结构。国外 20 世纪 90 年代开发的产品,现已成熟。标准膨胀管为 wcs

－324 低碳钢,也有用 316L 不锈钢、825 号镍铬合金及 13 铬钢;还有新开发的 LSX－80(亿万奇公司)等新产品。

本体结构有两种:一是实体膨胀管,膨胀率为 10%～30%,机械或液压方式使膨胀锥穿移而变形;二是割缝膨胀管——膨胀防砂管,膨胀率达 60%,只能用机械法膨胀。

② 膨胀管力学性能。在 LH·ML(MRC)井的主分支井中扩大井径后下入膨胀套(尾)管或割缝膨胀衬管筛管,再胀大其管径,对膨胀管的力学性能要求更高。套管膨胀后产生残余应力而降低强度,但它的抗挤毁性能是膨胀套管能否经受采油与增产工艺保证正常工作的重要性能。一般来说,套管膨胀率越大残余应力也越大,抗挤毁强度就越低。所以必须综合考虑膨胀率与膨胀后套管抗挤毁强度的关系,选择合适的管材材质、壁厚与膨胀率等。这些都需要深入研究。

③ 配合使用膨胀封隔器,使用配套的智能完井工具。在精细油藏描述和卡准封隔器位置后,在完井(生产)管柱中串接安装好膨胀封隔器进行分段封隔为后续的分级压裂/改造和分采合采做好技术准备。国际上为满足分段封隔需要研制了多种膨胀封隔器。最先进的是遇油气膨胀封隔器(图 12)。JPT2009 年一月刊和七月刊报道:(HETS－MTM－ZIB)与水力膨胀管系统联合使用的层间金属—金属膨胀封隔器(图 13),适用于 HPHT 和易腐蚀橡胶的环境,它可回收。已在北海用于 10000psi 的水力压裂作业。

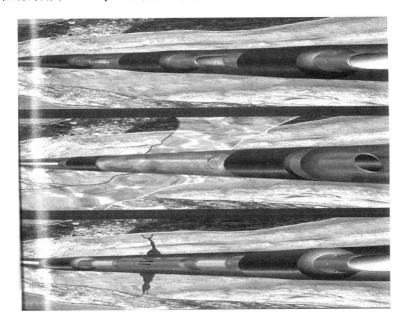

图 12　遇油膨胀封隔器在油层工作示意图

遇油气膨胀封隔器膨胀密封原理新颖。利用渗透扩散机理和新型高分子功能材料,油(气、水)慢慢进入封隔器特制胶筒分子间隙中逐渐膨胀,紧贴到井壁后仍继续吸油膨胀,增加胶筒与井壁接触应力,以承受层间密封压差。抗压差高达 680bar(9860psi),寿命可达几十年。

遇油气膨胀封隔器有以下特点:

结构简单:不需要也没有卡瓦锚定、坐封、解封等复杂结构;

操作简单:坐封、解封不需要投球、憋压、旋转、不必上提下放管柱;

膨胀率高、密封性好(适合不规则井眼)、自动膨胀(不需井口加压或下内管进行胀封);

图 13　瑞德公司提供服务的 HETS ZIB 装置

遇油膨胀封隔器适用于裸眼和衬(筛)管完井：不需要下生产套(尾)管、注水泥、射孔，只要与筛管或滑套、井下开关等预置组合，下入裸眼中即可进行分层段开采、注水、压裂、酸化、测试与找堵水；

套管(注水泥、射孔)完井也能应用遇油膨胀封隔器并可与膨胀管联用对套损段或破裂处进行封堵或将其隔开。因此，该封隔器研制成功和广泛应用是完井工程革命性的举措。这指原来做不到的事现在有了它而可以做到，解决了智能完井和分段封隔等难题。

膨胀式尾管悬挂器(VersaFlexTM) + 5 只遇油膨胀封隔器(SWELL PACKER) + 6 只增产压裂滑套(Delta Slim Sleeve)，将水平段分成 6 段(图 14)。

(7)保护油层与环境。MRC 井比一般井更难以保护油层，必须使用环境友好型钻完井液及保护环境保护油层的最有效措施。

(8)智能完井及其装备。借鉴沙特阿拉伯的经验，主要组件是：

① 油井管及附件。主井眼为 7in 套(尾)管或膨胀管或衬管，用悬挂器或重复段膨胀管挂(贴)在上一层 $9\frac{5}{8}$ in 技术套管内；

② 阿美公司的主井眼用 4in 以上油管；

③ $5\frac{1}{2}$ in 井下安全阀(SCSSV)；

④ 单/多点压力、温度和流量等传感器；

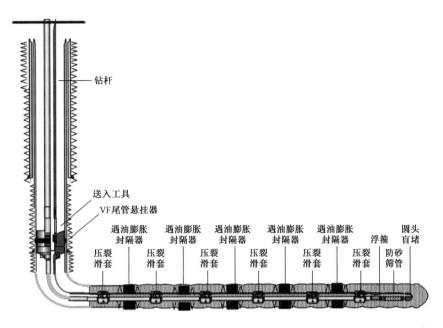

图 14   TZ62 - 11H 井酸压完井一体化管柱

⑤ 遥控的滑套式开关(SSD,滑动旁孔);

⑥ 分支井的完井管柱为 $5\frac{1}{2} \sim 7in$(套管或膨胀管);

⑦ 地面可控的层间控制阀(ICV)又称井下油嘴、多位(10~11 位)流量控制阀(TRFC);

⑧ 同轴轴向封隔器、可回收式液压封隔器或遇油气膨胀封隔器或可膨胀金属封隔器或异径砾石充填封隔器等;

⑨ 光纤网络及数据采集系统(SCADA)和远程控制系统;

⑩ 智能采油装置。为保证质量,根据各井具体设计,完井装置各组件除单独测试检查外,还要进行整体组装后的功能试验。功能试验至少要有 4 个试验层次,即一到井场时、二在钻台上、三在坐封隔器前、四在大钩卸载之前。

(9)智能 LH/ML(MRC)井要精心施工,要点如下:

① 下入 7in(甚至更大直径)技术套管(设计时考虑其悬挂尾管等的载荷),注优质水泥,保证固井质量能满足后续作业要求。

② 7in 技术套管以下,用 $6\frac{1}{8}in$ 或更大直径钻头钻主/分井眼,油层段扩眼至 7in 以上(尽量扩大些)。

③ 主眼下 $5\frac{1}{2}in$(或更大直径)套管或膨胀管(实体管或割缝管)并加压膨胀,上端用尾管悬挂器座挂在 7in 套管内;或将膨胀管胀贴在 7in 套管内;如果膨胀管外需注水泥,则用(超)缓凝水泥(终凝时间 2 天左右)。

④ 开窗后,用 $6\frac{1}{8}in$ 钻头钻分支井段,扩眼至 7in 以上,分支井井径越大越好。

⑤ 主—分井段钻进应该尽量结合使用欠平衡钻井。

⑥ 在各分支井段下入 $5\frac{1}{2}in$(至少是 4in 或 $4\frac{1}{2}in$)套管或膨胀管,并用主—分相贯钢质短节(或膨胀喇叭口短节),将主—分井眼相汇处进行钢质材料机械膨胀连接,再磨平处理接口。

⑦ 试验着在主—分井眼中下入的膨胀管串中预置遇油气膨胀封隔器;预置位置必须精确卡准;在主—分井眼完井时,就要位置准确地预置永久安装在井下的压力、温度、流量、位移、时

间、含水率等传感器及井下多站信息、通信系统（控制网络系统）；选择智能连接与拼合系统（junction & splitter）、井下滑套（投球式、电控式、液控式）、层间控制阀、井下安全阀等。

⑧ 等待遇油气膨胀封隔器充分膨胀后（约7天）试压检查密封性。

⑨ 下入3½in分采/合采生产管柱并接好生产封隔器、井下流动控制阀、滑套式开关、传感器等。

⑩ 可按设计要求安装永久性传感器及智能采油装置；MRC井是高科技井，应文明施工，环境友好，保护好环境。

（10）MRC是系统工程集成了多项先进技术。要培养造就技术骨干，打造一批利器，研制配套软件；从设计到施工都是系统工程，制订一套技术标准与管理方法。

4　结论与发展

（1）MRC集成技术，优点突出、理论先进、属于技术前沿并极富挑战性、能带动一批高新技术融入和发展，是当今油气上游领域的发展方向之一，能把许多钻完井新技术的研究内容集成串起；

（2）预期MRC技术在21世纪第二个10年，将在我国起步及发展，要在人才、理论、技术、装备、工具、软件等方面尽早全面准备。可以预料MRC集成技术将会为我国油气生产做出很大贡献。

（本文为在西南石油大学油气藏及开发工程国家重点实验室
2010年10月国际学术会议上的宣读论文）

第五篇

保护油层理论与技术篇

【导读】

　　根据石油工业部钻井司和开发司在 1984 年提出的关于我国应该开展研究保护油层防止污染油藏的意见,西南石油学院立即进行调查研究并在 1985 年申请而获得了国家"七五"重大科技攻关项目"保护油层防止污染的钻井完井技术";在这个项目进行过程中,西南石油学院创建了"油气藏地质与开发工程国家重点实验室",紧接着西南石油学院获得了联合国开发署援建的"油井完井应用技术中心"。这样,就有了站在国家层面研究保护油气藏和油气层的基础和条件。1993 年,石油工业出版社出版了我和罗平亚编著的《保护储集层技术》一书,该书还获得石油工业部优秀教材奖。"七五"项目在华北油田等 5 个油气田同时进行,获得了国家科技进步三等奖。在本书中选择了 5 个油田中完成得最好的华北油田的"七五"国家重点科技攻关项目成果报告一和报告二两篇总结报告,既可以代表当时的水平又可以对目前和今后的保护储层工作具有指导作用。本书收集了作者于 1993 年在美国休斯敦举行的华人石油学会论文《保护储层的控制及模拟技术》(中、英文)以及 1993 年庆祝石油高等教育成立 40 周年英文版论文集中的论文"Theoretical Studies of the Protection of Formation from Damage and the Application Techniques"。这几篇文章具有国际学术水平的理论深度,在目前和今后一定时期具有参考价值。在保护储层的理论研究中,从宏观及微观两方面进行机理研究;在宏观研究时从内因和外因两方面总结了关键因素;在微观研究中使用了国际上先进的微模型可见技术。保护油气储层的目的是保护油气资源并为提高采收率提高油气产量奠定基础。保护油气储层应以预防和控制为主,以确立预防与控制措施为主要思路。由此进行了模拟和仿真研究,运用神经网络方法进行储层伤害的识别与诊断,建立了软件系统。笔者从 1985 年开始在保护储层理论与技术方面的研究工作近 30 年,创建了保护储层基础学科,建立了以保护储层为重点的具有国际水平的油井完井技术中心,访问了 UNDP 及其安排的美国和法国两个考察组,进行了国家级—省部级的科技项目研究,培养了学术团队和一批研究生,建立了专业实验室,出版了专著和论文等,笔者选择了部分成果放在本书中,奉献给同行和后人。本篇选入的文章是:

Controlling and Modeling Techniques on The Protection of Formation From Damage;

《保护储层的控制及模拟技术》;

Theoretical Studies of the Protection of Formation From Damage and the Application Techniques;

《储层伤害机理研究》;

《用微模型可见技术研究冀中储层的伤害机理》;

《冀中地区低压低渗透油藏保护油层的钻井完井技术——"七五"国家重点科技攻关项目成果报告一》;

《冀中地区低压低渗透油藏储层伤害的机理研究——"七五"国家重点科技攻关项目成果报告二》;

《油气储层伤害系统分析方法的初步探讨》。

Controlling and Modeling Techniques on the Protection of Formation from Damage

Zhang Shaohuai   Li Qi

Abstract: On the protection of formation from damage, the most important measure is to prevent it before the damage occuring, and to decide the ideas of preventing and controlling formation from damage.

By making the simulation and emulation researches, we simulation the identification and diagnosis of formation damages with the methods of neural network, as well as developed the computer software system IEDPTFD (Identification, Evaluation, Diagnosis, Precaution, and Treatment of Formation Damage) for formation protection. It consists of five subsystems and their knowledge bases, a main control module, a knowledge acquisition module, an explanation module (interpreter) and a man – machine interview module.

Identification, evaluation, diagnosis, precaution and treatment of formation damages is a systematical engineering. A set of mating protection technologies of formation from damage has been established. Application of these technologies has obtained good economical and social beneficial results.

INTRODUCTION

In the last 10 years, we have obtained systematical achievements on the theoretical studies of formation damage mechanism, and also got some important advances in the diagnosis, recognition, prevention, control, modele and treatment techniques of formation damage.

These achievements have been successfully applied and some very good economically beneficial results have been obtained.

The major conclusions are as follows:

(1) Any impediments near a well bore that reduce the initial injection and production abibility of oil & gas reservoirs are usually caused by formation damage.

(2) Every different type of reservoirs has its own damage patterns and characteristics, and the reason for its mechanism is very complex.

(3) Formation damage may occur during any well operations phase such as drilling, completion, production, stimulation and workover etc.

(4) Formation damage process is dynamic and variable, and usually can be controlled, but some times, the formation damage is rather difficult to eliminate. So to deal with this problem, the most important measure is to prevent it before damage occurring.

(5) The water, sality, acid, base and velocity sensitivities of formation rocks are all important and there exist some essential correlations among them.

(6) The laws of the release of particles with different surface electrical characteristics response differently to the adjustment of the ion concentration of the invading fluids.

(7) The established reservoir protection expert system IEDPTFD is an applicable, advanced intelligent software.

After five years key task experiments from 1986 to 1990, it has proved that this technique has great economical benefits. The average production of key task used in five oilfields is increased more than 10%, and two hundred million yuan investment (about thirty million U. S. dollar) is saved.

1 THE MECHANISM OF FORMATION DAMAGES

The mechanism of formation damage is the theoretical base of formation protection, damage precaution and control technologies.

1.1 The Marco – Mechanism of Formation Damage

(1) The fluid – rock interactions may cause: external particle invading and plugging, the sensitivity damage caused by the invation of incompatible fluids and their filtrations, the formation damage caused by the particle release and migration, sanding and its plugging, bacteria plugging.

(2) The incompatibility between invading operation fluids and formation fluids may cause emulsion blocking, inorganic/organic scales blocking, ironmould & corrosion material blocking and the secondary mineral precipitation blocking.

(3) The formation damages are caused by wrong operations or down hole problems and/or accidents. These operations and accidents often make formation unnormally exposed and immersed for too long time. Some times, formation damage occure because of well leak – seal operations and well kick – kill operations.

Report of formation damage laws in an oilfield is shown in the Table 1.

Table 1   Report of Formation Damage Laws in an Oilfield

Layer Position	Origen of Formation Damage	Operating Phases Analysis					
		Drill	Cement	Perforate	Oil Test	Production	Water Flood
Eastern section – 3	external solid particle plugging	* * * *	* * *	—	—	—	* * *
	fine release and migration	* *	* *	—	* *	*	* * *
	olay swelling	* * *	* *	—	—	—	* * *
	emulsion plugging – water blocking	*	*	—	—	—	*
	scale plugging	—	—	—	—	*	*
	bacteria plugging	—	—	* * *	—	—	—
	damage by uncompletion	—	—	* * *	—	—	—
Sha – 1 up – section	external solid particle plugging	* *	* *	—	—	—	* * *
	fine release and migration	*	*	—	* * *	* *	* * * *
	clay swelling	* * * *	* * *	—	—	—	* * * *
	emulsion plugging – water blocking	* * *	* *	*	—	—	* *
	scale plugging	—	—	—	*	*	*
	bacter is plugging	—	—	—	—	—	*
	damage by uncompletion	—	—	* * *	—	—	—

Layer Position	Origen of Formation Damage	Operating Phases Analysis					
		Drill	Cement	Perforate	Oil Test	Production	Water Flood
Sha – 1 down – section	external solid particle plugging	*	*	—	—	—	* *
	fine release and migration	*	*	—	* * *	* *	* * * *
Eastern section – 3	clay swelling	* * *	* *	—	—	—	* * *
	emulsion plugging – water blocking	* * *	* *	—	—	—	* *
Sha – 1 up – section	scale plugging	—	—	—	*	*	*
	bacter ia plugging	—	—	—	—	—	*
	damage by uncompletion	—	—	* * *	—	—	—

Note: * means the relative extent of damage. The more the *'s, the more serious of the damage.

1. 2　The Micro – mechanism of Formation Damage

(1) The releasing and expending of clay and the migration of particles during the injection process are mainly decided by the hydro – dynamic force field and the solid surface electrical field and the solid surface electrical field, and thus causes the inter – influencing and inter – restricting among the critical injection velocities.

(2) The invading of external particle is related with the pore size and throat characteristic of the formation rock themselves.

(3) The synergetic effections of the acidity and sality of invading fluids in effecting and controlling formation sensitivities are systematically studied. The quantitative relationship between the laws of particle release/migration and the surface electrical characteristics of the grains was established, so that the essential correlations among the rocks are further understood. The results of studies indicate that the "five sensitivities" are not independent but internal correlative.

(4) Relationship between particle release and sality ajustment.

When the invading fluids flow through the formation porous media, some of the mobile particles within pores may release and migrate with the flowing fluids. The particle release and migration processes are controlled primarily by the repulsing force F_T between the surface electricity of grains and the particles.

For the first time, the suface electrical characteristics of the particles and grains were systematically classified. And by the use of the principles of colloidal chemistry and fluid flow dynamics, some essential correlations between the laws of particle release/migration and the ion concentration adjustment of the invading fluids are theoretically studied. Some very important conclusions are obtained.

①Under the constant surface electrical potential condition, with the increasing of ion concentration of the invading fluids, the repulsing force F_T between a particle and a grain will increase. It results in the enhancing of the release ability of the particles.

②Under the constant surface charge density condition, with the increase of the fluid sality the repulsing force F_T between a particle and a grain will decrease. This results in the weakening of release ability of the particle.

③Under mixed surface condition, in some cases, with the increase of the fluid sality, the repulsing force F_T between the two surfaces will increase. And the release ability of the particle will enhance. But in some other cases, if the fluid sality increases, the repulsing force F_T will decrease. This results in the weakening of the release ability of the particles.

④For infinitive surface condition, under certain condition, the relation between the characteristics of particle release/migration and the sality adjustment of the invading fluids will approximately obey the principles mentioned above.

(5) Synergetic Effections of Acidity and Sality.

On the base of theoretical studies mentioned above section, the synergetic effections of the acidity and sality of the invading fluids in controlling clay swelling/releasing and particle migration were systematically studied the rough simulating injection experiments with natural cores. The following important conclusions are obtained.

①Without change of the ion ratio of front position fluids, the greater the ion concentration of the injected water, the more severe the formation damage during water shocking.

②Acidity has an important effect on the critical ion concentration C_{TIS}, When the pH valus of the injected water decreases, the critical ion concentration C_{TIS}, will decreases.

③Acidity has also an important effect on the critical degrading gradient of ion concentration C_{DTLS}. When the pH value decreases, the critical degrading gradient of the ion concentration C_{DTIS}. will increase.

④There exists a critical acidity C_{PH}, when the acidity pH is larger than the value of C_{PH}, the intake capacity of the formation will severely decrease. And the critical ion concentration C_{TSL} has an important effect on the critical acidity C_{PH}. When the ion concentration of the injected fluids T_{IS} increases, this critical acidity C_{PH} will also increase.

⑤There also exists a critical acidity degrading gradient C_{DPH}, When the acidity degrading gradient C_{DPH} is larger than the value of C_{DPH}, the intake capacity of the formation will severely decrease. And the critical ion concentration C_{TIS} has an important effect on the critical acidity degrading gradient C_{DPH}. When the value of C_{TIS} increases, this critical acidity degrading gradient C_{DPH} will also increase.

1.3　The Techniques of Microscopic Simulation and Micro – Testing

We have systematically studied some microscopic mechanisms of formation damage by the use of some advanced experimental measures e. g. visible micro – modle and CT techniques etc. Some very important development measures in the techniques of microscopic simulation, microscopic observation and testing. The test has relatively higher simulation degree, and the following are our major conclusings:

(1) The studies of water driving and water blocking effects indicated: The distribution characteristics of combined water has direct relations with the construction of pores and throats. The different construction of pores and throats will cause the different saturation and distribution of residual

oil. At first, oil selectively flows into the channels with less flowing resistance and then flows into other ones with greater flowing resistance. The greater the pressure differences, the shorter the time of the combined water forming process. When the ratio of pores size to throats size reaches to certain value(about 6 to 10), water blocking will easily occure, and the EOR will be affected severely. In blind pores and other little pores with rough & unsmooth wall, combined waters also exist. The more heterogeneous the formation rock (and/or the micro-model), the greater the saturation of the combined water.

(2) The micro-model studies of the migration and plugging of particles indicated when the thin & slender particles migrate, their long axes will be parallel to the streamlines. In this case, bridge plugs will not easily be formed. Even do bridge plugs form, they will not be steady ones. Relatively, spherical particles can form more steady bridge plugs than those of thin and slender paricles. Suspending solid particles can be deposited at the pores with rough & unsmooth walls. Then the deposited particles will gradually compact and completely plug the pores & channels at last. The primaty effecting factors of the compacting level for the plugging bridges are the concentration and size distribution of the invational particles. Pores and throats will be much more easily blocked by the combined particles with different sizes than that with only single size. For example, the suspension with $8.7\mu m$ and $3\mu m$ to $5\mu m$ particles blocked the model porous media much more easily than that with only $8.7\mu m$ partials or $3\mu m$ to $5\mu m$ particles in our experiments.

(3) with CT technique, the internal constructions of the samples of formation rocks and their changes can be quantitively analyzed without changing the external shape and internal construction of the samples. Our studies indicated that by the use of CT, we can not only analyze and measure the constructions and ingredients of rock samples, but also can directly observe the changes of the samples before and after damaged (Fig. 1). Furthermore, with CT technology we can quantitatively measure the invading depth of solid particles and the formation damage degree. We also directly observe and measure the changes of pore constructions of the core samples after being damaged with CT. This technique can also be used to evaluate and select the material & size distribution of the temporary plugging participles.

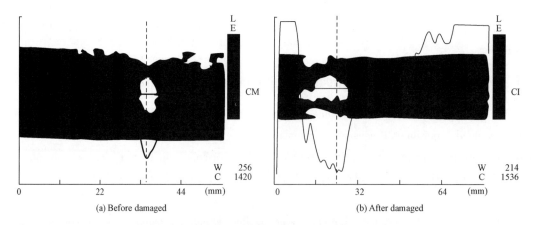

(a) Before damaged   (b) After damaged

Fig. 1   CT Figures of cores before and after damaged

(4) The studies indicated that the heterogeneous properties and heterogeneous degree of the rock – samples can be quantitatively measured with CT figures. We can quantitatively analyze the character & change of the compressed parts of the core samples. This bears an important significance for making more exact core flowing tests and analyzing the compressed part of core samples during perforation. Out study results indicated that the heterogeneous compressed part near the perforated holes can not be ignored. NMRI is one of the latest methods for studying formation damage and protection effects. The distribution and flowing state of fluids in rock pores or rock fractures can be microscopically measured by the use of NMRI technique. The wettability, wettability reversal and interfacial energy problems can also be quantitatively studied by the use of NMRI technique. Both CT and NMRI are of three dimensions. By the use of CT combined with NMRI, we can quantitatively study the micro – phenomena of formation damage and evaluate the effects of protection measures.

2 THE TECHNIQUES OF PROTECTION AND CONTROL OF FORMATINON

The techniques of the protection and controlling of reservoir formation is a systematically mating technology. It involves of soft and hard techniques, such as the testing techniques of formation pressure, optimization and control of drilling fluid, techniques of wellbore structure and balance drilling, techniques of cementing and well completion etc. In this paper, the following are underlined.

2.1 The Ideas of Formation Protection and Control

The primary measure for the protection of formation from damage is to prevent it before damage problems appearing. The operations of prevention and treatment may be of futile effort unless that the reasons of formation damage have been correctly diagnosed and recognized at first. Out main ideas are as following:

(1) The operating fluids, external fluids and their filtrations which shouldn't enter into formations must be prohibited from entering into the formations or at least entering as less as possible. The major measures are to use pressure balanced drilling and the screen technique of temporary plugging.

(2) The fluids (injected water, acid, fracture and perforation fluids) and some few amount of solid particles which are unavoidable or have to enter into the reservoirs should be of good properties, and of suitable compatibilities with the reservoirs, especially of nonsolid for the best of all . The major measure is to assess the operating fluids through laboratory experiments such as static & dynamic core flow experiments, sensitivity experiments, compatibility experiments, serial fluid assessment experiments and oilfield evaluations.

(3) The invading fluids and particles must can be removed by physical or chemical means as completely as possible. Otherwise, under balance drilling & deep penetration perforating techniques have to be used.

(4) The protection of formation is a systematical engineering, it must established a set of mating technologies. The engineering operation processes must be optimized, and technical management should be emphasized, in order to decrease the immersed time of formation.

2.2 Designing Proper Experimental Procedure and Developing New Experimental Devices

Laboratory experiment and evaluation are important parts of formation protection studies. There are no experimental procedures for common use. The series formation damage experiments (such as petrographic analysis and evaluation of reservoir sensitivity etc.) must be designed with the conditions and characteristics of the reservoir. Fig. 2 is the laboratory experiment procedure designed for an oilfield.

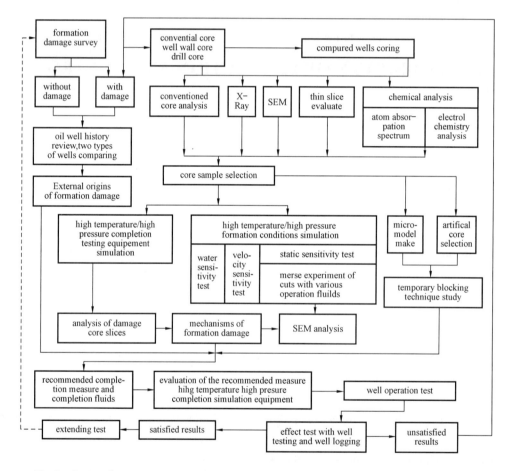

Fig. 2   Designed experiment program of formation damage assesments for some oilfield of China

In order to evaluate formation damage and recommend control or treatment strategies, some special and simulating experiments need to be carried out besides the experiments of using the existent devices and equipments. So we researched and manufactured a new damage testing equipment, high temperature/high pressure full size damage test equipment DSE during 1988 – 1989(Fig. 3). This equipment can actually simulate the formation damage under the condition of high temperature/high pressure in wells of more than 2000 meters deep. By the use of this equipment, the formation damage degree caused by various operating fluids can be evaluated and then the most suitable operation fluids can be correctly selected. The major technical parameters of DSE are given in the Table 2.

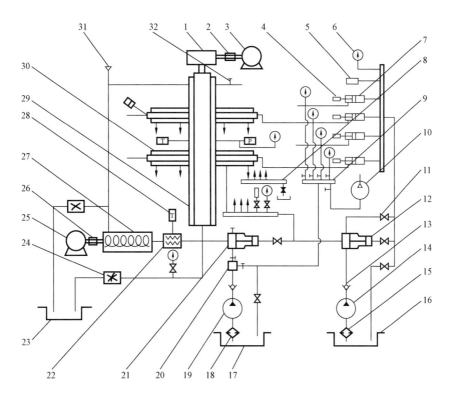

Fig. 3　High temperature/high pressure damage testing equipment(DSE)

1 – worm sensor;2 – clutch;3 – D. C. variable – speed electric motor;4 – bit shift sensor;5 – pressure sensor;6 – prssure gage;7 – high pressure metering graduate;8 – five channel valve;9 – six channel valve;10 – vacuum pump;11 – switch; 12 – fluid pressure cylinder;13 – single direction valve;14 – high pressure oil pump;15 – filtration net;16 – oil box; 17 – supplement waterbox;18 – filtration net;19 – high pressure supplement water pump;20 – high pressure three channel valve;21 – prssure reduce cylinder;22 – circulating fluid heater;23 – waste fluid tank;24 – ajustable throttle down valve; 25 – three phase A. D. electric motor;26 – sliding speed transformer;27 – high pressure screw pump;28 – temperature sensor;29 – well borehole;30 – core holder;31 – fluid inlet;32 – exaust valve

Table 2　Technical Parameters of DSE

Working States of Dilling String	Pressure (MPa)	Temperature (℃)	Comfining Pressure (MPa)	Pore Pressure (MPa)	Pressure Difference (MPa)	Annular Velocity (m/s)	Rotary Rate (r/min)
Static	32	72	40	32	15	0. 5 ~ 1. 5	0
Rotating	25	72	40	25	15	0. 5 ~ 1. 5	70

By the use of this built damage testing equipment, we have made many experiments in several oilfields. This equipment has reached the advanced level in the world. With the DSE we are now co-operating in researches about the University of Texas, United States.

2. 3　Screening Technique of Temporary Plugging

The pressure balanced drilling technique for the protection of formation from damage have been systematically studied. Under the base of these studies, a new technique is developed. This new technique has been successfully used in many oilfields.

The key of this technique is to mix some artificially optimized solid particles and some deformable soft particles with different sizes into drilling fluids and an effective thin screen near well bore is quickly formed to prohibit the drilling fluids from invading in to the formation. The "quickly" means that this screen will form only within several minutes duing penetration through the oil formation. The "thin" means that the invaded depth of the selected particles is controlled within less than 20cm. The "effective" means that the permeability of the formed screen will be less than 1mD or even approximately zero.

The keys for the selection of these different size solid particles and the deformable soft particles are as follows:

(1) Exactly measure the distribution curves of pore sizes and the average pore throat diameter D_p. After that, the size of the bridging particles are decided.

(2) Guarantee that in drilling fluids the weight concentration of the bridging particles with the diameter of $(1/2 \sim 2/3)D_p$ is more than 2% to 3%. The concentration of the deformable soft particles with the diameters less than that of above bridging particles must be optimized through plugging experiments.

(3) The selected solid and deformable soft particles are either acid soluble or oil soluble. So that the formed thin screen can be removed with acid or oil through solving the temporary plugging particles. This technique does not only protect the formation from damage, but also keeps the pores not permanently plugged. AS the result, the connecting channels between formation and oil wells will be connected as well as possible.

2.4   Optimized Well Completion Method

In order to optimize well completion operations and to improve the connectiong channels between oil wells and formation, we studied well completion method and optimized problem, a simulation device of high temperature and deep penetration perforation had been developed, and the theoretical researches about perforating sample targets and their experimental analyses had also been done. The established simulation device of high temperature and deep penetrating perforation can carry on core flowing test about perforation damages under the simulated downhole conditions. Some very significant informations has been obtained, and the perforation technology of deep penetration under balanced pressure has been improved. In recent years some studies on the High Energy Gas Fracture(HEGF) technique have also being engaged in and test under the downhole condition. This is a new technique to connect oil wells and the reservoirs. This technique is very useful for the protection of formation from damage.

3   THE SIMULATION AND EMULATION RESEARCHES OF FORMATION PROTECTION

The analysis and treatment of the data of formation damage and protection and emulation researches with the mathematic methods to solve illinear problem, and studied the identification and diagnosis of formation damage with methods of neural network.

We established the intelligent computer software system IEDPTFD under the base of theoretical and experimental research. IEDPTFD(Identification, Evaluation, Diagnosis, Precaution And Treatment of Formation Damage) is an intelligent computer software system for the identification, evaluation, diagnosis, precaution, treatment of formation damage and its control during well drilling and completion. The whole structure of IEDPTFD is shown in Fig. 4. This system is an synergetic expert system. It consists of five subsystems (these subsystems are damage identification subsystem (ES1), potential damage evaluation subsystem(ES2), diagnosis subsystem(ES3) for the damage during operations, damage precaution subsystem (ES4) and damage treatment subsystem(ES5)) and knowledge bases, a main control module, a knowledge acquisition module, an explanation module (interpretor) and a man – machine interview module. Every subsystem has several branches. These five subsystems are relatively independent. The network organization pattern is introduced to connect each subsystem, that is, the overall system is indicated as a directional figure with the subsystems as its connecting points. Diagnosis and treatment process was divided into two steps as follows (Fig. 5).

(1) evaluation and precaution before damaged, inference line. start→ES2→ES4→end.

(2) diagnosis and treatment after damaged, inference line.

$$\text{start} \rightarrow \text{ES1} \rightarrow \text{ES2} \rightarrow \text{ES3} \rightarrow \text{ES5} \rightarrow \text{end}$$

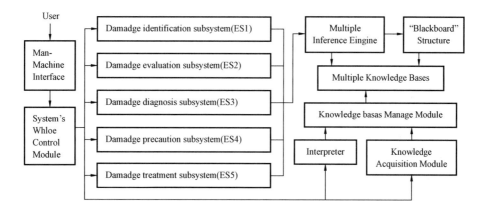

Fig. 4   The whole structure of IEDPTFD

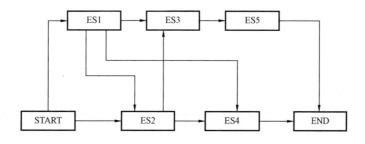

Fig. 5   Inference & organization "network" structure in IEDPTFD

Because the IEDPTFD system is a synergetic expert system, the knowledge base (KB) is designed as a set of several knowledge bases. According to the characteristics of each subsystem, the KB is classified as follows:

(1) Inference type KB: it provides the IEDPTFD with the knowledge about damage indentification, evaluation and diagnosis.

(2) Declarative type KB: according to consultation results, if provides users with the knowledge in formation, about the damage treatments and the damage precaution.

(3) File type KB: it provides the system with supplemental knowledges.

The mixed expression model combining predicate logical production rule and course is used in the knowledge expression, the general form is as follow:

rulc (rule number, damage type, sub damage type, condition list, rule strength).

cond (< condition number > , < condition content > , < confidence factor >).

The performance of inference engine IE primarily bases on the backword inference and then the secondary forward inference, and uses the supposed target as its driver. The precise and unprecise inference had been designed in the inference enging so that multiple target inference, single – value and multiple – value inference level inference could have been able to carry on. In the unprecise inference, a confidence factor CF is introduced to evaluate the reality degree for a fact. $CF = 0 \sim 1$. $CF = 0$ means the fact is faulse, the bigger the CF, the greater the reality degree of the fact. The CF of starting point is given by the user. The CF of middle and ending points are obtained through the transmission calculation of unprecise inference.

The calculation method of "and" point is

$$CF_h = \min(CF_1,\ CF_2, \cdots) CF_r$$

The calculation method of "or" point is

$$CF_h = (CF_1 + CF_2) CF_r - CF_1 \cdot CF_2 \cdot CF_r^2$$

Where CF_1 represents the reality degree to condition rule at its stage, CF_r showed the reality degree to the conclusion rule.

In order to accelerate the inference speed, a threshold AF is set up for every stage in the inference network. When the CH_h is less than AF_h the system will stop the inference on this stage.

4   THE LAST WORD

Formation protection techniques is an important measure to reduce oil cost and increase oil recovery. Though many important achievements have been acquired, but the research works are still needed to be further deepened and improved. In this paper a part of achievement in recent years of our studies about formation from damage during well drilling, completion, water flowding and production etc, is introduced.

REFERENCES

[1] Zhang shaohuai, Luo Pingya. Formation Protection Techniques[M]. Beijing: China Petroleum In dustry Publishing House, 1992.

[2] Amaefule J O, Kersey D G, et al. Advances in Formation Damage Assessment and Control Strategies[R]. SPE – CIM 88 – 39 – 65, 1988.

[3] Alegre L, et al. Application of Expert Systems to Diagnose Formation Damage Problems: A Progress Report[R]. SPE 17460, 1988.

（本文刊于华人石油协会科技研讨会 1993 年论文集
第 45～54 页,中美石油协会（CAPA）出版）

保护储层的控制及模拟技术

张绍槐　李琪

摘　要: 保护储层应以预防和控制为主,以确立预防与控制措施为主要思路。由此进行了模拟、仿真研究,运用神经网络方法研究了储层伤害的识别与诊断。建立了保护储层的计算机软件系统,它由储层伤害的识别、评价、诊断、预防、处理5个子系统,以及各子系统的知识库、系统总控、知识获取、解释器、用户接口等模块组成。储层伤害的诊断、预防、控制与处理是个系统工程,已形成配套技术,它的应用已取得十分明显的经济效益和社会效益。

关键词: 地层伤害;储层评价保护;控制系统;模拟模型

近10年来,在油气储层的伤害机理及其识别、诊断、预防、控制、模拟与处理技术方面已经取得了系统配套的理论研究成果和生产效益,主要结论是:(1)在储层近井壁带,造成流体产出或注入自然能力的任何障碍都是地层伤害;(2)不同类型油藏,有不同的伤害规律和特征,其原因是复杂的;(3)储层伤害存在于钻井、完井、采油、增产及修井各个作业环节中;(4)伤害是动态、离散但可控制的,而有时是难以恢复的,所以应以预防为主,治理为辅;(5)储层岩石的水敏、速敏、碱敏、盐敏和酸敏都是应重视的,且它们之间有着内在的联系;(6)不同类型表面电荷特征微粒的分散运移规律对调整侵入流体矿化度具有不同的响应;(7)建立的保护储层专家系统 IEDPTFD 是一个实用而先进的智能化软件。通过 1986—1990 年的 5 年攻关试验证明,这项技术有很高的经济效益,5 个攻关油田的增产均在 10% 以上,节约资金达 2 亿多元人民币。

1　储层伤害机理

储层伤害机理是制定保护储层、预防伤害和控制技术的理论基础。

1.1　储层伤害的宏观机理

外来流体与岩石的相互作用可能导致外来固相颗粒的侵入与堵塞,工作液滤液侵入及不配伍流体造成的敏感性伤害,储层内部微粒运移造成的地层伤害,出砂与砂堵,细菌堵塞。外来流体与储层内部流体间的不配伍性可能导致乳化堵塞、无机结垢堵塞、铁锈与腐蚀产物的堵塞、地层内固相沉淀的堵塞。由于施工作业不当或发生井下事故等工程原因,使储层不正常裸露、浸泡时间过长等,也会导致储层伤害。有时由于"井漏—堵漏"和"井喷(井涌)—压井"等不正常作业往往会严重伤害储层。

1.2　储层伤害的微观机理

(1)注入过程中黏土膨胀分散和微粒运移要取决于孔隙内的水动力场和固体表面的电场,由此导致临界注水速度诸因素之间相互影响、相互制约。

(2)外来固相颗粒的侵入与储层岩石本身的孔隙大小、特别是孔喉特征有关。

（3）工作液等侵入流体的酸碱度与矿化度之间在影响和控制储层敏感性时具有协同效应，由此建立了颗粒表面电荷特征与微粒分散运移规律之间的定量关系。从而对储层岩石的水敏、速敏、碱敏、盐敏和酸敏之间内在本质联系有了进一步的认识。研究表明，"五敏"之间不是孤立的，而有一定的内在联系。

（4）微粒运移与矿化度之间的关系。侵入流体流经储层岩石多孔介质时，微粒的沉积、分散与运移主要由颗粒表面电荷及其相互作用力所控制。对微粒的表面电荷特征系统地加以分类，然后利用胶体化学和力学原理经一系列推理可以证明，表面电荷特征与微粒分散运移之间具有内在联系：

① 对恒定电势表面条件，随矿化度的增高，颗粒表面间作用力增大，使微粒分散能力加强。

② 对恒定电荷表面条件，随矿化度的增高，颗粒表面间作用减小，使微粒分散能力减弱。

③ 对于混合表面条件，随矿化度的增高，有时颗粒表面间作用力增大，微粒分散能力加强；有时颗粒表面作用力减小，颗粒分散能力减弱。

（5）酸碱度与矿化度之间协同效应。用天然岩心的模拟注入试验，系统地研究了侵入流体的酸碱度和矿化度之间在控制和影响黏土矿物膨胀、分散和微粒运移的协同效应，研究表明：

① 给定注入水前置液中离子比例，总离子强度越大，转注淡水时反而伤害越严重。

② 酸碱度对临界离子强度（C_{TIS}）具有重要影响，其规律是，pH 值降低，C_{TIS} 将减小。

③ 酸碱度对临界离子强度的梯度（C_{DTIS}）具有重要影响，其规律是，pH 值降低，C_{DTIS} 将增大。

④ 存在临界酸碱度（C_{pH}）。当 pH 值 $\geq C_{pH}$ 时，地层的吸水能力将严重下降，且临界离子强度 C_{TIS} 对 C_{pH} 具有重要影响，其规律是，随着离子强度（T_{IS}）的增大，C_{pH} 将下降。

⑤ 存在临界酸碱度梯度（D_{pH}）。当酸碱度变化梯度 $D_{pH} \geq C_{pH}$ 时，地层的吸水能力将严重下降，而且临界离子强度（C_{TIS}）对 C_{pH} 具有重要影响，其规律是，随着离子强度（T_{IS}）的增大，D_{pH} 也将增大。

1.3 微观模拟和微观测试技术

在微观模拟和微观测试技术两方面取得突破，试验具有较高的仿真度，并得到以下认识：

（1）水驱油和水锁效应研究表明，束缚水的分布特征与孔喉结构有很大的关系，孔喉结构不同，残余油饱和度不一样，其分布形态也不一样。油首先选择流动阻力较小的孔道流动，然后再往流动阻力较大的孔道流动，压差越大，束缚水的形成过程越短。当孔喉比达一定值（6～10）时，很容易造成水锁，严重影响油的采收率。在盲孔、壁面极不光滑的小孔道内也往往有束缚水。模型非均质性越强，残余油饱和度越高，多为簇状分布。

（2）微粒运移及颗粒堵塞试验研究表明，细长颗粒在运移时，其长轴方向平行于流线，不易形成桥堵；即使形成桥堵也是不稳定的，一般来说不能单独形成桥堵。相对来说，球状颗粒能单独形成稳定的桥堵。细小颗粒能在极不光滑的孔壁上沉积，并增大沉积量甚至堵塞孔道。颗粒浓度与颗粒级配是影响颗粒形成桥堵的主要因素，同时也是影响堵塞严重程度的主要因素。把不同尺寸的颗粒混在一起，例如 8.7μm 的颗粒混上 3～5μm 的颗粒远比 8.7μm 或 3～5μm 单一尺寸的颗粒容易堵塞孔喉，并对储层的伤害也更大。

（3）CT 扫描技术可以在不改变岩样外部形态，也不改变其内部结构的条件下定量分析岩心的内部结构及其变化。它不仅可以分析测定岩石组织结构和成分等,而且还可以观测分析岩心伤害前后所发生的变化,可以定量测试固相颗粒侵入程度、评价地层伤害程度,并且可以直接观察到岩心伤害孔隙的变化情况。这一技术还可以用来评价和优选暂堵剂等。

(4)研究表明,CT扫描图像能测定岩石的非均质性和非均质程度。应用CT扫描技术进行的岩石压实带定量分析,对于更准确地进行岩心流动试验以及分析射孔压实带等具有重要价值,由于射孔等造成的压实作用及其所影响到的非均质性是不能忽略的。使用核磁共振成像技术(NMRI)可以微观地测试岩石孔隙或裂缝中流体的分布状况及流动情况,可以定量研究流体与流体、流体与岩石之间的相互作用,如润湿性和润湿反转问题、界面能力问题等,是研究储层伤害和保护效果的最新手段之一。CT和NMRI都是三维的,两者结合使用能定量认识微观现象和研究储层保护。

2 储层的保护与控制技术

储层的保护与控制技术是系统配套技术。涉及软技术和硬技术,诸如地层压力测试技术、钻井液的优选与控制、井身结构与平衡钻井技术、固井技术和完井技术等。本文着重说明以下几点。

2.1 储层保护与控制的思路

保护储层应以预防为主,并在正确诊断识别伤害原因的基础上做好预防和控制工作,主要思路是:

(1)不该进入储层的工作液、外来流体及其滤液和固相颗粒,要使之不进入,至少要少进入储层。主要措施是采用平衡压力作业和优质完井液,必要时使用屏蔽式暂堵技术。

(2)不可避免要进入,甚至是必须进入的流体(如注入水、酸化压裂液、射孔液等)及少量固相颗粒,应该是良性的、配伍性好的,最好是无固相的。主要措施是通过静动态试验、敏感性试验、配伍性试验、系列评价试验等室内实验和矿场评价来优选工作液和优化作业环节。

(3)凡已进入储层的液相(如酸液等)和固相要尽量用化学法或物理法解堵和排出,若难以实现,则需要深穿透射孔,使射孔深度大于伤害深度。

(4)保护储层是个系统工程,必须形成配套技术,优化作业环节和强化技术组织管理,以减少油气层的浸泡时间。

2.2 试验程序设计及新型试验装置的研制

室内试验和评价是保护储层技术研究的重要组成部分,没有通用的试验程序。因此,需要根据所研究的油藏条件和特征设计岩相学分析试验、储层敏感性评价试验等系列化试验程序,图1是为某油田拟定的试验程序。

为评价储层伤害和拟定保护措施,除使用已有成套设备仪器外需进行一些模拟试验和专项试验。为此在1988—1989年研制了高温高压岩心伤害试验装置DSE(图2)。

该装置共有4个同样尺寸的岩心夹持器,可以同时测定4块相同或不同的岩心,可真实模拟2000m深井的高温高压条件下储层的伤害情况,并自动测得一定压差下通过岩心的滤液,评价各种工作液对油气层的伤害程度,优选工作液。其技术参数见表1。

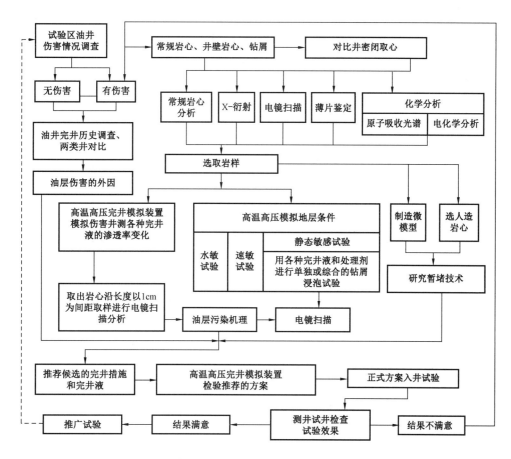

图 1　为某油田拟定的储层伤害机理试验程序框图

表 1　DSE 技术参数

参数	钻具静止	钻具转动
井内压力（MPa）	32	25
井内温度（℃）	72	72
岩心围压（MPa）	40	40
孔隙压力（MPa）	32	25
压差（MPa）	15	15
上返速度（m/s）	0.5～1.5	0.5～1.5
钻具转速（r/min）	0	70

该装置投入使用后,已为几个油田做了多批试验,取得了许多重要结果。此装置具有国际水平,正与美国得州农工大学进行合作研究。

2.3　屏蔽式暂堵新技术

为了有效地保护储层,在完善平衡钻井技术的基础上研究成功了屏蔽式暂堵技术并在许多油气田得到了成功的应用。该项技术的要点是在钻井液中混入经优选的不同粒径的固相粒子,有意识地、人为地在井壁上快速、浅层、有效地形成一个屏蔽带,以阻挡钻井液的大量侵入。

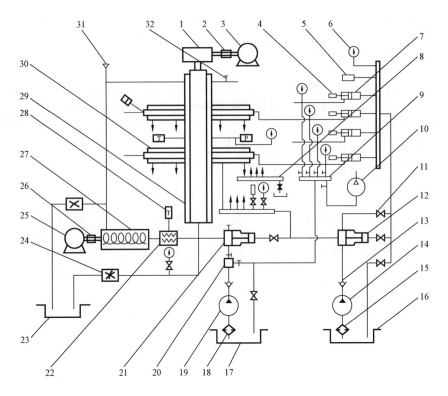

图2 高温高压岩心伤害试验装置(DSE)原理图

1—蜗轮蜗杆变速器;2—离合器;3—直流变速电机;4—位移传感器(YHD型);5—压力传感器(BPR—2型);
6—指针式压力表;7—高压计量筒;8—五通阀;9—六通阀;10—真空泵;11—开关;12—液压缸;13—单向阀;
14—高压单向定量油泵;15—滤网;16—油箱;17—补水箱;18—滤网;19—高压单向定量补水泵;
20—高压三通阀;21—减压缸;22—循环工作液加温器;23—废液池;24—可调式节流阀;
25—三相交流电动机;26—滑差变速器;27—高压螺杆泵;28—温度传感器;29—井筒;
30—岩心夹持器;31—工作液注入口;32—排气阀

所谓"快速"是指该屏蔽带在钻开油层几分钟到十几分钟的时间内形成;"浅层"是指优选的固相粒子进入油气层的深度被控制在10cm,最多20cm以内;"有效"是指屏蔽带的渗透率小于1mD,甚至为零。

具有特殊作用的不同粒径固相粒子的优选技术要点是:

(1)用压汞法等测定储层的孔喉分选曲线及孔喉的平均直径($D_{孔}$),并确定桥堵粒子的大小。

(2)确保钻井液内粒径等于$(1/2 \sim 2/3)D_{孔}$的固相粒子占钻井液质量的2%~3%;钻井液中小于桥堵粒子的微小粒子宜选为1%~2%;通过试验优化粒级分配。

(3)在钻井液中加入的粒子应是酸溶性的或油溶性的。由此可知,所谓暂堵技术就是在完成屏蔽任务后可以用酸溶法或油溶法除去暂堵剂,从而消除屏蔽带,使储层既得到了保护又不使之"永久"堵塞,能够有控制地使油气储层与油井较好地连通。

2.4 优化完井方法

为优化完井方法,完善油井和储层的连通通道,特研究了完井方法和优选问题。研制了高温深穿透射孔模拟装置,并进行了射孔岩心靶的理论与试验研究。建立的高温深穿透射孔模拟装置,能在岩心靶上模拟井下条件进行射孔伤害流动试验,取得极为重要的资料,完善了深穿透负压射孔技术。近年来,还进行了高能气体压裂技术的研究和井下试验,这是一种无伤害的连通油井与储层的新技术,对保护储层也有好处。

3　保护储层的模拟与仿真研究

储层伤害与保护资料的分析与处理属非线性问题,故运用了解决非线性问题的数学方法,并进行模拟、仿真研究;运用神经网络方法研究了储层伤害的识别与诊断。

在理论与实践研究的基础上,建立了保护储层的智能化计算机软件系统,该系统是一个能诊断、识别、评价、预防和处理钻井完井储层伤害及其控制的智能化计算机软件系统。系统的总体结构如图3所示。系统属协同式专家系统,由油层伤害识别、评价、诊断、处理、预防5个子系统,以及各子系统的知识库、系统总控模块、知识获取模块、解释器、用户接口模块等组成。每一子系统又有许多分支并具有相对独立性。各子系统间使用"网络式"的组织方式,即把整个系统表示为一个以分专家系统为结点的有向图(图4)。诊断和处理过程分为两步:

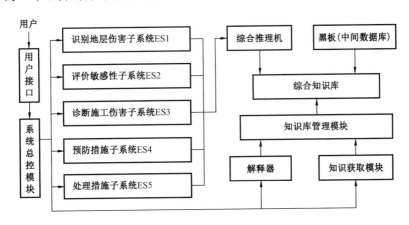

图3　保护储层的智能化计算机软件系统总体结构图

（1）伤害前的评价预防,推理路线为"开始→ES2→ES4→结束"。

（2）伤害后的诊断处理,推理路线为"开始→ESl→ES2→ES3→ES4→结束"。

由于此系统属协同式专家系统,因此知识库采用多知识库设计思想,按子系统特征分类:

（1）推理型知识库,它为推理机提供伤害识别、评价、诊断方面的知识。

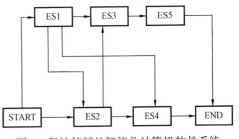

图4　保护储层的智能化计算机软件系统
（推理）组织方式网络图

（2）陈述型知识库,根据会诊结果,向用户提供油层伤害处理预防知识信息。

（3）文件型知识库,为系统提供补充知识。

知识表示采用谓词逻辑产生式和过程相结合的混合表示模式,其一般形式为:

rule(规则编号,损害类型,子损害类型,条件表,规则强度)

cond(< 条件编号 >, < 条件内容 >, < 可信度 >)

系统推理机的工作方式是以反向推理为主、正向推理为辅,以目标驱动运行。推理机设置了精确推理和不精确推理,可进行多目标推理、单值和多值推理、多次推理和多层推理。在不精确推理中用可信度表示断言的真假程度,$CF = 0 \sim 1$。当 $CF = 0$ 时,表示该断言为假;CF 越大,断言为真的程度越大。原始结点的可信度 CF 由用户给出,中间结点与终点的可信度 CF_h 由不精确推理的传播算法求出:

and 结点的算法

$$CF = \min(CF_1, CF_2, \cdots) CF_r$$

or 结点的算法

$$CF_h = (CF_1 + CF_2) CF_r - CF_1 \cdot CF_2 \cdot CF_r^2$$

其中 CF_1 为对前提条件断言的可信度,CF_r 为对结论断言的可信度。

为加快推理速度,在推理网络中的每一层都有一个阀值 AF,若第 h 层结论断言的 $CF_h \leqslant AF_h$,就认为该断言不成立,系统就终止这个路径的推理。

由上可见,保护储层技术是降低原油单位成本和提高采收率极为重要的措施,虽已取得重要成果,但还要进一步深化与完善。本文仅介绍了近几年来我们在钻井、完井与注采过程中储层伤害及其模拟与控制技术方面的部分研究成果。

参 考 文 献

[1] 张绍槐,罗平亚. 保护储集层技术[M]. 北京:石油工业出版社,1992.

[2] Amaefule J O, Kersey D G, et al. Advances in Formation Damage Assessment and Control Strategies[R]. SPE – CIM 88 – 39 – 65,1988.

[3] Alegre L, et al. Application of Expert Systems to Diagnosis Formation Damage Problems, A Progress Report[R]. SPE 17460,1988.

(原文刊于《石油钻采工艺》1994 年(第 16 卷)第 5 期)

Theoretical Studies of the Protection of Formation from Damage and the Application Techniques

Zhang Shaohuai   Pu Chunsheng   Li Qi

Theoretical Studies of the Protection of Formation from Damage and the Application Techniques

Zhang Shaohuai   Pu Chunsheng   Li Qi

Abstract: This paper introduces some new achievements in our studies about formation protection from damage during well drilling, completion, waterflooding and production. The results indicated that formation damage should be studied from both microscopic and macroscopic aspects. The research work of diagnosis, recognition, prevention, controlling and treatment of formation damage is a system engineering. Each type of reservoir has its own formatidn damage characteristics. So the specific damage testing procedure has to be designed according to the type of reservoir. Advance and mating experimental devices or equipment should be used. Our researches have proved that there exist internal correlations among various sensitivities, and the reIease and migration laws of particles with different surface elec trical eharateristics have essentially different responses to the adjustment of the ion concentration of invading fluids. In order to protect the formation from damage, the most primary work for us to do should be taking prevention measures before damage problems occur. A set of mating teehnologies for protecting formation from damage has been established. Some special formation damage evaluation test devices and equipment, for example DSE, were designed and manufactured. An advanced and applicable intellegent expert system for the protection of formation from damage was established. All these achievements have been successfully applied in several oilfields, and better economic results were obviously obtained. These technologies are very vaIuable for enhancing oil recovery and for the protection of petroleum resources and the environments from damage.

Key words: Formation damage; Formation protection; Sensitivity; Fines migration; Simulation; Intelligent software

INTRODUCTION

In the last 10 years, we have obtained systematic achievments in the theoretical studies of formation damage mechanism, and also got some importarit advances in the diagnoses, recognition, prevention, controlling and treatment techniques of formation damage. These achievements have been successfully applied in several oilfields with good results economically.

(1) Any impediments near a well bore that reduce the initial injection and production ability of oil and gas reservoirs are usually caused by formation damage.

(2) Every different type of reservoirs has its own damage patterns and characteristics, and the reason for its mechanisms is very complex.

(3) Formation damage can occur during any phase of well operations such as drilling, completion, production, stimulation and workover etc.

(4) Formation damage process is dynamic and variable, and usually can be controlled, but sometimes, the formation damage is rather difficult to eliminate. So in dealing with this problem, the

most important measure is to prevent formation from damage.

(5) The water, salinity, acid, base and velocity aensitivities are all important and thereexist some essential correlations among them.

(6) The laws of the release of particles with different surface electrical characteristics have different responses to the adjustment of the ion concentration of the invading fluids.

(7) The established reservoir protection expert system IEDPTFD (Identification, Evaluation, Diagnosis, Protection and Treatment for Formation Damage) is an applicable, advanced intelligent applicable software.

1 MECHANISM OF FORMATION DAMAGE

1.1 Internal and External Origins of Formation Damage

The fluid – rock interactions may cause external particle invading and plugging, including the sensitivity damage caused by the invasion of incompatible fluids and their filtrations, the formation damage caused by the particle release and migration, sanding and its plugging, bacteria plugging. The incompatibility between invading operating fluids and formation fluids may cause emulsion blocking, inorganic/organic scales blocking, ironmould and corrosion ma023 mateiral blocking, and the secondary mineral precipitation blocking.

The formation damage is also caused by wrong operations or downhole problems and/or accidents. These operations and accidents often make formation abnormally exposed and immersed for a long time. Sometimes, formation damage occurs because of well leak – seal operations and well kick – kill operations.

Roport of formation damage laws in Jizhong region of Huabei oilfield is shown in the Table 1.

Table 1   Report of Formation Damage Laws in Jizhong Region of Huabei Oilfield

Area	Layer Position	Origen of Formation Damage	Operating Phases Analysis					
			Drill	Cement	Perforate	Oil Test	Production	Water Flood
Cha – 15	Sha – 3 section	external solid particle plugging	* * * *	* * *	—	—	—	* * *
		fine release and migratiion	* *	* *	—	* *	*	* * *
		clay swelling	* * *	* *	—	—	—	* * *
		emulsion plugging – water blocking	*	*	—	—	—	*
		scale plugging	—	—	—	—	*	*
		bacteria plugging	—	—	* * *	—	—	—
		damage by uncompletion	—	—	—	—	—	—
	Sha – 1 Up – section	external solild particle plugging	* *	* *	—	—	—	* * *
		fine release and migration	*	*	—	* * *	* *	* * * *
		clay swelling	* * * *	* * *	—	—	—	* * * *
		emulsion plugging – water blocking	* * *	* *	*	—	—	* *
		scale plugging	—	—	—	*	*	*
		bacteria plugging	—	—	—	—	—	*
		damage by uncompletion	—	—	* * *	—	—	—

Area	Layer Position	Origen of Formation Damage	Operating Phases Analysis					
			Drill	Cement	Perforate	Oil Test	Production	Water Flood
Mo – 32	Sha – 1 Down – section	external solid particle plugging	*	*	—	—	—	* *
		fine release and migration	*	*	—	* * *	* *	* * * *
Ning – 50	Dong – 3 section	clay swelling	* * *	* *	—	—	—	* * *
		emulsion plugging – water blocking	* * *	* *	—	—	—	* *
	Sha – 1 up – section	scale plugging	—	—	—	*	*	*
		bacteria plugging	—	—	—	—	—	*
		damage by uncompletion	—	—	* * *	—	—	—

Note: The " * " means the relative extent of damage. The more the " * ", the more serious the damage.

1.2 Micro – mechanism of Formation Damage

(1) The process of clay swelling, releasing and fines migration mainly depend on the hydrodynamic force field in the pores of the formation and the electric field on the solid surface. Therefore the critical salinity and the critical velocity of the injected fluid will affect and condition each other.

(2) There exist essential correlations among water, velocity, salinity, acid and base sensitivities of the formation rock.

(3) The invasion of external solid particles into the formation pores has important correlations with the sizes of the pores especially with the characteristics of the pore constructions.

1.3 Protection Measures of Formation from Damage

The primary measure for the protection of formation from damage is to take precautions before damage appear. The operations of prevention and treatment may be futile unless the reasons of formation damage have been correctly diagnosed and recognized at first. Our ideas and operating measures in oilfield practices are as the following:

(1) The operating fluids, external fluids and their filtrations which should not enter formations must be prohibited from entering or at least as little as possible. The major measures include the use of pressure balanced drilling and the screen techinque of temporary plugging.

(2) The fluids (injected water, acid, fracture and perforation fluids) and some solid particles which are unavoidable or have to enter the reservoirs should be of good properties and suitable compatibilities with the reservoirs, especially the nonsolid. The major measure is to assess the operating fluids through laboratory experiments, such as static and dynamic core flow, sensitivity, compatibility, serial fluid assessment and oilfield evaluations.

(3) The invading fluids and particles must be removed by physical or chemical means as completely as possible. Otherwise, underbalance drilling and deep penetration perforating techniques have to be used.

(4) The engineering operation processes must be optimized, and technical management emphasized.

1.4　Economical Benefit

Obvious economical benefit has been obtained through the use of formation protection techniques here in China. During the seventh five – year plan period, in 11 key test areas of 7 different types of reservoirs, large – scale industrial tests were carried Out. From the comparison of the selected test wells with the conventional production wells, the oil output increased more than 10 percent. For example. the oil output increased 36 percent in Mo – 32 area of Huabei oilfield, 65 percent in Ansai area of Changqing oilfield.

Just taking the result of three tested areas of Jizhong region of Huabei oilfield as an example, the economic benefit of 266 million Renminbi yuans was achieved.

2　DESIGN OF EXPERIMENTAL PROCEDURE

Laboratory experiment and evaluation are important parts of formation protection studies. So far, there is no experimental procedure for common use. So a series of formation damage experiments (such as petrographic analysis and evaluation of reservoir sensitivity etc.) must be designed according to the conditions and characteristics of the reservoir. Fig. 1 is the laboratory experiment procedure designed for an oilfield in China.

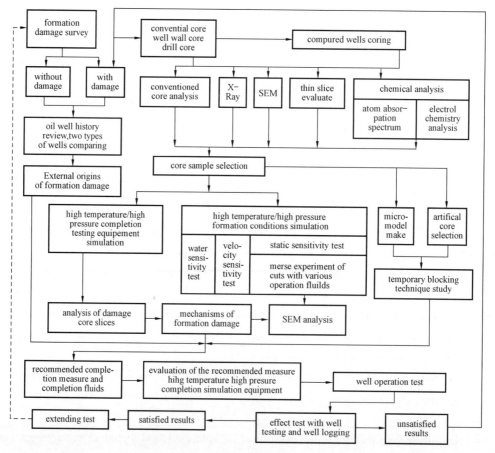

Fig. 1　Experimental program of formation damage assessment for some oilfield

In order to evaluate formation damage and recommend control or treatment strategies, some special and simulating experiments need to be carried out besides the experiments by using the existent devices and equipment. So we designed and manufactured a new testing equipment DSE during 1988 to 1989 (Fig. 2). This equipment can actually simulate the formation damage under the conditions of high temperature/high pressure in the wells of more than 2000 meters deep. By the use of this equipment, the formation damage degree caused by various operating fluids can be evaluated and the most suitable operation fluids can be correctly selected. The major technical parameters of DSE are given in Table 2.

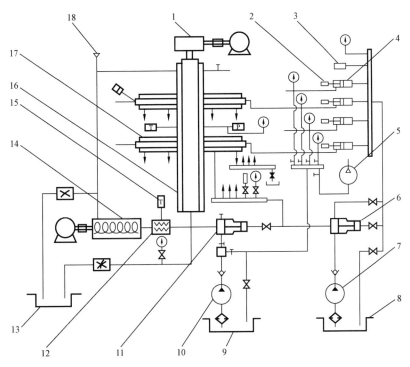

Fig. 2　High temperature/high pressure testing equipment

1 – worm sensor;2 – bit shift sensor;3 – pressure sensor;4 – high pressure meter;5 – vacuum pump;6 – fluid pressure cylinder;

7 – high pressure oil pump;8 – oil box;9 – supplement waterbox;10 – high pressure supplement water pump;

11 – prssure reduce cylinder;12 – circular fluid heater;13 – waste fluid tank;14 – high pressure screw pump;

15 – temperature sensor;16 – well borehole;17 – core holder;18 – fluid inlet

Table 2　Technical Parameters of DSE

Working States of Dilling String	Fresaure (MPa)	Temperature (°C)	Confining Pressure (MPa)	Pore Pressure (MPa)	Pressure Difference (MPa)	Annular Velocity (m/s)	Rotary Rate (r/min)
Static	32	72	40	32	15	0.5 ~ 1.5	0
Rotating	25	72	40	25	15	0.5 ~ 1.5	70

By the use of this testing equipment, we have made many experiments in several oil fields, such as Liaohe, Huabei and Tarim oilfields. With the DSE we are now in researches on the mechanism of formation damage with A&M University of Texas, the U. S.

3 MICROSCOPIC SIMULATION AND MICROSCOPIC TEST TECHNIQUE

We have systematically studied some microscopic mechanisms of formation damage by the use of some advanced experiment measures, e. g. , visible micro − model and CT techniques etc. Some very important advances were made in the techniques of microscopic simulation by observing and testing. The following are our major conclusions.

The studies of water driving and water blocking effects indicated that the distribution characteristics of bound water have direct relations with the construction of pores and throats. The different construction of pores and throats will cause the different saturation and distribution of residual oil. At first, oil selectively flows into the channels with less flowing resistance and then flows into other ones with greater flowing resistance. The greater the pressure difference, the shorter the time for the bound water formming process. When the ratio of pore size to throat size reaches a certain value(about 6 to 10), water blocking will easily occur, and the EOR will be affected severely. In blind pores and other little pores with rough and unsmooth wall, bound water also exist. The more heterogeneous the formation rock(and/or the micro − model), the greater the saturation of the bound water.

The micro − model studies of the migration and plugging of particles indicated that when the thin and slender particles migrate, their long axes will be parallel to the flow lines. In this case, bridge plugs will not be formed easily. Even if bridge plugs do form, they will not be steady. Relatively, spherical particles can form more steady bridge plugs than those of thin and slender particles. Suspending solid particles can be deposited at the pores with rough and unsmooth walls. Then the deposited particles will gradually compact and completely plug the pores and channels at last. The primary effecting factors of the compacting level for the plugging bridges are the concentration and size distribution of the invasional particles. Pores and throats will be much more easily blocked by the combined particles with different sizes than those with single size. For example, the suspension of particles with 8. 7μm and 3μm to 5μm in diameter blocked the model porous media much more easily than that with only 8. 7μm particles or only 3μm to 5μm particles in our experiments. With CT technique, the internal constructions of the samples of formation rocks and their changes can be quantitatively analyzed without changing the external shape and internal construction of the samples. Our studies indicated that by the use of CT we can not only analyze and measure the constructions and ingredients of rock samples, but also directly observe the changes of the samples after damage(Fig. 3). Furthermore, with CT technology we can quantitatively measure the invading depth of solid particles and the degree of formation damage. We also directly observed and measured the changes of pore constructions of the core samples after being damaged with CT. This technique can also be used to evaluate and select the material and size distribution of the temporary plugging particles.

The studies indicate that the heterogeneous properties and heterogeneous degree of the rock − samples can be quantitatively measured with CT figures. We can quantitatively analyzethe the characteristics and change of the compressed parts of the core samples. This bears an important significance for making more exact core flowing tests and analyzing the compressed part of core samples during

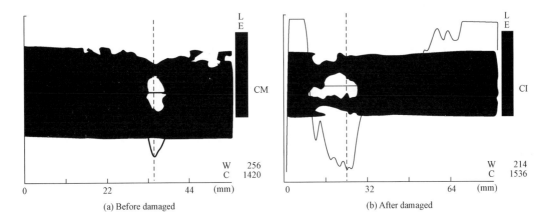

(a) Before damaged   (b) After damaged

Fig. 3   CT figures of cores before and after damaged

perforation. Our results showed that the heterogeneous compressed part near the perforated holes can not be ignored. NMRI is one of the latest methods for studying formation damage and protection effects. The distribution and flowing state of fluids in rock pores or rock fractures can be microscopically measured by the use of NMRI technique. The distribution and flowing state of fluids in rock pores or rock fracture can be microscopically measured by the use of NMRI technique. The wetability, wetability reversal and interfacial energy problems can also be quantitatively studied by the use of NMRI technique. Both CT and NMRI are of three djmensions. By the use of CT combined with NMRI, we can quantitatively study the microphenomena of formation damage and evaluate the affects of protection measures.

4   MICRO – MECHANISMS OF FINE MIGRATION

The synergetic effects of the acidity and salinity of invading fluids for affecting and controlling formation sensitivities were systematically studied. The quantitative relationship between the laws of particle release/migration and the surface eleetrical characteristics of the grains was established, so that the essential correlations between the water velocity base, salinity and acid sensitivities of formation rocks were further understood.

4. 1   Relationship Between Particle Release And Salinity Adjustment

When the invading fluids flow through the formation porous media, some of the mobile particles within pores may release and migrate with the flowing fluids. The particle release and migration processes are controlled primarily by the repulsing force Fr between the surfaces of grains and the particles.

$$F_{\text{T}} = F_{\text{Abs}} + F_{\text{DL}} + F_{\text{Br}} + F_{\text{Dr}} + F_{\text{I}} + F_{\text{BD}} + F_{\text{R}} \qquad (1)$$

where, F_{T} is the interacting force between two surfaces, N; F_{Abs} is the Van der Waals force between two surfaces, N; F_{DL} is the double layer electrieal force between two surfaces, N; F_{Br} is the Brown short repulsing force between two surfaces, N; F_{I} is the inertia force of suspended particles, N; F_{Dr} is the hydrodynamic force caused by the fluid flow on the particles, N; F_{BD} is the Brownian Diffusion force on the particles, N; F_R is the cementing force between the two surfaces, N.

For the first time, the surface electrical characteristics of the particles and grains were systematically classified. And by the use of the principles of colloidal chemistry and fluid flow dynamics, some essential correlations between the laws of particle release/migration and the ion concentration adjustment of the invading fluids were theoretically studied. Some very important conclusions were obtained.

(1) Under the constant surface electrical potential condition, with the increasing of ion concentration of the invading fluids, the repulsing force F_r between a particle and a grain will increase. It results in the enhancing of the release ability of the particles.

(2) Under the constant surface charge density condition, with the increase of the fluid salinity, the repulsing force F_T between a particle and a grain will decrease. This results in the weakening of release ability of the particle.

(3) Under mixed surface condition, in some cases, with the increase of the fluid salinity, the repulsing force F_T between the two surfaces will increase. And the release ability of the particle will enhance. But in some other cases, if the fluid salinity increase, the repulsing force F_r will decrease. This results in the weakening of the release ability of the particles.

(4) For infinitive, surface condition, if one of the following conditions is satisfied, the relation between the characteristics of particle release/migration and the salinity adjustment of the invading fluids will approximately obey the principles in above – mentioned (1) ~ (3).

$$\frac{\partial \Psi_S(k)}{\partial k} \gg \frac{\partial \sigma_S(k)}{\partial k}, \frac{\partial \psi_P(k)}{\partial k} \gg \frac{\partial \sigma_P(k)}{\partial k} \tag{2}$$

$$\frac{\partial \psi_S(k)}{\partial k} \ll \frac{\partial \sigma_S(k)}{\partial k}, \frac{\partial \psi_P(k)}{\partial k} \ll \frac{\partial \sigma_P(k)}{\partial k} \tag{3}$$

$$\frac{\partial \psi_S(k)}{\partial k} \ll \frac{\partial \sigma_S(k)}{\partial k}, \frac{\partial \psi_P(k)}{\partial k} \gg \frac{\partial \sigma_P(k)}{\partial k} \tag{4}$$

or

$$\frac{\partial \psi_S(k)}{\partial k} \ll \frac{\partial \sigma_S(k)}{\partial k}, \frac{\partial \psi_P(k)}{\partial k} \ll \frac{\partial \sigma_P(k)}{\partial k} \tag{5}$$

where, ψ is the surface potential, mV; σ is the surface electrical charge density, mC/cm^2, k is the inverted Debye double layer thickness, cm^{-1}. Subscript P and S express the physical quantity of the grains and the physical quantity of the particles respectively.

4.2 Synergetic Effects of Acidity and Salinity

On the basis of theoretical studies above – mentioned, the synergetic effects of the acidity and salinity of the invading fluids in controlling clay swelling/releasing and particle migration were systematically studied through simulated injection experiments of natural cores.

(1) Without changes of the ion ratio of front position fluids, the greater the ion concentration of the injected water, the more severe the formation damage during watershocking.

(2) Acidity has an important effect on the critical ion concentration C_{TIS}. When the pH value of the injected water decreases, the critical ion concentration C_{TIS} will decreases.

(3) Acidity has also an important effect on the critical degrading gradient of ion concentration C_{DTIS}. When the pH value decreases, the critical degrading gradient of the ion concentration C_{DTIS} will increase.

(4) There exists a critical acidity C_{pH} When the acidity pH is larger than the value of C_{pH}, the intake capacity of the formation will severely decrease. And the critical ion concentration C_{TIS} has an important effect on the critical acidity C_{pH}. When the ion concentration of the injected fluids T_{IS} increases, this critical acidity C_{pH} will also increase.

(5) There also exists a critical acidity degrading gradient C_{DpH}. When the acidity degrading gradient C_{pH} is larger than the value of C_{DpH}, the intake capacity of the formation will severely decrease. And the critical ion concentration C_{TIS} has an important effect on the critical acidity degrading gradient C_{DpH} When the value of T_{IS} increases, this critical acidity degrading gradient C_{DpH} will also increase.

5   STUDIES OF PRESSURE BALANCED DRILLING AND SCREENING TECHNIQUE OF TEMPORARY PLUGGING

In the past 10 years, the pressure balanced drilling technique for the protection of formarion from damage has been systematically studied. On the basis of these studies, a new technique, namely temporary plugging screening technique, was develeped. This new technique has been succesfully used in several oilfields, such as Huabei, Dagang and Zhongyuan in China.

The key of this technique is to mix some artificially optimized solid particles and some deformable soft particles with different sizes into drilling fluids and an effective thin screen near well bore is quickly formed to prohibit the drilling fluids from invading into the formation. The "quickly" means that this screen will form only within several minutes during penetration through the oil formation. The "thin" means that the invaded depth of the selected particles is controlled less than 20 cm. The "effective" means that the permeability of the formed screen will be less than 1mD or even approximately zero.

The keys to the selection of these solid particles and the deformable soft particles are as follows:

(1) Exactly measure the distribution curves of pore sizes and the average pore throat diameter D_p. After that, the size of the bridging particles are decided.

(2) Guarantee that in drilling fluids the weight concentration of the bridging particles with the diameter of $(1/2 \sim 2/3)D_p$ is more than $2 \sim 3$ percent. The concentration of the deformable soft particles with diameters less than that of the above bridging particles may be controlled within 1% to 2%. The size of these little deformable soft particles must be optimized on plugging experiments.

(3) The selected solid and deformable soft particles are either acid soluble or oil soluble. So that the formed thin screen can be removed with acid or oil by dissolving the temporary plugging particles. This technique not only protects the formation from damage, but also prevents the pores from permanently plugged. As a result, the connecting channels between formation and oil wells will be connected as much as possible.

6 OPTIMIZATION OF WELL COMPLETION METHOD AND TECHNIQUE

In order to optimize well completion operations and to improve the connecting channels between oil wells and formation, a simulation device of high temperature and deep penetrateing perforation had been developed with the cooperating between the Center for Well Completion Technology in the South – West Petroleum University and Huabei Oilfield, and the theoretical researches on perforating sample targets and their experimental analyses had also been made. The established simulation device of high temperature and deep penetrating perforation can he used on core flowing test about perforation damages under the simulated downhole conditions. Some very significant information has been obtained, and the perforation technology of deep penetration under balanced pressure has been improved. In recent years some studies on the High Energy Gas Fracture (HEGF) technique have also been conducted. This is a new technique for connecting oil wells and reservoirs. This technique is very useful for the protection of formation from damage.

7 ESTABLISHMENT OF THE INTELLIGENT EXPERT SYSTEM IEDPTFD

IEDPRFD is an intelligent computer software system for the identification, evaluation, diagnosis, precaution, treatment of formation damage and its control during well drilling and completion. The whole structure of IEDPTFD is shown in Fig. 4. This system is an synergetic expert system. It consists of five subsystems (these subsystems are damage identification subsystem ES1, potential damage evaluation subsystem ES2, diagnosis subsystem ES3 for the damage during operations, damage subsystem ES3 for the damage during operations, damage precaution subsystem ES4 and damage treatment subsystem ES5) and knowledge bases, a main control module, a knowlege acquisition module, an explanation module (interpretor) and a man – machine interview module. Every subsystem has several branches. These five subsystems are relatively independent. The network organization pattern was introduced to connect each subsystem, that is, the overall system was indicated as a directional figure with the subsystems as its connecting points. Diagnosis and treatment process was divided into two steps as flowing:

(1) Evaluation and precaution before damaged, reasoning line:

$$Start \rightarrow ES2 \rightarrow ES4 \rightarrow end$$

(2) Diagnosis and treatment after damaged, reasoning line:

$$start \rightarrow ESl \rightarrow ES2 \rightarrow ES3 \rightarrow ES5 \rightarrow end$$

Because the IEDPTFD system is a synergetic expert system, the knowledge base (KB) was designed as a set of several knowledge bases. According to the characteristics of each subsystem, the KB is classified as follows:

(1) Inference type KB, it provides the IEDPTFD with the knowledge about damage indentifieation, evaluation and diagnosis.

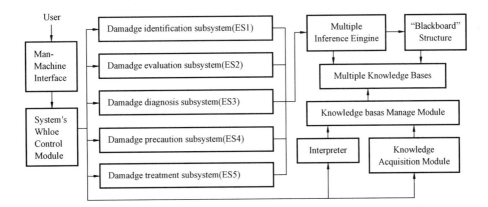

Fig. 4　The whole structure of IEDPTFD

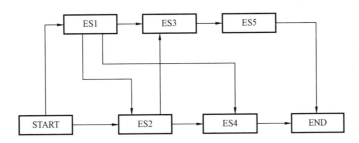

Fig. 5　Inference and organizationNetwork structure in IEDPTFD

（2）Declarative type KB, according to consultation results, it provides users with the knowledge information, about the damage treatments and the damage precautions.

（3）File type KB, it provides the system with supplemental knowledge.

The mixed expression model combining predicate logical production rule and course was used in the knowledge expression, the general form is as follows:

rule(rule number, damage type, sub damage type, condition list, rule strength)

Cond(《condition number》,《condition content》,《confidenee factor》)

The performance of inference engine IE is primarily based on the backword reasoning and then the secondary forward reasoning, and uses the supposed target as its driver. The certain and uncertain inference had been designed in the inference engine so that multiple target inference, single – valued and multi – valued inference as well as multiple times and multiple level inference could have been able to carry on. In the uncertainly inferencing, a confidence factor CF was introduced to evaluate the reality degree for a fact. $CF = 0 \sim 1$. $CF = 0$ means the fact is fause, the bigger the CF, the greater the reality degree of the fact. The CF of starting point is given by the user. The CF of middle and ending points are obtained through the transmission calculation of uncertain inference.

The calculation method of "and" point is as follows:

$$CF_h = \min(CF_1, CF_2, \cdots) \cdot CF_r$$

The calculation method of "or" point is as follows:

$$CF_h = (CF_1 + CF_2) \cdot CF_r - CF_1 \cdot CF_2 \cdot CF_r^2$$

where CF_i represents the reality degree to condition rule at its stage, CF_r showed the reality degree to the conclusion rule.

In order to accelerate the inference speed, a threshold AF is set up for every stage in the inference network. When the CF_h is less than AF_h, the system will stop the inference on this stage.

8 CONCLUSION REMARKS

Formation protection technique is an important measure to reduce unit oil production cost and increase oil recovery. Though many important achievements have been acquired, research work still need to be further deepened and improved. The key points are: (1) The renewal and replacement of room evaluation apparatus and experiment devices, making them more conformable to the actual downhole conditions; (2) The comprehensive interpretation of various evaluation methods and their further optimzation, the improvment of the quantitative correlations between laboratory experiment and on – sit test; (3) The further recognization of the micro mechnanisms of formation damage and their quantitative and three – dimentional description; (4) The further broadening of macroscopic research domains and the interconnections among multiple factors and multiple disciplines; (5) The further combination of theory and practice, forming a complete set of operation techniques and supplementary devices; (6) The establishment of complete formation protection data bases. Knowledge bases, and then building the realiable and feasible formation protection expert systerm.

REFERENCES

[1] Zhang Shaohuai, Luo Pingya. Formation Protection Technology [M]. Beijing: Petroleum Industry Publishing House, 1992.

[2] Amaefule J O, Kersey D G, et al. Advances in Formation Damage Assessment and Control Strategies [R]. SPE – CIM 88 – 39 – 65, 1988.

[3] Alegre L, et al. Application of Expert Systems to Diagnose Formation Damage Problems: A Progress Report [R]. SPE 17460, 1988.

（本文刊于庆祝石油高等教育 40 周年论文集《石油科学和技术文集》
英文版第 119 ~ 130 页,石油大学出版社,1993 年)

储层伤害机理研究

张绍槐　蒲春生　李　琪

摘　要: 储层伤害要从宏观和微观上进行机理研究。储层伤害的诊断、预防、控制与处理是一个系统工程,应针对具体油藏制定研究程序。储层各种敏感性之间具有内在联系,不同类型表面电荷特性微粒的分散运移规律对调整侵入流体矿化度具有不同的响应。提出了以预防为主、治理为辅的储层保护配套技术。研究了实用先进的智能化保护储层专家系统软件。本项研究已在华北、中原、塔里木等油田应用,取得了明显的效益。

关键词: 储层伤害机理;控制智能化软件

保护储层技术是提高油气采收率、保护油气资源和降低原油生产成本的重要技术之一。储层伤害机理及其控制技术日益引起国内外的高度重视。保护储层技术的要点是:(1)室内试验评价技术更加符合油藏实际条件;(2)多种评价资料的综合解释及评价方法的进一步优化;(3)地层伤害微观机理的深化与量化;(4)宏观研究领域的拓宽;(5)理论与实践的反复结合,完善保护储层的配套措施;(6)建立完善的保护储层数据库、知识库[1],并由此建立切实可行的保护储层智能化软件。

1　储层伤害的机理

1.1　实验室试验程序整体设计

室内试验和评价是保护储层技术研究的重要组成部分,应根据具体油藏的储层特征从整体上拟定实验室试验程序。作为实例介绍,图1是为某油田设计的试验程序。

为评价储层伤害和拟定保护措施,除使用已有的成套仪器和设备外,我们还研制了高温高压岩心动态伤害试验装置等新设备,已为几个油田做了多批试验,取得了许多重要结果。

1.2　储层伤害的4种"常见病"

(1)储层本身黏土含量高,易吸水膨胀的水敏、酸敏性黏土矿物比例又大,不配伍的外来流体或滤液侵入后引起储层内黏土膨胀、分散运移堵塞孔喉以及水锁等都会降低原始渗透率,简称"敏感病"。

(2)工作流体中的有害固相颗粒侵入和储层内的微粒运移,都易于堵塞孔隙喉道,降低原始渗透率,简称"颗粒病"。

(3)工作流体与地层流体的不配伍性,或由于生产过程导致储层温度、压力变化而在储层内产生化学反应,形成沉淀、结垢物以及稳定的(或不稳定的)油水乳化物,从而降低原始渗透率,简称"不配伍病"。

(4)由于施工作业不当或发生井下事故等工程原因,使储层不正常裸露,浸泡时间过长,

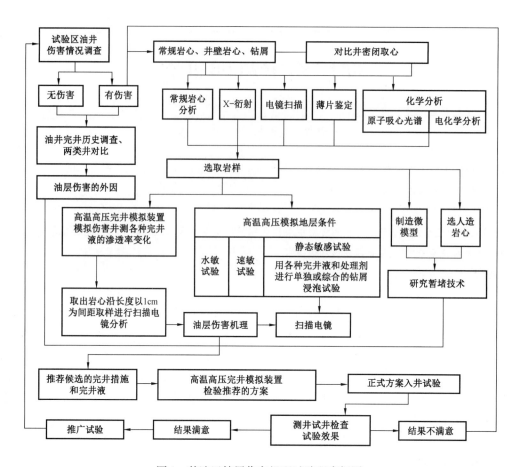

图 1 某油田储层伤害机理试验程序框图

以及压力波动等原因,也会导致储层伤害。尤其由于在储层位置"井漏—堵漏"以及"井喷井涌—压井"等不正常作业往往严重伤害储层,简称"工程病"。

1.3 储层伤害的内因和外因

储层伤害的内因,主要指储层受到伤害的潜在可能性。储层伤害的外因,主要指施工作业时可能引起储层微观结构原始状态发生改变,并引起储层原始渗透率有可能降低的各种外部作业条件,如压差、温度、作业时间以及工作液的理化性质等。储层在一定外因条件下,被伤害的潜在可能性才能成为真实伤害。从内外因的结合上可得到下述规律。

外来流体与储层岩石的相互作用可能导致:外来固相颗粒的侵入与堵塞、工作液滤液侵入及不配伍流体造成的敏感性伤害、储层内部微粒运移造成的伤害、出砂与砂堵、细菌堵塞。外来流体与储层内部流体间的不配伍性可能导致:乳化堵塞、无机垢堵塞、有机垢堵塞、铁锈与腐蚀产物的堵塞、地层内固相沉淀的堵塞[2,3]。

2 微粒分散运移的微观机理

实践表明,在钻井、完井、注采、增产、修井等各作业环节中都可能发生微粒分散运移对储层的伤害,而且伤害程度往往相当严重[2,3]。为此,作者深入研究了微粒分散运移的微观机理。不同岩性和孔喉特征的流道中的黏土矿物的膨胀与分散主要是由于含电解质和一定矿化度的外来滤液与不配伍的非地层水楔入黏土矿物的晶格,使之发生表面水化膨胀乃至渗透水化膨胀。蒙脱石的膨胀压力可达上百个兆帕,层面间距可由10Å增加到200Å以上。黏土膨胀导致微粒分散成胶体粒子。当工作流体流经储层多孔介质时,胶体粒子与各类微粒的运动状态不仅受水动力、重力、惯性力和布朗扩散力等力学因素的影响。还因为在含有电解质和带电离子的外来流体的作用下,孔喉流道表面与颗粒之间存在范德华吸引力、双电层排斥力和波恩短程斥力等作用,这就使微粒分散运移还受着电场力和颗粒间表面化学作用力的影响。所以,微粒分散、膨胀与运移的微观机理取决于上述机械力、水动力、电性力和化学力等组成的复杂力学体系的平稳状态和能量平衡状态。并需研究流道与微粒的表面状态、表面电荷的类型及强度、表面电势及随离开表面距离的变化和加入的电解质等对电场的影响。一般要着重考虑恒电势表面、恒电荷表面、电荷—电势混合表面和不定电势表面等条件下的作用势能。

作用在微粒上的总体势能 V_T 可以表示为:

$$V_T = V_{Dr} + V_G + V_1 + V_{DL} + V_F + V_{Bc} + V_B \quad (1)$$

式中:V_T 为作用于微粒上总体作用势能;V_1 为惯性势能;V_{Dr} 为水动能;V_G 为重力势能;V_{DL} 为双电层排斥势能;V_F 为范德华引力势能;V_{Br} 为波恩短程斥能;V_B 为布朗扩散势能。

由于电场中双电层排斥势能对工作流体总体离子强度的影响,作用势能 V_T 随工作流体总体离子强度而变化,进而 V_T 为 Debye 双电层厚度倒数 K 的函数,即:

$$V_T = F(K, \delta, 表面电性, 水力参数, \cdots\cdots) \quad (2)$$

这里

$$K = \left\{ \sum_i n_{i0} Z_i^2 \right\}^{\frac{1}{2}}$$

式中:n_{i0} 为工作流体中第 i 组分离子浓度;Z_i 为第 i 组分离子化合价。

设 C 为微粒离开孔喉表面的分散速率,利用 Dahneke 理论[4]可以得到:

$$C = D(\delta_{max}) \left(\frac{\gamma_{max} \gamma_{min}}{2 \pi K_B T} \right)^{\frac{1}{2}} \exp\left(- \frac{V_{Tmax} - V_{Tmin}}{K_B T} \right) \quad (3)$$

其中 $V_{Tmax} = V_T |\delta_{max}$,$V_{Tmin} = V_T |\delta_{min}$,$\gamma_{max} = \frac{\partial^2 V_T}{\partial \delta^2} \Big| \delta_{max}$,$\gamma_{min} = \frac{\partial^2 V_T}{\partial \delta^2} \Big| \delta_{min}$。

显然分散速率 C 也可以表示为:

$$C = G(k, \delta, 表面电性, 水力参数, \cdots\cdots) \quad (4)$$

而且 V_T 与 C 关于参数 K 具有相同的变化趋势。即表面间作用势能越大,微粒分散能力越强。作者提出了微粒与孔喉表面电荷特征的系统分类模式,并由此获得了不同表面电荷特征的微粒分散运移规律对外来流体总体离子强度之间的依赖关系。用 $C^{\psi-\psi}$,$C^{\sigma-\sigma}$ 和 $C^{\sigma-\psi}$ 分别表示恒电势表面、恒电荷表面和混合表面条件下对应的微粒分散速率,那么有下列结果:

(1)孔喉中相互作用的表面可以系统地被分为恒电势表面、恒电荷密度表面、混合表面和不定表面条件。不同表面条件的微粒,其分散运移特征对工作流体总体离子强度的改变有着本质上完全不同的响应。

(2)恒定电势表面条件下,表面间的双电层排斥势能可表示为:

$$V_{DL}^{\psi-\psi} = \frac{\varepsilon r_p}{4} \{ 2\psi_p \psi_s \ln \left[\frac{1 + e^{-k\delta}}{1 - e^{-k\delta}} \right] + (\psi_p^2 + \psi_s^2) \ln [1 - e^{-2k\delta}] \} \quad (5)$$

此时,微粒的分散速率满足:

$$\partial C^{\psi-\psi}/\partial K > 0 \quad (6)$$

即随着工作流体总体离子强度增大,微粒的分散能力增强。

(3)恒电荷表面条件下,表面间双电层排斥势能可以表示为:

$$V_{DL}^{\psi-\psi} = \frac{\varepsilon r_p}{4} \{ 2\psi_p \psi_s \ln \left[\frac{1 + e^{-k\delta}}{1 - e^{-k\delta}} \right] - (\psi_p^2 + \psi_s^2) \ln [1 - e^{-2k\delta}] \} \quad (7)$$

此时,微粒的分散速率满足:

$$\partial C^{\sigma-\sigma}/\partial K < 0 \quad (8)$$

即随着工作流体总体离子强度增大,微粒的分散能力减弱。

(4)混合表面条件下,表面间的双电层排斥势能可以表示为:

$$V_{DL}^{\sigma-\psi} = \frac{\varepsilon r_p}{4} \{ 2\psi_p \psi_s \left[\frac{\pi}{2} - \tan^{-1} \sinh(k\delta) \right] - (\psi_1^2 + \psi_p^2) \ln [(1 + \exp(- 2k\delta))] \} \quad (9)$$

此时成立下式:

$$\partial V_T/\partial K = F_2 - F_1 \quad (10)$$

其中

$$F_1 = \frac{8\pi \psi_p \sigma_s^*}{\varepsilon k^2} \{ \left[\frac{\pi}{2} - \tan^{-1} \sinh(k\delta) \right] + \frac{\delta \cosh(k\delta) k}{1 + \sinh(k\delta)^2} \} \quad (11)$$

$$F_2 = \frac{32\pi^2 \sigma^{*2}}{\varepsilon^2 k^2} \ln [1 + \exp(- 2k\delta)] + \frac{2\delta \exp(- 2k\delta)}{1 + \exp(- 2k\delta)} \times \left[\frac{16\pi^2}{\varepsilon^2 k^2} \sigma_s^{*2} + \psi_p^2 \right] \quad (12)$$

由于 V_T,与 C 关于 K 具有同样的单调性,因此,当 $F_2 > F_1$ 时,微粒的分散速率满足:

$$\frac{\partial C^{\sigma-\psi}}{\partial k} > 0 \quad (13)$$

而当 $F_2 < F_1$ 时,微粒分散速率满足:

$$\frac{\partial C^{\sigma-\psi}}{\partial k} > 0 \quad (14)$$

即随着工作流体离子强度的增大,处于一定条件下的微粒分散能力增强,而处于另一些条件下的微粒分散能力反而减弱。

(5)对于不定表面条件,有时可以转化为定表面条件问题。

① 如果相互作用的两个表面,其表面电势随工作液总体离子强度变化速度远远超过其表面电荷密度随工作液总体离子强度的变化速度,那么此时表面间相互作用势能近似地呈 $V_T^{\sigma-\sigma}$ 的变化规律。因此,随着工作液总体离子强度的增加,微粒分散能力增大。

② 如果表面的电势随工作液总体离子强度的变化速度远远小于表面电荷密度的变化速

度,那么表面间的作用势能将近似地呈 $V_{DL}^{\psi_i-\psi}$ 的变化规律。于是总体离子强度增大的结果,微粒的分散能力减弱。

③ 如果相互作用的两表面中,一个表面的表面电势随工作流体总体离子强度的变化速度远远超过其表面电荷密度的变化速度,而其中另一个表面的电势随工作流体总体离子强度的变化速度远远小于其表面电荷密度的变化速度。那么此时,表面间的相互作用势能将近似地呈 $V_T^{\sigma-\psi}$ 的变化规律。这时增加工作流体总体离子强度的结果是有利于吸引能力或是有利于排斥能力,要视具体情况而定。

④ 如果表面电势随工作流体总体离子强度变化的速度与表面电荷密度的变化速度在同一数量级以内或差异不大,那么此时常借助于实验判定微粒分散能力随工作流体总体离子强度改变的规律。

(6)准确地判定孔喉表面及颗粒表面的电荷特征,是一个非常重要而又十分困难的问题,可以通过理论预测与室内模拟试验进行研究。

3 保护储层的智能化计算机系统

在理论与实验研究的基础上,建立了一个能识别、评价、诊断、预防和处理钻井完井过程中储层伤害的智能化计算机软件系统 IEDPTFD,该系统总体结构如图 2 所示,由总控模块和 8 个子系统组成。IEDPTFD 的工作是按储层伤害前和伤害后两个过程进行的。因此,系统设计了两种推理模型,如图 3 所示。

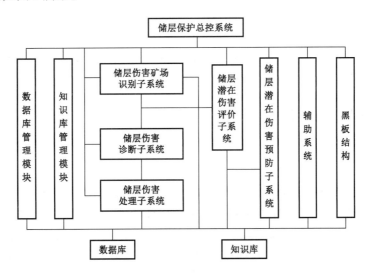

图 2　IEDPTFD 系统总体结构图

由于 IEDPTFD 系统属协和式专家系统。因此知识库采用了多知识库设计思想,按子系统特征分类:

(1)推理知识库,为推理机提供伤害识别、评价、诊断方面的知识。

(2)文件型知识库,为系统提供补充知识。

(3)陈述型知识库,根据会诊结果,向用户提供储层伤害处理预防知识和信息。

整个系统由总控模块通过数据库管理系统来联结与控制,各系统结果及跟踪报告存在于数据库或黑板系统(动态数据库),通过数据库实现参数传递与信息共享。系统采用两种控制

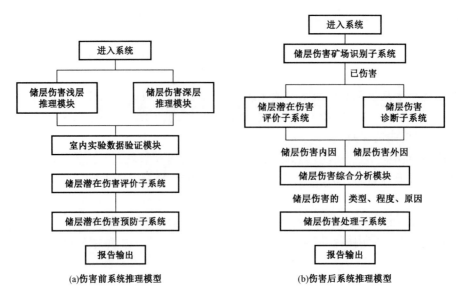

(a)伤害前系统推理模型　　　　　　　(b)伤害后系统推理模型

图3　IEDPTFD系统推理模型

方式,即自选控制方式和自动控制方式。

自选控制方式是根据用户选择,各系统可单独作为一个系统独立工作,由总控系统控制各子系统,各子系统可随时返回总控系统主菜单,各子系统间可根据需要选择或自动启动其他系统。

自动控制方式则按人类专家进行储层伤害诊断和处理的逻辑过程,即 IEDPTFD 的工作原理按照图3已设计好的推理模型和各子系统运行顺序,由系统自动完成储层伤害的识别、评价及诊断并给出相应的预防和处理措施,最后生成完整的总结报告。

4　保护储层的主要思路

保护储层应以预防为主,并在正确诊断识别伤害原因的基础上做好预防和控制工作,主要思路是:

(1)不该进入储层的工作液、外来液体及其滤液和固相颗粒,不要使之进入,至少要少进入储层。主要措施是采用平衡压力作业和优质完井液,必要时使用屏蔽式暂堵技术。

(2)不可避免要进入,甚至是必须要进入的流体及少量固相颗粒,应该是良性的,配伍性好的,最好是无固相的。主要措施是通过静动态试验、敏感性试验、配伍性试验、系列流体评价试验等室内试验和矿场评价来优选工作液和优化作业环节。

(3)凡已进入储层的液相和固相要尽可能用化学法或物理法解堵或排除,若难以实现,则需深穿透射孔,使射孔深度大于伤害带深度。

(4)不仅要重视储层的水敏、速敏、碱敏、盐敏和酸敏的各种单一敏感性伤害,而且由于它们之间存在内在联系,故还要综合考虑防止各种并发性敏感伤害。调整工作流体的总体离子强度和离子类型可以有效地控制不同类型表面电荷特征的微粒的分散与运移。

(5)优化各作业环节和强化技术组织管理,尽量缩短油气层裸露浸泡时间,确保井下安全。保护储层应以预防为主,注重事先的防止伤害的配套技术的整体优化。

参 考 文 献

[1]A Legre L,et al. Application of Expert System to Diagnose Formation Damage Problems:a Progress Report[R].
　　SPE 17460,1988.

[2]张绍槐,罗平亚. 保护储集层技术[M]. 北京:石油工业出版社,1993.

[3]Amaefule J O,Kersey D G,et al. Avrances in Formation Damage Assessment and Control Strategies[R]. SPE –
　　CIM 88 – 39 – 65,1988.

[4]Sharma M M,Yortsos Y C. Release and Deposition of Clays in Sandstones[R]. SPE 13562,1985.

（原文刊于《石油学报》1994 年(第 15 卷)第 4 期)

用微模型可见技术研究冀中储层的伤害机理

梅文荣　　张绍槐

摘　要:地层伤害机理研究在保护油层防止伤害这一课题中占有重要地位,它是认识储层,保护和改造储层的核心和基础。应用微模型可见技术对地层伤害机理进行系统的实验研究,是我们承担的"七五"科技攻关项目"冀中地区保护油层的钻井完井技术"的一个子课题的部分内容。根据冀中地区储层的孔隙结构特征,研制了能比较真实地反映实际储层孔隙结构特征的微模型,并进行了液相和固相堵塞伤害的实验研究,得出了比较详尽的液相和固相堵塞的特征和规律。

地层伤害严重影响储层中油气的开采,造成人力、物力和资源的巨大浪费。自地层伤害这一课题研究的开始,人们陆续采用了多种先进技术和设备,通过多种模拟实验,对地层伤害机理进行了宏观和微观的研究,并得出了一些一致的看法[1]。

岩心流动实验主要用于从宏观上研究各种流体性质、试验条件和岩心性质与渗透率伤害之间的关系,进而从宏观上把握储层伤害的外部原因;而微模型实验能将实验的过程和结果(堵塞)形象、直观地显示出来,可供研究者进行深入的观察和研究。结合其他研究结果,微模型实验可用来研究地层伤害的微观机理,为全面、准确地认识伤害机理提供依据。

微模型可见技术是于20世纪80年代发展起来的一种先进的实验技术,它不但具有能模拟真实地层孔隙结构和直观观察液体及固相颗粒在多孔介质内流动的特点,而且还具有节约实验费用的优点。从历年发表的文献看,它主要用于混相驱、活性剂驱等驱油机理和驱替效率研究[2-6],用它来对地层伤害机理进行研究,国内外也才刚刚开始,发表的文献还不多[7,8]。

我们实验所用的微模型块,是以华北油田冀中地区"保护油层防止伤害"3个试验区块岩心的铸体薄片照片为样本,结合该区储层孔隙结构的特征,经加工、复制、腐蚀等过程制作出来的。用这些模型进行了液相和固相伤害机理的实验研究,录制了20多小时的实验录像片,经分析和多位专家反映,认为实验取得了满意的结果。

1　实验流程、步骤及所用流体

微模型实验的过程、方法和操作步骤,与常规岩心流动实验大体相似,所不同的是微模型实验是在显微镜的观测下进行的,并将实验的过程与结果全部记录在录像磁带上。

1.1　水锁效应(液相堵塞)实验

该实验主要观察和研究在不同孔隙结构中束缚水的分布特征以及毛细管效应和界面效应的作用机理,实验流程如图1所示。

实验步骤:

(1)模型抽空饱和。

(2)油驱水,直到出流端无水流出为止,即建立束缚水过程,拍摄束缚水分布特征照片。

(3)水驱油,并观察过程中油水运动特征,拍摄驱替过程中水对油流动的阻碍现象及其作用过程;继续水驱,直至残余油不变为止。

(4)提高压力水驱,直至残余油不变为止。

油驱水和水驱油都是连续进行的。

1.2 颗粒堵塞实验

本实验主要观察和研究颗粒在多孔介质内的运动情况与运动规律、颗粒堵塞现象及其过程,并研究不同尺寸颗粒的堵塞特征和颗粒形状对颗粒在多孔介质内运动情况的影响。颗粒形成堵塞后,亦可根据需要考察反冲洗的解堵作用,即进行解堵效果评价,实验流程如图 2 所示。

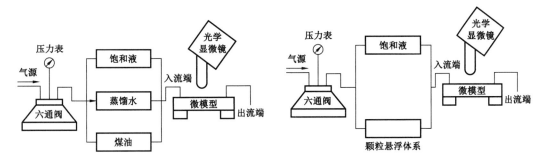

图 1　水锁效应实验流程示意图　　　　图 2　颗粒堵塞实验流程示意图

实验步骤:

(1)模型抽空饱和。

(2)选择适当的压力注入颗粒悬浮体系,并选择一些孔隙结构进行观察,拍摄有关现象及作用过程;同时拍摄颗粒的运动情况和堵塞情况。

(3)堵塞形成后,根据需要进行反冲洗实验,压力由注入压力逐步增加至模型能够承受压力的最高限度(约为 0.5MPa);记录下刚开始反冲洗掉堵塞时的压力值以及大部分堵塞被解时的压力值,并拍摄实验的全过程。

1.3 实验所用流体

蒸馏水:煤油;饱和液:矿化度为 3% 的模拟地层水;固相颗粒:$CaCO_3$ 颗粒和标准球形颗粒;悬浮液:XC 溶液;颗粒浓度:0.1%,0.5%,1%,3%,5%;颗粒尺寸:3 ~ 5μm、6 ~ 10μm、8.7μm、19.1μm 等。

2　实验结果及分析

常规岩心流动实验,大都以具体的数字来反映实验所要寻找的规律和趋势。而微模型实验却不一样,它要反映的所有信息全部包含在图像里,因此微模型实验的结果分析只能通过反复观看、对比分析、研究记录实验现象及实验过程的录像带来进行,所得出的结果或对某一问题的认识往往会"因人而异"。经过反复认真的分析讨论,得出如下的实验分析结果。

2.1 水锁效应实验分析

从大量的微模型实验中可以看出,在水驱油过程中,油水运动呈非活塞式。注入水首先沿着大孔壁上的水膜(亲水模型)前进,水膜逐渐加厚,从孔壁四周逐渐向中心挤压,从而把孔道内的油驱替出来;如果水前进的速度比油快,那么水便首先到达孔喉处,并与孔喉处的束缚水汇合,使油相变成孤立的液相,残留于孔隙中成为残余油。当孔喉比为6～10时,油相很容易在喉道处被卡断,以油滴或油珠的形式孤立地存在于水相流体中(图3)。同时水锁伤害亦较严重(图4)。另外,孔隙结构非均质性所造成的绕流现象也是影响采收率的一个重要因素。

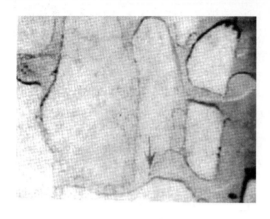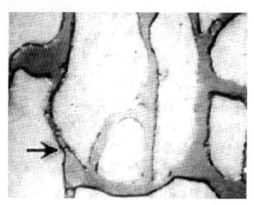

图3　连续油相(浅色)在喉道处被卡断成油珠　　　　图4　水锁伤害(深色为水,浅色为油)

2.2　颗粒堵塞实验分析

从实际的过程和结果来看,颗粒堵塞具有如下一些特征:

(1)颗粒在盲孔内沉积堵塞颗粒进入盲孔内,在受到很大阻力而又完全失去动力的情况下,在自身重力的作用下颗粒便沉降下来,堵塞盲孔;当颗粒浓度较大时,盲孔被堵情况较为严重,反之则较轻。

(2)颗粒在喉道处堵塞,当单个颗粒尺寸比喉道尺寸大时,单个颗粒就会首先在喉道处造成堵塞(图5)。然后拦截后来的颗粒,造成喉道堵塞;当单个颗粒尺寸接近喉道尺寸的1/3～1/2时,两个颗粒或多个颗粒在喉道处形成桥塞(图5),拦截后来的颗粒,造成喉道堵塞(图6)。

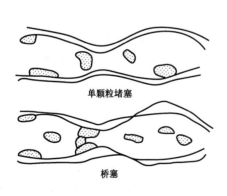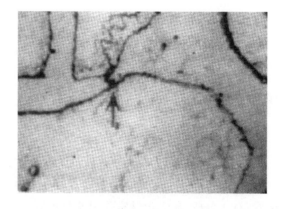

图5　喉道堵塞示意图　　　　　　　　　图6　喉道堵塞(深色为颗粒)

(3)颗粒在极不光滑的孔壁上沉积堵塞颗粒在弯曲的孔道中运动,因为不断碰撞孔壁而失去能量,在与粗糙孔壁(需借助于光学显微镜才能观察出粗糙程度)所产生的摩擦力的作用下沉积下来,流速不大时就可能堵塞这一孔道(图7)。

（4）不同尺寸的颗粒比单一尺寸的颗粒伤害严重不同尺寸的颗粒混合在一起，如 8.7μm 的颗粒混上 3～5μm 和 19.1μm 的颗粒，对地层所造成的伤害（堵塞）远比单一尺寸（如 8.7μm 或 3～5μm）的颗粒对地层造成的伤害严重（图8）。其原因也很简单，大尺寸的颗粒先形成桥塞，小尺寸的颗粒则填充间隙，形成致密的堵塞带。因此，可以利用这一原理，在完井作业过程中，人为地让具有一定粒级级配的颗粒先在井眼附近很小的范围内形成一致密的堵塞带，以防止外来流体和颗粒侵入。然后，在井投产时用物理的方法加以解除，从而达到保护油层的目的。

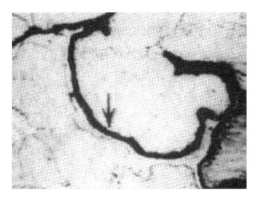

图7　颗粒在不光滑孔壁上沉积（深色为颗粒）

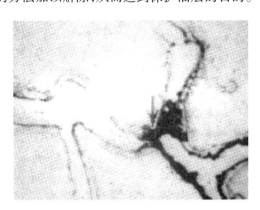
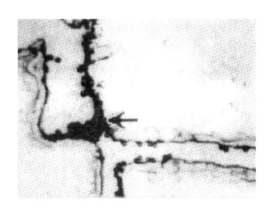

图8　不同尺寸颗粒所形成的致密堵塞

（5）反冲洗解堵作用是有限的疏松的堵塞一般能通过反冲洗使大部分堵塞解堵，解堵压力为正向流动压力的 2～3 倍；致密的堵塞反冲洗则难以解堵。

3　结论

（1）当孔喉比约为 6～10 时，连续油相很容易被卡断成孤立的油珠，而且水锁伤害普遍且较为严重。模型非均质性所造成的绕流现象是影响驱替效率和采收率的重要因素。

（2）细小颗粒的伤害机理主要是表面沉积；而尺寸适当，且具有一定粒级级配的颗粒，其伤害机理以桥塞为主。颗粒浓度与颗粒级配是影响堵塞形成和堵塞程度的主要因素。

（3）疏松堵塞的反冲洗解堵压力，一般是形成堵塞时压力的 2～3 倍；致密堵塞难以通过反冲洗解堵。

参 考 文 献

[1]Krueger R F. An Overview of Formation Damage and Procluctivity in Oilfield Operations[J]. JPT, 1986, 131 – 152.

[2]Egbogah, et al. Microvisual Studies of Size Distribution of Oil in Porous Media[J]. Bulltine Can. Pet, Geol. , 1980,28：210 – 220.

[3]Mathers, et al. Visualization of Microsopic Displacement Processes Within Porous Media in EOR and Capillary

Pressure Effects[R]. Presented at the April 1985, AGIP 3rd European Meeting on Improving Oil Recovery, 1985.

[4]Dawe, et al. Pore Scale Physical Modelling of Transport Phenomena in Porous Media, Advancesin Transport Phenomena in Porous Media, 1989, 49 – 75.

[5]Wang G C. Microscopic Investigation of CO_2 Flooding Process[J]. JPT, 1982, 1787 – 1797.

[6]朱义君, 徐安新, 吕旭明, 等. 长庆油田延安组油层光刻显微孔隙模型水驱油研究[J]. 石油学报, 1989 (3):40 – 47.

[7]张宁生. 用微模型可见技术研究固体颗粒对地层的损害机理[J]. 石油钻采工艺, 1986(6):1 – 6.

[8]温河, 雷一鸣. 二维网络玻璃微模型的研制及其应用[J]. 江汉石油学院学报, 1988(3):78 – 85, 141.

（原文刊于《石油钻采工艺》1991 年第 1 期）

冀中地区低压低渗透油藏保护油层的钻井完井技术

——"七五"国家重点科技攻关项目成果报告一

（1990 年 9 月）

摘　要：报告首先提出了本课题的 5 项总任务和总目标。接着着重阐明了本课题的 3 个技术关键和难点，以及针对技术关键和难点所采取的 4 条技术路线。

报告分别叙述了冀中古近系—新近系砂岩储层伤害机理、矿场及室内评价方法及标准、近平衡压力钻井技术、保护储层的钻井(完井)液、保护储层的固井技术、负压深穿透射孔工艺技术、解堵酸化压裂投产技术 7 个四级课题的一系列试验研究过程，以及所取得的成果和达到的技术水平。报告还以大量可信的数字叙述了在勘探、开发和社会 3 个方面所取得的明显效益。报告认为，本研究课题已按合同规定要求，用了不到 5 年时间，全面地完成了任务和各项技术经济指标要求，所取得的成果总体上已达到了 20 世纪 80 年代国际水平。

1　课题攻关的总任务和总目标

1.1　总任务总目标

（1）针对华北冀中地区古近系—新近系中低渗透砂岩储层的油藏特点，从钻井、固井和完井投产等方面开展系统研究；

（2）研究油(气)层伤害机理，找出伤害的主要规律和原因，并建立室内和现场油层伤害的评价方法和标准；

（3）搞好打开油层的钻井液、完井液、套管程序和设计以及水泥浆、射孔液和完井方法的选择；搞好试井及测试等方面的技术攻关，并做到工艺技术配套，应用于生产；

（4）在冀中地区进行现场试验，按配套工艺试验，该课题完成后做到从钻井、固井、完井和投产等工艺技术配套，达到国际 20 世纪 80 年代技术水平；

（5）通过研究攻关，试验区原油产量提高了 10% 以上。

1.2　各子课题的主要内容

本课题的研究内容共分 7 个四级课题 33 个五级课题。

1.2.1　储层伤害的机理研究 (75 – 15 – 02 – 01 – 01)

主要内容：

(1)古近系—新近系砂岩储层特征研究；

(2)防止油层伤害的机理研究；

(3)微模型可见技术及试验研究。

1.2.2　储层伤害的矿场及室内评价方法和标准的研究 (75 – 15 – 02 – 01 – 02)

主要内容：

(1)储层伤害的矿场评价方法及标准研究；

（2）储层伤害的室内评价方法及标准研究。

1.2.3　近平衡压力钻井技术研究（75－15－02－01－03）

主要内容：

（1）地震资料预测地层压力方法；

（2）声波法预测地层破裂压力技术研究；

（3）钻井数据计算机采集与传输系统。

1.2.4　保护储层的钻井液、完井液及处理剂的研究与应用（75－15－02－01－04）

主要内容：

（1）完井液用处理剂的研制及评价；

（2）冀中地区完井液伤害机理及完井液体系的室内评价研究；

（3）全酸溶性完井液体系的应用研究；

（4）钻井液改造作完井液应用研究；

（5）钻井液改造作完井液推广应用。

1.2.5　保护储层的固井技术研究（75－15－02－01－05）

主要内容：

（1）分级注水泥器系列研制；

（2）尾管悬挂器系列研制；

（3）套管外封隔器研制；

（4）油井水泥外加剂研究。

1.2.6　保护储层的负压深穿透射孔工艺技术研究（75－15－02－01－06）

主要内容：

（1）高温高压射孔工程模拟试验装置；

（2）射孔伤害机理、伤害程度及评定负压值的研究；

（3）射孔优化设计电模拟及数学模型研究；

（4）YGS 型耐高温深射弹研制；

（5）起爆器研究；

（6）井下传爆装置研究；

（7）防伤害射孔液的研究

（8）起爆、引爆地面检测仪研制；

（9）油管传输射孔与地层测试器配合的综合测试工艺研究。

1.2.7　水敏性低渗透砂岩油层解堵酸化压裂投产技术研究（75－15－02－01－07）

主要内容：

（1）酸液对油层配伍的研究；

（2）以防膨防乳化为主的添加剂研究；

（3）快速排液技术研究；

（4）伤害机理及程度研究；

（5）优化设计研究；

(6)防伤害压裂液(高温、中温、低温)系列研究与应用；

(7)压裂设计程序与效果预测研究。

2 主要技术关键、难点及技术路线

2.1 主要技术关键、难点

"七五"初期,我国在保护储层的钻井和完井技术方面与国外同期的水平相比存在较大差距,即使是在国外该项技术也还处于不断探索、不断完善阶段。由于我国起步较晚,当时在技术认识上未明确保护储层的重要性和必要性,在总体上也未形成保护储层的技术法规和作业程序,更未形成配套的工艺技术,对各个工艺环节所造成的储层伤害机理尚不清楚。在这样的基础上,开始着手这项攻关,困难和需要解决的问题自然很多,主要表现在以下几个方面:

(1)本研究课题是一个涉及多学科、多兵种、综合配套的系统工程。研究领域宽,需要解决的问题多。其中主要的技术关键有以下4个方面。

① 必须全面、彻底、正确地研究清楚储层的特征。包括岩石结构特征,岩石胶结特征、黏土矿物的成分及含量、储层物性和电性、储层的主要潜在伤害及多种潜在伤害等,只有全面透彻地了解了研究对象,才能从储层的实际出发,有的放矢地开展各项工艺技术攻关。

② 必须研究清楚各个工艺环节对储层的伤害机理。包括钻井液、水泥浆、射孔液、酸液及各个工艺作业过程会对储层造成哪些方面的伤害及其伤害程度。只有研究清楚储层的伤害机理,才能有针对性地研究在各个工艺环节中,防止储层伤害的有效措施。

③ 必须建立一整套科学的、统一的评价储层伤害程度的方法、规程和定量标准。有了这套方法和标准,才能正确评价储层是否真正受到伤害或受伤害的程度,才能正确评价各工艺环节所采用的保护措施是否真正有效或有效的程度。

④ 必须建立全面配套的而不是孤立的保护储层的工艺技术。有了全面配套的工艺技术,才能确保从钻开储层开始,到解堵投产的所有工艺环节都不伤害储层。

由于本攻关课题是一个综合配套的系统工程,从而使其本身的技术难度就非常之大。

(2)冀中古近系—新近系砂岩储层埋藏深、物性差、变化大,增加了技术攻关的复杂性。

该储层埋藏深,多数在3000m以上;温度高,多数在120~150℃;压力较高,多数在35MPa左右;渗透率低,多数为30~80mD;孔喉直径细,多数为0.79~9.4μm;蒙脱石、伊/蒙混层、高岭土等敏感性黏土矿物类全,存在以水敏为主,速敏、酸敏,盐敏都有的多种潜在伤害因素。加之60多个断块之间,5个主力储层之间压力系数不同,温度不同、渗透率不同、黏土矿物成分含量不同,高中有低,低中有高,物性参数变化很大。

在如此复杂的地质条件下,既要适应性广,又要针对性强;既要考虑高温高压深井,又要考虑浅井、中深井的特点;既要考虑水敏性潜在伤害,又要考虑速敏和酸敏等潜在伤害,这就要求所研制的各种配方类型多,品种多,适应范围宽,要求研制的工具、装备应用范围大,要求采用的工艺技术顾的方面多,对整套综合配套工艺技术提出了十分苛刻的条件,难度非常之大。

(3)本攻关课题涉及地质、钻井、测井、固井、完井、投产和测试等多种工序与学科领域,技术关键多、难度大。如何把总任务总目标分解成为三级、四级和五级等不同级别的课题;如何分层次,分阶段协调这3个级别课题之间的协作关系,各就各位,配合作战;如何制订正确的技术认识路线,正确的技术指导思想,正确的技术组织路线,用不到5年的时间,追赶20世纪80年代的高目标,对统筹组织水平、科技管理水平的要求也非常之高。

2.2 技术路线

针对本攻关课题存在的技术关键和技术难点,采用了以下技术路线去解决:

(1)从调查研究入手,掌握国内外技术动态,吸收国外先进经验作为研究攻关的借鉴。

(2)实行科研、生产、院校合作的产、学、研三结合。院校以理论研究、仪器研制和优化设计为主;油田科研单位以工具、装备研制和制订防伤害工艺措施研究为主;油田生产单位以现场试验为主。相互协作,互相渗透,充分发挥各自优势,组织好整个科研攻关工作。

(3)从研究的对象出发,弄清储层的地质特征,伤害机理,找出伤害储层的诸因素,有针对性地提出保护储层的工艺措施。选用工艺技术的原则是:尽量减少外来液体和固相颗粒进入储层;进入储层的液体应有良好的配伍性,伤害储层小;有害的液体进入储层应易于返排,造成的伤害应能消除或可减轻伤害程度。

(4)把室内研究与现场试验、单项技术研究与综合配套技术研究有机地结合起来。从单项技术室内研究到单项成果下井试验再到综合配套技术的室内检验和现场试用,在实践中不断暴露矛盾,发现问题,总结经验,提出完善改进措施,再回到现场实践中去检验,依靠反复试验,反复认识,不断完善,不断提高,逐步形成综合配套的具有华北油田特点的保护储层的工艺技术。

3 攻关成果和技术水平

储层从钻开到枯竭的整个过程都存在着被伤害和保护这对矛盾。"七五"国家重点科研攻关项目"保护储层防止伤害的钻井完井技术",就是要求从钻开油层的盖层到完井投产的各个生产工艺环节开展系统的综合配套研究,因为任何一个环节的不慎,都将造成保护效果的失败。只有从各单项工艺的保护到各工艺环节的综合配套保护,才能达到保护储层的目的。冀中地区古近系—新近系中低渗透砂岩储层防止伤害技术,正是根据这一系统工程的原理,制定了7个四级课题,开展系统攻关研究。通过攻关,取得了可喜的成果。

3.1 储层伤害机理研究

4年多来,收集了冀中地区砂岩油藏的大量的钻井、完井和其他有关资料数据,岩性物性分析资料来源于13口井76个层的岩心,共进行 X-射线衍射分析128块,扫描电镜180块(包括岩心流动实验样品分析)。还有薄片分析619块、粒度分析631块、孔隙度833块、渗透率794块、压汞87块、碳酸盐含量608块。进行了283块岩心(试验区岩心和人造岩心)的各项室内动静流动实验,制作微模型13块,做微模型试验58次,并根据20多小时的实验录像带完成了一部11min的微模型试验录像片。通过以上工作量,取得以下成果:

(1)弄清了3个实验区块的储层特征及潜在伤害。

① 岔15断块东三段至沙一上亚段储层主要为混合中、细砂岩。砂岩碎屑为点接触,颗粒—杂基支撑。砂层层内平均碳酸盐含量一般为 4%~13%,泥质含量为 3.5%~13%,FDI系数以5和7为主,1和6较少。黏土矿物为绿泥石、高岭石、伊利石、蒙脱石,蒙脱石相对含量为15%~44%。砂层溶蚀孔隙发育,孔隙度15%~27%,孔隙喉道以细喉为主,主要流动喉道半径均值(R_z值)0.72~9.4μm,砂层渗透率一般为40~350mD,但亦有高达1800mD的特高渗透层。中低渗透层占86%。因此,该区东三段至沙一上亚段储层存在黏土膨胀、分散运移、微粒运移及化合物沉淀等潜在伤害。除特高渗透层外,该区储层潜在伤害在3个试验区中属

于最大。

② 郯 32 断块沙一下亚段与宁 50 断块东三段—沙一上亚段的储层特征相似。皆以岩屑长石细砂岩为主,砂岩碎屑为线接触,部分凹凸型,石英加大发育,为Ⅱ—Ⅲ级,长石加大,铁方解石、铁白云石加大填充作用显著。砂岩碳酸盐含量 5% ~16%,泥质含量一般为 4% ~8%,FDI 系数以 2 或 5 为主,1,3 和 7 次之,黏土矿物为绿泥石、高岭石、伊利石、伊/蒙混层,高岭石相对含量较高,为 40% ~70%,伊/蒙混层相对含量较低,为 11% ~36%。砂层孔隙度 10% ~20%,孔隙喉道均为细喉,$R_z < 4\mu m$,砂岩渗透率一般为 30 ~110mD,以低渗透层为主。因此,这两个试验区亦存在黏土膨胀、分散运移、微粒运移、化学沉积等潜在伤害。

在分析评估油层潜在伤害时,综合考虑了储层内部的两类相关因素。a. 产生伤害的物质。如砂层中泥质含量,各种黏土矿物含量,碳酸盐及黄铁矿含量等。b. 产生伤害的油层内部环境。如砂岩的结构,碎屑接触,支撑,胶结,及砂岩成岩作用特点,砂岩中泥质分布类型、各种黏土矿物产状,砂层渗透率及孔隙结构特点等。

(2)通过岩心流动实验,确定了 3 个试验区潜在性伤害的定量程度,从而为 3 个试验区及类似储层的钻井、固井、射孔、投产等施工过程提供设计依据。

① 室内流动实验证实了 3 个区块都具有流速敏感性。郯 32 断块的地垒块最大运移伤害为 60.7% ~61.9%,属于中等偏强速敏性,地堑块最大运移伤害为 10.3% ~32.5%,属于弱—中等偏弱速敏性,地垒块的表观临界流速为 0.73m/d,地堑块的表观临界流速为 2.2 ~7.34m/d。岔 15 断块的最大运移伤害为 47.7% ~42.6%,属于中等速敏性,表观临界流速为 0.73m/d。宁 50 断块最大运移伤害为 16.0% ~31.2%,属于弱—中等偏弱速敏性,表观临界流速为 1.5m/d。

② 经水敏性及盐敏性实验证实,岔 15 断块和宁 50 断块的 K_w/K_∞ 值都小于 30%,淡水对这两个断块造成的伤害都大于 70%,属于强水敏性。盐敏实验证实岔 15 断块的临界矿化度为 21000 ~27000mg/L,高于地层水矿化度,宁 50 断块的临界矿化度为 5700mg/L 等于地层水矿化度;郯 32 断块的 K_w/K_∞ 值为 9.6% ~65% 不等,淡水对该断块造成的伤害为 35% ~90%,属于弱—中强水敏性,盐敏实验证实该断块的临界矿化度为 29000mg/L,等于地层水矿化度。在速敏和水敏同时存在的场合,通过郯 33 井岩心正反向实验证实,仍以水敏性伤害为主,速敏性伤害为次。

从勘探到开发的各个生产环节应以防水敏性伤害发生为主,避免使用淡水压井,可采用清洁盐水等作为压井液,射孔液、酸化液和压裂液也要防止发生水敏性伤害。

③ 通过 16 块岩心的酸敏性实验证实:①岔 15 断块盐酸酸敏性对岩心的渗透率伤害为 24% ~80%;土酸酸敏性对岩心渗透率伤害为 50.4%;加前置液(HCl)和后置液(HCl)的土酸酸敏性对岩心渗透率伤害为 10%,总之常规的酸化方法对岔河集油田都存在程度不同的酸敏性伤害。②郯 32 断块:盐酸酸敏性对岩心的渗透率伤害为 25% 左右;土酸的酸敏性对岩心的渗透率伤害为 3.3%;加前置液和后置液的土酸酸敏性对岩心没有伤害,收到提高渗透率 70% 的效果。③在前置液(HCl)和土酸(或复合酸)中加入铁离子和钙离子稳定剂、缓蚀剂和破乳剂,并注入防膨剂的酸敏实验证实,郯 32 和宁 50 断块岩心渗透率大幅度提高,岩心渗透率提高为 32% ~166%,不存在任何酸敏性。

(3)通过完井模拟伤害实验基本弄清了钻井液、隔离液、水泥浆、射孔液对储层的伤害程度和伤害机理并为各个生产环节提供了设计依据。

① 根据 3 个试验区块的储层潜在伤害机理而设计的钻井完井液配方(三公司第一配方,

二公司第一和第二配方），经室内动、静伤害实验证实，渗透率恢复值为 60%~70%，现场测试资料证实，没有对储层造成严重的伤害。实践证明只要对钻井液进行精心的改造是能够作为完井液使用的，应该大力推广。

② 通过用 SW-1 岩心动态伤害模拟试验架、DSE 高温高压全尺寸动态模拟伤害试验装置及 JHDS 高温高压动失水仪对 260 多块天然岩心和人造岩心进行了钻井液、水泥浆的动态伤害模拟试验和地层滤失规律实验，配合使用电镜分析及相关实验资料，采用室内评价新方法评价，证明使用动模拟实验比静模拟试验更接近井下真实情况，用高温高压全尺寸动模拟试验比常温常压模拟试验更符合井下实际情况。上述试验及研究工作证实：对于中低渗透砂岩储层，钻井液、完井液中的固相颗粒能够进入储层，但不很严重，且侵入深度较浅；对于高渗透储层，钻井液固相颗粒侵入深度相对较深，但一般也未超过 10cm，借助射孔可以解除伤害。钻井液、完井液中的液相侵入储层主要发生在动滤失过程，浸入深度可达 1m 以上，超出射孔深度范围，是伤害储层的主要因素。

③ 系列流体实验证实，单独由钻井液完井液的滤液造成的伤害小于 30%，一般为 1%~29%；单独由水泥浆滤液造成的伤害为 26%~45%；单独由隔离液 SNC 造成的伤害为 49%~86%；3 种滤液连续伤害油层造成的伤害为 87%~96%，对油层是一个致命的伤害；但从室内及现场资料分析得出，大多数油井如果油层部位没有微裂缝，水泥浆和隔离液的侵入范围较小，射孔弹一般能够射透。$CaCl_2$ 射孔液对油层没有伤害。

（4）经过多次协作和反复研究终于成功地用试验区岩样制成微模型，把微模型可见技术用于研究油层伤害机理，并取得满意的结果，这项工作是国内首创。

本课题的研究在总体上达到国际 20 世纪 80 年代水平。

3.2 储层伤害的矿场及室内评价方法与标准的研究

如何准确地评价近井壁区储层的伤害程度，是研究保护油层时需要解决的主要问题之一。目前，国内采用的矿场评价方法是常规霍纳法和现代试井解释法，可成功地对不到 1/3 的出现无限作用径向流的资料进行参数计算，但还有大约 2/3 以上的测试资料不能处理，无法评价储层是否受到伤害。在室内虽有岩心端面流动试验等方法，但它不能完全真实地反映井下动静交替失水过程，评价结果往往具有一定误差，针对以上问题，我们开展了攻关，圆满地完成了任务，取得的成果总体上达到国际 20 世纪 80 年代水平，部分成果达到国际 20 世纪 80 年代末先进水平。

3.2.1 储层伤害的矿场评价方法与标准的研究

本专题研究重点是针对未出现径向流的 DST 测试资料，对不同类型曲线采用不同的评价方法，计算储层伤害参数。

首先，查询国内外文献及资料解释现状，根据油层特征，确定了主攻方向。建立和求解数学模型及编制计算机软件是主要难点。对新区无 PVT 资料如何及时评价储层伤害程度，以及适合本油田评价储层伤害的分级标准也是急待解决的问题。

攻关成果及技术水平：

（1）低压低渗透油藏早期资料的解释方法。

① 格林加登（Gringerten）典型曲线拟合法。利用双对数压力系数拟合法，加以无量纲霍纳（Horner）典型曲线检验法，反复调整参数，达到最佳拟合，计算出油层伤害参数。经过 50 多口

井检验,表皮系数(S)值误差小于 1 的为符合,占 95%。1989 年投入冀中油田、二连油田、新
氨油田等使用,计算 40 多井次效果较好。

②最优化灰色系统早期资料较正法。首次将灰色系统用于试井解释中,求出拉赛尔(Russell)公式中的最优化系数,将早期资料校正到径向流。经文献井检验 S 值符合率为 100%,实际检验了 30 口井,S 值的符合率为 95%。已在华北油田、四川油田、长庆油田、大庆油田应用。

③早期资料反卷积校正法。将早期资料校正到径向流直线上,再利用霍纳法计算出参数,试验区 11 井次的 S 值验证,符合率达 100%。开始在华北油田、吉林油田、江汉油田、南阳油田应用。

(2)低压中高渗透层 DST 流动期资料分析法——段塞流法:经文献井检验无误差,在冀中油田和二连油田计算 42 井次,有伤害井占 30.9%。

(3)压裂井测试资料解释法:利用垂直裂缝模型来评价油层压裂效果和再伤害情况,为增产措施提供科学依据。该方法计算结果与佛罗彼托公司对比两口井误差小于 0.1。计算 23 井次,有对比的 7 井次,压后产量均有成倍增长。

(4)无高压物性资料时的解释方法:用理论公式计算 10 井次与霍纳法相比,S 值符合率 100%。经验公式计算 192 口井,S 值符合率达 95%。这样可以减少停等时间。缩短建井周期。

(5)非自喷井测试资料解释的新途径:用 JPG 软件克服了霍纳法解释的一部分误差,是本课题的一个突破。在华北油田和吉林油田等 4 油田解释 50 余井次,效果良好。

(6)研究出油层伤害多种方法评价参数的计算通式,并且通过 350 多井次资料分析,确定了冀中地区砂岩油藏矿场评价油层伤害的分级标准。以表皮系数、产率比、附加压力降与生产压差之比、堵塞比、损失产量等作为评价指标并分为无伤害、轻度伤害、中度伤害和严重伤害 4个等级。

以上成果通过现场使用,见到了良好效果,资料解释率从 1988 年的 57.2% 提高到 1989 年的 73.6%,经过攻关研究并通过评价,油层的伤害率由 1986 年的 48.9% 降至 1989 年的30.8%,扩大了资料应用范围,形成了较完善的解释系统。

3.2.2 储层伤害的室内评价方法与标准的研究

在缺乏国内外参考资料的情况下,要求在室内建立一种新的评价方法,难度较大。首先,要研制出能模拟钻井条件的试验仪器,在高温高压下保证动密封和定时准确计量;要摸清钻井液动失水特点,测算在钻井过程中滤液侵入油层深度;而且,新建立的试验方法和计算机程序所求出的伤害参数能和试井解释结果相对比。

先后使用了 438 块人造岩心,67 块油层岩心,进行了 435 次动失水及模拟试验,测渗透率千余块,拍摄 326 张电镜照片。取得攻关成果与技术水平如下:

(1)JHDS—高温高压动失水仪:已获国家专利。模拟钻井参数:最大压差为 8MPa,温度150℃,速度梯度 $600s^{-1}$。经使用认为,设计合理,操作方便,是研究油层伤害的必用仪器,已生产 11 台,推广至 8 个油田使用。

(2)根据径向流理论提出了"伤害半径—渗透率"新的评价模式,编写出"动失水法评价钻井液对油层伤害程度的操作程序"及 JHDS 软件:可以在室内定量评价完井液对储层的伤害程度,优选完井液配方和钻井工艺参数,预测钻井液滤液侵入油层深度,以防漏掉油层等。在国内外首次实现了室内评价和矿场测试相结合这一目标,室内评价出了 16 口井的伤害情况。可

对比的 11 口井,其结果基本一致,产率比(PR 值)室内实验值比矿场平均高 18.9%,因为矿场测试是在套管内进行的,包括了完井的影响。

(3)动态下钻井液完井液伤害储层规律的研究表明,动失水的规律和静失水不同,在一定时间后向油层稳定滤失,动滤失量一般占总滤失量 80% 以上,且受速度梯度、温度的影响很大,其滤饼薄而粗松。动态下对油层的伤害较静态下更大,其程度视钻井液性能与储层物性而异,若固相粒径与岩心孔隙的匹配符合 1/3 架桥理论,固相伤害仅有几毫米深,本油田的钻井液滤液侵入深度约 1.1m。综合评价了 21 种低固相钻井液,筛选出磺化类处理剂能保护油层减少泥岩膨胀,尤以 SK 较好。

(4)应用新方法在 5 个区块上,对 5 种体系的 32 种钻井液进行了评价。由钻井液改造成的完井液,既能减轻油层伤害,又能安全钻进,节约成本,渗透率恢复值由 50% 以下提高到 80% ~70%,对储层的伤害程度可大大下降,如岔 15-116 井用改造钻井液完井,室内预测产率比(PR 值)高达 0.92,与矿场实测结果基本吻合。

(5)提出了保护油层完井液性能的评价分级标准,优质钻井液的渗透率恢复值大于 75%。动失水速率小于 $1mL/cm^2h$,145min 动失水量小于 20mL。还提出了用产率比、表皮系数和堵塞比三参数作为室内评定油层伤害程度的指标,并分为无伤害、轻度伤害、中度伤害和重度伤害 4 个等级。

3.3 近平衡压力钻井技术

近平衡压力钻井技术在"六五"期间曾进行过一定的研究和推广应用,但不完善。为了在新区探井中也能应用该项技术并发展原有的"六五"技术,"七五"期间开展了科研攻关,取得以下 4 项成果。

3.3.1 利用地震资料预测地层压力

该项研究旨在解决新区探井钻前压力预测问题。技术关键是不仅要求预测压力较准确,而且要求预测深度也必须准确。选用了国外菲氏法,并根据海上、陆上地震资料的差别和冀中地区的实际,将菲氏法进行了两方面的改进:(1)利用小区平均速度计算深度和岩石密度;(2)应用实际测压数据对菲氏法压力转换公式进行标定,标定系数为 0.5。

应用改进后的菲氏法计算了留西和肃宁地区 25 口有实测压力数据井,获得了 41 组预测值和实测值。对比结果相对误差在 10% 以内的占 66%,在 15% 以内的占 83%;用地震法和声波时差法计算的随井深度变化的地层压力曲线都有良好的对应关系。随后又进行了 7 口井试验,即先预测,后经钻井证实或实测压力验证,一般都与预测结果相吻合,其中 4 口井有实测数据,最大误差 10.59%,一般 7.5% 以内,说明对菲氏法的改进是成功的,预测压力具有一定的精度。

3.3.2 采用声波法预测地层破裂压力

本项研究旨在利用声波测井资料实现对破裂压力的预测。技术关键是推导出一个破裂压力预测模式,实现岩石动、静态参数的转换及有关参数的确定方法。解决的方法是:(1)根据弹性理论基本假设,由广义虎克定律、井壁围岩应力状态和地层破裂条件建立了新的与声液法相适应的地层破裂压力预测模式。该模式反映了地下构造应力、上复压力、地层压力、岩石抗张强度等的影响,包含因素多,适用性广;(2)建立了一套可在有围压条件下对岩石动、静态参数同步测定的试验装置,对华北油田 17 口井 23 块砂岩岩心在不同的围压和轴压下进行了试验,建立了动、静态弹性参数(包括杨氏弹性模量和泊松比)的转换式,为使用长源距声波测井资料对地层破裂压力的连续预测提供了依据;(3)研制成功岩石机械特性软件包,根据用户需要可计算、显示绘制出砂岩地层包括地层破裂压力在内的多种地层力学参数。通过苏桥、留路和别古庄3个地区18口井现场实测破裂压力验证,相对误差在5%以内的占83%,最大误差7.11%,具有较高的预测精度。

3.3.3 研制成钻井数据计算机采集和传输系统

该系统包括采集和传输两个子系统,可连续准确地采集传输钻压、钻时、转速和扭矩等多个参数,同时,经系统中计算机处理可输出 dc 指数、水力参数、钻井工作报告等。经现场15口井应用,证明整个系统运行稳定可靠,系统误差小于1.5%,传输距离60km,它的研制成功,为实施近平衡钻井提供了准确的地层压力和井下情况监测数据。

3.3.4 近一步完善了近平衡压力钻井实施工艺

几年来,油田累计进行压力预测、监测井上千口,实施近平衡钻井800余口。进一步完善了近平衡压力钻井实施工艺。具体内容包括5个方面:

(1)合理确定钻井液密度,做到4条曲线(预测压力、设计密度、监测压力、实际密度)贯穿于钻井设计和施工的全过程。(2)套管程序设计,确定了设计原则和冀中地区设计经验系数,在此基础上依据地层压力、破裂压力建立起钻井不同作业期间套管下深的校核条件和设计方法。(3)配套装备,先后研究完善了液压防喷器、压井管汇、固控系统等,为实施近平衡钻井创造条件。(4)井控技术,几年来制订了"液压防喷器使用规定""井口安装验收制度"等一套井控管理制度,并采用多种方式对有关人员进行井控技术培训,累计培训1900人,提高了钻井队伍实施近平衡钻井技术的素质。(5)确定了液流处理方法。

近平衡压力钻井配套技术在总体上达到了国际20世纪80年代水平。

3.4 保护储层的钻井液完井液及处理剂的研制和应用

针对冀中地区地层复杂、井壁容易垮塌、泥页岩易水化造浆、储层强水敏和压差较大的特点,研究了适合冀中地区中低渗透性砂岩储层特点的抑制性强、失水量低的钻井液、完井液和相应的处理剂,完成了合同攻关要求,取得的成果达到了国际20世纪80年代水平。

(1)研制成钻井液改造为完井液体系——抑制性强的聚磺钻井液体系的5个配方。经3个实验区块33口井的先导试验和综合试验,平均机械钻速提高1.5m/h,平均钻井周期缩短0.93天,平均建井周期缩短5.14天,效果良好。在饶阳凹陷、霸县凹陷、廊固凹陷和束鹿凹陷的20多个断块进行了219口井的推广应用(探井43口、生产井176口)。达到了以下的技术性能指标:API失水量一般小于5mL;HTHP(高温高压)失水量小于18mL;145min动失水量小于40mL;岩屑滚动回收率超过80%;膨润土含量为60~80g/L;渗透率恢复值大于60%。该体系在钻达油层前200m实施改造技术,加足抑制性强的包被剂、降失水剂和降低滤饼渗透性的桥塞剂,使钻井液性能符合保护油层要求后,再钻开储层,这一方法具有独到之处。提出的抑制性聚磺钻井液和钾、铵基聚磺钻井液,经现场使用效果好,渗透率恢复值可达70%以上。

(2)评选出了5类15种钻井液完井液配方。其中,酸溶性无土相和低土相钻井液完井液配方进行了23口井的现场试验。该两类体系组分酸溶性好:固相粒度分布在 $1.5 \sim 26.5\mu m$。因试验区储层最大孔喉直径为 $0.98 \sim 28.8\mu m$,故固相颗粒能有效地形成桥堵,固相侵入深度不超过1.0cm,微米级暂堵剂或封堵剂能形成致密滤饼或屏蔽环带,降低滤失量。进入储层的部分固相及滤饼骨架可用酸液溶解,达到了保护储层原始渗透率的目的。

(3)研制出了两个系列16种适合中低渗透性砂岩储层特性的各类处理剂。其中酸溶性处理剂系列研制出了降滤失剂 HPS(羟丙基淀粉)、盐水增黏剂 AlO(OH)(羟基铝)、暂堵剂 QS－1(细粒碳酸钙)和 QS－2(超细碳酸钙),酸溶率均在95.5%以上,与各种无机盐(如 NaCl、KCl、CaCl₂…)配伍性好。辅助处理剂 XN－1(N－氯代对甲苯磺酰胺钠)在淡水、盐水中均有良好的杀菌效果,性能及价格均优于甲醛。聚合物处理剂系列研制成了 PAC₁₄₃和 PAC₁₄₅(乙烯基单体多元共聚物),FPK(钾聚丙烯酰胺)、XA－40(低聚物降黏剂)、SPNH(多元共聚磺化腐殖酸树脂)、FT341 和 FT342(磺化沥青),在酸液中80%以上不出现沉淀,使聚合物钻井液类处理剂在增黏、降黏、防塌、降滤失等多方面配套。现已有近10种处理剂广泛应用于现场生产。此外,还研制出了油溶性暂堵剂 EP(乳化石蜡),可在各种水基钻井液完井液中分散,封堵1000~2000m 的浅油层。这些处理剂研制成功为清洁盐水完井液、无土相全酸溶完井液、低土相可酸溶完井液、钻井液改造成的完井液等各类水基钻井液完井液的研制和筛选奠定了基础。此外,还评价了37种配制各种完井液配方的处理剂及原材料。

(4)认识了冀中地区钻井液完井液对储层的伤害主要是滤液侵入而引起的水敏伤害,而酸化液对大部分储层的渗透率有改善作用,因此保护储层的钻井液完井液可采用无土相或低土相可酸溶性体系。实践证明,选用强抑制性,低失水、渗透率恢复值高的优质钻井液完井液——钻井液改造作完井液是目前华北油田最佳经济的方案。这对钻储层以上井段,有强的抑制水化、膨胀、造浆作用,对井壁稳定十分明显,进而可缩短钻井、建井周期,减少对油气层的浸泡,也是对油层极大的保护。

3.5　保护储层的固井技术研究

保护储层的固井技术研究主要目的在于:一是在整个固井过程中选择(计算)并控制合理压差,进行紊流或层流顶替,防止漏失,防止压开地层伤害产层;二是研制和采用不伤害或将伤害程度降到最低的油井水泥添加剂,用以获得能满足保护储层要求的水钻井液;三是研究解决各种复杂条件下固井技术,提高固井质量,降低固井成本。攻关中主要从两个方面加以解决:一是研究有关固井技术工艺;二是研制具有当代技术水平的系列配套固井工具及水泥添加剂。应用这些技术解决各种复杂井、深井固井保护储集层问题。

在保护储层固井技术攻关中,我们根据地质条件、地层及储层孔隙压力、破裂压力和试采、酸化压裂、钻井等方面的技术要求,选择合理的套管程序和完井方法。这些方法有先期完成、后期完成、筛管完成、筛管及封隔器完成、先期尾管完成等。

根据地层孔隙压力及破裂压力等资料,考虑注水泥、水泥候凝、"失重"等全过程,既不能漏失,又不能"窜槽",进行了全过程合理压差固井设计,编制了计算机软件,调整并和新区探井压差分别控制在3~5MPa 及2~4MPa,从而达到提高固井质量,保护储层的目的。为实现合理压差固井,完成了以下各项系列配套技术研究。

3.5.1　分级注水泥技术

主要作用是降低液柱压力,解决长封固段固井,防漏失、防气窜、保护储集层。研制成功5in,5½in,7in 和9⅝in 4 种规格的液压式分级注水泥器并形成了较为成熟的施工工艺,基本可以满足我国常用井身结构固井需要。已应用分级注水泥技术在华北油田、胜利油田、江苏油田和长庆油田等应用190 余井次,最深井(5½in)达到4651m,成功率97%。

3.5.2 尾管固井及套管回接技术

主要用于长封固段、小间隙固井,降低压差,改善钻井水力条件,降低钻井成本,保护套管,防漏失和防止伤害储层。研制成功15种机械式和液压式尾管悬挂器及相配套的套管回接工具,同时形成和完善了尾管固井工艺。采用尾管固井,减少了套管重叠,减轻了井口载荷,简化了井身结构,改善了水力条件,应用176井次成功率达97.2%,节省套管15461t,直接经济效益3665万元。回接工具采用先插入后注水泥,有独创性。

3.5.3 地层封隔固井技术

本项成果包括管外封隔固井和多级封隔注水泥技术,主要用于防止高压油气水窜、防止低压漏失和恶性漏失。研制成功4½in,5in,5½in和7in 4种系列套管外封隔器及多级封隔注水泥器,并形成了一套可行的施工工艺。已在华北油田、中原油田和地矿部固井150井次以上,成功率达100%,固井质量好,成功率高,简化了工艺,缩短了施工时间,节省了材料,经济效益显著,达到美国莱茵斯公司20世纪80年代技术水平。耐温140℃超过美国120℃的技术指标,使用深度达到4653m。

由于已经研制出以上各系列固井工具和相配套的工艺,掌握了各单项固井技术,因而可将其进行适当的组合,解决各种复杂井、深井保护储集层的固井技术,并进行了11井次综合固井应用。

3.5.4 油井水泥外加剂技术

在固井水钻井液中,为了减少对储层的伤害,加入了降失水剂和空心玻璃球及防破碎剂。研制成功了LW-1型高温降失水剂和LW-2型中温降失水剂。高温降失水剂耐温90~170℃,并将水钻井液中失水量由2000mL降至50~200mL/30min,90℃,7MPa。中温降失水剂适应温度50~97℃,失水量可降至150~50mL/30min,90℃,7MPa。在水钻井液中加入占干水泥重量10%~40%的空心玻璃球及防破剂可使水钻井液密度由1.9g/cm³降至1.2~1.5g/cm³并研制成配套的HRA高温缓凝剂,TiC分散剂等添加剂。应用降失水剂91井次,低密度水泥固井193次。

综上所述,保护储层的固井技术,已研制成功5种水泥添加剂、23种固井工具及相配套的工艺技术,经800多井次常规套管固井和11井次深井复杂井固井实践,证明固井技术已经配套,不但能满足我国当前井身结构常规套管固井的需要,而且也能满足深井、复杂井固井保护储层的需要,总体技术及各单项技术已达到20世纪80年代国际技术水平,在国内处于领先地位。

3.6 保护储层的负压深穿透射孔工艺技术研究

本课题的攻关内容,是根据华北油田以往在射孔完井方面存在的问题(如无耐高温射孔器材、无深穿透射孔弹、对射孔伤害储层的机理不清楚、没有科学的射孔优化设计等)而提出的。为了解决上述问题,形成先进的、配套的射孔工艺技术,确定了9个五级研究课题。

在攻关过程中,克服了许多困难,解决了研制耐高温、高爆速、低感度的高能炸药,解决了研制复合聚能窝(外套之意)的材质,结构等技术关键。克服了模拟深井、超深井进行射孔试验的技术难点,解决了模拟装置高压密封,微机自动控制,大量程一次仪表等技术关键。该四级课题的技术关键共达19项之多。

完成的成果和达到的技术水平:通过调研国外文献、总结国内多年的射孔技术经验,自行设计,自行研制,经过 200 多次室内性能试验,80 多次现场工业性试验,用了不到 5 年的时间,完成了 9 项五级课题的攻关任务,获得了良好成果,这套射孔配套技术在总体上处于国内领先地位,其中部分项目达到 20 世纪 80 年代国际先进水平。

3.6.1 研制了高温高压射孔工程模拟试验装置

该装置可以模拟深井、超深井条件下进行射孔试验,以检验高温高压对射孔弹穿透深度的影响;岩石硬度对射孔弹穿透深度的影响;射孔压差对孔眼清洁程度的影响等,测取多项参数,为射孔优化设计提供可靠的计算数据,为射孔弹研制和生产提供正确的指导。

该装置经过性能指标检测 2 套次、流量检测 3 套次、数据测试 61 次,证明性能稳定、操作方便,达到工作压力 60 ~ 80MPa、工作温度 180 ~ 230℃、耐时 48h 再起爆的技术目标,填补了我国高温、高压射孔模拟装置的空白。

3.6.2 完成了射孔伤害机理和射孔优化设计研究

通过射孔伤害机理研究,弄清了负压射孔对储层的伤害,主要是成孔过程所造成的压实伤害。该压实伤害除了与储层特性有关以外,也和射孔弹的性能有关。此外,还弄清了负压射孔能够改善孔眼的清洁程度,合理的负压值是确保孔眼完全清洁的重要条件。经过大量流动试验得到了华北油田各种射孔弹在高温高压条件下,对储层伤害程度的定量数据。即用染色法测定孔眼周围压实带厚度;用二维射孔岩心靶计算软件,计算孔眼周围压实带渗透率;用岩心靶流动试验法确定合理负压差值。

通过射孔优化设计研究得出了射孔完井产能与射孔参数、钻井伤害参数、射孔伤害参数之间的定量关系;得出了影响射孔井产能大小的诸因素相对重要性排列顺序;研制了使射孔完井产能最高的射孔优化设计软件。经华北油田 11 井次的工业性试验油井产能增加 15% ~ 25%,现已在国内各油田推广应用。

3.6.3 研制耐高温深穿透射孔弹以及相配套的起爆器、传爆装置

该耐高温深穿透 I 型和 II 型射孔弹采用了自行研制的 HMX 和 PYX 复合高温炸药和变壁厚复合聚能窠,经打靶 33 次,现场下井试验 9 井次表明:I 型弹耐温 180℃、耐压 50MPa、耐时 30h、穿透混凝土靶 287.5mm;II 型弹耐温 230℃、耐压 50MPa、耐时 30h、穿透混凝土靶 297.4mm,超过国家下达的指标。

该压力延期起爆器、电能起爆器经室内性能试验 119 次,现场下井试验 4 井次,达到了耐温 180℃、耐压 60MPa、耐时 48h、延时起爆时间超过 7min 的技术指标,延时成功率达 100%。

该传爆装置以 PYX 和 HMX 按比例悬浮造粒为混合炸药,以硅橡胶包覆,以氟橡胶为添加剂组成导爆索。用最优装药工艺组装传爆管。经室内爆速、耐热、抗弯折、传爆等性能试验及现场应用试验 7 井次,表明全部达到规定的技术指标,传爆成功率达 100%。

该项攻关成果是目前国内现有射孔器材中耐温最高、耐时最长、在高温高压下穿透最深的无杆堵射孔器材新产品。

3.6.4 完成了防伤害射孔液研究

研制了三类(清洁盐水类、聚合物溶液类、酸液类)十四组射孔液配方。经现场 9 口井的试验应用,试验井的表皮系数大多为负值,堵塞比接近 1,平均日产量为对比井的 1.96 倍。该射孔液的性能达到要求的技术指标,基本上满足了冀中不同油层射孔作业的需要。

3.6.5 研制了射孔发射检测仪并完善了油管传输射孔与地层测试器联合作业技术

该射孔发射检测仪采用了灵敏度高的地面检测仪器和能延时 10~15s 发射的底部尾声弹,经现场 7 口井的发射检测试验表明,地面检测仪器和尾声弹的性能全部达到技术指标要求,记录曲线图形清晰,判断准确率达 100%。

实现油管传输射孔与地层测试器联作的主要关键是防振问题。为此,研制了保护压力计的纵向减振器,实现下一次管柱同时完成射孔和测试双重任务。经现场 17 口井、34 井次的应用试验,联作成功率由 82.3% 上升到 1989 年的 90%。每次联作可节省时间 3~4 天,节约经费 2.6 万元。

3.7 水敏性低渗透砂岩油层解堵酸化压裂投产技术研究

华北油田古近系—新近系低渗透砂岩储层,因其固有的特征,虽在钻井、完井过程中采取了一些防伤害措施,但在一般情况下,油气层总还是要受到一定程度的伤害,使产能下降。为了减少这种伤害,在"七五"期间,开展了"解堵酸化压裂投产技术"研究。

针对冀中古近系—新近系砂岩储层层系多、分布广、岩性复杂、压力温度变化范围大、水敏性较强、渗透率低、排液困难等特点,首先研究解决了酸化压裂的伤害机理问题,在此基础上研制具有适应性强和效果好的新型酸液,并同时研究流变性好、少二次伤害、易返排,适合超深井、深井、浅井应用的系列压裂液。

通过收集分析国内外先进的设计理论,总结华北油田多年的酸压经验,使用专家系统的思路采用正交设计等理论,完成试验 7000 余次,获得有效数据 30000 余个,解决了技术关键,编制了适用的酸化、压裂计算软件,较好地完成了国家下达的任务。其成果已达到国内先进水平有的专题达到 20 世纪 80 年代国际水平。具体成果是:

(1)研制出了新型复合酸液和以防膨防乳化为主的添加剂。新型复合酸液(HBSY)由不同浓度的盐酸、氢氟酸、氟硼酸等组成。它不仅具有土酸对黏土等胶结堵塞物溶蚀能力强的特点,而且具有深部处理功能。FDS 由盐酸和三氯化铝等试剂组成。它具有解除已被钻井液,水钻井液等堵塞的功能,又能防止酸化中 CaF_2 和 $Fe(OH)_3$ 等沉淀的产生。两者结合使用,渗透率一般提高 2~3 倍。自 1988 年 5 月至 1990 年 8 月,现场试验 8 井次,成功率 87.5%,平均单井日增原油 $9.2m^3$、水 $2.8m^3$。如郑 25 井新型酸处理前日产水 $3.29m^3$ 带油花,酸化后日产油 $15.6m^3$、水 $8.8m^3$,经江斯顿测试,地层无二次伤害,增产效果十分明显。

为了抑制酸化过程中黏土膨胀、酸渣、乳化物等有害物产生,研制筛选出了以聚季胺为主的黏土稳定剂、AE-169$_{21}$防乳剂、8607 缓蚀剂、柠檬酸和 EDTA 二钠铁离子稳定剂等,是复合酸的有效添加剂。

(2)通过酸液对油层伤害机理及程度的研究,用残酸进行试验找出确定酸液对油层伤害程度的评价方法。用此方法给出华北油田酸液属中等偏弱到弱伤害。证实了该酸液与地层配伍性能良好。

(3)编制出了砂岩油层酸化优化设计软件。该软件将现场多年施工经验与国内外现有酸化理论有机地结合起来,设计施工了 8 口井。设计计算结果与施工实践符合率达 87.5%,可投入华北油田酸化设计应用。

(4)研制出了华北油田适用的羟乙基田菁压裂液。该压裂液满足了高中低温压裂施工要求。防膨率达 95%、残渣低于 7%、水解后表面张力降低 50% 以上,易返排,已压裂 280 井次增

产原油 $67 \times 10^4 t$,效果很好。

(5)综合现场经验,引用国外公司压裂设计软件的优点,编制出了适合华北油田使用的压裂设计程序和效果预测方法。该程序较为实用,与施工效果吻合率达 80%,施工砂堵率仅 1%,压裂井窜层仅 0.4%,可以用来指导冀中地区的压裂施工。

综上所述,本研究课题按合同规定的任务和技术经济指标均全面完成了。

攻关成果在总体上达到了 20 世纪 80 年代国际水平。其中部分成果达到 20 世纪 80 年代末国际先进水平。

4 经济效益和社会效益

"七五"期间,保护储层的钻井、完井技术现场试验在冀中地区全面展开。特别是 1987 年以来,先后开辟了岔河集油田、郿 32、宁 50 三个重点保护储集层的试验区。截至 1989 年底,采用保护储层技术共钻井 430 口,其中探井 180 口、开发井 250 口,据不完全统计,采用保护储层措施的探井共探明和控制石油地质储量 $8099 \times 10^4 t$,开发井增产原油 $78 \times 10^4 t$。由于采用了科学钻井保护储层的配套技术,提高了机械钻速,仅 1986—1988 三年来共折合节约钻井投资 2.66 亿元。

4.1 开发成果和效益

安 56 - 1 井是河西务构造安 56 断块上的一口生产井,这口井是王涛总经理亲自定的一口科学钻井保护储层的开发试验井,目的是对比验证该断块邻井储层是否被伤害,同时也验证一整套保护油层的钻井、完井技术是否正确有效。该井从地层的岩性物性出发,采用了一整套保护储层钻井、完井技术,中途测试表皮系数为 - 1.75,堵塞比 0.76,解释为超完善井。完井后获日产原油 $473 m^3$,天然气 $16 \times 10^4 m^3$ 的较高产量。而邻近井由于没有采取保护储层措施原油日产量仅为 10 几立方米至 $100 m^3$。实践证明,这套科学钻井、保护储层技术成效是显著的。1987 年以来,为了进一步验证"七五"国家级保护储层技术,在冀中地区先后开辟了岔河集油田、郿 32、宁 50 三个重点试验区。截至 1989 年底,3 个试验区共钻保护油层科学试验井 229 口。其中 1989 年,还特别在岔河集和郿 32 两个试验区进行了重点综合配套试验井 7 口,取得了显著的经济效益。具体如下:

(1)增油效果明显。岔河集试验区共投产防伤害试验井 146 口,截至 1989 年 10 月,共生产原油 $27.3 \times 10^4 t$。据不完全统计,因采取防伤害措施,新井至少多生产原油 $7.7 \times 10^4 t$,实现增油 28.2%;郿 32 试验区,到 1989 年 12 月底共投产防伤害试验井 12 口,实际产油 $5.0 \times 10^4 t$,比配产指标($3.2 \times 10^4 t$)增加了 $1.8 \times 10^4 t$,实现增油 36%;宁 50 试验区截至 1989 年 10 月共投产防伤害试验井 14 口,平均日产 104t,比设计方案(平均日产 89t)提高了 15t/d,实现增油 14.4%

(2)新井采油指数和采油强度有了较大的提高。仅岔河集油田岔 30 断块,防伤害试验井以下称新井)平均采液指数为 1.02t/d,比非防伤害试验井(以下称老井平均采液指数 0.48t/d)提高了 53%;新井平均采液强度为 2.72t/(d·m),是老井[平均采液强度 0.64t/(d·m)]的 4.25 倍。

(3)试验井伤害程度大幅度降低。试验证明,3 个试验区试验井的表皮系数、堵塞比等参数均有较大幅度的降低。其中,岔河集地区解释了有测试数据的 11 口井,新井平均表皮系数为 4.05,比老井平均表皮系数(7.7)降低了 3.65。宁 50 试验区 3 口有测试数据的新井平均表

皮系数为 −1.24,堵塞比为 0.81,分别比老井宁 50 − 16 井(表皮系数 3.1,堵塞比 1.6)降低了 4.4 和 0.8。

(4)递减速度明显减慢。由于采取了保护储层的配套措施,伤害情况得到了减轻,加之由于解放了储层,增大并调整了采液剖面,在生产压差不变的条件下,递减速度明显降低,对比岔河集地区 54 口新井和 49 口老井,前 4 个月新井平均递减速度为 32.4%,比老井 50% 降低了 17.6 个百分点。

(5)电测解释成功率有了较大的提高。由于采取了保护储层措施,使外来液体的侵入半径大幅度减小,从而提高了电测解释成功率。其中郚 32 试验区新井电测解释吻合率为 94.7%。比老井(60%)提高了 34.7 个百分点。

防止储层伤害的解堵酸化压裂投产技术也取得了显著的经济效益。1987 年以来,冀中地区古近系—新近系砂岩油田开展了大面积的防止储层伤害的酸化压裂投产技术试验。据统计,采用酸化压裂优化设计方法和防伤害压裂液(高、中、低)系列等配套防伤害酸化压裂投产技术,1987—1989 年 3 年共试验应用 711 井次,共计增产原油 67.67 × 10⁴t,经济效益显著。

4.2　勘探成果和效益

曹家务构造位于冀中廊固凹陷的中部。"六五"期间在该区曾钻过两口探井(曹 4、曹 5井),都因储层伤害严重,未获得油气层的真实产能,勘探效果不佳。其中较好的曹 5 井完井测试仅日产油 0.37m³,气 0.37 × 10⁴m³。为提高勘探效果,并验证邻井钻开沙四段辉绿岩气层时,是否因使用高密度钻井液而伤害,遂在该区布保护储层试验井——曹 6 井。该井设计用 7in 套管下到沙四段辉绿岩的顶界,创造先期的保护储层条件。施工过程中,打开储层采用可酸溶的钛铁矿粉完井液,进行严格的近平衡钻井(附加压力系数 0.05)。完井后测试,日产原油 24m³,天然气 5.5 × 10⁴m³。从而实现了控制含油气面积 2.2km²,凝析油地质储量 16 × 10⁴t,天然气地质储量 5.6 × 10⁸m³。实践证明,防止储层伤害技术的勘探效果是好的。

马西洼槽是冀中饶阳凹陷生油条件较好的洼槽之一,多年来在该区进行了大量的勘探工作,由于没有系统地采用保护储层措施,只是在北部和南部发现了一些油藏,中间近 20km² 的范围内无实质性突破。为了实现在该区勘探上有较大的突破,1988 年在该区布了一口科学钻井、保护储层试验井——里 107 井。该井采用保护储层的钻井、完井配套技术进行施工,完井后试油获日产原油 82.7t(油嘴 φ6mm),并实现了一口探井基本上探明了一个油藏,探明含油面积 1.4km²,石油地质储量 241 × 10⁴t。在里 107 井基础上,又采用保护储层配套技术钻成了马 95 和马 35 井,从而发现侵蚀河道岩性油藏,探明含油面积 3.2km²,石油地质储量 421 × 10⁴t,这是冀中地区八五年以来发现的较大油藏。截至 1989 年底,采用科学钻井和保护油层技术共钻探井 180 口,探明和控制石油地质储量 8099 × 10⁴t,占全部地质储量的 90%。由于采用了近平衡钻井、优质钻井液、保护油层固井等一系列保护油层钻井、完井配套技术,钻井速度有了较大的提高,从 1985 年到 1989 年,平均机械钻速从 5.51m/h 提高到 7.70m/h,钻机月速度从 1436m/月提高到 1922.9m/月,取心收获率从 85.4% 提高到 92.1%,井身质量和固井质量 1989 年均为 100%。由于钻速的提高,仅 1986 年到 1988 年 3 年共折合节约钻井投资 2.66 亿元。

4.3　社会效益

(1)4 年来,共取得攻关成果 33 项,出版有关著作和发表有关文章 70 篇,保护储层攻关成果总体上达到 20 世纪 80 年代国际水平,其中部分达到 20 世纪 80 年代末国际先进水平。

（2）从储层岩石的物性分析到钻井、完井、投产基本上形成了一整套保护储集层的系列配套技术和规章制度，为今后科学的勘探和开发创造了条件。

（3）"七五"末期，采用配套防伤害钻井、完井技术施工率达到90%以上。

（4）举办各种保护储层学习班12次，培养防伤害专业技术人员435人；通过攻关、学术交流和大量的宣传工作，从领导、技术干部至工人在思想上基本树立起了保护储层的意识，为华北油田进一步深入开展保护储层工作打下了坚实的基础。

5 结论与建议

通过承担国家"七五"合同，攻关单位华北石油管理局、西南石油学院、江汉石油学院、中国石油大学的密切合作和全体攻关人员的共同努力，用不到5年的时间，全面完成了冀中地区古近系—新近系中低渗透砂岩储层的钻井完井技术攻关任务，共取得单项技术成果33项，攻关成果在总体上达到了合同规定的国际20世纪80年代技术水平，其中，部分成果达到国际先进水平。经全面经济效益分析，攻关4年来通过保护储层科学钻井、共新增探明加控制储量为8099×10^4t，节约钻井成本2.66亿元（1986—1988年），增产原油78×10^4t。通过攻关研究，建立了一套室内模拟、评价研究手段，培养锻炼了一支科研攻关队伍，形成了对保护储集层技术重要性的根本意识，增强在勘探开发工作中应用这项技术的自觉性。

（1）进一步明确了保护储层技术是一项保护油气资源、实现"少投入多产出"的重要科学技术，应用这项技术是及时发现、认识、保护、解放油气层，实现增储上产，提高勘探开发综合经济效益的带有战略性的重要措施。

（2）认识到储层的伤害存在于勘探开发的全过程，不仅钻井液、完井液、水钻井液、隔离液等对储层有伤害，而且射孔、酸化、压裂、采油、修井、注水等作业也都对储层存在潜在性伤害，保护储层技术是一项涉及钻井、固井、完井、采油、增产、注水的多学科、多环节的系统工程，因此保护技术和措施必须贯穿于每个生产、工艺环节，单一的孤立的保护技术收不到实在的应有的保护效果。只有应用综合配套技术才能获得最佳经济效益。

（3）保护储层的工艺技术的制订，都必须针对具体油藏，从储层特性分析研究入手。从室内敏感性试验、模拟试验为基本内容的伤害机理研究做起，找出潜在伤害因素，有针对性地应用系统工程和最优化的方法研究而确定，其基本途径必须是从机理研究到工艺研究，从室内试验到现场试验。经过多次反复实践认识才能取得最终技术成果。

（4）为保证这套技术的推广应用，除了须从政策上、人力物力上、组织管理和生产计划上进行统筹规划安排外；还要建立一套科学的诊断储层伤害的基本研究工作程序；制订具体的保护储层的技术措施、保护法规和操作规程；制订各生产、工艺环节中的工序质量检测方法和标准；建立统一的室内和矿场评价的方法与标准。只能有了这些共同遵循的措施和法规、科学的评价方法和评价标准，以及系统的监测办法，并认真付诸实施，才能达到保护储层的预期目的。保护储层的技术攻关已取得了可喜成果，并获得了明显的经济效益。我们建议应制订措施加速这项科技成果的推广应用，使其发挥更大的作用；同时，应扩展和延伸这项技术的研究工作。如应开展直井开发生产过程中的保护技术研究；定向井、水平井的保护储层的配套技术研究；保护储层的综合经济分析研究；建立保护储层的数据库及人工智能等研究。以进一步提高我国保护储层技术的总体水平。

冀中地区低压低渗透油藏保护油层的钻井完井技术储层伤害的机理研究

——"七五"国家重点科技攻关项目成果报告二

(1990年9月)

摘　要:岔15、宁50和郿32断块是研究冀中地区古近系—新近系中低渗透砂岩油藏储层保护工作的3个试验区块。利用常规岩心分析技术和X-衍射、扫描电镜、薄片鉴定等特殊岩心分析技术对3个试验区进了岩性、物性和油气水性质的全面分析,弄清了3个试验区的地质情况、储层结构和潜在伤害因素,建立了南北两个地质柱状剖面。对冀中地区古近系—新近系大量已钻井和调查的资料收集,弄清了在钻井、完井、投产各个作业环节中存在的储层伤害的外部原因。在储层伤害内外因分析的基础上,利用各种实验手段(敏感性实验、各种特殊的评价和模拟流动试验、微模型实验等)对试验区储层岩心进行了大量有针对性的实验研究,既搞清了各单项因素、单项作业对储层伤害的原因,也对各种因素、各种作业对储层的综合伤害作用进行了分析,弄清了冀中地区古近系—新近系中低渗透砂岩油藏储层伤害的原因、表现形式和伤害机理,并对该地区保护储层工作提出了合理的建议。

1　总论

岔15、郿32和宁50断块是冀中地区古近系—新近系中低渗透砂岩油藏储层保护工作的3个试验区块。根据"七五"国家重点科技攻关项目专项合同(75-15-02-01)中对"油藏伤害机理研究"课题的要求,我们的研究任务是:

(1)通过对试验区块岩心的室内系统分析,搞清油藏岩性组织结构、物理化学性质和储层油、气、水性质的真实情况。

(2)通过几种室内岩心流动试验和微模型试验以及有关的常规和专项试验,搞清各单项因素、单项作业时对油层伤害的原因并进行综合对比解释,得出油藏伤害的机理性认识,为钻井、完井、投产作业提供依据。

4年多来,我们收集了冀中地区大量已钻井的钻井、完井、采油和其他有关资料数据,进行了283块岩心(试验区岩心和人造岩心)的各项室内流动试验,制作微模型13块,做微模型试验58次,并根据20多小时的实验录像带完成了一部10min的微模型试验录像片,岩性分析资料来源于13口井76个层的252块岩心,共做X-衍射分析128块、扫描电镜180块(包括岩心流动试验样品分析)。其他分析项目加上以前所做的样品还有薄片分析619块、粒度分析631块、孔隙度833块、渗透率794块、压汞87块、碳酸盐含量608块。

通过大量的现场调查和室内试验及理论研究,全面完成了合同中规定的任务,搞清了3个试验区块储层岩性、物性及油、气、水的真实情况,建立了试驱区南北两个地质剖面图,弄清了冀中地区古近系—新近系砂岩油藏储层伤害机理和伤害原因,并对该地区在钻井、完井、投产作业中的保护储层工作提出了建议。

储层伤害机理研究是从储层伤害的内、外因分析入手,然后通过各种实验手段来研究每种伤害因素对储层造成伤害的机理、伤害程度和伤害的途径,以便提出有效的保护措施。

储层伤害的内因是由储层本身的岩性物性及油气水性质决定的。研究表明,3 个实验区均以中低渗透层为主,在 13 口井 71 层中,低渗透率(小于 0.1D)层占 62%,中等渗透率(0.1~0.3D)层占 20%,少量的高渗透(大于 0.3D)层分布在岔 15 断块。在中低渗透性砂岩中,层内非均质性,储层的喉道迂曲度较高,并以弯曲片状细喉道为主。泥质含量变化在 3.5%~13%,岔 15 断块泥质含量略高且含蒙脱石 24%~44%;宁 50 和鄚 32 断块泥质含量略低,无蒙脱石但有 20% 左右的伊/蒙混层矿物。碳酸盐含量 4%~17%,有少量黄铁矿,部分砂层含有菱铁矿。

根据三区岩性资料的综合分析,得到储层潜在的伤害内因有黏土膨胀、分散/运移、微粒运移和酸敏伤害等。

储层伤害外因是指钻开储层后在钻井、完井、投产各个生产作业环节中造成储层伤害的各种外部原因。现场资料调查表明,冀中地区储层伤害的外部原有:钻井液中固相和滤液的侵入伤害,液注压差和浸泡时间影响和控制着固相堵塞和滤液侵入的程度;固井水钻井液颗粒、滤液和隔离液的伤害、射孔时射开程度不完善和孔眼压实、汇流作用的拟伤害以及不清洁射孔液的侵入伤害;试油作业中各种反应物的沉淀堵塞;注水作业中水质差形成堵塞、黏土膨胀和注入速度大引起速敏伤害等。

在储层伤害内外因分析的基础上,进行了有针对性的室内试验研究,包括速敏、水敏、酸敏、系列流体、钻井液、水钻井液、隔离液、射孔液等多种工作液及其滤液的伤害试验。此外,还用地层岩心制成微模型块,用微模型可见技术研究地层的伤害机理。

通过全面、综合的研究和分析,对冀中地区古近系—新近系砂岩油藏储层伤害问题的评价、结论和认识如下:

(1)速敏伤害问题。3 个试验区都存在潜在的速敏伤害问题,岔 15 断块属中等速敏程度,表观临界流速为 0.73m/d;鄚 32 断块属中等偏弱速敏程度,表观临界流速为 2.2~7.34m/d;鄚 33 井地垒块表观临界流速为 0.73m/d;宁 50 断块为中等偏弱速敏程度,表观临界流速为 1.5m/d。

(2)水敏伤害问题。3 个试验区都存在潜在的水敏伤害问题,鄚 32 断块为弱—强水敏性,岔 15 和宁 50 断块属于强水敏性。各断块产生水敏伤害的临界矿化度为:岔 15 断块 21000~27000mg/L(高于地层水矿化度),鄚 32 井 29000mg/L(等于地层水矿化度),鄚 33 井 10000mg/L(等于地层水矿化度),宁 50 断块 5671mg/L(等于地层水矿化度)。

(3)酸敏伤害问题。鄚 32 断块盐酸酸敏伤害程度为 25%~26%,土酸酸敏伤害程度为 3.3%~69%,岔 15 断块盐酸伤害程度 24%~80%,土酸伤害程度为 10%~50%。通过实验认识到,虽然各井存在不同程度的酸敏性,但只要采用正确的酸化技术措施、正确的酸液配方和添加剂,就可以消除酸敏造成的伤害,使地层渗透率得到改善。

(4)固相伤害问题。对于冀中地区中低渗透性的储层,钻井液和水钻井液中的固相颗粒侵入造成的伤害大部分是在岩心端部 1cm 左右的范围内。对于高渗透性的岩心,固相颗粒侵入相对较深。

(5)滤液伤害问题。钻井液滤液对岩心造成的伤害程度较小,渗透率伤害低于 30%,侵入深度约 2m 左右、水钻井液滤液对渗透率的伤害为 40%~50%,由于与地层接触时间短,侵入深度为 20cm 左右;固井隔离液(SNC)对储层伤害较大,渗透率受损 50%~84%,但在实际固井时隔离液与地层接触时间小于 2min,侵入深度较其他滤液浅得多;用与地层水矿化度一致的 CaCl₂ 溶液作为射孔液对储层不会造成伤害，按钻井液滤液→隔离液→水钻井液滤液顺序伤害后岩心渗透率受损达 87% ~96%。

（6）固相和滤液的综合伤害问题。根据实验结果的综合分析，在距井壁10cm左右的范围内是固相和滤液伤害最严重的区域，这部分伤害可通过射孔和酸化来解除，射孔效率和深度起着决定性的作用。在距井壁20~300cm左右的区域内主要是钻井液滤液的侵入伤害区，其伤害程度比近井壁稍轻，试油反冲洗可排出大部分滤液，但对黏土膨胀、分散/运移和其他化学类伤害是无法恢复的，这一区域的伤害也可用酸化的方法解除。

（7）射孔问题。对于油田普遍采用的 10 孔/m 常规射孔方法，由于孔深、孔密和射孔效率等因素的影响，不但未能解除钻井和固井作业中的伤害，还可能产生射孔拟伤害问题。采用深穿透、高孔密的负压射孔技术，是解除近井壁地层伤害的关键性措施。

（8）试油作业。试油作业是一个很好的解堵过程，可以排出地层中一些堵塞的颗粒和大部分的滤液。在试油过程中地层渗透率有一个逐步恢复的过程，可采用大的压力降或抽汲方法解除堵塞，但同时也要注意产生速敏伤害。

（9）采油作业。采油作业中要注意采油速度不要超过地层发生速敏伤害的临界流速。

（10）注水作业。注入水质差是注水作业中造成的地层伤害的重要原因。由于注水作业使各种微粒往地层深部运动，注水中产生的速敏伤害问题比试油、采油作业中的速敏伤害更加严重，并且一旦伤害将无法解除，因此防止注水作业中的速敏伤害应加倍重视。

2 试验区储层特征（摘要）

认识储层是保护油层的基础，所以要专门研究储层特征。

（1）试验区地质简况。

冀中坳陷保护油层防止伤害的钻井、完井和测试技术研究试验区选定于岔河集油田岔 15 断块、鄚州油田鄚 32 断块、肃宁油田宁 50 断块。

油气产于东营组、沙一段。地层层序由上至下为：第四系平原组，上新统明化镇组，中新统馆陶组，渐新统东营组（东一段、东二段、东三段），沙河街组沙一段（沙一上亚段、沙一下亚段）。除馆陶组底具砾岩层，沙一段下部具页岩、油页岩、碳酸盐岩外，其余均为砂、泥岩层。

岔 15 断块隶属岔河集油田。油田主要产油层为东三段、沙一上亚段。储层为河流相河道砂及漫滩砂。岔 15 断块位于岔河集油田东南端，含油面积 5.8km²，石油地质储量 471 × 10⁴t，主力产油层为东三段 Ⅱ～Ⅲ 油组，油层埋深 1900 ~2500m，油层压力系数 1.07。地层水矿化度 13500 ~18600mg/L，水型为 NaHCO₃型、CaCl₂型、MgCl₂型。于 1981 年 9 月开采。

鄚 32 断块属莫州构造带，主要产层为沙一下亚段底部砂层组。储层为滨浅湖滩砂。含油面积 2.4km²，石油地质储量 123 × 10⁴t。油层埋深 3050 ~3200m。油层压力系数 1.11。地层水矿化度 11500 ~28500mg/L，水型为 NaHCO₃型。1988 年初步开发。

宁 50 断块属肃宁油田，位于其南端。产油层为东三段、沙一上亚段。储层为三角洲平原分支河道砂及漫滩砂。含油面积 1.5km²，石油地质储量 174 × 10⁴t。油层埋深 3000 ~3400m，油层压力系数 1.15。地层水矿化度 5600 ~6500mg/L，水型为 NaHCO₃型，于 1988 年初步开发。

（2）储层组分、结构及成岩作用。

（3）储层泥质含量及黏土矿物。

（4）储层渗透率。

(5)储层潜在伤害。

3 个试验区油层潜在伤害为:

① 黏土矿物膨胀,分散运移造成的伤害。主要由蒙脱石、伊/蒙混层引起。岔 15 断块东三段—沙一上亚段砂岩泥质含量为 5.5% ~12.8%,蒙脱石相对含量较高,分布于粒表形成衬垫,部分分布于粒间孔隙形成桥接。郚 32 断块沙一下亚段及宁 50 断块东三段—沙一上亚段砂岩泥质含量虽略低于岔 15 断块,但粒表及粒间孔隙中含有一定量的伊/蒙混层黏土。这些黏土矿物当遇到低于地层水矿比度的外来侵入水时,就会发生膨胀及分散运移,而形成水敏性伤害。

② 颗粒运移造成的伤害。前述资料表明,3 个试验区砂岩中均含有可能发生运移的微粒,如高岭石、伊利石及其他矿物微粒,同时砂岩的孔隙喉道细小,易于形成运移堵塞。

岔 15 断块东三段—沙一上亚段砂岩中伊利石相对含量较高,大部分砂岩为杂基支撑,杂基中矿物微粒较多。郚 32 断块沙一下亚段及宁 50 断块东三段—沙一上亚段高岭石组对含量很高。因此,当砂层中流体的流速大于砂岩的临界流速时,就可能产生因微粒运移而引起的伤害。

③ 酸敏性伤害。3 个试验区砂岩都含有绿泥石。岔 15 断块东三段能谱分析,绿泥石中铁元素质量百分含量为 24% 。许多砂层中含有黄铁矿,部分砂层还含有菱铁矿。这些含铁矿物当遇盐酸时,会形成凝胶状 $Fe(OH)_3$ 沉淀而堵塞孔隙喉道。三区砂岩中又普遍含碳酸盐(主要是方解石);其含量为 4% ~16% 。当方解石遇氢氟酸时,会反应形成不溶解的 CaF_2,并能滞留在孔隙中,降低渗透率。

对 3 个试验区的油层潜在伤害的几点认识:

a. 砂岩油层潜在伤害相关的因素为:

ⅰ. 砂岩中泥质含量及 FDI 指数;

ⅱ. 砂岩中黏土矿物种类、含量及分布产状;

ⅲ. 砂岩中碳酸盐、黄铁矿含量;

ⅳ. 砂岩的组分、结构、支撑、胶结及成岩作用特点;

ⅴ. 砂岩渗透率及孔隙结构特点。

在上列因素申,一部分是产生储层伤害的物质基础,另一部分则是产生伤害的油层内部环境。因此,这两类因素都是决定储层伤害程度的油层内在制约因素。在分析油层潜在伤害时应综合考虑。

b. 3 个试验区都存在水敏性、流速敏感性潜在伤害。看来,这些潜在伤害在中、低渗透性砂岩油层中具有普遍性。因此,在钻井、试油以至注水工程中尤应防止这类伤害的产生。

c. 3 个试验区砂岩中绿泥石相对含量均低,黄铁矿含量更少。因此,由含铁矿物所产生的酸敏性伤害可能很小。但 3 个试验区内,一部分砂层由 D 类和 E 类胶结物胶结,砂岩中碳酸盐含量较高,因而应防止产生酸敏性产物 CaF_2 对油层的伤害。此外,具有方解石、白云石、菱铁矿的黏土质交代砂岩,遇酸反应后,黏土及其他微粒就会释放出来,造成对油层的伤害,也应予关注。

④ 三个试验区砂岩的潜在伤害可大体分为 3 种类别。

Ⅰ类:潜在伤害较小。

主要为岔 15 断块东三段 Ⅰ 油组特高渗透层。其特点是,砂岩碎屑较粗,颗粒支撑,点接触。泥质含量及碳酸盐含量均很低,FDI 系数以 1 为主,黏土中蒙脱石相对含量较低。砂岩溶蚀孔隙发育,以缩颈、点状喉道为主,孔隙喉道较大。为高孔隙度、特高渗透层。

显然,此类储层能产生伤害的矿物及微粒较少,敏感性反应产物对砂岩孔隙、喉道的堵塞程度应较低,并且可以部分排出。因而其潜在伤害较小。

Ⅱ类:潜在伤害较大。

鄚 32 断块沙一下亚段及宁 50 断块东三段—沙一上亚段砂岩属此类。其特点是,砂岩泥质含量较少、无蒙脱石、伊/蒙混层相对含量较低、高岭石相对含量很高,FDI 系数以 2 及 5 和 3 为主。砂岩成岩成熟阶段较高,颗粒以线接触为主,部分凹凸型,铁碳酸盐的加大充填及石英次生加大显著。砂岩孔隙喉道细小,以片状喉道为主,喉道迂曲度较高。砂岩渗透率低,以低渗透为主。因此,此类砂岩的敏感性反应产物易堵塞孔隙喉道,又难于排出。

Ⅲ类:潜在伤害较前两类大。

为岔 15 断块东三段Ⅱ—Ⅲ油组。以中、低渗透层为主。此类储层中含杂基、假杂基的砂岩层较多,多为杂基支撑或杂基—颗粒支撑;砂岩胶结物组分及含量以 B 类和 E 类为主,泥质含量较高,FDI 系数以 5 和 7 为主,黏土矿物中蒙脱石含量较高。砂岩溶蚀孔隙发育,孔隙度较高,渗透率较鄚 32 及宁 50 断块砂层高的层多,而且孔隙喉道亦略粗。因此,此类储层中能够产生敏感性伤害的物质较前两类多,在钻井过程中钻井液滤液较易浸入,易于造成油层的伤害。

3 储层伤害现状及外因分析

对于客观存在的储层性质是造成储层伤害的内因,我们只能认识它和评估它;但是对储层施工作业技术和参数(造成储层伤害的外因),我们是可以控制和调节的。调查冀中地区古近系—新近系砂岩油藏储层伤害现状,分析各项完井施工作业中伤害储层的因素,是储层伤害机理研究的内容之一,它也将为室内研究等提供依据。

从 1984 年到 1987 年,冀中地区古近系—新近系砂岩油藏进行过测试(中途测试和完成测试)有 434 井次,能进行参数计算的有 144 井次,占 33.2%。若以表皮系数 $S>0$ 为储层受伤害的标志,有 74 层受到程度不同的伤害,占参数计算层的 51.4%。

由此可知:

(1)沙河街组的 Es_3 和 Es_4 伤害比例较大,而其余层位的伤害比例较小;

(2)从伤害程度来看,$S>2$ 的层位占 62%,且都位于 Es_3 和 Es_4 上。

油层伤害带来附加生产压差和产量低等影响。为此华北油田研究油层保护技术,自 1987 年在岔河集等实验区打了一批保护储层的科学实验井,由实验井和一般井的电测资料进行对比,可以看出以下特点:

(1)一般井电测解释油层性质与试油结论符合程度低。实验井电测解释油层性质与试油结论符合率为 100%,而一般井的符合率仅为 50%,况且都是将油层解释为水层或油水层,油水层解释为水层。这与钻井液滤液侵入油层深度过大有关。

(2)实验井伤害率下降,伤害程度降低。实验井伤害率为 33.3%,表皮系数均小于 3;而一般井伤害率为 100%,表皮系数大于 3,最大达到 16。

(3)实验井采液指数高,产量递减速度慢。

对比实验井 54 口和一般井 49 口,分别统计投产 4 个月的产量变化,实验井生产能力好于一般井,主要表现在两个方面:①实验井采油强度高,前 4 个月平均采油强度为 15.8m³/(MPa·d);

一般井平均强度为 11.1m³/(MPa·d)。实验井比一般井采油强度提高 4.7m³/(MPa·d)。②实验井产量递减缓慢。实验井第 1 个月日产油量为 1218t,第 4 个月降为 823t,递减为 32.4%;一般井由 989t 降低为 494t,递减为 50%。

从以上资料的分析中看出,没有采取保护储层措施的井,储层伤害问题都比较严重。储层伤害除了储层本身的原因外,还应从钻井、完井和开发等各个生产作业环节去找造成储层伤害的外部原因。下面就各个完井施工作业对储层伤害的影响进行讨论研究。

3.1 钻进过程的储层伤害

中途测试的资料可以评价钻进过程对储层的伤害程度。某剖面 25 层位的中途测试解释结果,其中 14 层受到伤害,伤害比率达 56%;而且表皮系数较大,说明储层受到伤害程度较严重。钻进过程对储层伤害的主要原因是由固相颗粒和滤液的侵入造成的,影响固相颗粒和滤液侵入的因素除钻井参数外还与储层的渗透率有关。研究钻进过程对储层的伤害程度与储层有效渗透率的关系,可以看出:(1)在受伤害层中,低和特低渗透层所占的比例很大;钻进过程对这类地层的伤害较其他类地层的可能性要大。(2)有效渗透率较大的地层,其伤害程度要比低渗透层大。钻井过程一旦对这类地层造成伤害,则伤害程度就很严重。

冀中地区古近系—新近系砂岩储层动用储量中,低和特低渗透层占 52.2%,含油面积占 72%,钻进过程极易引起这类储层受伤害;而且对储量占 37.4% 的中低渗透层的危害性也很大。因此,研究低渗透层的伤害机理和保护措施有重要意义。

(1)静压差和浸泡时间是影响固相颗粒和滤液侵入的外部条件。

在完井液性能和类型一定的情况下,固相颗粒和滤液侵入程度与钻井压差、浸泡时间和起下钻次数等主要因素有关。

一般说来,钻井静压差和浸泡时间越大,起下钻次数越多,油层伤害程度越严重。宁 50 断块除宁 50 - 16 井油层伤害程度严重外,其他井均无伤害;主要原因是宁 50 - 16 井等电测和电测不成功划眼 4 次,大大增加起下钻次数和破坏滤饼的可能性,这样造成滤液侵入深度增加较大。虽然宁 50 井的浸泡时间长,但它的起下钻次数少,动态条件作业时间短,滤液侵入深度增加不大。

(2)在钻进过程中固相颗粒侵入对储层的伤害。

据储层孔隙结构研究,宁 50 断块油层最大连通喉道半径为 1.44 ~ 9.55μm,主要联通喉道为 0.80 ~ 3.21μm,郑 32 断块油层最大联通喉道半径为 0.364 ~ 9.31μm,主要联通喉道为 1.81 ~ 3.61μm;岔河集油田油层最大连通道遭半径为 0.360 ~ 28.28μm,主要连通喉道为 0.27 ~ 9.38μm。在三个油田上使用的完井液类型相似,完井液的固相颗粒粒径基本上相同。从宁 50 - 25 井和宁 50 - 16 井完井液粒度分析资料可以看出:宁 50 - 25 井和宁 50 - 16 井完井液中最小粒径为 4.3 ~ 5.5μm,分别占 10.5% 和 17.5%。根据 1/3 的架桥原则,完井液中最小颗粒进入油层的最大喉道是可能的,而最小颗粒进入油层的主要连通喉道(对渗透率起主要作用的喉道)是不可能的,但是最大连通喉道在储层孔隙中所占比例很小,所以钻进过程中固相颗粒侵入浅而少,对储层造成伤害程度较轻。

(3)钻进过程中滤液侵入对储层的伤害。

由前面讨论知道:冀中地区古近系—新近系砂岩储层在钻井压差大和浸泡储层时间较长的情况下会引起储层伤害,但是固相颗粒侵入对储层伤害程度较轻,则说明滤液侵入储层造成储层伤害程度较重。

华北油田测井公司对 18 口井进行了推移测井,从不同时间电阻率曲线上可以看出:随完井液浸泡时间的增加,完井液滤液侵入区不断地扩大。如岔 81 井 22 号层,井段为 3180.0 ～ 3193.80m,该层两次电测间隔 125 天,受完井液滤液侵入的影响,两次感应曲线比值为 4.6/3.2,降低了 1.5 倍,4m 电阻率曲线的比值为 6.0/3.2,降低 1.85 倍,许多井在排除许多滤液后才出纯油,据已有的资料计算,滤液侵入深度为 2～6m。除少量水钻井液滤液和射孔液以外,这些滤液大部分是钻进过程中完井液滤液。影响滤液侵入深度的因素有压差、浸泡时间、滤饼质量、动失水速率和地层渗透率。滤液侵入较深除了造成储层黏土膨胀、分散/运移、乳化堵塞和水锁等伤害外还会影响测井解释的准确性。岔河集油田有一个断块 13 个层位中无一层位测井解释与试油结果完全符合,如岔 37 井 16 层感应电阻率为 4.5Ω·m,含油饱和度为 20.4%,为纯水层特征,故解释为水层。但在试油作业中累计排液 59m³ 后出纯油 16.5m³,完井液滤液侵入深度达 4.76m,超出了 4m 电阻率曲线探测范围。类似的情况有岔 37 井 19 层,岔 15 井 13 层,岔 31 - 26 井 31 层、34 层和 35 层等。

3.2 完井过程对储层的伤害

完井过程包括:固井、射孔、试油 3 个作业环节。在 3 口井钻开油层后中途测试和完井测试参数对比可知,在完井过程中储层受到伤害,油井产能受到影响。有的井在钻进过程中没有伤害而通过完井作业后却受到了伤害。而原来钻井伤害程度轻的井在完井作业后油井受到严重伤害。

3.2.1 固井对储层的伤害

固井作业对储层的伤害主要是由水钻井液的高压差、大失水及滤液的高 pH 值引起。水钻井液水化作用形成的碱性滤液对储层的伤害较完井液滤液对储层的伤害严重,还有水化形成硅酸岩微粒造成储层伤害。一般保护油层的措施:加入减轻剂,降低液柱压力,加入降失水剂,使 API 失水有较大幅度的下降。从试采结果来看,宁 50 - 11 井和宁 50 - 20 井这样做了,其效果就良好。

3.2.2 射孔对储层的伤害

射孔对储层的伤害主要是射开程度不完善和孔眼周围的压实带而造成的伤害,我们称为拟伤害(或机械伤害),此外还有射孔液、压差等因素对储层伤害的影响。郑 32 - 17 井 3100.1 ～ 3109.6m 井段,采用清水负压射孔,日产油 16.0t,日产水 4.2m³;而 3120.0 ～ 3122.0m 用密度 1.15g/cm³ 的氯化钙射孔液,其产能较低。郑 32 断块原来采用孔密为 10 孔/m 射孔,平均产率比为 0.56。在郑 32 - 19 井和郑 32 - 38 井中,当其他参数不变的条件下,仅将孔密由 10 孔/m 提高到 20 孔/m,产率比达 0.85。又如宁 50 断块上相邻两井宁 50 - 18 井和宁 50 - 19 井,在相同条件下,宁 50 - 18 井采用 10 孔/m 的孔密,其产率比为 0.35;宁 50 - 19 井采用 20 孔/m 的孔密,其产率比为 0.63。由此说明,射孔密度小造成储层打开程度不完善,对油井产量的影响十分显著。根据射孔电模拟和有限元分析计算的结果,影响射孔完善程度的主要因素有:孔密、孔深、孔径和相位。因而提高孔密是降低射孔拟伤害的重要手段之一。

3.2.3 试油对储层的伤害

试油时抽吸排液是很好的解堵过程,但试油过程中也会造成严重的伤害问题。宁 50 - 17 井射孔后测试储层伤害程度轻微,日产量为 17.61m³,但在投产时仅为试油产量的

45.9%（$8.1m^3/d$），而且逐渐下降，直到投产后第 8 个月检泵补孔后产量才上升至 $14.8m^3/d$，这可能与试油时采用高密度压井液（$1.25g/cm^3$）压井有关。如对岔河集油田的 26 口油井分析，试油取得平均采油指数为 $1.3\sim1.9t/(MPa\cdot m\cdot d)$，投产后第一个月变为 0.7 至 $1.4t/(MPa\cdot m\cdot d)$ 相当于试油产能的 $36\%\sim54\%$。利用平均采油指数 $1.5t/(MPa\cdot m\cdot d)$，$6.0MPa$ 的生产压差计算距井壁 20 厘米处的渗流速度为 $8.64m/d$，这个流速远大于实验得到的临界流速，可以认为油层发生了速敏伤害。

3.3 生产作业对储层的伤害

3.3.1 采油对储层的伤害

分析采油曲线是判断油井投产后是否存在采油作业对储层造成伤害的一种方法。若曲线上平均日产量与时间关系变化过快出现非正常递减，就认为存在生产作业对储层造成伤害。有些井产量变化不很明显，须按油井产量与时间导数斜率的变化进行分析，或者与邻井采油曲线对比。

郓 32－17 井产层位于 Es_1，井段为 $3100.1\sim3109.6m$。1988 年 9 月份的产量为：油 $19.6m^3/d$，水 $2.0m^3/d$。投产后产量异常递减，到 1989 年元月份，油水共产 $16.2m^3/d$。经蜡卡洗井后产量有一定幅度的回升，但回升幅度不大，而后又明显下降。对岔河集油田 5 个断块 40 口不含水或低含水的油井试油和投产初期的生产能力变化进行了分析。这 40 口井的试油产量总计 2080t，投产后第一个月变为 1145t，为试油产量的 36%，这说明产量有异常递减。就其可能伤害原因是流速过大产生"微粒"运移，引起储层伤害。还有有机结垢—石蜡的形成是产量降低的另一个原因。生产中一般都注意到油管部位的结蜡，但油层端面附近的蜡质常会伤害储层，且不受重视。结蜡后沉积在现有的生产条件下不被溶解，其结构随原油特性的不同而有显著差别。清蜡时用热水或热油溶蜡后，蜡未及时排出，还会造成伤害。

3.3.2 注水对储层的伤害

注水是保持我国砂岩油藏长期稳产的主要措施。但在注水过程中由于水质不合格，与储层作用发生有害的物化反应，引起地层渗透率下降，造成注不足水甚至注不入水的现象。

如京 229 井和京 298 井，投注初 $14MPa$，日注 $50\sim102m^3$，10 天后日注量明显下降。分析其伤害原因：黏土遇水膨胀降低地层渗透率和注入速度过大产生微粒运移。

华北油田注入水质。除总铁含量和腐生菌 FGB 符合标准外，其余 4 项均不合乎标准。注入水一般为地表地下水，其矿化度为 $600mg/L$。当注入水进入地层后，与地层中的蒙脱石发生水化膨胀，加上注入速度大于临界流速引起"微粒"运移。因而主要储层伤害有：黏土水化膨胀和"微粒"运移。由于有 4 项水质指标不合乎要求加剧伤害程度。其主要表现为：

（1）悬浮物含量过高会引起井壁堵塞，堵塞射孔孔眼和进入储层形成内滤饼。

（2）含油量较大，注入地层形成乳化堵塞段，在微孔中引起贾敏效应，降低相对渗透率。

（3）溶解氧的存在，除腐蚀地面和地下设备形成铁锈外，同时能将二价铁氧化为三价铁，生成铁盐沉淀、堵塞储层。

（4）硫酸盐还原菌能把水中的硫酸根还原成硫离子进而生成 H_2S，引起腐蚀。H_2S 与铁化合物生成黑色的硫化亚铁沉淀，随注入水进入储层堵塞渗流端面。

3.4 华北油田试验区储层伤害的小结

（1）油气田的各个生产作业对储层造成伤害广泛存在于冀中地区古近系—新近系砂岩油

藏中。采取保护储层措施后效果明显。

（2）钻进过程对储层造成伤害的原因是固相堵塞和完井液的滤液引起储层中黏土膨胀、分散/运移、乳化堵塞和水锁伤害。影响伤害的因素有液柱压差、浸泡时间、完井液失水速率、滤饼性能、地层渗透率等。

（3）固井过程对储层的伤害是由于水钻井液的高压差、高失水、高 pH 值所产生的 $Ca(OH)_2$ 沉淀，微粒释放堵塞及水泥颗粒的堵塞。

（4）提高孔密是降低射孔拟伤害重要手段之一。

（5）试油措施不当会引起微粒运移伤害储层。

（6）生产作业中，"微粒"运移和结蜡等引起产量异常递减，注水中由于黏土膨胀和水质不合格造成注不进水的现象。

4 储层伤害机理的实验研究

通过对试验区的现场调查和储层岩性的全面分析，对储层岩性特征和潜在的伤害有了一定的认识，对钻井完井施工过程中造成储层伤害的可能因素有了一定的了解。从储层特征看，存在着伤害的内因，从现场施工过程看，存在着伤害的外因，所以储层伤害是必然的。为了确切地了解储层伤害的机理和伤害程度，必须进行一定量的深入细致的室内岩心流动实验。

4.1 岩心敏感性实验

4.1.1 流速敏感性实验

在试油、采油、注水及各种增产措施的排液过程中，储层中流体或外来流体在储层中的流动会引起储层中附着于孔壁和骨架颗粒表面的某些胶结不牢的微粒产生运移。当这些运移的颗粒遇到某些细小喉道就发生了堵塞，从而降低了储层的渗透率。实践证明，岩石中微粒运移的程度，随着流体流动速度的增加而加剧，其表现为流动速度增大，渗透率严重下降。如果岩心渗透率在某一流速下产生明显的下降（下降 5% 以上），则前一点的流速称为地层的临界流速 v_c，与之相对应的渗透率值称为初始渗透率 K_L。在临界流速之后随着流速的不断增加，将出现渗透率的最低值 K_{min}，此时微粒运移造成的伤害最严重，我们将 $(K_L - K_{min})/K_L$ 叫最大运移伤害，它可判断单纯由微粒运移可能产生的地层伤害程度，渗透率下降越多，说明伤害越严重。

速敏伤害程度的评价指标如下：

$(K_L - K_{min})/K = 0 \sim 0.2$ 弱

$(K_L - K_{min})/K_L = 0.2 \sim 0.4$ 中等偏弱

$(K_L - K_{min})/K_L = 0.4 \sim 0.6$ 中等

$(K_L - K_{min})/K_L = 0.6 \sim 0.8$ 中等偏强

$(K_L - K_{min})/K_L = 0.8 \sim 1$ 强

本实验的目的是找出岔 15、郑 32、宁 50 断块主力含油层的临界流速和速敏伤害程度，并为以后各种室内流动实验选择合理的注入速度。

岔 15 断块属于中等速敏性，临界流速为 0.73m/d（0.00085cm/s），郑 32 断块地堑块上的郑 32 井岩心属于弱—中等偏弱，临界流速为 2.2 ~ 7.3m/d（0.0025 ~ 0.0085cm/s），郑 33 井处于地垒块上，它属于中等偏强速敏性，临界流速小于 0.73m/d（0.0085cm/s）；宁一断块宁 50

井岩心属于弱—中等偏弱速敏性,临界流速为 1.5m/d(0.0017cm/s)。

根据最大运移伤害,可以将 3 个实验区分为 3 种类型:第一种是中等偏强,郑 32 断块的郑 33 井是这种类型,原因是它处于郑 32 断块的地垒块上,高岭石含量达 70% 以上,产状是处在孔隙的中间,最容易与流体接触,对流速非常敏感。第二种是中等伤害,岔 15 断块岔 306 井岩心属于这种类型。主要原因是埋藏较浅 2300~2400m,属中成岩期次成熟阶段,胶结物中泥质含量大于碳酸盐含量,杂基支撑,虽然比郑 32 和宁 50 断块渗流孔喉大,但还是造成了中等程度的伤害。第三种类型是弱—中等偏弱,郑 32 井岩心和宁 50 井和宁 51 井岩心属于这种类型。原因是这两个断块岩石埋藏较深(3100~3250m),岩石属中成岩期成熟阶段,碳酸盐含量大于泥质含量,即提供微粒运移的物质相对较少,颗粒支撑,虽然渗流喉道半径较小,但造成的运移伤害相对较小。

最大运移伤害仅仅表示在作速敏实验的全过程中,岩心渗透率下降的程度。通过实验证实,即使最大运移伤害相同,但速敏曲线的形状是完全不同的,可以把 3 个实验区的速敏曲线分成 3 种类型。第一种类型即临界流速之后,随着流速的不断增大岩心渗透率不断下降,但下降速度比较缓慢,伤害程度一般属于中偏弱或中等,郑 32 井岩心和岔 306 井岩心属于这种类型的占多数。这种类型一般对流速改变不是十分敏感。即在任何流速范围内渗透率下降幅度差不多。第二类型是临界流速之后,随着流速的不断增大,渗透率有一段时间下降较快,但很快就停止下降,岩心渗透率几乎波动在一个水平上。这种类型在临界流速之后的一段时间里对流速的改变十分敏感。过了这段时间,就不存在敏感性了。宁 50 井的多数岩心属于这种类型,伤害程度为弱到中等偏弱。第三种类型是临界流速很小,而且临界流速之后,随着流速的增加,岩心渗透率一直下降,且下降较快,郑 33 井属于这种类型,伤害程度为中等偏强。这种类型对于流速的变化非常敏感。如图 1 所示。

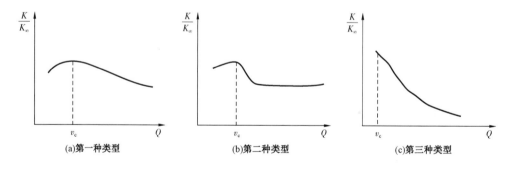

(a)第一种类型　　　　　(b)第二种类型　　　　　(c)第三种类型

图 1　岩心速敏曲线类型图

v_c—临界流速;Q—流量;K—渗透率

为了确切地表示岩心在某个流速范围内的敏感程度,我们引出了速敏系数 F_v 的概念。F_v 是一个[0,1]区间的无量纲量,它的数值表示在某个流速范围内,岩心渗透率随流速变化的敏感性程度,当 $F_v=0$ 时表示岩心不产生速敏,$F_v=1$ 表示岩心的速敏程度为无穷大。

上面提到的第三种类型,速敏系数一般为 0.80 以上,第二种类型速敏系数一般为 0.5~0.7,尽管它的伤害程度为弱—中等偏弱,但在临界流速之后的一个较小的范围,它对流速非常敏感。这两种类型都要严格控制注水速度不要超过临界流速。第一种类型速敏系数一般为 0.2~0.4,但还是要注意控制注水速度不要超过临界流速。

4.1.2 水敏性及盐敏评价实验

水敏性实验其目的是了解随着注入水矿化度的降低,渗透率会发生什么样的变化及变化的最终程度。

盐度评价实验其目的是寻找对油层伤害程度最低的盐水矿化度的临界矿化度。为现场施工中钻井液、完井液、射孔液、注入水等注入液的选择和矿化度调整提出依据。

水敏性评价标准如下:

$$K_w/K_\infty = 0 \sim 0.2 \qquad 强水敏性$$
$$K_w/K_\infty = 0.2 \sim 0.4 \qquad 中等偏强水敏性$$
$$K_w/K_\infty = 0.4 \sim 0.6 \qquad 中等水敏性$$
$$K_w/K_\infty = 0.6 \sim 0.8 \qquad 中偏弱水敏性$$
$$K_w/K_\infty = 0.8 \sim 1 \qquad 弱水敏性$$

水敏性伤害主要由蒙脱石及伊/蒙混层矿物引起。岑15断块 Ed_3—Ed 上段砂岩泥质含量为 5.5% ~ 12.8%,蒙脱石相对含量较高。分布于粒表,形成衬垫,部分分布于粒间孔隙,并形成桥接,此断块属于强水敏是有充分依据的。宁50及郯32断块 Ed_3—Ed_1 上段砂岩泥质含量虽然略低于岑15断块,但粒表及粒间孔隙中含有一定量的伊/蒙混层黏土,又因这两个断块主要流动孔喉半径很小,只有 1.84 ~ 3.21 μm,以片状喉道为主,喉道迂曲度较高,在外来淡水的侵入下,引起储层渗透率下降很大,K_w/K_∞ 比值都小于20%属于强水敏性。

为观察岩心中黏土矿物在发生水敏前后有何变化,将一些岩心先在电镜上看水敏前的黏土矿物形态,然后将样品抽真空用蒸馏水饱和浸泡3天,再用电镜观察,将水敏前后的照片对比分析,发现岩心水敏后有如下变化:

(1)黏土水化膨胀使晶格变形,破坏了原有的形态,在照片上看到松散、模糊的结构。

(2)水化后黏土晶形基本不变,但结构变得松散、零乱、有垮塌,这是产生分散/运移的根源。

(3)水化后有个别微粒脱落。

根据对3个实验区块储层黏土矿物成分、含量、形态、分布以及水敏实验和电镜观察的结果综合分析,认为岑河集油田以(1)和(2)为主,伤害较严重,但如果孔喉尺寸较大的话,伤害程度会有所减轻。宁50断块和郯32断块以(2)为主。

4.1.3 速敏水敏综合评价实验

本实验的目的是对地层微粒的运移及分散膨胀两种作用进行综合评价。实验采用模拟地层水(或超模拟地层水矿化度)、次地层水、蒸馏水,实验流速选择大于临界流速2mL/min。

在此实验中,首先以大于临界流速的速度注入模拟地层水,当岩心与地层水平衡后(此时测得的渗透率为 K_{L1}),迅速改变注入液流动方向,液体的反向流动以及随之而来的压力扰动移动了相对稳定的微粒,解除了部分孔喉的桥堵,渗透率会发生突变,此时测得的渗透率为 K_{L2},但不久活动的微粒又会使另一些孔喉发生堵塞,最后的渗透率会稳定在某个值 K_{L3},换向后渗透率波动的最大值与其稳定后的最终渗透率差值($K_{L2} - K_{L3}$)反映了这些活动微粒的影响。然后在注入方向不变的情况下,注入较低矿化度的液体(次地层水、蒸馏水),黏土矿物的膨胀分散会使岩心的渗透率明显下降(K'_{L1} 或 K''_{L1}),这一下降值的大小反映了注入液与地层的配伍性以及地层膨胀性黏土的影响。用以上各阶段实验数据进行综合分析和比较,就可对微粒运移和水敏性伤害进行综合评价。在水敏性伤害和微粒运移同时存在的场合,一般应以防水敏性伤害为主,但防微粒运移伤害也要充分受到重视。

4.1.4 岩心酸敏性实验

从储层岩性物性分析得知,3 个实验区都含有绿泥石、黄铁矿、方解石和白云石,所以对于盐酸和土欧都存在着酸敏伤害的可能性。

酸敏伤害主要是由某些化学反应的沉淀物堵塞储层喉道而引起的。另外,酸化也可能造成储层结构的破坏,使储层中胶结物的微粒和骨架颗粒脱落、运移而造成堵塞,固然酸化产生的某些沉淀物可能造成储层的堵塞伤害,但酸化对储层孔喉的扩大、疏通作用又可能使堵塞得到一定程度的解除,这是矛盾的两个方面,如果沉淀造成的堵塞占主导地位,则表现为酸敏性伤害,反之将起到改造储层的作用。酸敏实验的目的是了解 3 个实验区酸敏性的大小和原因,并提出适当的酸化施工方案,使酸化达到改造油层的目的。

为了解储层酸敏性程度,需做以下工作:(1)对岩样进行酸溶化学分析,以了解可溶性铁、铝、钙、镁的量;(2)对岩心进行盐酸酸敏性流动实验;(3)对岩心进行 HCl + HF 酸敏性流动实验,后两个实验目的是看残酸对岩心渗透率的伤害程度。

(1)酸溶化学分析(盐酸酸溶)。

取洗过油的岩样 5g,加入 50mL 15% 盐酸,在 100℃下加热 8h,滤去残渣,用小体积沉淀法将滤液中的 Fe^{3+},Al^{3+} 与 Mg^{2+} 分离,用 EDTA 连续滴定分别测得其含量。

(2)盐酸酸敏性流动实验。

选了岔 15 断块的岔 15 - 116 井东三段的两块岩心和鄚 32 断块沙一下亚段的两块岩心进行盐酸酸敏流动实验。实验程序基本遵照石油科技司颁发的操作规程进行。

盐酸能溶解岩心中的白云石、方解石和绿泥石,从而扩大岩石的孔隙通道,提高岩心的渗透率,但绿泥石中含有 Fe^{3+} 和 Al^{3+},在排酸过程中当 pH 值≥2 时,$Fe(OH)_3\downarrow$,当 pH 值≥3 ~ 4 时,$Al(OH)_3\downarrow$;另外,由于胶结物中钙质和部分泥质被溶解,其他没被溶解的胶结物必然会不同程度地垮塌下来,释放出大量的微粒,从而堵塞油层。这已经从鄚 32 - 24 井岩心 2(30/50)3 号和 2(26/50)3 号井盐酸和土酸酸化前后的流动液的粒度分析中得到证实。2(50/30)3 号岩心酸前总粒子所占累积体积为 39%,酸后为 42.2%,释放出的粒子主要是分布在 2.4 ~ 3.0μm 和 9.5 ~ 15.1μm 范围内的粒子。2(26/30)3 号井岩心酸前总粒子所占累积体积为 23.5%,酸后为 55.5%,可见土酸酸化对岩心的破坏性要大得多。

鄚 32 - 24 井和岔 15 - 116 井共 4 块岩心,都不同程度地受到了伤害。我们认为在采用纯盐酸酸化油层时,必须加入铁离子稳定剂和铝离子稳定剂,才能将盐酸酸化时的敏感程度降到最低,使酸化效果提高。

(3)土酸酸敏性流动实验。

盐酸能溶解碳酸盐和黏土,而 HF 具有更强的溶解能力,它能溶解岩石骨架(石英和长石)提高储层渗透能力。

但是,在 HF 酸化过程中,某些离子的存在也能造成沉淀的条件。例如地层水中的 Na^+ 和 K^+ 及某些矿物(如长石、黏土)酸化后释放出的 Na^+ 和 K^+ 与残酸混合会导致 Na_2SiF 和 K_2SiFe 沉淀。

另外,当残酸中 HF 浓度很小时,氟硅酸会分解并遇水产生氢氧化硅胶状沉淀。HF 与 Ca^{2+} 和 Al^{3+} 接触,将产生不可溶的氟化钙和氟化铝沉淀。

这些沉淀是造成 HF 酸敏性的根源。为了确切了解 HF 残酸对岔 15 断块和鄚 32 断块的伤害程度,对它们的岩心分别做了纯土酸酸化和加前置液(HCl)和后置液(HCl)的土酸酸化实验。纯土酸酸化给岔 15 断块岔 15 - 116 井 8 号岩心造成了 50.4% 的渗透率伤害,大于纯盐酸酸化的伤害(24%)。总之,纯土酸酸化在岔 15 断块和郗 32 断块都不可取。加前置液和后置液的目的主要是防止生成前面提到的一系列沉淀。实验证明,加前置液和后置液的土酸酸化在郗 32 - 24 井的 2 号岩心上收到了渗透率提高近 70% 的效果。岔 15 - 116 井 4 号岩心采用加前置液的土酸酸化,渗透率伤害为 10%,也比岔 15 - 116 井 8 号岩心提高了 40%,当然还是没有达到提高渗透率的目的,主要原因是岔 15 断块岩石成熟度低,石英、长石的含量小于郗 32 断块,碳酸盐含量也小于郗 32 断块,而铁、铝总量与郗 32 断块相当,土酸酸化效果不如郗 32 断块是预科之中的事,所以对于岔 l5 断块采用土酸酸化只加前置液、后置液还不够,还必须加防止 Ca^{2+}、Fe^{3+} 和 Al^{3+} 沉淀的稳定剂,才能达到改造储层提高渗透率的酸化效果。另外,岔 15 断块和郗 32 断块储层都属于强水敏地层,酸化时加入防膨剂效果会更好。

(4)配方酸酸敏性流动实验。

基于以上考虑,我们在前置液和土酸(或复合酸)中加入了柠檬酸,醋酸和 EDTA 二钠盐是稳定铁、钙离子之用的,用 NH_4Cl 反向顶替是用来防止黏土膨胀的,也有将 Na^+ 和 K^+ 推向地层深处之用。试验步骤如下:

① 正向测岩心地层水渗透率 K_s;

② 反向注入 10 倍岩心孔隙体积的前置液;

③ 反向顶替 10 倍岩心孔隙体积 NH_4Cl 溶液;

④ 正向用 NH_4Cl 溶液测岩心渗透率 K_{a1};

⑤ 反向注 0.7 的 PV 的复合酸(或土酸),并反应 3h;

⑥ 反向顶替 10 倍 PV 的 NH_4Cl 溶液;

⑦ 正向用 NH_4Cl 溶液测岩心渗透率 K_{a1};

⑧ 正向用地层水测岩心渗透率 K'_s。

酸液和前置液配方如下:

a. 前置液配方。10% ~ 12% HCl + 0.2% 柠檬酸 + 0.1AE169 - 21 - 0.5% CTl - 3。

b. 复合酸配方。10% HCl + 1% ~ 3% HF + 8% HBF_4 + 3% HAC + 0.5% EDTA 二钠盐 + 0.1% AE169 - 21 + 0.5% CTl - 3。

c. 土酸配方。12% HCl + 3% HF + 3% HAC + 0.3EDTA 二钠盐 + 0.1% AE169 - 21 + 0.5% CTl - 3。

用以上配方和实验步骤在郗 32 断块和宁 50 断块共做了 8 块岩心的实验。对所做酸敏实验的 8 块岩心,无论是土酸还是复合酸,其 K'_s / K_s 的比值都大于 100%,说明宁 50 和郗 32 断块,在实验用配方和条件下不存在酸敏性伤害问题。其中郗 33 - 4、郗 32 - 1、郗 32 - 3 未经前置液和 NH_4Cl 处理,直接注入复合酸和土酸,说明复合酸和土酸单独作用也不会产生酸敏性伤害。

4.1.5 岩心敏感性实验小结

(1)室内流动实验证实了冀中 3 个断块都具有流速敏感性,岔 15 断块属于中等速敏性,郗 32 断块的地垒块属于中等偏强速敏性,郗 32 断块的地堑块和宁 50 断块属于中等偏弱速敏性。它们的临界流速分别为:岔 15 块断 0.73m/d,郗 32 断块的地垒块 0.73m/d,地堑块 2.2 ~ 7.3m/d,宁 50 断块 1.5m/d。

（2）经水敏性实验证实，岔 15 和宁 50 断块属于强水敏性，郑 32 断块属于弱—强水敏性；岔 15 断块的临界矿化度为 21317～26656mg/L，（高于地层水矿化度），郑 32 断块临界矿化度为 29000mg/L（地层水矿化度），郑 33 井所处的地垒块的临界矿化度为 10000mg/L，宁 50 断的临界矿化度为 5671mg/L。

在流速敏感性和水敏性同时存在的场合（试油、注水等），通过郑 33 井正反向实验，证实了仍以水敏性为主，速敏性为次。从勘探到开发应从预防水敏性发生为主：① 在射孔、试油、压裂、酸化及其他井下作业过程中避免使用淡水压井，使用压井液的矿化度不要低于临界矿化度。②在油田注水过程当中，更不要使用淡水，应往注入水中加入各种黏土稳定荆，以防止黏土的水化膨胀、分散运移和微粒运移。

（3）通过 16 块岩心的酸敏性实验证实，纯盐酸酸化和纯土酸酸化在岔 l5 断块和郑 32 断块都造成不同程度的渗透率伤害，存在着酸敏性；加前置液和后置液的土酸酸化在岔 15 断块仍存在 10% 的渗透率伤害，在郑 32 断块收到了提高渗透率 70% 的效果。在前置液和土酸（或复舍馥）中加入铁、钙离子稳定剂、缓蚀剂和破乳剂，注入防膨剂 NH_4Cl 的酸敏实验证实，郑 32 和宁 50 断块岩心渗透率得到大幅度提高，K'_s/K_s 值为 132%～266%，不存在酸敏性。

4.2　完井模拟伤害实验

完井模拟实验是指针对现场完井全过程的实际情况所进行的单项或综合的室内模拟实验。其目的在于研究完井过程中的各种油层伤害问题。在完井作业中，与地层伤害问题密切相关的工艺环节是钻井、固井、射孔和酸化，而这 4 个环节对地层的伤害主要在于钻井液、隔离液、水钻井液、射孔液和酸液对储层的伤害。对以上 5 种完井流体分别作了单项和综合的模拟伤害实验。

4.2.1　钻井液伤害评价实验

本实验的目的在于通过静流动和动模拟实验，研究实验区块的钻井液体系对储层的伤害程度和原因，从而揭示钻井过程中钻井液伤害油层的规律。

油层伤害的根本问题在于滤失，由于滤失才导致液体和液体中的固相微粒进入油层，保护油层就是要想方设法第一减少滤失，第二造成低伤害滤失或无伤害滤失。基于以上认识我们评价钻井液的方法有 3 种：（1）动模拟法。模拟实验井的压差、速梯和地层温度进行钻井液伤害实验，当动伤害达 145min 时，动失水速率恒定停止伤害，测岩心的恢复渗透率，通过渗透率恢复值和总失水量，判断评价钻井液在实际钻进条件下滤液和固相的综合伤害程度。（2）采用静流动方法（静压入法），将钻井液滤液注入油层岩心（注入量等于动模拟法的总失水量），看伤害前后的渗透率之比值，即渗透率恢复值，用以评价钻井液滤液与地层流体的配伍性和地层黏土矿物的抑制性。这一恢复值与动模拟法恢复值相比，还可判断动模拟法是否存在固相伤害。（3）用静压入法将油层井浆注入油层岩心，看伤害前后渗透率值的大小，用以评价钻井液在静浸泡下对油层的伤害程度。

我们共评价了 6 套钻井液配方。其中华北油田三公司 3 套、二公司 2 套，钻井研究所 1 套。

敏感性实验证实了 3 个实验区基本上都属于强水敏性储层；郑 32 和宁 50 断块都是低渗透储层（$K = 10～100mD$），水锁效应造成的伤害不能低估；岔 15 断块有的储层渗透性较好，固相的伤害不能忽视。所以要求油层钻井液必须具备下面两条性能：（1）滤饼质量要薄而致密

（包括内滤饼和外滤饼），挡住固相和滤液的侵入。（2）钻井液滤液对储层岩心要有较强的抑制性和配伍性。

4.2.2 钻井过程模拟实验

钻井过程中的油层伤害主要发生在钻进过程的动滤失和停钻过程的静滤失两个过程，每个油层都要经过若干次动滤失和若干次静滤失。为了研究钻井过程中的油层伤害规律，我们进行了大量的动静交替模拟实验。在这两个过程中钻井液中的固相和滤液都有不同程度的侵入。

（1）固相的伤害。油层在钻井过程中，固相的侵入发生在滤饼形成之前这一短暂的过程中。大量的动模拟实验表明，目前广泛使用的聚合物钻井液滤饼形成的时间只有 65min 左右。

① 电镜资料表明，固相侵入不严重，而且深度很浅。

用聚磺钻井液伤害后再测恢复渗透率后的郑 33 井 2 号岩心作电镜扫描表明（此岩心井段 3080m，用温度 90～100℃，速梯 500L/s，压差 6.0MPa 下，进行动滤失伤害 145min）。岩心伤害端只有少量孔隙堵塞，从被伤害深度 2.6cm 中不同深度看出，都有少量孔有不同程度的堵塞，但不严重；岩心的进油端，孔隙非常清晰干净，没有固相堵塞。

② 实验资料表明，固相侵入深度很浅，固相的伤害是沿岩心的轴向从伤害端到非伤害端越来越轻，而钻井液滤液的伤害是沿岩心轴向均匀分布。用抑制性聚磺钻井液作动模拟实验可以看出将岩心的伤害端锯去 0.26～0.97cm，渗透率恢复值得到了较大幅度的提高，分别为 29.82%，12.23%，14.6% 和 16.6%，说明钻井液固相伤害深度距伤害端只有 1cm 左右。

③ 从钻井液粒度分析资料及岩心孔隙结构资料表明，钻井液固相的侵入深度也是很浅的。

（2）滤液的伤害。所有的砂岩储层，或多或少地都含有黏土矿物，当不配伍的钻井液滤液侵入储层以后，其中的膨胀型黏土矿物就会吸水膨胀，在滤液的冲击下会进一步分散运移堵塞油层；滤液进入油层以后，油层孔隙中油水饱和度发生变化，从而产生水锁效应，也会降低储层渗透塞。

滤液不仅在滤饼形成之前进入油层，滤饼形成之后仍不断侵入油层，进入的多少与滤饼的渗透性有关。钻井液滤液的滤失规律如下：在钻进和因故停钻过程中，储层要经历动滤失→静滤失→动滤失→静滤失过程，大量的动静交替模拟实验数据表明，进入油层中的滤失量，主要发生在第一次动滤失过程，第一次动滤失量占总滤失量的 65% 以上。第一次动滤失时间越长，滤饼质量越不好，进入油层中的失水就越多，所以如何减少第一次钻井液动滤失的失水量是至关重要的。用动静交替模拟实验得出的各个失水阶段的失水速率，考虑实际井中钻井液与油层的接触时间，可求出单位面积油层动失水量和总失水最，进而求出伤害半径。所以油层伤害主要发生在动滤失过程。实验表明，滤液侵入造成的伤害半径远远超出了目前射孔枪所能射及的深度 15～20cm，钻井液滤液比钻井液固相的伤害深度要大得多，如果滤液与储层的配伍性不好，对储层造成的伤害会更严重。所以对于用射孔法的砂岩储层，钻井液工作者应该把主要精力放在如何降低滤液对储层的伤害上（不包括裸眼完井和裸眼筛砾石充填完井法）。

还要特别指出，在油层部位要尽量避免划眼。因为划限会破坏已经形成的外滤饼，钻井液中滤液和固相会重新大量侵入油层，使侵入深度大大增加。例如宁 50 - 16 井由于钻井液的防塌性能差，对油层黏土矿物的抑制性也差，在电测过程中 9 次遇阻，油层部位起下钻划眼 4 次，造成该井的伤害比邻井严重，DST 测试表皮系数为 3.1，堵塞比为 1.61，附加压力降达 8.1MPa，这样严重的伤害，很难通过射孔和采油排液来解除。

4.2.3　系列流体伤害实验

所谓系列流体伤害是指钻井、圈井、射孔、酸化过程中钻井液、隔离液、水钻井液、射孔液和酸化液按顺序侵入储层,对储层造成的伤害。

本实验的目的在于通过室内模拟完井过程中的各种流体对储层的侵入,来了解各种流体对储层伤害程度的大小。

(1)钻井液→水钻井液→射孔液伤害实验。

室内实验采用两种方法:一是动模拟法,二是静压入法。主要模拟动模拟法中钻井液、水钻井液、射孔液的伤害时间以及它们三者在对应的伤害时间下的滤失量。单独由钻井液伤害岩心渗透率恢复值为71.4%,造成的伤害为28.6%;钻井液伤害后再由水钻井液伤害,渗透率恢复值为45.4%;用钻井液→水钻井液→射孔液连续伤害(射孔液为 $CaCl_2$,浓度等于地层水矿化度),渗透率恢复值为55.5%,渗透率伤害为44.5%。钻井液在145min 的伤害时间内滤失量为20mL 左右,而水钻井液在30min 内为4~7mL, $CaCl_2$ 射孔液在30min 的伤害时间内为30mL,可见水钻井液滤失量虽然很少,对储层的伤害确是很严重。

第二和第三组实验是用静压入法进行伤害,伤害物分别为钻井液滤液,水钻井液滤液和 $CaCl_2$ 射孔液。第二组实验数据与第一组非常相似,水钻井液滤液虽是钻井液滤液的1/3,对渗透率的伤害程度却与钻井液滤液相当。我们可看出第一和第二组实验用岩心是从同一块大岩心上钻下来的,渗透率基本一致,第一组用钻井液和水钻井液伤害,第二组用钻井液滤液和水钻井液滤液伤害,两组实验的渗透率恢复值数据非常相近,说明钻井液和水钻井液的固相伤害非常细微。第三组实验除做了3块岩心的连续伤害实验外,还做了水钻井液滤液和射孔液的单独伤害实验,从中看出,射孔液 $CaCl_2$ 不伤害油层,钻井液滤液伤害油层轻微,单独由水钻井液滤液造成的渗透率伤害达38%,钻井液滤液伤害之后再由水钻井液滤液伤害,造成的渗透率伤害达48.35%,再一次证明水钻井液滤液伤害油层比钻井液滤液严重。三组实验数据可以归纳出下列几点认识:①虽然水钻井液3 组实验接触油层的时间短,滤失量只有钻井液的1/3 或更少,但对储层的伤害或是相当,或是比钻井液还严重。②单独由钻井液滤液造成的伤害为1%~28.6%;单独由水泥浆造成的伤害为26%~38%。二者连续伤害造成的伤害为48%~55%;射孔液 $CaCl_2$ 不伤害油层。

水钻井液对储层造成的伤害大于钻井液的伤害原因如下:① 水钻井液滤液的 pH 值为12~13,而钻井液滤液的 pH 值只有8~9,高的 pH 值有促进黏土膨胀分散的作用;② 水泥中的硅酸三钙水化将产生过饱和的氢氧化钙沉淀以及氢氧化钙与地层中的硅起化学反应生成硅质熟石灰的黏性化合物,从而造成地层的堵塞伤害。我们用饱和的 $Ca(OH)_2$ 溶液过滤后注入岩心作伤害实验,伤害程度达31.5%~81.6%,实验数据证明了我们观点的正确性。

(2)钻井液→隔离液→水钻井液→射孔液伤害实验。

岔15、郑32 和宁50 三个断块的实验数据表明,钻井液滤液造成的伤害为15%~23%,隔离液造成的伤害为49%~86%,水钻井液滤液造成的伤害为41%~45%。可见隔离液(SNC)进入油层的量虽少,但造成的伤害可能最大,三种滤液连续伤害油层造成的伤害达87%~96%,可以说对油层是一个致命的伤害。

(3)侵入深度。

隔离液和水钻井液滤液造成的伤害远远大于钻井液滤液,它们的侵入深度多大是人们最关心的。如果侵入深度小于射孔枪射穿的深度是最为理想的。用水钻井液动滤失实验所求出的动失水速率计算出来的伤害深度为 16～21cm,这个深度是目前射孔枪所能射开的深度,隔离液接触油层只有 2min 左右,侵入深度必然小于水钻井液。在固井过程中降低压差,广泛推广使用水钻井液降失剂;是保护油层防止伤害的重要措施。

(4)岩心经钻井液和系列流体伤害后的酸化实验。

为了模拟储层伤害后进行酸化措施的效果,从受到钻井液系列流体伤害的岩心中选了 4 块岩心进行酸化实验。

酸化后煤油渗透率 K''_d 与酸化前(伤害后)煤油渗透率 K_d 的比值 K''_d/K_d 为 143%～1348%,说明酸化效果是显著的。另用酸化后的渗透率 K''_d 与酸化前的 K_o 的比值 K''_d/K_o 分析,除了宁 51－2 为 52%外,郿 32－7、奠 33－6、郿 28－5 的值为 134%～102%,说明除了宁 51－2 外,其余的岩心渗透率都增大了。

4.2.4 完井模拟实验小结

(1)对于低渗透砂岩储层钻井液完井液中的固相颗粒能够进入储层,但不很严重,侵入深度为 1cm 左右,对于高渗透储层钻井液固相侵入虽深一些,但也未超过 10cm,借助射孔作业是可以解除伤害的。

(2)钻井液中的液相侵入储层主要发生在动滤失过程,动滤失过程侵入储层的量占总滤失量的 80%以上。侵入深度可达 136～261cm,超出射孔范围,伤害难以解除,所以要使滤液造成的伤害降到最低程度,必须做到下面 4 点:①快速钻进,尽可能地缩短动滤失时间;②要有一个薄而致密的滤饼,挡住滤液向储层中渗入;③钻井液中的滤液与地层配伍性要好,对黏土矿物抑制性要强;④油层部位避免划眼。

(3)华北油田三公司的第一套钻井液配方以及华北油田二公司第一和第二套配方都是由钻井液改造成完井液的配方,室内动静伤害渗透率恢复值都能达到 60%～70%以上,现场测试资料证明,没有造成很严重的伤害。实践证明,只要对老浆进行精心的改造,是完全能作为完井液使用的,这样做成本低,施工简单,省时省力,应该大力推广改造技术。

(4)固井过程中广泛推广使用水钻井液降失水剂,使伤害带限制在射孔范围内,对保护油层至关重要。

4.3 微模型实验

岩心流动试验得到的主要是各种流体性质、试验条件和岩心性质与渗透率伤害结果之间的关系,而对于岩心的微观伤害机理研究只靠岩心流动试验是不够的,用微模型可见技术则可以在岩心流动试验的基础上深入到梳理的微观领域做进一步的研究。

微模型具有模拟地层真实孔隙结构和可观察的特点,在实验过程中油、气、水和各种固相在模型孔隙结构中的流动、运移和堵塞现象及其规律都能通过显微镜进行观察,并可用照相和录像的方法记录下整个实验过程以便进行深入的分析研究,因此它是研究地层伤害机理的重要手段之一。

所谓微模型就是用一块蚀刻有模拟储层孔隙结构的平板玻璃,将它与盖板玻璃、专用夹持器和其他仪器设备一起组成了微模型实验装置(图2)。

微模型按其孔隙结构的类别可分为均质模型和非均质模型。均质模型的孔隙结构是一种理想化的孔隙结构,用于研究地层伤害机理的一般性规律。非均质模型也称为真实孔隙结构模型,它是用岩心的铸体薄片照片为样本复制加工而成的。能较好地反映地层的真实孔隙结

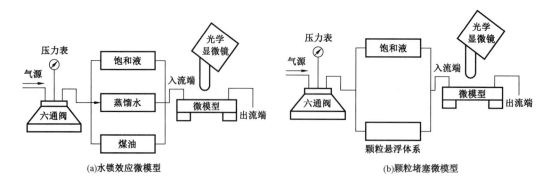

图 2　微模型实验装置示意图

构,非均质模型主要用于具体油田(构造、断块)的地层伤害机理研究。我们先后与西安延河无线电厂和西安石油学院开发研究室合作制成了 13 块均质和非均质的微模型试件块,其中非均质模型块是用 3 个试验区块的岩心铸体薄片制作的。用这些模型块做了各种类型的实验58 次,得到了一个 20h 的实验录像带,然后剪辑制成了一部约 10min 供汇报和研究用的实验录像片。

4.3.1　实验步骤

微模型实验主要用于直观观察油、气、水在多孔介质中流动的各种现象,观察和研究固相颗粒对地层造成伤害的作用过程和作用机理。我们对水锁效应、微粒运移与颗粒堵塞进行了比较系统的实验研究,取得了较好的结果。

(1)水锁效应实验。

该实验主要观察和研究在不同孔隙结构中束缚水的分布特征以及毛细管效应和界面效应的作用机理,实验步骤如下:

① 模型抽空,用饱和液饱和。

② 油驱水直到出流端无水流出为止即建立束缚水过程,拍摄束缚水分布特征的照片。

③ 观察水驱油过程中油水运动特征,记录下驱替过程中水对油流动的阻碍现象及其过程,继续水驱至残余油饱和度不度为止。

④ 提高压力继续水驱,直到残余油不动为止。

油驱水过程和水驱油过程都是连续进行的。

微粒运移与堵塞实验主要观察和研究微粒物质在多孔介质内的运动状况及运动规律,同时对颗粒堵塞现象及其过程进行观察和研究,并研究不同尺寸颗粒的堵塞特征及颗粒形状对其在多孔介质内运动情况的影响。当颗粒形成堵塞后,需要考察一些解救措施(反冲洗或压力激动)的解堵作用大小(即解堵效果评价)。

(2)微粒运移与颗粒堵塞实验。

实验的操作步骤为:

① 模型抽空并用饱和液饱和。记录有关现象及其作用过程。

② 继续恒压注入,观察颗粒的运动情况与堵塞情况,同时拍摄下实验全过程。

③ 堵塞形成之后,根据需要进行反冲实验,压力由注入压力逐步提高,直到模型承压的最高限度(约为 0.5MPa)为止。记录下刚好反冲洗掉堵塞时的压力值以及大部分堵塞被解除时的压力值,同时拍摄下实验全过程。

（3）实验所用流体。

饱和液：矿化度为 3% 的地层水。

颗粒：$CaCO_3$ 颗粒和标准颗粒。

悬浮液：XC 溶液。

颗粒浓度：0.1%，0.5%，1%，3%，5% 等。

颗粒尺寸：3~5μm，6~10μm，8.7μm，19.1μm，33μm，39μm 等。

煤油、蒸馏水。

4.3.2 实验结果及分析

（1）水锁效应实验。

① 束缚水的形成方式及其分布特征。从多个实验中，我们可以看出，油首先选择流动阻力较小的孔道流动，然后再往流动阻力较大的孔道流动，压差越大，束缚水的形成过程越短。束缚水分布具有如下一些特征：

a. 在平行细小的孔喉内，流动时的附加阻力较大并有束缚水存在。

b. 背着流动方向的盲孔里或者斜对着流向的盲孔里有束缚水。大孔道所包围的一些小孔道里由于大孔道里油的流动阻力较小，油就首先沿大孔道流动，并从小孔道周围包抄过去，使小孔道里面的水处于封闭状态成为束缚水。

c. 孔壁极不光滑的小孔道内，水的附着力比在光滑孔壁上的附着力要大（模型为亲水模型）。

d. 被大孔道所包围的垂直于流向的大孔道里。有时这些垂直大孔道的尺寸比周围孔道的尺寸还要大。这是因为垂直于流向的孔道两端压力几乎相等，不具备驱动其中流体的压差，因而垂直孔道便成了束缚水的藏身之处。

几乎所有的实验都存在这样一个现象：亲水模型的孔壁都吸附有一层厚度不等的水膜，光滑的孔壁吸附的水膜很薄，极不光滑的孔壁吸附的水膜较厚。

② 水驱油过程中油水运动特征。水驱油这一过程相当于油田上的注水开发过程。在微模型实验过程中，油水运动呈非活塞式，注入水首先沿着大孔壁上的水膜前进，水膜逐渐加厚，从孔壁四周逐渐向中心挤压，从而把孔道内的油驱替出；如果水首先达到孔喉处，水便在孔喉处汇合，使油相变成孤立的液相，残留于孔隙之中，成为残余油。当孔喉比达到一定比值时，油相很容易在喉道处发生卡断，孤立地存在于水相流体之中，同时亦可看出水锁效应对驱油效率的影响。这些都将严重影响油的采收率。另外，还存在一个普遍的绕流现象。在驱动力大于毛细管力的条件下，注入水在较大的孔喉系统中前进得快些，并首先到达模型出口，形成连通的水道。这一水道一旦形成，注入水的主要部分都是在这些阻力小的水道中流动，而被这些水道所包围的细小孔道中油就滞留下来。

模型的孔喉结构不同，残余油饱和度也不一样，其分布形态也大不相同。由于油水运动不是均匀流过多孔介质，而是以跳跃的方式前进的，因此，模型非均质性越强，残余油饱和度越高，残余油的分布多为簇状分布。

（2）微粒运移及颗粒堵塞实验。

通过实验可以看到，颗粒运移与颗粒堵塞具有如下一些特征：

① 细长颗粒在孔隙内运移时，其最大尺寸方向平行于流线，在孔道突然变大的地方颗粒可能会发生旋转，其他形状的颗粒在孔道中运移时亦可能发生旋转，这是因为流体在孔喉尺寸

变化和孔道方向改变的地方会产生旋涡,造成了颗粒的旋转。

② 盲孔内沉积。颗粒在惯性的作用下进入盲孔内,由于碰撞减小其动量,在重力的作用下沉积下来。当颗粒浓度较大时,盲孔被堵较严重,反之则轻。

③ 在喉道处堵塞。这是一种很普遍的现象。当单个颗粒尺寸比喉道尺寸要大时,就会在喉道处造成堵塞。当单个颗粒尺寸小于喉道尺寸时,两个颗粒或多个颗粒在喉道处形成桥塞并拦截后来的颗粒,造成喉道堵塞。

④ 在极不光滑孔壁上沉积。由于孔隙的尺寸的方向不断变化,在孔隙内运动着的颗粒也因此而时常改变流速方向,不断碰撞孔壁,失去能量,如果孔壁很粗糙,碰撞在孔壁上的颗粒在很大摩擦力的作用下就可能因此滞留下来。沉积下来的颗粒又增加了孔壁的粗糙度,使沉积下来的颗粒增多,在流速不大的情况下,就可能堵塞该处孔道。

⑤ 同一尺寸同一浓度的颗粒,在不同压差的作用下,对地层有不同程度的伤害。当压差较大时,颗粒侵入深度较深,堵塞较严重,且不易反冲洗掉。相反,压差较小时颗粒侵入深度也较浅,堵塞程度也不严重,反冲洗能解堵。

⑥ 同一浓度不同尺寸的颗粒在相同驱替压力的作用下,尺寸很小的颗粒容易通过模型,难以形成堵塞,但在实际油藏中这些颗粒会侵入地层深部,在三维孔隙系统中也会造成堵塞。实验还发现,当颗粒尺寸接近于孔隙尺寸的 $1/3 \sim 1/2$ 时,颗粒很容易形成桥塞。

⑦ 不同尺寸的颗粒混合在一起,如 $8.7\mu m$ 的颗粒混上 $3 \sim 5\mu m$ 的颗粒,对地层造成的伤害要严重。这是因为大尺寸的颗粒先形成桥塞,小尺寸的颗粒则填充间隙,形成致密的堵塞带。

⑧ 反冲洗的解堵作用是有条件的。如果正向流动时所形成的桥塞是在很大压力的作用下形成的,则反冲洗就很难解除堵塞。从我们的实验可以证实这一点,当用 $0.15MPa$ 的压力(压力梯度为 $5MPa/m$)进行实验,反冲洗用模型所能承受的极限压力 $0.5MPa$ 进行解堵实验,结果无明显的效果。当用较小的正向流动压力进行堵塞实验,它所造成的堵塞一般都能通过反冲洗使大部分解堵,解堵压力为正向流动压力的 $2 \sim 3$ 倍。

⑨ 解堵过程是间歇进行的而不是连续进行的。当反驱压力由小到大达某一阈值时,松散的颗粒首先就会被反冲洗掉,"解散的"颗粒又有可能反向形成堵塞,当反驱压力又上升到某一阈值时,较为致密的堵塞就会被冲开,此时压力值一般为正向流动形成堵塞时压力值的 2 倍左右。

4.3.3 小结

(1)束缚水主要分布在孔壁(亲水模型)、盲孔内、微细孔道和一些垂直于流向的大孔道内。当孔喉比为 $6 \sim 10$ 时,水锁伤害严重。

(2)水驱油过程中的"绕流现象"是影响驱替效率的重要因素。此外,模型的非均质程度越大,残余油饱和度也越大,当孔喉比较大时,油相很容易在喉道处被卡断成为孤立的油珠留在孔隙内。

(3)细小颗粒的伤害机理主要是表面沉积,而尺寸适当并具有一定粒级的颗粒其伤害机理以桥塞为主,颗粒浓度与颗粒级配是影响桥塞形成和堵塞程度的主要因素。

(4)颗粒堵塞形成后反冲解堵压力一般是形成堵塞时压力的 $2 \sim 3$ 倍。

5 主要结论与建议

5.1 储层特性及潜在伤害性

3个试验区产油层段砂层泥质含量变化为3.5%~13%,碳酸盐含量4%~17%,并含有少量黄铁矿,部分砂层含有菱铁矿。砂岩中的黏土矿物为高岭石、绿泥石、伊利石、蒙脱石或伊/蒙混层。因此,3个试验区都存在黏土矿物膨胀、分散运移、微粒运移及酸敏性潜在伤害。

油层的潜在伤害除与上述矿物及其含量相关外,还与油层内产生伤害的环境相关,即还与砂岩的结构、支撑、胶结、成岩作用、渗透率、孔隙结构、喉道、泥质分布类型和各种黏土矿物产状相关。各试验区砂层的各种资料表明,岔15断块东三段Ⅰ油组特高渗透层潜在伤害较小;鄚32断块沙一下亚段及宁50断块东三段—沙一上亚段砂岩潜在伤害较大;岔15块东三段Ⅱ—Ⅳ油组砂岩潜在伤害大。

5.2 储层敏感性

(1)3个试验区都存在潜在的速敏伤害问题。岔15断块速敏伤害程度中等,临界流速0.73m/d;鄚32断块速敏伤害程度中偏弱,临界流速2.2~7.34m/d;宁50断块速敏伤害程度中偏弱,临界流速1.5m/d。

(2)3个试验区都存在潜在的水敏伤害问题。岔15和宁50断块属强水敏性,鄚32断块为弱—强水敏性。临界矿化度:岔15断块21000~27000mg/L,鄚32断块29000mg/L,宁50断块5671mg/L。

(3)盐酸酸敏伤害程度:鄚32断块为25%~26%,岔15断块为24%~80%。土酸酸敏伤害程度:鄚32断块为69%~3.3%,岔15断块为10%~50%。

5.3 完井工作液伤害评价

(1)对于冀中地区古近系—新近系中低渗透砂岩,钻井液和水钻井液中的固相颗粒的堵塞主要在岩心端部1cm左右的范围内。对于高—特高渗透率的储层固相颗粒侵入相对较深。

(2)钻井液滤液对岩心的伤害低于30%,侵入深度约2m,水钻井液滤液伤害为40%~50%,侵入深度20cm左右。固井隔离液(SNC)伤害为50%~84%,但侵入深度极浅;射孔用与地层水矿化度一致的CaCl$_2$溶液对地层无伤害;按钻井液滤液→隔离液(SNC)→水钻井液滤液顺序伤害后岩心渗透率受损达87%~96%。

5.4 生产作业过程中的储层伤害问题

(1)油气田各生产作业对储层伤害问题在冀中地区普遍存在,采取保护储层措施后效果明显。

(2)钻井过程中,钻井液中的固相堵塞和滤液侵入造成储层黏土膨胀、分散/运移、乳化堵塞、水锁等是主要的伤害原因。影响因素有压差、浸泡时间、钻井液性能和地层孔隙结构。

(3)固井中的高压差、高失水、高pH值和隔离液是伤害储层的主要因素。

(4)每m10孔的常规射孔方法不能完全解除钻井和固井作业中造成的伤害,且还产生孔眼压实、打开程度不完善和汇流效应等拟伤害问题。

(5)试油作业中如果排液速度超过地层的速敏临界流速,将造成速敏伤害。

（6）采油作业流速过大会引起速敏伤害,此外还有结蜡问题。

（7）注水作业中,注入水矿化度低、水质差是产生黏土膨胀、分散/运移、固相堵塞、结垢的主要原因,注水速度大引起的速敏伤害问题比试油和采油作业中产生的速敏伤害更严重。

5.5 对储层保护工作的建议

（1）采用平衡或近平衡钻进技术,减小液柱压差和滤液侵入深度。

（2）提高钻井速度,缩短完井周期,减小钻井液浸泡时间和侵入深度。

（3）采用优质钻井液完井液。用改造钻井液作为完井液是一种行之有效的方法。但要注意钻井液中固相颗粒级配与地层孔隙尺寸的配合,以便形成好的桥堵层以减少各种滤液的浸入。

（4）采用低相对密度、低失水的水钻井液固井技术,能减小水钻井液对地层的伤害。

（5）增加射孔密度和射孔深度是减轻和消除地层伤害的重要措施,最好采用负压差射孔方法并注意射孔液与地层的配伍性。

（6）好的酸液配方和正确的酸化施工措施,能够解除近井壁的地层伤害。

（7）要重视试油作业的排液解堵作用,也要注意试油中的速敏伤害问题。试油作业时应控制渗流速度低于地层的临界流速。

（8）采油速度不要超过地层临界流速。

（9）要选择和控制注水水质质量,防止注水作业产生水敏、速敏和沉淀堵塞等伤害问题。

（10）有计划地进一步深化研究储层伤害与保护的机理,把室内系列实验、生产实践、科学研究等工作结合起来。

符 号 说 明

C_2—盐水矿化度,mg/L;

F_2—结构系数;

K_2—换向后次地层水渗透率的最大值,mD;

K_3—换向后次地层水渗透率的稳定值,mD;

K'_2—换向后蒸馏水渗透率的最大值,mD;

K'_3—换向后蒸馏水渗透率的稳定值,mD;

K_4—煤油恢复渗透率,mD;

K_L—小于或等于临界流速下的地层水渗透率,mD;

K_{L1}—换向前地层水的稳定渗透率,mD;

K_{L2}—换向后地层水渗透率的一大值,mD;

K_{L3}—换向后地层水渗透率的稳定值,mD;

K'_{L1}—换向前次地层水渗透率的稳定值,mD;

K''_{L1}—换向前蒸馏水渗透率的稳定值,mD;

K_o—煤油原始渗透率,mD;

K_s—酸敏实验时地层水原始渗透率,mD;

K'_s—酸敏实验时地层水恢复渗透率,mD;

K_w—蒸馏水渗透率,mD;

K_∞—等价液体渗透率,mD;

p_{cs0}—饱和度中值压力,MPa;

p_{d}—排驱压力，MPa；

p_{v}—孔隙体积倍数，无量纲量；

R_{d}—最大连通喉道半径，μm；

R_{m}—喉道半径平均值，μm；

R_{z}—主要连通喉道半径，μm；

S_{min}—最小非饱和孔隙体积百分比，无量纲量；

$V_{0.2}$—喉道大于 0.2 μm 的孔隙提供的孔隙体积占总孔隙体积的百分数，无量纲量；

V—孔隙体积，mL；

v_{c}—临界流速，m/d；

W_{e}—退汞效率，无量纲量；

Φ—结构系数，无量纲量。

参 考 文 献

[1] 张绍槐，罗平亚. 保护储集层技术[M]. 北京：石油工业出版社，1993.

[2] 罗知诩. 地层伤害问题浅议[M]. 北京：石油工业出版社，1985.

附录　岩心速敏系数 F_{v} 的概念和计算方法

1　速敏系数 F_{v} 的概念

根据石油工业部科技司《砂岩地层静态流动实验推荐程序操作规程》（以下简称《规程》）进行岩心的速敏流动试验可以得到两个结论：（1）岩心是否存在速敏性；（2）如果岩心发生速敏，其临界流速（流量）是多大。但在试验中发现，产生速敏的岩心随着试验流量的增加，有的渗透率下降幅度大，有的渗透率下降幅度小，即使两块具有相同临界流量的岩心，也存在着这种差别。这种差别反映出了岩心对流速敏感性程度的不同，但由于目前缺乏统一明确的定义和标准，不同的人对岩心速敏程度的概念有不同的理解，因而常造成使用上的混乱。

我们认为，岩心速敏程度的定义既要反映出岩心受速敏伤害的结果（渗透率下降的程度），又要表示出造成这种结果的条件（流量的增量幅度）。即岩心速敏程度应反映岩心渗透率随流量变化的趋势，而不仅仅只反映其变化结果。例如，有两块产生速敏伤害的岩心，它们的渗透率下降幅度都是 50%，但其中一块是在流量增加很小的范围内产生 50% 的渗透率伤害，而另一块则是在流量增加了一个较大的数值后才产生 50% 的渗透率伤害，显然不能认为它们的速敏程度是一样的。因此，岩心速敏程度准确的定义应该是：对应一定的流量增量，岩心渗透率的下降程度。这一定义的物理意义是明确的，但它还不能直接用来作为岩心速敏程度的评价标准。为此，从这个定义出发，通过必要的标准化和无量纲化处理，得到一个具有一致标准的、无量纲的岩心速敏程度定量评价指标，我们称其为"速敏系数"，用 F_{v} 表示。F_{v} 是一个 [0,1] 区间的系数，它的数值大小表示了岩心速敏程度的大小。当 $F_{\text{v}}=0$ 时，表示岩心无速敏；当 $F_{\text{v}}=1$ 时，表示岩心具有无穷大的速敏程度。

2　F_{v} 的数学推导和计算公式

首先设进行速敏试验共选用了 m 个不同的流量点，从低流量到高流量依次记为 $Q_1,Q_2,\cdots,Q_{\text{m}}$，与各个流量对应的岩心渗透率分别记为 $K_1,K_2,\cdots,K_{\text{m}}$。

又设在第 n 个流量点 Q_n 时测得的渗透率 K_n 是最大渗透率。在 Q_n 以后岩心渗透率开始下降。根据前面对岩心速敏程度的定义有：

$$(K_n - K_{n+i})/(Q_{n+i} - Q_n) \qquad (i = 1, 2, \cdots, m - n) \tag{1}$$

式(1)的物理意义是最大渗透率所对应点(K_n, Q_n)与其后各测点(K_{n+i}, Q_{n+i})连线的斜率，这一斜率越大，表示岩心的速敏性越强。在i的所有可取值的范围内，其i中必有一点$Q = n + i$使式(1)取得最大值，即：

$$(K_n - K_p)/(Q_p - Q_n) \tag{2}$$

使式(1)的值最大，这个最大值就表示了岩心速敏程度的大小，但由于式(2)受岩心本身渗透率的影响较大，不能作为评价的标准。对式(2)进行标准化和无量纲化处理，用岩心的气测渗透率K_∞除以其分子，用《规程》推荐的最大试验流量6mL/min除以其分母，使式(2)分子分母均成为小于或等于1的无量纲量，即：

$$[(K_n - K_p)/K_\infty]/[(Q_p - Q_n)/6] \tag{3}$$

式(3)为0～∞范围内的无量纲量，由于范围太大，需进行规范化处理。由于式(3)其本质是一条直线的斜率，因此对其求反正切化为0°～90°的角度，再用90°除之，并令其等于F_v，即：

$$F_v = \left[\tan^{-1} \left(\frac{K_n - K_p}{K_\infty} \Big/ \frac{Q_p - Q_n}{6} \right) \right] / 90 \tag{4}$$

F_v就是岩心的速敏系数，它是一个标准化的系数，其取值范围在[0,1]之间。用F_v来表示岩心的速敏程度具有定量、规范的优点。

油气储层伤害系统分析方法的初步探讨

蒋立江　张绍槐

摘　要: 本文根据系统工程的基本理论,将油气储层系统视为一个开放的、离散的、非稳态和可控制的系统,应以系统分析的方法进行研究。在描述储层伤害系统并对系统目标和特征给予说明后,重点论述系统结构分析、环境分析和系统评价。最后,给出砂岩油藏储层伤害的原因以及相应的保护措施。

关键词: 储层伤害评价;系统工程;系统分析;砂岩油气藏;保护诊断

不同类型、不同地区、不同层位储层伤害的机理各不相同。油气田作业过程都与储层的伤害或保护息息相关,而各工艺过程可能造成多类型的伤害交替,甚至严重恶化。因此,保护储层技术要区别不同类型油藏的特点而有针对性,并在弄清储层特性的基础上,在查清伤害原因的前提下,配套地优化各项作业,使储层伤害减少到最低程度。认识和解决保护储层应注意以下几方面:(1)认识、保护、开发或改造储层,以及储层伤害的诊断、预防与处理,是一系统工程问题,应以早期诊断和预防为主;(2)保护储层技术与经济效益之间的关系也是系统工程问题;(3)既然油田作业各环节都存在伤害储层的可能性,那么各作业环节采取保护措施时就要互相结合,前后照应,按系统工程的观点整体优化。

所以,储层伤害诊断与保护技术是涉及众多学科知识和工艺过程、跨专业而又渗透着大量直观经验且难以定量检验的系统工程。国内外均有人以系统工程的观点研究面临的问题,Patton 等就系统方法在油井完成到生产的各个环节中的应用做了阐述[1],樊世忠则注意到单井钻井完井过程中的问题[2]。但是,本文作者认为,为了比较完全、准确地描述与评价储层伤害系统,有必要引入系统工程理论中的一些概念,进而在储层伤害机理与诊断的基础上,以系统分析的方法研究储层伤害的特性、内在因素和外部条件,并提出相应的保护措施。

1 储层伤害系统描述

1.1 系统的结构

将组成油气藏的储层视为一个复杂的系统。以砂岩储层为例,其元素集合可表述为:

$$R = (碎屑成分、粒度、分选,胶结物含量、形态,黏土矿物类型、含量、形态, \\ 孔隙结构特征,流体类型、组分,表征多孔介质的其他参数……)$$

作用于储层的各项作业环节,包括钻进、完井、生产、注水(气、聚合物、CO_2)、增产措施等,视为系统的环境。

输入表现为环境施加影响于系统的部分,输出则表现为系统影响环境的部分[3]。钻开储层后的一系列作业环节是输入,而油气藏的开发动态是输出。油气井产能低于生产能力是储层伤害的标志,可映射成油藏的某些参数变化,如表皮系数大于零。故系统的输出是储层伤害。

储层伤害系统是油藏经营（Reservoirs Management）系统的子系统。不同作业环节储层伤害则又是储层伤害系统的子系统，即：

$$f_i[F, M] \qquad (i = 1, 2, 3, \cdots, n) \tag{1}$$

式中　f_i——诸作业环节储层伤害子系统；

　　　F——储层伤害系统；

　　　M——油藏经营系统。

1.2　系统的目标

在建立对油气储层伤害和保护的新概念以及最大可能地运用常规和现代新技术的条件下，以最经济为前提，保护储层原来的性质和最佳生产能力，为提高油气产量和最终采收率奠定基础。因此，油气储层伤害系统的损耗输出即对储层的伤害最小是系统目标函数的核心，而约束条件是采取保护措施的投资应小于由此所增产油气的利润。上述思想可用下列公式表达：

$$\begin{cases} \min Y = f(V, R) \\ C_i O_i \le C_1 \end{cases} \tag{2}$$

式中　Y——系统的输出；

　　　V——作业工况变量；

　　　R——系统结构；

　　　O_i——作业环节因素系数；

　　　C_1——每项作业的成本；

　　　C_i——增产油气的利润。

1.3　系统的特点

（1）储层被钻开后，就要与外界产生物质和能量的交换，如滤液及颗粒的侵入，破坏了原来的热动力学状态。

（2）储层一旦被伤害，无论采取何种补救措施，都不能恢复到原来的状态。

（3）储层伤害存在于各个作业阶段，其状态是离散的，状态参数随时间变化。但从静态的角度去考虑，此时此刻的状态又可以看成是相对不变的。

（4）在油气田勘探开发的各项作业环节中，采取适当的保护措施，以保证系统的整体性，就能将储层伤害控制在一定程度之内。

（5）储层伤害具有累积效应。一些作业环节如钻进、完井等作用后并没有立即从输出上反映，而是以隐含的形式滞后于某些作业环节，在采油、注水等阶段表现出来。换言之，开发动态的变化可能是这些环节作用产生累积效应的结果。

综前所述，储层伤害系统可以看作是一个开放的、离散的、非稳态的和可控制的系统。

2　储层伤害系统分析方法

系统方法在自然科学和社会科学中的应用，使人们开始突破传统的归纳法和线性因果的思维模式，注意到事物的多维性和可构建性。系统分析方法将任何事物都看成是由各因素按等级(层次)次序组成的思想,以及将分析问题的重点置于总体运动和交互作用方面的思想,都很适合于对储层伤害系统的分析和研究。在这一系统中,各子系统及内部的元素以及输入和输出,总是处于相互制约和相互关联之中,用系统分析法可以充分揭示出储层伤害的交互作用,而且也有助于对影响因素的揭示。

2.1 系统分析的提法

进行储层伤害的系统分析,是对系统内各个组成环节中的外界影响因素、内在实质问题和作用后效果的综合研究。

但是,目前对大多数作业环节发生伤害的机理还不十分清楚,有些因素难以定量化,特别是那些起重要作用的因素难以在数学模型中反映出来,这使得模型的建立要付出巨大的代价。然而,各种因素对问题的分析有着不同的作用,对这些因素之间关系条理化,并排出不同类型的因素对问题重要性的次序,以寻求外界、内在和效果三者之间的关系,正是系统分析的任务。在某种意义上,可以将储层伤害系统分析看成是排序问题。

2.2 系统分析的范围

(1)结构分析就是要寻找储层受伤害的内因。储层本身的条件决定了其具有被伤害的条件。储层的敏感性、孔隙结构特征、成岩矿物的类型、数量和形态等反映了作业环节在相同工况条件下易受到伤害的能力,故称之为易伤害强度。

结构分析不但要运用岩相学、岩心分析以及各种现代测试技术对具体油气藏进行全剖面、全性能分析,寻找各种潜在因素,而且要评价储层易伤害强度。

(2)环境分析这是确定储层伤害的外因,即在一定内在因素下产生伤害的外界环境因素。不同作业过程和工况参数对性能相同的储层作用后的效果截然不同,故称之为储层伤害的外载。

储层伤害系统的环境因素主要是物理和技术方面的。当然,各种技术经济政策、原油天然气价格等方面的因素以及人员的素质、人员之间的协调等因素也有一定的影响。

(3)系统评价目前广泛使用的评价方法主要是:① 以岩心流动试验为代表的砂岩敏感性室内评价方法;② 试井分析、开发测井分析和节点分析等矿物评价方法。但存在的主要问题是矿物评价与室内评价之间的脱节,例如砂岩样品敏感性试验结果与试井分析油藏参数表皮系数 S 的关系,此外,试井、开发测井和节点分析还要受井筒或油藏条件的限制。因此,除了要重视采油(气)以及各种作业环节实际资料的运用外,还要提高试井分析的准确性。

3 砂岩油藏储层伤害的诊断

系统分析的应用是诊断具体油气藏的储层伤害,可以说是集目前储层伤害与保护技术研究之大成。储层伤害的诊断依赖当前的认识水平和个人的经验。国内外已经将专家系统技术应用到这一领域,并开发出不同目标的诊断储层伤害的专家系统[4]。但是,专家系统的成功在于知识库的完备程度,而且要面向结构不良的复杂问题。鉴于目前的研究水平。这些系统离实际运用尚有一定距离,但它代表了此领域技术的发展方向。

着眼点应是充分利用现有知识解决面临的问题,还要为知识库的完备做好必要的准备。利用专家系统中有关知识表达和演绎归纳的推理方法,综合分析砂岩储层系统内部元素之间的关系,按系统的功能,提出以矩阵图表的形式揭示系统输入、输出之间的关系,见表1。

表1 储层伤害系统及矩阵图表

储层伤害系统功能1 (U)→(Y)		次生矿物沉淀	盐沉淀地层水沉淀	沥青	蜡	乳化水锁	润湿反转	相对渗透率减少	堵塞 钻井液颗粒	堵塞 注入微粒	堵塞 细菌	黏土膨胀	砂	微粒运移
原因 固相侵入	钻井液 完井液 修井液 注入液体 酸液 压裂液								P					
原因 液体侵入	钻井液滤液 水钻井液滤液 完井液和修井液 注入液体	C P B	C P B	C P B	C P B	C P B	C P B	C P B				C P B		C P B
原因 压力温度变化(采油、注入、强化)			C	C	C									
原因 作业参数(产量、注入量、作业时间、压力)										C P				C P
原因 材料	盐类、油类 表面活性剂		C P			C P	C P					C P		
过程	钻井、固井		**		*	***	**	***	****		**	****		***
过程	完井		***		*	****	**	***	**	****	**	**	***	****
过程	采油		****	****		***		**					***	
过程	注水	***	***			****	****			****	****	**	**	****
过程	修井		***			**		***					*	***
过程	压裂、酸化	****	*		****	****	****	***			***		****	****

注:C—化学因素,P—物理因素,B—生物因素,*—最低伤害程度,****—最大伤害程度。

由表1看出,实际工作中不能忽视任何作业环节。微粒运移是主要的伤害形式,而产生伤害的原因是[5,6]:

(1)储层黏土矿物含量较高,并易吸水膨胀,水敏性强的黏土(蒙脱石或伊/蒙混层)比例大,外来液体(与地层中矿化度不同的水基液)侵入后引起储层内黏土膨胀,堵塞孔隙,降低岩石的绝对渗透率。酸敏性矿物(如绿泥石)遇配伍性差的酸液引起酸敏也会降低渗透率。储层岩石润湿性以及毛细管效应引起储层中形成残余水带等也将降低岩石的渗透率。

(2)固体颗粒堵塞孔隙喉道,降低岩石的绝对渗透率,如:①外来颗粒(钻井液中的固相颗粒、水泥微粒等)的侵入;②在非胶结性、弱胶结性的砂岩储层中,由于速敏导致部分胶结性差的储层出现微粒运移。

(3)由于工作液与地层流体不配伍,或生产过程中导致温度、压力的变化,在储层中产生化学反应,形成沉淀、结垢以及稳定的油水乳化物。

(4)施工作业不当或发生井下事故等工程原因,使储层不正常裸露,浸泡时间过长,也会导致储层伤害。

已有大量文献阐述了伤害的原因,本文仅初步从理论上概括了可能的原因。

保护储层技术的发展方向是:

(1)筛选与储层配伍的工作液;

(2)优化作业环节,在作业时选用适当的工况参数。

保护储层技术的主要思路是:

(1)减少作业工作液与其他外来流体和固相颗粒进入储层的数量。主要措施是在做好地层压力预测的基础上合理确定井身结构;用套管封隔有关层位;采用平衡钻进或负压钻进及负压作业(如负压射孔等),必要时采用暂堵技术以及人工防砂、人工井壁等。

(2)不可避免要进入储层的流体(如射孔液、酸化压裂液、注入水)及少量的固相颗粒应该是良性的、配伍性好的,最好是无固相的。进入的深度应尽量控制在有限的范围内。为此要做各种敏感性试验、系列流体评价试验和盐度评价试验。

(3)凡已进入储层的液相和固相,可用化学法(酸化等)和物理法(如射孔等)解堵、排液。

(4)在油气层段钻进和完井等施工作业时,力争减少或消除井下事故和复杂情况,尤其要做好防漏、防喷并正确堵漏、压井,还要尽量缩短储层浸泡时间等。

实践证明,在具体油气藏取有代表性的岩心进行全剖面和全性能分析是保护储层技术的基础。保护措施的制订,必须针对具体油气藏类型,从分析储层特征入手,找出潜在伤害因素;以室内试验结果作为基本依据,从机理上诊断伤害原因;从现场生产资料和测试资料出发进行全面分析,将地质、钻采工程和油藏工程紧密结合,用系统工程的方法优化施工设计和指导施工作业。

表2 华北冀中古近系—新近系砂岩油藏各个生产作业过程对油气层的伤害

过程	伤害原因	预防与处理办法	典型实例
钻井	钻井液滤液和固相;压差;浸泡油气层时间;划眼、通井、起下钻等作业	酸化解堵、射孔;平衡钻进、负压钻井;特殊完井液	(1)中途测试表明有60%的井受到伤害 (2)间34井(1)和(2)层: 　　　　　　　　　(1)　　　(2) 压差(MPa)　　1.73　　2.02 浸泡时间(h)　356　　215 表皮系数　　99.9　　73.9 (3)宁50-16井压差8.42MPa,浸泡时间590h,完钻后等电测期间通井4次,表皮系数3.16,是宁50断块唯一受伤害井
固井	水钻井液滤液和原生颗粒侵入;水泥的水化作用使$Ca(OH)_2$重结晶	控制失水;用低密度水钻井液,减少$Ca(OH)_2$过饱和的可能性	宁50断块宁50-11井、宁50-28井和宁50-20井用SXC低密度水钻井液,加降失水剂,控制API失水在50mL以下,除宁50-28井外,其余两口井与邻井比较产能有所提高
射孔	射孔表皮效应(汇流、压实带、破碎带);压差;射孔造成打开程度不完善	清洁射孔液,负压射孔;改善射孔弹性能,提高穿透深度;减轻孔眼周围压实带伤害;优化射孔参数	常用参数:WS-73型射孔枪、90°相位、螺旋布孔、10孔/m 在其他条件不变的情况下,仅提高孔密至20孔/m,与邻井比较: 宁50-19井每米产量由0.22m³/d提高到3.04m³/d,产率比由0.352提高到0.625; 郑32-38井平均产率比由0.56提高到0.85; 郑32-19井平均产率比由0.56提高到0.85; 郑州地区有8口井的资料对比说明,优选射孔参数后单井平均日产量提高20多立方米,每米产量平均提高0.7m³/d

过程	伤害原因	预防与处理办法	典型实例
生产	速敏、水敏等引起微粒运移;无机结垢的形成和堵塞;有机结垢的形成和堵塞	依储层特性,选择适当的方法和防垢剂;控制排液速度,防止微粒运移	郑32断块10口井有7口井投产后出现产量异常递减,排液速度过快是主要因素之一,两口井出现结蜡停产;郑32-17井结蜡洗井后未及时排出,产量仍下降
注水	水质与地层不配伍造成水敏;注入速度不当引起速敏;水质差,腐蚀注水系统。悬浮固相颗粒和结垢堵塞地层	严格控制水质,按照推荐标准检查;慎重选择注入速度	留17-13井在射孔、酸化前后均出现大幅度注入量下降,注入水质差引起水敏,对照标准,6项中有4项不合格,特别是悬浮固体含量高

应当指出,由于受储层非均质性的影响,岩样的分析数据不能等价于油藏物性。因此,各种敏感性试验、模拟试验得到的结果和所控制的临界值都有一定范围。在具体设计和作业时,既要从实际出发分析评价参数和临界值,又要本着宁肯把潜在危害性考虑得多一些和从坏处着眼的思想充分考虑实际井、区域可能出现的参数值和临界值范围,至少要接近中间平均值进行设计。这种留有余地的做法可以保证生产效果而不致发生预料以外的情况。

4 应用结果

根据前述系统分析方法,在华北油田冀中地区古近系—新近系中低渗透性砂岩油藏储层伤害的研究中,收集并综合分析该区域地质、工程、测试、测井和生产等方面的资料,确定了该地区储层伤害在地层空间的分布规律和生产作业环节对储层伤害的程度和影响因素及预防与处理办法(表2);同时深入研究了钻井完井过程造成的储层伤害问题,将中途测试与完井测试结果互相比较,区分钻井与完井作业环节储层伤害的程度及其影响因素[7];提出诊断砂岩油藏采油或注水井储层伤害的框图,并以一口注水井进行了实例验证[8];此外,系统评价了该地区两个试验断块钻井完井过程中保护储层技术的效果。在系统结构分析中,以模糊集理论建立了该地区砂岩储层孔隙结构分类模式。

实践证明,本文提出的油气储层系统分析方法是行之有效的。这种方法应用系统工程的观点,结合地质、钻采工程、油藏工程的现代技术,充分利用较为丰富的实际生产作业环节的信息,有利于提高油气藏储层伤害的诊断水平。

必须指出,应用系统分析方法研究储层伤害只是一种尝试,本文仅限于中低渗透性砂岩油藏,而且还存在许多问题有待解决。因为本文研究内容涉及的知识领域广泛,信息量很大,所以,文中提出的方法旨在起到抛砖引玉的作用。

5 结论

储层伤害可以看作是一个开放的、离散的、非稳态和可控制的系统。储层系统的特性是产生伤害的内因,以易伤害强度描述;而在一定的内因条件下造成伤害的系统环境因素是外因,用储层伤害的外载来刻画。储层伤害系统分析就是通过对系统的结构分析和环境分析,寻求效果—强度—外载三者之间的联系与规律。

有效地获取和充分利用储层与油田生产作业环节的信息是解决问题的关键。实际作业中,不能忽视任何一个环节。

砂岩油藏中,引起储层伤害的原因各异,但微粒运移是主要的伤害形式。相应地提出使储层伤害减少到最低限度的措施是:(1)筛选与储层配伍的工作液;(2)优化作业环节,在作业时选用适当的工况参数。

参 考 文 献

[1] Patton L D, et al. Well Completions and Workovers[M]. Energy Publications, 1985.

[2] 樊世忠. 阿23井保护油层系统工程的研究[J]. 石油钻探技术,1991,19(2):17 – 20.

[3] 陈来安,等. 系统工程的原理与应用[M]. 北京:学术期刊出版社,1988.

[4] 蒋立江. 诊断地层伤害专家系统的现状与展望[J]. 石油知识,1991(5):9 – 11.

[5] Krueger R F. An Overview of Formation Damage and Well Productivity in Oilfield Operations. An Uodate, SPE 17459.

[6] Amaefule J O, et al. Advance in Formation Damage Assessment and Control Strategies, Petroleum Society of CIM Paper, N088 – 39 – 65.

[7] 蒋立江. 冀中砂岩油藏钻井完井过程中的油层伤害[J]. 石油钻探技术,1991,19(1):27 – 29.

[8] 蒋立江. 注水井地层伤害的诊断[J]. 石油钻采工艺,1992,14(1):81 – 84.

[9] 张绍槐,罗平亚. 保护储集层技术[M]. 1 版. 北京:石油工业出版社,1993.

(原文刊于《石油钻采工艺》1994 年(第 16 卷)第 3 期)

第六篇
海洋油气与非常规油气勘探开发篇

【导读】

全球对常规石油天然气资源(3×10^{12} bbl)开发了 150 多年已经开采和消费了 1×10^{12} bbl（占资源总量的 1/3），现在正在开发第二个 1×10^{12} bbl（即使采收率是 2/3，第三个 1×10^{12} bbl 的资源量是开采不出来的）。随着人类对能源特别是对油气的需求日增，人类不得不而且必须重视开发非常规油气资源，同时加大海洋油气资源的勘探与开发。预测全世界非常规油气资源在 2150×10^8 t 以上。我国页岩气资源量预测在 25×10^{12} m³ 以上，居世界首位或前位。我国致密砂岩气资源量预测为 $17.4 \times 10^{12} \sim 25.1 \times 10^{12}$ m³ 范围。我国煤层气预测资源测量为 36.8×10^{16} m³，居世界前 3 位。我国还有相当丰富的天然气水合物、页岩油等非常规油气资源。我国海洋石油天然气资源丰富，南海是世界海洋油气 4 大聚集区之一，有"第二个波斯湾"之称。最近在南海西部深水区发现了陵水 17 - 2 深水大型气田，开始了海洋深水油气勘探开发的新时期。我们应该重视非常规油气和海洋资源的勘探开发。我国非常规油气资源和海洋油气资源相当丰富，在勘探开发上已经先后起步。本篇选用了 2013 年以来我几次参加有关非常规油气资源开发学术会议的特邀论文和宣读论文，本书编写时又加以补充整理。主要内容有：世界及我国的非常规油气资源及类别、美国页岩气革命及其给我们的启示；我国 5 种主要的非常规油气（页岩气、致密气、煤层气、生物气、天然气水合物、油页岩—页岩油）的资源状况、页岩气—致密气—煤层气的勘探开发难点以及技术要点和生产实例等。专题讲述了应用系统工程技术和工厂化作业开发页岩气，中国页岩气勘探—开发的里程碑—发展前景以及技术—立法—政策—管理。我国开发非常规油气资源将实现我国石油工业的第三次跨越。

本书总结了笔者从 1981 年起到英国 BP 石油公司进行考察和接受培训以来，多次在国外调研海洋石油工业的心得、体会与认识，总结了笔者从 1986 年起在西南石油学院创办我国第一个海洋石油工程学科的实践与认识。笔者近年一直继续关心世界和我国海洋石油工业的发展，关注海洋石油学科的成长，在这基础上写成了《对海洋石油工程的认识与对学科建设的建议》一文。该文着重阐述了以下内容：

（1）发展海洋石油工业（工程）的战略意义；党中央的决策与部署；

（2）我国海洋石油工业的发展战略、技术挑战、深水钻完井难点、关键技术与对策研究；

（3）海工专业的培养目标是合格—优秀—卓越工程师（培养高水平的海工人才的必要性）；

（4）海洋石油工程教学的特点（含教学计划、教学内容、教学方法等）；

（5）海洋石油工程学科发展要点与发展机遇。

全世界都日益重视海洋油气（特别是海洋深水油气）资源的勘探开发，海洋油气产量已达总产量的 30%，而且还将提高比例，海洋石油工业拥有并需要当代科学技术的顶尖技术与创新技术。我国是世界上第三个页岩气开发商业化的国家，我国在非常规油气资源勘探开发方面居于世界前列，需要与常规油气勘探开发不完全相同而有针对性的新技术和专门技术。认识与加大海洋与非常规油气的勘探与开发，是实现石油大国到石油强国必然需要！本篇选入的文章是：

《我国非常规油气资源勘探与开发》；

《应用系统工程技术和工厂化作业开发我国页岩气的探讨》；

《中国页岩气勘探—开发的技术与立法、政策与管理》；

《海上钻井隔水导管系统振动的理论探讨》；

《对海洋石油工程学科建设的认识与建议》。

我国非常规油气资源勘探与开发[❶]

张绍槐

从 1859 年世界上第一口油井到现在,世界石油工业走过了 156 年的历史。世界石油常规油气资源总量超过 3×10^{12} bbl（4300×10^8 t）,人类已经开采和消耗了 1×10^{12} bbl（1428×10^8 t）常规油气。已经开始勘探与开发非常规油气资源,预测世界非常规油气资源在 1.5×10^{12} bbl（2150×10^8 t）以上。全世界正在开采第二个 1×10^{12} bbl 常规油气并开始开发非常规油气。

我国非常规油气（煤层气、致密气、页岩气、页岩油、油页岩提炼的油气、油砂、天然沥青、火山岩气、地表浅层油气、生物气、天然气水合物等）资源相当丰富。随着勘探工作的扩大和深入,探明可采储量将继续增多。目前我国主要开发前几种。我国非常规气的开发将大大增加天然气的生产总量和在能源消费结构中的比例。目前,世界能源结构中天然气占 23.8%（我国仅为 5%）。国际行业预测在 2040—2050 年期间,天然气将超过油和煤成为世界第一主要能源,而且大大减少环境污染,在常规非常规油气资源同时开发的不久将来,世界将进入天然气时代。我国能否与世界同步进入天然气时代呢,应该有这方面的规划和举措。在这次会议上康玉柱院士有个战略设想,见表 1。

表 1 非常规气战略设想 单位:10^8 m^3

类别	2010—2015 年	2015—2020 年	2020—2030 年
泥页岩气	准备阶段 40～50	规范发展阶段 100～200	大发展阶段 500～600
致密气	500	700～800	1000
煤层气	300	500	80～100
天然气水合物	评价选区	实现工业化	规模发展

在这次会议上,与会专家们认为我国非常规油气资源十分丰富,勘探潜力巨大,经过一定时间资源评价选区和技术准备后,近年来勘探开发出现新局面,加快非常规油气勘探开发,实现我国油气发展的第三次大跨越。

1 页岩气

页岩气是非常规天然气资源中最典型也是最重要的资源之一。页岩气主要位于暗色或高碳泥页岩中,是以吸附或游离状态存在的天然气。页岩是典型的自生自储连续型气藏。页岩气层——气藏中的天然气由 3 部分组成:裂缝中的游离气、基质孔隙中的游离气和吸附气,即通常说法以游离气和吸附气为主、原位饱和富集于以页岩为主的储集岩系的微米—纳米级孔隙—裂缝与矿物颗粒表面。页岩既是烃源岩又是储层。页岩气储层致密,突出特征是低孔隙度、低渗透率,若用常规试气方法测试页岩气则产能低或无产能。开采必须通过大型人工储层

[❶] 2013 年第四届煤层气/页岩气勘探开发与综合利用论坛特约稿。

造缝(缝网)才能形成工业生产能力,初期产量有时较高,早期递减较快,后期低产稳产而且生产时间相当长(一般30~50年)。页岩气是国外最早认识的天然气,自1821年在美国Appalachain盆地成功钻探第一口页岩气井以来,页岩气的发展已近200年。目前,全球掀起了绿色"页岩气革命"。本文先简要介绍美国页岩气革命,然后阐述我国页岩气资源及其勘探开发。

1.1 美国页岩气革命简述

研究世界能源,特别是研究页岩气的勘探与开发,应该研究美国的页岩气革命。美国是最早发现页岩气(1821年)和开发页岩气(1921年至今)近百年的国家,也是最早实现页岩气大规模工业开发的国家。1921—1975年期间,美国的页岩气完成了从发现到工业化大规模生产的发展过程,该阶段仅限于传统的裂缝性页岩气的开发。从20世纪70年代开始,美国政府从土地购买—转让、税务、财政、信贷、管理—完善章程等多方面大力支持页岩气开发;美国学术界、企业界组织开展一系列针对页岩气勘探开发和改造增产的研究工作;有的公司(如Range Resources公司等)及其领导者科学判断—大胆决策—敢冒风险,在页岩气革命中起着领跑作用;美国页岩气发现—起步—兴旺—成熟—发展有多方面的原因才得以有效地推动页岩气的发展并形成规模。页岩气从90年代起产量不断增加。美国Michigan盆地Antrim页岩于20世纪80年代实现工业开采,90年代成为美国最活跃的页岩气藏。FortWorth盆地Barnett页岩和SanJuan盆地Lewis页岩从90年代起产量不断增加。美国Appalachain盆地Marcellus页岩气在20世纪初悄然兴起—历经起伏—迅速发展。还有Illinois盆地也发现和开发页岩气。上述Michigan盆地、FortWorth盆地、SanJuan盆地、Appalachain盆地、Illinois盆地都有富含有机质的页岩和页岩气。美国投入商业开发的主要是海相页岩有Barnett,Marcellus,Antrim,Fay-etteville,Woodford和Haynesville页岩等。凡是商业化的页岩,其含水饱和度都很低,平均为15%~35%。美国的页岩气从1821年发现到近百年来悄然兴起并在近20多年迅速推广大规模工业化发展的历史值得研究借鉴。1979—1999年的20年间,美国页岩气产量增幅大于7倍。2000年,美国页岩气产量为$91 \times 10^8 m^3$;有资料说,美国的页岩气革命是从2000年开始的,其理由大概是根据页岩气的当年年产量已达$91 \times 10^8 m^3$。2009年为$982 \times 10^8 m^3$;2012年为$2300 \times 10^8 m^3$,占到美国天然气总产量的34%左右。由于美国页岩气革命的成功,美国正在从传统意义上的世界第一大经济体和第一大油气进口国,一跃而变为全球最大的能源自主国,而且还有天然气出口。据美国能源信息署预测,页岩气将成为美国未来天然气产量增加的主要来源,到2035年,页岩气占总产量的比例将达49%左右。美国的页岩气技术及应用,是21世纪初叶人类正在发生的最重要的一场能源革命。虽然页岩气还不能让人类彻底摆脱对化石能源的依赖,但它的碳排放指标远低于传统能源,仅为煤炭的50%,能够有助于实现一个阶段的环保目标。预计页岩气和其他非常规油气的规模化勘探开发将打破现今世界的能源开发与供给总格局,并影响错综复杂的地缘政治。

页岩气革命持续影响能源格局——2013年,美国能源信息管理局认为,世界范围(美国和另外41个国家)的页岩气储量为$206.7 \times 10^{12} m^3 (7299 \times 10^{12} ft^3)$。2012年美国页岩气产量已达$2480 \times 10^8 m^3$。估计到21世纪30年代,页岩气将占到美国天然气产量的50%以上。今天的美国已不再需要进口任何液化天然气(LNG),每年因此省下1000亿美元进口费用。此外,这场非常规能源革命还支持了200多万个工作岗位。

国际天然气市场形成"亚洲溢价"——2013年美国页岩气产量大幅增长后,亚洲市场气价远远高于北美和欧洲,形成了天然气市场的"亚洲溢价"(溢价是指比正常竞争条件下所确定的市场价格高出的价格)。以 2013 年 10 月的价格为例,美国天然气现货价约 3.5 美元/10^6Btu,欧洲天然气现货价与液化天然气价格持平为 11～12 美元/10^6Btu,亚洲的液化天然气价格则高达 16 美元/10^6Btu。

关于美国页岩气文献较多,本文采用 JPT 2013. June, P34－45《The Marcellus Shale Gas Boom Evolves》(《马赛路斯页岩气迅速爆发了页岩气革命》)一文作为美国页岩气革命的实例之一。这篇文章的作者是美国和 SPE 高级职业作者 Robin Beckwith,文章以采访方式和故事文体报道,重点报道了 Range Resources 公司(简称 R 公司)和美国宾夕法尼亚州页岩气发展的故事。R 公司在美国页岩气革命中起领跑作用。文章内容很新(引用材料的截止时间和写作时间大约是 2013 年 4—5 月)。

本文为了方便,用了几个简称:

Marcellus Shale 简称马页;

Marcellus rock 简称马岩;

Marcellus Shale Gas 简称马页气;

Barnett Shale 简称巴页;

Utica Shale 简称阿页;

Antrim Shale 简称安页:

Fayetteeville Shale 简称法页;

Woodford Shale 简称武页;

Haynesville Shale 简称哈页;

Range Resources Company 简称 R 公司;

Chesapeake 公司简称 C 公司。

(1)第一部分——马页:富含液气或干气?(Liquid－Rich or Dry Gas?)

① 马页液气的发现与起步。

R 公司于 2004 年 10 月在马页岩钻了先驱的 Renz No1 井,该井在马页岩目标层完井。从那时开始,R 公司在这项工作中起领跑作用。马页在富含液气的开发中曾处于波动起伏状态。R 公司 2013 年将 13 亿美元资产投资的 79% 投向马页区域的开发钻井。这笔费用的 85% 直接用于液气地区(liquid areas),82% 的预算集中用于钻井。

R 公司说:"将南部宾夕法尼亚州大的、富含液气的地方作为目标区域,是因为马页岩具有提供大型可重复开发的最佳经济效果的液气区"。该公司在这个富含液气区域的勘探工作正在很好地进行中。在 2012 年头 6 个月,R 公司在宾夕法尼亚州生产的大多数非常规液气是凝析气(油)(Unconventional gas condensate)566631bbl,都产在华县(Washington County,华盛顿县,简称华县)。2012 年下半年还是在华县,产量达 1.1×10^6bbl,几乎是上半年产量的 1 倍。R 公司持续地工作 9 年(指 2004—2012—2013 年 4 月)以确定马岩的产量极限。该公司相信,根据钻井 1650 口(1150 口水平井、500 口直井)已基本上实现了产量极限目标。R 公司又在该作业区西南部钻井 570 口(511 口水平井、59 口直井)。在宾夕法尼亚州西南,R 公司作业区约 110000acre 被称之为"超富 super－rich 马页岩"。共有 220000acre 湿气、210000acre 干气。其他公司只有少数成功钻至宾夕法尼亚州马页岩液气,而这些公司的井,大多数产量很小几乎可忽略不计。这些公司包括 Shell 公司(通过 SWEPILLC 公司)、Chevron 公司、ExxonMobil 公司(通过 XTO 公司)、P. E. Gas Development 公司、BLX Inc. 公司、Triana Energy 公司和 NE Nature

Energy 公司。富含液气活动(The liquids – rich play)正在西弗吉尼西亚(West Virginia)北部开展活动,有几个作业者如 Chesapeake 公司、EQT 公司、Stone Enery 公司、Anterro and Gasstar 公司等正在扩大页气钻井工作(注:仅就本文述及的公司,近几年约有 15 个以上公司在搞页岩气生产,这些公司有成功的,也有暂时还没成功的,但是可见页岩气革命势头很快来势很猛)。图 1 所示为马页岩在 Appalachain 边缘古陆盆地分布图。

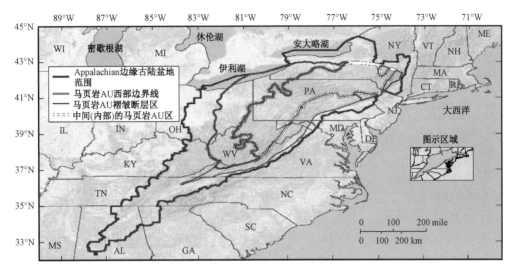

图1　马页岩在 Appalachain 边缘古陆盆地分布图

图示 3 个马页岩评估确定区域(AU – assessment unit,美国法律规定在评估确定区域内为保持已取得的石油矿权资格,每年必须在该租地区域内进行修建工程或钻井工作,意指不能闲置土地),它圈定了该盆地的中泥盆纪的范围,该范围从它在西边的零厚度边界(Zero iospach edge)开始到它在东边的 Appalachian 褶皱和逆冲断层的侵蚀削截带为止的范围。

(资料来源:美国 Geologieal Survey)

② 边实践边提高持续干气(干天然气——CH_4,methane)生产:R 公司等在实践中学习直到掌握生产规律。

面对美国干气供过于求,气价徘徊在大约 3. 63 美元/10^6Btu,这个价格遍及并影响到美国"从干气钻井到液气活动"的总趋势。因为液气价格较高,当液气勘探正在受到引诱的同时,也反映出物流上的复杂难解问题的挑战。然而干气需求继续不减弱,保持 2012 年全国消费量达 25. 5 × 10^{12} ft³(约 69. 67 × 10^9 ft³/d)。这样,2012 年全美国天然气产量平均达 65. 87 × 10^9ft³/d(美国能源信息局 EIA 统计数字)。宾州供气占美国消耗需求量的 9% 多一点。由于常规与非常规天然气产量在 2012 年平均为 6. 1 × 10^9 ft³/d,比 2011 年的 3. 6 × 10^9ft³/d增加 69% ,其中大多数产自马页岩井。产量的增加使得 2012 年这一年新钻天然气井的数目下降。EIA 说:2012 年产量的增加是由于 2012 年以前所钻的有些井因基础设施的限制没能及时连通管线而成为积压井,延至 2012 年接通管线投产,所以 2012 年产量增加(可见市场很敏感)。EIA 说宾夕法尼亚州成功的另一个原因是马页岩井能够有效地应用技术并不断改进完井方法与技术,使每井初期获得较高产量并在全采油过程增产。

在工作岗位上学习,使许多公司在马岩干气开发活动中及时掌握"底线冲击"(bottom – line impect)。该文指出:smarter drilling 是保证与控制极限成本的办法。(注:页岩气钻井开发利润小,利益窗口窄小,经济压力大,需要有好技术应对,文章提出 smarter drilling 可理解为较快速钻井或智慧钻井)。

Ultra Petroleum 公司说,所以不仅马页气岩层致密紧张,它的经济也同样紧张。宾夕法尼亚州马页气井口气价为 3.5 美元/10^3ft^3,发现与开发成本为 1.52 美元/10^3ft^3;Ultra P. 公司在马页气开发的早期在宾夕法尼亚州东北部有 260000acre 的马页岩干气作业区。R 公司还有成功地钻非常规干气井的经验;其宾夕法尼亚州马页岩干气产量从 2009 年 7 月至 2010 年 6 月一年产量的 $34.6 \times 10^9\text{ft}^3$ 增长到 2012 下半年的半年产量 $111 \times 10^9\text{ft}^3$。该公司已成功地站稳了财务关。R 公司认为:单位成本是关键,从 2008 年的单位成本 4.30 美元到 2012 年的 3 美元,保持单位成本稳定地年递减 30%。(注:R 公司不仅能在开局渡过利益窗口,还能持续降低单位成本,是其能够引领美国页岩气革命的原因。而关键是公司领导正确决策—早期决策,应用 smarter drilling 这样的先进技术,再加科学管理)。

另一个干气成功的公司是 Cabot Oil & Gas(简称 Cabot 公司),2013 第一季度单位成本为 3.29 美元/10^3ft^3,比 2012 年第一季度的 3.85 美元/10^3ft^3 下降 15%。Cabot 公司依靠钻井不断创新指标以及企业管理到位等。

马页岩是否只有干气呢,干气或者不是干气呢?

尽管富含液气(湿气)有可能性,大多数马岩还仍生产干气。很多公司致力于避开挑战(指液气生产的挑战)、将目标与资金放在建筑、房产或者复杂的中游液气(midstream liquids)收集和中游基建工程等方面。

例如:Calgary,Alberta – based Talisman Energy 公司在宾夕法尼亚州马岩,2009 年 7 月至 2010 年 6 月生产干气 $30.7 \times 10^9\text{ft}^3$,2012 全年生产 $400 \times 10^9\text{ft}^3$。

再例如 Cabot 公司,2009 年 7 月至 2010 年 6 月在其宾夕法尼亚州马岩井生产 $26.8 \times 10^9\text{ft}^3$,在 2012 全年达 $242 \times 10^9\text{ft}^3$。Cabot 公司预计 2013 年资产总额由 950×10^6 美元达 1.025×10^9 美元,把目标锁定在马岩,而 85% 的投资集中用于钻头和提速。(注:文章意思是 Cabot 公司 1 年多时间干气产量由 $26.8 \times 10^9\text{ft}^3$ 增长到 $242 \times 10^9\text{ft}^3$,翻了 9 倍多,而资产由 950×10^6 美元增加到 1.025×10^9 美元,增长了 7.9%;所以继续生产干气而资金用于钻头—提速,用快打井,多打井和多产气的战略来迎接生产液气—湿气的挑战与风险)。

然而,很多公司在马页岩已从干气区域转移了目标即既生产干气也重视液气生产的挑战。最大的宾夕法尼亚州马页气生产者是 Chesapeake 公司(简称 C 公司),在 2008 年 3 月就在计划中增加钻井和增加在马页岩和 Lower Huran 页岩中购地。该公司稳定地提高宾夕法尼亚州马页气产量,从 2009 年 7 月至 2010 年 6 月生产 $33.8 \times 10^9\text{ft}^3$ 增加到 2012 全年 $301 \times 10^9\text{ft}^3$,增长 8.9 倍。但在 2013 年 4 月 19 日,C 公司及其合伙以 93×10^6 美元把天然气财产卖给 S – W Energy 公司,面积约 162000acre 位于马页的干气区,每英亩价格为 574 美元。该区 17 口井产量约 $2 \times 10^6\text{ft}^3/\text{d}$。S – W Energy 公司将有 337000acre 马页。

还有,EQT 公司在 2013 年 5 月 3 日说明已用 113×10^6 美元在宾夕法尼亚州西南部从 C 公司及其伙伴处购得 99000acre 地和 10 口水平井;该地包括 67000acre 马页和 32000acre 阿页干气区(dry Utica acres)。这 10 口水平井位于华县。

在 2010 年,Shell 公司购入宾夕法尼亚州 East Resources 公司(简称 East 公司)2500 口井和 1.25×10^6acre 土地,大多数在马页区,购价是 4.7×10^9 美元。East 公司卖地之前,2009 年 7 月至 2010 年 6 月的一年中,其中 28 口井在宾夕法尼亚州马页生产了 $10.2 \times 10^9\text{ft}^3$ 气。Shell 公司购入后在马页的生产曾维持了一段低利润,而在 2012 年生产了 $93.5 \times 10^9\text{ft}^3$ 页岩气,利润大幅提高。(注:显然,Shell 公司比 East 公司高明,看得准,利润先低后高,既承受低利润风险又能预见发展趋势走出低谷,也说明马页的潜力大)。

2013 年 4 月,Shell 公司和伙伴 Williams 公司创建了一个中游环节风险项目——Three River Midstream(简称三河)——其目的是为 Shell 公司和其他公司在马页和阿页(Utica Shale)湿气区服务。该风险项目投资于湿气和干气两者的基础设施。三河签订了一个为 Shell 公司在该区和 275000acre 指定地区的生产进行采集和处理的长期经费专门协议。三河还计划建造一个 $200 \times 10^6 ft^3/d$ 低温冷冻气体处理厂和相关装置,该厂拟于 2015 年第二季度投入服务。……Shell 公司是想进行乙二醇裂化(Ethlene Cracker),正在研究可行性和建立管道系统(2015 年服务),将可以传送马页和阿页的液气到墨西哥湾和出口市场。

Chevron/ Appalachia 公司在 2010 年以 3.2×10^9 美元购买了 Atlas Resources 公司,从而掌握了 486000acre 马页和紧挨着的阿页。该公司 2011 年还从 Chief O&G 公司及 Tug Hill 公司购入 228000acre 马页。Chevron 公司想通过 Atlas 能源公司在宾夕法尼亚州马页生产凝析油,2011 年总量为 43848bbl,2012 年为 41018bbl(注,2012 年产量比 2011 年略少了一点,都是 $4 \times 10^4 bbl$ 多,原文如此)。

(2)第二部分——宾州转向非常规油气资源——美国页岩气革命进程实例之一

资料说明:美国页岩气革命是从 2000 年开始的。自 2008 年以来,宾夕法尼亚州已经传奇地从常规直井钻井改变过来而以水平井钻井为主(图 2)。

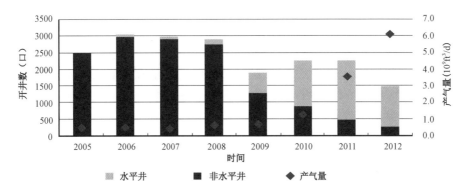

图 2　从 2005 年至 2012 年,当年的新井或新投产井的开井数目以及这些井的天然气产量
(本图并未表示钻井数目,完井数目或获得批准执照的油井数目)
(资料来源:宾夕法尼亚州环保部)

图 2 的部分内容用表 2 表示。表 2 说明近几年宾夕法尼亚州常规油气钻井数与非常规油气钻井数及其井数之比。2002 年以前没有水平井,2008 年开始钻水平井,2010 年以后水平井超过非水平井。图 2 还说明了水平井与非水平井的数目以及天然气逐年产量。

表 2　近几年宾夕法尼亚州常规油气与非常规油气钻井数变化情况

时间	常规井数(口)	非常规井数(口)	非常规井与常规井之比(%)	备注
2008	4511	300	6.65	常规井为主
2009	1974	770	39	
2010	1670	1514	90.66	
2011	1241	1883	152	非超常规井最多
2012	1007	1336	133	全年用 80 台钻机
2013 年 4 月 28 日	285	387	136	2013 年近 4 个月的时间

2012 年宾夕法尼亚州天然气产量:常规气 $2.25 \times 10^{12} \mathrm{ft}^3$;非常规气 $2.04 \times 10^{12} \mathrm{ft}^3$。

2013 年宾夕法尼亚州马页工作区:干气有 3 个县(Bradford,Lycoming,Susquehanna);湿气有 Washington 县,Tiaga 县有少量。

按美国 EIA 公布的信息,2011 年美国天然气市场产量大小排序,宾夕法尼亚州位居第 6(产量 $1.31 \times 10^{12} \mathrm{ft}^3$),前 6 名排序为:得克萨斯州、路易斯安那州、怀俄明州、俄克拉何马州、科罗拉多州、宾夕法尼亚州。

(3)第三部分——马页:从资源岩石到油气藏(The Marcellus:From Source Rock TO Reservoir)。

为什么 R 公司在 2004 年(在页气革命前 4 年)变得对马页感兴趣呢? 当时没有其他公司注意到。R 公司目标致力于马页的决策来自 2000 年从 acquire – and – exploit 获得矿权和开发权购买和利用的经营方式转移到投机冒风险和遏制(垄断)speculation & stemmed(推测/臆测和起步)的公司战略;它开始把鼓励更多技术的、长期的、经营观点纳入到日常工作中,熬过低收益阶段,坚持在产量和储量方面的持续增长。驱使 R 公司发展的是两位主要领导:公司董事长、总经理 J. L. Ventura 和公司马页分部地质副总工程师 W. A. Zagorski。实际上,2009 年在匹兹堡石油地质协会上就对 Zagorski 的重要作用加以肯定,而给予"马页之父"的荣誉称号。2009 年 5 月他在 AAPG 年会上获得了 AAPG Norman 突出贡献勘探奖。

① 征程开始。马页是在 Appalachain basin(简称 A 盆地)发现的一个地层,该盆地有整个石油层系(TPS)从纽约到 Tennessee 广泛分布(图 1)。

泥盆纪页岩——古近系中部和上部整个石油层系,自 1859 年在宾夕法尼亚州钻的里程碑 Drake 井——第一口油井——那时起在 A 盆地已生产了大量常规油气。按文献记载历史回顾,在宾夕法尼亚州马页开发活动中,许多人认为从页岩中出来的气是个新事物。实际上,在北美的第一口气井就是产的页岩气,比 Drake1859 年那口井早 38 年在 1821 年完井。这个历史指出,自 1930 年在宾夕法尼亚州已开始有商业化油气工业。1930 年,在纽约州 Steuben 县下泥盆统 Oriskany 砂岩中发现大量天然气,称 O 气。这可证明在宾夕法尼亚州 Tioga 县附近有过令人兴奋的钻井作业。在 Oriskany 砂岩用直井钻深部天然气的时候,作业者在马页钻进时常遇到大量气流的砂岩,马页就在该砂岩深部一点并把它视之为 O 气的盖层。但是,通常在几小时或几天后 O 气的气流出来了。O 气迅速发展延续到第二次世界大战,一直到 20 世纪 50 年代早期。

② 地质、税务激励和修改章程(deregulation)。从 1976 年到 1992 年,一个叫作东部页岩气项目 EGSP(Eastern Gas Shales Project)的多级项目,在美国能源部的领导下,组织了一系列的研究工作,以评估 Appalachian,Illinois 和 Michigan 三个盆地有机的、富集的黑色页岩的含气潜力并强化气体产量。EGSP 项目的目的有两方面:一是确定整个泥盆纪盆地有机的—富集页岩的分布范围、厚度、结构复杂性和地层的当量等级;二是部署和实施新钻井、增产和提高采收率以增加生产潜力。进一步目标是研究制订宾夕法尼亚州西部和北部中央带的地质数值剖面、地图和关于整个中上泥盆沉积的技术报告。EGSP 识别宾州 3 个大的和 3 个较小的黑色页岩岩相。3 个大的是:Huran,Rhinestreet,Macellus;3 个较小的是:Pipe Creek,Middlesex,Geneseu/Burket。

但是,直到 1990 年得克萨斯州巴页页岩(Barnett Shale)开始兴旺以前,这些泥盆纪富集有机的页岩虽然有潜力成为重要的气藏,但却误认为"它既不经济也没有技术可行性"。几乎平行于 EGSP 项目,从 1980 年到 1992 年建立了美国内部税收准则的非常规燃料生产信贷。1980 年实行的意外利益税(WPT,Windfall Project Tax)提供了非常规燃料生产贷款。按照美国国会在 2006 年制定的国会研究服务报告(CRS RL 33578):"1980 年 WPT ACT 包括一项 3.00 美元(按 1979 年美元价)的生产税信贷来增加选自非常规燃料(从页岩或油砂得到的油、从地压盐水层生产的气、泥盆纪页岩气、致密气或煤层气、生物气和由煤合成的油气)的销售量。直到 2007 年它终止时,这个信贷对某些类型的燃油气仍是有效的。1970 年,美国开始开放天然气市场的行动以修改章程,它最终深刻地影响着天然气公司如何做业务。这是在美国天然气供应短缺的峰值期,其短缺是由于井口气价原因,短缺程度大于美国 1954 年那次。1978 年发布的该天然气政策的密度是建立一个单一的国家天然气市场,平衡供需并允许市场有力确定天然气井口价格。直到 1985 年,在这个行动迈向修改章程的第一步时意义并不大,当能源章程委员会第 436 号命令下达后才允许自愿在那里的管道上为用户提供输气服务,用户要求他们在第一时间第一个到达服务地点。所有的主要管道系统终于建成投入使用。这就使得供气商能够在任何有竞争价格的地方销售天然气。

③ 持续和实践。用取心和地质—录井图得到的勘探趋势,通过税务刺激鼓励以及修改市场章程,还不足以解释为什么马页气潜力未被束缚。这又是一个持续和实践的历史故事。20 世纪 80 年代和 90 年代,当 Mitchell Energy G Development 的总经理 G. Mitchell 在巴页(Barnett Shale)的直井用各种不同技术的水力压裂进行实践时,用了 Mitchell 18 年时间,才逐渐地找到了用一种经济有效的对砂岩—地层、化学剂、水量和泵压、再加从地质上优选井位等方面进行复合后,实施水力压裂。在 2001 年 8 月,他以 3.1×10^9 美元的允诺卖给 Devon Energy 公司,该公司负责在页岩油气开发中用水平井进行复合的减水阻滑溜水 Slickwater 水力压裂。到 2000 年,R 公司在西南宾夕法尼亚州有了很大地盘,包括在华县的土地,该处是 R 公司开始在 Oriskany 砂岩、Lockport 白云岩和 Trenton Black River 比马页更深层勘探层位的天然气勘探作业区。该公司开始见到一些成果,但是在 2003 年在 MPT 的 Renz Well No1 直井钻达 Oriskany 和 Lockport 地层时,实际上是一口干井。Zagorski 说,该处有明显的气显示,但是在深于马页的层位完井和商业化时失败了,公司决定打水泥塞弃井。在那时,Zagorski 正巧到休斯敦出差,在休斯敦有一位地质家朋友 G. Kornegay 有个远景,Kornegay 希望 Zagorski 去看看在阿拉巴马州的 Black Warrior 盆地的 Neal/Floyd 页岩,Kornegay 说:远景区的背斜倾伏,使 Floyd 页岩成为与巴页相似的一部分。Zagorski 解释说,在那时很难知道巴页是什么。于是 Zagorski 及其下属加强研究 Appalachian 盆地,注意到巴页与马页的性质几乎一样。Zagorski 说:"我的上帝,巴页与马页很像,我们必须获得这块土地的全部,我们已经正确地在华县的后院获得了它"(注:这就是看准了,马上下手全部买进!)。总经理 Ventura 在获得该绿灯(注:看准就是绿灯)之后,2004 年 10 月 R 公司的作业负责人建议:在 2003 年认为是干井而失败的 Renz Well No1 井的上部马页层射孔进行大型水力压裂;开始产量近 $300 \times 10^3 \text{ft}^3$/d,后期达 $800 \times 10^3 \text{ft}^3$/d 峰值;很成功。R 公司很快地考虑到并下手位于华县的区块和在西南宾夕法尼亚州的另一区块。R 公司的行动不对外说。R 公司马上投资 200×10^6 美元。总经理 Ventura 于 2011 年 3 月 20 日在匹兹堡某会上说:"在我们知道它是否会在某重要时刻投产之前,那是我们的风险投资,有的人过早在页岩活动上签字而致失败"。R 公司在 2 口以上的直井探明井钻井和压裂之后,于 2005 年和 2006 年初开始钻水平井。第一口水平试验井的结果并不如直井好。第 2 口水平试验井却是干井。第 3 口水平井产量是第 1 口水平井产量的 2 倍,但仍不如建设商业井所需的那么好。随着时间过去和成本如山,总经理仍然支持这个项目。就在这段时间,有几个公司仍在宾夕法尼亚州卖地。然而,R 公司在 2007 年对其第一批 3 口马页水平井进行分析研究后,在下一口井 Gulla#9 井把水平段深度位置上提 20ft 钻进。这样 R 公司快速成功地钻了 3 口以

上的井,每口井产量比 Gulla#9 井多。在 2007 年第 3 季度末,2 口井产量分别为 $1.4 \times 10^6 \text{ft}^3/\text{d}$ 和 $3.2 \times 10^6 \text{ft}^3/\text{d}$。在第 4 季度,另外 3 口水平井完钻完井,并以初始产量 $3.7 \times 10^6 \text{ft}^3/\text{d}$, $4.3 \times 10^6 \text{ft}^3/\text{d}$ 和 $4.7 \times 10^6 \text{ft}^3/\text{d}$ 试采。2007 年 10 月,R 公司发布关于 5 口商业化的马页水平生产井的信息。在 2008 年 1 月 17 日,宾夕法尼亚州大学几位教授预测马页有 $168 \times 10^{12} \text{ft}^3$ ~ $516 \times 10^{12} \text{ft}^3$ 天然气储量,其中 $50 \times 10^{12} \text{ft}^3$ 是技术可采量。这两个消息导致 2008 年和 2009 年马页活动广泛展开。某些专家预测马页气田将成为美国产量最大的气田。在 2012 年实现了 R 公司目标——资源开发工作高度地重复——反复进行并提供了大量的开发工作——该公司原未想到马页资源会达到 $26 \times 10^{12} \text{ft}^3$ ~ $34 \times 10^{12} \text{ft}^3$,另有 $12 \times 10^{12} \text{ft}^3$ ~ $18 \times 10^{12} \text{ft}^3$ 在马页上部的泥盆页岩。以上是马页岩气爆发了美国页岩气革命的发展历程,我们从中可得到借鉴。

(4)第四部分——美国页岩气革命给我们的主要启示。

① 页岩气资源丰富但是地质条件复杂,勘探开发风险大,不同地区、不同页岩各有其地质特征,所以要重视优选区块,科学评估,防止见到苗头就一下子铺开急于扩大面积或急于工业化开发。评选优质区块不能套用常规油气的思路和方法。勘探开发页岩气要能够掌控经济账,一定要在开局和发展的每个阶段渡过利益窗口并持续降低单位成本。在发展过程有赔有赚,关键是控制财务底线。既要防止中途退出又要摸着石头过河,稳扎稳打。选先导试验区的做法很好,评估工作很重要。

② 页岩气勘探开发比常规油气勘探开发的成本高,需要采用适宜技术和新技术,在实践中确定产量极限(底线目标),并以之作为是否进行规模开发的依据和基础。

③ 美国开发页岩气完全采取市场化路线。中小公司很活跃,有些方面 Shell 公司等大公司还不如中小公司。特别是在一个新发现区块的勘探阶段和早期开发阶段,中小公司有"船小好掉头"的优势。美国政府负责土地购置审批和勘探开发阶段的监管并给予政策性扶持和某些优惠。我国页岩气勘探开发是以中国石油和中国石化等国有大企业为主,民营中小企业进入不多,宜鼓励民营中小企业进入。

④ 页岩气开发难度大,风险也大,关键在于"看得准"的程度。美国 R 公司的经验之一是领军人物很重要,如 R 公司董事长、总经理 J. L. Ventura 以及 R 公司马页分部地质副总工程师 W. A. Zagorski,被称为"马页之父"。我国在页岩气开发中也需要培养造就领军人物。

⑤ 页岩气开发井网以水平井为主。美国在页气水平井钻井——压裂系列技术方面研发了一些新技术。例如美国 Slb 及 BK 等公司早已有先进的旋转导向钻井系统,而又为页岩气钻水平井研制了造斜率高达(15°~17°)/30m 的新型旋转导向钻井系统;再例如,在页岩气压裂设备方面研制了适用于"千吨砂、万方水"的大型强化压裂装备和能够多层段分段压裂的井下压裂工具;又例如,在随钻地质导向、随钻测井以及工厂化作业等方面也发展了系列新技术。这就是说,不能只靠常规油气勘探开发的装备与技术来进行页岩油气的勘探开发。

⑥ 美国政府对马页/页气从勘探到开发再到营销,在土地购买、税务、财政、信贷、管理以及组织评估等方面都大力支持页气勘探开发和评估,都有激励政策并不断修改、调整有关监管章程,适时适事有"绿灯";如本文中提及的 EGSP 项目等。

⑦ R 公司在页岩气勘探开发中曾处于被动和起伏状态,R 公司坚持"学习—起步与持续—实践"的做法是 R 公司从起步到成功之路。R 公司从 2004—2013 年持续 9 年以确定马页的产量极限。我国页岩气勘探开发目前处于起步和规模开发的准备阶段,需要有学习—起步—准备工业化开发……的措施,如 3 个结合以及"准备阶段—规模发展阶段—大发展(工业化)阶段"的路线图。

⑧ 美国在 1821 年钻的第一口井就是页岩气井,但当时并未认识到开发页岩气。美国开发页岩气始于 1921 年。从 1921 年到 1975 年,美国用了 54 年的时间完成了从发现到工业化开发的发展过程。在 20 世纪 70 年代(一般以 1975 年作为页岩气工业化开发的开始年)进行规模化开发,直到 2000 年(当年页岩气产量达 $91 \times 10^8 \sim 100 \times 10^8 \mathrm{m}^3$)才正式进入美国页岩气革命时代。从 1975 年到现在,美国工业化开发页岩气已经 40 年了;美国进入页岩气革命时代已经 15~16 年了;从美国第一口页岩气钻井到现在已经 195 年了。我国页岩气勘探开发是从 2004(2005)年起步的,到现在也只有 10 年时间,预计我国页岩气规模化产量达 $100 \times 10^8 \mathrm{m}^3$ 的时间可能在 2020 年或稍晚几年,与美国对比,我国页岩气的发展速度并不算慢,但是前面的路还很长。我国目前已经是世界上第 3 个实现页岩气商业化开发的国家,我国页岩气资源量在全世界居前 3 名,可以预计我国页岩气工业是大有可为的。

1.2 我国页岩气资源及发展里程碑

中国为全球除北美以外率先发现页岩气的国家。我国页岩气资源潜力大且地质条件优越,总资源量达 $100 \times 10^{12} \mathrm{m}^3$ 甚至更多,相当于常规天然气量的 2 倍以上。我国主要发育海相、海陆过渡相和陆相 3 类页岩和其中的页岩气。其中:(1)古生界海相泥页岩分布面积达 $60 \times 10^4 \sim 90 \times 10^4 \mathrm{km}^2$,主要分布在四川等南方地区、华北、塔里木盆地;(2)中新生界陆相泥页岩分布面积为 $20 \times 10^4 \sim 25 \times 10^4 \mathrm{km}^2$,主要分布在松辽盆地、渤海湾、鄂尔多斯盆地、准噶尔盆地、吐哈盆地、柴达木盆地等;(3)石炭系—二叠系海陆过渡相泥页岩主要分布在北方地区,分布面积达 $15 \times 10^4 \sim 20 \times 10^4 \mathrm{km}^2$。我国页岩气地质资源量约为 $86 \times 10^{12} \sim 166 \times 10^{12} \mathrm{m}^3$,可采资源量为 $15 \times 10^{12} \sim 25 \times 10^{12} \mathrm{m}^3$,见表 3。

表 3 中国页岩气资源潜力预测

地区或盆地	页岩层位	面积 $(10^4 \mathrm{km}^2)$	厚度 (m)	TOC $(\%)$	$R_o(\%)$	资源量 $(10^2 \mathrm{m}^3)$	油气显示
扬子	Z—P ($\in_1$, S_1, P_2)	30~50	200~300	1.0~23.49	2~4	33~76	气显示丰富,获工业气流
华北	O, C—P	20~25	50~180	O:1.0 C—P:3.0~7.0	1.5~2.5	22~38	气显示
塔里木	$\in$—O	13~15	50~100	2.0~3.0	O:0.9~1.2 $\in$:1.7~2.4	14~22.8	气显示
松辽	C—P, K	7~10	180~200	K:1.0~4.57 C—P:0.5~2.10	K:0.9~1.3 C—P:5~2.0	5.9~10.5	油气显示
渤海湾 鄂尔多斯	E_{1-3}, C—P, T_3	5~7 4~5	30~50 20~50	1.5~5.0 2.0~22.21	1.0~2.6 0.8~1.3	4.3~7.4 3.4~5.3	油气显示 气显示
准噶尔	C—J	3~5	150~250	C—J:1.5~18.47 C—P:0.47~14.28	C—J:1.35 C—P:1.2~2.3	2.6~5.3	气显示、获低产气流
吐哈	C—J	0.8~1.0	150~200	C—J:1.58~25.73 C—P:2.10~3.24	C—J:0.8~1.5 C—P:0~2.0	0.7~1.1	气显示、获低产气流

中国页岩气勘探开发历史经历 3 个阶段:

(1)泥页岩裂缝性油气藏勘探开发阶段;

（2）页岩气地质条件与关键技术研究阶段；

（3）页岩气勘探评价突破与开发先导性试验阶段。

我国页岩气勘探时间不长，资源量有待进一步落实。我国有不少机构—学者预测页岩气资源量，见表4。

表4 中国陆上页岩气资源量预测统计

时间	预测机构与专家	预测范围	地质资源量($10^{12}m^3$)		技术可采资源量($10^{12}m^3$)	
			区间值	期望值	区间值	期望值
2009	中国石油勘探开发研究院（董大忠、程克明等）	中国陆上	86~166	100	15~32	20
2010	中国石油勘探开发研究院（李建忠、王社教等）	中国陆上			15.1~33.7	24.5
2010	中国石油勘探开发研究院（邹才能等）	中国陆上	30~100	50	10~15	
2010	中国石油勘探开发研究院（刘洪林等）	中国陆上			21.4~45	30.7
2010	中国地质大学（北京）（张金川等）	中国陆上			15~30	26.5
2011	国土资源部油气战略中心（张大伟、李玉喜等）	中国陆上				31
2011	美国能源信息署（EIA）	四川、塔里木盆地		144.4		36.1

表4是较为乐观的预测，地质资源量为$30 \times 10^{12} \sim 166 \times 10^{12} m^3$，技术可采资源量为$7 \times 10^{12} \sim 45 \times 10^{12} m^3$。中国页岩气发展里程碑概述如下。

2004—2008年，中华人民共和国国土资源部（以下简称国土部）会同中国石油和中国石化开始页岩气开发的信息调查研究工作。2009年，国土部主持页岩气资源评价，部署优选区先导实验区（川、渝、黔），实验调查均见气显示，中国石油中国石化和美国有关公司合作研究页岩气。2011年，国土部组织各油公司与大学在有的省开展全国页岩气潜力调查评价和区域优选，评价41个盆地和地区，87个评价单元初选了靶区，打了一批评价井和示范井，取得了重要进展。

中国页岩气勘探开发热潮始于2005年，从老资料复查和地质露头调查入手开展了页岩气形成与富集地质条件研究和资源潜力评价，优选了一批页岩气有利区带，钻探了评价井和先导试验井；例如，川南龙马溪页岩（沉积厚度一般为100m~600m~700m，具有高弹性模量、低泊松比、硬而脆等特征，适于人工压裂造缝）已成为中国页岩气勘探开发的主要领域，已在15口井32个层段见气显示，多口井获得工业气流，例如阳63井获得3500m³/d。中国石油已建立了四川威远—长宁、云南昭通等多个国家级页岩气工业化开发先导示范区（图3）。

2006年，中国石油与美国新田石油公司进行了国内首次页岩气研讨。

2007年与新田石油公司合作，开展了威远地区页岩气资源潜力评价与开发可行性联合研究。这是我国与国外的第一个页岩气联合研究项目。

2008年，中国石油勘探开发研究院在四川盆地南部长宁构造志留系龙马溪组露头区钻探了中国第一口页岩气地质评价浅井即长宁1井，井深154.3m，取心151.6m。

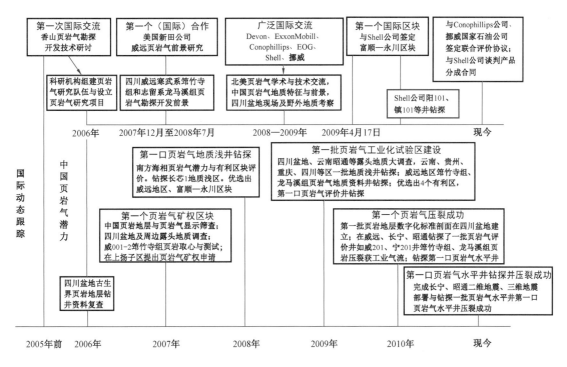

图3　中国石油天然气集团公司页岩气勘探开发进展示意图

2009年,中国石油率先在威远—长宁、云南昭通等地进行页岩气钻探评价,与shell公司在富顺—永川地区进行中国第一个页岩气国际合作勘探开发项目。

2010年以来,中国页岩气勘探开发陆续取得单井突破,进入先导试验区建设阶段。

2011年底已在四川、鄂尔多斯、渤海湾、沁水、泌阳等盆地,重庆黔江、云南昭通、贵州大方和铜仁、湖北建南、湖南涟源等地区,钻探页岩气井直井和水平井50多口,水力压裂试气井近20口,获工业页岩气(油)流井10口,多口井初期产量超过了$1 \times 10^4 m^3/d$。实现了中国海相古生界页岩气的突破,以及海陆过渡相二叠系煤系地层页岩气的发现,还有陆相中生界页岩气—油的发现。西南油气田公司实施的"四川盆地页岩气评价选区及开发先导试验项目",截至2012年1月15日投产的3口页岩气井已向市场供应天然气$260 \times 10^4 m^3$。

2012年7月17日,四川蜀南气矿宁201-H1井第一辆页岩气罐车驶出,这是长宁—威远页岩气国家级产业化示范区的宁201-H1井,是我国目前自主开发产量最高的页岩气井,当时该井日处理天然气$5 \times 10^4 m^3$。2012年9月27日,中国石油与shell公司合作的第一口页岩气井阳201-H2井成功试采,井口压力61.45MPa,瞬时产气量$6 \times 10^4 m^3$。该井是一口水平井,位于四川泸州。该井产层为志留系龙马溪组,完井井深4544m,完钻层位龙马溪组,采用射孔压裂完井方式完井。该井单井日测试产气量$43 \times 10^4 m^3$,是我国目前测试产量最高的一口页岩气井。该井设置了两道安全截断阀及工艺联锁控制阀和放空泄压阀,实现了站场关键部位的就地和远程监控。

2016年4月22日,中国中央电视台CCTV-13"共同关注"栏目报道:"国土资源部地质局的消息,页岩气勘探开发除原来在川渝地区的成果外,最近在贵州遵义、湖北宜昌等地又有新进展"。

通过2004—2012年几年工作,初步评价了我国泥页岩气资源。中国暗色泥岩分布、层位多,从震旦系至新近系均有分布,在各大中型盆地不同程度都发育有暗色泥页岩,几乎遍布各省市,一般有效厚度为 100～500m。经初步研究估算,我国泥页岩气可采资源量 10×10^{12}～$12 \times 10^{12} m^3$,泥页岩油资源预测与泥页岩气相近。近年总结了泥页岩油气含量大小的六项主要影响因素。① 有机质含量(TOC)越高含油气量越高;② 有机质成熟度(R_o)1%～3.5% 最好;③ 脆性矿物含量越高含气量越高;④ 泥页岩成分,钙质泥岩 > 硅质泥岩 > 泥质泥岩;⑤ 泥页岩中微裂缝发育含油气高;⑥ 泥页岩页理发育含油气高。

泥页岩油气概念及有效指标。泥页岩油气:暗色泥页岩(富含有机质)层段内所含的油气;泥页层段:暗色泥页岩及其所夹的薄层其他岩石的组合。

为保证泥页岩油气有效性和可操作性,康玉柱等地质专家提出 9 项指标:(1)泥页岩层段厚 >30m;(2)夹层单层厚度 <1m;(3)夹层总厚占泥页岩层段厚度 <20%;(4)有机质含量 >1%;(5)有机质成熟度 > 1%(油 > 0.5%);(6)脆性矿物含量 > 40%;(7)含气量 > $1m^3/t$;(8)埋深 <4000m;(9)连片面积 >$50km^2$。初选了 80 多个有利区块和 10 多处先导试验区。

页岩气勘探实现新突破。到 2012 年底,泥页岩油气探井达 80 余口,其中有 30 余口井经压裂获得工业气流和油流,如威 201 - HI 日产稳定在 1.15×10^4～$1.4 \times 10^4 m^3$,涪陵彭页 1 井日稳定产气 $2 \times 10^4 m^3$,建南建页 HF - 1 井日产气稳定在 $3000m^3$ 左右。泌阳凹陷泌页 HF - 1 井日稳定产油 2～3t/d,济阳坳陷有几口泥页岩油井稳产 2～3t/d,延长石油在鄂尔多斯盆地打页岩气探井 10 多口,其中有 6 口井日产气 $2000m^3$ 左右,尤其,在四川威远示范区,威 201H1 井稳产 $1.2 \times 10^4 m^3$ 已开始供气;另外,在涪陵水平井稳产达 $20 \times 10^4 m^3$。页岩气勘探开发技术取得新进展,主要是:地震勘探、测井技术,可以识别泥页岩厚度,对泥页岩中微裂缝初步获得较好资料,对泥页岩含脆性矿物,含量也有新进展。钻井技术:彭页 2HF 页岩气水平井,井深 3990m 水平井段长 1752m,分段压裂可达 22 段,研发了不少压裂工具及部件,研发了低分子滑溜(塌)水压裂液降阻率达 70% 等。中华人民共和国国土资源部、国家能源局、中华人民共和国财政部等摘优实施第二次区块招标,对页岩气开发补贴政策等有效地支持泥页岩油气勘探开发工作,尽管做了上述工作,但是页岩气资源仍然不清,不同盆地泥页岩油气含量尚无统一标准,且差别较大,有待进一步确定。目前所初步核算油气资源量只是起步阶段数据,只能做参考。

经国土资源部油气储量评审办公室专家组评定,中国石化涪陵气田累计探明含气面积 $575.92km^2$,累计探明地质储量已达到 $6008.14 \times 10^8 m^3$。预计年底将建成年产能 $100 \times 10^8 m^3$。CCTV - 1 和 CCTV - 4 于 2017 年 6 月 25 日报道了这个好消息。

重庆涪陵气田是中国目前最大页岩气田。近日,国土资源部油气储量评审办公室组织专家评审会,对中国石化涪陵页岩气田新增探明储量进行评审。经评审认定,涪陵页岩气田江东区块焦页 9 井区和平桥区块焦页 8 井区新增页岩气探明储量含气面积 $192.38km^2$,新增页岩气探明地质储量 $2202.16 \times 10^8 m^3$,为第二期 $50 \times 10^8 m^3/a$ 产能建设奠定了资源基础。

2014 年和 2015 年,国土资源部分别评审认定,涪陵页岩气田累计探明储量 $3806 \times 10^8 m^3$,含气面积 $383.54km^2$,成为全球除北美之外最大的页岩气田。

此次通过评审的焦页 9 井区和平桥区块焦页 8 井区分别位于一期产建区的西北部和西南部,是涪陵页岩气田二期 $50 \times 10^8 m^3/a$ 产能建设的主力区块,与一期产建区气藏同属五峰组—龙马溪组一段自生自储型连续性页岩气藏。气层为不含硫化氢的优质干气,具有面积大、分布稳定、压力高、产量高的特点。16 口测试井平均单井日产量 $24.30 \times 10^4 m^3$,最高日产量达 $45.79 \times 10^4 m^3$。

国土资源部油气储量评审办公室专家组认为,在油价持续低迷的形势下,中国石化实现了涪陵大型海相页岩气田的高效绿色勘探开发,对中国页岩气勘探开发具有很强的示范引领作用,显著提升了国内页岩气产业发展的信心,展示了页岩气勘探开发的良好前景。

又据中国石油网消息,2017 年 7 月 1 日,由长城钻探 70181 队承钻的浙江油田昭通页岩气示范区 YS113H1 - 7 井正在准备压裂。这口井完钻井深 5112m,水平段长 2512m,优质页岩储层钻遇率 100% ,刷新了由长城钻探 50062 队在同地区创造的 2411m 中国陆上页岩气水平井水平段最长纪录。

对埋藏较深、地质情况复杂的长水平段页岩气井来说,水平段增加,风险系数也大幅提升。此前昭通页岩气示范区页岩气井最长水平段为 2040m。

2014 年,长城钻探进入威远页岩气风险合作开发领域,组织专家论证 2500m 及以上水平段施工,并总结出井壁稳定、轨迹圆滑及携岩能力三大技术难题。长城钻探推行地质工程一体化、快速钻井,自主研发油基钻井液等特色技术集成应用,实现安全高效施工。

YS113H1 - 7 井所处区块地质结构复杂:上部地层普遍发育有较大的裂缝和溶洞,易发生失返性漏失;目的层龙马溪组钻进过程中易发生漏失和井壁坍塌。同时,这口井水垂比达到 11。

长城钻探公司按照工厂化工作思路,全力缩短各次开钻之间的转换时间,提高钻完井生产时效。施工中,长城钻探公司利用井场信息远程传输系统,对钻井过程实施动态监控;技术专家攻关小组提供现场技术支撑,集成应用成熟配套钻井技术;严格按照地质工程一体化思路,在厚度仅有 1.9m 的优质储层钻遇率达到 100% 。

YS113H1 - 7 井钻井周期 61.27 天,完井周期 71.81 天,平均机械钻速 6.08m/h,三开实现单次钻进水平段进尺 1512m,多项指标创同地区同类型井新纪录。

这口井的成功为国内页岩气 2500 ~ 3000m 水平段钻井工程积累了经验。

1.3 页岩气钻井—开发难点及对策

(1)在地质和岩性方面存在难度。地质构造十分复杂,经多次构造运动、断裂、岩浆活动、褶皱活动强烈,给勘探开发增加了难度。优选区块及含油气层系尚须进一步研究确定,特别是先导试验区。页岩气埋深影响储层孔隙结构和储层压力。美国页岩气埋深变化较大,为 182.88 ~ 2950.8m,而超过 3300m 的 Haynesvile 页岩和 Delaware 页岩已经取得较好的开发效果。中国页岩气资源埋深普遍大于美国五大盆地,最深达 3500 ~ 4000m 甚至更深,例如塔里木盆地。页岩气盆地之间的地质和成藏条件有差异,国内外学者认为需要根据各地区—地层的成层年代、岩性—岩矿组成、岩石力学特性、地球物理—地球化学响应特征等进行分析研究,并经过实验—检测测得数据再经模拟试验,才能进行技术设计。对新发现、新勘探开发的页岩气藏还要用岩心—岩样进行室内模拟试验。例如,页岩气储层岩石的塑脆性有相当差别,有几乎是脆性的,也有塑性较大的。页岩脆性越好,天然裂缝形态越复杂,人工裂缝越容易产生,造缝能力越强,易产生多分支转向型裂缝。而塑性强的储层难以压裂,即使压出裂缝也是单缝和双翼形主缝,很少有分支缝。

有人研究认为,塑性指数是确定压裂难易和遴选高品质页岩的重要参数。国内外越来越重视页岩气储层力学特征的评价,但尚无系统的研究成果,并认为页岩脆性破坏的力学机理是核心问题。若能在力学特性评价的基础上再结合矿物组成成分进行综合分析则更好。陈勉等进行了我国四川龙马溪组黑色页岩力学特性的室内试验。测试结果表明,它在抗压强度、弹性模量和泊松比方面均与美国 Haynes 组 ville 页岩较为相似。龙马溪组页岩有显著的脆性断裂特征,以劈裂式破坏为主,破坏后产生许多裂缝。压裂能达到体积破裂和转向裂缝适于水力压裂,可改造性属于中上等。分析研究龙马溪组页岩力学特性以及岩矿组分还能指导钻头选择、钻进参数、防漏防塌—井壁稳定、钻完井液等技术,特别能优选井眼类型—井身结构以及完井方式和水力压裂作业。

（2）勘探开发技术有待继续攻关,例如页岩气的物探技术,钻井—水平井—压裂系列技术还不能满足泥页岩气开发要求,尤其压裂技术、工艺、装备工具、方法等还有不少差距,"井工厂"式钻井—完井—压裂技术还需要深入研究与探索,力求创出一条中国式钻井—完井—压裂技术系列。在环保—管理—政策—立法等方面要加以完善。页岩气勘探成本初步估算,一口探井成本平均近 1 亿元。目前,初步测算一口井日产气 $4 \times 10^4 \sim 5 \times 10^4 m^3$ 才有效益,这项经济底线指标偏高,还要进一步在开发实践中测算与确定。

（3）可钻性差、摩阻扭矩大、钻速低、钻头选型难、有时需要研制个性化高效钻头(例如昭通 YSH-1 页岩气井);页岩地层漏失严重,防漏堵漏工作量大:在湘页 1 井使用低密度膨胀型堵漏钻井液随钻堵漏效果好。更多井使用桥架停钻堵漏方法,遇漏层后起钻换钻具打入复合堵漏钻井液后静置几个小时或静置一定时间,恢复循环后开始时可能仍有微漏,注意适当调整钻井液性能和循环速度即可控制漏失。漏失严重时可配制凝胶或堵漏水泥浆堵漏。在有些地质条件和井眼条件下,可以用气体钻井、泡沫钻井、欠平衡钻井乃至用清水强钻。

（4）井壁垮塌和井壁失稳现象普遍,在钻进工艺上和钻井液等方面需要针对页岩气井具体情况研究对策。泌阳盆地泌页 HF-1 井是河南油田第一口页岩油气勘探水平井,二开定向井段井眼直径大,又是大段泥液岩,页岩层理—裂隙发育,井壁稳定性差,采用两性离子聚合物混油防塌钻井液未能满足钻进要求。两次侧钻在接近水平段时均发生了井壁垮塌。鉴于定向井段垮塌复杂情况,在水平井段用白油基钻井液,并优化密度优配封堵剂,引入活度平衡理论优选水相,减少钻井液渗透入裂缝,其滤失量低,润滑性好,封堵防塌能力强,在长达 1044m 的页岩水平段钻进没有发生井下复杂情况和钻具事故,井壁稳定,较好地满足了页岩垮塌难题。有的页岩气井采用有机盐/无机盐复合防膨技术能有效保护井壁稳定。

（5）页岩气井井轨控制难。页岩气开发采用水平井、多分支井等复杂结构井优于直井,而页岩气复杂结构井由于岩石力学和岩矿组分以及井壁不稳定、井眼不规则等原因,其井轨往往比常规油气复杂结构井的井轨更难控制,需要使用电磁随钻测录井、地质导向、旋转导向等新技术,而这方面的工具装备国内还不成熟。

（6）固井质量有时难以保证,这是由于井径变化大以及长水平段套管居中度差—顶替难—水泥环质量差—水泥胶接质量差;固井前需要通井—洗井—调整钻井液性能、套管柱需要优选优化扶正器和套管柱结构、优选水泥浆性能等,以能确保固井质量。在钻进中发生过漏失的易漏长封固水平段固井使用泡沫水泥固井能够见效。因为泡沫水泥具有浆体稳定、密度低、渗透率低、失水小、抗拉强度高等特点,所以页岩气井通常采用泡沫水泥固井。水泥环能否有效封固页岩气层,是稳定页岩气井产量和延长页岩气井产气时间和寿命的前提。页岩易垮塌破碎,水泥环与井壁胶结差,加之水泥环体积多少有收缩,胶结界面生成微环空和尾间隙,形成气体窜流通道,导致页岩气窜槽或泄漏。因为水平井下套管困难,常在钻井液中混入 8% ~ 12% 的柴油以提高安全下入能力,但是在套管壁附着油膜影响胶结。射孔压裂作业导致水泥环破裂,后期开发时,压裂等后续增产措施可进一步扩大这些裂缝,以至于水泥环对页岩储层的封隔作用失效。在国内研究了相应措施:

① 前置液固壁冲洗技术。在前置液中加入适量与页岩地层相配伍的固壁聚合物,在流经

页岩井壁时在页岩井壁上覆盖一层较薄的硬质层保护井壁,而且水泥浆能够与被保护的井壁有效胶结,防止微环空和微环隙的形成(图4);同时,加入适量表面活性剂有助于冲洗和携带走管壁的油膜,提高胶结质量(图5);需要继续研发新型固壁聚合物和能够冲刷油膜的新型表面活性剂。

图4　前置液固壁技术

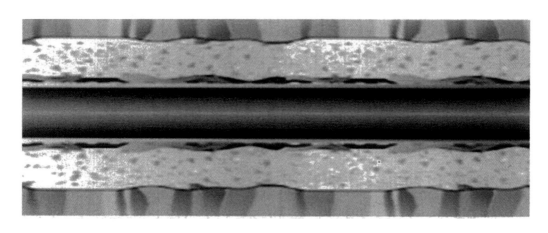

图5　前置液冲洗技术

② 可固化工作液技术。井壁和套管上残存着虚滤饼和滞留了未替净的死钻井液,影响有效封隔气层和固井质量。Halliburton 公司有一种可固化工作液(国内也在搞),能激活并固化死滤饼和死钻井液,提高胶结质量;新型可固化材料是核心,需要继续研究。

③ 水泥石降脆增韧技术,主要是用乳胶材料、纤维材料和弹性颗粒材料,对水泥石进行降脆增韧改造,提高水泥石的抗冲击能力,防止射孔压裂作业损坏水泥环;现在还没能满足要求,急需研究新型水泥石降脆增韧材料;

④ 水泥石伤口愈合技术。水泥环自愈合技术的原理是在水泥浆中加入自愈合—自密封材料,当水泥环出现微环隙后与页岩气接触时,激活自密封材料而使水泥石膨胀,使微裂缝与微空隙自动消失—自动还原—恢复天然气井中水泥环封固性。水泥基材料自愈合方法有:水化胶凝渗透结晶法、细菌水泥浆体系、空心玻璃纤维预先埋入水泥基体形成智能型仿生自愈合网络、微胶囊法等;需要继续从工程学、化学和材料学配合研究以突破自愈合难题。

(7)完井方法。目前,页岩气井的完井方法主要是下套管或下尾管—筛管后注水泥射孔完井,也用裸眼完井方法。这都对页岩气井不完全适合。因为页岩气井必须压裂,尤其在长水平段—分支井段要实行规模压裂—分段压裂—分段多簇压裂,最好按照智能完井技术原理结合页岩气开发要求采用地面可控井下层段控制阀和遇油气膨胀封隔器及井下仪表集成技术。可以分隔 20~40 层段之多,控制阀可在地面遥控,开关的位置已有 11 个之多,井下仪表可在各个不同井深处自动测温度压力等参数。要说明:不是简单的搬用常规油气井的智能完井方法与装备,而是要针对页岩气井特征,研发页岩气开发专用的智能新技术新方法。

(8)压裂技术。由于页岩地层低压、低渗透、低丰度(低产)的“三低”特点等原因,特别是渗透率是非常规油气中最低的。需要采取措施使页岩气层—气藏成为“人造气层—气藏”需要大型强化压裂,要将储层“打碎”形成人工裂缝网络,实现立体改造提高人工—自然整体渗透率,不仅产生简单裂缝还能产生复杂裂缝—复杂裂缝伴随微裂缝—复杂裂缝网络(图 6)。这在地质—岩性、岩石力学以及压裂液、支撑剂、压裂装备和压裂技术等方面提出了系列研究内容。

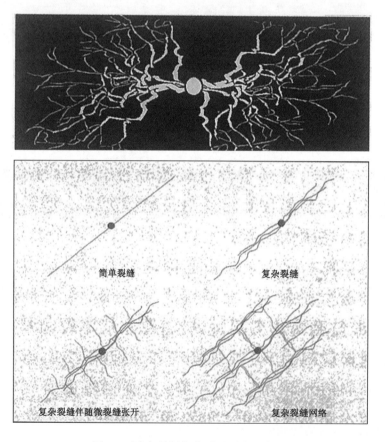

图 6 页岩气储层复杂裂缝形态示意图

页岩气井泵送易钻桥塞分段大型压裂技术,是国际上一项用于水平井改造的新兴技术。Halliburton 公司称为“Gas Drill™”,Baker – Huges 公司称为“QUIK Drill™”,Weatherford 公司称为“FracGuard™”,Slb 公司称为“COPPERHEAD”,在国外页岩气开发中得到广泛应用。我国在涪页、建页、泌页等页岩气井中与上述外国知名公司提供泵送易钻桥塞和技术服务。建页 HF – 1 井为 7 段压裂注入液量 12070m³,加砂 394.5m³。泌页 HF – 1 井为 15 段压裂,注入液量 22138m³,加砂 524m³。在涪页 HF – 1 井,Baker – Hughes 公司负责桥塞 + 射孔联作并提供压裂液化学添加剂,由中原油田井下特种作业处负责压裂作业,胜利油田西南试气工程技术部负责试气作业,安东公司负责连续油管作业。该井采用 ϕ139.7mm、P110 钢级、12.34mm 壁厚套管完井。采用大型压裂工艺、光套管注入方式对水平段页岩层自下而上进行逐级改造,全井共分压 10 段。除第 1 段采用连续油管射孔后直接压裂外,从第 2 段起至第 10 段采用水力泵送易钻桥塞隔离 + 电缆射孔联作后,自下而上逐段进行封堵、射孔、压裂作业——简称泵送易钻桥塞分段压裂。最后再钻塞、排液、试气。这口井的成功经验值得推广,在此略加说明:

① 工艺过程。

a. 通井、刮管、保证井眼干净、畅通;

b. 用连续油管传输或爬行器拖动射孔枪下入,进行第一段射孔;

c. 取出射孔枪,光套管注入进行第一段压裂作业;

d. 通过电缆下入桥塞 + 射孔联作管串,管串到达水平段时需要泵送至预定位置(图7)。

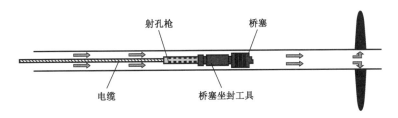

图 7　桥塞泵送示意图

e. 点火坐封桥塞,上提射孔枪至预定位置进行射孔,起出射孔枪和桥塞坐封工具(图8);

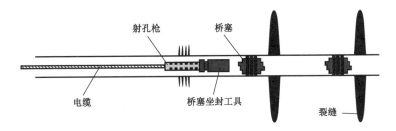

图 8　桥塞封隔及射孔示意图

f. 光套管注入进行第2段压裂作业(若用投球式桥塞则需先投球将下层隔离);

g. 用同样的方式自下而上根据分压段数要求,依次下入桥塞、射孔、压裂;

h. 各段压裂完成后,采用连续油管钻除桥塞进行排液、生产。

② 工艺技术特点。

a. 特别适合大排量(通常大于 6m³/min)、大液量(几千至一两万立方米,例如南阳泌页 HF – 1 井共压裂 15 段,注入液量 22138m³)特点的页岩气大规模压裂。通过簇式射孔实现定点定深度—多点起裂,裂缝位置精准。易形成更多的缝网改造体积。

b. 桥塞与射孔联作,带压作业,施工快捷,井筒隔离可靠性高。

c. 压后井筒完善程度。桥塞由复合材料制成,密度较小,钻磨后的桥塞碎屑可随气液流排出井外,为后续作业和生产留下全通径井筒。

d. 受井眼稳定性影响相对较小。采用套管固井完井,井眼失稳段对桥塞坐封可靠性没有影响,优于裸眼完井用封隔器分段压裂工艺。

e. 分层压裂段数不受限制。通过逐级泵入桥塞进行隔离,与多级滑套投球工艺相比,分层压裂段数不受限制,理论上可实现无限级数分段压裂。

f. 与裸眼封隔器相比下钻风险小;若施工发生砂堵后压裂段上部保持通径,可直接进行连续油管冲砂作业,容易处理砂堵。

g. 桥塞容易钻磨处理。压裂结束后,可视需要用连续油管下入磨铣工具钻去井内桥塞。桥塞磨铣管串组成如图9所示。自上而下为连续油管接头、双回压阀、液压丢手接头、非旋转扶正器、双启动循环阀、双向震击器、高强度应急丢手工具、马达、磨鞋。

图9 桥塞磨铣管串组成图

1—连续油管接头;2—双回压阀;3—液压丢手接头;4—非旋转扶正器;
5—双启动循环阀;6—双向震击器;7—高强度应急丢手工具;8—马达;9—磨鞋

涪页 HF - 1 井实际使用了 MS - 413 型耐压 70MPa、耐温 232℃、外径 104.8mm 的无通道实心桥塞和有通道空心桥塞(可供投球用)两种。

h. 其他:压裂液用由降阻剂 + 杀菌剂 + 黏土稳定剂 + 助排剂配成的滑溜水和交联凝胶组成。前置液用浓盐酸 + 防腐剂 + 铁离子控制剂配成。支撑剂用 30 ~ 100 目陶粒。压裂井口应使用专门的多入口压裂头。

i. 压裂施工曲线如图 10 所示。

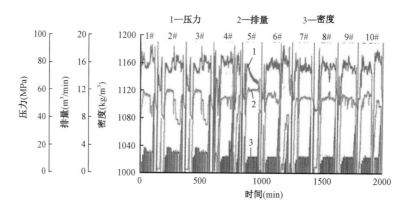

图10 加砂压裂施工曲线图(不含小型压裂及泵送桥塞注入)

涪页 HF - 1 井压裂装备与技术还是比较先进的,施工队伍也是高水平的,但是产能不理想。由此可以分析认为页岩气的勘探开发不是容易的事,需要深入研究。

随着规模化压裂工艺的开展,美国试行了"井工厂"和"工厂化"页岩气水平井钻完井—分层段压裂工程。在陆上采用海洋平台类似的装备,即采用底部滑动井架钻丛式井组,每井组 3 口 ~ 8 口 ~ 10 口 ~ 22 口 ~ 更多口水平井,水平井段间距 300 ~ 400m,从经济和工作量方面考虑利用适当大小的丛式井场获得开发井网覆盖面积最大化的效果。某井工厂压裂能够在一个丛式井平台上压裂 22 口井。目前,井组压裂级数已多达 440 段,水平段长度 1600 ~ 3000m,每口井最大压裂级数 28 段。美国还从页岩气工厂化作业开展集成集约式页岩气开采。

(9)集成集约开采模式就是集成创新与创新技术集成。重视石油工程新技术的集成。保证投资而又减少开发投资—降低操作成本—提高产量和采收率是集约化生产经营。页岩气开发有开发速度低—产量低等特点,所以要以政策—市场用户—气价—勘探开发—营销—装备—管网—总(分)成本等统筹考虑的经营思路进行开发。单井产量有个经济底线。我国页岩气勘探开发才处于起步阶段,但前景很好,需要政策支持用发展眼光处理有关问题。

2 致密气

致密气藏最早叫作隐蔽油气藏。1927年发现于美国圣胡安盆地,20世纪50年代投入开发,是非天然气资源中勘探开发最成熟的气源。世界上尚未全面开发的非常规天然气资源量为 $75 \times 10^{12} \sim 100 \times 10^{12} \mathrm{m}^3$,仅次于天然气水合物。以目前技术可开采的非常规天然气而论,以致密气藏为首,储量为 $10.5 \times 10^{12} \sim 24 \times 10^{12} \mathrm{m}^3$,是21世纪最现实的重要能源。我国致密气勘探较早。根据我国致密气地质评价行业标准(SY/T 6832—2011致密砂岩气地质评价方法),致密气是指原地渗透率小于0.1mD、孔喉半径小于 $1\mu m$、含气饱和度小于60%、孔隙度小于10%的天然气资源。致密岩油气与页岩油气的地质特征,可参看表5。

表5　泥页岩油气与致密岩油气特征对比[①]

项目	暗色泥页岩油气	致密岩油气
岩石组合	泥岩夹薄层其他岩石	泥岩、砂岩、石灰岩互层
泥页岩层段	泥页岩层厚 >30m	各岩性厚度不等
烃源岩	泥页岩、泥灰岩等	暗色泥页岩、泥灰岩等
运移	近运移或原地	近距离或较远距离远移
储层	溶蚀孔、裂缝、层面、夹层	砂岩—石灰岩储层
生、储、盖	一体化	生、储、盖有别
圈闭	不明显	有圈闭
含气方式	吸附为主 + 游离	以游离为主
开采	水平井多段压裂(难度大)	水平井多段压裂(较难)
开采层位	泥页岩及夹层砂岩、石灰岩	砂岩、石灰岩等
勘探难度	很大	较大
勘探开发程度	刚刚起步	已有勘探开发基础

① 据康玉柱院士在本次学术会议上的论文。

我国已经在鄂尔多斯盆地上古生界与四川盆地须家河组两大致密气区等地找到富集致密天然气(表6)。

表6　中国致密砂岩气资源潜力与勘探现状

盆地	盆地面积 ($10^4 \mathrm{km}^2$)	勘探层系	勘探面积 ($10^4 \mathrm{km}^2$)	勘探现状	资源量 ($10^{12} \mathrm{m}^3$)	可采资源 ($10^{12} \mathrm{m}^3$)
鄂尔多斯	25	C—P	10	形成大气区	6~8	3~4
四川	18	$T_3 x$	5	形成大气区	3~4	1.5~2
松辽	26	K_1	5	长深登平2井获高产	2~2.5	1~1.2
塔里木	3.5	J + K + S	6	克深、依南获工业气流	4~7	2~3
吐哈	5.5	J	1	巴喀获突破	0.6~0.9	0.4~0.5
渤海湾	8.9	Es_{3-4}	3	岐深1井获高产	1~1.5	0.5~0.8

盆地	盆地面积 （$10^4 km^2$）	勘探层系	勘探面积 （$10^4 km^2$）	勘探现状	资源量 （$10^{12} m^3$）	可采资源 （$10^{12} m^3$）
准噶尔	13.4	J,P	2	中拐地区见良好苗头	0.8～1.2	0.4～0.6
合计	152.8		32		17.4～25.1	8.8～12.1

综合研究认为,鄂尔多斯盆地上古生界与四川盆地须家河组两大致密气区的致密气储产量潜力最大。

2.1 苏里格气田

苏里格气田周边与气田中区成藏条件相似,有利于大型致密气田形成的基本地质条件:平缓的构造与烃源岩广覆式分布、稳定的沉积与储集体大面积分布、特殊的成岩作用、天然气就近运移聚集减少了损失,是近距离运聚成藏与高聚集效率等。鄂尔多斯盆地是大型陆相致密砂岩气藏,整体为西倾的大型平缓斜坡。苏里格地区地表主要为草原、沙漠。地震波低降速带横向变化大、干扰波强烈,储层与围岩波阻抗差异小,气层薄,地震预测难度大。近几年,随着苏里格地区全数字地震勘探技术的攻关和规模化应用,实现了单分量勘探向多分量勘探的转变,主要采用全数字地震薄储层预测技术和全数字多波地震流体检测技术,获得了高品质、信息丰富的地震资料,实现了岩性体刻画到薄储层预测与流体检测的重大突破。苏里格地区砂岩储层中气层与水层、有效储层与非储层的岩电响应异小,有效气层识别难度大。近年在传统分区、分层评价的基础上,以储层岩石物理研究为基础,建立了以储层有效性、含气性评价为核心的测井精细评价技术的低渗透储层识别方法,取得了突破。

在钻井和开发方面,苏里格气田水平井的数量和水平段长度不断增大,同时其压裂改造规模不断升级,形成了长水平段多层段大型压裂集成技术,单层最高加砂规模达到100 m^3,刷新了当时国内压裂施工规模最高纪录。可望走向国际同行提出的"千吨砂、万吨水"特大型多层同时压裂施工水平。为了适应低渗透储层特点和保护储层的需要,研发了表面张力低、不含残渣、破胶彻底的新型阴离子表面活性剂压裂液,可降低毛细管阻力,提高压裂液返排效率并减少伤害储层。

2.2 四川川西和川南致密气藏

川西中浅层气藏主要包括蓬莱镇组、遂宁组和沙溪庙组3大气藏,探明储量达1660.67×$10^8 m^3$,各气藏储层有致密、低孔(5%～10%)、非均质性强、储量丰度低、单井动用储量少等特点,与国内外致密气藏开发情况类似。早期主要采用直井和定向井进行多层压裂合层开采,但产量低、经济效益低。2010年开始采用水平井尾管完井,分段压裂后开采,平均产量为同层直井的3倍,虽然产能提高幅度较大,但投入成本和产出效益比还是较大。裸眼水平井分段压裂与尾管水平井分段压裂和水力喷射分段压裂相比,具有钻完井成本相对较低、分段级数更多、井口泵压低和压裂规模大的优点,现在已成为国内外水平井分段压裂的主导方式。苏里格气田和大牛地气田进行了"裸眼完井＋裸眼封隔器"分段压裂,取得了较高经济效益。考虑川西中浅层气藏砂岩致密,井壁稳定性较好,为了降低成本,在川西中浅层致密气层开展了裸眼水平井分段压裂先导试验。目前,水平井水平段长800～1000m,压裂分为8～10段,砂比为

17% ~21%。在 XP105 – 1H 裸眼水平井,井深 2086m,垂深 1163.20m,水平段长 729.7.70m。井身结构为三开裸眼完井,分 8 段压裂。其管柱如图 11 所示。

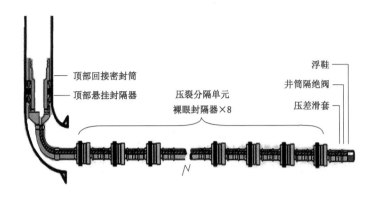

图 11　XP105 – 1H 井分段压裂管柱结构图

建议试行水平井连续油管逐层分压合层排采技术;该技术分为"连续油管喷砂射孔 + 环空压裂"和"连续油管 + 跨隔封隔器"压裂两类。在水平井还可试用"地面可控井下多级滑套 + 多级封隔器或遇油气自动膨胀封隔器"技术。北美致密气储层改造技术总体发展路线如图 12 所示,供参考。

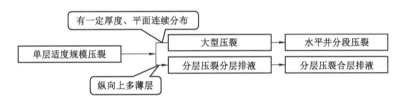

图 12　北美致密气储层改造技术总体发展路线图

致密气开发有重要价值,现有技术不能满足要求。JPT2012 年 10 月刊"TIGHT RESERVOIR"专栏评论说:在致密气(油)勘探和生产方面的技术发展呈起伏波动,现在继续随着完井战略和水力压裂增产技术的发展,按照油气藏复杂性—非均质性—等级品位的具体情况来制订技术方案—方法,而技术进步是中心驱动力。另一个值得注意的驱动力是要求减少环境污染。现在,大型压裂的支撑剂支撑位置的优选和确定技术是要随着强化大型压裂时减少砂和水的消耗并保持—增加产量来考虑。还要能够使产出水和循环返回水再使用而采取必要的技术。管材、材料和压裂液技术都为了满足在致密气藏钻井、完井、压裂遇到的挑战而正在展开,尤其是在高温高压"软"地层—岩石中应用。完井产品及其应用,例如套管的选择、井口设备的选择、射孔数目与射孔位置的选择与确定,关系到设计压裂级数;从多级压裂、长水平井增产同时降低成本等方面开展系列研究。在盆地范围油气藏、微地震数据、水力压裂增产等方面开展研究,使在所建立的理论之间把相矛盾之处合理化—有理化,并用之于:

(1)裂缝起裂、扩大延伸发展、闭合;

(2)压裂液功能的提高;

(3)支撑剂的选择、传送、到位。

同时,用油气藏特殊地层和生产数据继续在采油气机理和不同地层类型之间的关系方面进行了解以及在水力压裂结果的地震力学响应方面的了解。这些了解的例子是孔隙体积影响渗透率变化、近井节流(阻流)是岩石性质的作用、滑动—漏失—剪切是岩石性质作用的响应等。许多进步仍保留在把油气生产机理、地震力学响应和水力压裂增产等方面链接在一起而成为有效的知识基础。机遇仍存在于使用这些知识基础去为了推动完井策略和水力压裂增产而建立工作流程。

3　煤层气

我国埋深小于2000m的煤层气地质资源量约为$36.81 \times 10^{12} m^3$，与陆上常规天然气资源量（$38 \times 10^{12} m^3$）基本相当，居世界第3位。我国煤层气的67.7%分布在浅于1500m的范围内。大于$1 \times 10^{12} m^3$的煤层气含气盆地有鄂尔多斯盆地、沁水盆地、准噶尔盆地、滇东黔西盆地、二连盆地、吐哈盆地等。95%的煤层气资源分布在晋陕蒙（约占50%）、新疆、冀豫皖、云贵川渝4个区。这样集中对勘探开发有利。已建的两条"西气东输"管线，经过多个煤层气富集区，就提供了输送条件。我国从1952年开始对煤矿抽放瓦斯。1989年，原能源部召开第一次开发煤层气研讨会。1996年，国务院批准成立中联煤层气公司，先后在晋试1井获得日产4050m^3的稳定气流；1998年，钻12口井，平均单井日产气2400～3500m^3。"十一五"期间，我国共钻煤层气井5400多口，年产能$3.1 \times 10^9 m^3$。针对许多煤矿企业不仅不重视采煤之前的煤层气开采，而且还对开采煤层气的企业设置种种障碍，煤层气开发与煤炭开采间矛盾很严重，煤炭企业又处于强势地位，使煤层气产业的发展困难。2006年6月，国务院发布了加强煤层气开发利用的16条意见——国办发2006（47）号文件，明确提出了在高瓦斯矿区实施"先采气后采煤"和"采气采煤一体化"以及"煤层气和煤炭资源综合勘查评价的规定"。国家需要进一步立法：对煤层含气量高的煤矿—煤层强制性实施"先采气后采煤"，直至煤层中的含气量降低到安全标准以下才能开始采煤，从政策上使得采煤与采煤层气二者协调发展。2009年，煤层气开发已被列为16个国家中长期科技重大专项之一。中国石油从2012年开始每年钻2500口煤层气生产井。煤层气产业具有高投入、高风险、高技术等特点；需要政策和法律支持、资金投入、建设管网和配套设施。2012年7月25日，国内首个煤层气—天然气综合利用示范园区在山西寿阳开工建设。2013年底，项目投产后将成为山西省最大和项目最齐备的煤层气——过境天然气和瓦斯气循环利用基地与综合示范项目。该园区投资30亿元。液化项目所用原料气为寿阳地区抽采的高浓度煤层气，液化设备采用西门子工业设备和混合冷剂循环制冷工艺。园区内每年燃气资源综合利用总量将达到$10 \times 10^8 m^3$。减少煤矿瓦斯排放$5 \times 10^8 m^3$，外运液化煤层气$13 \times 10^4 t$，并可提供36万辆次加气服务，拉动投资100亿元，替代燃煤$1000 \times 10^4 t$，年综合产值20亿元以上。

煤层气地质条件复杂，非均质性大，区域性差别大；煤层渗透率低，含气饱和度低，钻井完井开发增产技术不完全与油气井技术有一定特殊性。煤层气主要是以吸附态存在于煤层中，而煤按照煤化作用的成熟度可以划分为高阶煤、中阶煤、低阶煤。煤层气工业开发中因煤阶不同会采用不同的开采技术，高阶煤往往利用分支井或羽状分支井开采，中阶煤一般采用水力压裂方法来增产。而低阶煤采用洞穴完井以望实现高效开发煤层气。煤层气藏普遍存在"三低"（低压、低温、低渗透），而煤层天然节理层理裂缝发育、杨氏模量较低，使水力裂缝在煤层中既容易产生而又成型复杂，支撑剂易嵌陷而支撑效果差，裂缝长期导流能力持续下降。这是煤层气压裂改造的难点。而低渗透的特征使得水力压裂技术又成为煤层气开发中不仅要用而且是主要增产技术。

国内外煤层气钻井完井开发增产技术有下面一些：

（1）井型。包括直井、斜井、水平井、分支井、丛式井等。对接井可由一直一斜或一直一水平或一直二水平井，还可加用洞穴井在储层选点对接。2012年，中国石化首个煤层气"V"形对接井组钻井成功并压裂成功，该井由2口水平井组（延5 - V1 - P1、延5 - V1 - P2）和1口排采直井（延5 - V1井）对接组成。2012年，中国石油煤层气开发用导向技术成功地进行了"煤海穿针"，就是在近千米的地下使水平井精确地穿过直井，使两井在设计靶区相通对接实现一排一采作业。在煤层气连片地区可打丛式井。

① 关于洞穴井与多分支井。煤层气多分支水平井是集钻井、完井及增产措施于一体的新型钻井技术。多分支水平井就是以一口主水平井眼为主在两侧相应的侧钻两个或多个分支井，利用这些眼作为泄气通道，同时钻一口距主水平井井口200m左右的直井并与主水平井井眼连通，用来排水降压采气，如图13所示。主水平井眼首先一开钻表层，下表层套管封固易塌易漏地层；接着二开钻至着煤点，下技术套管封固煤层段以上地层；最后三开钻主水平井眼和分支井眼以及洞穴，采用裸眼完井。

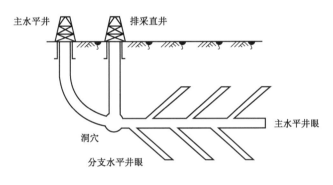

图13　煤层气多分支水平井示意图

与常规直井相比，多分支水平井开采煤层气的增产机理主要体现在以下几个方面：

a. 加大了有效供给范围。钻井中水平钻进较长距离是比较容易实现的，但要压裂出较长的裂缝是比较难的。而且，要压裂出较长的支撑裂缝要使用大型的压裂设备。使用多分支水平井就可以不需要造就较长的裂缝，多分支水平井在煤层中以网状形式分布，通过大量的常规裂缝连通储层，大大增加煤层气的有效供给范围。

b. 提高了裂缝的导流能力。无论压裂的裂缝长度多长，流体的流动阻力都是相当大的，而水平井内相对于割理系统流动阻力要小得多。分支井眼与煤层割理的交错分布，煤层割理与裂缝空隙连接更畅通，从而大大提高了裂缝的导流能力。

c. 减少了对煤层的伤害。常规直井钻完井后要经过固井和水力压裂，这些作业都会对煤层产生不同程度的伤害，而且造成的伤害是不可恢复的。应用多分支水平井钻井及完井方法可以简化这些工序，只需要保证钻井时钻井液对煤层无伤害，就可以达到钻采要求，从而减少了对煤层的伤害。

d. 提高了单井的产气量。近几年的试验和实际排采数据表明多分支水平井单井产气量可达$10000m^3$以上，像沁水盆地潘庄井组平均产量可达$50000m^3$，最高产气量能达到$10 \times 10^4 m^3$，与常规直井相比大大提高了单井产气量。

e. 提高了采收率，缩短了开采周期。根据已实施的多分支水平井的资料，分析多分支水平井前3年的生产数据,按照每100m分支间距排列多分支水平井,经过2~3年采收率可达到约40%~50%,相比之下,直井达到此采收率需要开采15~20年。据数值模拟预测,多分支水平井组排采3年,多分支水平井出现井间干扰,此时煤层气采收率就可以达到40%以上,而达到同样采收率的直井需要开采15~20年。

f. 减少了井场占地面积,增大了抽排面积。利用多分支水平井可大大减少井场占地,初步核算,当抽排面积相同时,多分支水平井比直井减少占地面积2/3左右。一口多分支水平井的井场占地面积约为2400m²,控制抽排面积相当于6口直井的控制面积,而6口直井的井场占地面积要7200m²。一口单翼多分支水平井的控制面积为0.5~0.6km²,一个井场布置3~4口单翼多分支水平井,可控制的抽排面积就可达2~3km²,与部署20~30口300m×300m直井的井距部署所控制抽排面积相当。

② 煤层气多分支水平井开发难点。

煤层气多分支水平井集成了水平井与洞穴井的连通、欠平衡钻井、钻水平分支井眼、旋转导向钻井和地质导向钻井技术等,是一项施工难度高、技术性强的系统工程。同时,煤层段一般采用小井眼钻进,目的是保持煤层的井壁稳定,这样对钻井工具、测量仪器和设备的性能等方面又提出了新的要求。钻煤层气多分支水平井主要面临的如下几点难点:

a. 煤层可钻性好,钻速快,但存在大量的割理和裂缝,从而容易破坏煤层的结构完整性。因此,在煤层中进行水平钻井时井眼轨迹很难控制。如何按照预先设计好的方案准确并且实时调整控制井眼轨迹以达到目标靶区,其难度较大。

b. 由于煤系地层存在大量割理和裂缝,煤层很容易破碎和垮塌。而且煤层很容易受到伤害,储层保护难度非常大。因此,常规的钻井液不能达到维护井壁稳定和保护储层的要求,需要特定的钻井液。

c. 煤层埋藏比较浅,而水平分支井井眼一般都比较长,为1000m左右,因此后期很难加上钻压;同时,钻水平分支井眼过程中,钻柱也很容易发生疲劳破坏。

d. 煤层气多分支水平井技术属于新的钻井工艺,要运用到许多新式钻井仪器和工具,例如小尺寸的地质导向工具、用于两井连通的电磁测量装置和高效减阻短节(AG-itator)等,目前这些仪器和装备在国内仍属空白。

e. 煤层气储层压裂难,压裂后储层易垮塌、破坏、堵塞以至不产气。在煤层气进行压裂施工,既要见到压裂效果又要保护好储层是一个技术难题。

我国煤层基本上属于低压、低渗透性储层,产水量不相对固定,但水基本上集中在层流区,因此对于水为层流区的煤层,应依据压力、渗透率和产水量来进行多分支井眼结构模式的设计。

对于低压、高产水、低渗透率的煤区,宜采用欠平衡钻井的方式开发煤层,在钻分支井的过程中,从洞穴井中注入空气,钻完井后洞穴井可直接转化为采气生产井(图14)。

对于低压、低渗透、产水较高的特厚煤层区,煤层厚度一般要达到10m以上,有时还会包含有泥岩夹层,这时需井眼同时穿过夹层上、下的煤层,并在直井和多分支水平井的煤层段造出不同类型的洞穴,用来扩大水、气供给的范围。图15中的动力洞穴,用应力释放法造成;机械洞穴靠扩孔工具形成,不需要应力释放。配合应用欠平衡;同时,煤层的最大水平主应力方向和面割理方位决定了主水平井眼的方位及其井眼的井壁稳定性。

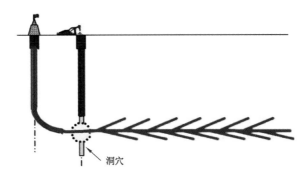

图 14　低压、高产水、低渗透区多分支井身结构示意图

图 15　低压、低渗透特厚煤层区多分支井身结构示意图

③ 煤层造洞穴技术。

为实现煤层中水平井与洞穴井的成功对接,从而建立气液通道,就必须在洞穴井的煤层部位造一洞穴,一般洞穴的直径为 0.7 ~ 1.6m,高为 2 ~ 4m。目前国内外煤层气开采的裸眼洞穴技术主要有 4 种方式,其优劣对比见表 7。

表 7　煤层气造穴技术优劣对比

造穴方式	技术优点	技术确定
人工动力造穴	洞穴直径较大,能形成远端激动,增产效果明显	技术要求较高;设备投入多,成本较高;洞穴形状不规则
水力射流造穴	工艺和工具较简单、现场易于施工	造穴直径一般小于700mm
机械工具造穴	工具相对简单、施工方便、洞穴直径大、形状规则、洞穴壁稳定不易塌	对造穴工具有较高要求;对远端煤层的扰动与压力激动影响小
裸眼化学造穴	造穴速度快,工艺简单,成本低	适用范围比较窄,主要是针对镜质组反射率小于0.6%的煤层;增产效果有待现场应用证实

④ 水平井与洞穴连通技术。两井连通过程中采用的技术为近钻头电磁测距法(Rotating Magnet Ranging Service,英文缩写为 RMRS)。目前,RMRS 技术在 SAGD、控制井喷钻救援井等领域已得到广泛应用。

RMRS 技术的硬件包括永磁短节、强磁计和探管。永磁短节的长度约为 40cm,由多个永磁体横向排列组成,用来提供一个恒定的待测磁场,其产生的电磁信号的有效距离为 40m。探管由传感器组件、扶正器和加重杆3部分组成,长度约为3m。永磁短节随着钻具一起旋转,当通过洞穴井附近区域时,永磁短节发出的磁场信号被探管收集,最后通过相关软件可准确计算出两井间的距离和钻头的当前位置。钻具组合通常为:钻头 + 永磁短节 + 马达(或旋转导向钻井工具) + 无磁钻铤 + 随钻测斜仪 + 钻杆。

基本原理:首先在直井中下入磁信号接收装置,将磁信号接收装置(磁接头)加入水平井的导向钻具组合中,磁接头随着钻头一起进行旋转,发射磁信号,这时处于垂直井内的接收器接收到来自水平井磁发生装置发出的磁信号,并将磁信号通过线缆传送至地面,经信号解调后传送至电脑,经电脑对参数进行分析计算,最终计算出磁发生装置与接收装置两点间的两点当前距离、垂直深度差和连线方位。得到当前钻进参数后,可利用置于水平井无磁钻杆中的 MWD 系统,实时进行测量和方向纠正,使其向靶点目标靠近,并使水平井与垂直井最终连通(图16)。

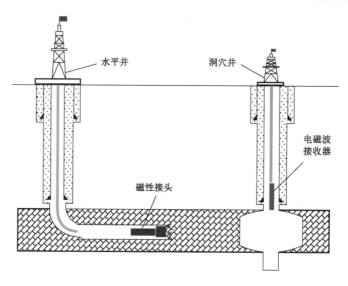

图16　两井连通示意图

由中国地质科学院勘探技术研究所自主研发的"慧磁钻井中靶引导系统"(图17),已成功应用于生产实践中。

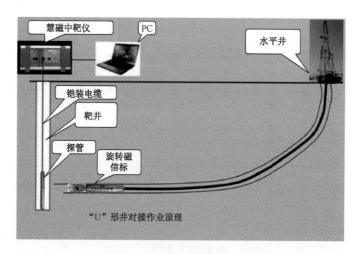

图17　近钻头电磁测距示意图

水平井与洞穴井连通施工技术要求：

a. 当水平井钻进到距洞穴直井 50～60m 时，在洞穴直井下入强磁性测距仪器，水平井中下入寻迹短节强磁接头；

b. 仪器工程师要及时将测距仪测量结果报给定向井工程师，定向井工程师依据仪器给出的数据进行轨迹调整，使实钻轨迹与连通点相碰；

c. 除了随钻测量以外，为了"双保险"起见，必要时每钻进 3～5m 停钻进行一次轨迹测量，及时调整工具面，切实控制好井眼轨迹；

d. 采用无磁短节，尽量减小 MWD 测量点到井底的距离；

e. 预计距直井洞穴 2～3m 水平井停止钻进。直井将仪器起出。井口阀门微开，水平井继续钻进，钻进过程出现泵压下降、井口不返泥浆，直井井口有液体排出现象时，表示连通成功。连通后继续钻进 10m 左右，起钻甩掉强磁接头。

f. 水平井钻至洞穴附近，实际的井眼垂深应处于洞穴的中部或中上部，而不是洞穴的上部与下部。若位于上部就算连通失败，但可以继续侧钻找洞穴。如果位于洞穴下部，由于增斜侧钻的困难，将不利于后续采取补救措施。

⑤ 应用实例。2005 年 7 月 31 日中国石油天然气集团公司首次在山西宁武盆地开钻了一口煤层气多分支水平井，目的是摸索多分支水平井开采煤层气的可行性。作为目前世界煤层埋藏最深的煤层气多分支水平井，武 M1－1 井采用了水平多分支、煤层造洞穴技术、两井对接、随钻地质导向、充气欠平衡等多项世界先进钻井技术，动用了国内外 15 家技术服务企业，该井的成功完钻填补了中国石油煤层气钻井史的空白。

宁武盆地武 M1－1 多分支水平井垂深 900m，主水平井眼向两侧侧钻 10 个水平分支井眼，总进尺 7993m，全井段钻完耗时 48 天。武 M1－1 洞穴井于 2005 年 7 月 31 日开钻，8 月 14 日完钻，实际完钻井深 950m。2005 年 8 月 15—28 日完成了直井造洞穴，洞穴高 5m，直径约 1m。2005 年 8 月 21 日，武 M1－1 多分支水平井开钻，10 月 11 日打完 10 个分支。随后该井进行排水，直至投产。

a. 武 M1－1 井钻井工艺概况。武 M1－1 井多分支水平井工艺集成了充气欠平衡钻井技术、地质导向技术等先进钻井技术，是一项涉及行业广、技术含量要求高、服务队伍多的系统性工程。整个施工中采用了许多先进的工具和仪器，如电磁测量装置、地质导向工具、减阻短节（AG－itator）等。武 M1－1 井组包含两口井，即多分支水平井和洞穴井。该井的施工顺序为：首先钻洞穴井，并在井底煤层段采用机械造洞穴方法造符合要求的洞穴，其次钻多分支水平井，然后采用近钻头电磁测距技术将两井连通，最后钻煤层中的主水平井眼和多个分支井眼。由于武 M1－1 井比较深且煤层比较脆，整个施工中都要随即做好防塌工作。同时，煤层也极易受伤害并导致产量大幅度下降，因此，也要时刻控制好井底压力。

b. 井身剖面与结构设计。宁武盆地 9 号煤层深度 882.06m，煤层厚度 11m，煤层倾角 7° 左右，水平井与洞穴井的连通距 200m，以上因素都使得该井井眼剖面的设计相当困难。经过大量研究及试验，最终采用了"能消耗较少垂深而得到较大位移"的理念进行井身剖面设计，井身剖面选择为"直—增—稳"三段制，这样可达到较大的水垂比，使井眼轨迹顺利着陆。武 M1－1 井的造斜点在 712m，着陆点在 942m，造斜段造斜率为 10°/30m。

水平井的井身结构为：ϕ244.5mm 表层套管×51m＋ϕ177.8mm 技术套管 949m＋ϕ152.4mm

主水平井眼(裸眼完井)×2000m + ϕ152.4mm 分支水平井眼(10 个分支)×(300~600m)。洞穴井的井身结构为:ϕ244.5mm 表层套管×60m + ϕ177.8mm 技术套管×950m,其中 878~883m 处为裸眼洞穴。

c. 井眼轨迹设计及导向控制。主井眼和分支井眼的井身分布如图 18 和图 19 所示。

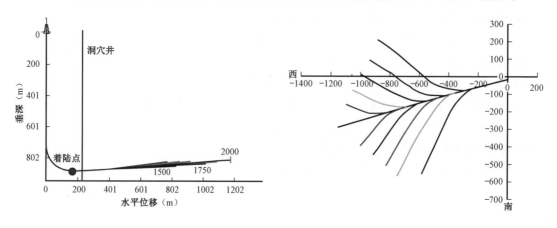

图 18 武 M1-1 井垂直投影图   图 19 武 M1-1 井水平投影图(单位:m)

d. 水平井与洞穴井连通工艺。武 M1-1 水平井和洞穴井的连通使用了旋转磁场(RMR,Rotating Magnetic Range)技术。电磁测距是 RMR 技术的核心,它与 MWD 和螺杆钻具配合使用,可准确地测量目标井眼(通常为直井)和实钻井眼间的连线距离。RMR 技术所用工具包括永磁短节、强磁计和探管。一个恒定的待测磁场由永磁短节提供,其有效距离大约为 40m,永磁短节产生的磁场强度信号被探管采集,最后经过采集软件准确地计算出两井眼间的距离以及当前钻头所处的位置。连通的钻具组合为:ϕ152.4mm 钻头 + ϕ125m 永磁短节×0.39m + 螺杆马达(1.5°) + ϕ120mm 无磁钻铤 + MWD + ϕ120mm 无磁钻铤 + ϕ89mm 钻杆。

宁武盆地实践表明,利用多分支水平井开采煤层气的优势主要体现在以下几个方面:增加了有效供给范围;提高了裂缝的导流能力;减少了对煤层的伤害;提高了单井产气量;提高了采收率,缩短了生产周期;减少了井场占地面积,增大了抽排面积。其技术难点主要有:容易破坏煤系地层的结构完整性;容易造成煤层破碎和垮塌;煤层易受伤害,储层保护难度大;后期钻压难以达到要求,同时,钻水平分支井眼时钻柱易发生疲劳破坏;煤层气多分支水平井技术属于钻井新工艺,涉及许多新式钻井仪器和工具,这些工具国内尚处于空白。

(2)井眼轨迹控制。钻遇煤层时,由于煤质松、脆裂缝发育,而夹层与顶底层硬,地层—储层非均质性差,有时发生漏—垮—掉块等复杂情况伴随产生井径不规则,多种因素导致井身轨迹难以控制。要使用好随钻测量随钻录井技术(气体井要用电磁随钻测量,EWD)。当使用螺杆钻具并调控 BHA 和钻进参数不能满足要求时,特别是两口井对接"穿针"时,需要使用旋转导向钻井工具并调整好 BHA 和钻进参数。

(3)欠平衡作业。煤层压力低又容易漏失,适于使用欠平衡作业。

(4)防漏堵漏。煤层割理、裂缝、洞穴发育,抗压、抗拉强度小,脆性大,胶结性差,容易漏失和井壁失稳-掉块垮塌。需要控制钻井液密度并调控其性能参数。

(5)井壁失稳与垮塌。上述因素也影响井壁失稳与垮塌,特别是煤层强度低、力学稳定性差,井壁更容易失稳与垮塌。需要选择优质钻完井液类型并调控其性能参数。

(6)特殊钻完井液。煤层气钻井需要研发使用特殊钻完井液已能综合解决漏—稳—垮—井径不规则及储层保护等问题。中国石化在延平 1 水平井使用煤层气绒囊钻井液效果很好,是一个新思路。绒囊钻井液主要由成核剂、成膜剂、囊层剂、绒毛剂等处理剂配制而成。绒囊结构由内向外依次由气核、表面张力降低膜、高黏水层、高黏水层固定膜、水溶性改善膜、聚合物高分子和表面活性剂浓度过渡层等"一核二层三膜"组成。如图 20 所示,为绒囊理论模型结构图及宏观结构图。

球形绒囊的中心包裹着气体作为绒囊的核叫作气核;在气核外壁吸附着一层表面活性剂,可以降低气液界面张力,使气核汇集能量称为气液表面张力降低膜;在气核外聚集着一个水层,是由于气液表面张力降低膜上的表面活性剂亲水端的水化作用以及亲水端间的缔合作用形成的,黏度远远高于连续相,称为高黏水层;高黏水层外表面在极性作用下吸附表面活性剂,形成维持高黏水层高黏状态的表面活性剂膜,称为高黏水层固定膜;高黏水层固定膜外侧的表面活性剂亲油基与其相对应吸附成膜。由于此膜亲水基团向空间发散,使绒囊具有良好的水溶性,故称为水溶性改善膜。水溶性改善膜的外侧由聚合物高分子和表面活性剂组成,从膜外侧向连续相浓度逐渐降低,形成没有固定厚度的松散层,称为聚合物高分子和表面活性剂的浓度过渡层,简称浓度过渡层。普通水基绒囊的微观理论模型和宏观结构模型如图 20 所示。

1000 倍左右的普通泡沫、微泡和绒囊等生物显微图片如图 21 所示。

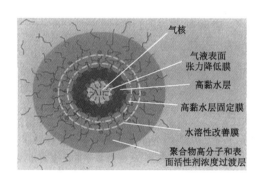 

图 20　绒囊理论模型结构图及宏观结构图

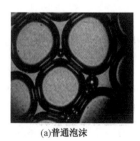 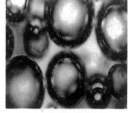 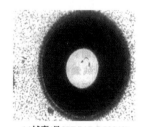

图 21　普通泡沫、微泡和绒囊生物显微图片

从图 20 和图 21 可知,绒囊与普通泡沫、微泡结构在厚度和层膜数量等方面都不同。2012 年有人研究证明,煤层气井井下 2500m 处,绒囊几乎没有被压缩,绒囊钻井液体系稳定(《天然气与石油》,2012 年 4 月刊;《石油钻采工艺》,2012 年 2 月刊)。

延平 1 井三开储层水平段采用绒囊钻井液体系:清水 + 0.4% ~ 0.6% 绒囊剂 + 0.6 ~ 0.8% 绒毛剂 + 0.05% ~ 0.1% 成核剂 + 0.6 ~ 0.8% 成膜剂 + 5 ~ 10% KCl;在储层水平段钻进,加入囊层剂、绒毛剂提高黏度切力和携岩能力;加入成核剂维持体系中绒囊数量,控制漏失,有效保护储层;加入 KCl 增强抑制性维持井壁稳定。2011 年 7 月 25 日,配制绒囊钻井液,pH 值为 7,密度为 1.1g/cm³,动切力为 7Pa,动塑比为 0.77Pa/mPa·s。正常钻进 24h 后停钻,由于螺杆损坏,更换新螺杆。2011 年 7 月 30 日换螺杆后,校正 EWD(随钻电磁测量)数据正常、检修设备正常后,继续钻进至完钻。中途起下钻 2 次,更换钻头、划眼、短起下钻 2 次,再划眼。经过上述工序,三开段钻井液密度保持 1.08 ~ 1.10g/cm³,漏斗黏度 35s 以上,失水小于 4mL/30min,动切力 2.5 ~ 8Pa,动塑比 0.35 ~ 0.85Pa/mPa·s。实践证明,绒囊钻井液性能稳定,防漏防塌能力强,井壁稳定保护储层好,流变性好,携岩能力好,流变性好,并能保证随钻录井和螺杆等正常工作。为煤层气钻井完井找到一个好办法,值得推广和进一步研究。需要根据煤层气的地质—岩性特征研发选用相应的个性化钻井完井液。

(7)煤层气储层渗透率低需要进行压裂改造。其主要技术有:

① 常规管柱水力压裂。

② 连续油管及水力喷射分层压裂技术。采用连续油管完井,水力喷射器进行射孔,然后在环空中注入进行加砂压裂施工,这项技术已经较为成熟,一次压裂层数能达到 10 ~ 19(20)层,在 Raton 盆地,14 口气井通过连续油管压裂后产量是常规压裂的 1.5 倍。还有一种分层压裂的方式是连续油管和跨越式封隔器组合应用,但这项技术要求连续油管通径大,而且加砂量有限(美国,一次压裂加砂量都少于 50m³),这难以满足低渗透率煤层大规模压裂改造的要求。

③ 冻胶超低温破胶压裂技术。现在用的低温超低温破胶技术包括生物酶破胶剂、低温破胶控制技术。煤层普遍存在超低温(20 ~ 30℃)现象,彻底破胶相当困难,因此形成了低温生物酶高效破胶促进剂,通过超低破胶技术的应用,可使冻胶压裂液体系对煤层的伤害率从 80% ~ 95% 降低到 7% ~ 38%。

④ 中间层垂直压裂技术(VFC)。在与煤层毗邻的或介于两套煤层间的低应力砂岩或粉砂岩等层射孔并压裂,以期裂缝在垂向上延伸到相邻煤层内。适用于三明治式的砂岩和煤层相间的储层,一条裂缝纵向延伸进入两套煤层可使两煤层一并开采。例如,Central Rockies 有 15 口煤层气井,其中 11 口井仅在煤层射孔—压裂,这 11 口井中有 7 口脱砂率为 65%;另外 4 口井在毗邻层和煤层中都射孔—压裂,而脱砂率均为零。使用这种方法要掌握好煤层和三明治砂层的地质条件及其精确数据准确射孔—压裂。

⑤ 活性水压裂。排量一般控制在 4 ~ 8m³/min,液量一般为几百至上千立方米,砂液比一般在 10% 以上。施工中要注意控制裂缝延伸需要的净压力,多级注入低砂液比支撑剂段塞以及选取合理砂液比提升模式,特别需要注意由于施工产生的煤粉问题,使用合适的煤粉分散技术。

⑥ 有条件时,使用地面控制的井下分层段控制阀等石油工业应用的智能完井多层段一次多层段压裂新技术,在煤层气长水平井段进行分段压裂。

⑦ 水力裂缝监测—诊断技术。煤层天然割理和节理及微裂缝发育,压裂后裂缝极复杂,需采用裂缝监测手段以确定裂缝分布情况并进一步认识煤层。巷道挖掘是煤层气裂缝监测的一种特殊方法,能实地观察到天然裂缝及水力裂缝的走向。石油行业应用的井下微地震、井下录井等方法也可用于煤层气井水力裂缝监测。

4 生物气及天然气水合物(参考何绍雄在这次会议的发言稿)

4.1 生物气资源

(1)生物气及亚生物气定义。

生物气:系指在生物化学作用带之低温条件下($<75℃$),由微生物的多种生物化学作用所形成的以生物甲烷为主的烃类天然气($CH_4 > 98\%$ 以上),原典型的干气,其干燥系数与成熟—高熟(或过熟)热成因气一样均在 0.98 以上。

亚生物气(生物、低熟过渡带气/准生物气):系指生物气与低熟热解气之间的一种成因类型的天然气,其主要地球化学特征及最突出的特点是,一般与少量低熟油伴生且其温度和甲烷碳同位素($\delta^{13}C_1$值)均介于生物气与成熟热解气之间,但更偏向于生物气,故亦称亚生物气或准生物气。

(2)生物气地化特征及分布深度。

生物气甲烷碳同位素($\delta^{13}C_1$)均小于 $-55‰$,干燥系数均在 0.98 以上,天然气组成特点与高熟过熟热成因气一样,均属典型的干气。

受热力作用的影响,生物气分布深度一般均较浅,地温不超过 $75℃$,但受形成后运聚成藏条件的改变,亦有较深的,最深可达 3350m。

(3)南海北部边缘盆地天然气资源丰富,天然气成因类型多,其中,生物气分布广泛(图22)。

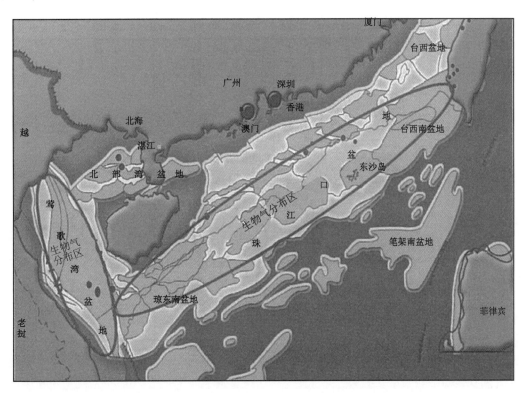

图22 南海北部大陆边缘主要生物气及亚生物气分布区域

迄今,南海北部天然气勘探中,除发现以成熟—高熟煤型气为主的气藏外,在多个盆地中均发现了生物气及亚生物气(生物—低熟过渡带气)气藏(DF1-1-8/9井浅层Ⅰ/Ⅱ气组;LD22-1和LD28-1浅层;BD19-2浅层),且具较高产量和一定的储量规模,其勘探前景广阔,是一个值得非常重视的天然气勘探新领域。

4.2 天然气水合物

4.2.1 天然气水合物基本概念

主要由烃类气体(主要是CH_4)与水分子结合形成的一种具有笼形结构的冰状结晶体,亦称可燃冰或碳氢化合物,是在特定的低温高压地质条件下(温度2.5~25℃,压力5~40MPa)形成。根据气源成分的差异可分为Ⅰ型、Ⅱ型及H型3种结构类型的水合物。

4.2.2 天然气水合物形成条件及地质特征

(1)天然气水合物形成条件,主要取决于充足的气源供给与特定的控制天然气水合物稳定带形成之高压低温地质环境的有效配置。

(2)天然气水合物分布在具有高压低温环境且有充足气源供给的海洋深水海域和陆上冻土带区域。因为是在高压环境下生成的,钻井时控压技术是重点也是难点。

4.2.3 中国天然气水合物勘探近年来获得重要进展

在我国深水海域及陆上获得天然气水合物实物样品,2007年5月在南海神狐深水区钻获天然气水合物(图23)。初步预测,南海北部深水区天然气水合物远景资源量达185×10^8t油当量,南海南部及东海深水区资源量达555×10^8t油当量。

2009年9月,在青海祁连山南缘永久冻土带木里煤矿区成功钻获天然气水合物实物样品。粗略估算,我国冻土区天然气水合物远景资源量至少有420×10^8t油当量。

图23 在南海神狐深水区勘探天然气水合物的钻井作业图

4.3 初步认识

(1)全球生物气分布广泛、资源潜力大,且勘探开发成本较低,是近期及将来非常重要的天然气勘探领域。

(2)南海北部生物气资源丰富、分布广泛,具有较大的资源潜力,是值得重视和开拓的天然气勘探新领域。

（3）南海北部深水区天然气水合物资源丰富,其气源供给主要来自深水海底浅层沉积物有机质生物化学作用,亦有部分热成熟烃类气的混入,天然气水合物主要分布于南海北部和西部深水区,南部深水区较少,因此,天然气水合物勘探应主要集中在北部及西部深水海底浅层附近。

中国中央电视台 CCTV-1 于 2017 年 6 月报道:在南海海域天然气水合物试采成功是全世界第一个试采成功的国家,标志着我国天然气水合物勘探开发即将进入新的历史阶段,是一个里程碑。

5 油页岩及页岩油

美国石油工艺杂志 2012 年第 1 期刊登文章论述世界油页岩是"视而不见的希望"。大量的油页岩沉睡在 Calorado,Utah,Wyoming 的 $18963acre^2$ 区域,预计有 $4.28 \times 10^6 bbl$ 的就地资源。除了美国,在其他国家油页岩资源无疑是不可忽视的。预测中国为 $48 \times 10^8 t(333 \times 10^6 bbl)$ 当量,可能还不止。我国自 20 世纪 30 年代后期在广东茂名开始年产 $18 \times 10^4 t$,之后持续稳产,近年大幅增长,2011 年达到年产 $1000 \times 10^4 t$。油页岩既不是原油也不是煤,油页岩中的干酪根比煤的含量高很多,所以可从中蒸馏出液体油和气体的碳氢化合物。地面或就地(in-situ)蒸馏都已成功,就像热解—高温分解那样,是有机物质在缺氧条件下在温度上升时的热化学的分解作用,它是很费时很花钱的复杂加工过程。山东龙口煤矿有一个油页岩蒸馏厂有 40 个蒸馏器(塔),加工能力为 $6 \times 10^4 t/a$ 页岩油。广东茂名很早就加工油页岩并有一定规模。有人试过 SAGD 方法,但实践证明不适用于开采油页岩,因为它不是一种高黏原油。页岩油助力美国成为全球最大石油供应国。根据美国能源顾问公司(PIRA)数据,2013 年美国已取代沙特阿拉伯成为全球最大产油国(若单以原油日产量计算,美国仍落后沙特阿拉伯和俄罗斯 $300 \times 10^4 bbl$)。这是页岩油革命带动美国石油业的最新里程碑。PIRA2013 年 10 月 15 日公布,包括液化天然气和生物燃料在内,美国的液态油日产自 2009 年以来激增 $320 \times 10^4 bbl$,因页岩油产出大增引发史上第二大产油高潮。PIRA 预测,美国液态油日产量 2013 年为 $1210 \times 10^4 bbl$,超越 2012 年的首位石油供应国沙特阿拉伯。PIRA 对液态油的定义范围广泛,包括原油、页岩油、凝析油、天然气液等。全世界现在除美国外还有 3 个国家的油页岩生产已商业化,这有其各国的具体原因:

（1）中国过去一直缺油,1930 年在广东茂名开始生产页岩油,现年产 $1000 \times 10^4 t$ 页岩油;

（2）巴西过去缺油,1954 年开始生产页岩油,现在年产 $15 \times 10^4 t$;

（3）Estonic 没有油、煤、天然气资源,有 $1600 \times 10^4 bbl$ 油页岩资源,这个国家有 128 万人口,年产 $1500 \times 10^4 t$ 页岩油,其中 80% 供两个发电厂发电 2380MW,其余 20% 加工成化工产品。目前,世界有 3 个在建的油页岩就地(in-situ)加热加工的新技术项目(JPT 有报道): ① Shell公司就地加工项目;② US & Total 公司就地用"橡胶液侵渍—涂橡胶"方法加工项目; ③ Exxon-Mobil 公司用电分解—分裂加工方法。这表明世界上将会有更多国家用新技术加工油页岩。我国应该进一步发展油页岩工业。

6 结束语

勘探开发页岩油气、煤层气、致密气和天然气水合物等非常规油气比常规油气难度大,需要采用先进的、针对性好的创新技术,这已是国内外的共识。在国际上,非常规油气勘探开发的关键技术主要有:3D 地震及新型地球物理找矿技术、新型测井录井技术、提高非常规油气采收率技术、水平井和复杂结构的多种类型井眼的钻井完井技术、在长井段分层段的大规模高效水力压裂改造增产技术、新型油田化学剂及基于纳米毫微级颗粒的钻井—完井液技术、提高采收率的油气藏纳米毫微级处理剂及工业应用技术、智能化信息化自动化数字化及智能油井/数字—智能油田集成技术、环保与节能减排技术等。开发非常规油气应与常规油气结合,几种非常规油气的开发也要相互结合。

　　我国非常规油气类型多资源十分丰富,勘探开发潜力巨大,经过一定时间资源评价选区和创新技术准备后,有望加快非常规油气勘探开发速度,实现我国油气工业发展的第三次跨越。我国专家对非常规气发展的战略设想(表 1),需要在实践中进一步完善和落实。

（本文为 2013 年 4 月西安会议发言稿,2016 年修订稿）

应用系统工程技术和工厂化作业开发我国页岩气的探讨[❶]

张绍槐

摘　要:根据页岩气藏特性和国内外开发页岩气的经验,分析了页岩气各个环节的内在联系,提出了应用系统工程技术开发我国页岩气的观点。这个系统工程包括地质工程、钻井工程、固井工程、完井工程、压裂工程等直至投产—生产在内的整个作业工程,可以称之为"全系统工程"。页岩气"工厂化"作业方式在国内外普遍得到应用与重视。文章论述了页岩气工厂化作业的特点、优点和主要的关键技术,包括井场部署、井组优化设计、可移动钻机、批量化作业、井眼轨迹设计与控制、高造斜率的新型旋转导向工具、拉链式压裂和同步压裂、微地震和智能测块两种裂缝监测技术、钻井完井液循环利用和压裂液回收利用。文章介绍和评述了国内最近几个先导性的页岩气井"工厂化"作业的经验和今后发展。文章对发展我国页岩气开发提出了一些建议。

关键词:页岩气;钻井工程;钻完井液完井液;压裂工程;工厂化作业;系统工程

1　概述

页岩气是绿色低碳的能源,是天然气家族中具有现实开发意义的非常规油气之一。

(1)我国工业化开发页岩气的必要性:我国油气需求日增,对外依存度已达58.1%,已逼近61%的"红线";到2030年,天然气对外依存度将首次突破三成,达31.6%。增加国内常规油气产量已比较困难。增大海外份额油既要相当大的投入,其量也有限。我国油气供需缺口应立足国内解决,将从非常规油气(页岩油气、致密油气、煤层气等)特别是页岩气资源的工业化开发方面得到解决或部分解决(美国是先例)。到2030年,非常规油气产量将占总产量的1/3(包括页岩油、致密气、煤层气等)。在2014年"两会"政府工作报告中,李克强总理指出"今年要努力建设生态文明的美好家园。推动能源生产和消费方式变革。加强天然气、煤层气、页岩气勘探开采与应用。把节能环保产业打造成生机勃勃的朝阳产业"。在相当长的时期内,我国油气能源结构中以油为主的格局不会改变;同时也要看到国家越来越重视生态环保以及常规与非常规气体家族的勘探—开发—应用;在"油气并举"战略指引下,加快工业化开发页岩气的必要性应予肯定。

(2)我国工业化开发页岩气的现实性与紧迫性:我国页岩气资源量相当丰富,据2012年底中华人民共和国国土资源部(以下简称国土部)数据,可采储量为$25 \times 10^{12} \mathrm{m}^3$,居全球前位(首位)。全世界都看好中国。例如,2014年2月JPT – ASIC载文报道:"SHALE GAS IN CHI-NA",并说中国的可采资源量为$3.16 \times 10^{12} \mathrm{m}^3$,居世界第一,分布很广,但存在挑战。Shell公司和Total公司等大公司积极参与投标和合作。我国页岩气是能够大规模工业化开发的非常规天然气资源之一。2013年生产页岩气$2 \times 10^8 \mathrm{m}^3$。我国有一个2015—2020年的页岩气中长

---

❶ 本文是中国页岩气开发与资源储量评价及相关技术研讨会的发言稿;中国石油化工行业科技交流中心2014年在深圳举行的"全国非常规天然气勘探开发与综合利用研讨会"的特约稿。2016年修订。

期发展规划,2015 年年产 $65 \times 10^8 \mathrm{m}^3$(与 2013 年相比,2 年增长 32.5 倍),2020 年力争达到 $600 \times 10^8 \sim 1000 \times 10^8 \mathrm{m}^3$ 页岩气(与 2013 年相比增长 $300 \sim 500$ 倍),这个增长速度是很快的了。国家紧迫需要天然气—页岩气清洁能源,非常重视并在政策上积极支持。可以说规模化、工业化开发应用页岩气的现实性与紧迫性是肯定的。至于提高页岩气产量的速度和经济效益,必然要有一个过程,急了不行,慢了也不该。中国石油报两次评论"理性看待页岩气热"。目前,页岩气产业处于起步阶段,初步积累了一些经验,也遇到了不少问题、困难和挑战,与美国和加拿大等国仍有差距。若能精心组织可加快步伐。无论如何,解决我国开发页岩气的现实性和紧迫性是当务之急。受政策鼓励和市场需求的推动,中国正在掀起开发页岩气的热潮。2012 年 12 月,国土部主导的页岩气探矿权第二轮招标完成,Shell 公司和 Total 公司也中标。中华人民共和国财政部 2012 年 11 月发布页岩气补贴政策,2012—2015 年补贴标准为 0.4 元/m^3(需要延长补贴期到 2030 年甚至更长;美国 1980 年开始持续实行了二三十年的补贴政策)。中华人民共和国国家能源局《页岩气发展规划(2011—2015 年)》指出,到 2015 年页岩气产量达到 $65 \times 10^8 \mathrm{m}^3/\mathrm{a}$(比 2013 年增长 32.5 倍);力争 2020 年产量达到 $600 \times 10^8 \sim 1000 \times 10^8 \mathrm{m}^3/\mathrm{a}$(比 2013 年增长 $300 \sim 500$ 倍)。为了实现这个宏伟目标,2020 年以前中国将需要钻页岩气井至少 2 万口,单井投资按照 4000 万元计算(2014 年 2 月,在湖南页岩气评标会上,钻一口约 2000m 的页岩气直井标价约 1000 万元),光钻 2 万口页岩气水平井的总投资就是 8 千亿元(不包括完井、压裂等费用)。还要看到,这么大的投资也将为相关技术服务和装备行业带来良好的市场机遇。页岩气开发风险大、技术难度大、起步困难。2014 年我国"两会"期间,委员代表希望要进一步加强扶持的政策、规划一定要靠措施来落实。我国才起步几年和发展了 30 年以上的美国和加拿大等国相比尚有差距;但是中国也有可能"后来居上",只是时间问题。我国这几年页岩气的发展势头挺好,例如,西南油气田做出了很大的努力。2014 年和 2015 年《中国石油报》多次报道:西南油气田稳步推进国家设立的威远—长宁页岩气国家级示范区建设,创造了开展页岩气专项研究并取得第一手资料、钻成页岩气井数、销售页岩气等多项国内第一;9 口井投入试采累计产气 8000 多万立方米;进行资源评价寻找页岩气富集区、研究关键技术并形成技术系列(再发展为系统工程);制订工作流程、技术标准、操作规范、管理制度等。2014 年开始就部署了地震资料采集作业、新钻评价井 8 口、建设 20 多个工作平台开钻 110 多口新井、启动 8 个平台的产能配套工作,2014 年将再投产一批新井提高页岩气产量。经国土部审定,中国石油在四川盆地威 202 井区、宁 201 井区和 YS108 井区 3 个区块新增页岩气含气面积 $207.87 \mathrm{km}^2$、页岩气探明地质储量 $1635.31 \times 10^8 \mathrm{m}^3$、技术可采储量 $408.83 \times 10^8 \mathrm{m}^3$。这 3 个区块均位于国家级页岩气产业示范区内,这是中国石油首次提交页岩气探明地质储量。截至 2015 年 8 月 27 日,在上述探明储量区内已有 47 口气井投产,日产气 $362 \times 10^4 \mathrm{m}^3$。随着威 204H2 – 4 井和威 204H2 – 5 井的投产,威远页岩气示范区日产页岩气达到 $100 \times 10^4 \mathrm{m}^3$。截至 2015 年 8 月,威远页岩气示范区已投产页岩气井 19 口,其中威 202H1 平台已投产 3 口井,日产 $31 \times 10^4 \mathrm{m}^3$,威 202H2 平台已投产 6 口井,日产 $56 \times 10^4 \mathrm{m}^3$,威 204H1 平台已投产 2 口井,日产 $8 \times 10^4 \mathrm{m}^3$。这样的好例子不断出现。我国页岩气勘探开发在体制上还有所突破。例如建立了企地合作企业——四川长宁天然气开发有限公司(由中国石油天然气集团公司 + 四川省能源投资集团有限责任公司 + 宜宾市国有资产经营有限公司 + 北京国联能源产业投资基金 4 家公司组成),是我国首个企地合作的页岩气公司,2014 年 3 月 3 日,该公司在四川宜宾市珙县上罗镇开钻了第一口页岩气开发井——长宁 H3 – 6 井,这口井设计水平段长 1500m、深 4448m,预计钻井作业时间 70 天。长宁区块位于长宁—威远国家级页岩气示范区内,总面积

$4200 km^2$。这一区块的页岩气开发按照"连片式开发、集群化建井、批量化钻井、工厂化压裂、一体化管理"的思路进行产能建设,地面建设采用标准化设计、模块化安装、数字化管理。2014 年,长宁区块拟钻井 50 余口,计划 2015 年生产页岩天然气 $10 \times 10^8 m^3$。2014 年,中国石化涪陵页岩气取得重大突破,证明我国海相页岩气资源丰富。我国不断建立了一些民营页岩气公司,例如,武汉凯迪页岩气清洁能源开发利用有限公司、河南新乡市富邦科技有限公司(主要研究页岩气压裂液)等。采取多种渠道和措施,可以预料经过二三十年持续发展,页岩气产量可望在全国油气产量中取得举足轻重的地位。2015 年 10 月,CCTV 新闻联播报道称:我国已是全球继美国、加拿大之后第 3 个页岩气开发商业化的国家。

2 系统工程技术和工厂化作业系统工程

本文用系统工程的技术和工厂化作业方式阐述页岩气开发,研究(整个/全)系统工程。重点探讨以下 8 个方面问题:页岩气地质工程、页岩气钻井工程、页岩气钻完井液技术与工程、页岩气固井工程、页岩气完井工程、页岩气压裂与裂缝监测技术与工程、页岩气"井工厂"技术、我国开展页岩气"工厂化"作业试验并初步取得成功。

2.1 页岩气地质工程

页岩气是主体上以吸附状态、游离状态和二者复合状态赋存于富有机质的暗色泥页岩或高碳泥页岩层系中的天然气。它是天然气生成之后在烃源岩内原地或就近聚集的结果,具有自生、自储、自保、低孔、低渗等特点,为一种大规模、连续型、低丰度的非常规天然气资源。页岩气藏是作为烃源岩的页岩持续生气、不间断供气和连续聚集成藏形成的,其生烃、排烃、运移、聚集和保存全部在烃源岩内部完成。页岩气的主要储集空间是直径小于 $1 \mu m$ 的纳米级孔喉,微米级孔隙占 5% ~20%,微—纳米孔隙占 80% 左右,并决定了油气聚集方式和流体相态。页岩气以吸附和游离状态赋存于储层中。富集规律受控于原型盆地的沉积构造形态以及储集甜点的发育—分布等。对新发现新勘探开发的页岩气藏要从地质上要精选"甜点",遵循"三七/二八"规律(用 20% ~30% 的投产段数,贡献 70% ~80% 的产量)设计井网和布置井位。要根据地质—物探—测井技术及其资料准确了解地应力,使水平井井轴沿最大水平主应力方向延伸,以能在井轴垂直方向沟通天然裂缝,压开压出簇状人工裂缝,对于多分支的分支井段,其井轴与主眼尽量平行,分支开始段的夹角控制在 30° 左右。工程设计与地质工程配合依据地应力场、大小主应力方位、岩石特性等进行井轴设计—调整—控制。对于井身长度不强求"越长越好",而不同储层各有优化值(国外页岩气井一般是 1500 ~2000m)。需要用该区的岩心(岩样)进行室内模拟试验。例如,页岩气储层岩石的塑脆性有相当差别,有几乎是脆性的,也有塑性中等和较大的。页岩脆性越好,天然裂缝形态越复杂,人工裂缝越容易产生,造缝能力越强,易产生多分支转向型裂缝。而塑性的储层就难以压裂,即使压出裂缝也是单缝和双翼形主缝,很少有分支缝。有人研究认为,塑性指数是确定压裂难易和遴选高品质页岩的重要参数。国内外越来越重视页岩气储层力学特性的测定与评价,并认为页岩脆性破坏的力学机理是核心问题。若能在力学特性评价的基础上再结合矿物组成成分进行综合分析则更好。

就是说,页岩气地质工程是页岩气开发井网优化的依据、进行规模开发布井的依据、储层地质精细描述是井眼工程设计的依据……。制订页岩气开发系统工程技术必须要地质工程提供有关依据。再有,在解决工程方面的一些难题时也很需要地质工程的配合。例如,中国已发现的页岩气资源埋深大于美国 5 大盆地,最深达 3500 ~4500m 甚至更深(如四川)。页岩气盆地之间的地质和成藏条件有差异,国内外学者认为需要根据各地区—地层的成层年代、岩石性质、岩矿组成、岩石力学特性、地球物理—地球化学响应特征等进行分析研究,并经过实验—检测得到有关数据再经模拟试验,才能有依据地进行工程技术设计与施工。做这些事情都需要财力与时间。

国内外越来越重视页岩气储层力学特性的测定与评价,并认为页岩脆性破坏的力学机理是核心问题。若能在力学特性评价的基础上再结合矿物组成成分进行综合分析则更好。陈勉等初步进行了我国四川龙马溪组黑色页岩力学特性的室内实验。测试结果表明,它在抗压强度、弹性模量和泊松比方面均与美国 Haynesville 页岩较为相似。龙马溪组页岩有显著的脆性断裂特征,以劈裂式破坏为主,破坏后产生许多裂缝。龙马溪组页岩水力压裂能达到体积破裂和转向裂缝,可改造性属于中上等。分析研究龙马溪组页岩力学特性以及岩矿组分的结合,还能指导页岩气井的钻头选择、钻进参数、防漏防塌—井壁稳定、优选钻完井液等技术,特别是能为优选井眼类型、井身结构以及完井方式和水力压裂设计与施工提供依据,页岩气的室内实验有着特殊的要求与内容。

上面只是从几个方面来说明页岩气开发工程与地质工程的密切关系,此类问题很多,都需要地质工程与钻—采工程结合,共同进行技术设计与施工;所以需要把地质工程纳入页岩气开发整个(全)系统工程之内。

2.2 页岩气钻井工程

页岩气规模化开发时需要比开发常规油气布井密、井距小,要钻更多更复杂的井,那么井网、井位、井身剖面和井型等都需要根据页岩气特征科学地确定。井网、井位和井身剖面主要由地质和开发部门决策,钻井部门参与。钻井部门主要负责的有井型、井身轨迹、压力平衡和井径等问题。一是关于井型问题:页岩气开发以水平井为主,其中三维水平井占有较大比例,而且水平井段很长,这已是共识。需要强调的是,页岩气开发还要重视多类井型的应用,除了已经普遍采用的水平井、丛式井以外,还要探索多分支、最大油藏接触面积井(MRC,井段与储层接触长度大于5000m)在开发页岩气时的应用;同时要考虑和研究多分支井和 MRC 井适于页岩气特性的固井、完井、压裂的可行性及有关技术。建议组织攻关,适时选点试验和进行先导试验,取得经验后推广。二是页岩气井眼的井眼轨道以三维为好,井身轨迹设计和控制比常规井要求高,其中从直井段到水平段宜用高造斜率的斜井段,理由如图1所示。

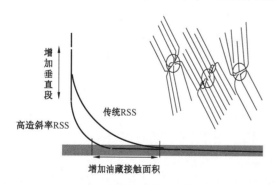

图1　高造斜率井身轨迹可增加垂直段长度、水平段长度与油藏接触面积

图 1 表明:高造斜率旋转导向系统能够使造斜点下移,增大直井段长度,增加水平段长度,增加油藏接触面积,并便于"工厂化"作业。

为开发页岩气等非常规资源所钻的水平井,通常具有造斜率高、水平段长、三维井眼轨迹既复杂又需要精准、起下钻次数多等需求。使用常规钻井工具将耗费大量时间;使用螺杆和常规 RSS 的造斜率达不到要求。如能一趟钻完成从垂直段到水平段的钻进,将可通过减少调整井眼轨迹和起下钻作业的次数而大大节省钻井时间。页岩气等非常规油气的开发推动了水平井技术的快速发展,而水平井技术的发展,对旋转导向系统提出了更多要求。近年,斯伦贝谢公司和贝克休斯公司等快速跟上页岩气开发的步子,在原有 RSS 的基础上研发了高造斜率和一趟钻多功能的新型旋转导向钻井工具(RSS)等。

为满足钻页岩气等复杂结构井的需要,近年斯伦贝谢公司开发的 Power Drive Archer 高造斜率旋转导向系统,是一种将推靠式和指向式原理相结合的复合型旋转导向系统,既可以实现高造斜率高狗腿度,同时又可以达到常规旋转导向系统的机械钻速。由于是全旋转系统(所有外部组件和钻柱一起旋转),这有利于井眼清洁,井眼尺寸 $8\frac{1}{2}$ ~ $8\frac{3}{4}$in,最大造斜率 16.7°/30m。系统可进行三维定向井钻井,可在任何一点开窗侧钻,工作过程中所有的外部组件都旋转(即全旋转),减少了摩擦阻力以及压差卡钻的可能性,改善了井身质量。

如图 2 所示,Power Drive Archer RSS 不依赖原来 RSS 的外部移动滑块(即 PAD,巴掌)推靠地层产生侧向力;而是与工具面的相对位置保持一致的内部阀门分流了部分钻井液到活塞,钻井液驱动活塞来推靠铰接式圆柱形导向套筒,导向套筒再通过一个与万向节连接的枢轴把钻头指向所需的方向。在中性模式下,钻井液阀连续旋转,钻头的侧向力沿着裸眼井壁均匀分布,使得 RSS 得以保持其走向(实现稳斜)。同时,位于万向节上方的 4 个(或 3 个)外部套筒扶正器刀翼一旦接触到裸眼井壁,就会为钻头提供侧向推靠力,提高造斜率。所以它是推靠原理和指向原理的结合与叠加(双重原理),最高造斜率超过 15°/30m。由于其移动组件都在工具内部,免受恶劣钻井环境的影响,因此该 RSS 在井下出现故障或遭到损坏的风险较低,还有助于延长 RSS 的使用寿命。

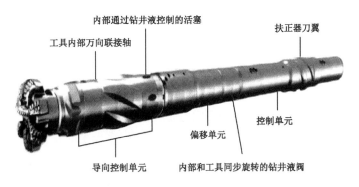

图 2　Power Drive Archer 高造斜率旋转导向系统

Power Drive Archer(PDA)配加近钻头测量参数功能,如测量自然伽马、密度、中子等以及井斜和方位角,作业者能密切监控钻井过程。控制单元通过连续钻井液脉冲遥测装置将当前方位和其他操作参数传递给地面的作业者。司钻把指令从地面发送到位于导向单元上方的控制单元。钻井液流速根据这些命令而改变,每个命令都有各自独特的波动模式,并和预先设定的导向图上的离散点一一对应,而这张导向图在工具下钻之前就已经通过编程方式输入到工具的内存中。所以 PDA 是旋转—地质复合的闭环导向系统。

采用 Power Drive Archer RSS,作业者可以不起钻更换 BHA,使用同一个 BHA 就能从上到下连续地钻垂直段、斜井段及水平井段,从而提高钻井效率、机械钻速和井眼质量。避免了滑动钻进及旋转钻进模式的交替更换,使用旋转导向系统能够降低井眼弯曲度,避免了粗糙井眼带来的高摩阻。这有助于在油藏内钻出更长的水平井段。在美国的 Marcellus 和 Woodford 页岩气水平井钻井中发挥了重要作用。

《钻采工艺》2016 年第 2 期白璟等的文章"四川页岩气旋转导向钻井技术应用"介绍了四川页岩气水平井和丛式三维水平钻井用螺杆钻具达不到设计井身剖面和轨迹调控的要求。经优选后采用斯伦贝谢公司的 Archer 型旋转导向钻具,它的造斜能力达(15°～18°)/30m,是推靠和指向复合原理的新型旋转导向钻井工具。在长宁—威远国家级页岩气示范区试验应用于 7 个平台 28 口井,钻速提高,作业周期降低,在 28 口井直接节约钻井时间 950 天,节约钻井费用 6650 万元。同时,在长宁区块旋转导向技术成功进行了气体钻井(16 口井),节约钻井时间 256 天,节约钻井费用 1382.4 万元。应用 Archer 旋转导向钻井技术后,水平段增长了 500～1119m,提高了页岩气单井产量和开发效益,井眼质量更加平滑,确保了后期电测、安全下套管和完井增产的顺利实施,综合效益显著。

另据该期杂志报道,Power Drive Xceed 旋转导向钻井系统在大港油田海油陆采人工岛上的张海 29 - 36L 三维大位移定向井,水平位移 1764.51m,最大井斜 76.16°,钻井指标与经济效益显著。以上两例再次证明旋转导向钻井技术的先进性。

还有,贝克休斯公司新研制的 AutoTrak Curve 旋转导向系统最高造斜率超过 15°/30m,可实现一趟钻快速钻进井眼垂直段、曲线段和水平段,减少起下钻次数。AutoTrak Curve 是全闭环旋转导向系统,可根据指令向任意方向钻出准确、平滑的井眼轨迹。其导向功能主要由安装在导向套筒中的 3 个(或 4 个)可伸缩块实现。导向套筒位于钻头附近,以固定的速率低速旋转。地面控制信号发出后,井下供电装置驱动伸缩块有选择地伸出,使旋转中的钻柱向既定方向偏斜。在钻头附近还安装有伽马射线等参数的探测器,帮助进行更为精确的地质导向。系统能够将地面指令传递到井底,使钻头按照预定方位和井斜钻进。在北美最坚硬的非常规油气的地层中钻进 ϕ222.25mm 井段,完成了超过 10000h 的现场试验,节省钻井周期达 60%。该系统允许钻井液添加堵漏剂,拓展了钻井液选用范围。与传统旋转导向系统相比,AutoTrak Curve 钻入储层时间更短,井眼控制能力更强,成本更低,适用范围更广。

前面讲了井型和井轨两个问题,在钻井工程方面还要考虑的第 3 个是压力平衡问题。页岩气气藏是低压力的,为了保护储层防止(或减少)伤害,最好尽量采用平衡—欠平衡钻井完井技术(含气体钻井)及有关装备。第四个问题是在满足多级分段压裂施工等要求的前提下,以及有条件有可能性的时候,为了降低钻井成本适当采用直径小的井眼——小井眼。

2.3 页岩气井钻完井液技术与工程

页岩地层漏失严重,防漏堵漏工作量大,井壁垮塌和井壁失稳现象普遍为了井壁稳定以及保护页岩气储层等,需要研究页岩气井的钻完井液。页岩层理和裂隙发育,井壁稳定性差,实践表明,采用两性离子聚合物混油防塌钻井液未必能满足钻进要求。某井两次侧钻在接近水平段时均发生了井壁垮塌。鉴于定向井段垮塌复杂情况,在水平井段用白油基钻井液,并优化密度优配封堵剂,引入活度平衡理论优选水相,减少钻井液渗透入裂缝,其滤失量低,润滑性好,封堵防塌能力强,用于泌阳盆地泌页 HF - 1 井,在长达 1044m 的页岩水平段钻进没有发生井下复杂情况和钻具事故,井壁稳定,较好地满足了页岩垮塌等难题。有的页岩气井采用有机盐/无机盐复合防膨技术能有效保护井壁稳定。总之,页岩气钻井完井液需要专题研究,不宜简单沿用常规油气藏钻井完井技术。

2.4 页岩气固井工程

页岩气井压裂使用"万吨水、千吨砂"的强化措施,所以页岩气井固井质量直接影响分段压裂、体积压裂效果及井筒的完整性,对水泥环的返高、承压性、抗破坏性、耐腐蚀性、密封性、密封准则及水泥石力学性能要求高或者说有某些特殊要求。需要开展页岩气固井基础理论研究;根据页岩气地层的岩石特性,优化水泥石力学性能;开展页岩气井提高水平段固井质量及密封性研究;页岩气功能性固井材料——水泥浆体系研究及页岩气固井特殊工具的研制;页岩气工厂化作业对固井特殊要求的研究等,以确保页岩气井固井一次成功率高并满足页岩气井在开发阶段进行强化作业的要求。

2.5 页岩气完井工程

相对于常规油气井来说,页岩气单井产量低,页岩气气藏单位体积内的井密度大,井数多,而页岩气井大多数是水平井乃至复杂结构井,在储层穿越长度大,需要分段压裂和工厂化施工,页岩气储层伤害与常规储层伤害不尽相同,而其机理还不够清楚,完井工程必须考虑强化压裂改造—增产等作业的需要,应关注投产后产能及整个开发期产能变化以及各个阶段和最终采收率。为了保证完井质量,国外很多油公司规定完井成本占总成本的50%左右;完井方案由地质、开发与钻井等部门共同研究设计。目前,我国页岩气完井方法比较简单,大多数是裸眼或套管、射孔完井。建议考虑探索一些新的完井方法,例如在一口页岩气复杂结构井中采用几种方法,将裸眼、套管、筛管等复合使用(例如在主眼大部分井段用套管、射孔,主眼最后一个层段用筛管;在分支段用裸眼或筛管)。再建议探索在页岩气完井方法采用专门的智能完井——可暂名"页岩气智能完井"。

2.6 页岩气压裂与裂缝监测技术与工程

页岩气井压裂几乎全部采用分段压裂。要求实现体积压碎型压裂(即不仅仅是压通和压开,而是将压开的裂缝周围岩石压碎,形成大范围的裂缝网带)。国外针对页岩气开发和水平井分段压裂等难题,研制成功水平井双封单卡、投球式与非投球式等多种类型滑套的分段压裂工具与工艺、水力喷砂分段压裂技术与装备、自膨胀封隔器、选择性完井等新工具,实现了最大分段压裂气井21段(乃至更多段)的技术突破,显著提高了页岩气水平井开发效益。目前,中国石油60%以上的水平井都需要采用分段压裂,最多分段20段,水平井段最长为3000m,单井最大压裂液用量超过20000m³,最大加砂超过1600m³,初步实现了"万方液、千方砂"的压裂规模。

国内外正在研究能够实现下一趟管柱就能连续地进行无限多级压裂(理论上无限,施工中则希望达到30~40级)的无线射频识别技术(RFID)。把 RFID 接在压裂管柱上。RFID 射频识别系统在石油行业储运站库管道和其他工业部门已应用了多年。RFID 系统主要由电子标签、阅读器和数据管理系统等部分组成(图3)。电子标签部分是由标签芯片和标签天线两部分组成,每个电子标签都含有唯

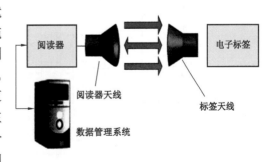

图 3　RFID 系统构成

一的识别码,用来表示电子标签所附着的物体。当电子标签接收到阅读器的发射信号后,电子标签被"唤醒",然后根据阅读器发射的指令完成相应的动作,并将响应信息返回给阅读器。阅读器也是分为阅读器天线和阅读器两部分,阅读器通过阅读天线发射信号"唤醒"和传送指令给电子标鉴,并接收标签返回的信号,是双向信息。信号经过初步过滤、处理后,完成对电子标签信息的获取和解析,将有用的数据通过网络和数据管理系统交互。数据管理系统主要完成数据信息的存储及管理。数据管理系统可以由简单的本地软件担当,也可用集成了 RFID 管理模块的分布式 ERP 管理软件。

RFID 系统的滑套原理是"激活—解读—开关"(图4),结构各部分功能如下:

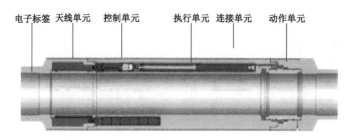

图4 RFID 滑套结构组成(参考 SPE 113842)

(1)RFlD 滑套控制单元植入控制程序,电子标签植入特定信息码,当电子标签通过滑套线圈时被线圈建立的磁场激活,利用感应电流所获得的能量发送出存储在芯片中的信息码;

(2)控制单元通过天线接收该信息码,结合监测到的环境参数(压力、温度等)控制程序对接收的信息码进行解读;

(3)滑套开关:若该电子标签携带的信息码与滑套匹配,则控制单元输出控制命令,启动执行单元正向运动、带动动作单元向前移动,打开连接单元上的压裂泄流孔,实现滑套工具打开功能;当再次投放对应的电子标签,滑套被激活,执行单元反向运动、带动动作单元向后移动,再次密封连接单元上的压裂泄流孔,实现滑套工具关闭功能。

RFID 系统的工艺原理和主要施工步骤如下(图5):

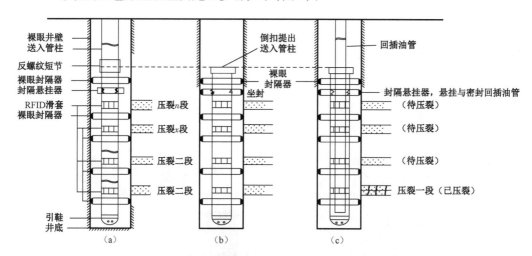

图5 "RFID + 裸眼封隔器"系统多级压裂施工示意图

(a)用送入管柱把"RFID + 裸眼封隔器"管串送入井内并送到位;(b)坐封"RFID + 课眼封隔器"管串并倒扣起出送入管柱;(c)用回接油管回插形成压裂管柱,自下而上逐层进行压裂

（1）RFID 滑套送入管柱主包括裸眼封隔器、封隔悬挂器、RFID 滑套、压裂滑套、浮鞋（引鞋）等。RFID 滑套送入管柱入井前，RFID 滑套通过计算机植入不同的控制程序并做好记录。送入管柱入井时，依次连接浮鞋、RFID 滑套、裸眼封隔器、RFID 滑套、裸眼封隔器、RFID 滑套、……、悬挂器。送入管柱入井[图 5（a）]。

（2）送入管柱入井到位后，水泥车顶通及循环洗井，加压胀封裸眼封隔器和悬挂器、坐挂悬挂器。验证悬挂器确实坐挂后，倒扣提出送入工具[图 5（b）]。

（3）压裂施工前，下入油管进行回插，与悬挂器形成密封。压裂施工时，压裂管柱内憋压打开末端 RFID 滑套，进行第一段压裂作业；间隔一定时间从井口分别投放 2 枚电子标签，前面一枚标签通过末端 RFID 滑套时，滑套被激活关闭；后面一枚通过第二段 RFID 滑套时，RFID 滑套被激活打开并进行第二段压裂。依此顺序间隔投放标签自下而上实现各级滑套依次打开和关闭。最后一段施工泵送尾液时，投放对应电子标签到位后关闭最后一段 RFID 滑套[图 5（c）]。

压裂施工结束后，管柱再次憋压到一定压力时，所有 RFID 滑套全部被激活打开，管柱内通畅，就可以开始进行该井的储层排液求产，或者进行有关的指定作业。

在分段压裂方面，国内外都在不断研发创新工艺和装备。例如，国外在连续油管带开关工具进行滑套开关的方法基础上，加入光纤和电子技术研制了新型滑套开关系统——由"连续油管内带光纤 + 光纤压力/温度测量短节 + 磁性接箍定位器（CCL）+ 井下测力传感器短节 + 液压驱动双向开关短节"组成。它能够在一趟钻可靠地开关多个滑套、连续分段压裂并监测压裂施工工况、判断滑套是否操作到位（是否正常或者出了什么问题）、判断后及时处理。

2013 年 12 月 13 日，川庆钻探公司页岩气工厂化压裂指挥中心首次应用拉链式压裂技术，对长宁 H3 平台 H3 - 1 井和 H3 - 2 井实施拉链式压裂，从 12 月 6 日 7 时至 13 日 21 时，完成两口井 24 段加砂压裂，平均每天压裂 3.16 段，最高一天压裂 4 段，极大提高了压裂时效。

中国页岩气开发在过了出气关后，面临的就是如何实现经济规模有效开发。如果应用传统压裂技术每天最多压裂 2 段，耗时长、成本高，不利于大规模开发。这次先导性试验的成功，标志着中国有能力应用最新技术开发页岩气藏。

川庆钻探公司致力于页岩气高效开发研究，不断学习借鉴北美页岩气开发技术，通过对威远—长宁、富顺、永川、昭通、涪陵页岩气区的 32 井次、182 层/段压裂改造实践，初步形成了集设计、材料、施工配套与后评估一体化的页岩气储层改造技术。

这次压裂是川庆钻探公司继岳 101 - 94 井组进行双水平井工厂化压裂试验后。在 H3 平台 H3 - 1 井和 H3 - 2 井进行的一次集试气、射孔、下桥塞、压裂、微地震监测、连续油管钻磨、地面配套等全井总承包工厂化技术服务先导试验。

据了解，川庆井下作业公司出动 21 台 2000 型压裂车，应用即配即注地面工艺技术，在最高泵压 87.19MPa、最大排量 11.9m^3/min。最高砂浓度 253m^3/kg 的情况下，注入地层总液量 4.32 × 10^4 m^3，总砂量 1908.73t，实现了施工作业的规模化、工艺实施的流程化、组织运行的一体化、生产管理的精细化、现场施工的标准化。

中石化在大牛地 DP43 - H、胜利盐 227 和贵州丁页 2HF 等也进行了成功的实践。

工厂化压裂是通过应用系统工程的思想和方法，集中配置人力、物力、投资、组织等要素，采用类似工厂的生产方法或方式。通过现代化的生产设备、先进的技术和现代化的管理手段，科学合理地组织压裂（包括试气）等施工和生产作业。通俗地讲，工厂化压裂就是像普通工厂那样，通过优化生产组织模式，在一个固定场所，连续不断地向地层泵注压裂液和支撑剂，以加快施工速度、缩短投产周期、降低开采成本。

拉链式压裂技术(图6)是工厂化压裂的主要方式。从北美地区页岩气水平井大型压裂的应用情况看,使用最多的是拉链式压裂技术(即泵送快钻桥塞工艺技术),可以实现任意段数的压裂,段与段之间的等候时间为 2 ~ 3h。利用此间隙可以完成设备保养、燃料添加等工作,特别适用于工厂化压裂。

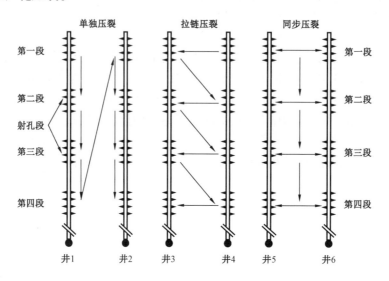

图6　单独压裂、拉链压裂和同步压裂施工程序示意图

图6中:单独压裂是每口井单独逐段进行压裂。拉链式压裂是将两口平行、距离较近的水平井井口相连接,共用一套压裂车组进行 24h 不间断地交替分段压裂,在对一口井压裂的同时,对另一口井实施分段射孔作业。同步压裂是用两(多)套压裂机组两(多)口井同时压裂(这不仅可提高效率,还有助于形成裂缝网络实现体积化裂缝网络),另外两(多)口井同时进行电缆桥塞作业,时效更高,但成本高。

需要指出,水力压裂可能会破坏烃源岩。液体压裂可能发生一些"不良"问题,如注入液的化学物品可能会污染地下"受保护水"、可能造成不应有的裂缝而造成油气藏液体的窜流、注入液用量极大成本很高、可能造成地层的沉降和地面的爆裂(1990 年我在美国加利福尼亚州威明敦油田看到因注水、压裂而地表沉降和开缝的实地情况)、有可能使具有保护意义的页岩受到破坏、可能使烃源页岩受到破坏……。为此,页岩气井压裂正在研究使用无水压裂方法,压裂流体用天然凝析油(NGL)、氮气、二氧化碳,还可以使用在低渗透油气藏用过的高能气体—爆燃压裂—层内爆炸压裂方法进行压裂的试验。

压裂必须进行裂缝监测工作。目前最常用的是微地震裂缝监测技术。国内外已广泛采用微地震方法监测裂缝。该技术利用在井中或地面安装的地震检波器来监测压裂裂缝的走向和分布。能实时提供压裂施工产生裂缝的高度、长度和方位角,通过微地震监测结果可以优化压裂设计方案、优化"井工厂"井组的设计,同时对油藏模型综合分析具有重要意义。

页岩气储层在进行水力压裂时,大量高压流体被注入储层,使得孔隙流体压力迅速提高,高孔隙压力以剪切破坏和张性破坏两种方式引起岩石的破裂,岩石破裂时发出地震波,储存在岩石中的能量以波的形式释放出来。这些弹性波信号通过监测仪器检测,通过数据的分析处理可以判断微地震的震源在空间和时间上的分布,最终得到水力压裂裂缝的缝高、缝长和方位等参数。

再介绍一种方法（对我们可能是个新方法）——美国加利福尼亚州油气田和 Shell 公司等使用"基于地面测变形值的测块在油气藏中测绘流体流动"（Mapping Fluid Flow in a Reservoir Using Tiltmeter – Based Surface Measurements, SPE 96897, 2005）。在压裂等作业时将多个乃至10 多个测块（Tilt）提前埋在井周地表的地下,放置约 2 个月左右时间（视作业—测量需要的时间而定）,压裂时测块能够自动测得该处变形—微变形（microdeformation）数据、自动采集并可配用软件作出测绘模型,也可用于长期（若干年—几十年）动态监测油气藏变形—流体流动变化。通过测到的数据能够分析计算裂缝数据。这种方法可用于水力压裂、热采导致的地层变形。原来使用井深受限,经过实践—改进后,Tilt 裂缝监测法已能够用于深井;还能用来监测（检测）地层下陷、变形等问题。如图 7 至图 9 所示。

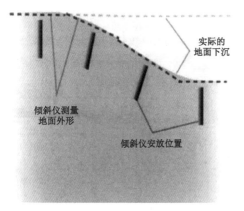

图 7　安放测斜块以检测沉陷滑坡带的实例图

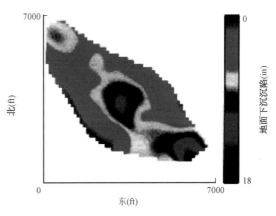

图 8　沉陷滑坡导致（诱发）地壳移动超过一年以上的二维示意图

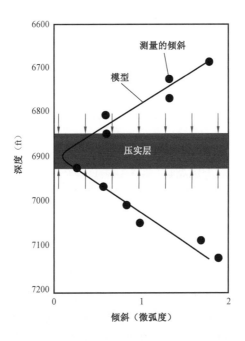

图 9　井下测斜块用于精确定位压实层

2.7 页岩气"井工厂"技术

北美主要经验：

(1)"井工厂"开发中,对钻井、完井和压裂等进行流水式作业,采用批量化的工作模式,使资源利用最大化,同时地面工程及生产管理也得到简化。

(2)新型钻机和高造斜率旋转导向系统等新型钻井装备和工具为"井工厂"开发优快钻进提供了保障。

(3)"井工厂"为拉链式压裂及同步压裂奠定了基础,压裂形成的裂缝网络提高了页岩气井的产能和最终采收率。

(4)钻井液和压裂液回收利用减少了水资源用量,降低了页岩气开发成本,减少了环境污染。

其核心是在一个井场有序钻多口水平井或多口多类井并对相关的固井、完井、压裂和投产等作业,实现可重复—批量化作业的工厂化生产模式。关键技术包括井场部署、批量化作业、特种作业钻机、井眼轨迹控制技术、同步压裂技术、裂缝监测技术、钻井液循环利用和压裂液回收利用等。近年来,页岩气"井工厂"开发模式在北美广泛应用,带来了巨大收益。

自从美国1821年完钻世界上第一口页岩气井以来,页岩气钻井先后经历了直井、水平井、丛式"井工厂"的发展历程。加拿大能源公司(EnCana)最先提出"井工厂"开发的理念,是使用水平井钻井方式,在一个井场完成多口井的钻井、固井、完井、射孔、压裂、试气和生产,所有井筒采用批量化的作业模式。图10为Horn River盆地丛式"井工厂"三维井结构。

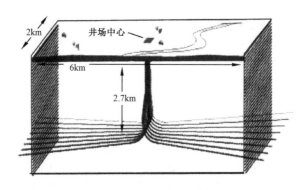

图10 丛式"井工厂"三维井结构

页岩气"井工厂"主要有以下优点：

(1)用最小的井场使开发井网覆盖储层最大化,减少井场占地面积并适用于山区；

(2)多口井集中钻完井和生产,生产管理得到优化,降低作业时间与成本；

(3)多口井依次一开与固井、二开与固井、三开固完井,使得钻井、固井和测井工序间无停待,设备利用率最大化,提高作业效率；

(4)在相同开次钻井液体系相同时,钻井液可重复利用降低了用量、减少了费用；

(5)多口井同步压裂,改善井组间储层应力场分布,有利于形成网状裂缝；

(6)压裂液返排后回收利用,节约成本又有利于保护生态环境。

"井工厂"开发也存在难点。主要是:增加了井眼轨迹控制难度,对设备和技术要求较高(国外已经基本解决)。有时要在整个井组都完钻后才可进行后续的作业;加大了现场工程监督难度。

近年,"井工厂"作业方式在北美页岩气开发得到了广泛应用。Marcellus 页岩气区位于山区,地表特征限制了井场的位置,同时,存在水供应和压裂水处理等难题,之前主要采用直井开发,经济效益差。自 2007 年开始采用"井工厂"开发模式,大大提高了勘探开发的经济性,同时减少了对环境造成的影响,截至 2011 年,超过 78% 的井利用"井工厂"模式开发。而 Barnett 页岩气区紧靠市区,作业者采用"井工厂"开发可以减少占地面积。2011 年,Devon 能源公司在该区块一个井场钻了 36 口井,大大减少了占地面积。在 Horn River 页岩气区,通过采用"井工厂"开发模式,减少了 21% 的总作业成本。这些都证实了页岩气"井工厂"开发是一种有效的作业模式。

"井工厂"开发关键技术有以下几个:

(1)井场部署。区块"工厂化"模式布井的原则是用尽可能少的井场布合理数量的井,以优化征地费用及钻井费用。单个井场占地面积由井组数决定,一个井场中的井组数越多,井场面积越大,需要综合考虑钻井和压裂施工车辆及配套设施的布局。地面工程的设计需要考虑工程和环境的影响,为"井工厂"开发提供保障,同时使占地面积最小化。需要考虑的因素有以下几点:

① 满足区块开发方案和页岩气集输建设要求;

② 利用自然环境地理地形条件以减少钻前工程的难度;

③ 考虑钻井能力和井眼轨迹控制能力;

④ 最大限度地接触页岩气藏目标层;

⑤ 从地形地貌、生态环境、水文地质条件考虑,满足安全环保的规定。

(2)井组优化设计。目前,国外页岩气"井工厂"钻井在单井场最多布 36 口井,采用单排或多排排列,布局需要充分考虑作业规模、地质条件、地面条件限制等因素。单排丛式井井距一般为 10 ~ 20m,多排丛式井井距一般为 10 ~ 20m,排距为 50m 左右。井下水平段间距由压裂主裂缝扩展范围大小决定,其原则是使压裂所形成的网络裂缝体积最大化。如果水平井井眼轨迹方位与最小水平主应力平行,有利于压裂主裂缝的扩展,同时容易形成裂缝网络,井下水平段间距一般大于 350m(如果水平井井眼轨迹方位与最小水平主应力斜交,在高应力各向异性区能防止井壁的坍塌,但是压裂主裂缝的扩展长度有限,井下水平段间距宜为 200 ~ 300m)。

(3)可整体移动钻机。为了适应页岩气"井工厂"开发需要,国外公司开发出了全液压可移动钻机。可移动钻机系统以液缸作为提升系统,并由全套液压动力系统取代以往的绞车、井架等设备,具有结构简单、噪声小、污染少、自动化程度高等优点,可大幅提高作业效率、降低作业成本。相对于常规钻机来说,该钻机具有以下优势:

① 高移动性能。采用底座整体移动技术,通过优化钻机移动模块来实现钻机的自由移动,减少了钻机的拆卸、搬迁、安装等时间。

② 自动化。采用电、液、气一体化智能控制技术、嵌入自动钻井的力学计算程序的数字计算机钻井界面、精确的定位控制和远程控制等。

③ 减少作业人员。钻井操作只需要配备 4 名人员,钻台几乎所有的操作都由司钻完成,另外配备地面及其他辅助人员 3 名即可进行钻井生产作业。

④ 占地面积小。对环境保护具有积极作用。

⑤ 适应性。设备配备钻 3000m 井深的能力,但也要灵活配备。

(4)批量化作业。为了节省时间,降低钻井成本,实现快速钻进,"井工厂"采用可移动式钻机实现快速批量钻井,其特点是体形小,重量轻,价格低廉,钻速快。对于 500m 的表层,每口井只需 36h。这样就可以迅速完成表层钻井，钻完第一口井迅速转到下一口井，在钻表层时不需要改变钻井液体系和钻杆。这样顺序地钻完所有井的一开后再移钻机回到第一口井开始二开的钻进，重复以上操作直到二开钻完所有的井，再次移钻井平台回到第一口井开始三开，依此类推钻完所有的井。对于一开井深不长的情况，可以先一开钻固完表层后继续二开钻井及下套管固井后再移钻机至下一口井开钻，这种工序可以减少作业成本达 10% 以上。压裂施工的作业也可以实现批量化施工，即压裂"井工厂"，即在一个中央区对相隔数百米至数千米的井进行压裂，所有的压裂设备都布置在中央区，不需要移动设备、人员和材料就可以对多个井进行压裂，大大降低了压裂施工成本。

（5）井眼轨迹控制技术。井眼轨道设计要精心。为了减少井间相碰的可能，"井工厂"多井平台在实钻过程中往往需要实时调整井轨，具体步骤包括：

① 取得真正井位坐标以及修正的地质目标后，确定槽口分配方案。

② 利用地质设计的井位与靶点坐标进行初步井眼轨道设计。

③ 将不同深度处测量的不确定椭圆叠加到井眼轨迹上，观测是否发生相碰，如果可能相碰则予调整。

④ 表层井眼钻成并测量后，根据实际井眼轨迹，往往需要再重新设计二开后的井眼轨道并进行防碰评估。特别强调垂直钻进表层，并且每口井表层都要测斜。为了防止浅层相碰，二开造斜率较小，采用陀螺仪随钻测量工具定向，保证后期作业安全。三开（一般是水平段）多数用油基钻井液、PDC 钻头和高造斜率旋转导向工具钻进至最大完井深度。

"井工厂"开发的水平井井眼轨道采用三维井眼需要使用高造斜率旋转导向系统，可以减少相碰风险和提高井筒与目标储层的接触面积，但是钻井技术难度大。图 1 为"井工厂"斜井段的井眼轨迹。三维井眼轨道水平井进入水平段的造斜率比二维井眼要高得多。传统的旋转导向系统造斜率为 $(5° \sim 6°)/30m$，需要较长的曲线段才能钻遇储层，造斜点选在较靠上的位置。目前斯伦贝谢公司和贝克休斯公司开发了一种高造斜率的旋转导向系统，造斜率可达 $15°/30m$，甚至更高。该系统能使井眼更早到达储层，增大井筒与储层的接触面积。作业者可以在更深的地方选择造斜点，增大垂直段，减少防碰的风险。新系统的开发基于已有的旋转导向原理做了轻微的调整，包括三点几何、BHA 的刚度和钻头特性等。

（6）水平井同步压裂。水平井同步压裂是指对相邻的 2 口或 2 口以上的水平井进行同时压裂，采用这种压裂方式的页岩气井产能增加明显。为了使压裂形成有效的裂缝网络，水平井井眼轨迹方位一般与最小水平主应力一致，水平段之间的间距一般等于水平井压裂主裂缝的长度。所钻水平井的水平段在同一储层，各水平井所设计的压裂级数相近，采用从趾端到跟端的压裂顺序，各水平井的每一级压裂同时进行。待所有的压裂完成后再进行返排，推迟返排可以增加井底压力，使得压裂裂缝周围应力大小和方位发生变化而形成低应力各向异性区，压裂产生垂直于井筒的主裂缝的同时，沟通了地层的天然裂缝和应力释放缝，能形成有效的裂缝网络（图 11）。

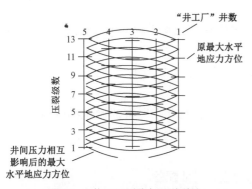

图 11 "井工厂"同步压裂裂缝网络俯视图（Smiths，2006）

（7）钻井液循环利用。钻井液循环利用系统利用物理和化学的方法来清除钻井液中的固相颗粒,通过独特的处理过程重复利用钻井液。物理处理方法主要是利用页岩振动筛、泥砂清除设备、脱水设备和大型钻井液罐处理。化学处理方法是通过加入化学助剂,中和钻井液中的固相颗粒和降低钻屑与油基钻井液间的表面张力,将钻屑从流体中分离。相对于传统方法来说,利用钻井液循环利用系统减少了钻井液、水资源的利用和钻井液配制时间,降低了废弃钻井液的处理成本。

(8)压裂液回收利用。页岩气储层通常采用水平井分段压裂技术进行增产,压裂液的配制需要使用大量的淡水资源,平均一口页岩气水平井压裂需要水 7000 ~ 20000m³ ,一组"井工厂"压裂的用水量更多。在水资源贫乏地区,水费很高,压裂成本非常高。采用压裂液回收利用系统,可以大大减少用水量,减少压裂施工车辆,同时减少了有害化学物质的泄漏。

返排水的体积取决于储层特性,页岩气水平井能返排出原始压裂液体积的 15% ~ 35% 。目前哈里伯顿公司研制了 Clean Wave 水处理装置,它通过电流处理压裂返排水,破坏水中胶状物质的稳定分散状态,使之凝结,使用最少的电能,就可以每天处理 2.6 × 10⁴bbl 返排水。当返排水流经电凝装置时,释放带正电的离子,并和胶状颗粒上面带负电的离子相结合发生凝固。与此同时,在阴极产生的气泡附着在凝结物上面,使其漂浮在表面,由地面分离器去除,较重的絮凝物沉到水底,留下干净的清水。如果含有重金属(如钡、锶等金属矿物),需要采取进一步的处理措施。

2.8 我国开展页岩气"工厂化"作业试验并初步取得成功

长城钻探公司苏里格合作开发区块的苏 53 区块组合井大平台(是中国石油的工厂化作业模式示范项目),在 2014 年第一天已投产运行半个月,天然气日产达 110 × 10⁴m³(超过预期 100 × 10⁴m³ 的方案)。该大平台共 10 口水平井、2 口定向井、1 口直井,全部 13 口井实现当年部署井位、当年征地垫井场、当年完钻、当年压裂、当年试气、当年投产,比计划提前 50 天,同时大幅度降低了作业成本。在这个项目中具有龙头作用的 3 支钻井队分别使用的是两部 ZJ50 钻机和一部 ZJ30 车载钻机。在主力设备无优势,也没有打过水平井的经历的情况下,取得成功的主要经验如下:

(1)一体化管理的生产作业流水线。

苏 53 区块大平台井场宽 200m、长 300m,用护栏圈起,13 口井位呈两排平行分布。一部 ZJ30 车载钻机在第一排的井位上快速打表层段,刚完成的上一口井表层段则在固井候凝之中。这时轨道液压装置将一部 ZJ50 钻机向表层段固完井的井位平移,准备二开钻进。在第二排的井位上,另一部 ZJ50 钻机在打水平段,LWD 仪器已经下到井下跟踪气层钻进。在相隔不足 30m 处有两口待压裂的井,压裂机组实施双井同步压裂;而前一批完成压裂的气井在点火放喷试产准备安装采气树投产……。在同一个井场,集结这么多工种,同时进行钻井、固井、压裂、试气和投产等作业,对管理能力和技术水平提出了全新要求。需要授权一位代表公司总部的项目长进行一体化管理。这位项目长"一竿子向下插到底、向上捅到天",他说:这种新的多工种联合作战,并不是简单的同时集中施工,而是要像工厂里的生产作业流水线一样,有计划地进行专业配合和批量作业。整体联动才能高速高效。按照工厂化作业模式的顶层设计,苏 53 区块大平台项目初步摸索了"六化"管理方法:

① 队伍管理一体化。参加施工的各个专业队伍以前几乎互不见面,现在无论来自哪个单位的人员均朝夕相处,一律进行统一管理,要求相互配合,保证指令一致性、作业配合协调性。

② 有关作业共同进行方案设计,重视创新和顶层设计,既要确保地质目的又要考虑工程

实施合理性,总体上实现最优化。

③ 施工作业批量化。钻机整体平移,不同井段分别用最适合的设备钻进;压裂现场设备一次布置到位,液罐等不必多次吊装搬运。

④ 工程技术模块化。建立现场录井—钻井数据网络平台,共享实时数据信息。

⑤ 作业规程标准化。制订各专业同场同时作业的管控标准和操作规范,确保各环节施工安全可靠。

⑥ 资源利用综合化。跨单位分享可以共用的设备、材料,尽可能减少重复消耗。

"六化"管理在人员和设备高度集中的苏53区块大平台,体现了人与人、人与设备、设备与设备之间的磨合,在一个井场建起一条"安装—钻井—固井—完井—录井—压裂—试气—投产"作业流水线。这只是开始必将在实践中不断改进、提高、完善。

(2)无边界配合构成生产衔接零等待。

苏53大平台的10口水平井,平均建井周期为34.6天,最快的一口井仅22天。与2012年同区块同类水平井相比,平均机械钻速提高31.3%,平均钻井周期缩短45.2%,平均建井周期缩短44.6%。与2013年相比,平均机械钻速提高6.2%,平均钻井周期缩短31.7%,平均建井周期缩短31.3%。在压裂环节,大平台应用双水平井同步压裂段内多缝体积压裂、现场连续混配等技术,最大限度地增加裂缝波及体积,全面进入"万方液、千方砂"大规模压裂新阶段;13口井通过两轮压裂仅用13天就完成施工任务,与同井型常规压裂相比缩短施工周期23天。大平台全部13口井在各项生产衔接上的非生产等待时间几乎为零。压裂设备一次放到位,设立井场共用蓄水池,减少压裂液残留液的浪费377m³。这主要取决于无边界配合;关键在设计源头上要确保各施工环节严丝合缝,生产衔接零等待,必须将每一个专业每一个单位深度融合。在钻井生产衔接方面,形成了用ZJ30钻机打表层,用ZJ50钻机打二开直井段、造斜段和水平段,钻机采用整体平移技术换井位的方案。这个流程设计较传统施工方式减少11次井间拆装,节约了大量接甩钻具和固井候凝时间,重复利用钻井液2100m³。

(3)结构性优化必须解放思想闯禁区。

采用下边的事例说明解放思想闯禁区。地质专业人员拿着剖面图解释井位设计的地质目的,在0.06km²的井场布置13口组合井,需要进行三维绕障施工;钻井专业人员则拿着井位初步设计图提出,组合水平井的三维绕障难度过大,无效进尺过多,在总体施工周期和预算成本限制内,钻井施工根本完不成目标。怎么办,能不能更改井位设计……;地质—钻井是目标一致的团队,通过论证,井场整体移动200m,井位排列稍作调整,储层动用不会受到影响,钻井施工难度却能下降。在大家意见一致后,钻井专业人员继续优化井身结构,将原来A靶点以上井径由244.5mm改为215.4mm,并将靶前距从450m增大到500m。更改后,A靶点以上钻井时间和钻速分别提高了34.46%和12.81%。再如,ZJ30车载钻机刚到时,第一口井表层段预计要7天才能打完;而ZJ50钻机要待命等4天。上级建议,让待命的ZJ50钻机马上改打方案中的一口直井。大小钻机同时作业,避免了等停时间。解放思想破解难题,苏53区块经验很快推广到这个区块13个小丛式平台。

(4)小钻机派上大用场。

长城钻探三公司的3部ZJ30车载钻机在苏里格完成103口表层作业,进尺突破7.8×10⁴m,领跑反承包市场,被称为"小卒过河顶大车"(棋语)。ZJ30占地少、拆装方便、搬家快、作业成本低;从搬家到打完表层需要3~4天,一天费用3万元(ZJ50要6~7天,一天费用7万元)。30647队在60km长的土道搬家仅用6h就完成搬迁。在苏里格工厂化作业平台采用小钻机打表层,接着由大钻机进行二开施工,形成流水线作业。

(5)小平台也能工厂化。

大平台经验推广到40002钻井队,在一个小平台优质高效完成苏53 - 78 - 20H1水平井,并历时281天实现八开八完钻井进尺3.7358×10^4m,成为陕北水平井的领头羊。经过反复试验,整部钻机井架水平移动到同平台另一井位,实现了不甩钻具、不拆顶驱、不接小钻杆,在苏53 - 82 - 23H1井安装滑轨仅用8h,在苏53 - 78 - H1井仅用3.5天就完成了搬安工作,不断刷新纪录。

(6)工厂化优质速度需要深层次优化生产要素。

从53区块的成功看出大平台工厂化作业实际上是生产作业模式变革、地质和工程一体化、标准化作业流程的有机结合,使各种生产要素都得到优化配置,其中尤其加强了内在生产要素的优化。内在生产要素的优化,关键是人的优化。长城钻探公司对苏53区块大平台项目实行特别的授权负责制,首先就建起了人的一体化平台。得到优化配置的人,从优化决策、优化设计、优化组织、优化施工、优化成本各方面,比较系统地扩展着对各种内在与外在生产要素的优化整合。目前,我国难动用、低品位、非常规油气资源很多,工厂化作业是一个值得应用的方法。目前刚开始,需要坚持试验不断完善。工厂化作业模式,也不仅仅适用于钻井、开发,对上中下游整个环节也有探索意义。

另据《石油钻采工艺》2013年第35卷第3期,2013年长庆油田首口水平井体积压裂"工厂化"试验井顺利完成全部压裂施工,全井11段压裂作业仅用时9天,单井试油仅用23天,刷新了油田水平井体积压裂试油压裂周期记录。

2014年2月长城钻探公司根据压裂行业标准和苏11与苏53水平井工厂化的经验制订出工厂化压裂标准及操作规程,它涵盖压裂设计、压裂准备、压裂施工、质量环保等,填补了压裂行业工厂化的空白。

3 结论

(1)有效开发页岩气需要根据页岩气特点,采用与常规天然气不完全相同的技术。在页岩气产业起步阶段,研究这些不完全相同之处和相应技术是必要的。

(2)页岩气开发各个环节有内在联系、互相关联制约、彼此相互影响;需要用系统工程的观点,将地质工程—钻井工程—固井工程—完井工程—压裂增产工程—试气—投产—生产各个环节紧密组成一个整体进行设计—施工。理论和实践表明,页岩气开发整体(全)系统工程能够采用工厂化施工作业方法,大幅提高效率和降低成本;而且在组织上、技术上、管理上全都要系统化。

(3)页岩气"井工厂"技术的先进性、效率性、效益性表明它将是今后发展的主要趋势。加之,我国很多页岩气区存在交通不便、水资源缺乏、井场选择受限等困难。建议继续深化研发和进一步准备软硬件并掌握"工厂化"相关技术。

(4)页岩气革命和工厂化作业方式推动了高造斜率旋转—地质导向系统、新型自动化钻机、新型压裂工艺与装备、新的裂缝测量监测装备等的研发与生产,促进了石油装备制造业的发展;这也说明开发页岩气能够带动多领域发展。

(5)我国为了加快页岩气开发力度,政府重视政策支持、制订了规划,进行了多个先导性试验、组织了对外合作、制订了有关行业标准和操作规程,全行业努力奋斗,我国页岩气开发定能可持续发展,跻身世界先进行列。

(6)页岩气开发成本目前很高,但终究将会逐步下降。将来,廉价页岩气使得一些高成本的可再生能源放缓甚至不再那么受欢迎;或许颠覆/改变全球的气候政策观——2014年我国"两会"石油代表委员参政议政建言中,论及这两点。是否可以得到新的认识:扶持和加快发展页岩气,从而得到廉价的、清洁的天然气,获得能源与环保"双赢"。

参 考 文 献

[1] 李文阳,邹洪岚,吴纯忠,等. 从工程技术角度浅析页岩气的开采[J]. 石油学报,2013,34(6):1218 – 1224.

[2] 葛红魁,王小琼,张义. 大幅度降低页岩气开发成本的技术途径[J]. 石油钻探技术,2013,41(6):1 – 5.

[3] 王敏生,光新军. 页岩气"井工厂"开发关键技术[J]. 钻采工艺,2013,36(5):1 – 4.

[4] 秦金立,戴文潮,万雪峰,等. 无线射频识别技术在多级滑套压裂工具中的应用探讨[J]. 石油钻探技术,2013,41(3):123 – 126.

[5] 贾承造,郑民,张永峰. 非常规油气地质学重要理论问题[J]. 石油学报,2014,35(1):1 – 10.

[6] Du J,Brissenden S J,et al. Mapping Fluid Flow in a Reservoir Using Titlmeter – Based Surface Deformation Measurements[R]. SPE 96897,2005.

[7] Hamlen S,Writer C. Shale Gas in CHINA:Promising Resources but many Challenges [J]. JPT – ASIA PACIFIC,2014.

[8] 石 磊. 一种新型滑套开关工具及配套技术应用研究[J]. 西南石油大学学报,2014,36(1):157 – 162.

中国页岩气勘探—开发的技术与立法、政策、管理[❶]

张绍槐

（2014 年 6 月西安）

摘　要：从我国页岩气丰富的资源量方面以及从2007—2014 年7 年开局起步的进展等方面论述了发展我国页岩气的机遇和前景。分析了我国页岩气勘探与开发的主要基础性技术工作与主要关键技术；文章认为，包括地质工程、钻井工程、固井工程、完井工程、压裂工程等在内的全系统工程是一个整体，应该统筹考虑、系统研究；文章认为"工厂化"作业方式适合于并有利于页岩气勘探开发作业。文章有重点地和针对性地论述了页岩气勘探开发中的关键技术并介绍了一些新技术。文章说明中国页岩气勘探开发需要进一步全面立法，立法工作可以借鉴美国及其加利福尼亚州（简称加州）关于页岩气的立法情况；在目前页岩气起步阶段要实行放宽和扶持性的政策；在管理方面要分阶段、有区别、有重点地处理好政府与企业的关系；各级政府对企业要监管，在起步阶段的监管宜包含帮助，在一定意义上说政府与企业是合作关系。

关键词：页岩气；钻完井工程；压裂工程；工厂化作业；页岩气立法与管理

1　中国页岩气勘探开发的机遇

中国页岩气资源量丰富，根据目前资料预计储量相当丰富，居全球前位（国内外有的文章把中国排在第三位，有的甚至排在第一位），是能够大规模开发的非常规天然气资源之一，资源是机遇的基础与前提条件，我国是全球对页岩气商业化开采的 3 个国家之一。

中华人民共和国国土资源部自 2006 年开始全国范围的页岩气勘查工作，2011 年国务院批准页岩气成为中国第 172 种独立矿种，先后在 2011 年 6 月和 2012 年 11 月进行两次页岩气探矿权公开招标。2012 年，国土资源部发布了《页岩气发展规划（2011—2015）》，国家能源局发布《关于鼓励和引导民间资本进一步扩大能源领域投资的实施意见》，国家财政部发布了支持页岩气开发利用的补贴政策，补贴标准为 0.3 元/m³。到现在 8 年来进展顺利，成绩可喜。截至 2013 年底，累计完成页岩气钻井 285 口，其中有调查井 105 口（直井）、探井 94 口（直井）、评价井 86 口（水平井），经过水力压裂和测试，日产过万（立方米）的有 38 口（其中直井 18 口、水平井 20 口），截至 2014 年底，中国已探明页岩气地质储量 1067.5×10⁸m³，三级地质储量近 5000×10⁸m³。全国页岩气总产量 13×10⁸m³。日产超过 10×10⁴m³ 的有 23 口（其中直井 3 口、水平井 20 口）。全国钻页岩气井最多的、产量最大的中国石油天然气集团公司从 2007 年 3 月起组织西南油气田、川庆钻探公司等以"摸着石头过河"的科学思路，已钻探页岩气井 40 多口、获气井 30 多口、试采井 10 多口，创造页岩气开发多项国内第一。中国石化 2014 年初在涪陵钻探的页岩气井获得重大突破。目前，我国仅在川渝地区就已经建立了威远—长

---

❶ 2014 中国石油管理委员会主办全国煤层气、页岩气勘探、开发与综合利用技术论坛的特邀发言稿。

宁区块龙马溪组页岩、富顺—永川区块龙马溪组页岩、涪陵区块,以及忠县—丰都区块、内江—大足区块 5 大国家级页岩气示范区或重点勘探开发区。初步找到龙马溪组、筇竹寺组和牛蹄塘组 3 套页岩层系。2013 年生产页岩气 $2 \times 10^8 m^3$,我国有一个年产页岩气 $65 \times 10^8 \sim 100 \times 10^8 m^3$ 的中期发展规划。2013 年第二次页岩气探矿权招标的 16 家中标企业,已全面开展对 19 个招标区块的页岩气勘察工作。页岩气成藏机理研究取得进展,研究表明:富有机质页岩厚度是基础,保存条件是关键;海相页岩气选区评价参数体系更加完善;页岩气勘探开发关键技术基本实现了国产化,可以自己组织进行设计和施工;页岩气调查评价技术标注体系建设已经启动,首批 8 项技术要求和规范基本编写完成;……还有很多成绩。总之,这 7 年的开局良好。我国页岩气开发正处在起步阶段,这个良好的开局为继续起步和以后的发展奠定了良好基础,也为大发展机遇奠定了良好基础。

这次会议的主题之一是关于页岩气发展规划。我不知道国家有关部门是否和如何制订这个规划。我们可以借鉴美国"页岩气革命"等国际经验,并根据我国国情进行规划。北美页岩气勘探开发已有几十年,而较大规模地全面勘探开发至今也已有 30 多年历史。参考一些专家、院士、同行的意见,我自己反复思考初步认为是否可以设想:我国从 2007—2017 年大约用 10 年时间作为起步阶段,组织若干个页岩气勘探开发示范区,打好资源、技术、管理等基础并取得关键性的基本经验和科学地认识页岩气勘探开发特性;再从 2017 年左右到 2027 年左右的 10 年时间进入规模化发展阶段,着重解决资源落实、技术成熟、成本降低、效益提高等问题;继续再用 10 年左右时间(大约到了 2037 年或者到 2040 年左右)达到工业化发展阶段并可持续地发展下去。届时,页岩气的生产规模将为改变我国能源结构和环境保护做出重要贡献。这个三步发展的规划性意见是保守了还是冒进了,请业界议论和研究。

页岩气的发展,不论对国家、省地县各级地方政府还是对企业(包括国营和民营企业)都是良好机遇。对地质—物探—测井工程、钻完井工程、压裂等井下作业工程、采气工程、储运—管道工程、油气田化学处理剂工程、材料工程以及装备制造业(例如北方重工计划拿下全套国产压裂设备)、技术服务业、金融业等都是良好机遇。

页岩气开发、生产、利用的前景美好(加上煤层气、致密气、天然气水合物等非常规天然气),非常规与常规天然气加在一起,天然气家族有望成为我国支柱能源之一,将会有利于缓解我国对天然气迫切需求的程度,有利于与某些天然气大国同步进入天然气时代,有利于解决我国油气供需矛盾和能源安全,有利于降低我国油气对外依存度,有利于我国环保事业的发展等,这样的好事、大事、要事应该能够出现专家们呼吁的"众人拾柴火焰高"的良好局面。我们有十八大的路线、政策,此乃天时也;有丰富的页岩气资源,此乃地利也;有致力于实现中国梦的伟大中国人民和实现中国油气梦的油气大军,此乃人和也。具有天时、地利、人和,可以满怀信心,我们的目标一定能够实现,是十九大确立的中国特色社会主义新征程的一项重要工作。

2 中国页岩气勘探开发的基础工作与关键技术

我在 2014 年 3 月"中国页岩气开发与资源储量评价及相关技术研讨会"会议时,发表了题为"用系统工程技术和工厂化作业开发我国页岩气的探讨"。这次为了节省篇幅和时间,有些部分不多重复。

2.1 关于基础工作

我国页岩气勘探开发处于起步阶段,当前有许多基础工作必须认真做好。主要是:

（1）认真总结，当前需要重点完成 3 件事：

一是深入分析中国石化涪陵项目的成功经验；

二是与川南、建南等项目进行深入比较，找出异同，进一步认识页岩气潜力及"甜点"分布规律；

三是以涪陵、威远及长宁项目开发方案为基本教材，对两轮（及以后）页岩气招标入围的公司进行及时培训。

认真总结：国内已先行的 5 个区块的经验和需要进一步研究的问题以及改进的措施；在国内同行之间提倡交流与共享；重视调研国外经验（包括文献调查和实地考察等）加以借鉴。

（2）学习大庆经验，每个页岩气区块（已起步或中标后待起步区块），要认真取全取准各种地质、工程、成本、效率效益的数据（应规定页岩气是多少个数据，大庆是 72 项数据）、完整积累资料并加以分类和分析整理，建立数据库并作为工程设计依据。

（3）详细的、完整的、真实的页岩气储层资料以及区块地应力资料等。

（4）从一开始就一个不漏地抓好实验室基础实验工作（每个区块要列出清单，包括地质方面和工程方面的必做和选做内容与项目）。专家们指出：页岩气勘探开发的技术进步要在地震、钻井和储层改造这三大核心技术上下功夫。当前，我国地震技术在国际上处于领先地位，要保持优势；钻井当前存在的问题比较多，如何具有页岩气钻井特征并实现打好打快、高效低成本，需要奋起直追；储层改造，特别是水平井分段储层改造，当前还处于起步状态，需要加快发展步伐。

2.2 关于关键技术

2.2.1 页岩气地质工程

页岩气的主要储集空间是直径小于 $1\mu m$ 的纳米级孔喉，微米级孔隙占 5%～20%，微—纳米孔隙占 80% 左右并决定了油气聚集方式和流体相态。页岩气以吸附和游离状态或二者结合状态赋存于储层中。富集规律受控于原型盆地的沉积构造形态以及储集甜点的发育与分布等。对新发现、新勘探开发的页岩气藏要从地质上精选"甜点"入手，遵循"三七/二八"规律（用 20%～30% 的投产段数，贡献 70%～80% 的产量）设计井网和布置井位。要根据地质、物探、测井技术及其资料准确了解地应力，使水平井井轴沿最小水平主应力方向延伸，以能在井轴垂直方向沟通天然裂缝，压出簇状人工裂缝。对于多分支井的分支井段，其井轴与主眼尽量平行，分支开始段的夹角控制在 30° 左右。工程设计与地质工程配合，依据地应力场、大小主应力方位、岩石特性等进行井轴设计、调整、控制。对于井身长度不强求"越长越好"，而不同储层各有优化值（国外页岩气井一般是 1500～2000m）。需要用该区的岩心、露头等岩样进行室内试验和测试。实验室测试技术也必须奋起直追。当前，对非常规油气储层内部世界的研究不容忽视，我们对微观世界的认识程度还较低。这需要实验室测试技术助推，为此需要择优扶持建立页岩气方面的国家重点实验室。

例如，页岩气储层岩石的塑脆性有相当差别，有几乎是脆性的，也有塑性中等和较大的。页岩脆性越好，天然裂缝形态越复杂，人工裂缝越容易产生，造缝能力越强，易产生多分支转向型裂缝。而塑性的储层就比较难以压裂，即使压出裂缝也是单缝和双翼形主缝，很少有分支缝。有人研究认为，塑性指数是确定压裂难易和遴选高品质页岩气的重要参数，这有一定道理，但并非全都如此，需要多做实验和进一步深入研究。国内外越来越重视页岩气储层力学特性的测定与评价，并认为页岩脆性破坏的力学机理是核心问题。若能在力学特性评价的基础上再结合矿物组成成分进行综合分析则更全面。

从宏观上说,页岩气地质工程是页岩气开发井网优化的依据、进行规模开发布井的依据、储层地质精细描述是井眼工程设计的依据等。制订页岩气开发系统工程技术必须要地质工程提供有关依据。再有,在解决工程方面的一些难题也很需要地质工程的配合。例如,中国已发现的页岩气资源埋深大于美国 5 大盆地,最深达 3500 ~ 4500m 甚至更深(如四川)。页岩气盆地之间的地质和成藏条件有差异,国际上认为"此页岩非彼页岩",国内外学者认为需要根据各个页岩气区块的地层成层年代、岩石性质、岩矿组成、岩石力学特性、地球物理与地球化学响应特征等个性进行分析研究,并经过实验、检测、测试得到有关数据,再经模拟试验,才能有依据地进行工程技术设计与施工。做这些事情都需要财力与时间,但必须做。例如,中国科学院重庆绿色智能技术研究院进行了渝东南龙马溪组页岩理化性能实验工作,我认为很好,具有典型示范性,摘要说明如下。他们根据 GB/T 50266—1999《工程岩体实验方法标准》,用露头岩样测定了页岩气储层的孔渗特性、岩性及矿物组分、阳离子交换容量、比表面积及孔径分布、页岩声学特征及声学规律与理化性质相关性等。通过实验结果可以看出:

(1)渝东南龙马溪组页岩孔隙度范围为 1.5% ~ 2.5%,平均值为 1.9%,渗透率平均值为 6.72×10^{-4} mD(说明是低孔低渗透储层,必须进行压裂改造),还有岩样层理、微孔隙和微裂缝发育(知道有利于人工裂缝的起裂以及自然裂缝与人工裂缝的结合,为制订压裂措施提供依据)等资料;

(2)页岩主要矿物成分为石英、斜长石、黄铁矿和黏土,脆性矿物含量高(有利于储层改造压裂和形成大规模缝网);黏土含量较低,约为 22%,并以伊利石为主,含少量的膨胀性黏土伊/蒙混层,不含高岭石和蒙脱石(知道储层水敏性弱);

(3)实验样品阳离子交换容量及 CEC 值(在 pH 值为 7 的条件下所能吸附到的交换性阳离子的总量)均小于 10mmol/100g,平均值为 8.2mmol/100g,比表面积的平均取值为 18.39m²/g,孔径分布平均值为 3.76nm,比表面和孔径呈负相关性(可据以考虑钻完井液、压裂液等性能参数以及储层保护措施);

(4)随层理与岩心轴向夹角的变大,波速呈现出减小趋势;

(5)比表面积和孔径与波速关联度较好,分别呈正、负相关。

上述这些实验有助于研究长水平井钻井中页岩储层井壁失稳的内在原因,有助于研究压裂技术措施以形成体积裂缝网络,有助于研究保护页岩气储层措施,有助于研究和优化钻完井液、压裂液等的性能参数,等等。这就是说必要的实验必须做。国内外越来越重视页岩气储层力学特性的测定与评价,并认为页岩脆性破坏的力学机理是核心问题。若能在力学特性评价的基础上,再结合矿物组成成分进行综合分析则更好。陈勉等初步进行了我国四川龙马溪组黑色页岩力学特性的室内试验。测试结果表明,它在抗压强度、弹性模量和泊松比方面均与美国 Haynesville 页岩较为相似。龙马溪组页岩有显著的脆性断裂特征,以劈裂式破坏为主,破坏后产生许多裂缝。龙马溪组页岩水力压裂能达到体积破裂和转向裂缝,可改造性属于中上等。分析研究龙马溪组页岩力学特性以及岩矿组分的结合还能指导页岩气井的钻头选择、钻进参数、防漏防塌—井壁稳定、优选钻完井液等,特别是能为优选井眼类型、井身结构、井眼轨道以及完井方式和水力压裂设计与施工提供依据。页岩气的室内实验有特殊的要求与内容,与常规油气实验有一定区别。

上面只是从几个方面来说明页岩气开发工程与地质工程的密切关系,此类问题很多,都需要地质工程与钻—采工程结合,共同进行技术设计与施工;所以需要把地质工程纳入页岩气勘探开发的整个系统工程之中。

2.2.2　页岩气钻井工程

页岩气规模化开发时需要比常规油气钻更多更复杂的井,那么井网、井位、井身剖面、井型等都需要根据页岩气特征科学地确定。井网、井位、井身剖面主要由地质和开发部门决策,钻井参与。钻井部门主要负责的有井型、井轨、压力平衡、井径等问题。一是关于井型问题:页岩气开发以水平井为主,而且水平井段较长,这已是共识。需要强调的是,页岩气开发还要重视多类井型的应用,除了已经普遍采用的水平井、丛式井以外,还要探索多分支井、最大油藏接触面积井(MRC,井段与储层接触长度大于 5000m)在开发页岩气时的应用;同时要考虑和研究多分支井、MRC 井适于页岩气特性的固井、完井、压裂的可行性及有关技术。建议立项攻关,进行先导试验,取得经验后推广。二是页岩气井的井轨设计和控制比常规井要求高,例如从直井段到水平段宜用高造斜率的斜井段,理由如图 1 所示。

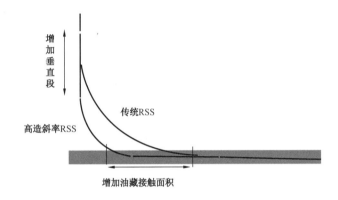

图1　高造斜率井轨可增加垂直段长度、水平段长度与油藏接触面积

图 1 表明:高造斜率旋转导向系统能够使造斜点下移,增大直井段长度、增加水平段长度、增加油藏接触面积、并便于"工厂化"作业。

页岩气等非常规资源所钻的水平井,通常具有造斜率高、水平段长、井眼轨迹复杂、精准性高等需求。使用常规钻井工具、螺杆和低造斜率的旋转导向钻井系统(RSS)都达不到要求。如能一趟钻完成从垂直段到水平段的斜井段钻进,将可通过减少调整井眼轨迹和起下钻作业的次数而大大节省钻井时间。页岩气井对旋转导向系统提出了新要求。近年斯伦贝谢公司开发的 Power Drive Archer 高造斜率旋转导向系统,将推靠式和指向式原理相结合,可以实现高造斜率高狗腿度和高机械钻速。最大造斜率为 16.7°/30m,是进行三维定向井钻井的有力武器,所有的外部组件都旋转,减少卡钻的可能性,改善了井身质量。

如图 2 所示,Power Drive Archer RSS 不依赖原来 RSS 的外部移动垫块(即 PAD,巴掌)推靠地层产生侧向力,而是与工具面的相对位置保持一致的内部阀门分流了部分钻井液到活塞,钻井液驱动活塞来推靠铰接式圆柱形导向套筒,导向套筒再通过一个和万向节连接的枢轴把钻头指向所需的方向。在中性模式下,钻井液阀连续旋转,钻头的侧向力沿着裸眼井壁均匀分布,使得 RSS 得以保持其走向(实现稳斜)。同时,位于万向节上方的 4 个外部套筒扶正器刀翼一旦接触到裸眼井壁,就会为钻头提供侧向推靠力,提高造斜率。它是推靠原理和指向原理的结合与叠加(双重原理)。由于其移动组件都在工具内部,免受恶劣钻井环境的影响,因此该 RSS 在井下出现故障或遭到损坏的风险较低,还有助于延长 RSS 的使用寿命。

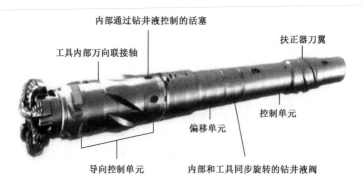

内部通过钻井液控制的活塞

工具内部万向联接轴

扶正器刀翼

控制单元

偏移单元

导向控制单元

内部和工具同步旋转的钻井液阀

图 2　Power Drive Archer 高造斜率旋转导向系统

Power Drive Archer(PDA)　配加近钻头测量参数功能,如测量自然伽马、井斜和方位角,作业者能密切监控钻井过程。控制单元通过连续钻井液脉冲遥测装置将当前方位和其他操作参数传递给地面的作业者。司钻把指令从地面发送到位于导向单元上方的控制单元。钻井液流速根据这些命令而改变。每个命令都有各自独特的波动模式,并和预先设定的导向图上的离散点一一对应,而这张导向图在工具下钻之前就已经通过编程方式输入到工具的内存中。PDA 实际上是旋转—地质闭环导向系统。

采用 Power Drive Archer RSS,作业者用同一个 BHA 就能从上到下连续地钻垂直段、斜井段及水平井段,从而提高钻井效率和井眼质量。在 Marcellus 和 Woodford 页岩气水平井钻井中发挥了重要作用。

贝克休斯公司研制的 AutoTrak Curve 旋转导向系统最高造斜率超过 15°/30m 可实现一趟钻快速钻进井眼垂直段、曲线段和水平段,减少起下钻次数。AutoTrak Curve 是全闭环旋转导向系统,可根据指令向任意方向钻出准确、平滑的井眼轨迹。其导向功能主要由安装在导向套筒中的 3 个可伸缩块实现。导向套筒位于钻头附近,以固定的速率低速旋转。地面控制信号发出后,井下供电装置驱动伸缩块有选择地伸出,使旋转中的钻柱向既定方向偏斜。在钻头附近还安装有伽马射线探测器,帮助进行更为精确的地质导向。系统能够将地面指令传递到井底,使钻头按照预定方位和井斜钻进。在北美最坚硬的非常规油气的地层中钻进 $\phi222.25mm$ 井段,完成了超过 10000h 的现场试验,节省钻井周期达 60%。该系统允许钻井液添加堵漏剂,拓展了钻井液选用范围。

在钻井工程方面还要考虑的第三个是压力平衡问题,页岩气气藏是低压力的,最好尽量采用平衡—欠平衡钻井完井技术(含气体钻井)及有关装备。钻井液的平衡密度差附加值宜小于 $0.078/cm^3$,并严控失水小于 4mL。第四个问题是在满足多级分段压裂施工等前提下,以及有条件有可能性的时侯适当采用直径小的井眼——小井眼;例如,大牛地在 2009 年开始试用 $\phi152.4mm$ 水平段,并取得了成功。

2.2.3　页岩气井钻完井液技术工程

页岩地层有时漏失严重,防漏堵漏工作量大;井壁垮塌和井壁失稳现象普遍;还有页岩气储层伤害等是新问题。需要研究页岩气井的钻完井液。页岩层理、裂隙发育,井壁稳定性差,有实践表明,采用两性离子聚合物混油防塌钻井液也未能满足钻进要求。某井两次侧钻在接近水平段时均发生了井壁垮塌。鉴于定向井段垮塌复杂情况,在水平井段用白油基钻井液,并优化密度优配封堵剂,引入活度平衡理论优选水相,减少钻井液渗透入裂缝,其滤失量低,润滑性好,封堵防塌能力强,用于泌阳盆地泌页 HF - 1 井,在长达 1044m 的页岩水平段钻进没有发生井下复杂情况和钻具事故,井壁稳定,较好地解决了页岩垮塌难题。有的页岩气井采用有机盐/无机盐复合防膨技术能有效保护井壁稳定。西安石油大学研发制备的羧酸多胺盐类抑制剂具有良好的缩膨效果,它的应用将为页岩气的开发起到推进作用。在页岩气钻井工程中,关于完井液及其化学工程有许多新问题,需在理论上、实验研究上和生产实践中加以系统而深入的研究。

2.2.4 页岩气固井工程

页岩气井固井质量不仅关系到该井本身的固井环节,而且还关系到压裂的最大允许压力并直接影响分段压裂、体积压裂效果及井筒的完整性;对水泥环的返高、承压性、抗破坏性、耐腐蚀性、密封性、密封准则及水泥石力学性能要求高或者说有某些特殊要求。在页岩气勘探开发实践中工作过的专家们提出:需要开展页岩气固井基础理论研究;根据页岩气地层的岩石特性,优化水泥石力学性能;开展提高页岩气井水平段固井质量及密封性研究、页岩气功能性固井材料—水泥浆体系研究及页岩气固井特殊工具的研制、页岩气工厂化作业对固井特殊要求的研究等,以确保页岩气井固井质量满足强化压裂的要求并固井一次成功率高。

2.2.5 页岩气完井与储层保护工程

页岩气单井产量低,页岩气气藏单位体积内的井密度大,而页岩气井大多数是水平井乃至复杂结构井,在储层穿越长度大,需要分段压裂和工厂化施工。页岩气储层伤害可能比常规低渗透油气储层的伤害还要复杂和严重;而目前对页岩气储层伤害机理还不够清楚;国内针对页岩气储层伤害的实验工作还没有系统地进行。需要参考“七五”“八五”期间,国家“863”立项研究保护油层技术那样,集中对页岩气先导试验区和已开始生产页岩气的每个区块进行储层伤害与保护的系统实验和理论与实践结合的研究。完井工程必须考虑强化压裂改造与增产作业的需要,应关注投产后产能及整个开发期产能变化以及各阶段和最终采收率。为了保证完井质量,国外很多油公司规定完井成本应占总成本的 50% 左右。目前,我国页岩气完井方法比较简单,大多数是裸眼或套管—射孔完井。建议考虑探索一些新的完井方法,例如在一口页岩气复杂结构井中采用几种方法,将裸眼—套管—筛管等复合使用(例如在主眼大部分井段用套管—射孔,主眼最后一个层段用筛管;在分支段用裸眼或筛管)。再建议探索页岩气完井采用专门的智能完井——可暂名“页岩气智能完井”,这方面几乎完全空白,需要进行创新研究实施创新工程,并能“大有可为”。

2.2.6 页岩气压裂与裂缝监测技术与工程

页岩气井压裂几乎全部采用分段压裂。要求实现体积压碎型压裂(即不仅仅是压通和压开而是将压开的裂缝周围岩石压碎形成大范围的裂缝网带)。要求实现储层裂缝体积最大化(Maximum Stimulated Reservoir Volume,Max,SRV);用裂缝复杂性指数(Fracture Complex Index,FCI)来描述网络裂缝有效性(即网缝宽度与长度之比)。实现最大化 SRV 的主要策略是:

(1)充分利用页岩气储层天然裂缝和层理节理发育、沉积颗粒细小、石英及碳酸盐矿物组分含量高形成的脆性、水平大小主应力差值小等地质特征。

(2)水平井段方位走向与最小主应力方向平行或其夹角不超过30°。

(3)满足主裂缝上形成分支缝的条件,有效利用裂缝形成的应力阴影(指次生附加应力波及范围)使裂缝复杂化扩展。当裂缝中压力及裂缝生成扩展,会在裂缝附近局部范围形成有限的应力阴影,改变了原来的地应力状态和分布,有利于形成三维多缝网络。

(4)采用低摩阻的滑溜水,优选支撑剂;采用大注入量,加大用砂量,国际称"千吨级砂万吨级水"的压裂工程;高泵压等措施。页岩气开发和压裂施工需要大量水,而我国是水资源短缺的地区,这是一个挑战,既要"保证供水",又要考虑"节约用水"或者寻求无水压裂新方法。

国内页岩气分段压裂目前主要采用"水力泵送式快钻桥塞隔离"方法,开始使用滑套式压裂新技术。国外针对页岩气开发和水平井分段压裂等难题,研制成功水平井双封单卡、投球式与非投球式等多种类型滑套的分段压裂工具与工艺、水力喷砂分段压裂技术与装备、自膨胀封隔器、选择性完井等新工具,实现了气井最大分段压裂21段的技术突破,显著提高了页岩气水平井开发效益。目前,中国石油60%以上的油气水平井都需要采用分段压裂,最多分段20段,水平井段最长为3000m,单井最大压裂液用量超过20000m³,最大加砂超过1600m³,初步实现了"千方砂、万方液"的压裂规模。

国内外正在研究应用无线射频识别技术(RFID)能够下一趟管柱连续地进行无限多级压裂(理论上无限,施工中则希望达到20级~30级~40级)。把RFID接在压裂管柱上(图3)。RFID射频识别系统在石油行业储运站库管道和其他工业部门已应用了多年。RFID系统主要由电子标签、阅读器和数据管理系统等部分组成。电子标签部分是由标签芯片和标签天线两部分组成,每个电子标签都含有唯一的识别码,用来表示电子标签所附着的物体。当电子标签接收到阅读器的发射信号后,电子标签被"唤醒",然后根据阅读器发射的指令完成相应的动作,并将响应信息返回给阅读器。阅读器通过阅读天线发射信号"唤醒"和传送指令给电子标签,并接收标签返回的信号,是双向信息。信号经过初步过滤、处理后,完成对电子标签信息的获取和解析,将有用的数据通过网络和数据管理系统交互。数据管理系统主要完成数据信息的存储及管理。数据管理系统可以由简单的本地(就地)软件担当,也可用集成了RFID管理模块的分布式ERP管理软件。

RFID系统的滑套原理是"激活-解读-开关",结构各部分功能如下:

(1)RFID滑套控制单元植入控制程序,电子标签植入特定信息码,当电子标签通过滑套线圈时被线圈建立的磁场激活,利用感应电流所获得的能量发送出存储在芯片中的信息码;

(2)控制单元通过天线接收该信息码,结合监测到的环境参数(压力、温度等)控制程序对接收的信息码进行解读;

(3)滑套开关。若该电子标签携带的信息码与滑套匹配,则控制单元输出控制命令,启动执行单元正向运动、带动动作单元向前移动,打开连接单元上的压裂泄流孔,实现滑套工具打开功能;当再次投放对应的电子标签,滑套被激活,执行单元反向运动、带动动作单元向后移动,再次密封连接单元上的压裂泄流孔,实现滑套工具关闭功能。

RFID系统的工艺原理和主要施工步骤如下(图3):

(1)RFID滑套送入管柱包括裸眼封隔器、封隔悬挂器、RFID滑套、压裂滑套、浮鞋(引鞋)等。RFID滑套送入管柱入井前,RFID滑套通过计算机植入不同的控制程序并做好记录。送入管柱入井时,依次连接浮鞋、RFID滑套、裸眼封隔器、RFID滑套、裸眼封隔器、RFID滑套……悬挂器。送入管柱入井[图3(a)]。

(2)送入管柱入井到位后,水泥车顶通及循环洗井,加压胀封裸眼封隔器和悬挂器、坐挂悬挂器。验证悬挂器确实坐挂后,倒扣提出送入工具[图3(b)]。

(3)压裂施工前,下入油管进行回插,与悬挂器形成密封。压裂施工时,压裂管柱内憋压打开末端RFID滑套,进行第一段压裂作业;间隔一定时间,从井口分别投放2枚电子标签,前面一枚标签通过末端 RFID 滑套时,滑套被激活关闭;后面一枚通过第二段 RFID 滑套时,RFID 滑套被激活打开并进行第二段压裂。

依此顺序间隔投放标签自下而上实现各级滑套依次打开和关闭。最后一段施工泵送尾液时,投放对应电子标签到位后关闭最后一段 RFID 滑套[图3(c)]。

压裂施工结束后,管柱再次憋压到一定压力时,所有 RFID 滑套全部被激活打开,管柱内通畅,就可以开始进行该井的储层排液求产,或者进行有关的指定作业。

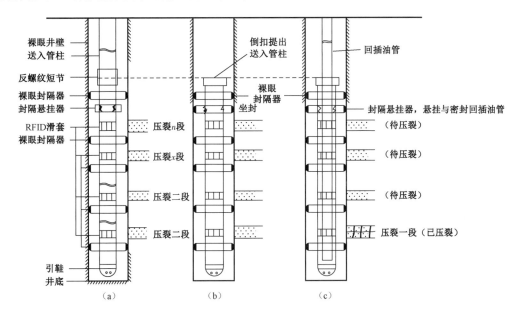

图3 "RFID + 裸眼封隔器"系统多级压裂施工示意图
(a)用送入管柱把"RFID + 裸眼封隔器"管串送入井内并送到位;(b)坐封"RFID + 裸眼封隔器"
管串并倒扣起出送入管柱;(c)用回接油管回插形成压裂管柱,自下而上逐层进行压裂

在分段压裂方面,国内外都在不断研发创新工艺和装备。例如,国外在连续油管带开关工具进行滑套开关的方法基础上,加入光纤和电子技术研制了新型滑套开关系统——由"连续油管内带光纤 + 光纤压力/温度测量短节 + 磁性接箍定位器(CCL) + 井下测力传感器短节 + 液压驱动双向开关短节"组成。它能够在一趟钻可靠地开关多个滑套、连续分段压裂并监测压裂施工工况、判断滑套是否操作到位(是否正常或者出了什么问题)、判断后及时处理。

2013 年 12 月 13 日,川庆钻探公司页岩气工厂化压裂指挥中心首次应用拉链式压裂技术,对长宁 H3 平台 H3 – 1 井和 H3 – 2 井实施拉链式压裂,从 12 月 6 日 7 时至 13 日 21 时,完成两口井 24 段加砂压裂,平均每天压裂 3.16 段,最高一天压裂 4 段,极大提高了压裂时效。

中国页岩气开发在过了出气关后,面临的就是如何实现经济规模有效开发。如果应用传统压裂技术每天最多压裂 2 段,耗时长、成本高,不利于大规模开发。这次先导性试验的成功,标志中国有能力应用最新技术开发页岩气藏。

川庆钻探公司致力于页岩气高效开发研究,不断学习借鉴北美页岩气开发技术,通过对威远—长宁、富顺、永川、昭通、涪陵页岩气区的 32 井次、182 层/段压裂改造实践,初步形成了集设计、材料、施工配套与后评估一体化的页岩气储层改造技术。

这次压裂是川庆钻探公司继岳 101 – 94 井组进行双水平井工厂化压裂试验后。在 H3 平台 H3 – 1 井和 H3 – 2 井进行的一次集试气、射孔、下桥塞、压裂、微地震监测、连续油管钻磨和

地面配套等全井总承包工厂化技术服务先导试验。

据了解,川庆井下作业公司出动21台2000型压裂车,应用即配即注地面工艺技术,在最高泵压87.19MPa、最大排量11.9m³/min。最高砂浓度253m³/kg的情况下,注入地层总液量4.32×10⁴m³,总砂量1908.73t,实现了施工作业的规模化、工艺实施的流程化、组织运行的一体化、生产管理的精细化、现场施工的标准化。

中国石化在大牛地DP43-H、胜利盐227、贵州丁页2HF等也进行了成功的实践。

工厂化压裂是通过应用系统工程的思想和方法,集中配置人力、物力、投资、组织等要素,采用类似工厂的生产方法或方式,通过现代化的生产设备、先进的技术和现代化的管理手段,科学合理地组织压裂(包括试气)等施工和生产作业。通俗地讲,工厂化压裂就是像普通工厂那样,通过优化生产组织模式,在一个固定场所,连续不断地向地层泵注压裂液和支撑剂,以加快施工速度、缩短投产周期、降低开采成本。

拉链式压裂技术(图4)是工厂化压裂的主要方式。从北美地区页岩气水平井大型压裂的应用情况看,使用最多的是拉链式压裂技术(即泵送快钻桥塞工艺技术),可以实现任意段数的压裂,段与段之间的等候时间在2~3h。利用此间隙可以完成设备保养、燃料添加等工作,特别适用于工厂化压裂。

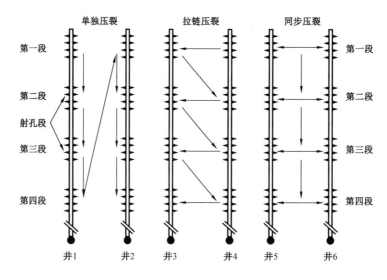

图4 单独压裂、拉链压裂和同步压裂施工程序示意图

如图4所示,单独压裂是每口井单独逐段进行压裂。拉链式压裂是将两口平行、距离较近的水平井井口相连接,共用一套压裂车组进行24h不间断地交替分段压裂,在对一口井压裂的同时,对另一口井实施分段射孔作业。同步压裂是用两(多)套压裂机组两(多)口井同时压裂(这不仅可提高效率,还有助于形成裂缝网络实现体积化裂缝网络),另外两(多)口井同时进行电缆桥塞作业,时效更高,但成本高。

需要指出,水力压裂可能会破坏烃源岩。液体压裂可能发生一些"不良"问题:注入液的化学物品可能会污染地下"受保护水"、可能造成不应有的裂缝而造成油气藏液体的串流、注入液用量极大成本很高、可能造成地层的沉降和地面的爆裂(1990年我在美国加利福尼亚州威明敦油田看到因注水、压裂而地表沉降和井缝的实地情况)、有可能使具有保护意义的页岩受到破坏、可能使烃源页岩受到破坏。为此,页岩气井压裂正在研究使用无水压裂方法,压裂流体用天然凝析油(NGL)、液化石油气(LPG)、氮气、二氧化碳,还可以使用在低渗透油气藏用过的高能气体—爆燃压裂—层内爆炸压裂方法在页岩气井进行压裂的试验。

压裂必须进行裂缝监测工作。目前最常用的是微地震裂缝监测技术。国内外已广泛采用微地震方法监测裂缝。该技术利用在井中或地面安装的地震检波器来监测压裂裂缝的走向和分布。能实时提供压裂时裂缝的高度、长度和方位角，通过微地震监测结果可以实时优化压裂施工、优化"井工厂"施工，同时对油藏模型综合分析具有重要意义。页岩气储层进行水力压裂时，大量高压流体被注入储层，使得孔隙流体压力迅速提高，高孔隙压力以剪切破坏和张性破坏两种方式引起岩石的破裂。岩石破裂时发出地震波，储存在岩石中的能量以波的形式释放出来。这些弹性波信号通过监测仪器检测，通过数据的分析处理可以判断微地震的震源在空间和时间上的分布，实时得到裂缝的缝高、缝长和方位等参数。

再介绍一种方法(对我们可能是个新方法)——美国加利福尼亚州油气田和 Shell 公司等使用"基于地面测变形值的测块在油气藏中测绘流体流动"(Mapping Fluid Flow in a Reservoir Using Tiltmeter – Based Surface Measurements, SPE 96897, 2005)。在压裂等作业时将多个乃至10 多个测块(Tilt)提前埋在井周地表的地下，放置约 2 个月左右时间(视作业—测量需要的时间而定)，压裂时测块能够自动测得该处变形—微变形数据、自动采集并可配用软件做出测绘模型，也可用于长期(若干年—几十年)动态监测油气藏变形—流体流动变化。通过测到的数据能够分析计算裂缝数据。这种方法可用于水力压裂、热采导致的地层变形。原来使用井深受限，经过实践—改进后 Tilt 裂缝监测法已能够用于深井。

2.2.7　页岩气"井工厂"开发特点、现状及开发关键

根据页岩气储层特征和开发需要，页岩气开发时比常规油气钻的井多而密。所以在页岩气开发实践中提出了在一个井场有序钻多口水平井或多口多类井进行相关的固井、完井、压裂、投产等作业，实现可重复—批量化作业的工厂化生产模式。关键技术包括井场部署、批量化作业、特种作业钻机、井眼轨迹控制技术、同步压裂技术、裂缝监测技术、钻井液循环利用和压裂液回收利用等。近年来页岩气"井工厂"开发模式在北美广泛应用，带来了巨大收益。

2.2.7.1　"井工厂"开发特点及现状

加拿大能源公司(EnCana)最先提出"井工厂"开发的理念，是使用水平井钻井方式，在一个井场完成多口井的钻井、固井、完井、射孔、压裂、试气和生产，所有井筒采用批量化作业模式。图 5 为 Horn River 盆地丛式"井工厂"三维井结构。

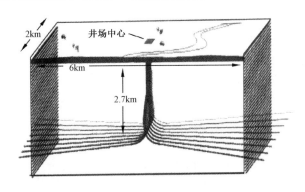

图 5　丛式"井工厂"三维井结构

页岩气"井工厂"主要有以下优点：

(1)用最小的井场使开发井网覆盖储层最大化减少井场占地面积并适用于山区；

（2）多口井集中钻完井和生产，生产管理得到优化，降低作业时间与成本；

（3）多口井依次一开与固井、二开与固井、三开固完井；使得钻井、固井、测井工序间无停待，设备利用率最大化，提高作业效率；

（4）在相同开次钻井液体系相同时，钻井液可重复利用降低用量减少费用；

（5）多口井同步压裂，改善井组间储层应力场分布，有利于形成网状裂缝；

（6）压裂液返排后回收利用，节约成本又有利于保护生态环境。

"井工厂"开发也存在难点。主要是：增加了井眼轨迹控制难度，对设备和技术要求较高（国外已经基本解决）。有时要在整个井组都完钻后才可进行后续的作业；加大了现场工程监督难度。

2.2.7.2 "井工厂"开发关键技术

（1）井场部署。

区块"工厂化"模式布井的原则是用尽可能少的井场布合理数量的井，以优化征地费用及钻井费用。需要考虑的因素有以下几点：

① 满足区块开发方案和页岩气集输建设要求；

② 利用自然环境地理地形条件以减少钻前工程的难度；

③ 考虑钻井能力和井眼轨迹控制能力；

④ 最大程度接触页岩气藏目标层；

⑤ 从地形地貌、生态环境、水文地质条件考虑，满足安全环保的规定。

（2）井组优化设计。

目前，国外页岩气"井工厂"钻井在单井场目前最多布 36 口井，采用单排或多排排列，布局需要充分考虑作业规模、地质条件、地面条件限制等因素。单排丛式井井距一般为 10 ～ 20m，多排丛式井井距一般为 l0 ～ 20m，排距为 50m 左右。井下水平段间距由压裂主裂缝扩展范围大小决定，其原则是使压裂所形成的网络裂缝体积最大化。如果水平井井眼轨迹方位与最小水平主应力平行，有利于压裂主裂主裂缝的扩展，同时容易形成裂缝网络，井下水平段间距一般大于 350m。

（3）可整体移动钻机。

为了适应页岩气"井工厂"开发需要，国外公司开发出了全液压可移动钻机。这种钻机具有以下优势：

① 高移动性能。采用底座整体移动技术，通过优化钻机移动模块来实现钻机的自由移动，减少了钻机的拆卸、搬迁、安装等时间。

② 自动化。采用电、液、气一体化智能控制技术、嵌入自动钻井的力学计算程序的数字计算机钻井界面、精确的定位控制和远程控制等。

③ 减少作业人员。钻井操作只需要配备 4 名人员，钻台几乎所有的操作都由司钻完成，另外配备地面及其他辅助人员 3 名即可进行钻井生产作业。

④ 占地面积小。对环境保护具有积极作用。

⑤ 适应性。设备配备钻 3000m 井深的能力，但也要灵活配备。

（4）批量化作业。

为了节省时间，降低钻井成本，实现快速钻进，"井工厂"采用可移动式钻机实现快速批量钻井，其特点是体形小，重量轻，价格低廉，钻速快。对于 500m 的表层，每口井只需 36h 左右。这样就可以迅速完成表层钻井，钻完第 1 口井迅速转到下一口井，在钻表层时不需要改变钻井液体系和钻杆。这样顺序地,钻完所有井的一开后再移钻机回到第一口井开始二开的钻进,重复以上操作直到二开钻完所有的井,再次移钻井平台回到第一口井开始三开,依此类推钻完所有的井。对于一开井深不长的情况,可以先一开钻固完表层后继续二开钻井及下套管固井后再移钻机至下一口井开钻,这种工序可以减少作业成本达10%以上。压裂施工的作业也可以实现批量化施工,即压裂"井工厂",即在一个中央区对相隔数百米至数千米的井进行压裂,所有的压裂设备都布置在中央区,不需要移动设备、人员和材料就可以对多个井进行压裂,大大降低压裂施工成本。

(5)井眼轨迹控制技术。

井眼轨道设计要精心。为了减少井间相碰的可能,"井工厂"多井平台在实钻过程中往往需要实时调整井轨,具体步骤包括:

① 取得真正井位坐标以及修正的地质目标后,确定槽口分配方案。

② 利用地质设计的井位与靶点坐标进行初步井眼轨道设计。

③ 将不同深度处测量的不确定椭圆叠加到井眼轨迹上,观测是否发生相碰,如果可能相碰则予调整。

④ 表层井眼钻成并测量后,根据实际井眼轨迹,往往需要再重新设计二开后的井眼轨道并进行防碰评估。特别强调垂直钻进表层,并且每口井表层都要测斜。为了防止浅层相碰,二开造斜率较小,采用陀螺仪随钻测量工具定向,保证后期作业安全。三开(一般是在增斜段后期及水平段)多数用高造斜率旋转导向工具钻进至最大完井深度。

(6)水平井同步压裂。

水平井同步压裂是指对相邻的2口或2口以上的水平井进行同时压裂,采用这种压裂方式的页岩气井产能增加明显。待所有的压裂完成后再进行返排,推迟返排可以增加井底压力,使得压裂裂缝周围应力大小和方位发生变化而形成低应力各向异性区,压裂产生垂直于井筒的主裂缝的同时,沟通了地层的天然裂缝和应力释放缝,能形成有效的裂缝网络(图6)。

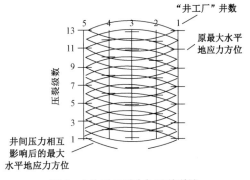

图6 "井工厂"同步压裂裂缝网络俯视图(Smiths,2006)

(7)钻井液循环利用与压裂液回收利用。

钻井液循环利用系统使用物理和化学的方法来清除钻井液中的固相颗粒,通过独特的处理过程重复利用钻井液。相对于传统方法来说,钻井液循环利用系统减少了钻井液、水资源的用量和钻井液配制时间,降低了废弃钻井液的处理成本。

平均一口页岩气水平井压裂需要水 $7000 \sim 20000 m^3$,一组"井工厂"压裂的用水量更多。在水资源贫乏地区,水费很高,压裂成本非常高。采用压裂液回收利用系统,可以大大减少用水量。返排水的体积取决于储层特性,页岩气井能返排出原始压裂液的 15% ~ 35%。目前哈里伯顿公司研制了 Clean Wave 水处理装置,它通过电流处理压裂返排水,破坏水中胶状物质的稳定分散状态,使之凝结,使用最少的电能,就可以每天处理 2.6×10^4 bbl 返排水。当返排水流经电凝装置时,释放带正电的离子,并和胶状颗粒上面带负电的离子相结合发生凝固。与此同时,在阴极产生的气泡附着在凝结物上面,使其漂浮在表面,由地面分离器去除,较重的絮凝物沉到水底,留下干净的清水。如果含有重金属(如钡、锶等金属矿物),需要采取进一步的处理措施。

(8)我国开展页岩气"工厂化"作业试验并初步取得成功。

长城钻探公司苏里格合作开发区块的苏53区块组合井大平台(是中国石油的工厂化作业模式示范项目),在2014年第一天已投产运行半个月,天然气日产达$110 \times 10^4 \mathrm{m}^3$(超过预期$100 \times 10^4 \mathrm{m}^3$的方案)。该大平台共10口水平井、2口定向井、1口直井,全部13口井实现当年部署井位、当年征地垫井场、当年完钻、当年压裂、当年试气、当年投产,比计划提前50天,同时大幅度降低了作业成本。在这个项目中具有龙头作用的3支钻井队分别使用的是两部ZJ50钻机和一部ZJ30车载钻机。在主力设备无优势,也没有打过水平井的经历的情况下,取得成功的主要经验如下:

① 一体化管理的生产作业流水线。苏53区块大平台井场宽200m、长300m,13口井位呈两排平行分布。生产作业的流水线可描述如下:一部ZJ30车载钻机在第一排的井位上快速打表层段,刚完成的上一口井表层段则在固井候凝之中。这时,轨道液压装置将一部ZJ50钻机向表层段固完井的井位平移,准备二开钻进。在第二排的井位上,另一部ZJ50钻机在打水平段,LWD仪器已经下到井下跟踪气层钻进。在相隔不足30m处有两口待压裂的井,压裂机组实施双井同步压裂;而前一批完成压裂的气井在点火放喷试产准备安装采气树投产……。在同一个井场,集结这么多工种,同时进行钻井、固井、压裂、试气和投产等作业,对管理能力和技术水平提出了全新要求。需要授权一位代表公司总部的项目长进行一体化管理。这位项目长"一竿子向下插到底、向上捅到天",他说:这种新的多工种联合作战,并不是简单的同时集中施工,而是要像工厂里的生产作业流水线一样,有计划地进行专业配合和批量作业。整体联动才能高速高效。按照工厂化作业模式的顶层设计,苏53区块大平台项目初步摸索了"六化"管理方法:

a. 队伍管理一体化。参加施工的各个专业队伍不论来自哪个原单位,一律进行统一管理,要求相互配合,保证指令一致性、作业配合协调性。

b. 有关作业共同进行方案设计,重视创新和顶层设计,既要确保地质目的,又要考虑工程实施合理性,总体上实现最优化。

c. 施工作业批量化。钻机整体平移,不同井段分别用最适合的设备钻进(即浅井段用小钻机作业,深井段用大钻机作业);压裂现场设备一次布置到位,液罐等不必多次吊装搬运。

d. 工程技术模块化。建立现场录井—钻井数据网络平台,共享实时数据信息。

e. 作业规程标准化。制定各专业同场同时作业的管控标准和操作规范。

f. 资源利用综合化。跨单位分享共用设备、材料,尽可能减少重复消耗(特别是在水资源紧缺地区)。

"六化"管理在人员和设备高度集中的苏53区块大平台,体现了人与人、人与设备、设备与设备之间的磨合,在一个井场建起一条"安装—钻井—固井—完井—录井—压裂—试气—投产"作业流水线。

② 无边界配合构成生产衔接零等待。苏53大平台的10口水平井,平均建井周期34.6天,最快的一口井仅用22天。与2012年同区块同类水平井相比,平均机械钻速提高31.3%,平均钻井周期缩短45.2%,平均建井周期缩短44.6%。与2013年相比,平均机械钻速提高6.2%,平均钻井周期缩短31.7%,平均建井周期缩短31.3%。无边界配合,关键在设计源头上要确保各施工环节严丝合缝,生产衔接零等待,必须将每一个专业每一个单位深度融合。在钻井生产衔接方面,形成了用ZJ30钻机打表层,用ZJ50钻机打二开直井段、造斜段和水平段,

钻机采用整体平移技术换井位的方案。这个流程设计较传统施工方式减少 11 次井间拆装,节约了大量接甩钻具和固井侯凝时间,重复利用钻井液 2100m³。

③ 结构性优化必须解放思想闯禁区。

④ 小钻机派上大用场。长城钻探三公司的三部 ZJ30 车载钻机在苏里格完成 103 口井表层作业,进尺突破 $7.8 \times 10^4 m^3$,领跑反承包市场,被称为"小卒过河顶大车"。在苏里格工厂化作业平台采用小钻机打表层,接着由大钻机进行二开施工,形成流水线作业。

⑤ 小平台也能"工厂化"。大平台经验推广到 40002 钻井队,在一个小平台优质高效完成苏 53 – 78 – 20H1 水平井井组,并历时 281 天实现八开八完钻井进尺 $3.7358 \times 10^4 m$,成为陕北水平井的领头羊。

⑥ "工厂化"优质速度需要深层次优化生产要素。苏 53 区块的成功表明,大平台工厂化作业实际上是生产作业模式变革、地质和工程一体化、标准化作业流程的有机结合,使各种生产要素都得到优化配置,其中尤其加强了内在生产要素的优化。内在生产要素的优化,关键是人的优化。长城钻探公司对苏 53 区块大平台项目实行特别的授权负责制,首先就建起了人的一体化平台。得到优化配置的人,从优化决策、优化设计、优化组织、优化施工、优化成本各方面,比较系统地扩展着对各种内在与外在生产要素的优化整合。

3 中国页岩气勘探—开发的立法、政策与管理

3.1 立法

我国目前基本上是企业管企业,中国石油和中国石化管理各自的下属二级企业,属于垂直领导和直系管理,这是不完善的。可以借鉴美国加利福尼亚州的做法,完善中国页岩气勘探—开发的立法。

3.1.1 我国有关立法及与美国有关立法对比

中国国家能源局 2013 年第 5 号文件《页岩气产业》,是我国在页岩气勘探开发方面的第一个政策性文件(共 36 条),但还不是立法文件,在此摘要该文件如下:

为全面贯彻落实科学发展观,合理、有序开发页岩气资源,推进页岩气产业健康发展,提高天然气供应能力,促进节能减排,保障能源安全,根据国家相关法律法规,特制定本政策。

第一章 总 则

第一条 页岩气是指赋存于富有机质泥页岩及其夹层中,以吸附或游离状态为主要存在方式的非常规天然气。

第二条 页岩气勘探开发利用按照统一规划、合理布局、示范先行、综合利用的原则。依靠科技进步,走资源利用率高、经济效益好、环境污染少的可持续发展道路,为全面建设小康社会提供清洁能源保障。

第三条 通过规划引导,逐步形成与环境保护、储运、销售和利用等外部条件相适应、与区域经济发展相协调的页岩气开发布局。

第四条 加快页岩气勘探开发利用,鼓励包括民营企业在内的多元投资主体投资页岩气勘探开发,通过规范产业准入和监管,确保页岩气勘探开发健康发展。

第五条 加强页岩气关键技术自主研发,立足实际,结合国情,形成具有自主知识产权的

关键技术体系,促进页岩气发展。

第六条　依靠科技进步,推进井场集约化建设和无水、少水储层改造及水资源循环使用,实现安全、高效、清洁生产,建设资源节约、环境友好、协调发展的页岩气资源勘探开发利用体系。

第二章　产业监管

第七条　从事页岩气勘探开发的企业应具备与项目勘探开发相适应的投资能力,具有良好的财务状况和健全的财务会计制度,能够独立承担民事责任。页岩气勘探开发企业应配齐地质勘查、钻探开采等专业技术人员。从事页岩气建设项目勘查、设计、施工、监理、安全评价等业务,应具备相应资质。

第八条　建立健全监管机制,加强页岩气开发生产过程监管。页岩气勘探开发生产活动必须符合现行页岩气相关技术标准和规范;如无专门针对页岩气的相关管理标准和规范,参照石油天然气行业管理规范执行。

第九条　鼓励从事页岩气勘探开发的企业与国外拥有先进页岩气技术的机构、企业开展技术合作或勘探开发区内的合作,引进页岩气勘探开发技术和生产经营管理经验。

第十条　鼓励页岩气资源地所属地方企业以合资、合作等方式,参与页岩气勘探开发。

第三章　示范区建设

第十一条　鼓励建立页岩气示范区。示范区应具有一定的规模和代表性,示范的理论、方法和技术应具有推广应用前景。鼓励页岩气生产企业多家联合进行示范区建设。做好示范区经验总结推广工作。

第十二条　支持在国家级页岩气示范区内优先开展页岩气勘探开发技术集成应用,探索工厂化作业模式,完善页岩气勘探开发利用的理论和技术体系,推动页岩气低成本规模开发,为新技术推广应用奠定基础。

第十三条　加快示范区用地审批,支持示范区其他相关配套设施建设。

第十四条　加强对示范区页岩气勘探开发一体化管理,实现安全生产和资源高效有序开发。

第四章　产业技术政策

第十五条　鼓励页岩气勘探开发企业应用国际成熟的高新、适用技术提高页岩气勘探成功率、开发利用率和经济效益。包括页岩气分析测试技术、水平井钻完井技术、水平井分段压裂技术、增产改造技术、微地震监测技术、开发环境影响控制技术等关键技术。

第十六条　鼓励页岩气勘探开发技术自主化,加快页岩气关键装备研制,形成适合我国国情的轻量化、车载化、易移运、低污染、低成本、智能化的页岩气装备体系,促进油气装备制造业转型升级。

第十七条　发展以企业为主体、产学研用相结合的页岩气技术创新机制。加强国家能源页岩气研发(实验)中心和其他研发平台的建设,推进页岩气勘探开发理论与技术攻关。

第十八条　加强国家页岩气专业教学、基地建设和人才培养。鼓励企业开展全方位、多层次的职工安全、技术教育培训。

第十九条　为促进页岩气资源有序开发,国家能源主管部门负责制定页岩气勘探开发技术的行业标准和规范。

第五章　市场与运输

第二十条　鼓励各种投资主体进入页岩气销售市场,逐步形成以页岩气开采企业、销售企业及城镇燃气经营企业等多种主体并存的市场格局。

第二十一条　页岩气出厂价格实行市场定价。制定公平交易规则,鼓励供、运、需三方建立合作关系,引导合理生产、运输和消费。

第二十二条　鼓励页岩气就近利用和接入管网。鼓励企业在基础设施缺乏地区投资建设天然气输送管道、压缩天然气(CNG)与小型液化天然气(LNG)等基础设施。基础设施对页岩气生产销售企业实行非歧视性准入。

第六章　节约利用与环境保护

第二十三条　加强节能和能效管理。页岩气勘探开发利用项目必须按照节能设计规范和标准建设,推广使用符合国家能效标准、经过认证的节能产品。引进技术、设备等应达到国际先进水平。

第二十四条　坚持页岩气勘探开发与生态保护并重的原则。钻井、压裂等作业过程和地面工程建设要减少占地面积、及时恢复植被、节约利用水资源,落实各类废弃物处置措施,保护生态环境。

第二十五条　钻井液、压裂液等应做到循环利用。采取节水措施,减少耗水量。鼓励采用先进的工艺、设备,开采过程逸散气体禁止直接排放。

第二十六条　加强对地下水和土壤的保护。钻井、压裂、气体集输处理等作业过程必须采取各项对地下水和土壤的保护措施,防止页岩气开发对地下水和土壤的污染。

第二十七条　页岩气勘探开发利用必须依法开展环境影响评价,环保设施与主体工程要严格实行项目建设"三同时"制度。

第二十八条　加强页岩气勘探开发环境监管。页岩气开发过程排放的污染物必须符合相关排放标准,钻井、井下作业产生的各类固体废物必须得到有效处置,防止二次污染。

第二十九条　国家对页岩气勘探开发利用开展战略环境影响评价或规划影响评价,从资源环境效率、生态环境承载力及环境风险水平等多方面,优化页岩气勘探开发的时空布局。禁止在自然保护区、风景名胜区、饮用水源保护区和地质灾害危险区等禁采区内开采页岩气。

第七章　支持政策

第三十条　页岩气开发纳入国家战略性新兴产业,加大对页岩气勘探开发等的财政扶持力度。

第三十一条　依据《页岩气开发利用补贴政策》,按页岩气开发利用量,对页岩气生产企业直接进行补贴。对申请国家财政补贴的页岩气生产企业年度报告实行审核制度和公示制度。对于存在弄虚作假行为的企业,国家将收回补贴并依法予以处置。

第三十二条　鼓励地方财政根据情况对页岩气生产企业进行补贴,补贴额度由地方财政自行确定。

第三十三条　对页岩气开采企业减免矿产资源补偿费、矿权使用费,研究出台资源税、增值税、所得税等税收激励政策。

第三十四条 页岩气勘探开发等鼓励类项目项下进口的国内不能生产的自用设备(包括随设备进口的技术),按现行有关规定免征关税。

第八章 附 则

第三十五条 本政策由国家能源局负责解释。

第三十六条 本政策自发布之日起实施。

对比美国加利福尼亚州的有关立法,可以认为我国2013年制订的这个《页岩气产业政策》还是比较粗线条的,内容比较简单,应该进一步充实并上升为立法文件。

美国加利福尼亚州在19世纪60年代开始油气资源开发活动,当时因为缺少专门法律的约束,出现了哄抢油井、行贿贪污、寻衅斗殴等社会和经济问题。为此,加利福尼亚州政府在1915年制订了第一部油气资源法,并持续修订了系列法律文件,构成了系统完整的油气资源法律体系。油气法的实施,直接推动了加利福尼亚州油气资源行业的良性发展,对加州政治稳定、社会安全发挥出积极作用。美国页岩气进行商业开发后,根据页岩气开发中更多地采用水力压裂和酸化处理等,原有的油气法已不能监管列位,于是2013年又制定了加州《水力压裂和酸化油层激励生产法案》(以下简称《法案》)。《法案》包括《水力压裂法》和《酸化作业法》两部分,内容涉及现行非常规油气资源开发和未来的深层资源开发,以及可能造成的环境破坏和水资源的污染预防和管理等。《法案》的目的是保证页岩资源得到最佳的生产和保护,保护地下水资源和人民生活健康,保护油气开发技术秘密、化学材料秘密的商业化使用。2014年7月,油气监管局发表了第二版本的修订规范。第二版的试行期为1年。到2015年7月期满后,油气监管局将公布第三版执行规范,也就是正式执行的版本。

《法案》与《油气法》一样,要求油气公司在施行水力压裂或酸化作业之前,必须要向油气监管局申请许可证,油气监管局也会派员到现场监察,水力压裂或酸化作业施行之后,立即要向油气监管局报告数据。《法案》和执行规范的基本原理和油气法一样,核心是对通过许可证申请和核准、油区现场监管、数据统计等对油气公司的生产行为进行监督。

3.1.2 加利福尼亚州法案的基本原则与主要内容[1]

加利福尼亚州(简称加州)法案的立法动机是为了促成蒙特利页岩气田的开发,因此,其立法原则集中在页岩气开发严格监管、公众知情权保护等方面。全美目前最大的蒙特利页岩气田便位于加州,该州政府希望能尽早开发该油气田,但水力压裂和酸化处理可能造成地下水污染和引发地震等生态危机,给开发造成不小困扰。为促成蒙特利油气田开发,加州议会和环保人士、油气公司、油气服务公司、社会民众等进行了反复沟通,收集了各方建议,听取了各种反对的声音,会同研究机构、学者、环保组织等多方人士共同起草并修订法案。经过议会多次讨论,《法案》终于在议会通过。按照《法案》要求,加州页岩气开发除遵守《油气法》外,还需符合法案的特别规范。这些规范内容上涉及申请许可证、数据收集和上报、现场监管等方面,对加州页岩气开发设定的原则大致可总结为:

(1)设定页岩气监管机构是加州油气监管局,油气监管局除享有执行权外,还可在法案授权范围内制定监管具体规范和标准。油气监管局虽享有监管规范的立法权,但在行使时要协

---

[1] 这部分内容由美国加州油气与地热监管局华裔博士余秉森教授(也是西安石油大学客座教授)提供。

同危险毒品管理局、加州空气资源局、加州水力管理局和再生使用资源局等相关部门。

(2)加州油气监管局是页岩气开发监管的具体执行机构,其职能包括审核颁发许可证,现场监管页岩气操作项目,项目完工后对项目是否造成地下水污染进行评估检验,收集并发布各种监管数据。油气监管局执法要保护好油气公司、服务公司利益。不得泄露油气公司、服务公司的商业秘密,不得损害油气公司、服务公司的合法利益。

(3)油气监管局执法要充分尊重并保障公众知情权。油气监管局负责在 2016 年 1 月 1 日之前建成专门网站,专门供给油气公司把操作过程和回注液化学物质成分上网公开。油气监管局专门负责收集油气公司的生产测试、操作数据,历史过程和现场检查的信息,经整理审核后在网站上向社会公众公开。

(4)法案特别要求州立水力管理局在 2015 年 8 月 1 日前建成地下水资源变化模拟系统,对可能造成的地下水资源影响进行跟踪研究。

法案在 2013 年 9 月经州议会通过后,便加入加州油气法,成为油气法的新增内容。同时,油气法的原来条款,做了部分调整。包括修订条款和新制定条款,摘选如下:

(1)原加州油气法的修订条款。

1715 条:此条明确油气法的目标是保护加州的油气资源生产。规定每项水力压裂和酸化处理生产法都要申请许可证,并且以单独事项来申请,并需获得批准。如是在同一系列的多口井项目,也可申请而同一时期执行。

1761 条:此条要求申请者对水力压裂和酸化处理生产法与油气层回注液项目要分别清楚,两种项目的申请不能混杂一起。

1777.4 条:此条文是在原本 1777 条的基础上改进,要求油气公司在执行水力压裂和酸化处理后 60 天内,必须要把有关操作过程,详细内容上交监管局。咨询经过审核后,还要把同样的咨询放在监管局的网页上,供给大家去自由查询,保证咨询的透明化。

(2)针对页岩气制定的新条款。

1780 条:明确此法规的主要目标是对水力压裂和酸化油层激励(增产)的生产法的监管事项。

1781 条:定义和说明,对法规的专用名词和名称作特别定义和解释。

1782 条:针对水力压裂和酸化处理两项的激励生产法设置油气公司的操作要求。如套管、地质、生产油气层、使用液体的要求量和化学成分。使用的压力装备(器械)等。

此条文特别说明虽然油气监管局为主管监管,但是必须要与以下各专个管理局合作:

① 地区水务局;
② 危险毒物管理局;
③ 空气资源管理局;
④ 空气污染管理局;
⑤ 统一紧急应对管理局。

(注:我国省一级没有关于几个有关部门共同合作监管的条文)。

1783 条:所有的水力压裂和酸化处理项目都需要申请许可证。每个项目在执行过程中,要求监察员到现场去监督,并作现场报告。

1783.1 条:在申请许可证的要求下,油气公司必须要求供给以下 3 个方面的信息:

① 油气公司和油气井的详细信息,如井址、种类、井深、压裂的层次、设计裂缝面积和深度等。

② 水力压裂法需要在开发中大量注入水,页岩气层因为属于深层开发所需水量更大。油气公司必须提供水源和回流水处理的详细信息。

③ 水力压裂和酸化处理需要大量化学物品,油气公司必须提供化学物品的详细信息,包括化学物品的分量和流量等。如果服务公司认为某种化学物品有商业保密需要,可以申请保密。

1783.2 条:通过独立顾问公司,提前 30 天通知拟采用水力压裂和酸化处理项目自处理项目的附近居民,对可受影响的附近居民报告项目资讯。居民的定义为在垂直井 1500ft 之内和水平井的井下水平距离的 500ft 内。

此法规的制定主要是保护油田范围内的农田和住宅。防止因为以上生产法执行后,回注液的串流改变了地下水的水质和可能造成地震的不良效果。

1783.3 条:油气公司可供给附近居民免费的水质测试。因为以上两项激励生产法执行后可能使水质改变。公司为了保证居民的生活品质,在执行前后都可供给居民免费水质测试,处理好公司与居民之间的互相关系。

1784 条:监督油气藏在水力压裂或酸化处理激励生产法的项目设计,测试和事后分析。重点项目包括:

① 油气公司必须使用数据模拟来估算水力压裂后裂缝的面积、长度和走向。这些模拟结果必须上交监管局分析研究。

② 根据模拟分析的结果,裂缝的 2 倍走向和进入油藏的深度不能超越在油气层的厚度。如果超过,必须要求油气公司在压裂设计中改变裂缝方向。

③ 在分析过程中,必须要了解到地层中的断层,需要是离裂缝走向 5 倍距离。

④ 如果裂缝的走向和深度的 5 倍超越了油气层的厚度,油气公司必须上交岩层的物理数据。监管局可通过数据模拟,进一步分析确认裂缝不会破坏,而使液体串流到油气藏外。

⑤ 压力设计不能超过套管的 API 所定安全系数的 80%。

1784.1 条:油气公司必须在套管压力测试操作前 30 天内、并且测试前 24h 内,通知监管局可派员到现场监察。

1784.2 条:套管对水泥完井的测试信息要求。因为在套管外与油气藏的结合处就是水泥连合层,注水泥完井后的 48h 内,就必须要测井,来证明水泥连合层有合格的测试要求,保证压力液或酸化液将来不会向外窜流。

1785 条:水力压裂和酸化处理执行时的现场监查。油气公司在执行 72h 内需要通知监管局。监管局在项目执行时派员现场监查,记录压力、流压、流量和时间等重要数据。如果有套管破裂或支撑砂的漏失等事故,需立即向监管局报告。

1785.1 条:因为加州是一个处于地震带的州。活动和不活动断层很多,时常有地震发生。在压力压裂下和大量回注液的驱使下,可能引发地震,因此在生产法执行后 10 天,如在附近有 2.7 级以上地震,将需要做特别分析,防止地震在附近再度发生。这一条在加州是特别需要的。

1786 条:对于水力压裂和酸化处理生产法的回注液和回流液的保存和处理。为防止含有化学物品的回注液、回流液外漏,所有的液体都必须储存在合格的储存箱(罐)内,不能放在蒸发废水坑内自然蒸发,在储存箱内的废液也必须在 30 日内处理,如进行水洁化或用第二种回注液注入回注井内。

如出现压力液和回流液外漏等意外情形,必须立即清理,并在 5 日内向监管局交出报告书。

1787 条:水力压裂或酸化处理后的油气层可能会发生根本性的变化,油气层内的压力、渗透率和可压缩性等会持续发生变化。需对油气藏进行后续监控,包括:

① 在首个 30 天内,每 2 日要求测试油气藏压力变化,如有异常发生要向监管局报告。

② 套管的压力测试必须在套管内部的张力 70% 或者在垂直深度计算的液体压力之和,30min 内不能有 10% 之内的改变。

③ 保证不能有套管破裂或支撑砂外漏的变化等。

④ 在套管内要求安装自动压力释放器,如油气公司可以证明油藏压力没有需要安装此装置可以申请减免。

⑤ 油气公司要应用项目数据和数据模拟,跟踪油气藏的变化,监管局核实结果。

1788 条:要求水力压裂和酸化处理后的信息公开化,以下几点都是在法规下要向监管局报告和公开的:

① 在项目执行后 60 日之内,必须向监管局上交项目的信息和执行历史等。

② 项目的用水资源、洁化和事后处理都要有详细报告,并且在生产后 30 天后,再度测试井下水质,比较以前的变化。

③ 如果在操作时,使用了有放射性物质,必须报告使用过程和事后的处理过程,保证没有事后所存留下的问题。

④ 水力压裂所用的回注液内的化学物质成分和数量,必须要向监管局报告和审核,并在监管局网站公布。

⑤ 油气服务公司认为在某些化学物质是有特别商务价值需要保密,可以向监管局申请保密。但是,如果医务人员救治病人时有需要,监管局负责向医务人员提供。

1789 条:水力压裂和酸化油藏激励生产法事项的执行最后书面报告必须要在 60 天之内上交监管局。项目执行过程,测试数据,事故发生和回流水的处理都必须形成书面报告并上交监管局。

3.1.3 启示

加州政府在页岩气商业开发规模化之前制定针对性《水力压裂和酸化油层激励生产法案》,并委托油气监管局制定具体执行规范。法案和执行规范的制定过程公开、透明,吸收油气公司、社会公众、服务公司等各利益群体的声音。法案和规范定得相当细致和严格,政府监管相当到位。可以预想,有了这些法律文件的保驾护航,加州深层蒙特利页岩的油气资源开发在追求油气公司商业利益的同时,最大限度地避免生态危机。加州页岩气开发在以油气监管局为首的政府机构专业监管下,可以做到环境友好型生产。

目前,我国页岩气开发起步不久,但发展势头迅猛。2011 年,国务院批准页岩气成为中国第 172 种独立矿种,2012 年,国土资源部发布了《页岩气探矿权投标意向调查公告》,发布《页岩气发展规划(2011—2015)》,国家能源局发布《关于鼓励和引导民间资本进一步扩大能源领域投资的实施意见》。这些文件意味着页岩气勘探开发不再受油气专营权的约束,为吸收社会资金参与页岩气勘探开发提供了法律基础。任何具备资金实力和气体勘查资质的公司都可进入页岩气领域。2012 年以来,国土资源部多次召开页岩气油气田招投标,加紧页岩气开发。中国石油和中国石化的年度报告显示,四川和重庆等页岩气富集地区的开发初见成效。但针对页岩气开发的法律文件、技术规范等却是空白,这种情况需要及时改变。

第一，有必要尽快制定页岩气开发的监管标准。有些专家认为中国页岩气开发还没有规模化，所以暂时不宜制定防污染等技术标准。专家认为，页岩气开发的水力压裂等技术所造成的环境污染极难恢复，在页岩气开发之前制定预见性的技术标准或者技术政策，使页岩气开发从一开始便有法可依、在法律监督下进行才会使页岩气开发的生态成本降低到最小。等待页岩气开发规模化后再执行标准，便会走上"先污染、后治理"的老路，这是不恰当的。

我国已经发布《页岩气发展规划（2011—2015 年）》，页岩气开发一旦成熟，便会以较快速度发展。我国可借鉴加州法案及油气监管局的执行规范，借鉴国内《石油天然气开采业污染防治技术政策》等规范性文件，执行页岩气开发的监管准则、污染防治准则，规范好页岩气开发行为。

第二，中国水资源分布十分不平衡，四川、重庆和陕西等页岩气富集区的地下水、地表水储量差别较大。但页岩气水力压裂需要大量水资源，有资料显示，在陕西某县进行几百立方米的水力压裂作业时，曾导致该县城一度停水几小时。目前，四川和重庆等地是页岩气开发的主要地区，但也是人口密集地区，页岩气项目也往往处于地震多发地区。所以，在现有法律文件出台前，必须以其他形式加强对现有的页岩气项目的开发监管。四川省的状况和加州比较相似，都处于地震带，地下水资源相对丰富，专家建议可以四川为试点，参考加州法案和执行规范制定四川页岩气开发标准，并有计划有步骤地制定适合中国国情的水力压裂和酸化油藏生产法的法案和法规，包括常规油气和非常规油气藏。我国进行页岩气开发时，加州的下述做法可加参考。

（1）"合作 + 监督"推动行业发展。油气行业是加州经济体系的重要组成部分，从油气开发中获得的收益，在加州财政收入中占有较大比重。根据加州油气法，有面向内陆油气田从价计征的资源物产税、销售税等。因为采用从价计征方式，加州政府的收入和油田公司的经营收益以及油气产品价格紧密相关。这也促使加州政府对油气田公司监管采取了"合作 + 监督"的管理模式，并通过调整油气价格、权益率等经济措施积极鼓励油气公司采用新技术、新方法，提高油气产量。

（2）立法公开获得各方尊重。加州油气法的每一次修订都由油气公司、加州政府、科研人员和社会普通公众等共同参与和论证。

（3）页岩气开发过程中涉及资源产权和地表权利等方面的法律法规均以常规油气资源为参照。由于页岩气开发存在水污染和甲烷泄漏引发的空气污染两个资源问题，所以美国对页岩气开发涉及的主要法规还包括以下内容：

① 涉及水资源监管的《清洁水法案》规范与页岩气钻井和生产有关的水地表排放以及生产场地的暴雨雨水排流、《安全饮用水法案》规范页岩气开发活动中流体的地下注入；

② 涉及气体排放的《清洁空气法案》限定钻探、压裂酸化处理、气井生产等有关的气体排放；

③ 涉及废弃物管理的《资源保护与恢复法案》规范生产和危险废弃物的处理、《综合环境反应补偿与责任法》对有害物质的弃置、赔偿、清理和应急反应进行管理；

④ 涉及地方物种保护的《濒危物种法案》规定页岩气开发过程中必须对渔业和野生动物进行保护；

⑤ 涉及土地管理的《国家环境政策法案》（NEPA）要求对在联邦土地上进行的勘探和开发应进行详尽的环境影响分析等。

最近，加州对页岩气开发中环境风险"压裂法"在争论中通过。目前，加州政府与民众面临两项与能源有关的"博弈":一是对油气井内的油气层水力压裂和酸化处理;二是对二氧化碳的捕捉和固存项目。加州新近的油气立法是《油层激化和水力压裂法》。对于这一立法,加州政府和油气监管局考虑的 3 个主要问题:

一是加州深层的蒙特利页岩的巨大储量,给加州带来重大的商机和丰厚的经济收益,对美国能源安全也有益。

二是此法案有很重要的防范目的,法案可以给监管局在相关方面很全面的咨询,对救灾和长期规划等有很大的帮助。

三是新法案的主要监管对象是对低渗透率油气层和页岩油气层的水力压裂,监管对象也包括对低渗透率油气层进行的较大型酸化处理和酸化压裂;而钻井和完井后的例行酸化处理等常规作业则不受新法案监管。开发深层页岩油气,必须采用水力压裂和酸化处理,会影响到地下水安全,所以必须要加强监管。这种监管会增加油气公司的开发成本,也会成倍增加油气监管局的工作任务。与此同时,很多公众、民间环保人士和科研工作者反对采用压裂方法开采州油气。油气监管局已经开始按照试行的《油层激化和水力压裂法》进行监管油气。因为水力压裂后的水处理、压裂裂缝的走向、注入水的水流方向都有很大的不确定性,可能造成深层水源污染,其对地层的破坏很可能引发地震,因此,政府、油气公司和环保人士对油气田开发的注水与压裂有着各自不同的立场和意见,立法时需要全面考虑。

3.2 政策

多方面的政策扶植。长期以来美国政府都支持和鼓励对本土非常规油气资源特别是页岩气的勘探开发,并为此陆续出台了一系列的扶植政策;主要在税收减免、财政补贴、开放天然气价格、扶持管道运输及技术研发等方面。税收减免和财政补贴是美国政府支持页岩气开发的主要政策形式。在页岩气开发初期,美国政府出台的一系列优惠政策,极大地增加了非常规油气钻井的积极性,促进了页岩气产量的提高。例如,1980 年出台的《能源意外获利法》明确规定非常规油气井的补贴额度为每桶油当量 3 美元,这一补贴一直持续到 1992 年,共 12 年之久,被认为是诱发美国"页岩气革命"的关键政策。1978 年的《天然气政策法案》放松对天然气价格的管控,使天然气价格市场化,小公司具有平等的机会参与到页岩气开发中来——事实上,中小企业才是美国页岩气开发的中坚力量。管网运行的市场化公平准入机制,以及政府对管道公司实行的税率减免政策,也为页岩气提供了良好的管输条件。美国政府对页岩气等非常规能源的技术研发提供了巨大的财政支持。美国政府设立了专门的非常规油气资源研究基金,开展了针对页岩气研发的"东部页岩气项目"投入大量资金用于非常规油气技术的研发。在页岩气开发的 30 多年内,美国政府先后投入 60 多亿美元用于非常规天然气的勘探开发,其中用于培训和研发的费用就将近 20 亿美元。

我国已经针对页岩气勘探与开发制订了一些政策,从实行以来的意见看,既对现行政策予以肯定,又希望在起步阶段实行更加宽松和强力扶持的政策。用政策进一步提高国企、民企和服务商等各方投入或参与的积极性。例如,财政部 2012 年 11 月发布页岩气补贴政策,规定 2012—2015 年补贴标准为 0.4 元/m³。专家建议:延长这个补贴期到 2030 年甚至更长。

(注:美国对页岩气,从 1980 年开始持续实行了二三十年的补贴政策)。

3.3 管理与监管

首先,企业自身必须加强管理,政府应当进行监管,但是要分阶段、有区别、有重点地处理好国家—省市监管与企业自主经营的关系。目前,我国页岩气开发实践还很少,相关法律法规及技术规范不够健全,甚至连页岩气的定义尚存在不同见解。有专家建议:在这种情况下,政府有关部门最好不要急于从国家层面上评审页岩气储量和开发方案等,应给予勘察许可证持有者一年以上的"勘察—试采权",以能"摸着石头过河"能够顺利地把河过去。再有,在储量市场建立起来之前,勘探阶段只有投入,没有产出,只有在进入开发阶段后,石油上游业才可能有回报、有利润,所以在起步时需要财税支持。美国页岩气的监管框架具有"以州为主、联邦调控"的特点:在联邦层面页岩气开发的主管部门为美国能源部,其下属的联邦监管委员会为主要的监管机构;同时,联邦环境保护署主管大部分联邦环境法律法规,土地管理局和林务局管理在联邦所属土地上进行的页岩气开发活动,财政部负责制订部分财税优惠政策,劳工部和运输部也对页岩气开发的相关环节进行监管。在州及地方层面,地方机构发挥更为实质性的监管作用,直接参与页岩气开发监管的机构主要有州环保局、州能源委员会及州公用事业监管委员会。州能源委员会通常制订有关场地许可以及钻井、完井和开采的相关要求,而环境和水务部门则对水资源、排放物和废弃物管理进行监管,州公用事业监管委员会则主要受理页岩气开发过程中相关的投诉意见。

我国页岩气当前在起步阶段,总会有一些不确定的问题、看不准的地方以及一定的困难和难题,政府要多一点理解、合作、鼓励、帮助、护航,是否少一点干预为好,"放水养鱼嘛";监管的目的是为了保护企业健康地起好步向前发展。稍后到了规模化发展阶段再实行更加严格的监管;之后到了工业化阶段可实行更加全面和更加深入的监管。分步到位是有好处的。

4 结论

(1)中国页岩气勘探与开发有着非常良好的条件与机遇,机不可失,要抓紧,但应理性对待,扎实进行;资源与技术是用好机遇的基础和必要条件;我们占有天时、地利、人和,我国页岩气开发定能可持续发展,跻身世界先进行列。

(2)有效开发页岩气需要专门对页岩气勘探、开发、利用进行立法,还要根据页岩气特点采用与常规天然气不完全相同的政策与管理办法。目前,在页岩气产业起步阶段,要仔细研究这些不完全相同之处并采取特殊措施。政府对企业的监管很重要,但监管也要包括对企业的帮助,在一定意义上说二者是合作关系。美国加州的做法可以借鉴。

(3)页岩气勘探与开发是系统工程,各个环节有内在联系、互相关联制约、彼此相互影响;需要用系统工程的观点,将地质工程—钻井工程—固井工程—完井工程—压裂增产工程—试气—投产—生产各个环节紧密组成一个整体进行设计—施工—管理—监管。

(4)"工厂化"作业方式的先进性、效率性和效益性表明它将是今后发展的主要趋势,推动了高造斜率旋转—地质导向系统、新型自动化钻机、新型压裂工艺与装备、新的裂缝测量监测装备等的研发与生产,促进了石油装备制造业的发展;这也说明开发页岩气能够带动多领域发展。

(5)页岩气勘探开发起步阶段的成本很高,但终究将会逐步下降。将来,大量廉价页岩气的商品化,甚至可能会使得一些高成本的可再生能源放缓步伐;或许还会改变全球的气候政策观——2014年,我国"两会"期间,石油代表委员参政议政建言中论及了这两点。是否可以得到新的认识:扶持和加快发展页岩气,从而得到廉价的、清洁的天然气,获得能源与环保"双赢"。

海上钻井隔水导管系统振动的理论探讨

屈　展　张绍槐

摘　要：海上钻井是海上油气勘探和开发的重要组成部分之一，海洋环境的异常恶劣更加增大了钻井工程的难度。本文从理论上分析和研究了海上钻井隔水导管系统在受海水作用时的动力响应问题，就其受力形式、振动规律及动态特性予以了具体地讨论，并对其物理意义以及影响进行了阐述。

关键词：海上钻井；隔水导管系统；振动分析

某些海洋环境异常恶劣，给海上油气勘探和开发工作的开展带来了一系列的难题。例如，风、浪、流等各种环境荷载的作用，构成了海洋环境动力学的研究内容，并涉及海上石油工程设备的运动规律及结构动力响应计算、事故分析、设计准则等方面。由于当荷载的作用频率接近于结构的自振频率时，一般的静力学分析已不能真实地反映海上钻井设备的实际工作情况，故此时需进行动力学分析。动力学分析的目的在于确定结构的自振特性并求其动力响应，即最大位移幅值和最大内力幅值，以校核结构的强度和刚度。已有不少科学工作者在研究海上钻井平台的动力学问题，但对海面以下海底以上隔水导管系统的动力学分析却仍不多见。本文试图从理论上对海水流动激励下的隔水导管系统振动问题进行一些初步的探讨。

1　模型简化及受力分析

海上钻井与陆上钻井相比，基本上没有什么大的区别，所不同的是钻井装置在海上须考虑水深的影响。从海上钻井装置下到海底井口的全部隔水导管件统称为隔水导管系统，其长度随着水深的增加而增加。隔水管柱两端各安装着一个球接头，可简化为图1所示的情形。隔水导管系统的完善与否直接关系到海上钻井特别是深海钻井的成败，故应充分考虑到由于海况和钻井平台运动对它所产生的动应力，海水流动荷载通常按莫里森（Morison）公式来进行计算。[1]认为海水对隔水管柱的作用力是与流动加速度同相位的一个惯性力和与流动速度同相位的一个曳力之和。

（1）惯性力是由两种机理产生的。第一，假使海水流加速，流场中就会产生一个压力梯度，这个压力梯度就对海水中的隔水管柱施加一个浮力，也称为傅汝德—克雷洛夫力，正像浸没在静止液体中的结构受到浮力作用一样。这个浮力等于由结构所排除的液体质量和流动加速度的乘积。惯性力的第二个分量是计及了隔水管柱所诱导的海水流的附加质量。这样，在加速流中，静止的隔水管柱单位长度上所受到的总惯性力是浮力分量和附加质量分量之和，即：

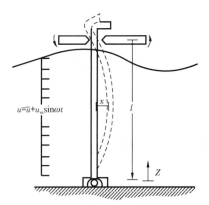

图1　受海水流动作用的隔水
导管系统模型

$$F_{\mathrm{I}} = \rho A\dot{u} + C_{\mathrm{I}}\rho A\dot{u} \qquad\qquad (1)$$

式中　ρ——海水密度；

　　　A——隔水管柱的截面积；

　　　u——海水流速,是时间的函数 $u = f(t)$；

　　　$\dot{u}$——海水水流加速度；

　　　$\bar{u}$——海水水流平均加速度；

　　　u_m——任一点(m)的海水流速；

　　　C_{I}——附加质量系数,一个正圆柱体在无黏性流体中的附加质量系数的理论值是 $1.0^{[2]}$。

因为惯性力中的附加质量分量与隔水管柱和海水之间的相对加速度成正比,所以加速度流中作加速运动的隔水管柱,其单位长度上所受净惯性力为：

$$F_{\mathrm{I}} = \rho A\dot{u} + C_{\mathrm{I}}\rho(\dot{u} - \dot{x}) = \rho A\dot{u}C_{\mathrm{M}} - C_{\mathrm{I}}\rho A\dot{x} \qquad (2)$$

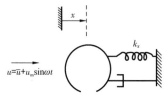

图2　隔水导管系统
简化模型示意图

其中 $C_{\mathrm{M}} = I + C_{\mathrm{I}}$ 是惯性力系数,应尽量由试验确定。在试验资料不足时,对圆形结构件可取 $C_{\mathrm{M}} = 2^{[2]}$。x 为隔水管柱在顺海水流动方向的位移,$\dot{x}$ 为隔水管移动速度,$\ddot{x}$ 为隔水管移动加速度。简化模型示于图2。

（2）海水作用在隔水管柱上的曳力分量是黏性曳力和由隔水管柱与海水之间相对速度所产生的压力曳力之和,所以单位长度上所受曳力为：

$$F_{\mathrm{D}} = \frac{1}{2}\rho\,|\,u - \dot{x}\,|\,(u - \dot{x})DC_{\mathrm{D}} \qquad (3)$$

式中,C_{D} 为曳力系数,它和物体的截面形状、表面粗糙度、雷诺数以及物体上海洋生物的附着程度等有关,应尽量由试验确定。在试验资料不足时,对圆形结构件可取 $C_{\mathrm{D}} = 0.6 \sim 1.2^{[1]}$；$D$ 为隔水管柱体的宽度；曳力的作用方向也就是海水和隔水管柱间相对速度$(u - \dot{x})$的方向。

从而,作用在隔水管柱上的合力是惯性力分量及曳力分量之和,即：

$$F_{\mathrm{r}} = F_{\mathrm{I}} + F_{\mathrm{D}} = \rho A\dot{u}C_{\mathrm{M}} - C_{\mathrm{I}}\rho A\dot{x} + \frac{1}{2}\rho\,|\,u - \dot{x}\,|\,(u - \dot{x})DC_{\mathrm{D}} \qquad (4)$$

作用在静止隔水管柱$(\dot{x} = \ddot{x} = 0)$单位长度上的合力是：

$$F_{\mathrm{r}}(\dot{x} = \dot{x} = 0) = \rho AC_{\mathrm{M}}\dot{u} + \frac{1}{2}\rho\,|\,u\,|uDC_{\mathrm{D}} \qquad (5)$$

2　数学模型及求解

将上面式(4)所表达的海水作用力代入隔水管柱的振动方程,便得到其强迫振动的方程式：[3]

$$m_0\ddot{x} + 2m_0\xi_0\omega_0\dot{x} + k_xx = \rho AC_{\mathrm{M}}\dot{u} - \rho AC\ddot{x} + \frac{1}{2}\rho\,|\,u - \dot{x}\,|\,(u - \dot{x})DC_{\mathrm{D}} \qquad (6)$$

式中,m_0 为隔水管柱单位长度的质量；ξ_0 为隔水管柱的阻尼系数。这里的方程是无封闭型通解,表达的是一个非线性振荡问题。虽隔水管系统随海上钻井平台有所晃动,但若海水流动的波幅比隔水管柱的最大速度大得很多,即当 $u \gg \dot{x}$ 时,方程中的非线性项可以线性化,有:

$$|u - \dot{x}|(u - \dot{x}) = |u - \dot{x}|u - |u - \dot{x}|\dot{x} \approx |u|u \tag{7}$$

将经小振幅近似处理的式(7)代入一般运动方程式(6)中,则振动方程就成为:

$$m\ddot{x} + 2m\xi_N\omega_N\dot{x} + k_x x = \rho A C_M \dot{u} + \frac{1}{2}\rho|u|uDC_D \tag{8}$$

式中: $m = m_0 + \rho A C_1$ 是包括了随动海水附加质量在内的隔水管柱单位长度的总质量。由于随动海水质量的影响,隔水管柱的固有频率和阻尼系数都会有所下降,有:

$$\frac{\omega_N}{\omega_0} = \frac{\xi_N}{\xi_0} = \frac{1}{\left(1 + \frac{\rho A C_1}{m_0}\right)^{\frac{1}{2}}} \tag{9}$$

这里 $\omega_N = \left(\frac{k_x}{m}\right)^{\frac{1}{2}}$ 是浸没在海水中的隔水管柱的固有角频率。式(8)对位移来说是线性的。现假设海水流动具有一个带有脉动分量的平均流量,例如海面上的潮汐所引起的海况,即有[4]:

$$u = \bar{u} + u_m \sin\omega t \tag{10}$$

假使平均流量等于或大于脉动分量的振幅,即 $u \geq u_m$,则:

$$|u|u = u^2 = \bar{u}^2 + \frac{u_m^2}{2} + 2\bar{u}u_m\sin\omega t - \left(\frac{u_m^2}{2}\right)\cos 2\omega t \tag{11}$$

将位移项展开为傅里叶级数:

$$x = \sum_{z=1}^{\infty}(a_j \sin j\omega t + b_j \cos j\omega t) \tag{12}$$

式中　j——转动测量;

　　a_j, b_j——常数。

然后将式(10)至式(12)代入线性振动方程式(8),令傅里叶级数对应项系数相等来确定各常数 a_j 和 b_j。最后得方程的解为:

$$\frac{x}{D} = \frac{1}{2}\left(\frac{\rho D^2}{m}\right)\left[\frac{\bar{u}^2 + (\frac{u_m^2}{2})}{\omega_N^2 D^2}\right]C_D + C_M\left(\frac{\omega}{\omega_N}\right)\left(\frac{\rho D^2}{m}\right)\left(\frac{A}{D^2}\right)\left(\frac{u_m}{\omega_N D}\right)$$

$$\left\{\left[1 - \left(\frac{\omega}{\omega_N}\right)^2\right]\cos\omega t + 2\xi_0\frac{\omega}{\omega_N}\sin\omega t\right\}MF + \left(\frac{\rho D^2}{m}\right)\left(\frac{\bar{u}u_m}{\omega_N^2 D^2}\right)$$

$$C_D\left\{\left[1 - \left(\frac{\omega}{\omega_N}\right)^2\sin\omega t + 2\xi_N\frac{\omega}{\omega_N}\cos\omega t\right\}MF - \frac{1}{4}\left(\frac{\rho D^2}{m}\right)\left(\frac{u_m}{\omega_N D}\right)^2$$

$$C_D\left\{\left[1 - \left(\frac{2\omega}{\omega_N}\right)^2\cos 2\omega t + 4\xi_0\frac{\omega}{\omega_N}\sin 2\omega t\right\}MF$$

$$\tag{13}$$

式中的放大系数 MF 为：

$$MF = \frac{1}{\left[1 - \left(\dfrac{j\omega}{\omega_N}\right)^2\right]^2 + \left(\dfrac{2j\xi_N\omega}{\omega_N}\right)^2} \qquad (14)$$

如图 3 所示,隔水管柱的相应特性是用动态响应振幅对由静态施加于隔水管柱上的最大流体力所产生变形之比来表示的。动态响应特性也包括了隔水管柱与海水力中惯性力分量及曳力分量所产生的共振。其中平均流量形成了方程中的静态位移项,并放大了由脉动分量所形成的变形。在图 3 里绘出的结构动力响应特性的振幅包含了海水脉动频率与隔水管柱固有频率相等时的共振,以及流动以 1/2 固有频率脉动时的共振。图中 f 为海水流动频率,f_N 为隔水管柱的固有频率。

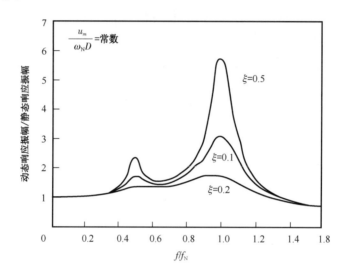

图 3 隔水导管系统的动态响应特性图

3 结论

由上述分析可得出以下结论：

(1)海水流动对隔水管柱的作用力主要是与海水流动加速度同相位的一个惯性力和与流动速度同相位的一个曳力之和。而惯性力从机理上又可分为:浮力分量(傅汝德—克雷洛夫力)和附加质量分量。

(2)海水流动会导致隔水导管系统发生振动,当海水的作用频率接近于隔水管柱的自振频率时,会引起隔水管柱的共振现象,使其振幅和内力急剧增大,从而影响海上钻井的正常作业或诱导疲劳断裂事故,所以进行动力学分析是极其必要的。

(3)海洋环境因素有大风、海浪、潮汐、海流、海冰、泥沙、风暴潮、海啸等各种影响特别是水深的影响。本文只简单地综合为海水流动,而且忽略了诸如隔水导管内结构件及液流等环境因素的影响,也没有考虑海水涡流及其涡激影响。因此,分析是初步的,实际情况极为复杂。

附注 作者的说明

(1)原稿写于1993年,当时关于隔水导管动力学的研究比较少,我国也只在近海和水深较浅海域进行海洋钻井工程,隔水导管的力学和安全问题尚未引起重视。现在,我国海洋石油钻井已经走向远海和深水,近20多年来,关于隔水导管的疲劳、振动等动力学问题以及深水钻井隔水导管安全管理等问题的研究不断细化深入。为此,作者对本文有几点说明。

(2)深水隔水导管的复杂性在于有多种工程因素与环境因素影响隔水导管振动,主要因素有专门用张紧器所施加于隔水导管顶部的顶张力、水深、壁厚、钻井液返速、波高及波浪周期这6项,特别是水深因素。除考虑波激疲劳外,还要考虑海水形成涡流的涡激疲劳等。

(3)由于隔水导管内部的钻井液是自下向上流动有一定返速,而不是静止的水柱。在深水钻井时,考虑隔水导管内钻井液自下向上流动时,隔水导管的横向最大振动位移要大于不考虑钻井液流动时的振动位移值。

(4)当其他参数不变时,隔水导管的最大横向振动位移随顶张力的增大而减小;随环空钻井液返速及波高增大而增大。

(5)深水钻井当隔水导管用某一壁厚时,波浪周期变化引起的隔水导管横向振动固有频率与波浪横向振动频率相接近(甚至相等)时,就要产生较强的共振,而使隔水导管的横向位移急剧增大。

(6)应重视对深水隔水导管的检测、维护修理、风险评估和安全管理。

(7)参阅《石油钻采工艺》2015年第1期关于深水隔水管的几篇文章或有关文献。

参 考 文 献

[1] 广州船舶及海洋工程设计院,等. 近海工程[M]. 北京:国防工业出版社,1991.

[2] Lamb H. Hydrodynamics[M]. Dover,New York,1972,77.

[3] 季文美,方同,陈松淇. 机械振动[M]. 北京:国防工业出版社,1982.

[4] 白莱文斯 R D. 流体诱发振动[M]. 吴恕三,等译. 北京:机械工业出版社,1983.

(原文刊于《中国海上油气(工程)》1993年(第5卷)第5期)

对海洋石油工程学科建设的认识与建议[①]

石油工业部为了开发海洋油气需要提前做好人才准备。在1981年,经过专业和英语测试,指定我为团长(共5人,另4人都是钻井高级工程师,也都是我的学生)接受英国石油公司(BP)的主动邀请,到BP进行为期半年(1981年5月1日至1981年10月31日)的海洋石油工程技术的考察、培训和工作访问。这是一次具有国际水平的海洋油气勘探开发工程技术培训,也是我国第一次派出高水平钻井团组接触世界高水平海洋油气钻井完井技术的良好机遇。当时我是50岁,接受了高强度的培训和考察,一开始就进行3周的海洋救生、海上安全防火、海洋工程法规的常规培训和考试。有4个多月的时间主要在Forties油田的固定平台和Magnus半潜式平台上每天工作12h,主要是熟悉海洋钻井平台设备和海洋钻井工程施工。每次在平台上工作7~10天,然后安排一周时间在陆地参观考察和恢复体力,上下平台用直升飞机接送。有一次,BP用专机把我和BP导航专家送到停泊在挪威港口的半潜式钻井平台,亲身参与了该平台从挪威拖回英国阿伯丁港口,从起锚到抛锚全过程共用了26h,之后又查阅了有关技术资料,基本上掌握了巨型钻井半潜平台拖航导航的技术要领。在半潜平台考察时,我还被指定为进行"平台落水"的被救落水人,从距离海面10多米高的平台台面"失足"落海,准备好的救生快艇约半分钟就把我捞起了,但仍喝了3口水,接受了一次"死里逃生"的实地演习。1981年邓小平主持工作,大力实施改革开放政策,当时我国与英国的差距很大,在国内连高速公路和高架桥也没有见过,住在宾馆里对环境和设施感到很新鲜。在Forties海上油田,夜晚看到通亮的夜空,白天看到天空的直升飞机不断起落和海面的各种船只来往穿梭,这是从未见过的海上城市大场面。在英国还广泛接触了学校、医院、企业、研究院所,访问了多个城市,游览了一些名胜古迹和景点,多次应邀在BP公司官员家中做客,接触了英国社会的多个方面。我很珍惜这次学习考察的机会,努力充实自己,一心想在回国后从事海洋石油工程事业。回国后,石油工业部几个部门都有人提出要我搞海洋石油,但是主管教育的石油工业部黄凯老部长力排众议地说"母鸡不能杀,还是回西南石油学院去当老师"。只能服从组织决定。后来觉得在学校也可以干海洋石油,适逢20世纪80年代我多次出国参加世界石油大会,一而再地接触海洋石油工业,萌发了创办海洋石油工程学科和海洋石油工程系的念想,经过论证和石油工业部批准,终于在1986年秋季开学前创办了我国第一个海洋石油工程学科和海工系,当年招收本科生,我兼任海工系主任。海工系的毕业生后来大多成为中海油的领导和技术骨干。1990年调到西安石油学院后,又创办了第二个海工学科。21世纪以来多次与两校老师们座谈研讨进一步办好海工专业的举措,特一并整理于此。

1 发展海洋石油工程的战略意义

海洋面积占地球表面积的71%,拥有陆地上的一切矿物资源,是人类社会发展的宝贵空间,是能源、矿物、食物和淡水的战略资源基地。现在海洋石油和天然气产量分别占世界石油

[①] 本文根据作者在西安石油大学、西南石油大学与两校石油工程学院、海洋石油工程学科进行座谈时的发言提纲,同时本文参考《石油钻采工艺》2015年第1期等资料加以再整理。

和天然气总产量的30%和25%。海洋油气开发将来还要走向深水,还有天然气水合物—可燃冰等油气资源的开发,在油气总产量中的比重可能更高。在当今世界面临日趋严重的能源危机情况下,海洋油气开采工业越来越重要。英、美等国已把油气工业的重点转移到海上,其所占比重不断增加。近年,墨西哥、巴西、尼日利亚、卡塔尔、印度尼西亚等国的海洋油气工业发展很快,在很多国家海洋油气工业已成为其国民经济的顶梁柱。

(1)我国是海洋大国,海域面积达300多万平方千米,在世界沿海国家中居第9位,但人均海域面积只有0.0025平方千米,居世界第122位。我国管辖的南海海域整个盆地群石油资源量为$230 \times 10^8 \sim 300 \times 10^8$t,天然气资源量约$16 \times 10^{12}$m³约占中国油气总资源量的1/3,其中70%蕴藏于153.7×10^4km²的深水区域。在东海海域也有丰富的油气资源。但部分海域主权存在所谓国际争议,影响我国开发油气资源。这不仅要有政治、外交工作,还要用实力来解决。有几个邻国已在我国东海、南海所谓"争议区域"制造矛盾开采油气。我国油气需求日增,进口油气已达总需求量的60%,我国不能再忍耐和等待,必须规模化地开采东海、南海油气。2016年2月26日,香港凤凰电视台报道了一条重要消息。习近平近日签署了经人大常委会通过的第40号主席令:《中华人民共和国深海海底区域资源勘探开发法》,自2016年5月1日起施行。这是我国第一个海洋油气资源法。

胡锦涛总书记视察中国海油时,要求我国大力发展海洋石油工业,抓紧准备两支队伍:一是海洋石油技术与装备制造(包括深水平台和万米钻机等)队伍,二是护航保驾的海军部队。科技与人才兴海是必然之路!我国一定要也一定能够成为海洋石油强国。海洋石油工业与陆地石油工业相比较:条件更复杂、技术难度更高—风险更大—投资更大、更具前沿性—国际性—集成性,对人才的要求更高—更严—竞争性更大。对此,我们要有足够的认识和充分的准备。

(2)中海油贯彻"自主创新、重点跨越、支撑发展、引领未来"的方针,在规模、质量、能力、产量等方面发展很快。2010年国内排名第七位、世界500强排名第252位。共有四个基地(分公司):塘沽—渤海、上海—南黄海东海、深圳—南海东部、湛江—南海西部。2010年国内海洋生产近5000×10^4t(一个海上大庆)、国外海洋份额油2000×10^4t,共7000×10^4t。2012年中海油在国内海洋油气产量就有5000多万吨。2015年我国在海油外海洋油气年产1×10^8t以上。中海油日前宣布,中国"海洋石油981"钻井平台在南海北部深水区发现的首个自营深水气田"陵水17-2"号,已通过国土部门评审办公室专家组审核,探明储量规模超千亿立方米,定为大型气田。与此同时,在南海开发油气田所面临的高温、高压和深水这三大世界级难题也被攻克。

此次发现的陵水17-2气田距海南岛150km,其构造位于南海琼南盆地深水区的陵水凹陷,平均作业水深1500m,为超深水气田。位于南海西北部的莺琼盆地是典型高温、高压盆地、盆地3000m中深层天然气资源丰富,之前我国没有在海上成功开发高温、高压天然气的经验。为攻克高温、高压气田的开发难题,科研人员创新了高温、高压天然气成藏理论,在高温、高压的地层压力预测、钻前预测和钻后评价等核心技术上取得了突破。

我国南海油气资源极其丰富,70%蕴藏于深海,但深海勘探开发难度极大。此次陵水17-2气田的发现,不仅证明了我国南海深海丰富的油气资源潜力,也意味着我国已基本具备深水油气开发的能力。中海油南海西部石油管理局局长表示,陵水17-2气田测试日产天然气相当于9400bbl油当量,创造了中海油自营气井测试日产量最高纪录。

(3)海洋油气在我国"十二五""十三五"实施四大战略(四个大庆)中占有重要地位:

① 稠油战略,渤海有 40×10^8 t 石油储量其中 68% 是稠油;稠油战略中,海洋有重要地位;

② LNG 战略,利用印度尼西亚、马来西亚、澳大利亚等国天然气资源自加工制成 LNG,2010 年已建成 2000×10^4 t;

③ 海外战略,近来我国石油工业全面实施"走出去战略",在世界各地承担了近 30 个国家 80 多个油气田勘探开发的建设项目。中海油在伊朗、尼日利亚、卡塔尔进行合作开发,不久前购买了挪威一个海洋钻井公司;中海油在海外战略上大有可为;

④ 深水(水深300m 以上)挑战及海洋石油战略:我国 300 多万平方千米海域有 70 多万平方千米是深水,我国已能制造有自动定位系统的钻深 10000m 的深水钻机,并在青岛、珠海建立了深海技术服务基地。南海油气资源更加丰富,是世界海洋油气四大聚集地之一,有"第二个波斯湾"之称。南海油气 70% 蕴藏于深水区,约占我国海洋油气总资源量的 1/3,具有广阔的油气勘探,开发前景。在荔湾 1500m 水深发现 1000 多亿立方米的深海气田,周围还有新发现;南海有丰富的油气资源,是我国主权海域。党中央要求准备两支队伍一是海军二是海洋石油工程。在上海世博会上播放了"深海石油延伸城市梦想"科幻片,在社会引起很大反响。

2　中国海洋石油深水钻井发展中自营阶段要点

中国海洋石油深水钻井发展经历了对外合作阶段与自营阶段,其中自营阶段要点包括以下内容❶。

2.1　海洋深水油气资源勘探开发思路

(1)深水技术领域是我国石油工业未来发展的新领域,特别是未来在陆上油气资源日趋探明和有限的条件下,走向海洋,走向深水,已成为中国石油工业的必然。因此,关注深水、重视海洋是我国当前石油行业的一件大事。

(2)深水勘探开发是一个复杂的系统工程,既涉及大量的工程技术问题,又涉及大量的投资问题,同时,还涉及诸多基础理论研究问题,因此,还要大力开展基础性研究工作。

(3)深水领域是传统油气行业里的一个创新领地,需要多学科、多专业互相协调和配合。因此,需要在学科建设方面,以科学发展的理念开拓新的学科领域,加强深水技术人才培养,提升作业能力。

(4)深水钻完井在技术装备上也需要投入更多资金,花费更多资源与大自然的不利因素抗争。需在深水装备尤其是深水专用设备上,以科学求实的态度,开展相应的研究工作,发展我国的深水装备事业。

(5)作业安全始终是步入深水的一道难题,深水作业始终应以一种敬畏的精神、求实的态度,坚持预防为主,认真执行企业和行业的各种作业规范和标准。同时,还应大力发展海上的安全应急处置技术、海上救援井技术,建立企业专业化安全应急组织。

2.2　中国海洋深水钻井技术的突破

中国海洋石油总公司(简称中国海油)进入深水领域,自己当作业者进行深水钻井工作,是在 2010 年 1 月 15 日以西非 X - 1 井为标志开始的,该项目是中国海油在非洲开始的第 1 个

❶ 主要参考文献是中国海洋石油总公司副总工程师姜伟《中国海洋石油深水钻完井技术》,刊于《石油钻采工艺》2015 年第 1 期。

深水勘探项目,至当年的 4 月 19 日结束,安全顺利完成了 2 口井的钻探任务,平均井深 3700m,最大水深超过 1000m,平均钻井周期 37 天,全井无安全事故,提前 7.6 天完成任务,实现了中国海油深水钻井历史上的 3 个突破:首次作为深水作业者,成功组织、实施深水钻井作业;首次组织水深突破 1000m 的深水钻井作业;中国海油在赤道几内亚深水钻井的成功,使中国海油的深水技术顺利通过了初步的检验,同时,一批年轻的钻井技术和管理人员经受了西非艰苦环境条件的考验。这个历史性的机遇对于中国海油具有 3 个方面的重要意义:

(1)掌握了一套深水钻井技术。如深水钻井浅层地质灾害评估、深水锚泊定位、深水动力锚泊组合定位、深水钻井工程设计、深水钻井工程作业等。

(2)掌握了深水钻井工程中的诸多国际通行惯例和做法,为今后海外深水作业管理奠定了坚实基础。

(3)租用国际深水钻井船完成海外的勘探深水项目,丰富了在国际市场的大环境条件下,组织与管理海外深水作业的经验。

2.3 中国海洋深水钻井装备的旗舰及作业能力提升

以海洋石油 981 平台为代表的深水实践,标志着中国海油走向深水迈出了实质性的步伐,对实现中国海油"二次跨越"具有重要的战备意义。中国海油从 2004 年起就开始顶层设计,2009 年建成我国第一座第 6 代动力定位深水半潜式钻井平台"海洋石油 981"(图 1)。该平台的建造,为我国进行深水勘探奠定了装备基础,体现了我国走向深水、开发海洋的决心和能力。

图 1   海洋石油 981 平台

海洋石油 981 平台,最大工作水深 3000m,钻井深度 10000m,可变载荷 90000kN,可抵抗 200 年一遇的台风袭击(最大风速 109kn),是目前我国深海勘探开发的深水旗舰。该平台自 2012 年 3 月投入运营,取得了一系列钻完井技术的新突破和进展:

(1)成功实施了水深 2454m 超深水(西太平洋第一超深水井)钻井作业,使中国钻井技术和作业能力进入到世界超深水行列。

(2)平台投入以来,经历了南海 13 个台风、季风、5 次内波流等恶劣海况的严峻考验,在最大风力15级台风下,平台安全可靠,人员安全无恙,平台定位系统和结构完好,验证了平台设计和建造的科学性、使用的安全性与良好的可操作性。

（3）历时3年的南海作业,成功完成了20余口钻完井及测试作业,平均水深1530m,最大水深近2500m,平均作业时效高达86%,高出国际同类先进平台10%,平台设备最高时效达到99%,已进入到世界同类钻井平台最佳作业水平的第一阵容。

（4）"十二五"期间,已经建成满足不同作业水深勘探开发的梯次船队。NH8半潜式钻井平台,最大作业水深800m,钻井能力7600m;NH9半潜式平台,最大作业水深1615m,钻井能力7600m。这两座半潜式钻井平台已经陆续完成了19口深水井的钻井和3口深水井的测试工作。在深水钻完井、测试工作方面已经具备了独立从事深水油气田勘探开发的作业能力。中国海油已初步建成了深水专业化技术服务队伍。随着深水钻井完井和测试工作的开展,与之相关的专业技术服务工作也得到了相应的推动和发展,在平台的海上定位、深水钻井液、固井、深水录井、深水测井、深水测试、深水水下井口安装、水下采油树安装等10个专业技术领域,中国海油已经形成了专业化服务队伍并初具规模,在支持海上作业、保证作业安全等方面发挥了积极的作用。

2.4 南海深水钻完井技术挑战

（1）高风险高投入。

深水是海洋石油工业中具有高风险高投入的作业区域,是"双高"的典型。引起南海深水井复杂情况的原因所占比例见表1,恶劣海洋环境、浅层地质灾害和地层压力窗口狭窄所引起的复杂情况比例达到了40%,设备工具原因所占比例也大,主要是由老旧平台设备、井下大尺寸钻具、防喷器系统和弃井工具造成的。

表1 南海已钻深水井复杂情况原因统计

复杂情况原因	占比（%）
恶劣海洋环境	28
浅层地质灾害	5
地层压力窗口狭窄	7
设备工具	25
人为原因	10
其他	25

（2）恶劣海洋环境。

① 台风。台风生成时距离深水井位更近,移动距离短,风力强劲,且深水钻完井作业关井需要更长的时间,因此,台风对深水作业的平台比在浅水时的挑战更大。2006年,Discover 534平台在LW3-1-1井遭遇"派比安"台风,来不及撤台而造成隔水管断裂、防喷器落海,影响作业时间1个月,损失2700万美元;2009年,West Hercules平台在LH34-2-1井因"巨爵"台风,下部隔水管总成碰撞海床,极大地影响了作业进度,工期损失50天,损失费用5000多万美元。

南海台风频发,每年6—11月为高发期,有两种类型:一种是从菲律宾吕宋岛以东洋面产生,然后进入南海,强度较大,预警时间较长;另外一种是发生在南海中部偏东海面上的台风,俗称"土台风",强度相对较弱,但形成快,难预防,对海上设施有很强的破坏力。在南海自营阶段深水作业中,总共遭遇台风19次,给深水作业带来了极大的安全威胁。

②孤立内波。这是一种主要在潮汐作用下产生的海洋内部不连续的波浪形式,其巨大冲击载荷不仅会对平台产生破坏,而且会使平台产生突发性的大幅度漂移运动,使平台系泊及立管张力也急剧增加,从而出现拉断系泊缆或立管的灾害性事故,造成定位失败、设备损坏、井下事故和因钻井液泄漏而污染环境等事故,同时也会给辅助船舶靠船带来作业风险。

南海北部海域常年频繁出现孤立内波。流速较强,平均流速约2.0m/s;作用时间短,平均20min;流速与流向同时改变和呈周期性连续性产生。吕宋海峡中部是南海北部大振幅孤立内波的主要产生区域,其中荔湾和流花区块就是受孤立内波影响很大的区域。2006年,Discover 534平台在南海所钻某井遭遇内波,启动了紧急解脱程序,钻具被剪断,钻井液排海230m³,耽误作业时间11.7天,海洋环境遭到污染。2011年,West Aquarius平台在某井打油水井期间,遭遇流速超过4.0m/s的孤立内波袭击,导致平台被推移37m、传输管线破裂缠绕到拖轮螺旋桨。

③风、浪、流。深水作业一般采用浮式平台或者船,受风、浪、流的影响会发生漂移、纵摇、横摇运动,对锚泊系统和动力定位系统造成不利影响。深水环境中海流速度一般较大,随之产生一系列不利影响,包括增大隔水管曳力、造成隔水管涡激振动以及限制隔水管起下作业窗口等。

④海底低温。随着水深的增加,海底温度降低,深水海底温度一般在2~4℃,超深水海域温度可能仅有1~2℃,如某井处于水深2500m,海底温度不到3℃。低温环境下容易在井口、防喷器和采油树等设备处形成天然气水合物,堵塞管线。钻完井液在低温下流动性变差,易发生井漏,造成井下事故。水泥浆在低温下凝固时间长、水泥石强度低等。

(3)浅层地质灾害。

浅层地质灾害通常发生在泥线下约1500m地层内,在钻完井作业期间,可能引起井控、井眼完整性和储层可及性等问题。位于南海的马来西亚海域的深水油田于2002年成功完成的5口深水井都显示出存在浅层流、气、水合物和脆弱非固结地层的影响,这些井的水深位于1300~3000m,而海底温度低(约1.7℃),给钻完井及后续作业造成了很大困难。

①浅层气。作业中一旦钻到浅层气聚集层,可能造成井口基底冲跨、发生井喷,甚至造成井口塌陷、火灾、平台倾覆等灾难事故。我国南海浅层气主要分布于大陆架区,而且甚为广泛,如万安盆地、莺歌海盆地、琼东南盆地和珠江口盆地等。

②浅层流。浅层流的存在不利于实现高质量的套管尾管固井,影响井眼安全。壳牌石油公司在中国南海Gumusut-1F井钻井施工时就曾经钻遇浅层流,属于轻微超压区,比静液柱压力高近689kPa。

③水合物。水合物的形成带来的影响包括:阻塞防喷器、阻流和阻塞压井管线,造成井控失效;井口头内形成水合物,影响套管坐挂、采油树安装作业、引起连接器解脱困难;堵塞完井立管,使油流通道切断,处理事故耗时费力,还会使电缆工具卡在管内,造成完井管柱事故等。

④不稳定的海床。深水海床的地质状况有许多不稳定因素,其中包括了斜坡滑塌、地质疏松和流动岩浆等对作业不利的情况。一般遇到深水松软海床会产生大量问题,海床不稳定可能会造成井口被掩埋和表层导管被吸附而不稳以至下沉等事故。因此,必须进行评价审核,以保证井口和井口基盘的稳定性。2010年,Husky负责作业的LH29-1-3井因海床土质疏松,造成水下井口下沉2.5m,险些造成井眼报废的事故。

（4）地层压力窗口狭窄。

水深增加，上覆岩层压力被海水水柱静水压力代替，岩石破裂压力随着水深的增加而减小，从而使得深水地层压力窗口非常狭窄，如南海某井 $\phi444.5mm$ 井段作业压力窗口仅为 $0.06g/cm^3$，$\phi311.1mm$ 井段作业压力窗口仅为 $0.08g/cm^3$。深水井所需的套管层数，比同样钻井深度的浅水井或陆地井多，有的井甚至因为所需套管层数太多而无法达到目的层。水深越深，海底沉积物越厚，海底表层沉积物胶结性越差，将导致大量的力学问题，发生井漏的概率非常高。深水钻井地层压力窗口狭窄可能引起的影响包括：钻井液损失、井涌、卡钻、井眼垮塌、需要下多层套管等。国外的先进技术是采用双梯度钻井（Dual Gradient Drilling DGD）方法。

（5）高技术。深水在深海工程技术领域里技术含量最高，高科技涵盖最广，国内缺乏经验和技术储备，急需发展。

（6）缺乏进军深水的专用装备及手段，但近年已经起步了。

（7）没有进入深水作业的人才团队，这项挑战正在攻克中。

2.5 中国海洋石油深水领域的科研成果及其应用

（1）深水基础理论研究。

通过室内隔水管水池实验研究，真实模拟了在钻井工况和海洋工况耦合条件下隔水管力学行为和实验检测，首次发现并提出了深水隔水管力学行为的"三分之一效应"和"上下边界效应"两效应在实践中的成功应用，为隔水管合理配置、顶张力优化、浮力块数量及安装位置、隔水管安全管理提供了理论分析基础和依据。

（2）深水关键技术研究。

形成了深水钻完井工艺、装备、自动监测、实验平台等系列技术成果。涵盖了23项技术研究内容，主要是针对目前深水作业与安全有关的隔水管力学特征和悬挂方式、深水钻井液体系、深水水泥浆体系、深水井下流量控制和监测、深水钻机选型等问题的研究工作。

（3）深水研究成果的成功应用。

一批研究成果已开始在现场应用，形成了科研成果与工程应用的良好互动和紧密结合。如深水钻井液体系和水泥浆体系、深水动态压井装置、深水弃井水下切割工具等。这些科研成果的应用，标志着我国在深水技术领域里零的突破。

2.6 中国海洋石油深水钻完井的基础保障

从水深200m到300m，国外石油工业花费了近40年的时间，而中国海油仅用了10年左右就实现了从深水起步到超深水2500m的跨越，这即是成功的典范，也是必须警惕的重点。因此，做好基础的工作十分重要。

（1）建立技术标准和规范。

自2009年，在学习和消化外国公司技术的基础上，结合中国海油深水工作实际，完成了《深水钻井规程与指南》《深水测试规程与指南》《深水完井规程与指南》的编写、颁布和下发，形成了中国海油具有自主知识产权的技术规范和标准，使得中国海油的深水钻完井测试工程技术工作有章可循，有规范可依。

（2）注重深水人才培养和能力建设。

在深水作业实践中，注重培养和打造3支队伍，即深水钻完井工程技术队伍、深水钻井平台装备操作队伍和深水钻完井工程技术研究队伍。按照这3支队伍的培养规划，深水工程技术队伍主要以南海东部和西部两个分公司以及中国海油技术服务公司的技术队伍为主,适应和满足深水技术的发展,完全胜任和承担作业的组织管理工作;从深水钻井平台装备操作队伍看,中国海油深水钻井平台船队已经形成了一支坚强有力的平台管理及操作队伍,能够胜任海上作业的需求;深水技术研究队伍以中国海油研究系统为主,集中了一批年轻有为的技术骨干,开展了各项科研工作,为现场实践提供了强有力的技术支持。

通过自主钻完井实践和海内外深水平台应用,中国海油逐步完成科研、生产和作业人员的交叉培养和人才梯队建设,培养了未来深水发展的脊梁。

2.7 南海西部深水油气田开发关键技术

中海油(西部)湛江分公司总经理谢玉洪撰文提出,针对南海西部深水油气田开发需要进行下列关键技术研究:

(1)结合南海深水合作和自营勘探钻完井作业实践,加强深水钻完井技术及装备方面的研究投入和研发团队建设,加强产、学、研、用平台建设,持续秉承引进、消化、吸收、创新和应用的原则,对深水钻井关键设备和技术进行国产化研究,形成一套适合我国深水油气钻探的技术体系。增加深水钻井作业历练,丰富深水钻井作业经验,不断提升深水钻井作业水平,降低深水钻井作业风险,从而实现南海深水油气资源的有效开发。针对急需解决的问题,应开展关键技术研究。

(2)深水油气田整体开发模式研究。结合南海深水勘探开发的特点,加强探井、评价井和开发生产井一体化研究,攻关勘探开发生产一体化关键技术。

(3)深水钻井完井瓶颈技术及重点共性技术发展。针对南海西部深水区突显问题,开展钻完井作业技术:钻井作业窄压力窗口设计及作业技术、环空压力管理、高温高压领域深水钻完井及测试技术、增加单井产能的水平开发井技术等。即使在浅水区,高温高压领域的钻完井技术在我国仍有不少关键技术问题没有解决,而在深水区,由于深水和高温高压两种因素叠加,导致钻完井难度系数呈指数上升、井筒压力和温度变化大、钻完井压力窗口更窄、井壁稳定性更差等,造成钻完井设计所需更精确的模拟分析难度更大,对钻完井液及固井水泥浆的性能要求更高,所需要的钻井工艺(水力学分析、压力控制等)、井下工具、井控安全等方面面临一系列更大的技术挑战。此外,在深水油气田开发过程中套管环空压力增加的问题,需要在探井阶段做好防范预案及相应的技术措施,在完井技术方面,做好气井防水控水问题等。

(4)作业管理研究。加强深水作业风险管理研究,对深水钻井风险进行有效识别和分析评估,根据评估结果研究应对策略和措施,如极端情况下的井口重建技术(水下应急封井装置)、救援井技术、南海防台撤台策略研究。加强深水作业资源和人员优化配置管理研究,在确保作业安全的前提下,不断提高深水钻完井作业时效。

2.8 中国海洋石油深水钻完井技术发展方向

中国海洋石油深水钻完井技术发展方向将由深水特点、南海环境和地质情况决定。先进的钻井装置,动态压井、双梯度—控压钻井、新型的钻井液、固井体系、提速工艺等技术将会应用到钻完井过程中。

随着中国深水勘探、开发的深入,作业水深和作业难度进一步增加,先进的钻井装置和配套的深水钻完井技术将被开发和研究。双井架第6代动力定位钻井平台将大量投入使用,通过并行(离线)作业(尤其是无隔水管井段、钻井和完井同时开展)、批量作业(如表层批钻、悬挂防喷器井间移位实现下部井段批钻),缩短作业时间来解决作业成本高的问题;通过强大的动力系统、钻井泵系统、提升系统、隔水管张力系统、防喷器系统,以满足水深和井深作业需求,并适应恶劣的深水作业环境,保障作业安全(如遭遇台风时动力定位应对更加安全、快速);TLP(张力腿平台)、SPAR(深吃水圆筒式平台)和水下技术将用来解决南海恶劣环境下深水油气田开发问题;动态压井技术将解决井位处存在浅层水流、浅层气而无法避开所带来的问题(针对浅层灾害分布广的深水油气田);双梯度钻井和控压钻井技术将解决作业窗口窄、井漏处理困难的问题;先进的井控软件将解决溢流监测困难、处理复杂的问题;深水的大位移井、高温高压井和智能完井也会应用,将解决深水储层埋深浅、修井困难、控制要求高等问题;新型钻井液和固井体系将解决低温、高压、水合物等问题;提速工艺将应用到深水井中,解决钻速慢导致的作业费用高、套管和钻具磨损等问题。

图2 Shell 公司在北海油田平台
上安装风能与太阳能发电装置

以上主要讲了中国海油在南海深水区的主要工作。我国海洋石油工业方兴未艾,前景美好,大有可为。除中国海油外,中国石油、中国石化不仅主攻陆上油气,也都在搞滩海—浅海油气,逐步形成了一套技术、装备、队伍,其产量不断扩大。

我国在节能降耗方面还有很大潜力。石油工业是油气生产部门,也是油气消耗大户。近年,国际油气上下游各部门不仅注意了节能降耗,还注意使用新能源。例如,JPT2011 年 1 月刊报道了 Shell 公司在欧洲北海油田海上 Cutter 油田的平台上同时安装和使用了风能和太阳能发电装置(图2)。这一创新做法很值得我们借鉴。建议在设计制造海洋钻采装备时,增加风能和太阳能装置。顺便说明:生产的风能和太阳能装置也能在陆地油气田配置使用,新疆油田、吐哈油田、塔里木油田、长庆油田、延长油田、青海油田以及大庆油田、渤海湾地区都有强风和充足阳光,是有市场价值的。海洋石油可在国内率先进行,再推广到陆地。

3 海工专业的培养目标

海洋石油工程专业应该是一个比较宽型、内容又新的前沿新兴学科—专业。其学科范围包括:钻井、完井、采油、开发、储运的近井集—输—储工程,学科涉及海况—环境、海工装备、HSE(健康—安全—环保的知识和实践能力很重要,本人身体很健康),外语要好、数理化力学等基础扎实,计算机—网络能力要强、独立工作能力和应急处理能力很重要。海工专业的培养宜"少而精",每年招生数目不必多,但要从高考的一本生源中精选,招收海工的学生真是要"百里挑一、严格录取"。入学后在德、智、体、美、劳诸方面精心培养。海洋石油工程与石油工程两个专业的教学计划可以有同有异,教学安排上可以有分有合。海洋石油工程和石油工程专业的本科学生都可以在适当时候申请本科—硕士连读乃至本—硕—博连读五年—六年—七年制或石油工程—海洋石油工程双学位。西南石油大学最早兴办海洋石油工程专业(学科)并已有硕士点与博士点,这既是机遇也是挑战,希望举全校之力,早日办出更高水平办成特色专业。目前,有本科学位(中国海油招收本科毕业生,多数是先在操作岗位干一段时间,然后按需择优进入工程师岗位)和研究生学位(毕业后也要先实践一段时间,有一定实践工作经历的硕士—博士才能进入技术—研究工作岗位）。本科生与研究生都要明确培养目标,即合格—优秀—卓越工程师。分类制订选择性教学计划,建立固定实习基地制订实习计划,选聘或指定实习指导老师,创造条件实行4年全程导师制,对每个（每类）学生逐一制订好培养计划、一定要精心研究精心培养!

明确长期、稳定有特色的学科方向（基于石油与天然气工程一级学科及海工特点）:

（1）培养目标的专业范围是海洋钻井、完井、采油、开发,关于储运部分不包括海洋储运的全部,只限于本井（例如利用固定式混凝土井架大腿在本井平台短期储油等）和近井（由平台输至单点系泊油轮等）的油气集输工作;还可以参与海上油田伴生气和边际油田零散天然气回收使之不再"点天灯"烧掉等工作。关于海洋石油工程信息化、智能化、集成化、自动化,目前可以和"石油与天然气工程"一级学科方向一致,海洋石油工程二级学科建设可充分利用西南石油学院石油工程学院已有基础、发挥国家重点实验室等实体的优势,但是要有"海味",有所补充和增加。新学科建设工作要有序进行,有计划地扩展完善。

（2）海洋钻井完井采油等专业课程要单独开课并用双语讲课,应及早着手编写专用的海洋石油工程正式教材（教材内容陆海不同,各有侧重）。例如:海洋用先进技术来钻复杂结构井的集成理论与技术更多些,海洋油田的复杂结构井比例也大得多,三维井身轨迹长而复杂,更需要先进的地质导向—旋转导向钻井技术、智能钻井技术,如 BHA 一体化设计与施工（不只是一般的钻柱设计）、随钻测录井系列技术（MWD、LWD、PWD、SWD、FEWD 等可开选修课）、智能寻油跟踪技术、闭环制导技术、钻测录一体化技术（选修课）、海洋现代井控与压井技术、井眼防碰与相碰技术、智能完井等。在海洋开发采油方面也有许多特点,例如,海洋油气田要适当地强化开采,缩短开发周期并使采收率在30%以上,海洋油田一般不搞三采、提高采收率更难、储量产量低的暂不开发（海洋边际极限比陆上高）、大量采用丛式井和复杂结构井以及智能井、注水用海水而不是淡水、开发稠油难以采用热采方法、广泛使用电潜泵。实践表明（例如,MWD、LWD、GST、RSS 等）新技术大都是先用于海洋油气田,在海上应用成熟而且成本降低之后才扩展用于陆上,与陆上比较,海上新技术的自动化、信息化、智能化程度更高。

（3）海洋专业要设立"石油技术标准和石油技术法规"课程或选修课程,并引导学生重视学习国际的和我国的石油技术标准和石油技术法规。要告诉学生我国在海外的油气项目大多采用合作—联合体的模式,而我国石油工业的技术标准和技术法规还不完善甚至缺失,有的还处于与国际工程管理接轨的探索准备阶段和发展阶段。我国在国内外与技术公司合作或者请技术服务公司做每一项服务项目时都要涉及技术标准和法规。我们要进入国际油气工业市场,正确全面调研—理解—掌握—使用大量国际通用的技术标准和技术法规规范,这也并非某个工程技术和管理人员短期内能够做到的,所以要打好基础。还要教给学生对比研究中国与欧美双方的标准规范,借鉴外国大公司（在国际上有影响的公司）标准规范的编制方法,从而编制出我国公司和派出人员使用欧美公司标准规范的相应规定。这方面的知识和能力在国内与外方公司合作时也是必要的。

（4）海洋油气工业尤要研究进入国际市场的方式。下面以录井和测井工程技术进入南美石油市场的几种方式为例加以说明:

① 参与国际性石油公司公开招标活动中标后进入;

② 通过先期进入的中国工程技术服务公司推荐介绍,甲方先给几口"考试井",获得甲方

认可后进入；

③ 以"借船出海"的方式进入,例如中国石化在南美以全资、合资和参股等方式购买许多区块,则中国石化录测井服务队伍进入这些区块有一定的基础和方便；

④ 先与国际上知名服务公司合作进入市场,站稳之后再谋求独自发展；

⑤ 与当地的录测井服务公司在技术人员、装备等方面合作而进入市场；

⑥ 通过钻井大包形式带动录测井进入市场；

⑦ 投标以低价进入方式,但进入后成本压力大,盈利空间小。

上述市场进入的方式各有优缺点,在具体实际工作中应该根据目标市场的特征(事先研究目标市场的政治、经济、文化、风俗习惯、市场状况、政策、法规,掌握目标市场的宏观情况及风险、环境等),结合自身的优势,选择并采取安全可靠且风险最小的方式进入。作者写这一段话的意思是:海工专业学生要了解国际油气工业、懂得国际市场和市场竞争、善于国际合作等。

(5)海工专业学生毕业前争取在校取得几个主要证书:游泳证(一小时连续游);井控证(可比正规的低一点,毕业后再培训达标);英语6级证;汽车驾驶证、艇筏操作技能(类似水上运动)。

(6)参考我在BP公司进行学习培训的内容,建议学生在实习期间最好能够实习以下内容(形成毕业生的特点和优点,也为毕业后岗位培训打基础),主要有:海上救生基础(可请体育老师在学校游泳池或附近水域模拟实习);以溺水为主的急救医学基础(在校可请校医院讲授急救的医学基础再在校内外进行实践);消防基础(在校打基础,可请本地的消防队指导和安排实习);有条件的话选择进行直升机水下逃生要点与模拟实习、机动艇筏操作基础训练等。

上述第(5)(6)两点体现了"一专多能"和培养特色。

(7)海工专业课程要把先进技术集成起来成套讲授、把地质、油藏、钻完井和测录井以及工程、经济、HSE多学科结合起来学习,例如复杂结构井与最大油藏接触面积井(MRC)及其相关技术的集成(图3)。

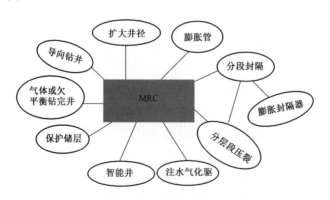

图3 复杂结构井集成技术图

(8)完井是钻井与采油的结合工程。由于完井工程越来越重要,特别是海洋井,在一口井的成本中占50%以上;为了保证完井质量,很多公司规定完井成本为50%,只能多不能少;完井方案由(地质)开发、采油与钻井部门共同研究设计,钻井完井部门负责施工;我国还没有实施。传统完井是简单完井(裸眼完井、下套管打水泥套管完井等)主要用于浅井—中深井,多数是直井;后来发展了尾管完井、衬管完井、筛管完井、防砂完井等;近年兴起的智能完井目前主要用于复杂地质条件、复杂结构井、海洋井(特别是海底井口井),其发展前景与使用范围不断扩大。

(9)关于智能井。海工专业课程一定要讲授智能完井和智能井。智能完井的井才是智能井。一口智能油(气)井使作业者能够遥控并控制油井(流体)流动或注入井下,在该油藏不需人工(物理)干预即可使得油井产量和油藏管理过程实现最优化。

下面图例说明智能完井的智能井可以有控制的自动气举(图4)、可控制的自流注水(图5),是实现最小化综合成本和作业成本的新技术。

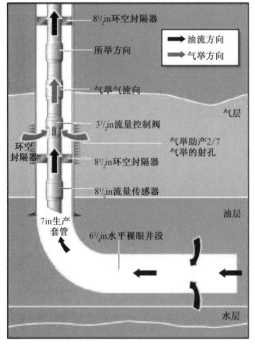

图4　智能井自动气举原理图　　　　　图5　智能井可控制的自流注水原理图

海工课程应详细而具体地说明智能完井能够在地面控制井下的"层间控制阀"的机理及4种控制方法(图6)。

以图6所示的4种方法的第一种为例,用图7表示——SCRAMS硅可控快速多个开关法:

(10)提高海洋油气藏产量与采收率的理论与陆上不同,例如海上一般不搞三采,这又如何提高采收率,如何把三采融入二采;海洋稠油不能搞热采,渤海使用海水强注技术开发稠油;陆上的防砂在海上采用适度出砂的防砂办法;海上注水大多用海水,如何提高注驱效率;海上注气的气源怎么解决;海上井口油气分离—集输及单点系泊等技术。

(11)深水钻井完井采油开发(海底井口)理论与技术。

(12)海洋石油法规与HSE(健康、安全、井控),这是非讲不可的;井控和压井要详细深入地讲述,井眼压力平衡公式要细讲并有课下作业,最好能介绍应用软件的编制原理和应用软件的使用实例。

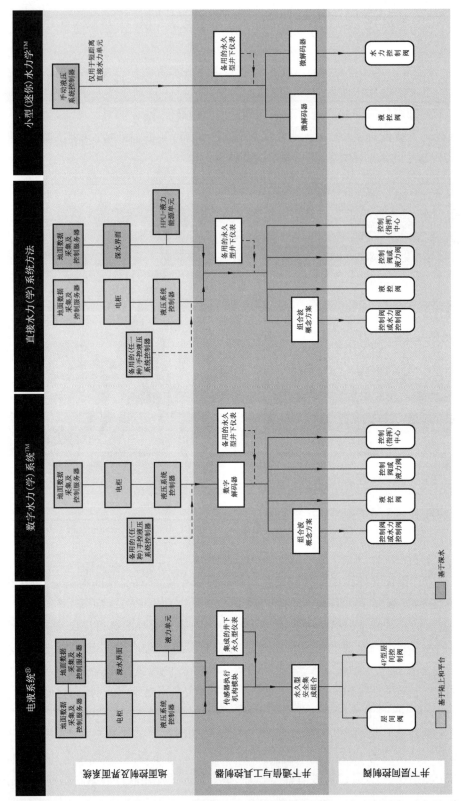

图6 智能完井的智能井4种控制方法

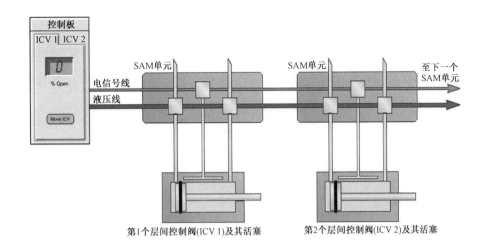

图7　一条水力管线和一条电路线,用SAM(信号识别与执行系统)
来控制"无限"多个层间控制阀的开或关的操作

海洋石油工程的教学计划和实施过程要本着提高质量,培养应用型、复合型和创新型人才的目标。在扩宽专业和科技前沿的要求下加强基础,基础(课)一定要扎实(加强工程力学、流体力学、结构力学);外语课考试要达到六级水平;专业课门数不必多,学时也要控制在合理的比例内,与(陆上)石油工程有同也有异。其中海洋石油工程课要有海况—环境(风、浪、潮、水深、海流等)及其力学与海工的关系、隔水导管—升沉补偿系统、固定平台安装方法要点、半潜平台及拖航就位要点、平台井口—海底井口原理、海洋作业安全等"海味"内容;加强完井工程。海洋石油装备课要介绍各类钻采平台,实习时看到钻采主要作业的海洋工程船、特种船、主要辅助装备。开设海洋法—海洋石油技术法规课程。从基础课到专业课都可双语教学并制定逐步实施计划。

实践环节要建立校内和校外实践课及其基地,西南石油大学石油工程学院有一台实训钻机,好好用起来。校外基地应能满足出海上平台的要求,即使上平台参观几个小时也好。

座谈中有教师建议建设一个海洋虚拟实验室。我认为现在要办的事很多,不一定急于建设海洋虚拟实验室,级别高了花钱多,级别低了用处不大;但学校可以与中国海油及其下属公司合作作为一个科研题目,自己研发、有所创新,自己动手来装备;西南石油大学石油工程学院更需要建设陆海兼用的井控实验室(或者与电子工程学院合作)。

我在BP出海前安排在Montrose的BP培训中心,进行三周培训,取得了3个证明:

① 直升机和平台落水自救实习(可暂用校游泳池);

② 防火救火实习与考试(可与消防队合作);

③ 学习海洋法—海洋石油技术法规并有结业考试(设课,讲授国际大公司和中国海油的法规条例等并做对比分析);取得"三证"才获得出海资格,约4个多月的平台培训。

BP还安排参观固定式钢架平台建造、半潜式平台拖运、熟悉设置在Dandee港的海工物资管理和物流工作;还要在海湾进行一天由海岸警卫队负责的快艇与发射信号弹等通信训练。BP还专门为我安排了从半潜式平台上落水自救待救的训练等。

海工专业尤其要开门办学,争取国内外合作,力争搭乘中国海油许多海外项目和国内渤海、深圳、青岛、湛江等基地(先搞一个再逐步完善);西安石油大学已与中国石油渤海钻探公司签订联合培养博士后工作人员协议,能够为海洋学科有所帮助。

充实图书、期刊(Offshore 等)、OTC 论文,教学团队组织起来系统阅读重点翻译近 10 年的海洋石油重点文献,并持续积累。

海工团队教师要爱海、知海、下海"游泳",深熟"海性"(现在多数老师没有在海洋实践干过)。我于 20 世纪 70 年代多次到塘沽海洋石油局乘慈禧游船上钻井平台;1981 年到北海学习半年(一半以上时间在平台上)海洋石油工程;1983 年第十一届世界石油大会再访 BP,1987 年第十二届 WPC 顺访长堤 Long Beach 等油田、1988 年到湛江和三亚并出海上平台、1991—1993—1994 年在阿根廷、墨西哥和米兰参加 WPC 会议时都接触海洋石油;2000 年后,多次到深圳海洋公司、到胜利等油田接触滩海、浅海。我说这席话,是要告诉大家重视海洋石油工程各种实践,经常得到海洋企事业单位的信息。海工教师要自强,奋斗、奋斗、再奋斗!校院两级要重视培养专兼结合—校内外结合—国内外结合的海工教师。

办这样的新兴专业要多渠道集资争取企业投资。

学校应该把海洋石油工程专业办成主干—特色专业、办出水平。现在各石油高校先后都办了海洋石油工程本科及研究生,各校有交流借鉴也有竞争。

建议建立开放型海洋石油工程重点实验室,争取将来成为国家级重点实验室(任何一个功能的国家重点实验室只能建立一个不能重复,而这个现在好像还没有)希望得到响应。

我国是海洋大国,海域面积达 300 多万平方千米(其中有 70 多万平方千米是深水海域,300m 以上的水深是深水海域)。我国海域面积在世界沿海国家中居第 9 位,但人均海域面积只有 $0.0025km^2$,居世界第 122 位。我国海洋油气储量约 $300 \times 10^8 \sim 500 \times 10^8 t$。我国管辖的南海海域、东海海域都有丰富的油气资源但部分海域主权存在所谓"国际争议"。这不仅要有政治、外交工作,还要用实力来解决。有几个邻国已在所谓"争议区域"开采油气。我国油气需求日增,进口油气已达总需求量的 60% 左右,我国陆地油气资源有限,海洋油气资源丰富,海洋石油前景很好,我国不能再忍受目前"洋油泛涌国内市场"的状况。中国海洋石油总公司(简称中国海油)是世界 500 强大公司,排名第 252 位,实力不断提升。老校友周守为院士2010 年 9 月回母校做报告时告诉我们:胡锦涛总书记视察中国海油时,要求我国大力发展海洋石油工业,抓紧准备两支队伍:一是海洋石油技术与装备(我国已在大连制造了 3000m 深水平台、在宝鸡制造了万米钻机等)及队伍,二是护航保驾的海军部队(非常高兴得知我国第一艘航母已下水)。科技与人才兴海是必然之路!

中国石油(世界 500 强排名第 6 位)成立了中油海洋公司(简称中油海)也在开发海洋石油。中国石化的胜利油田等也建有海洋石油公司。我国三大石油集团公司还都在海外开拓油气合作项目特别是海洋石油工业。周守为院士的报告说中国海油实施"四大战略"要实现"四个大庆",每个大庆是年产 $5000 \times 10^4 t$ 的含义,即每年生产 $2 \times 10^8 t$ 油气当量。四大战略是稠油战略、液化气(LNG)战略、海外战略、深水海洋石油战略,非常鼓舞我们。我相信我国一定能够成为海洋石油强国。海洋石油工业与陆地石油工业相比较,投资高成本大、条件更复杂、技术难度更高、风险更大、挑战更大;它的技术更具前沿性、国际性、集成性,对人才质量要求更高、更严,工作竞争性更大。为此,在选择专业时,许多学生认为海洋石油挑战与机遇并存是一个年轻有作为有发展的新兴产业,机遇非常难得,所以志在海洋石油工业。

4 海洋石油工程的特点

(1)海洋油气资源丰富,但环境与气象复杂风险大。

人类才开始从近海走向深海,我国只在部分近海开发油气,还没有规模化地进入深海。据报道,我国东海和南海深水区域的油气资源非常丰富。海洋作业环境比陆地复杂得多,海况恶劣(Sea Rough)时气象瞬变。所以海洋石油工业特别要重视健康—安全—环境(HSE,Health—Safety—Environment)的理论、技术、应急措施等。

(2)工艺复杂技术标准高难度大。

从世界500强排位居前的BP,Halliburton和Cameron几个大公司在美国墨西哥湾深水油井作业发生的恶性漏油事故、世界知名的康菲公司在我国渤海蓬19-3井海底漏油事故等来看,海洋石油工业比陆地石油工业复杂得多,工艺技术标准很高,作业难度很大;半潜式海洋钻井平台日租费高达几十万美元,必须提高时效,提高速度,减少停工,严防事故,要有先进技术和高端管理。

(3)石油工业的前沿新技术和尖端创新大多是针对海洋石油技术需求而研发的,研发成功后先应用于海上,要过一段时间才推广到陆地石油工业。例如水平井、分支井、大位移井、随钻测量、随钻闭环导向钻井技术、信息智能技术、应用软件等。

(4)海洋油气作业不能完全搬用陆地油气作业的办法。例如,海洋油气井都有一段海水,增加了钻井完井采油的难度,在深水油井已经可以把油井井口安装在海底,这本身就是高技术;由于成本原因,世界海洋油气田都不进行三次采油作业,这就必须在一、二次采油阶段提高最终采收率。目前,海洋油气田采收率平均为30%,比陆地油气田低10%左右,甚至差得更多。要想实现和进一步提高海上油气田采收率就是很难的,但又必须进行研究。海上在二次采油阶段注水开发也比陆上难,因为往往有时不允许把海水注入油气层,就要从陆地远送淡水到海洋平台,工作量大、成本高、技术难度大。海洋油气井增产,需要从陆地把酸化压裂等装备和化学工作液等从陆地远送到平台。再例如,渤海稠油开发不是全部使用陆上热采的办法,而要强注海水,提高了技术难度。

(5)海洋钻采平台建造成本很高,海洋钻采装备也要比陆地先进复杂和昂贵得多;在操作使用技术上也要求很高。

(6)海洋石油的管理系统大、标准高,需要高级专门人才。

(7)更多地开发深水油气藏,走向更深海域,海洋油气储量与产量在全国油气的总储产量中的比重继续增大。

(8)信息化、智能化、自动化、集成化、数字化。例如,平台与陆地指挥管理部门之间的信息通信,油气井井底到地面及整个井筒的信息通信(井筒信息高速通道是国际前沿技术),数字智能油田—油井,智能软件,全自动化钻机—作业机,超远距离(已实现8000km左右)遥控作业;钻采、电子、测控和信息等技术的配套集成;全球已有1000多口智能油气井;纳米—光纤技术、高端专用软件(包)。

(9)更多使用复杂结构井(特别是水平井、多分支井、大位移井、最大油藏接触面积井)和智能井等先进油气井实现稀井高产。

(10)国际上,不断有人提出把海洋石油最终采收率提高到50%左右,在部分海洋油气田达到60%左右;探索在油藏—油层内炼制实现油气上下游一体化(科幻成真)。

(11)海洋钻井专用的适于恶劣海况条件的海洋平台特有新一代升沉补偿系统和形成深海海水段井筒的隔水导管;为提高作业效率,研发各种专用的智能机器人、智能机械手、全自动化钻采平台。

(12)海洋石油工程质量标准和质量保证体系;电子安全系统井控系统应急系统。

5 海洋石油工程学科发展要点

(1)我国将会更多地开发深水油气藏,走向更深海域,是海洋石油工程学科发展重点之一。海洋油气储量与产量在全国总储产量中的比重不断增大,海工人才需求将随之增大。

(2)信息化、智能化、自动化、集成化、数字化。例如,平台与陆地指挥管理部门之间的信息通信,油气井井底到地面及整个井筒的信息通信(井筒信息高速通道是国际前沿技术),数字智能油田—油井,智能软件,全自动化钻机—作业机,超远距离(已实现8000km左右)遥控作业;钻采、电子、测控和信息等技术的配套集成;全球已有1000多口智能油气井;纳米—光纤技术、高端专用软件(包)。海洋石油工程专业宜在这个大方向投入科研和研发力量并创造研发条件。

(3)更多使用复杂结构井(特别是水平井、多分支井、大位移井、最大油藏接触面积井)和智能井等先进油气井实现稀井高产;海洋石油工程学科要加大这方面的教学储备和教学力度。

(4)把海洋石油最终采收率从现在的30%提高到50%左右,在部分海洋油气田达到60%左右;探索在油藏—油层内炼制实现油气上下游一体化(科幻成真)。这是更难的待创新的技术,作为石油高校应有所为。

(5)适于恶劣海况条件的海洋平台特有新一代升沉补偿系统和形成深海海水段井筒的隔水导管;为提高作业效率,研发各种海洋专用的智能机器人、智能机械手、水下机器人、全自动化钻采平台;这是不断发展的课题,要给予重视。

(6)海洋石油工程学科要研究海洋石油工程质量标准和质量保证体系、电子安全系统井控系统应急系统等。

(7)为推进中国海洋油气的发展,特别是中国深水钻完井技术的进步和发展,《石油钻采工艺》与中国海油合作,精选文章44篇,刊于2015年第1期,内容丰富而先进,作者推荐阅读。

我国要从石油大国走向石油强国,必然要成为海洋石油大国和强国,从事海洋石油工程前程似锦。

第七篇
钻井基础理论与喷射钻井技术篇

【导读】

首先需要说明,本篇论文讲述了我国从古代到现代钻井的基本情况、现代中美钻井技术与装备对比、我国钻井技术差距与发展对策,还从现代钻井工程的发展领域介绍了大直径钻井技术和地下工程技术方面钻井工程的特殊应用。特别撰文讲述优化钻井与钻井工程控制,讲述了钻进参数优选的基本理论与方法、机械破岩参数与水力参数优选,为使司钻提高钻井过程控制,如何对钻井动态数据进行井下诊断,钻井控制环由开环控制发展到闭环控制。喷射钻井是国际钻井界公认的基础理论与先进技术之一。20世纪70年代后期,时任国务院副总理的康世恩指示石油部门要"增产上储",加大工作量、提高效率、降低成本;钻井工程方面要学习、引进和使用先进的喷射钻井等技术。为此,石油工业部决定在华北油田举办喷射钻井教导队,分批轮训全国钻井队队长、技术员以上管理和技术干部。经有关部门研究,选择我和几位钻井工程师组成了教导队的教师组。从1976年冬天到1979年春天,在华北雁翎油田搭帐篷一共办了14期,每期半个月左右,时称"帐篷大学"。培训时没有现成的教材,内容不断改进,除了讲课,还要到钻井队现场调查研究并指导生产实践和消化运用课堂内容。这个教导队成效显著。人民日报1979年3月3日头版头条进行了报道。教导队工作结束后,时任石油工业部副部长的焦力人叫我整理和提高在教导队讲授的内容。我后来编写了《喷射钻井的理论与计算》和《高压喷射钻井》两本书(均由石油工业出版社出版),又根据实践和理论上还没有完全搞清楚的问题,进行了科学研究。向石油工业部申请喷射钻井井底流场的试验和理论研究方面的科研课题、组建课题组、设计实验方案、研究试验方法、新建试验室小楼(这实验室小楼是得到时任四川石油管理局的局长杨型亮同志的10万元资助建立的)、采购—安装—运转设备。在新实验室还没有投入使用之前,在学校已有的钻头实验架进行了第一个试验:喷射钻井井底流场的实验研究,得到了液流在井底场流动的规律以及不同喷嘴的流场特征;特别是对称的井底流场与不对称的井底流场特征及其区别与优缺点比较。1980年冬,在石油工程学会(昆明)学术会议上宣读了我们在喷射钻井方面的第一篇论文《喷射钻井井底流场的研究》,获得非常好的评价。那时候,有的专家激动地说"一向认为钻井是凭力气和经验干活,今天看到了钻井的科学,并为开始有了钻井的实验研究工作而高兴",钻井同行们给予了鼓励与赞赏。这时,经过一年多奋战的喷射钻井实验楼刚刚建成。我们团队立即投入第二个、第三个、更多个试验,写成了《喷射钻井井底流场试验架研究及单喷嘴井下试验》。接着,我和研究生姚彩银在实验中认为,喷射钻井的高压水射流作用到井底岩石表面的能量才能够对井底清洁和水力破岩发生作用(国外学者Kendall,Goins等只研究喷嘴出口处的水射流能量)。为此,我们写成了《喷射钻井井底岩面最大水功率和最大冲击力工作方式》的论文,并于1986年在中国第二次国际石油工程会议上宣读了该论文,获得极大好评,并被选入SPE论文,随后在1988年又被JPT杂志录用了,这就是SPE 14851产生的过程。我们在喷射钻井领域有一批获奖成果(论文、国家级产品),培养了一批教师和研究生。喷射钻井是钻井的重要基础理论之一。这就是为什么要在讲述钻井基础理论时把喷射钻井技术列入本篇的原因,并在本书中收入了专著《喷射钻井的理论与技术》等书出版以后的几篇论文。本篇选入的文章是:

《现代钻井工程理论、技术与发展战略》;

《优化钻进与钻进过程控制》;

Hydrulic Programs for Maximum Hydraulic Horsepower and Impact Force on the Rock Surface of the Hole Bottom in Jet Drilling;

《喷射钻井中井底岩面最大水功率和最大冲击力工作方式》；

《喷射钻井井底流场研究》；

《喷射钻井井底流场试验架研究及单喷嘴钻头的井下试验》；

《井底射流的室内实验研究》；

《喷嘴射流和漫流特性对钻速的影响》。

现代钻井工程理论、技术与发展战略[1]

张绍槐

1 我国现代钻井工程发展的技术路线

(1)有"交叉出新"和"改进提高"两条路线;

(2)总结我国陆上钻井过去 50 年发展的经验,要坚持走以自主研究开发与有选择地吸收国外先进技术相结合的道路;不能单独依靠"拿来",引进之后要有创新;重大关键技术要自主创新。

(3)4 条基本经验:

① 按需求和发展趋势定期规划,分层次选题攻关和推广;

② 自始至终依靠和组织高水平的有经验的科技攻关项目组;

③ 走产学研结合之路;

④ 取得成果,及时推广,生产见效,总结提高。

2 从古代钻井到现代钻井

(1)中国古代钻井技术开创了世界钻井历史的先河,新中国成立以后,石油工业有举世瞩目的发展,石油产量居世界第 5~8 位(前 10 位),钻井规模居世界第 3 位,钻井业已走出国门参与国际竞争。21 世纪初期,中国钻井技术将加快发展并能有所特色与创新。

(2)近代钻井史是自 1859 年美国人德雷克在宾夕法尼亚州特斯维尔钻出 69ft 深的油井开始,到现在已有 160 多年历史。Lummus 在 1970 年著文把近代钻井分为 4 个阶段,即:

① 经验钻井阶段(1920 年以前);

② 钻井发展阶段(1920—1948 年);

③ 科学钻井阶段[1948 年至 20 世纪 80 年代(Lummus 认为到 1969 年)];

④ 自动化钻井阶段(20 世纪 90 年代开始)。

(3)国家现代钻井技术发展的总趋势是以信息化、智能化和自动化为特点,向自动化钻井阶段发展。国际钻井界自 20 世纪八九十年代以来,在随钻测量和随钻地层评价技术、实时钻井数据采集—处理—应用技术、复杂结构井的产业化技术、闭环旋转导向钻井技术以及自动化技术等方面不断取得突破性进展。这些最终都是为了实现自动化钻井。但是,由于地下情况复杂,称为"入地比上天难"的原因,人类在实现空间自动制导飞行和水域自动制导航行之后多年,迄今未能在地下自动制导钻技术方面取得成功。

自动化钻井包括地面钻机系统的自动化及地下钻机系统的自动化。前者比较容易,国外已经研制成功了——Prostar 2000 型等自动化钻机。

国内,四川石油管理局于 2002 年研制成功了国产自动化钻机,而井下自动化比较难,需要

---

❶ 本文为在延长油矿与重庆科学学院等的讲学稿。

从运用控制论、系统论、信息论等理论和发展系列化的钻井自动化技术两方面来实现。

① 在控制论方面要运用模糊控制和多变边量的智能控制方法。因为钻井工程有大量复杂和不确定因素,采集和获取的信息往往是不精确的、模糊的、不确定的、非数值化的。对这些多变量数据不能用精确的数学方法进行处理,也往往不能用简单的"是与非"来判断,需要用模糊逻辑代替传统的二值逻辑,需从人类智能活动的高度和思维来进行判断、识别,还要靠专家的经验知识和理论来建立智能模型,解决复杂的钻井工程的综合解释和模式识别等问题,实现多变量的现代智能控制。

② 要用系统论来处理井下控制。钻井工程是一个庞大的系统,从地面到井下是钻井系统的整体。不仅钻井的工艺设备和工艺流程是一个系统整体,而且钻井分析处理、传输控制、执行、反馈、再决策、再控制也是一个整体系统。实践证明,在地面采集数据是不够的,还必须在井下实时地、连续地采集动态数据并用系统论的方法把地面数据和井下数据进行综合解释分析处理,才能准确控制、有效应用。

③ 钻井自动化要依靠和运用信息技术。未来的钻井技术效益将依赖于并产生于信息领域。当代和未来钻井自动控制技术要以传感器测量采集静、动态信息为基础,发挥计算机软件的分析、解释、计算和存储等功能来运用信息,再利用现代通信传输技术来连续传送信息和不断反馈信息,形成闭环信息流,达到闭环自动控制的目的。

(4)自动控制技术。

根据钻井自动化理论和大量研究与实践,现在已经成熟和近期可能应用的与自动化钻井有关并把它们集成起来的 10 项主要技术是:

① 地面数据采集、录井应用技术——指重表、扭矩仪、泵压表、八(六)参数仪、综合录井仪地面模拟器、地面显示器等。

② 井下随钻测量和随钻地层评价技术——主要包括随钻测量(MWD,EM·MWD)随钻测井(LWD)和随钻地震(SWD),还有近钻头随钻测斜器(MNB)。随钻测量技术不仅能够实时获得必要的工程参数(钻头压力 p、钻头转数 N、井深 L),还能随钻评价地层。

③ 井下动态数据的实时采集、处理与应用系统,即井下随钻动态故障诊断与钻井过程控制技术。现代钻井方法的钻柱长度与直径的比值为 $10^4 \sim 10^5$,即钻柱为高柔性结构并在钻进时有轴向的、扭转的和横向的振动。一定程度的振动可能引发钻头短暂离开井底,使钻头空转、钻头过早磨损、钻速降低,振动严重时,可能发生扭振扭转振荡、钻头和钻柱反转(涡动)、钻具脱扣、钻头反跳发生意外事故(如掉牙轮等)、钻柱黏滑现象、随钻测量工具和其他 BHA 钻具失效。

长期以来都是在地面进行实时振动监测,但是它不能提供建立钻柱振动特性和钻井动态特性的精确模型。特别是通过弹性钻柱传递信号的传播质量很差,以致有害的钻头及 BHA 振动不能被精确检测出来,而且在钻定向斜井和水平井时,由于钻柱与井壁的接触,大大减弱了在地面检测钻头处和钻头附近产生的轴向、扭转动态信号,不利于对井下情况的正确判断和决策。钻井动态数据在井下采集和诊断,再把诊断结果传输到地面是有效控制振动、实现钻井自动控制和优化钻井决策的关键。

④ 地面与井下数据的集成与综合解释软件。

⑤ 全自动化(从地面到井下)闭环钻井(含固井完井)的理论、方法应用研究。信息流的闭环系统及地面与井下的双向通信系统、井队与后方管理指挥部门之间的通信系统以及相应网络技术。

⑥ 地面操作控制系统。

⑦ 井下操作控制系统。

⑧ 钻井智能软件及配套的数据库、知识库、模型库,计算机支持的协同工作的网上多学科群体决策的中(远)程钻井技术与管理智能化应用系统。

⑨ 自动化钻机及其软硬件配套系统。国外在 1994 年已生产出全自动化钻机样机,我们应及早研制我国实现自动化钻井阶段所需要的相应系列的自动化钻机,全面统筹从设计到生产样机再批量生产应用,最后达到产业化的系列工作,争取在 21 世纪初完成。

⑩ 自动化井口安全系统,钻(完)井液密闭循环、处理、性能检测系统,还有环保自动监测、处理、控制系统等。

上述 10 项技术应加以集成化。

(5)自动化钻井的主要优点。

① 自动化钻井能实现钻井过程自动控制和优质、高效钻进,能使钻头的进尺、钻速达到最大,充分发挥钻头的潜力,并有可能在复杂特殊井段用一趟钻顺利钻穿某一井段。井身质量好,不形成螺旋井眼或(和)椭圆井眼,能为固井、完井提供井眼质量的保证。

② 自动化钻井能够精确控制井身轨迹。确保顺利钻成复杂结构井和各种复杂形状的井身剖面,具有"必然中靶"的功能,也能在直井中防斜。钻深井、超深井、探井、复杂井的成功率大,能达到"要钻就钻、钻无不克"的新水平。

③ 自动化钻井节省劳动力、时效高、成本低、经济效益好,能满足国际 HSE 要求。即使在高油价时也能大大提高国际竞争力。这些优点在钻复杂井、水平井、大位移井、多分支井和深探井以及海上钻井时尤为明显。

3 我国与世界先进水平的对比与差距

3.1 中美世界主要数据对比

3.1.1 主要综合数据

中国石油的钻井数据及有关数据见表 1 和表 2。

表 1　中国石油的钻井数据

时间	年井数 (口)	年进尺 (10^4m)	动用钻机数 (台)	平均井深 (m)	平均钻机台年井数 [口/(台·a)]	平均钻机台年进尺 [m/(台·a)]	机械钻速 (m/h)
1979		633.5	709			8928	4.3
1980	2774	601.9	737	2169.9	3.8	8167	4.1
1981	2777	559.1	620	2013.2	4.5	9010	4.2
1982	3884	727.2	672	1872.2	5.8	10736	4.7
1983	4256	794.3	708	1866.4	6.0	11225	5.0
1984	5292	1024.4	763	1935.8	6.9	13421	5.6
1985	6117	1249.6	836	2042.8	7.3	14950	6.1
1986	7028	1254.8	853	1785.4	8.2	14711	6.4
1987	7352	1339.4	910	1821.8	8.1	14715	6.6
1988	8662	1512.1	975	1745.7	8.9	15511	7.0
1989	9214	1557.7	948	1690.6	9.7	16431	7.8
1990	8590	1457.4	894	1696.6	9.6	16298	7.6

时间	年井数（口）	年进尺（10⁴m）	动用钻机数（台）	平均井深（m）	平均钻机台年井数[口/(台·a)]	平均钻机台年进尺[m/(台·a)]	机械钻速（m/h）
1991	9299	1536.5	909	1652.3	10.2	16906	7.4
1992	9571	1587.3	865	1658.4	11.1	18347	8.1
1993	8944	1572.3	787	1757.9	11.4	19973	8.9
1994	9933	1651.4	751	1662.6	13.2	21992	9.7
1995	9497	1529.8	686	1610.8	13.8	22300	10.1
1996	10162	1670.5	735	1643.9	13.8	22717	10.4
1997	9048	1749.9	741	1934.0	12.2	23613	10.1
1998	8334	1261.6	503	1513.8	16.6	25073	10.1

表 2　中国石油的钻井及有关数据

时间	平均单井成本（元/井）	平均每米成本（元/m）	当年油气当量（10⁴t）	以1985年为基准时期的油气当量与递减量之和(10⁴t)	油气井数（在用合计）（口）	主业队伍（人）	剩余可采储量（10⁸t）	原油价（元/t）
1979								
1980	868776.9	400.4						
1981	869693.6	432.0						
1982	785133.9	419.4						
1983	794489.3	425.7						
1984	817367.9	422.2	12692		28551	258799	23.054	
1985	903340.1	442.2	13762	13762	31795	283678	24.172	
1986	915932.7	513.0	14359	15039	36473	298085	24.259	
1987	996595.3	547.1	14788	16399	40571	306635	24.675	
1988	1052503.2	602.9	15010	17536	45134	346933	24.546	110
1989	1173944.1	694.4	15114	18696	50574	370719	22.357	137
1990	1315105.2	775.1	15164	19684	55445	395717	22.507	167
1991	1413372.1	855.4	15206	20652	60476	411015	21.989	201
1992	1677483.3	1011.5	15314	21764	66174	427878	22.707	
1993	2056379.0	1169.8	15462	22835	68201	443324	24.845	201
1994	2123233.9	1277.1	15499	23780	72776	454228	25.312	754
1995	2201334.9	1366.6	15596	24768	74174	453796	25.789	754
1996	2347673.1	1428.1	15785	25778	80674	367897	25.987	885
1997			16040	26883	88444	359817		
1998			12235		71899	262456		

注：表内1998年以前数据为原中国石油天然气总公司数据,1998年为石油工业南北分家后的数据。原油价1988—1993年取的是大庆平价油价,1994—1996年取的是1挡大庆油价。

资料来源:(1)原中国石油钻井工程局编辑的历年《钻井年报》;(2)中国石油天然气技术服务有限责任公司陈星元"坚持为勘探开发服务,抓好钻井科研项目管理",1999年;(3)原中国石油计划局编辑的《石油工业统计提要》;(4)中国石油科技进步贡献率项目组"石油科技进步贡献率研究",1998年。

美国总计钻井数据见表3。

表3 美国总计钻井数据

时间	年井数（口）	年进尺（10⁴m）	动用钻机数（台）	总成本（万美元）	平均井深（m）	平均单井成本（美元/井）	平均每米成本（美元/m）	平均钻机台年井数[口/(台·a)]	平均钻机台年进尺[m/(台·a)]	油气当量产量（10⁴t）	油气当量储量（10⁸t）	油气井数（在用合计）（口）	主业队伍（人）
1959	49563	6264.3		265109.6	1263.7	53489	42.3					666366	185400
1960	44133	5680.9		242441.8	1287.2	54934	42.7					681919	178200
1961	43988	5689.7		239816.3	1293.6	54519	42.2					691726	171300
1962	43944	5899.6		257667.5	1342.6	58635	43.7					696652	167600
1963	41853	5531.5		230286.4	1321.6	55023	41.6					691623	163800
1964	43486	5752.9		242736.7	1322.8	55820	42.2					691309	160400
1965	39596	5446.9		240143.7	1375.6	60648	44.1					700883	156600
1966	34521	4813.5		236074.0	1394.5	68386	49.0					695800	152500
1967	31538	4389.3		229917.8	1391.7	72902	52.4					677610	149700
1968	29576	4362.6		240936.0	1474.9	81463	55.2					668311	148100
1969	29481	4532.5		261067.1	1537.4	88554	57.6					656703	145800
1970	27177	4172.4		257868.2	1535.3	94885	61.8					648473	144900
1971	25040	3799.1		237149.2	1517.3	94708	62.4					637528	144800
1972	26443	4131.1		281416.6	1562.4	106424	68.1					629601	139700
1973	26244	4165.4		307453.2	1587.1	117152	73.8					621556	135600
1974	31481	4600.8		436698.9	1461.5	138718	94.9					623980	140700
1975	36960	5414.5		657121.4	1464.9	177793	121.4					632428	151300
1976	38941	5621.1		746168.0	1443.5	191615	132.7					636553	157300
1977	43826	6482.9		995645.3	1479.2	227181	153.6					655052	165800
1978	46655	7029.3		1306109.0	1506.6	279950	185.8					674206	178200
1979	48523	7239.4		1607893.0	1492.0	331367	222.1					701286	193300
1980	62011	9023.0		2280035.6	1455.1	367682	252.7			100000		729721	219600
1981	80816	11850.6		3666545.7	1466.4	453691	309.4			98400	96.2414	755848	254300
1982	76652	11052.6		3942811.9	1442.0	514378	356.7			96395	98.532	790895	266000
1983	67536	9181.4	2229	2510454.3	1359.4	371721	273.4	30.3	41190.5	90235	93.434	825242	257900
1984	77210	10686.0	2429	2520621.9	1384.1	326463	235.9	31.8	43993.2	95290	93.434	834660	254300
1985	67821	9585.7	1898	2369660.3	1413.4	349399	247.2	35.7	50504.0	93565	94.1062	889970	247000
1986	37173	5373.3	988	1355240.3	1445.4	364577	252.2	37.6	54385.8	94952.4	90.899	870217	218500
1987	33041	4796.2	1145	923875.0	1451.5	279615	192.6	28.9	41888.6	89793.5	87.3108	869406	199300
1988	29741	4578.6	908	1054952.2	1539.5	354713	230.4	32.8	50425.6	90359.5	89.1308	884472	196200
1989	26693	4007.3	1042	966933.9	1501.1	362243	241.3	25.6	38458.0	89088	81.9747	869364	192700
1990	28513	4382.6	1086	1093747.4	1537.1	383596	249.6	26.3	40355.1	87910	82.7979	857552	191900
1991	27194	4227.2	746	1146100.3	1554.5	421453	271.1	36.5	56665.4	89812	83.8709	887191	192000

时间	年井数（口）	年进尺（10⁴m）	动用钻机数（台）	总成本（万美元）	平均井深（m）	平均单井成本（美元/井）	平均每米成本（美元/m）	平均钻机台年井数[口/(台·a)]	平均钻机台年进尺[m/(台·a)]	油气当量产量（10⁴t）	油气当量储量（10⁸t）	油气井数（在用合计）（口）	主业队伍（人）
1992	22388	3715.6	992	856580.8	1659.6	382607	230.5	22.6	37456.0	88422	81.11756	870203	182400
1993	23019	3977.0	908	982435.7	1727.6	426793	247.0	25.4	43799.2	88548	79.2544	868783	171200
1994	20023	3710.3	717	967584.6	1852.9	483237	260.8	27.9	51747.6	89266.3	77.276788	868850	162400
1995	20528	3683.0	759	1053938.3	1794.1	513415	286.2	27.0	48524.6	88285.2	76.997218	873024	151200
1996	22009	3742.9	970	1091900.0	1700.5	496105	291.7	22.7	38586.4	88826.8	77.22306	876230	146600
1997	26563	4534.6	1033	1604200.0	1707.2	603918	353.8	25.7	43897.7	88178.5	77.864884	884842	142600
1998	179712²	3230.12²	588		1797.4			30.6	54932.9	88235.8	78.0767	882487	135000

资料来源:(1)美国《API 石油基础数据手册》,1999 年 1 月;(2)美国《世界石油》,1999 年 8 月;(3)英国《石油和能源动向》,历年 12 月号。

美国陆上钻井数据见表4。

表4　美国陆上钻井数据

时间	年井数（口）	年进尺（10⁴m）	动用钻机数（台）	总成本（万美元）	平均井深（m）	平均单井成本（美元/井）	平均每米成本（美元）	平均钻机台年井数[口/(台·a)]	平均钻机台年进尺[m/(台·a)]
1959	49087	6119.0		246873.7	1246.6	50293	40.4		
1960	43595	5510.0		221690.0	1264.0	50852	40.2		
1961	43382	5504.2		216692.7	1268.9	49950	39.4		
1962	43184	5663.2		230509.8	1311.6	53379	40.7		
1963	41067	5282.5		201165.3	1286.3	48985	38.1		
1964	42491	5442.7		206961.6	1280.8	48707	38.0		
1965	38559	5115.1		197361.4	1326.5	51184	38.6		
1966	33394	4451.7		182958.3	1333.2	54788	41.1		
1967	30173	3995.6		168502.7	1324.4	55846	42.2		
1968	28254	3977.9		174175.8	1407.9	61646	43.8		
1969	28290	4177.4		194453.4	1476.8	68736	46.6		
1970	26119	3860.4		198017.1	1478.0	75813	51.3		
1971	24156	3524.6		184887.4	1459.1	76539	52.5		
1972	25450	3826.3		218171.6	1503.6	85726	57.0		
1973	25356	3910.8		249621.8	1542.3	98447	63.8		
1974	30651	4375.2		368701.9	1427.4	120290	84.3		
1975	35932	5116.3		539701.7	1424.0	150201	105.5		
1976	37913	5321.8		598672.1	1403.6	157907	112.5		
1977	42609	6131.8		790054.0	1439.0	185420	128.8		

时间	年井数（口）	年进尺（10^4m）	动用钻机数（台）	总成本（万美元）	平均井深（m）	平均单井成本（美元）	平均每米成本（美元）	平均钻机台年井数[口/(台·a)]	平均钻机台年进尺[m/(台·a)]
1978	45458	6670.9		1048380.7	1467.6	230626	157.2		
1979	47263	6861.7		1287189.9	1451.8	272346	187.6		
1980	60739	8641.9		1895405.7	1422.8	312057	219.3		
1981	79340	11411.0		3111470.4	1438.4	392169	272.7		
1982	75188	10609.5		3327429.8	1410.9	442548	313.6		
1983	66266	8790.2	2030	2014381.9	1326.5	303984	229.2	32.6	43301.7
1984	75789	10251.3	2216	2018227.3	1352.7	266296	196.9	34.2	46260.6
1985	66574	9195.0	1724	1861731.1	1381.0	279648	202.5	38.6	53335.4
1986	36275	5086.6	897	995608.8	1402.1	274461	195.7	40.4	56706.4
1987	32332	4572.3	1029	718546.4	1414.3	222240	157.2	31.4	44434.7
1988	28875	4294.1	792	785489.5	1487.1	272031	182.9	36.5	54217.8
1989	25947	3772.0	931	728421.3	1453.6	280734	193.1	27.9	40515.5
1990	27809	4170.3	992	874668.3	1499.6	314527	209.7	28.0	42039.4
1991	26476	4002.3	673	891236.6	1511.8	336621	222.7	39.3	59470.0
1992	21948	3578.8	906	714786.3	1630.7	325673	199.7	24.2	39501.5
1993	22304	3755.4	792	750062.2	1683.7	336290	199.7	28.2	47416.8
1994	19385	3507.6	715	749903.8	1809.6	386847	213.8	27.1	49057.9
1995	19868	3474.9	655	810562.0	1748.9	407974	233.3	30.3	53051.5
1996	20699	3528.0	844	864667.3	1704.4	417734	245.1	24.5	41800.9
1997	24614	4213.5	912	1120745.6	1711.8	455329	266.0	27.0	46200.9

资料来源:(1)美国《API 石油基础数据手册》,1999 年 1 月;(2)英国《石油和能源动向》,历年 12 月。

世界钻井数据见表5。

表5　世界钻井数据

时间	年井数（口）	年进尺（10^4m）	动用钻机数（台）	平均井深（m）	平均钻机台年井数[口/(台·a)]	平均钻机台年进尺[m/(台·a)]
1986	60067	8823.1	2222	1468.9	27.0	39708.1
1987	55425	8375.9	2346	1511.2	23.6	35702.8
1988	56470	8488.6	1954	1503.2	28.9	43442.0
1989	49112	7560.3	2003	1539.4	24.5	37744.9
1990	70452	12333.0	2096	1750.6	33.6	58840.6
1991	65357	11359.6	1730	1738.1	37.8	65662.4
1992	56843	9584.3	1941	1686.1	29.3	49378.3
1993	60853	10626.5	1907	1746.3	31.9	55723.9
1994	57176	9896.4	1731	1730.9	33.0	57171.4
1995	57555	9665.2	1843	1679.3	31.2	52442.8
1996	59566	9619.9	2190	1615.0	27.2	43926.6

时间	年井数（口）	年进尺（10⁴m）	动用钻机数（台）	平均井深（m）	平均钻机台年井数［口/(台·a)］	平均钻机台年进尺［m/(台·a)］
1997	65876	10570.3	2360	1604.6	27.9	44789.5
1998	53519	8982.6	1604	1678.4	33.4	56001.4

注：表中动用钻机数、平均台年进尺和平均台年井数不包括独联体国家的数据；1991年以前的年井数和年进尺数据不包括东欧和苏联数踞。

资料来源：(1)美国《API石油基础数据手册》，1999年1月；(2)英国《石油和能源动向》，历年12月号。

3.1.2　中国石油钻井指标

"钻头不到油气不喷"，"钻井是增储上产的重要手段"。下面选列了一些图表，从对比中可以了解、分析我国当时的水平与差距(图1至图10，表6)。

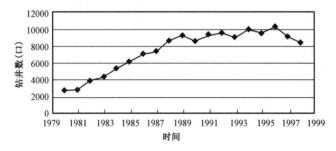

图1　1980—1998年中国石油钻井数与时间的关系

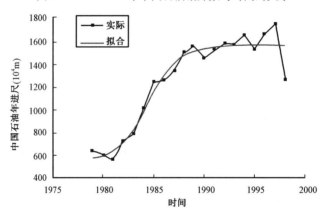

图2　1979—1997年中国石油钻井数与时间的关系

图3　1980—1998年中国石油钻井平均井深变化趋势

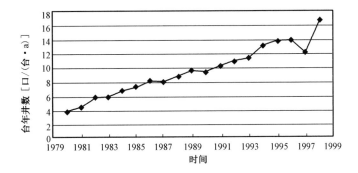

图 4　1980—1998 年中国石油平均钻机台年井数变化趋势

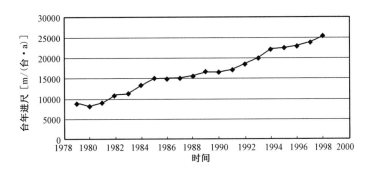

图 5　1979—1998 年中国石油平均钻机台年进尺变化趋势

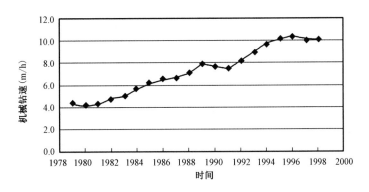

图 6　1979—1998 年中国石油机械钻速变化趋势

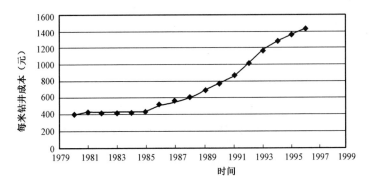

图 7　1980—1996 年中国石油每米钻井成本变化趋势

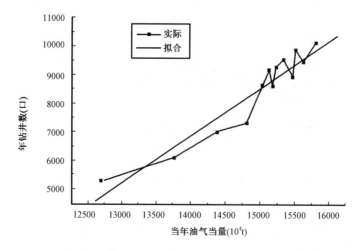

图 8　1984—1997 年中国石油年钻井数与当年油气产量的关系

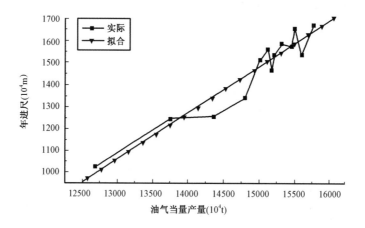

图 9　1984—1997 年中国石油年钻井进尺与当年油气产量的关系

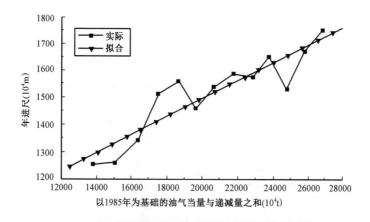

图 10　1985—1997 年中国石油年进尺与产量加递减量之和的关系

3.1.3 美国钻井指标

美国钻井指标如图11至图20所示。

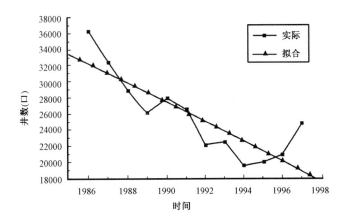

图 11 1986—1997 年美国陆上钻井数与时间的关系

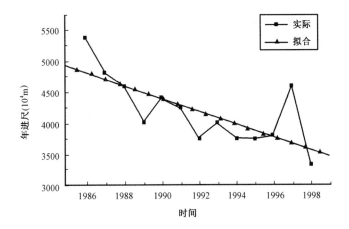

图 12 1986—1997 年美国总计年进尺与时间的关系

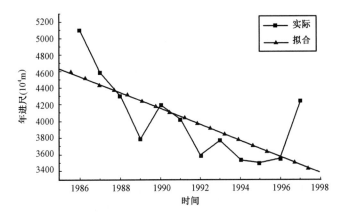

图 13 1986—1997 年美国陆上年进尺与时间的关系

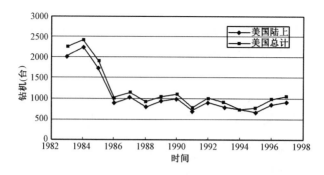

图14　1983—1997年美国陆上、美国总计动用钻机数变化趋势

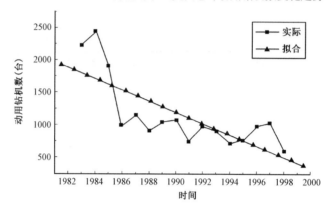

图15　1983—1998年美国总计动用钻机数与时间的关系

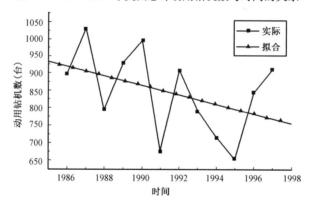

图16　1986—1997年美国陆上动用钻机数与时间的关系

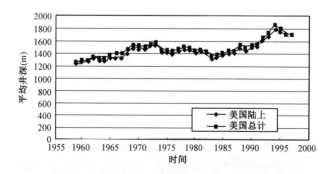

图17　1959—1997年美国陆上和美国总计平均井深变化趋势

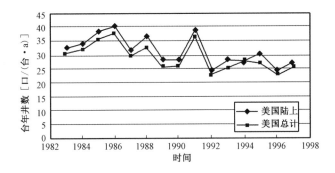

图 18　1983—1997 年美国陆上和美国总计台年井数变化情况

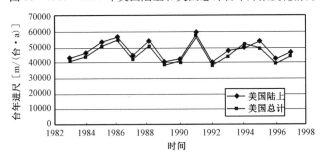

图 19　1983—1997 年美国陆上和美国总计平均钻机台年进尺变化趋势

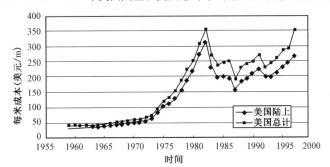

图 20　1959—1997 年美国陆上和美国总计平均每米钻井成本变化趋势

3.1.4　中美世界钻井技术发展水平对比

中美世界钻井技术发展水平对比见图 21 至图 27、表 6 和表 7。

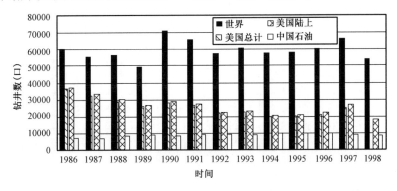

图 21　1986—1998 年中国石油、美国陆上、美国总计和世界钻井数

注:1991 年以前的世界年钻井数不包括东欧和苏联数据

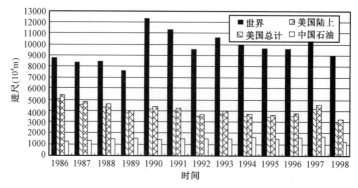

图 22　1986—1998 年中国石油、美国陆上、美国总计和世界钻井进尺对比图

注:1991 年以前的世界年进尺不包括东欧和苏联数据

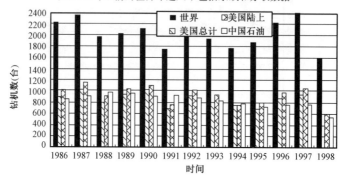

图 23　1986—1998 年中国石油、美国陆上、美国总计和世界动用钻机数对比图

注:世界钻机数不包括苏联数据

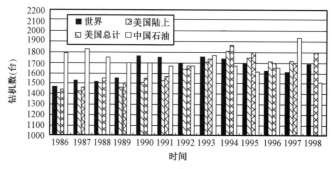

图 24　1986—1998 年中国石油、美国陆上、美国总计和世界钻井平均井深对比图

注:1991 年以前的世界平均井深不包括东欧和苏联数据

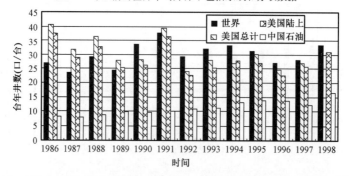

图 25　1986—1998 年中国石油、美国陆上、美国总计和世界台年井数对比图

注:世界台年井数不包括东欧和苏联数据

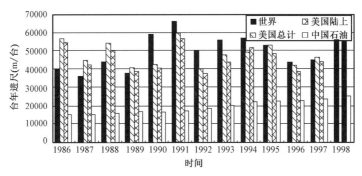

图 26　1986—1998 年中国石油、美国陆上、美国总计和世界台年进尺对比图

注:世界台年进尺不包括东欧和苏联数据

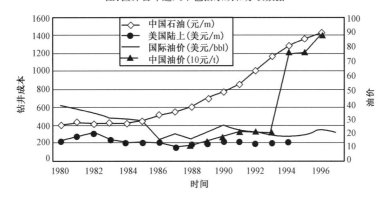

图 27　中国、美国历年每米钻井成本及油价

注:中国油价 1988—1993 年取的是大庆平价油价,1994—1996 年取的是 1 档大庆油价,国际油价是 WTI 油价。

资料来源:美国《Basic Pctroleum Data Book》1996 年 9 月、中国《中油工业统计提要》

和英国《BP Statistical Review of World Energy》1998 年 6 月(油价)

表 6　国内外钻井装备和技术对比(到 1999 年底)

序号	技术名称	国外	国内
1	水平井	1995 年美国钻了约 1100 口,向集成技术系统发展,向综合应用方向发展	到 1998 年底,原中国石油已完成水平井 203 口,约 20 多口老井侧钻水平井,仪器和工具研制落后,尚未研究分支井和三维多目标井
2	小井眼钻井	技术发展比较成熟,已研制出一系列用于小井眼钻井的工具和技术,专门研制的小井眼钻机已有 10 多种	尚没有专门研制的用于小井眼的钻机,装备和工具不配套,落后 5~6 年
3	大位移井	BP 公司在 Wytch Farm 油田完成的 M16SPZ 井水平位移 10728m。阿根廷海上大位移井位移在 11000 多米	中国石油最大水平位移井是大港 F-1 井为 2624.7m。南海西江 A14 井的水平位移为 8060.7m
4	深井、超深井	世界最深井达 12200m。20 世纪 90 年代美国在复杂地质条件下所钻成的 5 口 7500m 左右的初探井,其完井周期最短的不到 1 年,最长不到 2 年	我国最深井为塔参 1 井为 7200m。在地质条件简单地区,6000m 超深井技术基本过关。地质条件复杂时,塔里木油田 5 口 6000m 初探井完井周期均超过 2 年,复杂和事故时效超过 10%

序号	技术名称	国外	国内
5	自动(闭环)钻井	处于研究开发阶段，已研制出7~8种样机，AutoTrak已投入商业应用	几乎是空白，仅有少数零散研究项目
6	钻井装备和工具：电驱动钻机 顶驱系统 连续管钻井装置	已占23%；1993年全世界装备约350套；1995年中期全世界已达614台，其中相当一部分用于钻井	1986年引进，1997年原中国石油装备22台，其中1台为国产，比例为2.5%；20世纪90年代中期引进，1997年原中国石油装备13台，其中1台为国产；国内已有少量引进，但没有用于钻井

表7　国内外主要钻井技术及发展阶段对比

项目		20世纪60年代	20世纪70年代 "五五"	20世纪80年代 "六五"	"七五"	20世纪90年代 "八五"	"九五"	21世纪展望
国外	研究试验	*优选参数钻井		△水平井	△大位移井 ○小井眼	△分支井、短半径水平井 ★连续管钻井 △自动化钻井		
	应用	平衡压力钻井 喷射钻井 △定向井、丛式井	*优选参数钻井 ◇深井		△水平井	△大位移井 ○小井眼	△分支井、短半径水平井 ★连续管钻井 ★欠平衡钻井	△自动化(闭环)钻井
中国	研究试验	喷射钻井 △水平井 △定向井	△定向井 喷射钻井	*优选参数钻井 平衡压力钻井	△定向井、丛式井	△水平井 ◇深井	△老井侧钻水平井 ○小井眼 ◇深井	
	应用			喷射钻井	*优选参数钻井 平衡压力钻井	△定向井、丛式井	△水平井 ◇深井	
国外	研究试验		△随钻测量 ☆PDC钻头	★顶部驱动	△随钻测井	△地质导向仪		智能钻井
	应用	●API水泥规范 ■低固相不分散聚合物钻井液	保护油层 ☆镶齿密封轴承牙轮钻头 ★电驱动钻机	★实时钻井数据库 ☆PDC钻头	△随钻测量 △导向钻井 ■正电胶钻井液	△随钻测井 ★顶部驱动	△地质导向仪 △旋转导向工具	智能完井

项目		20世纪60年代	20世纪70年代 "五五"	20世纪80年代 "六五"	20世纪80年代 "七五"	20世纪90年代 "八五"	20世纪90年代 "九五"	21世纪展望
中国	研究试验		■聚合物钻井液 ★电驱动钻机		保护油层 ☆PDC钻头 ▲实时钻井数据库	■正电胶钻井液 ★电驱动钻机	△随钻测量 △随钻测井	△旋转导向、钻井技术 △智能钻井、完井
	应用		☆镶齿密封轴承牙轮钻头	●API水泥 ■聚合物钻井液	保护油层 ☆PDC钻头 △随钻测量 △导向钻井 ▲钻井数据库(非实时)		■正电胶钻井液	△页岩气开发 △天然气水合物开发

注:＊优选参数钻井类;◇深井钻井类;▲钻井数据类;△水平井钻井类;★钻井装备类;☆钻头类;●固井类;○小井眼类;■钻井液类。

3.1.5 20世纪国外主要钻井技术水平

3.1.5.1 钻井装备与工具

电驱动钻机和顶驱系统的应用正在逐步推广,电驱动钻机占钻机总数的百分比已达23%,1993年,全世界装备了约350套顶驱系统。

各种新型井下工具在不断出现。井下可遥控的可变径稳定器已经投入商业应用,这对于改进大位移井的井眼轨迹控制、提高钻井效率具有重要作用。为给钻头提供更大的驱动力,Halliburton Energy Service 公司和 Baker Hughes 公司分别推出了串接马达和加长马达,使得机械钻速比常规马达提高了50%左右。

国外钻头设计和制造技术极为成熟,有适合各类井下条件和地层的钻头,包括 PDC 钻头、热稳定 PDC 钻头、超硬激光镀层牙轮钻头、聚晶金刚石轴承牙轮钻头等。而且钻头的适应性强,应用范围广泛,能根据具体的作业(如水平井、小井眼)和地层进行灵活的设计。

随钻测量/随钻测井(MWD/LWD)技术发展迅速,地质导向钻井成为一个重要的发展方向。已研制了适用于各种井眼尺寸的 MWD/LWD 工具,其测量参数已逐步增加到近20种钻井和地层参数,传感器从原来离钻头12~20m 的距离移到离钻头只有1~2m 的距离。1992年底,Anadrill 公司和 Schlumberger 公司推出了 IDEAL 综合钻井评价和测井系统,其他各大石油技术服务公司也纷纷推出了新的随钻测井系统用于地质导向钻井。旋转导向钻井工具及其系统,在20世纪90年代开始应用,逐步成熟已成为常规技术之一。

连续管钻井呈增长趋势。20世纪90年代初,国外开始应用连续管钻井装置,到1995年中期,全世界连续管作业装置达614套,其中约5%的装置用于钻井。1997年用连续管钻井约600多口。目前,世界上最大的连续管钻井项目是 Shell 公司在美国加利福尼亚州 Bakersfield 的 Makittrick 油田实施的115口井项目。1991年至1997年初,ARCO 公司在美国得克萨斯州、阿拉斯加州、加利福尼亚州和新墨西哥州用连续管共钻了70多口井,约58%的连续管井为套管开窗侧钻,42%的连续管井为在套管鞋下方钻的延伸井(包括加深井和定向水平井)。AR-

CO 公司用连续管在阿拉斯加州普鲁德霍湾钻的井,垂深(造斜点)为 2700～3000m,总井深在 3350m 左右。连续管钻井长度为 360m 左右。这些井通常是通过 ϕ114.3mm(4½in)或 ϕ139.7mm(5½in)生产油管钻的,也有通过 ϕ88.9mm(3½in)油管钻的,其中有 3 口多分支井。1995—1997 年,ARCO 公司在普鲁德霍湾用连续管侧钻的定向井水平井平均成本大约是每口井 100 万美元,而用修井钻机完成类似的工作平均需要大约 200 万美元。连续管所钻井平均单并日产量是 1500bbl 左右,平均投资回收期为 85 天。这一连续管钻井计划,大约 90% 的钻井目标与 85% 的经济目标获得了成功。1997 年 5 月,Shell 公司在北海运用连续管开窗侧钻,垂深最大的井窗口深度为 3862～3866m,总井深 4137m。

套管钻井技术已经在国外得到研究和试验。在常规钻井中,起下钻作业需要将整个钻柱取出来,劳动强度大,还可能引起一些意外的井下复杂情况,所花的时间甚至可以多达钻井总时间的 35%。套管钻井使用标准的油田套管一边钻进、一边封隔井筒;钻达目标深度后,用钢丝绳将其底部钻具组合从套管中取出来;套管钻井不用钻杆,可显著减少起下钻时间以及因划眼、打捞和井涌等意外情况所浪费的时间。国外试验认为,如果成功的话,套管钻井可节省多达 30% 的钻井费用。

随钻地震(Seismic While Drilling,SWD),也称为反向 VSP(垂直地震剖面)或钻头 VSP。它是利用钻进中钻头的振动作为井下震源,通过安装在钻杆顶端的参考传感器和埋置在井旁地面的检波器分别接收沿着钻杆向上和沿着地层向上传播的钻头波场,然后把它们所记录的参考信号和地震信号进行一系列处理,可以获得高分辨率的地震信息,这些信息进而可以转换成对勘探开发甚至对优化钻井有用的信息。20 世纪 90 年代初,这一新技术在国外的野外试验中首获成功,成功地获得了 5000m 深处钻头振动产生的信号。我国在 90 年代中期也开始试验这一新技术,并成功获得采集信息,但对信息的处理与解释没有成功。与常规 VSP 相比,该技术的最大优点是无须任何井下仪器,也不占用钻进时间、不干扰钻井进程,只需在钻杆顶端安装传感器和在地面布置检波器,就可以进行随钻地震测量和现场实时处理,在井场就可以得到钻井决策的地震资料。此外,它还可以降低钻井成本,提高勘探开发综合效益。随钻地震能够指示钻头的工作位置(深度、井斜角和方位角等);实时确定钻头所在的地层和钻头前方的地层;识别岩性及其变化;识别地层界面、断层和裂缝带;预测异常压力带等。其主要用途为:为钻进人员提供随钻测试和射孔检验;为井身轨迹提供地质导向依据;为探井、超压井和定向井进行钻前地层预测,可做出断层位置、盐穿刺、井斜方位的 3D 图像;在探井中可以及时发现油气层,提高探井成功率;为低渗透砂岩及碳酸盐岩等裂缝型油藏提供有关信息等。国外在随钻地震(SWD)技术的研究工作已经获得了很大进展,已经在 50 多口井中进行了应用。

3.1.5.2 水平井技术

水平井钻井技术从 20 世纪 80 年代初开始研究与发展,90 年代开始大规模应用,目前已作为常规钻井技术应用于几乎所有类型的油藏。水平井钻井成本已降至为直井的 1.5～2 倍,甚至有的水平井成本只是直井的 1.2 倍。水平井产量是直井的 4～8 倍。多分支井的效率比(产量增加指数与成本增加指数之比)更高。

至 1996 年底,全世界已钻水平井 15000 多口,1995 年和 1996 年,全世界年钻水平井 3000 多口,约占当年钻井总数的 5%(图 28)。钻水平井最多的国家是美国和加拿大。至 1998 年 7 月,世界上大约已钻了 130 多口多分支井,其中一半的井是由 Shell 公司钻的。

到 1999 年 3 月,国外水平井钻井技术取得的一些主要指标是:水平井最大水平位移达 6118m,水平井最大垂深为 5991m,双分支水平井总水平段长度达到 4550.1m(该井垂深

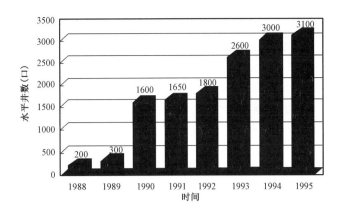

图28　世界水平井增长情况

1389.9m），多分支水平井总水平段长度达到8318.9m（该井垂深1410m）。

国外水平井钻井技术正在向集成系统发展，即以提高成功率和综合经济效益为目的，综合应用地质、地球物理、油层物理和工程技术等，对地质评价和油气藏筛选、水平井设计和施工控制进行综合优化。

水平井钻井技术的应用向综合方向发展，近几年大位移水平井、小井眼水平井和多分支水平井等钻井完井技术获得了迅速发展并大量投入实际应用。采用的技术包括导向钻井组合、随钻测量系统、串接钻井液马达、PDC钻头和欠平衡钻井等。多分支井已形成了7种完井方法。

水平井技术已用于油田的整体开发。例如，美国能源部利用水平井来减缓ELKHills26R油藏的原油产量递减速度并延长油藏经济寿命。从1988年到1995年，共钻了14口水平井，结果获得了较好的经济效益：在这些井的寿命期间内，扣除成本后的净收入为2.23亿美元以上，成功地控制了产量的递减，使该油藏的最终可采储量比原来提高了18.5%。

3.1.5.3　大位移井技术

20世纪20年代，美国开始运用大位移井技术，90年代该技术得到迅速发展。大位移井技术主要用于以较少的平台开发海上油气田和从陆地开发近海油气田，目前主要用在北海、英国Watch Farm油田和美国加州近海。

1997年6月，在中国南海东部钻成的西江24-3-A14井水平位移是8060.7m，是当时的世界纪录。1998年1月，BP公司在英国Wytch Farm油田钻的M11井，总井深10658m，垂深1605m，水平位移达10114m，首次突破10000m水平位移大关。目前，世界上位移最大的大位移井在阿根廷海上，位移达11000多米。

运用大位移井技术开发海上油气和从陆上开发近海油气田，可以大大降低开发成本。例如，在挪威北海Statfjord油田北部用大位移井技术取代原计划的海底技术开发方案，估计可使开发成本至少节约1.2亿美元。在加利福尼亚州南部近海的Pt. Pedemales油田，1989年，Unocal公司提出运用大位移井技术开发该油田的方案，5年间共钻大位移井9口，与原计划建造第二座平台相比，新方案的开发成本节约1亿美元。在英国Wytch Farm油田，运用大位移井技术（已钻14口）代替原计划的人工岛开发方案，开发成本可望节约1.5亿美元，且提前3年生产。

3.1.5.4　小井眼钻井技术

20世纪80年代中期，国外许多公司迫于成本压力又开始研究和发展小井眼钻井技术。

研究和开发了适用于小井眼钻井的钻机、取心工具、钻头、钻井液及固控、井涌监测与控制、测井和完井等技术。目前,小井眼钻井技术已比较成熟,工具设备配套齐全,已有可用于 ϕ76.2mm(3in)井眼的钻井工具以及多种连续取心钻机和混合型钻机。

小井眼钻井技术可用于开发各类油气藏,但不适用于高产井。目前,该技术也已应用于水平井、深井钻井中,如侧钻小井眼多分支水平井等,并开始用连续管钻小井眼。近10年,世界上钻了大量的小井眼井,而且小井眼井的数量正逐年增多。美国小井眼钻井技术领先,小井眼钻井数量最多。

3.1.5.5　欠平衡钻井技术

近些年来,随着钻井新装备的不断涌现,已应用近40年的欠平衡钻井技术再次受到人们的高度重视,而且正逐步走向成熟。欠平衡钻井技术的主要优点是减轻地层伤害、提高单井产能、提高钻井效率、降低钻井成本、及时发现地质异常情况和识别产层。在加拿大,一些油公司曾报道,与常规方法钻水平井相比,运用欠平衡钻井技术使水平井产量提高了10倍。

欠平衡钻井作业的关键技术包括产生和保持欠平衡条件(有自然和人工诱导两种基本方法)、井控技术、产出流体的地面处理和电磁随钻测量技术等。

欠平衡钻井技术的应用前景很好,根据 Maurer Engineering 公司的普查结果,1994年和1995年运用该技术所钻井数分别占全美钻井数的7.2%和10.0%。预测到1997年、2000年和2005年,运用该技术所钻井数占总井数的百分比将分别增至15%,20%和30%(图29)。

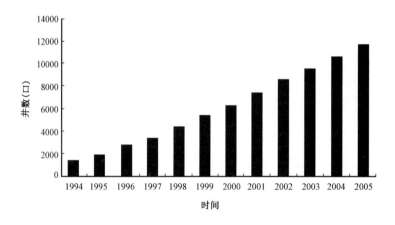

图29　预计全球欠平衡钻井活动的增长情况

3.1.5.6　自动化(闭环)钻井技术

自动化(闭环)钻井技术是指在全部钻井过程中,依靠传感器测量参数,依靠计算机采集数据并进行解释和发出指令,最后由自动设备去执行,变成一种无人操作的自动控制系统。这种技术的主要优点是能节约时间、减少体力劳动,既可严格按预定轨道钻进,也可完全根据地下情况来钻井。

该项技术处于研究与开发及初步应用阶段。国外已研究开发了7~8种自动化钻井系统。1988—1994年,德国 KTB 工程项目组与 Eastman 公司开发了5种型号的垂直钻井系统(VDS),并成功地应用了其中的3种。Baker Hughes Inteq 公司1996年开发了 SDD 自动直井钻井装置,1997年又推出了 Auto Trak 旋转闭环钻井系统,并在一些重要的大位移井中得到成功应用。Auto Trak 系统可以用连续旋转钻井的方式钻成理想的井斜和方位,既可以精确地按照设计钻进,也可在油藏内精确地进行地质导向钻井。Auto Trak 系统先进的设计包括:(1)非旋转定向套筒上装有能够独立操作的、可调的导向块,导向块可以在钻头上形成侧向力,以便进行造斜或保持现在的井眼轨迹;(2)井下计算机和传感器可以连续监测和控制相对于下步目标的当前井眼轨迹;(3)地面与地下的实时双向通信联系。

英国 XL 技术公司正在与壳牌石油公司合作研制智能化的连续管闭环钻井系统。在 1999 年 3 月的 SPE/IADC 会议上,Schlumberger 公司也展出了该公司新研制的井下可变径稳定器控制系统。

3.1.5.7 探井

美国是世界上钻井工作量最大的国家,也是探井工作量最大的国家。美国的探井数量由 1981 年的 17430 口下降到 1995 年的 2787 口,占美国当年钻井总数的 14.3%;1995 年,美国新油田预探井是 1114 口,占当年探井总数的 40%。1980 年,美国的探井成功率高达 30%,1987 年降到 23.6%,1994 年又升至 34%。近 10 年,美国新油田预探井成功率一直在稳步增长,由 1985 年的 13.7% 提高到 1995 年的 25.8%(图 30)。

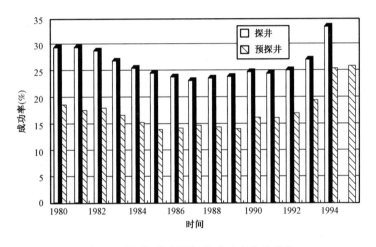

图 30　美国探井和预探井成功率变化趋势

1986—1989 年亚太地区 11 个国家共钻预探井 9010 口,发现油气田成功率平均是 26%,其中缅甸最高,达 39%。

国外大石油公司的探井成功率比较高。1992—1996 年间,英国 BP 公司、阿莫科公司和加州联合石油公司的探井成功率一般都在 50% 以上,最好的达到 77%(图 31)。

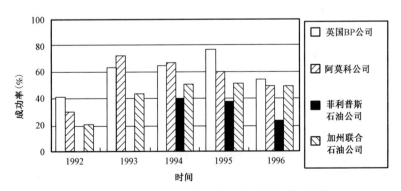

图 31　1992—1996 年几家大石油公司的探井成功率

资料来源:上述石油公司 1996 年年报

3.1.5.8 深井

随着油气勘探开发工作不断向深部地层扩展,深井钻井的规模日益扩大。在国外目前已完成的深井中,大约有一半的井是探井。目前的世界纪录是苏联科拉半岛上的 SG-3 井,井深为 12200m。人类大约花了半个世纪把井深从 4500m 提高到 12000m。

美国是世界上钻深井历史最长、工作量最大和技术水平最高的国家。1938—1993 年,美国累计钻深井 16303 口,约占资本主义世界深井总数的 90%。美国深井钻井投资大、数量多。1982 年钻井高峰期,美国深井钻井和完井的年投资达 80 亿美元,当年钻深井 1205 口。在 20 世纪 80 年代中、后期,因油价下降,深井钻井和完井投资减少。1993 年,深井钻井和完井投资 18.2 亿美元,当年钻深井 242 口。

由于有完善的设计、先进的技术和严密的管理,美国深井钻井速度快、事故少、成本低。在 20 世纪 80 年代中期,美国钻一口 5000m 左右的井约需 90 天,钻 5500m 左右的井约需 110 天,钻 6000m 的井约需 140 天,钻 7000m 的井需 7~10 个月。井下复杂情况所占时间为 5%~15%。在 90 年代,美国在复杂地质条件下所钻成的 5 口 7500m 左右的初探井,其完井周期最短的不到 1 年,最长的不超过 2 年。目前,北海地区测量井深 8000m 左右的大位移井,其钻井周期一般只是 90 天左右。1989—1993 年期间,美国的深井成功率为 42%~46%,其中深探井成功率为 22%~33%。美国的深井平均单井成本要比世界其他地区的少 40%~50%。

3.2 我国钻井技术现状与差距

3.2.1 差距

我国钻井总体技术水平与国外先进水平的差距由过去的 30 年已缩短到现在的 5~10 年(中国石油工程学会 1999/2000 年会估计,并见本人在《石油钻探技术》2000 年第 1 期的特约论文《关于 21 世纪中国钻井技术发展对策的研究》,该文收入本书第二篇)。

3.2.2 对我国钻井技术现状分析

中华人民共和国成立以来,我国石油工业的发展取得了举世瞩目的巨大成就。我国石油钻井年动用钻机由建国初期的 8 台上升到现在的 700 多台(最多时超过 1000 台),年钻井进尺由建国初期的不足 10000m 上升到现在的 1700×10^4 m,年钻井数由建国初期的几十口上升到现在的 10000 多口。1998 年,陆上钻井平均年进尺达 24335m,平均机械钻速达 10.24m/h。我国在 20 世纪 60 年代中期就钻成磨 3 水平井;70 年代就钻成了两口 7000m 以上的超深井;近年来,在塔里木油田和胜利油田已用水平井开发整个油田;能够钻垂直井深达 5000m 的超深水平井和大斜度井;能够用欠平衡压力钻井技术钻各类油气井;能够在巨厚的盐层、煤层中钻井;能够在高陡构造和强地应力等因素致井眼失稳条件下钻井;能够在高压多油气系统和高压含硫气田安全地钻井和测试完井;1997 年,在南海西江 24-3-A14 井成功地创下了当时世界大位移井的纪录。我国钻井年进尺量一直保持在 1500×10^4 m 以上,居世界前列。我国钻井技术与钻井队伍已走出国门,应该肯定我国钻井技术的发展是高速度、高水平的。但是,我国在智能钻井、智能完井、复杂结构井、多分支井、大位移井和柔管钻井完井等方面几乎还是空白或刚刚起步;钻井信息技术、随钻测量技术和深井技术(尤其是深初探井)方面差距较大;水平井的应用还未达产业化的程度,与国际钻井先进水平的总体差距为 5~10 年。国际钻井界近 10 年在 4 个方面不断努力,即:第一要钻得快;第二要降低成本 30%;第三要增加安全性;第四要进行钻井的动态实时监测、分析、管理、控制。我国钻井界也应在上述4方面加强努力。

那么,我国陆上钻井技术遇到的挑战与难题有哪些呢?主要是:

(1)随着油气资源紧张,在边远地区和复杂地质条件下钻井工作量增大。需努力提高探井成功率、降低储量发现成本和油气开采成本。

(2)复杂条件下深井和超深井钻井的传统性漏、喷、塌、卡等难题依然存在。例如川东地区平均每年因处理井漏损失时间占钻井总时间的8.95%。不仅使建井周期延长,而且造成钻井成本大幅度上升,甚至导致钻探失败。

(3)天然气的勘探开发日益增长,而深气井往往是高温高压井,有时还是多产层(纵向分布可达4~5个产层)多压力系统(压力系数可从小于1到大于2),有时还含有硫化氢等酸气,使钻井工程难度增大。

(4)在高陡构造(地层倾角达85°)等易斜地区钻井,很难控制井身轨迹,探井地质靶区范围很窄。井斜控制成了突出问题,用常规防斜方法钻井既难又不经济或者不能达到地质钻探目的。

(5)低渗透、稠油、重油、瘦的边际油田等非常规油气藏开发对钻井和完井的方法、技术、工艺提出了新的要求。

(6)国际标准的"健康—安全—环境"(HSE)准则对钻井作业和工程质量有更高要求,对废钻井液、钻屑等处理有严格规定。

(7)钻井设备和工具陈旧。许多钻机已服役15~20年。电驱动钻机、顶驱设备等先进装备数量很少,钻具老化也十分严重,使喷射钻井和强化参数钻井难以实施。对付钻井复杂情况与井下事故的措施不能奏效。

(8)硬地层和深部地层的钻速,调整井、复杂井和深层固井质量,油层特别是气层保护等深层次问题仍难解决。

3.3 发展对策

科学技术发展史认为,应该把高新技术在该行业的应用程度作为识别这个行业是否达到现代化水平的标志。能源、材料和信息是现代科学技术的三大支柱,石油工业是集三大支柱于一身的典型行业。钻井工程是个庞大的系统工程,它的岗位在地下,操作者在地面,决策者在远处,其影响因素多,情况复杂多变。钻井工程非常需要高新技术,应尽快引入先进的信息技术、电子技术、自动化技术、航天技术、遥感遥控技术等。钻井技术的发展对策是贯彻邓小平同志"科技是第一生产力"的论断,大力发展高科技,加大科技投入,本着"有所为有所不为"的原则,选择战略性、方向性和全局性的重大技术作为突破口,集中攻关,迎头赶上。建议把21世纪上半叶的钻井科技总目标定为进入和实现自动化钻井阶段,并制定每5~10年分步到位的阶段目标。按3个层次发展我国钻井技术,即成熟技术集成化、在研技术产业化和高新技术自主化。应深化和加强钻井基础理论的应用研究。重视钻井体制、管理、法律、经营和成本等理论研究。提高钻井行业的自我保护和可持续发展能力,应对日益深化的改革需要和开放竞争的形势。面向21世纪钻井技术的发展关键在于人才。如何培养钻井高层次人才,尤其是复合型人才与创新人才,以及胜任全球化竞争的钻井队伍已迫在眉睫。

4 我国21世纪初期钻井重大技术发展

21世纪,全球钻井将会有重大进展。我们应坚持有所为有所不为,把自主创新放在重要位置。在对世纪初期结合自动化钻井课题的研究的同时再发展以下8项技术。

4.1 复杂结构井的产业化技术

复杂结构井包括水平井、大位移井、多分支井和原井再钻等新型油井,对油气藏实行高效的立体式开发。国际上认为,复杂结构井是当今石油工业上游领域的重大成就和关键技术之一。我国应加快复杂结构井的产业化。

(1)继续提高对复杂结构井优越性的认识,水平井在开发复式油藏、礁岩底部油藏以及控制水锥、气锥等方面效果好;水平井和多分支井增加了井筒与油藏的接触面积是增加产量和提高采收率的重要手段。多分支井在开发隐蔽油藏、断块油藏、边际油藏以及一井多层、单井多靶,实行立体开发等方面有优越性。大位移井在实现"海油陆采"方面有巨大潜力。它比修建海堤和人工岛更为经济有效。原井再钻已不仅是几十年来用于挽救报废井的侧钻技术,还是一种能从老井和新井中增加目标靶位扩大开发范围、利用已有管网、井扬、设施的经济有效手段,它是一项迅速发展的新兴技术。

(2)运用计算机模拟、可视化、专用软件等手段进行复杂结构井的设计。

(3)充分掌握和不断完善几何导向与地质导向技术,使用先进的 MWD,LWD 和 SWD 及旋转导向闭环钻井技术,提高复杂结构井控制井身轨迹和优化钻井的水平。

(4)突破完井设计与完井施工的技术难关,尤其是多分支完井。掌握和应用多分支井 TAML 分级标准。研究解决多分支井完井的连通性、隔离性、可靠性(含重返井眼能力)这 3 个关键技术。研究智能完井的软硬件和设计、施工技术。

复杂结构井产业化集成技术还包括:为复杂结构井专用的软硬件;能保径防偏磨的高进尺、高钻速的 PDC 等新型钻头、能准确预测—计算—评价和监测真实管柱(而不是简化管住)摩擦阻力和摩擦扭矩的理论与方法;适于复杂结构井的能强化井眼净化的优质钻(完)井液;有效的模拟装置和模拟研究等。

4.2 钻井信息技术

信息技术已经并将继续对钻井产生巨大影响。信息化、智能化和集成化是信息科学最本质的内涵,在这方面已有一定基础,将能建立一套钻井采集分析、处理、控制与智能化决策系统,并配有先进的数据库、模型库,开发钻井实时信息系统,并继续研究钻井模拟器。

钻井软件与油藏软件的结合,将使钻井过程控制和优化钻井达到新水平。改进集成软件和增加通讯带宽,将使井场人员同办公室人员实时联系,利用网络技术,钻井队将像公司办公室那样用网络连接起来。正在研究计算机支持的协同工作(CSCW)的网上群体决策的、支持环境的、网络化钻井工程技术与管理智能化应用系统。实时网上多方协同工作,实时指导钻井作业和形成技术网络化。

4.3 绿色钻(完)井液体系与精细化学品的研制与应用

按国际健康—安全—环保标准和发展趋势,研制不污染环境,不损害健康,不伤害油气层,防塌,具有良好流变性和触变性能,满足钻复杂结构井和探井超深井钻井、完井作业要求的新型无毒、无污染的绿色、优质、高效钻井液、完井液体系及其精细化学处理品已日感迫切。

油田化学品生产是大量耗用化工原料的。目前我国有 10×10^4 口在产油气水井,年钻井进尺约 2000 多万米,年修井增产作业约 1 万井次,每年钻采作业对油田化学品的总需求量达 $100 \times 10^4 t$ 以上。目前现场使用的合成基聚合物钻井液、完井液返排后,均会在不同程度上造成土壤的伤害,使土质板结和盐碱化等,难以满足日益严格的环保要求,必须寻求新型原材料和有效的化学改性方法,生产环保型钻井液、完井液化学添加剂。

最近利用绿色植物三大素(纤维素、半纤维素、木质素)经过适宜的化学改性反应,使植物三大素衍生物之间发生适度的化学结合,在适宜的范围内提高其相对分子质量,所得产物加入到不分散聚合物钻井液中,可得到比纯聚合物钻井液的流变性能和失水造壁性能更好的改性植物三大素强化聚合物钻井液,从而进一步拓宽植物三大素化合物作为钻井液完井液助剂的应用范围。我们还利用其他天然植物材料研制绿色、优质、高效钻井液、完井液体系与精细油田化学品,这是一个新的方向,已引起有关方面重视和用户欢迎。

4.4 现代平衡钻井完井技术

为解决保护油气层的要求,近年兴起了现代平衡钻井完井技术。它不仅有利于保护油层,还有利于发现油气层,特别是低压、低渗透油气层。它包括平衡与欠平衡及近平衡钻井完井以及不压井起下钻技术。现代平衡钻井技术要求在钻井、接单根、换钻头、起下钻、测井、固井和完井等全部作业过程中始终(不间断地)保持井下循环系统中流体的静水压力略小于目标油气层的压力。而按当量循环密度(ECD)计算的流动压力等于油层压力。这种平衡一旦被打破,就使以前在平衡作业方面的一切努力归于无效,并导致钻井液等侵入而伤害立即发生,有时还会大于过平衡钻井所造成的伤害。欠平衡钻井限于在地质条件清楚、地层压力已知和不含硫化氢等地层中应用。现代平衡钻井技术采用强化的防喷器组和井口两级分流系统,能在地面进行动态压力控制,配备有由井下传感器或井底压力计等组成的随钻监测信息传输系统。在负压值的计算上要以井底点为计算点,要考虑循环时动态条件下的负压值,要用相态稳定模型进行动态计算。必要时用注入氮气的方法在井底形成负压。

4.5 深井与超深井配套技术

在钻井设计上,进一步解决精细预测技术,分类进行科学设计,并做好软硬件准备,钻探井超深井更需要钻井信息技术。深井超深井的钻柱长度大,井下动态反应更加突出,需加强管柱力学研究。提高对钻井过程的控制,使用井下动态数据采集—控制系统,解决深井超探井的井下轴向、横向、扭转振动及由此诱发的钻头跳钻、钻头空转、BHA 涡动(反转、脱扣)、黏—滑—阻卡卡钻等复杂问题,为实现安全和优化钻井扫除障碍。

深井超深井防斜打直往往也是很突出的问题。导向钻井技术在深直井防斜中也能得到有效的应用,同时还可消除螺旋井限、椭圆井眼等,以力求井身平滑规则。进一步解决高温高压和含 H_2S 和 CO_2 等酸性气带来的技术难题,如抗高温高压钻(完)井液技术、井壁稳定技术、井口装置及井下工具、仪器的耐压和密封件技术等。尽早采用智能钻井技术来打深井超深井。在组织管理上采用多学科团队经验。

4.6 完井与油气层保护技术

继续深化油气层伤害机理和测试评价方法的研究。完井技术要研究新的现代完井方法、工具和技术,改变目前完井方法比较少和单一化的状况。智能完井、选择性完井和遥控完井等现代完井技术是发展方向。

4.7 柔性管、小井眼钻井完井修井配套技术

柔性管钻井、完井、修井配套技术的研究、应用与产业化。它更容易实现自动化钻井、完井、修井作业。小井眼钻井、完井、修井配套技术是被实践证明能大幅度降低钻井成本的产业化技术。而用柔性管来实现小井眼产业化也是一条路子。

4.8 钻井主要理论研究

(1)钻井预测理论,例如:

① 地层压力与温度预测理论的深化研究。

② 分形几何和地质统计学方法预测探井储层参数的理论与方法。

③ 高温高压含硫深气井测试井筒压力和温度等参数的预测模型的理论研究。

④ 复杂井井身斜度与方位漂移及井身轨迹的预测理论研究。

⑤ 钻柱摩阻、扭矩实测与预测的准确计算方法的研究。

(2)钻井力学的理论与应用研究。

① 管柱力学理论应减少传统的若干假设,准确计算真实管件与管柱的力学理论与计算方法(含计算软件)的研究。管柱力学理论计算宜与井下实测技术相结合。

② 继续深化对岩石、钻头与钻柱相互作用的力学理论研究与应用。

③ 继续深化井壁稳定性的研究;随着复杂结构井的日益发展,又有许多新的问题要研究。例如,钻多分支井在钻完每个分支的进尺到该分支井固井完井,有一个裸眼时期。该时期的裸眼稳定性决定了作业的安全与风险,因此,需要根据钻多分支井油田的地质——地层条件,从力学和化学的耦合上研究这种裸眼稳定期和稳定性。

④ 地应力的理论研究与应用。

⑤ 钻井流体力学的深化与扩展理论研究。

(3)钻井化学的理论研究与应用。钻井环保理论与应用技术的研究。

(4)钻井遥感、遥测和遥控等"三遥"应用理论和钻井制导理论与应用研究。井下控制理论与应用技术的研究。钻井电子学理论与应用技术的研究。

(5)钻井信息、信息流及信息与网络软硬件应用理论与技术的研究。钻井智能模型的研究。钻井软件与地质油藏软件的结合。井下微电脑及井下应用软件的研究等。

5 现代钻井工程的应用与发展

现代钻井工程的应用领域不断扩大,概述于下。

5.1 石油天然气钻井工程

相关内容可参阅本书其他文章。

5.2 煤气层钻井工程

据中华人民共和国国土资源部《全国煤层气资源评价》研究成果,初步估计,我国陆

上埋深 2000m 以浅的煤层气资源量为 $31 \times 10^4 \mathrm{m}^3$,煤层气储量相当大。通过钻井并采出煤层气后的煤层再开采时可以大大减少煤矿爆炸等事故,使采煤作业安全高效。我国开发煤层气起步较晚,目前约钻煤层气井近 200 口。今后,煤层气钻井工程量必将大幅度增加。

由于煤层结构特征及煤层气的聚集储存、扩散流动等规律从根本上不同于石油和天然气,因而煤层气钻井工程存在着一些特殊难题:

(1)我国大多数煤层结构比较复杂,煤层节理和微裂缝发育,煤体破碎脆性大,煤储层压力系数偏小(压力系数低于 0.7)煤储层渗透率较小(小于 3mD)等原因,在钻进过程中经常容易发生煤层垮塌、井壁不稳定和井径不规则以及卡钻等井下复杂问题。

(2)煤田及煤层气钻井需要连续取心,包括常规取心和绳索取心。由于煤层多为裂缝发育带和破碎性结构以及煤层岩性特征等原因,在煤层取心有时相当困难。现有技术取心收获率一般只有 50% ~ 60%,最好也只有约 90%,几乎很少能达到 100% 的;需要研究提高煤层取心收获率的技术措施。

(3)煤层气钻井时滤失到煤层顶底板巨厚泥页岩中的水,会引起水锁与水化膨胀并对煤储层造成压实作用,从而导致开发上的困难。为此提出在钻井过程中最好不让水与煤层接触,有人认为宜用"以干对干"的方式钻穿煤层,即采用气体欠平衡钻井方法,这就要研究相应的配套工艺技术和装备。

(4)煤层气钻井完井的保护储层技术与保护油层技术不尽相同,需要从煤层气钻井造成伤害的评价方法、测试技术、实验方法和钻井工艺技术等方面进行系统研究。

(5)煤层气井的固井、完井、测试、试井以及增产作业等方面也有着与油气井不同的地方,均需要站在高起点上,用现代钻井工程的理论与技术来勘探开发中国西部的煤层气资源。

5.3 大直径井钻井工程

大直径的煤矿和金属矿竖井已越来越多地采用现代钻井方法来建井。我国已钻成直径大于 4m 的大直径井 50 个。最大直径 9.3m,最大井深 508.20m。

5.3.1 钻大直径井开采枯竭油层和低渗透低压层

图 32 表示从地面钻直径 2m 多的主井筒到达油层深度后再在其旁钻几个直径约 1m 的通风排气井孔和采油井孔。通过主井筒及井内电梯把拆成部件的小钻机和装备及作业人员送到井下,再将井底一段扩大到边长为 19.8 ~ 35m 的近正方形截面巷道作业区。在井底巷道作业区内组装小钻机和设备。在巷道内用小钻机向储油层钻几十口直径为 89 ~ 152.4mm 的水平井,水平井段略向上倾斜以能实现重力泄油。水平井的长度可达 900 多米(约 3000ft),水平井段是采出重油的泄油孔道,水平井段为裸眼完井。从井底撤出人员后,再拆掉电梯,在地面用注气法或热采法通过 $\phi 114.3$mm 油管和 $\phi 339.73$mm 气管开采重油。陕北的浅层、特低渗透层,西部地区的沥青、油砂、油页岩和重质油资源,可以应用这种大直径井钻井工程的方法来开采。图 33 和图 34 是美国加利福尼亚州设计的大直径井的井位分布状况及预计的泄油模式。

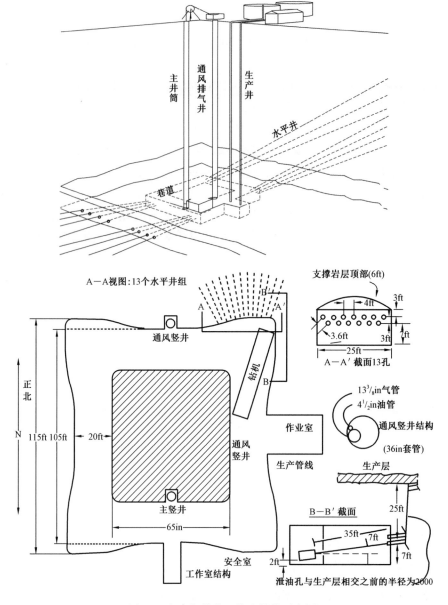

图 32　大直径钻井工作室结构示意图

5.3.2　大直径钻井工程的其他应用领域

用大直径井较早和较多的是水电站建设。

美国在内华达州的地下核试验井直径为 1.8 ~ 8m,井深 500 ~ 800m。

苏联地下核试验井直径为 8.75m,井深为 500 ~ 700m。

我国西部为地下核试验和军工项目钻成了直径 3.2 ~ 9.3m、井深 500 ~ 1200m 的大直径井。是目前世界上能钻这类井的 3 个国家之一。

5.3.3　大直径钻井工程的技术性挑战

钻大直径和特大直径井眼,是用布置在旋转刀盘上的一组刀具来破碎岩石的,是对钻井工

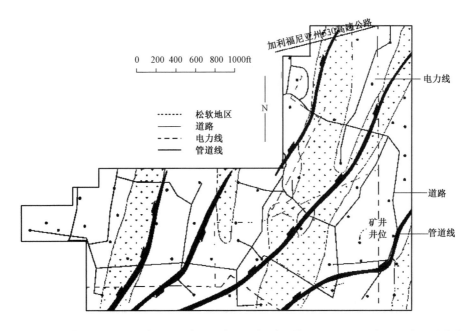

图33　设计(推荐)的矿井(大直径井)位置示意图(美国加利福尼亚州)(图中"·"表示矿井位置)

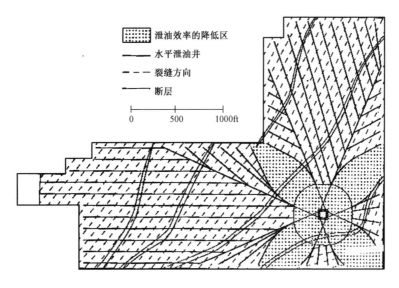

图34　预计的可能泄油模式

程技术的挑战:

(1)井身结构和固井完井方法;

(2)钻井方法和装备、破岩机理、刀盘刀具结构设计、加工;

(3)钻压、转速、扭矩等钻进参数的优化;

(4)采用反循环洗井技术,而破碎的岩屑量又多;

(5)防斜尤其是防井轴弯曲;

(6)钻进中的跳钻、泥包、偏磨、井漏等;

(7)测井方法、仪器、技术的研究;

(8)技术标准化。

5.4 现代钻井工程在地下工程中的应用

国际上日益重视地下空间的开发利用。19 世纪是桥梁的世纪,20 世纪是楼等高层建筑的世纪;而 21 世纪则将是地下空间工程的世纪。钻井工程在地下工程中有着非常广泛和有待开拓的领域,如图 35 所示,管线掘进与铺管作业。

GBS-20型定（导）向钻进铺管钻机

主机部分

最大回拉/给进力	220kN	功率	123kW
最大回转扭矩	13kN·m	外形尺寸	8.0m
回转转矩范围	0～80r/min		(长度)
钻进角度范围	12°～23°	行走速度	1.5m/h
给进回拉速度	0～0.3m/s		

钻井液循环系统

GBS-10型导向钻进铺管钻机

该钻机主要适应于城市市政工程及管线施工部门穿越公路、铁路、河流、房屋、建筑及植被保护区,铺设地下各种用途的管线(PE、PVC、钢管均可)。

主要技术参数

最大推力	50kN	最大反扩孔径	450mm
最大回拉力	100kN	钻杆直径/长度	50mm/2500mm

图35 导向(定向)钻进铺管钻机图例

5.4.1 现代钻井工程用于全断面隧道钻掘

常规隧道工程用"打眼放炮"即钻爆法的破岩方法来施工。近代隧道工程用近代掘进机和钻井工程的方法来施工(图36 至图40)。英吉利海峡铁路隧道、日本东京湾海底隧道、瑞士 Gotthard 铁路隧道、南非 Lesotho 引水隧道等使用该技术。

这项技术的最大特点是广泛使用电子、信息、遥测和遥控等高新技术和机、电、仪、计一体化技术,对全部作业进行制导和监控,使整个隧道的掘进过程始终处于高度优控状态。

引大入秦水利工程和引黄入晋水利工程曾运用现代钻井工程施工;秦岭 I 号特长隧道(总长 18.45km)使用引进的德国 WIRTH 公司掘进机和钻井方法开挖施工,创造了全国铁路

交叉式巷道, 2001年3月15日

图36　工作人员与大直径井钻头(盾钻钻头)的合影图(由图可知该钻头直径大)

图37　盾钻钻头工作机照片图一

隧道施工的最高纪录。像青藏铁路、南水北调西线工程(最长的隧道长 158km)、城市地铁工程等许多工程将使用钻井方法和钻掘技术实现全断面隧道钻掘。

5.4.2　钻井工程用于管道穿越工程

　　钻井工程用于管道穿越工程被称为非开挖法铺管工程。不需对地表"开膛破肚"的施工方法。许多国际大城市还通过立法,不允许在市内采用明挖方法进行油、气、水等各种管道的

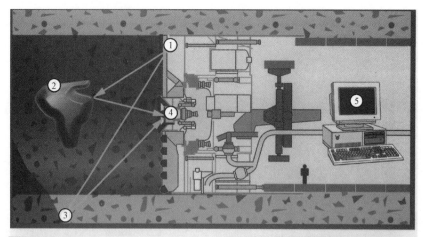

图38　盾钻钻头工作机照片图二

开挖、铺设和修理作业。

这项技术使用的掘进机可钻穿一般直径为 25～150cm、最大直径达 15m 的孔道。

油气管道在穿越江河时,采用类似于钻水平井的方法,通过导向、制导和监录控制实现管道自动化穿越,钻进用的管材就是拟最终铺设的管路,钻穿到达终点之后也就完成了管道铺设任务。

西气东送管道工程有些地段的管道穿越和铺设工作应推广非开挖法铺设,并可用现代钻井工程手段来完成。图41为1350型夯管锤穿越京津公路现场照片。

交叉式微型巷道(隧道)9

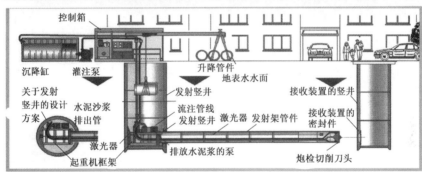

控制箱

沉降缸　灌注泵　　　　　升降管件

关于发射　　　　　　　　地表水水面　　接收装置的竖井

竖井的设计　水泥沙浆　发射竖井

方案　　　排出管　流注管线　　　　　接收装置的

激光器　发射竖井　激光器　发射架管件　密封件

起重机框架　排放水泥浆的泵　炮检切削刀头

交叉式微型巷道5

图 39　盾钻钻头工作机照片图三

5.4.3　现代钻井工程用于其他领域

（1）抗地震防灾；

（2）城市环境治理；

（3）地热开发、水电工程、盐、硫黄、芒硝等非金属矿的开发；

图40　北京城建盾钻(地铁)施工的一角

1350型夯管锤穿越京津公路铺设φ820mm
钢管、长50m.纯夯管时间6h

图41　1350 型夯管锤穿越京津公路现场照片(铺设 φ820mm 钢管、长 50m,纯夯管时间 6h)

（4）水坝及城市建筑的桩基工程；

（5）军工工程等。

5.5　大陆科学钻探工程

被誉为"伸入地壳的望远镜",说明钻井工程是迄今唯一能获得地下深处真实信息的地学研究方法,也是人类认识与解决地学、资源、灾害、气象和环境等重大科学问题的重要手段。

苏联在科拉半岛设计并钻成 3 口大陆科学钻探井——莫霍井。

德国的 KTV 工程也钻成了 9000 多米深的大陆科学深钻井。

1996 年 2 月,我国与德国和美国一道成为国际大陆科学钻探计划（ICDP）的第一批成员国。

在具有全球地学意义的大别—苏鲁超高压变质岩带东部建造我国第一口大陆科学深钻井。该项目的上马，标志着我国"入地计划"的正式实施。

国家科技领导小组批准并列入国家"九五"和"十五"项目"（中国）大陆科学钻探工程"，得到国际大陆科学钻探组织赞助。

5.6 现代钻井工程的其他应用领域

现代钻井工程在海洋钻井、深海与大洋钻探、天然气和水合物钻探与开发、两极极地钻探（包括钻冰山、厚冰层）等方面也是重要应用手段。

6 发展现代钻井工程的对策

现代钻井工程正形成并发展为一个综合性的钻井系统工程，包括4个主要领域：

(1)石油（天然气与煤层气、页岩油气等非常规油气）钻井工程；

(2)探矿工程（地质矿业为主的）；

(3)钻掘工程（岩土钻掘工程）；

(4)地下工程建设用钻井。

6.1 机遇与挑战

中国地域辽阔、资源丰富，地史学和地下地质学比较深奥和复杂；有不少地区的地面地理条件和自然环境比较恶劣。正因为这样的环境特点，迫使在铁路和公路建设中的隧道开挖、管道铺设中的穿越工程、水利水电和城市建设等工程施工中必然寻求应用现代钻井工程这类高科技的方法与手段来提高施工的自动化、机械化程度，以节省劳力、提高工效、缩短工期、节约投资、提高经济效益。特别是西部大开发给了现代大钻井工程以更多的用武之地和发展机遇。

6.2 跨度虽大但密切相关

大钻井工程面对着许多大跨度的需求问题：

(1)井径跨度：$10^1 \sim 10^3$ cm，甚至 10m 以上。

(2)井深跨度：$10^1 \sim 10^4$ m。

(3)地层压力系数：0.5 ~ 2 以上。

(4)地层温度：$10^{-1} \sim 10^2$ ℃。

应该指出，(1)(2)(3)(4)都属于"井孔"范畴，有着内在联系和相互借鉴之处。

(5)地层与岩石的年代、岩性有很大跨度。但它们的机械—物理性质研究方法和基本原理没有什么差别。

(6)钻井装备与钻井方法的跨度也很大，"小钻、中钻、大钻、特殊钻"应有尽有，而且机、电、仪、自、计一体化和智能化、自动化的程度也不同，但它们都是钻井与钻机，这可以相互借鉴，相互转化。

(7)对井眼信息采集内容以及采集—处理—应用的深度不尽相同，相互交流结合有助于拓宽思路。

6.3 按大钻井工程学科组织合作研究

在研究方向上，现代钻井工程的理论研究应瞄准国际前沿和发展趋势，朝着信息化、智能化、自动化的方向发展。现代钻井工程应集中主要的和共同的钻井理论与技术问题进行合作研究。

合作研究的主要内容有以下几方面：

(1)岩石性质的实验测定方法、岩石破碎机理与方法及岩石与钻头相互作用的力学关系等,岩石力学—岩土力学—土建力学的交叉研究；

(2)钻井杆、管、柱、筒力学及其新材料的研究,并注意把理论计算、台架测定与井下实测技术结合起来；

(3)钻井流体力学、流变学和新型钻井液的研究；

(4)钻井过程信息的采集—储存—处理—解释—应用的基础理论及其智能化方面；

(5)钻井测控技术、井下通信技术、井下电脑和钻井软件方面；

(6)地层压力与温度等参数预测理论、井眼轨迹偏移与控制理论、井筒工作载荷预测模型、井眼失稳机理、井筒承载能力及安全控制理论等方面；

(7)大钻井工程还可以合作承包工程和开发产业化技术。

7 结论

现代钻井工程是包括油气钻井工程、探矿工程、岩土钻掘工程和地下工程建设4个跨行业、跨部门、跨学科的综合钻井工程系列,可概括为"钻、探、掘、建"4个字。

它在国际上越来越受到重视,我国也已经意识到它的重要地位。现代钻井工程的应用领域正不断扩大,西部大开发给它的发展提供了良好机遇。现代钻井工程技术难度大、科技含量高、工程跨度大,面对挑战应瞄准国际发展趋势,找准主要基础理论和关键技术,集中研究、共同开发,走发展与创新之路,在西部大开发中,应对现代钻井工程这个综合性的多学科群,组织进行学科建设和人才培养的对策研究,它必能对西部建设多做贡献。

优化钻进与钻进过程控制[❶]

张绍槐

优化钻进与钻进过程控制技术关系到钻进速度、钻进成本和井下安全、钻井时效和钻井整体技术经济指标。掌握先进和现代化的钻进理论方法与信息化、智能化、自动化的钻进过程控制技术（或者说掌握其发展趋势和攻关思路）是一位钻井工程师的基本功之一。

1 钻进参数优选的基本理论与方法

1.1 钻进过程中参数间的基本关系

钻进过程中参数优选的前提是必须对影响钻进效率的主要因素以及钻进过程中的基本规律分析清楚，并建立相应的数学模型。

1.1.1 影响钻进的主要因素

1.1.1.1 钻压对钻速的影响

如图 1 所示，钻压在较大的变化范围内与钻速是成近似于线性关系的。目前，实际钻井中通用的钻压取值一般都在图中 AB 这一线性关系范围内变化。这主要是因为在 A 点之前，钻压很低，转速很慢。在 B 点之后钻压过大，岩屑量过多，甚至牙齿完全吃入地层，井底净化条件难以改善，钻头磨损也会加剧，钻压增大，钻速改进效果并不明显，甚至钻进效果变差。因而，实际应用中，以图 1 中的直线段为依据建立钻压（W）与钻速（v_{pc}）的定量关系，即：

$$v_{pc} \propto W^{\alpha} \tag{1}$$

式中　v_{pc}——钻速，m/h；

　　　　W——钻压，kN；

　　　　α——钻压指数，一般大于 1。

门限钻压是 AB 线在钻压轴上的截距，相当于牙齿开始压入地层时的钻压，其值的大小取决于岩石的性质，并具有较强的地区性。不同地区的门限钻压不可以相互引用。

1.1.1.2 转速对钻速的影响

在钻压和其他钻井参数保持不变的条件下，转速与钻速的关系曲线如图 2 所示。其关系表达式为：

$$v_{pc} \propto n^{\lambda} \tag{2}$$

式中　λ——转速指数，一般小于 1，数值大小与岩石性质有关；

　　　　n——转速，r/min。

---

❶ 本文为在延长油矿、长庆油田、西南石油大学、西安石油大学等的讲学稿（2002—2010 年）

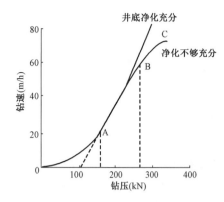

图 1　钻压与钻速的关系曲线

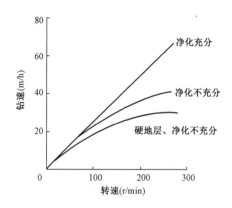

图 2　转速与钻速的关系曲线

1.1.1.3　牙齿磨损对钻速的影响

若钻压转速保持不变,则钻速与牙齿磨损的关系曲线如图 3 所示,其数学表达式为:

$$v_{\mathrm{pc}} \propto \frac{1}{1 + C_2 h} \tag{3}$$

式中　C_2——牙齿磨损系数,与钻头齿形结构和岩石性质有关,它的数值需由现场数据统计
　　　　　得到;

　　　　h——牙齿磨损量,以牙齿的相对磨损高度表示,即磨损掉的高度与原始高度之比,新
　　　　　钻头时 $h = 0$,牙齿全部磨损时 $h = 1$。

1.1.1.4　水力因素对钻速的影响

井底岩屑的清洗是通过钻头喷嘴所产生的钻井液射流对井底的冲洗来完成的。水力因素的总体指标通常用井底单位面积上的平均水功率(称为比水功率)来表示。图 4 表明,一定的钻速,意味着单位时间内钻出的岩屑总量一定,而该数量的岩屑需要一定的水功率才能完全清除,低于这个水功率值,井底净化就不完善。若钻进时的实际水功率落入图 4 的净化不完善区,则实际钻速就比净化完善时的钻速低,如果此时增大水功率使井底条件得到改善,则钻速在其他条件不变的情况下而增大。因而水力因素对钻速的影响,主要表现在井底水力净化能力对钻速的影响。水力净化能力通常用水力净化系数 C_H 表示,其含义为实际钻速与净化完善时的钻速之比。即

$$C_\mathrm{H} = \frac{v_{\mathrm{pc}}}{v_{\mathrm{pcs}}} = \frac{P}{P_\mathrm{s}} \tag{4}$$

式中　v_{pcs}——净化完善时的钻速,m/h;

　　　　P——实际水功率,kW/cm^2;

　　　　P_s——净化完善时所需的水功率,kW/cm^2。

P_s 值可通过图 4 的曲线回归表达式得到:

$$P_\mathrm{s} = 9.72 \times 10^{-2} v_{\mathrm{pcs}}^{0.31} \tag{5}$$

应引起注意的是,式(4)C_H 值应不大于 1,即当实际水功率大于净化所需的水功率时,任取 $C_\mathrm{H} = 1$,其原因是,井底达到完全净化后,水功率的提高不会再由于净化的原因而进一步提高钻速。特别是在硬地层中。

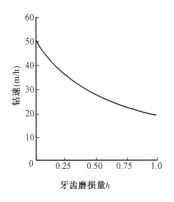

图3　牙齿磨损与钻速的关系曲线

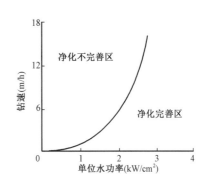

图4　井底比水功率与钻速的关系曲线

水力因素对钻速的影响,还表现为另一种形式,就是水力能量的破岩作用。当水力功率超过井底净化所需要的水功率后,机械钻速仍有可能增加,特别是在软地层中。水力破岩作用对钻速的影响主要表现为使钻压和钻速关系中的门限钻压降低。

1.1.1.5　钻井液性能对钻速的影响

钻井液性能对钻速的影响规律比较复杂,其复杂性不仅在于表征钻井液和固相含量及其分散性等都对钻速有不同程度的影响,而且还有一些其他因素。

(1)钻井液密度对钻速的影响。图5是在现场钻页岩岩层时,井底压差与钻速的关系曲线。鲍格因(Bourgoyne A. T)等通过对以往的大量实验数据进行分析、处理后指出,压差与钻速的关系在半对数坐标中可以用直线表示,其关系式为:

$$v_{\mathrm{pc}} = v_{\mathrm{pc0}} \mathrm{e}^{-\beta \Delta p} \tag{6}$$

式中　v_{pc}——实际钻速,m/h;

　　　v_{pc0}——零压差时的钻速,m/h;

　　　Δp——井内液柱压力与地层孔隙压力之差;

　　　β——与岩石性质有关的系数。

实际钻速与零压差条件下时的钻速之比称为压差影响系数,用 C_{p} 来表示,即:

$$C_{\mathrm{p}} = \frac{v_{\mathrm{pc}}}{v_{\mathrm{pc0}}} = \mathrm{e}^{-\beta \Delta p} \tag{7}$$

(2)钻井液黏度对钻速的影响。由实验得出的钻速随钻井液运动黏度增加而下降的关系曲线如图6所示。

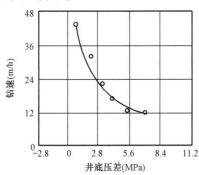

图5　井底压差与钻速的关系曲线

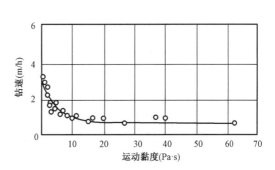

图6　钻井液黏度与钻速的关系曲线

（3）钻井液固相含量及其分散性对钻速的影响。图 7 是由 100 多口实验井的统计资料得到的钻井液固相含量对钻井指标的影响曲线。由图可见，钻井液固相含量对钻井速度和钻头消耗量都有严重的影响。因此应严格控制固相含量，一般应采用固相含量低于 4% 的低固相钻井液。

固体颗粒的大小与分散度也对钻速有影响。实验证明，钻井液内小于 1μm 的胶体颗粒越多，它对钻速的影响就越大。图 8 是固体颗粒分散性对钻速影响的对比曲线。为了提高钻速，应尽量采用低固相不分散钻井液。

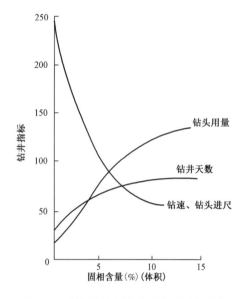

图 7　钻井液固相含量对钻井指标的影响　　　图 8　钻井液固相含量和分散性对钻速的影响

钻井实践证明，钻井液性能是影响钻速极其重要的因素。但由于其对钻速的影响机理十分复杂，且钻井液性能常受井下工作条件的影响，难以严格控制，因此至今没有一个能够确切反映钻井液性能对钻速影响规律的数学模式，作为优选钻井液性能的客观依据。

1.1.2　钻速方程

在以上分析各因素对钻速影响规律的基础上，可以把各影响因素归纳在一起，建立钻速与钻压、转速、牙齿磨损、压差和水力因素之间的综合关系式，即：

$$v_{pc} \propto (W - M) n^{\lambda} \frac{1}{1 + C_2 h} C_p C_H \qquad (8)$$

引入一个比例系数 K_R，可将式（8）写成等式形式的钻速方程：

$$v_{pc} = K_R (W - M) n^{\lambda} \frac{1}{1 + C_2 h} C_p C_H \qquad (9)$$

式中　v_{pc}——钻速，m/h；

　　　W——钻压，kN；

　　　M——门限钻压，kN；

　　　n——转速，r/min；

C_H——水力净化系数；

C_p——压差影响系数；

K_R——比例系数；

λ——转速指数；

C_2——钻头牙齿磨损系数；

h——钻头牙齿磨损量。

式(9)就是杨格(Young F. S.)模式。1969年,杨格在考虑了钻压、转速和牙齿磨损对钻速影响的基础上,曾提出一个与式(9)形式相同,但没有考虑水力净化系数C_H和压差影响系数C_p的杨格钻速模式。

式(9)中的比例系数K_R也称为地层(岩石)可钻性系数。实际上K_R包含了除钻压、转速、牙齿磨损、压差和水力因素以外其他因素对钻速的影响,它与地层岩石的机械性质、钻头类型以及钻井液性能等因素有关。在岩石特性、钻头类型、钻井液性能和水力参数一定时,式(9)中K_R,M,λ 和 C_2的值都是固定不变的常量,可通过现场的钻进实验和钻头资料确定。

1.1.3 钻头磨损方程

1.1.3.1 牙齿磨损速度方程

钻头牙齿的磨损速度可以用牙齿磨损量对时间的微分 $\mathrm{d}h/\mathrm{d}t$ 来表示。

(1)钻压对牙齿磨损速度的影响:不同直径钻头牙齿磨损速度与钻压的关系曲线如图9所示,其关系式为:

$$\frac{\mathrm{d}h}{\mathrm{d}t} \propto \frac{1}{Z_2 - Z_1 W} \qquad (10)$$

式(10)中的Z_1与Z_2称为钻压影响系数,其值与牙轮钻头尺寸有关。当钻压等于Z_2/Z_1时,牙齿的磨损速度无限大,说明Z_2/Z_1的值是该尺寸钻头的极限钻压。根据美国休斯公司(Hughes Tool Co.)的实验数据确定的Z_2和Z_1的值见表1。

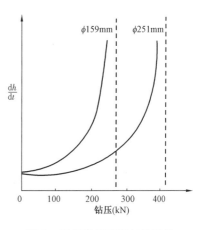

图9 牙齿磨损速度与钻压的关系曲线

表1 钻压影响系数

钻头直径(mm)	Z_1	Z_2
159	0.0198	5.5
171	0.0187	5.6
200	0.0167	5.94
220	0.0160	6.11
244	0.0148	6.38
251	0.0146	6.44
270	0.0139	6.68
311	0.0131	7.15
350	0.0124	7.56

（2）转速对牙齿磨损速度的影响：钻压一定时，增大转速，牙齿的磨损速度也将加快。转速对牙齿磨损速度的影响关系如图10所示。其关系表达式为：

$$\frac{\mathrm{d}h}{\mathrm{d}t} \propto (a_1 n + a_2 n^3) \tag{11}$$

式中　a_1, a_2——由钻头类型决定的系数，不同钻头类型时的 a_1 和 a_2 值见表2。

（3）牙齿磨损状况对牙齿磨损速度的影响：牙齿的磨损速度随着齿高的磨损而下降。齿高磨损量与牙齿磨损速度的关系曲线如图11所示，其关系式为：

$$\frac{\mathrm{d}h}{\mathrm{d}t} \propto \frac{1}{Z_1 - C_1 h} \tag{12}$$

式中　C_1——牙齿的减慢系数，与钻头类型有关，其数值见表2。

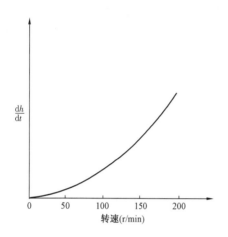

图10　转速与牙齿磨损速度的关系曲线　　　　图11　牙齿磨损量与牙齿磨损速度的关系曲线

表2　钻压影响系数

钻头				a_1	a_2	C_1
齿型	适用地层	系列号	类型号			
铣齿钻头	软	1	1	2.5	1.088×10^{-4}	7
			2			
			3	2.0	0.870×10^{-4}	6
			4			
	中	2	1	1.5	0.653×10^{-4}	5
			2	1.2	0.522×10^{-4}	4
			3			
			4	0.9	0.392×10^{-4}	3
	硬	3	1	0.65	0.283×10^{-4}	2
			2	0.5	0.218×10^{-4}	2
			3			
			4			

钻头				a_1	a_2	C_1
齿型	适用地层	系列号	类型号			
镶齿钻头	特软	4	1	0.5	0.218×10^{-4}	2
			2			
			3			
			4			
	软	5	1			
			2			
			3			
			4			
	中	6	1			
			2			
			3			
			4			
	硬	7	1			
			2			
			3			
			4			
	坚硬	8	1			
			2			
			3			
			4			

根据上述各关系式,可建立牙齿磨损速度与各影响因素的综合关系式:

$$\frac{\mathrm{d}h}{\mathrm{d}t} \propto \frac{a_1 n + a_2 n^3}{(Z_2 - Z_1 W)(1 + C_1 h)} \tag{13}$$

在式(13)中引入一个比例系数可将式(13)写成等式形式的牙齿磨损速度方程:

$$\frac{\mathrm{d}h}{\mathrm{d}t} \propto \frac{A_f(a_1 n + a_2 n^3)}{(Z_2 - Z_1 W)(1 + C_1 h)} \tag{14}$$

式中 A_f——通称为岩石研磨性系数,需要根据现场钻头资统计计算确定。

1.1.3.2 轴承磨损速度方程

牙轮钻头轴承的磨损量用 B 表示,新钻头时,$B = 0$;轴承全部磨损时,$B = 1$。轴承磨损速度用轴承磨损量对时间的微分 $\mathrm{d}B/\mathrm{d}t$ 表示。

钻头轴承的磨损速度主要受到钻压、转速等因素的影响,根据格雷姆(Graham J. W.)等的大量现场和室内实验研究,轴承的磨损速度与钻压的1.5次幂成正比关系,与转速呈线性关系。轴承的磨损速度方程可表示为:

$$\frac{\mathrm{d}B}{\mathrm{d}t} = \frac{1}{b} W^{1.5} n \tag{15}$$

式中 b——轴承工作系数,它与钻头类型和钻井液性能等有关,应由现场实际资料确定。

1.1.4   钻进方程中有关系数的确定

描述钻进过程基本规律的钻速方程和钻头磨损方程,是在一定条件下通过实验和数学分析处理而得到的。方程中的地层可钻性系数 K_R、门限钻压 M、转速指数 λ、牙齿磨损系数 C_2 以及岩石研磨性系数 A_f 和轴承工作系数 b 与钻井的实际条件和环境有密切关系,需要根据实际钻井资料分析确定。确定各参数的基本步骤是:首先根据新钻头开始钻进时的钻速试验资料求门限钻压、转速指数和地层可钻性系数,然后根据该钻头的工作记录确定该钻头所钻岩层的岩石研磨性系数、牙齿磨损系数和轴承工作系数。

1.1.4.1   门限钻压 M 和转速指数 λ 的确定

求取门限钻压和转速指数的基本方法是五点法钻速试验。试验条件为:

(1)试验中钻井液性能不变,水力参数恒定,且维持在本地区的通用水平上,以保证试验中 C_p 和 C_H 不变,同时避免水力破岩条件变化对 M 值的影响。

(2)在不影响试验精确性的条件下,尽可能使试验井段短一些或试验时间短一些,以保证试验开始和结束时的牙齿磨损量相差很小。

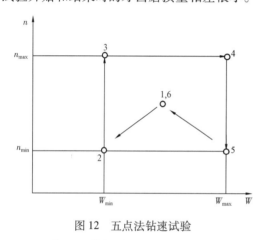

图12   五点法钻速试验

五点钻速试验的步骤如下:

(1)根据本地区、本井段可能使用的钻压和转速范围,确定试验中所采用的最高钻压 W_{max} 和最低钻压 W_{min}、最高转速 n_{max} 和最低转速 n_{min}。同时,选取一对近似于平均钻压和平均转速的钻压 W_o 和转速 n_o。

(2)按照图12上各点的钻压、转速配合,从第一点 (W_o, n_o) 开始,按图中所示的方向,依点的序号进行钻进试验,每点钻进1m或0.5m,并记录下各点的钻时,直至钻完第6点,完成试验。

(3)将试验数据填入记录表中,同时将钻时转化成钻速。试验中设置同一钻压、转速配合的第1点和第6点,目的在于求取试验的相对误差。试验的相对误差应小于15%,试验才算成功。

1.1.4.2   地层可钻性系数的确定

根据新钻头的试钻资料,此时新钻头的磨损量 $h=0$,由钻速方程式(9)可得:

$$K_R = \frac{v_{pc}}{C_H^2 C_p (W - M) n^\lambda} \tag{16}$$

1.1.4.3   牙齿磨损系数的确定

假定在钻进过程中岩石性质基本不变,各项钻井参数又基本保持一致,起出钻头的牙齿磨损量为 h_f,开始钻进和起钻时的钻速分别为 v_{pc0} 和 v_{pcf},则由钻速方程式(9)可得:

$$\frac{v_{pc0}}{v_{pcf}} = \frac{1 + C_2 h_f}{1 + C_2 h_0} \tag{17}$$

因开始钻进时牙齿磨损量 $h_0 = 0$，则：

$$v_{pc0} = v_{pcf}(1 + C_2 h_f)$$

$$C_2 = \frac{v_{pc0} - v_{pcf}}{v_{pcf} h_f} \tag{18}$$

1.1.4.4 岩石研磨性系数 A_f 的确定

由牙齿磨损速度方程式（14）积分得：

$$\left.\begin{aligned}
t_f &= \frac{(Z_2 - Z_1 W)}{A_f(a_1 n + a_2 n^3)}\left(h_f + \frac{C_1}{2} h_f^2\right) \\
A_f &= \frac{(Z_2 - Z_1 W)}{t_f(a_1 n + a_2 n^3)}\left(h_f + \frac{C_1}{2} h_f^2\right)
\end{aligned}\right\} \tag{19}$$

根据钻头类型及其影响系数，钻进过程中的平均钻压、平均转速和钻头工作时间以及起出钻头的磨损量，便可求出该钻进过程内的岩石研磨性系数。

1.2 机械破岩钻进参数优选

钻进过程中的机械破岩参数主要包括钻压和转速。机械破岩参数优选的目的是寻求一定的钻压与转速参数配合，使钻进过程达到最佳的技术经济效果。为达到这一目的，首先要确定一个衡量钻进技术经济效果的标准，并将各参数对钻进过程影响的基本规律与这一标准结合起来，建立钻进目标函数。

1.2.1 目标函数的建立

衡量钻井整体技术经济效果的标准有多种类型。目前一般都以单位进尺成本作为标准。其表达式为：

$$C_{pm} = \frac{C_b + C_r(t_t + t)}{H} \tag{20}$$

式中　C_{pm}——单位进尺成本，元/m；

　　　C_b——钻头成本，元/只；

　　　C_r——钻机作业费，元/h；

　　　t_t——起下钻、接单根时间，h；

　　　t——钻头工作时间，h；

　　　H——钻头进尺，m。

1.2.2 目标函数的极值条件和约束条件以及最优钻压和最优转速

运用最优化数学理论，在各种约束条件下，寻求目标函数的极值点。满足极值点条件的参数组合，即为钻进过程中的最优钻压—转速。

1.3 水力参数优化设计

水力参数优化设计的概念是随着喷射式钻头的使用而提出来的。水力参数优化设计是在了解钻头水力特性、循环系统能量损耗规律、地面机泵水力特性的基础上进行的。

1.3.1 喷射式钻头的水力特性

喷射式钻头的主要水力结构特点就是在钻头上安放具有一定结构特点的喷嘴。钻井液通过喷嘴以后,能形成具有一定水力能量的高速射流,以射流冲击的形式作用于井底,从而清除井底岩屑或破碎井底岩石。

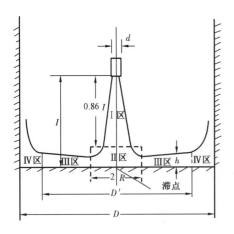

图 13　单喷嘴井底流场的物理模型

1.3.1.1　射流及其对井底的作用

(1)射流特性。

在井底场中,从喷嘴出来的射流是淹没非自由射流,有井底和井壁的限制(阻挡)。射流冲击到井底后又从井底反喷并向四周横向扩散,到达井壁附近向上拐而进入环形空间。井底场的物理模型可分为 4 个区(图 13):

第 Ⅰ 区——淹没射流,但近似于自由射流。

第 Ⅱ 区——冲击区,通过测速可确定冲击区在轴向的开始位置约为 0.86l(l 是喷距)。冲击中心是死点。在冲击区正向射流和反喷液流相互作用,必然形成强烈的漩涡。

第 Ⅲ 区——井底漫流区,流体力学称为墙壁射流区。

第 Ⅳ 区——近井壁区,在这一区内有死区(滞流区),并有强烈的漩涡。

对第 Ⅰ 区,可以用一般流体力学书中关于自由射流的特性和数学分析来说明,本文不多谈。第 Ⅱ 区和第 Ⅳ 区比较复杂,目前还难用数学和力学方法分析。在第 Ⅲ 区,流体质点的速度主要是沿井底向外的横向速度,沿井眼轴线方向的流速几乎为 0,可以近似地看作一维流动,即平面流,其运动微分方程和连续性方程分别为:

$$\left.\begin{array}{l} v_X \dfrac{\partial v_X}{\partial X} + v_Y \dfrac{\partial v_X}{\partial Y} = X - \dfrac{1}{\rho} \cdot \dfrac{\partial p}{\partial X} \\[3mm] v_X \dfrac{\partial v_Y}{\partial X} + v_Y \dfrac{\partial v_Y}{\partial Y} = Y - \dfrac{1}{\rho} \cdot \dfrac{\partial p}{\partial X} \end{array}\right\} \tag{21}$$

$$\frac{\partial v_X}{\partial X} + \frac{\partial v_Y}{\partial Y} = 0 \tag{22}$$

式中　p——流体压力;

　　　ρ——流体密度;

　　　v_X , v_Y——分别为速度矢量 v 在 X 和 Y 坐标轴上的投影;

　　　X , Y——分别为单位质量的质量力在 X 和 Y 坐标轴上的投影。

经分析整理,可得井底平面流场速度分布近似表达式:

$$v_c = \frac{\beta_0 \sqrt{A}}{2 \pi h} \frac{\sqrt{Q v_0}}{r} \tag{23}$$

式中　A——喷嘴出口截面积;

　　　r——距源点之半径;

Q——喷嘴出口处的射流体积流量；

v_0——喷嘴出口处的轴向射流速度；

β_0——与喷嘴结构等有关的系数,由实验确定；

h——漫流层厚度。

由图 13 知:

$$r \in \left[R, D'/2 \right]$$

再经变换,可得井底平面流场压力分布的近似表达式:

$$p = A^\circ - \frac{1}{2}\rho v_c^2 \qquad (24)$$

式中 A°——积分常数,由实验确定。

式(23)表明,在其他条件都一定的情况下,井底平面流速场的流速与射流的动量通量的平方根 $(Qv_0)^{\frac{1}{2}}$ 成正比,与离源点的半径 r 成反比。式(24)表明,在平面流场中,当速度 (v_c) 减小时,压力急剧增大。由式(23)和式(24)知,自源点向外,速度不断减小,压力不断增大。

如前所述,实际的井底流场是非常复杂的,难以完全用数学和力学方法来分析。例如,仅仅表示第Ⅲ区并简化了的井底平面流场的式(23)和式(24)中一些系数、常数仍需由实验确定。因之还必须着重于试验研究工作。在流体力学中,压力和速度是相互关联的两个孪生基本参数,所以井底流场中的压力场和速度场是密切相关的,我们在 1982 年就先进行了井底压力的测试研究。

① 井底压力分布试验方法的确定。大陆石油公司在 1970 年进行了这项试验,其方法是在试验井筒的钢质井底布有测压孔,用传压管分别把每个测点的液体压力经过传感器转换为电信号,经应力应变仪放大后用数字电压表和光线示波器等显示、记录、拍照。阿莫柯公司在 1982 年试验时则在试验井筒的井底和井壁都布有测压孔。

我们的试验原理和方法也基本相同。试验装置为专门设计的 $ZJ_{77} - P_1$ 试验架,试验曲线如图 14 所示。在测试底盘的半径方向内均布 8 个测压孔,测压孔中心距为 13.5mm。钻头每次旋转角度可分别为 15°,10° 和 5°;井底测点的数目与密度见表 3。

表3　井底测点的数目与密度

	15	10	5
钻头每次旋转角度(°)	15	10	5
钻头旋转一周的测试次数(次)	24	36	72
钻头静止时每次测试的测压点数(个)	8	8	8
钻头旋转一周时的测试点总数(个)	192	288	576
8½in 钻头测点密度(个/in)	3.38	5.08	10.15

② 对井底压力分布试验的主要认识。

a. 井底压力分布试验能够测试、研究各种喷嘴组合条件下整个井底的压力分布状况,在钻头尺寸、排量、循环压力、循环液性能等条件相同时能对比和优选喷嘴组合方案。如能进一步模拟实际井底表面状况就更符合井下实际条件了。

b. 从净化井底考虑,某种喷嘴组合的井底最大压力点压力越大,它与井底最小压力点压力的差值越大,则井底压力梯度值也越大,该种喷嘴组合较好。井底压力的高压区和低压区相对集中(而不是相互混杂),井底压力图等压线的区域性越分明,则井底流场越好,液流平稳,漩涡和滞流区小。

c. 试验说明,单喷嘴最好(包括侧边单喷与中心单喷嘴),双喷嘴次之,三喷嘴最差。在双喷嘴与三喷嘴中,不等径双喷嘴优于等径双喷嘴。不等径三喷嘴优于等径三喷嘴,一般来说,井底压力梯度随喷嘴数目的减少而增大,喷嘴数目相同时,不等径的比等径的好,即井底压力梯度随流场不对称度的增大而增大。

d. 不等径双喷嘴的最优直径比值趋近于0(图15)。这个结果与排屑量试验的结论完全吻合,再次证明单喷嘴是最好的。

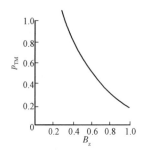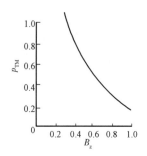

图14　井底压力分布试验曲线　　　　图15　双喷嘴直径比值(B_z)与井底压力梯度
值(p_{TM})的关系曲线

e. 反喷嘴的机理是使反喷嘴附近井底压力降低,在该处形成相当低的压力区,并相应改善井底流场。

③ 井底速度场的研究。井底速度场试验包括3个主要内容:a. 单股淹没非自由射流轴线速度和横向速度的测试研究;b. 各种喷嘴组合下井底表面漫流流速的测试研究;c. 各种喷嘴组合下测量井底场任意点的速度并绘制二维和三维速度分布图。

(2)射流对井底的清洗作用。

① 岩屑的压持。钻头的机械破岩作用把井底基岩破碎并形成岩屑后,岩屑因压持作用被压持在井底的原破碎坑内。压持作用影响和降低钻速已为人们所公认,但是,对压持机理的认识并不一致。井底附近的液体压力分布影响着钻速的大小。井眼液柱压力(p_m)与井底岩石孔隙中的流体压力(p_c)之差,即压差($p_m - p_c$)是自上而下地作用在井底的压持压力。岩屑被压持压力压在井底并紧贴在原破碎坑内而难以脱离基岩,从而使岩屑有可能被多次重复切削。这种压持作用是造成井底不清洁和影响钻速的重要原因之一。

一般来说,钻进时,压持效应是客观存在而无法避免的。问题在于被压持在井底的岩屑被钻头多次碾切,形成细粉,又和钻井液等搅和起来形成细粉和塑性团块,并形成夹在钻头牙齿与新井底之间的垫层而严重影响钻速。因此,需要研究岩屑在被压持条件下清洗井底的机理。

清洗井底机理的实质就是岩屑在井底场的运移。从理论和试验分析可以认为,岩屑在井底场的运移共有3个基本动作:

a. 首先要克服岩屑的压持效应,使岩屑离开原来破碎坑与基岩分开。

b. 脱离基岩的岩屑若停留在井底,则可能被钻头(牙轮)重新碾压,所以,岩屑需要及时沿井底推移(平移)。在井底,不论是径向推移、周向推移或沿某一方向推移,都要求把岩屑平移至牙轮外面某一适当的"出口"位置,使之处于被举升的条件下。

c. 把岩屑由井底连续地举升到钻头体与井壁之间的环形空间,再进入钻铤与井壁之间的环形空间直到返出井口。需要指出的是,由于井底场液体流动的复杂性,还应防止正在举升中的岩屑重又"倒流"下行。

一个良好的井底流场,应满足岩屑离开井底、在井底被推移和从井底举升这3个基本动作并使之配台默契,这就是分析研究井底流场的出发点和设计井底流场的根据。

② 射流撞击井底后形成的井底冲击压力波和井底漫流是射流对井底清洗的两个主要作用形式。

射流冲击压力作用。射流的冲击面积如图16所示。就整个井底而言,射流作用面积内压力较高,射流作用面积外压力较低。在射流的冲击范围内,冲击压力也极不均匀,射流作用的中心压力最高,离开中心则压力急剧下降。另外,由于钻头的急剧旋转,射流作用的小面积在迅速移动,本来不均匀的压力分布又在迅速变化。由于这两个原因,使作用在井底岩屑上的冲击压力极不均匀,如图17所示。这就是射流对井底岩屑的冲击翻转作用。

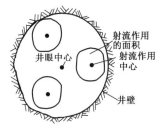
图16 射流冲击面积

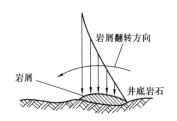
图17 岩屑翻转

③ 漫流的横推作用。漫流是一层很薄的贴在井底平面的横向高速液流层,它是推移岩屑使之离开破碎坑并使岩屑进入环空的重要水力因素(图18)。

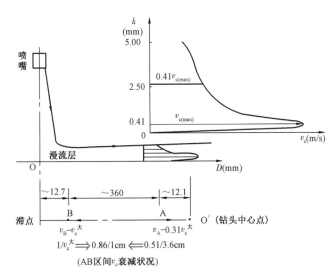
图18 漫流流速剖面及其衰减情况图

④ 井底对称与不对称流场的研究。在全尺寸试验架玻璃井筒内进行了喷射钻头井底流场试验。用贴线法研究多股液流在井底场空间流动时的流向、路线等分布全貌。一个良好的井底流场,应能满足岩屑离开井底、在井底推移和从井底举升这3个基本动作并使之配合好。

试验对比了对称井底流场和不对称井底流扬的特征和优缺点。试验表明,不对称井底流场的3个主要优点是:有效地利用向下冲击的高速射流;合理地安排下行液流与上返液流的"流道",尽量控制其相互干扰并利用其相互促进的方面;扩大和强化液体沿井底的横向漫流流动。从这3个优点来看,喷射钻头应以不对称井底流场为设计依据和发展方向。

a. 对称井底流场。图19是对称布置的三个喷嘴喷射钻头井底流场贴线漂浮状态示意图。贴线自由段的漂浮状态可以表示该处液流的方向和液流流动是否稳定等情况。根据分析整理,得出对称井底流场液流方向、路线分析图(图19)。图20是不对称布置的喷嘴形成的不对称井底流场方向路线图。

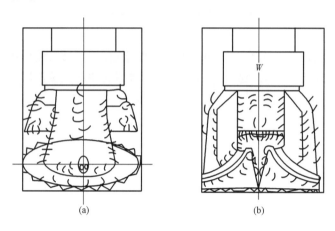

图 19　对称井底流场贴线漂浮状态示意图

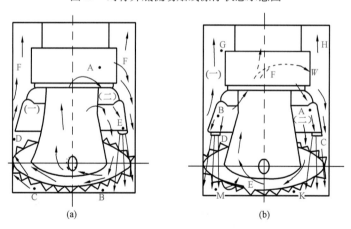

图 20　不对称井底流场液流方向路线分析图
((一)区液流上行;(二)区液流下行)

由图19和图20可知:

i. 由于高速射流与周围液体的动量交换,高速射流对周围液体有强烈的卷吸作用,因此,喷嘴出口附近的液流随同高速射流一起向下流动。这种情况在图20(a)的ABD和图20(b)的FH区域看得比较明显:A点与B点附近的液流方向是向下的。B点以下的液流方向也是向下的。F点虽在喷嘴出口的上方。但是,在F(F′)点与喷嘴出口之间那部分液流,其流动方向也是向下的,这就使得整个井底场空间内的下行液流,不仅包括从喷嘴直接喷射出来的高速射流,还应该包括以高速射流为中心并被它吸入带动来的一部分周围液体。这一现象使得下行液流的范围大于高速射流锥体本身,而使下行液流对井底的冲击范围(图20)扩大。

过去一般文献都认为下行液流只限于高速射流中心本身。做试验以前,我们对这一现象也是没有认识到的,特提出加以讨论。

ii. 在有限的井底场空间内,井底和井壁是该有限空间的限定边界。下行液流到达井底以后必然要上返,然而,下行液流与上返液流都要在该有限空间内各占据一定空间。试验表明,下行液流到达井底后随即上返。例如,图20中下行液流在D点附近以及图20中下行液流在H点附近就都开始上返了。下行液流与上返液流的交界范围(D点、H点附近)是很窄很有限的。这就是说,在对称井底流场中,受到井底和井壁限制的井底场有限空间里,液流在井底的横向流动(横向流,漫流)是受到很大限制的。仅仅从射流的井底靶心向井底中心一少部分范围内存在径向的横向流。而且,对称布置的几个喷嘴的几股横向流还在相互干扰,从而减弱了横向流对岩屑的横扫作用。一般文献说:"井底的漫流是遍及整个(或绝大部分)井底的……",这一说法似乎不一定符合实际,有待进一步试验和分析。很有启发的是,在对称井底流场中横向流受到很大限制这一问题的提出,引导我们考虑应该怎样改变喷嘴布置方案或在钻头结构上采取相应措施,来强化横向流以提高净化井底的能力。

iii. 在井底场有限空间内,下行液流与上返液流各自都要占据一定的空间,从而产生了相互"夺路"的问题。例如在图20中,下行液流为(二)区,而上返液流为(一)区。(一)区和(二)区的交界面可以从贴线的漂浮状态来确定。例如在图20中W点附近就是下行液流与上返液流的分界处,贴线在A点以上和该点以内(朝钻头中心轴线为向内)向上漂浮,(图19)表明液流向上流动;贴线在W点以下和该点以外(朝井壁向外)向下漂浮(图19),表明液流向下流动。在图20中C点和E点之间的贴线呈水平方向左右漂浮,说明液流在这一区域内是由外向内水平方向流动的,形成井底场在图20中表示的F点附近液流分别向上、向下流动的现象,以及液流在(二)区上返后在C点和E点附近先变为水平流动的方向,继而再进入(一)区,并在F点以上再次变为上返液流的现象。在井底场有限空间内,下行液流与上返液流相互"夺路"的现象,暴露了对称井底流场的弱点,并启示我们认识到,应该把有限空间合理分配给下行液流和上返液流。使得它们各有自己的"流道"。这正是科学合理设计喷嘴布置方案应该加以研究的问题。

b. 不对称井底流场。喷嘴的各种不对称布置方案以及不对称的钻头体特殊结构,都可以形成不对称的井底流场。我们初步试验了两种不对称的喷嘴布置方案:一种是封堵一个喷嘴、只留两个喷嘴的喷射钻头[图21(a)];另一种是"两小一大"($2 \times \phi 8mm + 1 \times \phi 11mm$)的组合喷嘴喷射钻头[图21(b)]。现根据试验情况并结合有关资料,讨论分析不对称流场的特征。

i. 图21(a)中的左喷嘴(D)被堵。所以在D附近就具备了没有下行液流的条件。同时,由于封堵了一个喷嘴(图中左喷嘴),相对地强化了从另两个喷嘴(图中右喷嘴)E处喷出的高速射流的冲击和该射流对其周围液体的卷吸作用,从而强化扩大了AEB区域的下行"液流"。液流到达井底后。从B点附近沿井底横向流动并使液流集中地从被堵的喷嘴一侧CDF区域上返。这样就使下行液流与上返液流各偏靠井眼某一侧井壁,合理地分配井底场的有限空间,解决了对称流场中下行液流与上返液流相互混杂并彼此"夺路"的干扰问题。图21(b)所示的右喷嘴大于左喷嘴,所以右边的射流较左边的射流粗而强。再对比左右两侧相应A和B两点的情况可知,A点附近的液体由于要迅速填补C区和K区下行的液流,故A点附近的液流

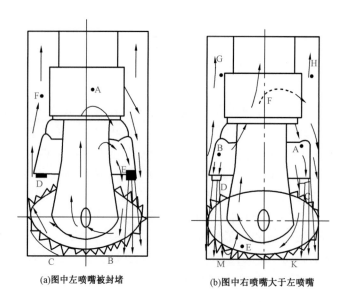

(a)图中左喷嘴被封堵   (b)图中右喷嘴大于左喷嘴

图21　不对称的井底流场液流方向路线分析图
（图为三维平面的,实验及高速图均为三维立体图像）

方向是向下的,而与A点相对应的左侧F点附近的情况就不同了,在F点以上的液流已开始
上返进入环形空间,即其方向是向上的。在距井底一定高度的F点以下,井底场空间内液流
的总趋势也大致有与图21(a)所示的同样优点,即其下行液流与上返液流基本上多偏靠井壁
一侧,相互干扰不大。能在井底场有限空间内合理分配下行液流与上返液流的"流道",解决
彼此"夺路"的相互干扰问题是不对称流场的第一个特征。

　　ii. 不对称井底流场的第二个特征就是扩大和强化了液体沿井底的横向流动(漫流)。例
如在图21(a)中,液体从B点附近沿井底流向C点附近,然后再上返进入钻头巴掌和井壁之间
的环形空间。在图21(b)中,从K点到E点井底区域,横向流也同样被强化了。显然,被强化
的横向流不仅仅限于图示的平面,而应包括既沿井底周向又沿其径向的大部分井底范围。

　　通过上述分析可知,有效地利用向下冲击的高速射流、合理地安排下行液流与上返流的
"流道"并尽量控制其相互干扰的方面,利用其相互促进的方面;扩大和强化液体井底的横向
流动(漫流)是不对称井底流场的3个主要优点。

　　大量钻井实践证明,组合喷嘴、堵喷嘴、斜喷嘴,加长喷嘴、反向喷嘴、强化漫流等,喷射钻
头是能够提高钻速增加进尺的。通过对不对称井底场的研究,认识到它们在速度场、压力场等
方面的主要特点还有:

　　i. 井底压力梯度增大了,岩屑承受不平衡的动压力,不仅强化了横向流也提高了排屑力,
有利于运移岩屑和净化井底;

　　ii. 井底大部分区域动压力减小,在井底钻头附近的局部空间还可能出现"低压区",这就
降低了压持压力,有利于净化井底;

　　iii. 不对称流场的净化能力提高后,降低了对机泵的要求,或者说在同样机泵条件下,提
高了净化井底的能力。

　　不对称流场的理论和实践说明,在一定机泵条件和功率传递方式下,以不对称流场为设计
依据的新型喷射钻头,能够更有效地利用井底水力能量并提高井底净化效果,其意义与合理分
配泵功率同样重要,应共同成为喷射钻井技术不断发展的两个方面。

c. 射流对井底的破岩作用。多年来的研究和钻井实践表明,当射流的水功率足够大时,射流不但有清洗井底的作用,而且还有直接或辅助破岩的作用。

1.3.1.2　射流水力参数

射流水力参数包括射流的喷射速度、射流冲击力和射流水功率。射流的动压力(p_j)为:

$$p_j = \frac{0.05\rho_d Q^2}{A_0^2} \tag{25}$$

式中　p_j——射流动压力;

　　　ρ_d——钻井液密度;

　　　Q——排量;

　　　A_0——喷嘴截面积。

1.3.1.3　钻头水力参数

钻头水力参数包括钻头压力降和钻头水功率。

(1)钻头压力降。钻头压力降是指钻井液流过钻头喷嘴以后钻井液压力降低的值。当钻井液排量和喷嘴尺寸一定时,根据流体力学中的能量方程,可以得到钻头压力降的计算式:

$$\Delta p_b = \frac{0.05\rho_d Q^2}{C^2 A_0^2} \tag{26}$$

式中　Δp_b——钻头压力降;

　　　C——喷嘴流量系数,与喷嘴的阻力系数有关,该值总是小于1。

如果喷嘴出口面积用喷嘴当量直径表示,则钻头压力降计算式为:

$$\Delta p_b = \frac{0.081\rho_d Q^2}{C^2 d_{ne}^4} \tag{27}$$

$$d_{ne} = \sqrt{\sum_{i=1}^{z} d_i^2}$$

式中　d_{ne}——喷嘴当量直径,cm;

　　　d_i——喷嘴直径($i = 1,2,\cdots,z$),cm;

　　　z——喷嘴个数。

(2)钻头水功率。钻头水功率是指钻井液流过钻头时所消耗的水功率。钻头水功率的大部分变成射流水功率,少部分则用于克服喷嘴阻力而做功。根据水力学原理,钻头水功率 N_b 可表示为:

$$N_b = \frac{0.05\rho_d Q^2}{C^2 A_0^2} \tag{28}$$

$$N_b = \frac{0.81\rho_d Q^2}{C^2 d_{ne}^4} \tag{29}$$

式中　N_b——钻头水功率,kW。

对比式(25)和式(29)可以得出:

$$p_j = C^2 N_b \tag{30}$$

由式(30)可以看出,钻头水功率与射流水功率之间只差一个系数 C。C 实际上表示了喷嘴的能量转换效率。射流水功率是钻头水功率的一部分,是由钻头水功率转换而来的。为了提高射流的水功率,必须选择流量系数高的喷嘴。射流的另外两个水力参数也可以用钻头水力参数来表示,即:

射流喷速

$$v_{\mathrm{j}} = 10C \sqrt{\frac{20}{\rho_{\mathrm{d}}}} \sqrt{\Delta p_{\mathrm{b}}} \tag{31}$$

射流冲击力

$$F_{\mathrm{j}} = 0.2 A_0 C^2 \Delta p_{\mathrm{b}} \tag{32}$$

由以上二式可以看出,要提高射流喷速和射流冲击力,必须提高钻头压力降和选择流量系数高的喷嘴。

1.3.2 水功率传递的基本关系

水功率传递依靠压力,其基本关系是:

$$p_{\mathrm{s}} = \Delta p_{\mathrm{g}} + \Delta p_{\mathrm{st}} + \Delta p_{\mathrm{a}} + \Delta p_{\mathrm{b}}$$

式中　p_{s}——钻井泵压力,MPa;

　　　Δp_{g}——地面管汇压耗,MPa;

　　　Δp_{st}——钻柱内压耗,MPa;

　　　Δp_{a}——环空压耗,MPa;

　　　Δp_{b}——钻头压降,MPa。

1.3.3 循环系统压耗的计算

提高钻头水力参数的途径:

(1)提高泵压 p_{s} 和泵功率 N_{s};

(2)降低循环系统压耗系数 K_{L};

(3)增大钻头压降系数 K_{b};

(4)优选排量 Q。

1.3.4 水力参数优选的标准

射流与钻头的 5 个水力参数,即射流喷速 v_{j}、射流冲击力 F_{j}、射流水功率 N_{j}、钻头压降 Δp_{b} 和钻头水功率 N_{b}。由于 N_{b} 和 N_{j} 之间仅差一个系数 C_2,原理上是一个参数,因此,为了简化在实际工作中只计算 N_{b},而不计算 N_{j}。将所剩下的 4 个水力参数与地面机泵的工作参数以及循环系统的损耗联系起来,其计算公式可转换为:

$$\Delta p_{\mathrm{b}} = p_{\mathrm{s}} - K_{\mathrm{L}} Q^{1.8} \tag{33}$$

$$v_{\mathrm{j}} = K_{\mathrm{v}} \sqrt{p_{\mathrm{s}} - K_{\mathrm{L}} Q^{1.8}} \tag{34}$$

$$F_{\mathrm{j}} = K_{\mathrm{F}} Q \sqrt{p_{\mathrm{s}} - K_{\mathrm{L}} Q^{1.8}} \tag{35}$$

$$N_{\mathrm{b}} = Q(p_{\mathrm{s}} - K_{\mathrm{L}} Q^{1.8}) \tag{36}$$

其中

$$K_v = 10C \sqrt{\frac{20}{\rho_d}}$$

$$K_F = \frac{C \sqrt{20\rho_d}}{100}$$

式中　Δp_b, p_b——钻头压降和泵压,MPa;

　　　　v_j——射流喷速,m/s;

　　　　F_j——射流冲击力,kN;

　　　　N_b——钻头水功率,kW;

　　　　ρ_d——钻井液密度,g/cm³;

　　　　Q——排量,L/s;

　　　　C——喷嘴流量系数。

以上式(33)至式(36)4个公式表明了4个水力参数随排量 Q 的变化情况。各水力参数随排量的变化规律如图22所示。

从井底清洗的要求看,希望这4个水力参数都越大越好。但从图22可以看出,根本没有办法选择同一个排量使这4个水力参数同时达到最大值。因而,这就存在着一个在确定泵的操作参数以及选择喷嘴直径和排量时以哪一个水力参数达到最大为标准的问题。由于人们在水力作用对井底清洗机理认识上的差异,通常有最大钻头水功率、最大射流冲击力和最大射流喷速3个标准。目前,钻井现场常用的是最大钻头水功率和最大射流冲击力标准。

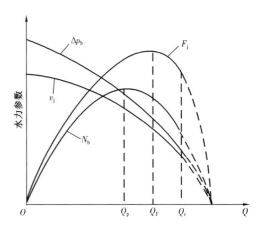

图22　各水力参数随排量的变化规律

1.3.5　最大钻头水功率与最大井底岩面水功率

最大钻头水功率标准认为,水力作用清洗井底或辅助破岩是射流对井底做功。因此,要求在机泵允许的条件下钻头及井底岩面获得的水功率越大越好。

1.3.5.1　获得最大钻头水功率的条件

当钻井泵处在额定泵功率状态时,泵功率 $N_s = N_r$。由水功率的传递关系可得钻头水功率的表达式为:

$$N_b = N_s - N_L = N_r - K_L Q^{2.8} \tag{37}$$

由式(37)可知,随着 Q 的增大,N_b 总是减小;随着 Q 的减小,N_b 总是增大。所以在额定功率 N_r 工作状态下,获得最大钻头水功率 N_b^{max} 的条件应是 Q 尽可能小。由于在额定泵功率状态下,排量不可能比 Q_r 更小。所以实际获得最大钻头水功率的条件是:

$$Q_{opt} = Q_r$$

当钻井泵处在额定泵压状态时，$p_s = p_r$，则钻头水功率可表示为：

$$N_b = N_s - N_L = N_r Q - K_L Q^{2.8}$$

令 $\dfrac{dN_b}{dQ} = 0$，可得：

$$\frac{dN_b}{dQ} = N_r - 2.8 K_L Q^{1.8} = 0$$

求得最优排量为：

$$Q_{opt} = \left(\frac{N_r}{2.8 K_L}\right)^{\frac{1}{1.8}} = \left[\frac{N_r}{2.8(a + mL)}\right]^{\frac{1}{1.8}} \tag{38}$$

由于该最优排量时，有：

$$\frac{d^2 N_b}{dQ^2} = -5.04 K_L \left(\frac{N_r}{2.8 K_L}\right)^{\frac{0.8}{1.8}} < 0$$

所以该最优排量对应的就是钻头水功率的最大值。进一步变化式(38)可得：

$$N_r = 2.8 K_L Q^{1.8} = 2.8 \Delta N_L$$

$$\Delta N_L = \frac{N_r}{2.8} = 0.375 N_r \tag{39}$$

式(38)或式(39)就是额定泵压状态下获得最大钻头水功率的条件。

1.3.5.2 钻头水功率随排量和井深的变化规律

由整个循环系统的水功率分配关系，有：

$$N_b = N_s - N_L = N_r - K_L Q^{2.8} = N_s - (a + mD) Q^{2.8}$$

当 $Q > Q_r$ 时，有：

$$N_b = N_r - (a + mD) Q^{2.8} \tag{40}$$

当 $Q < Q_r$ 时，有：

$$N_b = N_r Q - (a + mD) Q^{2.8} \tag{41}$$

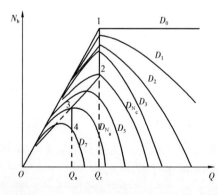

图23 钻头水功率随排量和井深的变化规律

对不同的井深 D，分别按式(40)和式(41)作钻头水功率 N_b 随排量 Q 变化的关系曲线，可得到不同井深和排量下钻头水功率的变化规律(图23)。其中，$D_0 < D_1 < D_2 < D_3 < D_{N_c} < D_5 < D_{N_a} < D_7$。由图中可以看出，当井深 $D \leqslant D_{N_c}$ 时，钻头水功率最高时的排量为额定排量，此时，泵处于额定功率工作状态。当井深 $D > D_{N_c}$ 时，钻头水功率最高时的排量为式(38)所表示的最优排量，此时，泵处于额定泵压工作状态。当井深 $D > D_{N_a}$ 时，获得最大钻头水功率时的排量小于携带岩屑所需要的排量 Q_a，此时，只能用携岩所需的

最小排量 Q_a 继续钻进。由此可以看出,井深 D_{N_c} 和 D_{N_a} 在选择排量时具有非常特殊的意义。通常将 D_{N_c} 和 D_{N_a} 分别称为第一临界井深和第二临界井深。

由于当 $D = D_{N_c}$ 时,最优排量 $Q_{opt} = Q_r$,同时还应满足式(38),因而可求得第一临界井深为:

$$D_{N_c} = \frac{N_r}{2.8mQ_r^{1.8}} - \frac{a}{m} \tag{42}$$

当井深 $D = D_{N_a}$ 时,最优排量 $Q_{opt} = Q_a$,同时也应满足式(38),由此可求得第二临界井深为:

$$D_{N_a} = \frac{N_r}{2.8mQ_a^{1.8}} - \frac{a}{m} \tag{43}$$

1.3.5.3 最优喷嘴直径的确定

以上所说的最大钻头水功率只是最优排量下钻头所可能获得的水功率。然而,钻头实际上是否能得到这样大的水功率,还要取决于所选择的喷嘴直径是否合适。

当最优排量确定以后,最优喷嘴直径的确定取决于最大钻头水功率条件下的钻头压降 Δp_b。由式(27)得:

$$d_e = \sqrt[4]{\frac{0.081\rho_d Q^2}{C^2 \Delta N_b}}$$

当 $D \leqslant D_{N_c}$ 时,有:

$$\Delta N_b = N_s - \Delta N_1 = N_r - (a + mD)Q_r^{1.8}$$

$$d_e = \sqrt[4]{\frac{0.081\rho_d Q_r^2}{C^2[N_r - (a + mD)Q_r^{1.8}]}} \tag{44}$$

当 $D_{N_c} < D \leqslant D_{N_a}$ 时

$$\Delta N_b = N_r - \Delta N_L = N_r - 0.357N_r = 0.643N_r$$

$$d_e = \sqrt[4]{\frac{0.126\rho_d Q_{opt}^2}{N_r - C^2}} \tag{45}$$

当 $D > D_{N_a}$ 时

$$\Delta N_b = N_s - \Delta N_L = N_r - (a + mD)Q_a^{1.8}$$

$$d_e = \sqrt[4]{\frac{0.081\rho_d Q_a^2}{C^2[N_r - (a + mD)Q_a^{1.8}]}} \tag{46}$$

式中　N_b——钻头水功率,hp;

　　　N_s——泵功率,hp;

　　　N_L——循环功耗,hp;

　　　N_r——泵额定功率,hp;

d_e——钻头喷嘴的当量直径,cm;

ρ_d——钻井液密度,g/cm³;

D——井深,m;

Q_r——泵的额定排量,L/s;

Q_a——携岩所需的最小排量,L/s;

p_r——额定泵压,MPa。

由以上各式可以看出,当 $D \leqslant D_{N_c}$ 时,喷嘴直径应随井深的增加而逐渐增大;当 $D_{N_c} < D \leqslant D_{N_a}$ 时,喷嘴直径应随井深的增加而逐渐减小;当 $D > D_{N_a}$ 时,喷嘴直径则又随井深的增加而逐渐增大。

1.3.6　最大射流冲击力与井底岩面最大射流冲击力

最大射流冲击力标准认为,射流冲击力是井底清洗的主要因素,射流冲击力越大,井底清洗的效果越好。

1.3.6.1　获得最大射流冲击力的条件

在额定功率工作状态下,式(35)可变为:

$$F_j = K_F \sqrt{N_r Q - K_L Q^{3.8}} \tag{47}$$

在式(47)中,F_j 达到最大值时,必然有条件:$\dfrac{dF_j}{dQ} = 0$,则可得 $p_L = \dfrac{p_r}{3.8}$ 这是在理论上推出的额定功率状态下获得最大射流冲击力的条件。但在实际工作中,要求 $Q > Q_r$ 是不合适的,因为要求泵冲数超过额定冲数,这对泵的工作是不利的。因此,在额定泵功率状态下,实际上是以 $Q = Q_r$ 作为最优条件的。

在额定泵压工作状态下,式(35)可变为:

$$F_j = K_F \sqrt{p_r Q^2 - K_L Q^{3.8}} \tag{48}$$

由 $\dfrac{dF_j}{dQ} = 0$,可求得获取最大射流冲击力的条件为:

$$\Delta p_L = \frac{p_r}{1.9} = 0.526 p_r \tag{49}$$

$$Q_{opt} = \left(\frac{p_r}{1.9 K_L} \right)^{\frac{1}{1.8}} = \left[\frac{p_r}{1.9(a + mD) K_L} \right]^{\frac{1}{1.8}} \tag{50}$$

1.3.6.2　最大射流冲击力随排量和井深的变化规律

将 $K_L = a + mD$ 代入式(47)和式(48)可得:

当 $Q > Q_r$ 时

$$F_j = K_F \sqrt{p_r Q - (a + mD) Q^{3.8}} \tag{51}$$

当 $Q < Q_r$ 时

$$F_j = K_F \sqrt{p_r Q^2 - (a + mD) Q^{3.8}} \tag{52}$$

对不同的井深 D，分别按式（51）和式（52）作射流冲击力 F_j 随排量 Q 变化的关系曲线，可得到不同井深和排量下射流冲击力的变化规律（图24）。由图可知，从理论上推出的获得最大射流冲击力的工作路线为 $1'→2→3→4→5$。由于 $1'→2$ 段 $Q > Q_r$，这对泵的工作不利，所以实际工作中取 $1→2→3→4→5$ 这条路线。从图中同样可以看出，井深 D_{Fc} 和 D_{Fa}，在选择排量时具有非常特殊的意义。因而，将 D_{Fc} 和 D_{Fa} 分别称为最大射流冲击力标准下的第一临界井深和第二临界井深。

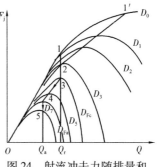

图24　射流冲击力随排量和
井深的变化规律

$$D_{Fc} = \frac{p_r}{1.9mQ_r^{1.8}} = -\frac{a}{m} \tag{53}$$

$$D_{Fa} = \frac{p_r}{1.9mQ_a^{1.8}} = -\frac{a}{m} \tag{54}$$

1.3.6.3　最优喷嘴直径的确定

与最大钻头水功率标准确定最优喷嘴直径的方法相同，也是根据获得最大射流冲击力时的最优排量以及应获得的钻头压降计算喷嘴直径。

当 $D \leqslant D_{Fc}$ 时

$$\Delta p_b = p_s - \Delta p_L = p_r - (a + mD)Q_r^{1.8}$$

$$d_e = \sqrt[4]{\frac{0.081\rho_d Q_r^2}{C^2[p_r - (a + mD)Q_r^{1.8}]}} \tag{55}$$

当 $D_{Fc} < D \leqslant D_{Fa}$ 时

$$\Delta p_b = p_r - \Delta p_L = p_r - 0.526p_r = 0.474p_r$$

$$d_e = \sqrt[4]{\frac{0.171\rho_d Q_{opt}^2}{p_r C^2}} \tag{56}$$

当 $D > D_{Fa}$ 时

$$\Delta p_b = p_s - \Delta p_L = p_r - (a + mD)Q_a^{1.8}$$

$$d_e = \sqrt[4]{\frac{0.081\rho_d Q_a^2}{C^2[p_r - (a + mD)Q_a^{1.8}]}} \tag{57}$$

由以上各式可以看出，喷嘴直径随井深的变化与最大钻头水功率标准时喷嘴直径变化的规律相同。

1.3.7　水力参数的优化设计

进行水力参数优化设计，要进行以下几个方面的工作。

（1）确定最小排量 Q_a。最小排量是指钻井液在携带岩屑所需的最低排量。

（2）计算不同井深时的循环系统压耗系数。将全井分为若干井段，用每个井段最下端的井深作为计算井深。根据前面所讲的公式,分别计算 K_g, K_p, K_c, m 和 a,最后计算不同井深时的循环系统压耗系数 $K_L = a + m$。

（3）选择缸套直径。钻井泵的每一级缸套都有一个额定排量,在所选缸套的额定排量 Q_r 大于携带岩屑所需的最小排量 Q_a 的前提下,尽量使用小尺寸缸套。缸套直径确定以后,p_r, Q_r 和 N_r 三个额定参数就确定了。需要注意的是:应根据所选用缸套的允许压力和整个循环系统（包括地面管汇、水龙带、水龙头等）耐压能力的最小值,确定钻井过程中钻井泵的最大许用压力 p_r。

（4）排量、喷嘴直径及各项水力参数的计算和确定。在确定排量之前先要选择水力参数优选的标准;根据所选择的优选标准计算第一和第二临界井深;根据优选标准、临界井深和获得最大水力参数的条件,计算各井段所用的排量和喷嘴直径;同时计算出不同井段可获得的射流参数和钻头水力参数 v_j, F_j 和 p_b。

1.3.8 井底岩面最大水功率和最大冲击力工作方式

1.3.8.1 井底岩面水力能量

第一,三牙轮钻头下实际射流的水力能量从喷嘴出口到达井底岩面时在数量上有多大的损失?

第二,以钻头最大水力能量进行水力程序设计所优选的水力参数（如 Q_{opt}, $d_{e\cdot opt}$ 和 R_N 等是不是真正的最优值。如果能以井底岩面最大水力能量来优选水力参数的话,最优水力参数值是多少? 两者之间又有多大的差别呢?

为了解决以上两个问题,我们进行了下述三方面的研究工作:

（1）在"黑箱"理论的指导下,用 $8\frac{1}{2}$ in 三牙轮钻头和模拟井限造成一个实际的井底射流流场的条件,做全尺寸钻头的台架实验。用一个专门的测量装置直接测得射流到达井底岩面的水功率和冲击力的实验数据。

（2）在实验数据的基础上,借助于系统辨识的理论方法建立井底岩面水功率和冲击力的数学模型（经验公式）。

（3）依据这些经验公式分别建立并求解了井底岩面最大水功率（$N_{rs\,max}$）和井底岩面最大冲击力（$F_{rs\,max}$）非线性规划数学模型,从而提出了 $N_{rs\,max}$ 和 $F_{rs\,max}$ 两种新的最优工作方式。

1.3.8.2 台架实验测井底岩面水力能量

转动着的三牙轮钻头下贴附井壁的淹没非自由多股射流形成的井底射流流场是一个非常复杂的流场。对这样复杂的流场,流体力学和湍流射流理论都不能从理论上解决它。我们只能而且可以把它当作一个模糊系统来研究。

井底岩面不仅是钻头的工作面,而且是射流的作用面。正是射流到达井底岩面的水力能量才起着克服"压持效应"和进行水力清岩、水力破岩等作用。因而,我们最关心的是射流到达井底岩面的水力能量以及钻头喷嘴和井底岩面之间水力能量的转换关系和衰减规律,而不是射流的中间过程。

用"黑箱"理论可以进行上述研究工作,用一个"黑箱"把钻头喷嘴出口平面、井底岩面和一个理想圆柱面（尺寸与井径相等）所围成的空间（即非常复杂的井底射流流场这个模糊系统）装起来。把喷嘴出口和井底岩面的水力能量分别作为"黑箱"的输入和输出信息。我们的任务之一是要根据这些输入/输出信息来建立能模拟这个"黑箱"的数学模型（图 25）。数学模型的模拟量与实测量之间的偏差应在实际工程所要求的误差范围之内。

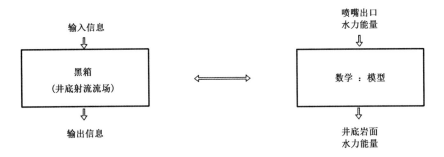

图 25　井底射流流场系统方法的数学描述

喷嘴出口的水力能量(水功率和冲击力)已有理论计算公式。井底岩面的水力能量要由实验测定。

为了得到符合实际的结果,选用一只 8½in(216mm)三牙轮钻头和模拟井眼做全尺寸实验(图 26)。

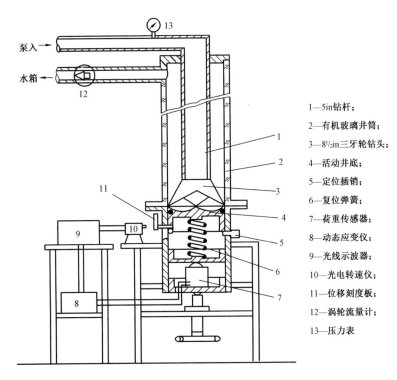

1—5in钻杆;
2—有机玻璃井筒;
3—8½in三牙轮钻头;
4—活动井底;
5—定位插销;
6—复位弹簧;
7—荷重传感器;
8—动态应变仪;
9—光线示波器;
10—光电转速仪;
11—位移刻度板;
12—涡轮流量计;
13—压力表

图 26　井底岩面水力能量测量原理图

在测量装置中有一个专用活动井底。专用活动井底配光电转速仪和荷重传感器检测出射流到达井底岩面的水功率和冲击力。用动态应变仪接光线记录示波器来记录实验曲线。

实验用水作循环液。通过改变喷嘴当量直径(d_e)和排量(Q)而得到一系列水功率和冲击力的实验数据。为便于观察井底水力能量的变化规律,把实验数据整理成数据图(图 27 和图 28)。

$$\Delta N = N_n - N_{rs} \qquad\qquad \Delta F = F_n - F_{rs}$$

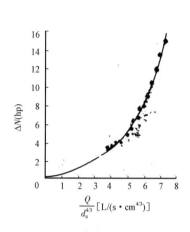

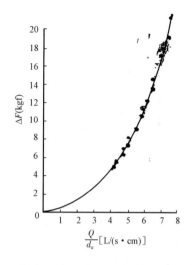

图 27　井底水功率衰减实验数据图　　　图 28　井底冲击力衰减实验数据图

测量装置是用四等标准砝码标定的,用高斯(Gauss)法合成的误差小于或等于 1.51%。

1.3.8.3　建立井底岩面水功率和冲击力的数学模型

本文采用"黑箱"法,分两步建立数学模型。

第一步,用 π 定理和量纲分析建立初始模型:

$$y = f(a_1 x_1, a_2 x_2, \cdots, a_n x_n) \tag{58}$$

式中　$x_1, x_2, \cdots, x_n$ 和 y——变量;

　　　$a_1, a_2, \cdots, a_n$——系数。

基于实验数据,用最小二乘法估计出模型中的系数 $\{\hat{a}_1, \hat{a}_2, \cdots, \hat{a}_n\}$ 后,得到:

$$\hat{y} = f(\hat{a}_1 x_1, \hat{a}_2 x_2, \cdots, \hat{a}_n x_n) \tag{59}$$

其误差为:

$$E = y - \hat{y} \tag{60}$$

分析井底射流流场的特性可知:

$$\Delta N = f(v_0, \rho, l) \tag{61}$$

式中　v_0——喷嘴出口射流速度,m/s;

　　　ρ——钻井液密度,$g \cdot s^2 / cm^4$;

　　　l——喷距,cm。

设 a_1, a_2, a_3 和 a_4 分别为 $\Delta N, v_0, \rho$ 和 l 的指数。

得量纲齐次方程:

$$\begin{vmatrix} 1 & 0 & 1 & 0 \\ 1 & 1 & -4 & 1 \\ -1 & -1 & 2 & 0 \end{vmatrix} \begin{vmatrix} a_1 \\ a_2 \\ a_3 \\ a_4 \end{vmatrix} \tag{62}$$

其解向量是：

$$[a_1, a_2, a_3, a_4]^T = [1, -3, -1, -2]^T$$

井底岩面水功率的π因子：

$$\pi = \frac{\Delta N}{v_0^3 \rho l^2}$$

$$\Delta N = C_N \rho l'^2 \frac{Q^3}{d_e^4} \tag{63}$$

式中　l'——无量纲喷距，$l' = l/d_e$；

$\quad d_e$——喷距当量直径，$d_e = \sum\limits_{i=1}^{n} d_i^2$，cm；

$\quad Q$——排量，L/s；

$\quad C_N$——待定系数。

由最小二乘法和实验数据得 $C_N = 3.074 \times 10^{-4}$。这时，标准差 $\sigma = 1.998$，相对误差为 4.3%。

所以

$$\Delta N = 3.074 \times 10^{-4} \rho l'^2 \frac{Q^3}{d_e^4} \tag{64}$$

同理，可得：

$$\Delta F = 2.73 \times 10^{-3} \rho l'^2 \frac{Q^2}{d_e^4} \tag{65}$$

式(65)的标准差为 3.178，相对误差为 6.23%。

可见，式(64)和式(65)精度较低。但它们已经使"黑箱"变得"半透明"了。

第二步，用系统辨识加"白噪声""滤波"的方法提高模型精度。

由式(60)得：

$$y = f(\hat{a}_1 x_1, \hat{a}_2 x_2, \cdots, \hat{a}_n x_n) + E \tag{66}$$

参考式(64)，设：

$$\Delta N = a_3 \rho l'^2 \frac{Q^2}{d_e^4} + \sum_{i=0}^{2} a_i \rho l'^2 \left(\frac{Q}{d_e^{4/3}}\right)^1 = \sum_{i=0}^{3} a_i \rho l'^2 \left(\frac{Q}{d_e^{4/3}}\right)^i \tag{67}$$

用最小二乘法，并将实验数据输入计算机处理后得到，井底岩面水功率数学模型：

$$\Delta N = \left(0.1315 \rho \frac{Q^3}{d_e^4} - 1.114 \rho \frac{Q^2}{d_e^{8/3}} + 3.299 \rho \frac{Q}{d_e^{4/3}}\right) \times 8.7665 \times 10^{-3} l'^2$$

$$= 1.153 \times 10^{-3} \rho l'^2 \frac{Q^3}{d_e^4} + E_N$$

或者写成：

$$N_{rs} = N_n - \left(1.153 \times 10^{-3}\rho l'^2 \frac{Q^3}{d_e^4} + E_N\right) \qquad (68)$$

同理可得,井底岩面冲击力数学模型:

$$F_{rs} = F_n - \left(4.19 \times 10^{-3}\rho l'^2 \frac{Q^2}{d_e^2} + E_F\right) \qquad (69)$$

其中

$$E_N = \rho l'^2 \frac{Q}{d_e^{4/3}}\left(2.892 \times 10^{-2} - 9.766 \times 10^{-3} \frac{Q}{d_e^{4/3}}\right)$$

$$E_F = \rho l'^2 \left(4.9 \times 10^{-3} - 8.96 \times 10^{-3} \frac{Q}{d_e}\right)$$

$$N_n = \frac{Q}{7.5}[p_s - (mL + n)Q^2]$$

$$F_n = 1.428CQ \sqrt{\gamma[p_s - (mL + n)Q^2]}$$

式中　N_{rs},F_{rs}——分别是井底岩面水功率(hp)和冲击力(kgf);

　　　E_N——井底岩面水功率修正项,hp;

　　　E_F——井底岩面冲击力修正项,kg;

　　　N_n——喷嘴出口射流的水功率,hp;

　　　F_n——喷嘴出口处射流的冲击力,kgf;

　　　p_s——泵压,kgf/cm^2;

　　　L——井深,m;

　　　m——与L有关的循环压耗系数,kg·s^2/10^{3}cm^3;

　　　n——与L无关的循环压耗系数,kg·s^2/10^{3}cm^3;

　　　c——喷嘴流量系数;

　　　γ——钻井液密度,g/cm^3;

　　　Q——排量,L/s;

　　　ρ——钻井液密度,g·s^2/cm^4;

　　　d_e——喷嘴当量直径,$d_e = \sqrt{\sum_{i=1}^{n} d_i^2}$,cm;

　　　l'——无量纲喷距,$l' = 1/d_e$(l是喷距,cm)。

　　式(11)和式(12)的模拟误差分别为0.95%和0.72%。它们的量纲正确,而且物理意义也比较清晰,射流到达井底岩面的水功率和冲击力都随无量纲喷距的增加而减小。

1.3.8.4　井底岩面最大水功率和最大冲击力工作方式

　　由循环管路水力能量传递规律、井底岩面水功率和冲击力数学模型式(68)和式(69)以及钻井实际约束条件可以导出下列井底岩面最大水功率和井底岩面最大冲击力非线性规划数学模型:

（1）井底岩面最大永功率非线性规划数学模型。

$$
\begin{cases}
N_{rs_{max}} = \dfrac{Q}{7.5}[p_s - (mL + n)Q^2 - \\
\quad 1.564 \times 10^{-6} \dfrac{l^2 C^2}{\sqrt{\gamma}}[p_s - (mL + n)Q^2]^{3/2} - \\
\quad 3.457 \times 10^{-5} l^2 \sqrt[3]{\dfrac{C^5}{Q^2}} \sqrt[6]{\gamma[p_s - (mL + n)Q^2]^5} - \\
\quad 1.244 \times 10^{-5} l^2 \sqrt[3]{\dfrac{C^7}{Q}} \sqrt[6]{\dfrac{1}{\gamma}[p_s - (mL + n)Q^2]^7} \\
Q_a \leqslant Q \leqslant Q_r; p_s \leqslant p_r, p_s, Q_a, Q > 0
\end{cases}
\tag{70}
$$

（2）井底岩面最大冲击力非线性规划数学模型。

$$
\begin{cases}
F_{rs_{max}} = 1.428CQ\sqrt{\gamma[p_s - (mL + n)Q^2]} - \\
\quad 5.17 \times 10^{-6} l^2 C^2[p_s - (mL + n)Q^2] + \\
\quad 5.498 \times 10^{-6} \dfrac{l^2 C}{Q}\sqrt{\gamma[p_s - (mL + n)Q^2]} - \\
\quad 1.054 \times 10^{-5} l^2 \sqrt{\dfrac{C^3}{Q}} \sqrt[4]{\gamma[p_a - (mL + n)Q^2]^3} \\
Q_a \leqslant Q \leqslant Q_r; p_s \leqslant p_r, p_s, Q_a, Q > 0
\end{cases}
\tag{71}
$$

式中　Q_r, p_r——分别是泵的额定排量（L/s）和额定压力（kgf/cm²）；

　　　　Q_a——环空携岩最小排量，L/s；

其他符号与式（68）和式（69）中的相同。

井底岩面最大水功率和最大冲击力非线性规划解的存在条件分别是井深（L）大于或等于各自的临界井深。临界井深是隐式，为便于工程上使用，用数值计算方法计算后绘成图 29 和图 30。

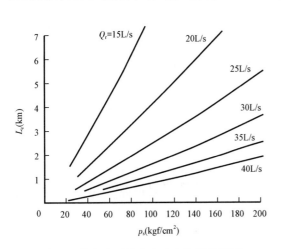

图 29　井底岩面最大水功率临界井深图

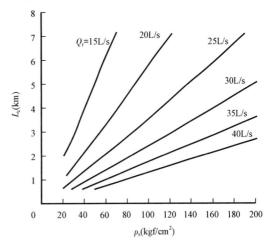

图 30　井底岩面最大冲击力临界井深图

用黄金分割法编写的"NF"计算机程序成功地求解了 $N_{rs_{max}}$ 和 $F_{rs_{max}}$ 非线性规划问题。用胜利油田和华北油田的钻井资料,在电子计算机上处理后得到下列结果与认识:

① 当井深大于或等于临界井深时,可获得井底岩面最大水功率和最大冲击力。$N_{rs_{max}}$ 时,喷嘴功率分配比(R_N)为 0.63,全喷距(135mm)内水功率衰损值为 0.86;$F_{rs_{max}}$ 时,喷嘴功率分配比(R_N)为 0.45,全喷距内冲击力衰损值为 0.89。

② 井底岩面最大水力能量工作方式的最优排量比钻头最大水力能量工作方式的最优排量略提高 7.5% 左右(其他条件都相同)。其理论解释是,因为新的工作方式(前者)所指的全循环"管路"比原有工作方式(后者)所指的全循环"管路"多了全喷距这一段,更符合实际。这就从理论上提出,真正的最优排量要比肯达尔和戈因斯理论为基础目前还在使用的原有水力程序设计出的"最优排量"适当高一点,因而进一步强化机泵是必要的。

对胜利油田 100 多口井和华北油田 32 口井的实际钻井资料进行多因素方差分析得知,当钻井实际用的排量比钻头最大水力能量工作方式优选的最优排量提高 7% ~ 10% 时,机械钻速提高较显著。可见,本文提出的新理论已在实践中得到初步证实。

黑箱理论是研究井底流场的有效方法。用全尺寸钻头台架实验直接测量射流到达井底岩面的水力能量是一种新的实验方法。本文以实验数据建立的井底岩面水力能量经验公式为基础,同时考虑钻井实际约束条件建立了 $N_{rs_{max}}$ 和 $F_{rs_{max}}$ 非线性规划数学模型,从而提出了两种新的最优工作方式:井底岩面最大水功率和井底岩面最大冲击力工作方式。

③ 获得 $N_{rs_{max}}$ 的条件是,当井深(L)大于或等于其临界井深($L_{c.Nb}$)时,喷嘴功率分配比值 $R_N = 0.63$,这时全喷距(135mm)下水射流的功率衰损比值(N_{rs}/N_n)为 0.86;获得 $F_{rs_{max}}$ 的条件是,当井深(L)大于或等于其临界井深($L_{c.Fb}$)时,喷嘴功率分配比值 $R_N = 0.45$,这时全喷距(135mm)下水射流的冲击力衰损比值(F_{rs}/F_n)为 0.89。在实际钻井中,控制 $R_N = 0.45 ~ 0.63$ 是合理的。

④ 井底岩面最优工作方式与钻头喷嘴最优工作方式相比,在井深、泵压、钻井液性能、钻柱和井身结构等完全相同的条件下,$N_{rs_{max}}$ 的最优排量比钻头喷嘴最大水功率的最优排量略提高 7.38%;$F_{rs_{max}}$ 的最优排量比钻头喷嘴出口最大冲击力的最优排量略提高 7.54%。

⑤ 优化钻进技术的主要内容:岩石工程力学及岩石破碎力学;钻进参数优选;喷射钻井;高效长命钻头;优质钻井液;地面钻井仪表(指重表、泵压表、综合录井仪、可视化屏等);随钻实测井下动态参数;随钻实测诊断井下复杂情况及处理;钻井信息技术(软件、数据库等);自动化钻井装备与仪表等。

2 钻井动态数据的井下诊断使司钻达到新水平的钻井过程控制

2.1 概述

在钻井中振动是不可避免的。然而,振动的严重程度和它对钻井作业的有害影响取决于钻头和井底钻具组合(BHA)的设计、被钻地层的岩性以及最重要的是诸如钻压和转速等钻井参数的选择。传统上,司钻在控制钻井参数时,只能凭经验操作或者仅仅依赖于由邻井得到的最佳经验。

新技术使用新型随钻测量(MWD)仪表把钻井过程实时反馈给司钻。包括有各种动态检测元件(传感器)和一个高速数据监测和处理系统的井下专用工具,连续地监测 BHA 的振动并诊断与诸如黏滑、涡动、跳钻等有关问题的发生状况。所诊断的振动类型和严重程度被传送到地面并显示在钻台监视器中。这样使得司钻能立即通过改变钻进参数而采取校正措施，更为重要的是从而优化整个钻井过程。

本文既介绍井下工具和地面显示，又同时阐述整个技术的原理(概念)。还概述了井下处理的算法。用井下第一次使用的几种实例说明在井下怎样识别和处理动态数据。

通常，当钻柱长度与直径的比值为 $10^4 \sim 10^5$ 时钻柱为高柔性，并在钻进时显示有轴向的、扭转的和横向的振动(注:这对实现自动化钻井是一种干扰)。有些振动级别是无害的。但严重的钻柱振动可能导致诸如脱扣和钻头过早磨损、钻速降低、随钻测井工具和其他 BHA 钻具失效等严重问题。由于钻井动态问题造成的经济损失是很大的，增加钻井投入和使用更复杂更昂贵的井下工具来监测和控制振动是钻井优化的重要保证。

石油工业在钻井动力学方面的专家自 20 世纪 50 年代起就加强和发展这一研究，并已有 100 篇以上论文和博士论文研究这方面的课题。以数学模型、井下和地面记录数据分析为基础的理论研究工作对于钻头和 BHA 设计，就地的本井钻井参数以及诸如跳钻、黏滑、钻头涡动、BHA 涡动等等钻进动态特性的严重程度的影响等方面有了较好的认识。但是，在钻进(钻井)时，钻进过程的复杂性和经常变化的地层特性，使得在钻井设计阶段不可能精确预计优化的钻井(钻进)参数。例如，由于钻井参数仅仅很小的振动会戏剧性地改变 BHA 的横向动态响应。因此，对于钻井优化来说需要实时的过程反馈。

最初是在地面进行实时振动监测，因为在地面使用高速数据监测的难度小，并可在钻井井场用常规计算机实时处理和可视化方法解释数据流。

当轴向振动和扭转振动为主要振动方式时，在检测和钻井优化方面可以获得良好的结果。地面测量信号还能提供岩石切削过程和岩性的实时信息("SNAP")。但是，单独使用地面振动监测并不能建立钻柱振动特性的充足精确模型。特别是由于通过(弹性)钻柱传递的有关信号的传播(质量)很差，有害的 BHA 横向振动不能被直接检测出来。还有，在钻定向井和水平井时，钻柱与井壁的接触大大减小了钻头处和钻头附近产生的轴向的、扭转的动态信号，而使地面对信号的监测和解释更为复杂。

在恶劣的井下环境，用不同传感检测元件来监测数据和记录振动数据的技术要求，现在已经得到了解决。所记录数据的钻井后期分析已经对井下振动力学有了深入的了解，并证明振动问题是怎样导致井下装备(工具)损坏(疲劳)的。如果能在损坏之前在地面应用这些井下振动数据的话，那么这些损坏是能够被预防的。

钻井动态数据在井下诊断以及把诊断标志传输到地面是解决问题的关键。在传感检测技术和微电子学方面的近期进展，已经能够开发出包括一整套动态传感检测元件和高速数据监测与处理系统的新型井下工具。这种工具是一种有效控制振动和实现钻井优化目标的核心技术。

2.2 新水平的钻井过程控制

Reinholdli 等认为，为实现钻井优化，司钻"在未来技术发展中是一个焦点(人物)"。这是 1993 年 SPE 论坛"钻柱动态特性——成本或者机遇"的一个成果，它明确表明并纲领性地指出司钻是"当动态问题发生时站在前线的重要人物"。图 31 表示钻井控制环，它基于如下的井下信息，使司钻实现新水平的过程控制并使他能够调整(处理)钻井过程:

(1)司钻在钻台上调整诸如钻压、转速和排量等钻进参数;

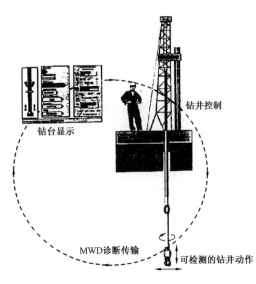

钻台显示

钻井控制

MWD诊断传输

可检测的钻井动作

图31 钻井控制环

（2）钻柱和钻头对此调整做出的反响；

（3）在多个信息通道上高速连续地监测井下数据的井下工具；

（4）研究（确定）数据流中不良动态作用和处理它们严重程度的可靠的井下算法模式；

（5）诊断字符（以字符 0 至 7 表示的严重程度）随着 MWD 钻井液脉冲遥传传输到地面；

（6）诊断结果与其他井下数据和地面数据一起在地面显示屏上直接表达给司钻；

（7）司钻观察他当时调整钻进参数的反响并按要求改变之，这可能还包括停钻（观察）并小心地再启动（转盘）钻进以克服危险的 BHA 涡动（反转）现象。

这种反馈处理使得司钻不仅能够避免动态的井下复杂问题，而且还能够优化钻井作业以获得较高钻速。他不再"在黑暗中打钻"，或者按使用不同 BHA 的邻井的经验来作为（自己）操作的指南，而能够以在用系统中的反响为依据来做出决定。

当司钻控制刹把和各种钻进参数时，图 31 中的反馈环改变了"好司钻"凭感觉的做法。它将来在（半）自动化钻机中变得更加重要，在自动化钻机中司钻凭感觉（靠经验）的做法将被抛弃并迫使他在操作钻机时着重依靠屏幕显示。这种反馈还能证明在指导无经验的司钻方面是有用的。

2.3 井下工具

下面阐述图 32 所示的井下工具样机的数据采集、处理和记录。该工具的设计为：1400bar（20000psi）环境压力和 150℃（302°F）工作温度。两端保护接头能与 MWD 钻柱的扣型相连接。

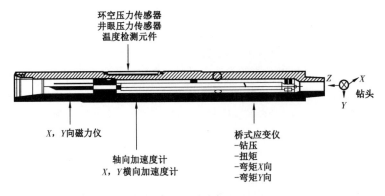

环空压力传感器
井眼压力传感器
温度检测元件

钻头

X，Y 向磁力仪

轴向加速度计
X，Y 横向加速度计

桥式应变仪
-钻压
-扭矩
-弯矩X向
-弯矩Y向

图32 井下传感器组装工具

2.3.1 数据采集

此工具装备有以下几个部分：(1)4 个全桥式应变片组测量压力（钻压）、扭矩和 2 个正交方向的弯矩（此工具紧接在钻头上方，用 WOB 表示钻压）。(2)压力传感器既测量井眼压力又测量环空压力。(3)三轴加速度计组装单元能测出轴向加速度和两个正交方向的横向加速度。(4)还有正交的(X和Y两个方向)磁力仪监测井下旋转速度。(5)用电热偶计提供温度数据。用特殊导线设计技术来确保最佳信噪比。所有12个数据频道瞬时取样均在1000Hz条件下。采用一个实时计时器来标定时间信号并确保按时间顺序记录数据流。在动态测量之前,先校正数据受温度的影响、校正刻度值以及刻度零点飘移的影响。由钻压频道校正压力的影响。核准系数由大量的室内试验确定并使用减载法(降载法)标定刻度表。

2.3.2　数据处理

图33给出了井下工具中数据流的总概念。数字信号处理仪(DSP)能够连续处理每5s一个时间段内监测到的数据流。当采集和存储下一段的数据时,数字信号处理仪就同时处理上一段5秒长的数据流。在每个5s的时间段内,可以把60000个(12频道×1000Hz×5s)原始数据值转变为静态信号和诊断(特征)信号。

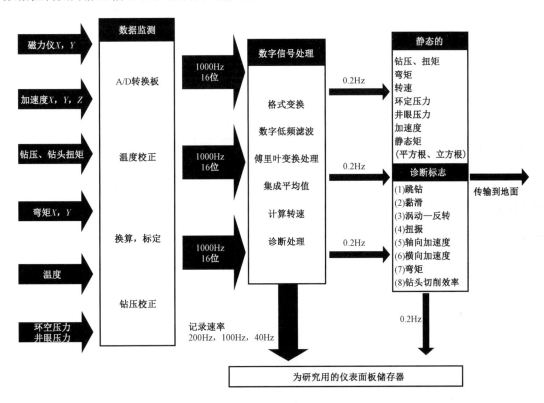

图33　数据监测和处理框图

静态信号包括各个传感器频道的平均值、平均的井下转速、大部分频道的静态值(如平方根、立方根)和所选频道的最大值、最小值。在图33中共列出了8个诊断标志来表示动态现象的严重程度。(注:图33中的8个诊断标志为跳钻、黏滑、涡动—反转、扭振、轴向加速度、横向加速度、弯矩、钻头切削效率)。

开始使用数字式低频滤波器来处理,提供70Hz的可用带宽。按需要,在不同阶段用不同的算法把数据流进行滤波和分样,按照比以前所用的间隔更大的均匀间隔对数字化的数据进行再取样,取1/10,10中抽一,可把数据流的大小降下来。

对磁力仪信号进行处理,以确定瞬时转速和平均转速。在弯曲频道使用类似算法。上述综合结果为诊断涡动提供输入值。用一种快速傅里叶变换(FFT,Fast Fourier Tranform)方法来确定钻压频道在两个不同频段的频率容量。

用高频率波段的分量来确定钻头的切削效率。大多数诊断方法使用信号熵(Signal Entropy),这是一种对信号形状的统计方法。例如,跳钻的诊断是依据钻压频道的统计熵。用计算的统计信号平均信息量与预先确定的一套7个门限值相比较来确定诊断标志。

给予在DSP代码(code)中算法的有效工具以特别的注意。其结果是,对于上述现行算法来说,DSP仅仅需要可用的处理时间的1/3为将来改进和增强其作用留有余地。

2.3.3 数据记录

此工具有16兆内存来存储已处理的数据和高速传感(检测)元件采集的原始数据。当工具接上动力源之后,每5s记录一次从DSP出口输出的数据(指上述静态数据和诊断数据)。这些记录下来的处理后的数据用于建立高质量的录井资料,它表示所有与钻井过程有关的来龙去脉。这些录井资料是说明钻头在整个工作行程中井下钻具组合(BHA)工作特征的极佳综述。

在井下工具中有一个循环数据缓冲器和一个旋转速度启动器,可以控制记录事后模式中从地面高速原始传感元件得来的原始数据。可以在一个钻头开始工作之前选择数据记录频道,选择记录速度。可用的最大数据记录速率是200Hz。依据所选择的编译程序,井下系统连续、持续5~20min缓冲记录传感器的原始数据。在地面增大旋转速度到大于预设时间触发器所预置的门限值,以传输从循环缓冲器到仪表版面分析存储器的数据。

这种功能使得所选择的、所记录的事件意义重大。多项事件能够被储存起来直到存储器存满为止。高速原始检测(传感)数据对钻井过程的动态情况提供了深层次的见解,而且对验证(鉴定、证实)和改进现行算法以及开发新用途有着非常宝贵的意义。

2.4 地面显示

在钻台上的实时显示器是钻井过程控制环(图31)的关键地面部件。显示器连接在标准的随钻测量(MWD)地面系统上,而且能像显示其他井下数据、地面数据一样显示从井下传递来的诊断信息。图界表示显示器的外壳和诊断屏幕。外壳尺寸是420mm×420mm×200mm(16.5in×16.5in×8in)。该装置设计并经过鉴定可用于危险地区。显示器给司钻提供最清楚的和最有意义的钻井过程信息,其指针的颜色和长度能指出钻井不良作用(障碍、事故)的严重程度。通过井下测量的井身轨迹和地面测量的钻压以及扭矩的变化来提供有关传递到钻头上压力效率的瞬时信息。显示其他数据包括转速、钻速和(钻井液)当量循环密度(ECD)。ECD是由井下环空压力测量得出的,并已证明这是钻井水力问题(如岩屑清洗不好等)的重要显示。

再有,屏幕已发展到对于不同的振动模式能持续显示有关数据20~60min。还能帮助识别井下不正常情况发生的原因。司钻能在诸显示屏的显示之间用简单的关键动作来扳动按钮进行有效的操作与处理。当地面系统已经从井下得到剧烈振动的报告和完成记录之后,司钻就能采取一套推荐的动作来进行处理。如图34所示,这些推荐动作被显示在诊断屏幕上。

2.5 井下应用

工具样机于1998年4月在美国俄克拉何马、Mounds Baker试验区(BETA)进行。试验是

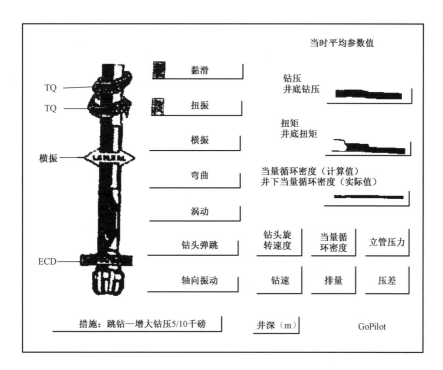

图 34 带有诊断屏幕的钻台显示(图中数据为举例)

在一口直径为 $12\frac{1}{2}$in 的直井中进行的,从 210m 到 946m 共试 10 个钻头。试验程序的目标已经证明这种井下工具确有数据采集、处理和记录的能力。钻井程序设计了能在轴向、扭转和横向全部 3 种方式下产生严重振动。

2.5.1 黏滑实例

图 35 中三个靠下的框图表示井下转速、井下钻压和扭矩以及黏滑诊断。在转速框图中的三条曲线表示超过 20s 时间段的平均转速,以及在这 20s 时间段所测到的最大转速、最小转速。图 35(b)表示在 100Hz 时用磁力仪所测值的记录。在图 35(a)中的瞬时转速是由磁力仪信号得出的。

在这次钻头行程中使用稳斜 BHA 和耐磨(不怕冲击力的)PDC 钻头(HTC – BD – 536)。在开始阶段,转速最大值与最小值相差大,扭转振动非常严重,黏滑诊断为 3 ~ 4 级严重度。由于岩性的变化,振动减为零级严重度,而在钻进 4min 后,严重度又增大到 4 级。在 4 ~ 11min 之间时,缓慢增加钻压以激化钻柱的黏滑特性。在这段时间严重度上升到 5 级。转速表显示,当钻进时的平均转速为 90r/min 时,瞬时转速在 0 ~ 180r/min 之间变化。

在前 11min 的记录中忽然发生顶驱减速(和卡住,停钻)。为了启动从循环缓冲器到板面储存器的高速数据的传输,钻头被提离井底并在高于 220r/min 的速度下旋转(空转)约 30min。恢复钻进和增大转速与钻压后,扭转振动达 1 级并在最后 30min 达 2 级。在 11 ~ 13min 之间,因地面启动存储数据到存储器而转速的急剧变化导致出现严重度高级别的情况。

2.5.2 钻头跳钻实例

图 36(b)显示的是每 5s 一段时间内井下静钻压的平均值以及 5s 时间段内测得的最大轴向加速度。再者,该数据是 30min,图 36(c)(d)表示井下转速和扭矩以及跳钻的诊断。

在这个钻头行程中,BHA 在三牙轮钻头上方约 18m 处安装了第一个稳定器。当钻头接触

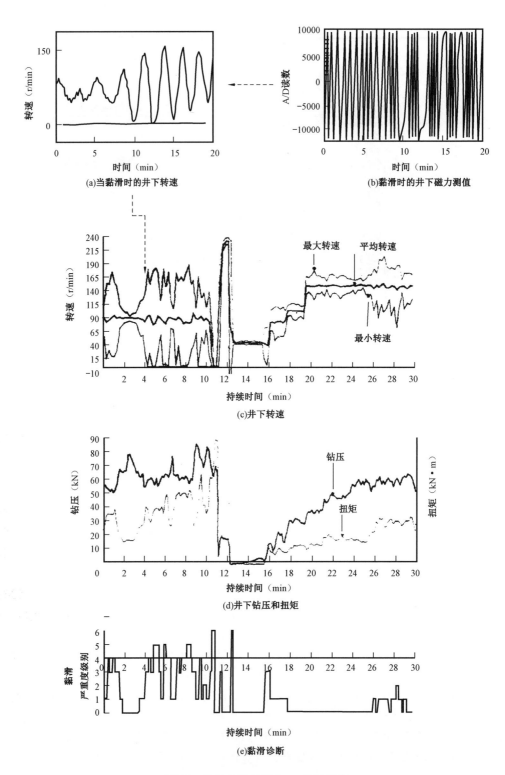

图 35　井下应用实例之一:黏滑现象

到井底之后立刻就发生跳钻。最大的诊断级别达 7 级,几乎是连续地跳钻直到把钻头提离井底并随之以 160r/min 以上的转速储存过载高速数据到仪表板面存储器中。图中靠上边的左图深刻地说明这种跳钻不良作用的严重程度。在钻压平均为 85kN 时,这种高速数据揭示钻

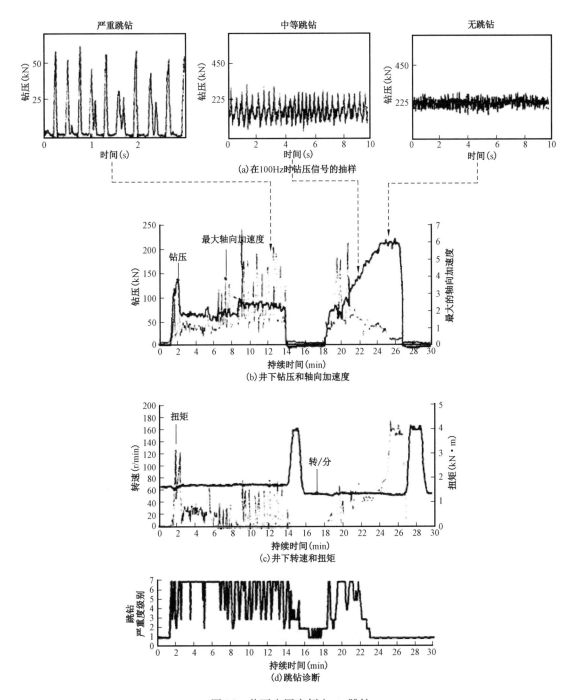

图36 井下应用实例之二:跳钻

压由 500kN 以上至零钻压时的严重加载和卸载情况,表明零钻压时钻头确实离开了井底。进一步的分析说明,钻头有 50% 以上的时间离开了井底。用最近公布的算法来估测钻头的最大位移(离井底高度)约为 30mm。当跳钻振动严重时,在地面就能观察到水龙带等设备摇晃。恢复再钻进时,严重的跳钻再发生。用增大钻压的方法来克服这种不良现象。高速钻压信号的打印标记说明平均钻压为 150kN 时为中等程度振动(中等跳钻),而 210kN 时为轻微振动。因此,采用加大钻压的措施后跳钻诊断由 7 级下降到 1 级。在所测试阶段的末尾,储存器启动程序重又执行以处理高速数据。

2.5.3 BHA 涡动(横向加速度剧烈变化)实例

图 37 从上至下所表示的是:

(1)在平均 5s 的时间段内的平均横向加速度以及在 5s 时间段内的最大横向加速度;

(2)平均的钻压和平均的井下扭矩;

(3)井下扭矩和井下转速;

(4)横向振动诊出。

图 37(b)是由 X 轴加速度计经过测量得到涡动时的高速取样数据的每 2s 取样一次的图示。

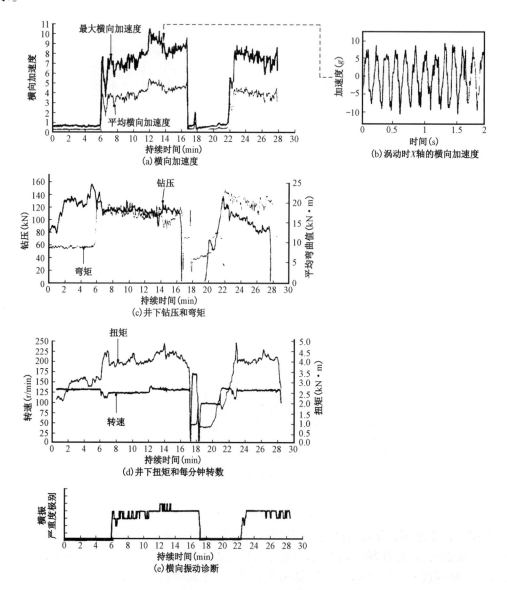

图 37 井下应用实例之三:横向振动和涡动

在这次钻头行程中,使用三牙轮钻头来钻硬白云岩地层。在开始阶段,在恒定转速为135r/min 的条件下,增加钻压,大约 6min 以后,钻具开始有反转(涡动),可以看出弯矩和横向加速度显著增加,但地面所显示的扭矩只有微小的增加。这时井下诊断信号的严重级为 3~4 级,可以清楚地看出井下钻具组合(BHA)已经开始有反转(涡动)。在 12min 时,转速的轻微增加导致横向加速度的进一步增加,从而在地面可知严重级别增大到 5 级。在储存高速取样数据至板面储存器之后(转速启动程序)恢复钻进,反转(涡动)的不良现象很快地再次发生。横向振动诊断的严重度级别再次上升到 4 级。在这次钻头行程中,BHA 涡动(正转与反转交替旋转)增加了,并在 5h 内总共持续了 2h。最后,这个钻头行程由于 8in 钻铤在测量工具以上 30m 处脱扣而中止了钻进。在成功地打捞了井下工具之后,发现井下工具的表面有凹痕,这是由于严重冲击硬白云岩所致。由于局部的表面塑性变形而很难卸扣。这个实例说明,对钻柱来说横向振动是多么危险,它们发展得多么快,而且如果没有来自井下的反馈诊断,它们很难在地面检查出来。

2.6 展望

成功地实现纲要服务概念的关键是钻井队(尤其司钻)的整体合作和相互了解。关于动态问题的信息知识是在开展全井队岗前培训的基础上提高他们对钻井动态的全面了解并讲述怎样从井下获得动态的反馈反应的概要知识。在初期应该预先安排一位钻井动态问题专家常驻井队现场。然而,这项技术服务的目的是保证钻井过程信息直接地给司钻,使他能够做出较好的决策以改善整个钻井指标。由 Dubinsky 等研制的一种人机对话模拟器,能够在钻进前确定和评估不同的钻井动态情况以进一步改进决策的质量并且还能作为培训工具。

正如每一种新技术一样应具有一定的学习过程。在系列应用中得到的经验,会有助于加强井下工具和地面软件的现用算法并开发其他用途。由司钻的反馈能有助于优化钻台上的显示。以井下诊断为依据的实时振动监测将会成为钻井工程的常规标准。例如,标准化能够促进包括井下钻井过程信息(例如进入司钻仪表板中的诊断信息)屏幕的整体综合,从而取消为钻台屏幕显示对附加硬件的要求。

2.7 结论

(1)本文介绍的井下工具能够提供给司钻和工程师新水平的钻井过程控制,因为它能使人们依据井下实时诊断信息做出钻井决策,这也将是自动化钻井的必要工具。

(2)实验证明,这种井下工具能够采集、处理和记录高速取样动态数据,并定量诊断动态障碍(井下动态不良作用)的类型和严重程度。

Hydraulic Programs for Maximum Hydraulic Horsepower and Impact Force on the Rock Surface of the Hole Bottom in Jet Drilling[●]

Zhang Shaohuai   Yao Caiyin

Summary: In this paper, empirical formulations have been developed to calculate, from full – scale experimental results, the hydraulic horsepower and impact force at the rock surface. Two new hydraulic programs were established to optimize bit hydraulics on the rock surface of the hole bottom. The new theory and methods, when tasted in oilfield drilling practice, have increased on the rock surface of the hole bottom. The new theory and methods, when tested in oilfield drilling practice, have increased rate of penetration(ROP) and reduced drilling cost.

1　INTRODUCTION

This paper deals with our experiments on the measurement of the hydraulic energy imposed on the rock surface of the hole bettom(RSHB). (RSHB is defined as the instantaneous rock surface of the hole bottom drilled by the rock bit during penetration.)We have established two new theories about the hydraulic programs in design. These theories concern the maximum hydraulic horsepower and impact force on the RSHB. The"black box"theory, which can be used effectively to solve modern engineering problems, has now been introduced in the research of the flow field of the jet bit above the hole bottom. A unique full – scale experiment(i. e. , the experiment treasuring the hydraulic energy on the RSHB)has been done to measure directly the hydraulic horsepower and the impact force of the jets beneath a three – cone bit striking on the RSHB. Empirical formulas have been developed for calculating the hydraulic horsepower and the impact force on the RSHB. Two new hydraulic programs have been provided that consider the maximum hydraulic horsepower and impact force on the RSHB as the design criteria for the optimized hydraulic programs.

Under the experimental conditions in this paper, critical values have been obtained, such as the ratio of the horsepower distribution, R_N, for the maximum hydraulic energy on the RSHB and the range of the hydraulic energy decline factor at the full standoff distance [135mm(5. 3 in)from the nozzle exit to the RSHB]. Under the same condition, the optimum flow rate for the maximum hydraulic energy on the RSHB is about 7. 5% more than that for the maximum hydraulic energy on the bit nozzle. Theory and drilling practice have proved that a proper increase in the flow rate and pump horsepower is necessary.

Since Kendall and Goins[1] developed the jet – bit programs for maximum hydraulic horsepower, impact force, or jet velocity in 1960, experimental studies of the fluid flow in the bottom hole flow

---

field(BHFF), the characteristics of the symmetric BHFF, and the effective cuttings removal have been investigated by several research departments and specialists. [2-5] Until now, however, no one has directly measured the hydraulic energy(hydraulic horsepower and impact force) of a three – cone jet bit while the jets strike on the RSHB. Consequently, a lot of analysis and calculation of bit hydraulics have to be considered only on the exit of bit nozzles. The function of the jet striking on the formation, however, should be reflected by the hydraulic energy imposed on the RSHB. Generally, the standoff distance(from the nozzle exit to the RSHB) for the present three – cone bit is longer than 100 mm(3. 9 in). This jet distance is long enough to affect the hydraulic parameters on the RSHB greatly. Therefore, we must consider the following questions.

(1) How much of the hydraulic energy of the jet will be lost from the nozzle exit of the three – cone bit to the RSHB?

(2) Will the designed optimized hydraulic parameters(e. g. , q_{opt} and $d_{eq_{opt}}$) based on the hydraulic programs for the maximum hydraulic horsepower on the bit nozzle be the true optimized values? If the hydraulic parameters can be optimized on the basis of maximum hydraulic horsepower on the RSHB, what are the optimized hydraulic parameters and what are the differences between these two sets of parameters?

To answer these questions, we have done the following research:

(1) Under the guidance of the black box theory, a full – scale experiment has been carried out under the conditions of the actual bottom hole jet flow field made from a 21. 6cm(8 ½ in) three – cone bit and a simulated borehole. By using a special measuring unit, we have obtained directly data on the hydraulic horsepower and the impact force of the jet imposed on the RSHB.

(2) On the basis of experimental data, mathematical models(or empirical formulas) of the hydraulic horsepower and the impact force on the RSHB have been developed by means of the theory of system identification.

(3) From these empirical formulas, the nonlinear programming mathematical models of the maximum hydraulic horsepower, $N_{rs_{max}}$, and the maximum impact force on the RSHB, $F_{rs_{max}}$, have been developed and solved. Thus, two unique optimized hydraulic programs for the maximum N_{rs} and maximum F_{rs} have been developed.

2 EXPERLMENTAL DETERMINATION OF THE HYDRAULIC ENERGY ON THE RSHB

The bottom hole jet flow field beneath a rotating three – cone bit is a very complex, adhesive – submerged, nonefree multijet flow(as shown in Fig. 1). Because of its complexity, the flow field cannot be solved with the theories of fluid mechanics and turbulent jet flow. It can be studied only if it is considered as a "fuzzy system. "

The RSHB is not only the working surface of the bit, but also the acting surface of the jet. Only the hydraulic energy imposed on the RSHB can overcome the "hold – down effect," remove cuttings, and break rock hydraulically. Therefore, rather than focusing on the intermediate process of jet flow, our attention will be on the hydraulic horsepower of the jet striking on the RSHB, as well as the transmission and decline of the hydraulic energy between the bit nozzle and the RSHB.

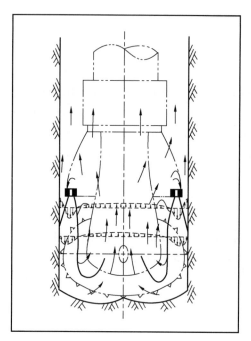

Fig. 1   Schematic diagram of adhesive –
submerged, nonfreejet flow field
beneath a three – cone bit

Research work may be carried out on the basis of the black box theory. An enclosed space(i. e. , the fuzzy system of the very complex BHFF) made from the plane – of – bit nozzle exit, the RSHB, and an imaginary cylinder whose size is equal to the borehole diameter(as shown in Fig. 2) , is considered a black box. The hydraulic energy at the nozzle exit and at the RSHB is considered the input and output information of the block box, respectively. One of our tasks is to develop mathematical models based on this input and output information that can simulate this black box(as shown in Fig. 3) , with the deviation between the simulated quantity and the actually measured quantity staying within an error required in practical engineering.

There have been some theoretical formulas for the calculation of the hydraulic energy (hydraulic horsepower and impact force) at the nozzle exit. The hydraulic energy on the RSHB has to be measured experimentally.

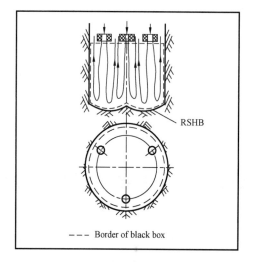

Fig. 2   Schematic of the bottomhole black box

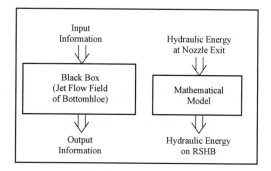

Fig. 3   Mathematical descrlptlon of system method
of the bottomhole – jet flow fleld

To have the results match with those in practice, a full – scale experiment has been carried out with a 21. 6cm(8½in) three – cone bit and a simulated borehole(as shown in Fig. 4) .

A special movable bottom was set in the measuring equipment. The hydraulic horsepower and the impact force of the jet striking on the RSHB are detected by the special movable bottom set, a photoelectric tachometer, and a load sensor. The resultant curve is recorded with a recording oscilloscope connected to a dynamic strain gauge. Water was used as the circulating fluid in the experiment. By changing the equivalent diameter of the nuzzled, d_{eq}, and the flow rate, q, data of the hydraulic horsepower and impact force were obtained experimentally. For convenience in studying the change of the hydraulic energy at bottomhole, the experimental data are treated in the forms shown in Fig. 5 and Fig. 6.

The measuring equipment was calibrated with fourth – class standard weights, and the combined error by the Gauss method is ≤1. 51%.

3 MATHEMATICAL MODELS OF THE HYDRAULIC HORSE-POWER AND IMPACT FORCE ON RSHB

Mathematical models are developed in two steps by the black box theory.

Step1. Step 1 uses the π theorem and dimensional analysis to develop a primary model:

$$Y = f(K_1 X_1, K_2 X_2, \cdots, K_n X_n) \qquad (1)$$

On the basis of the experimental date, we can estimate the coefficients in the model (K_1, K_2, $\cdots$, K_n) by the least – squares method so that we have

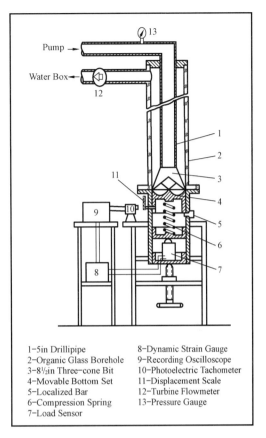

1−5in Drillipipe	8−Dynamic Strain Gauge
2−Organic Glass Borehole	9−Recording Oscilloscope
3−8½in Three−cone Bit	10−Photoelectric Tachometer
4−Movable Bottom Set	11−Displacement Scale
5−Localized Bar	12−Turbine Flowmeter
6−Compression Spring	13−Pressure Gauge
7−Load Sensor	

Fig. 4   Schematic of equipment for measuring the hydraullc energy on the RSHB

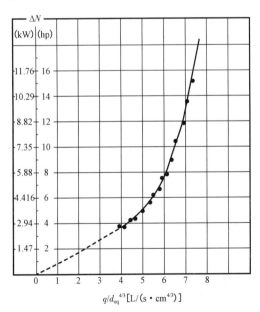

Fig. 5   Bottomhole hydraulic;
horsepower decline carve, $\Delta N = N_n - N_{rs}$

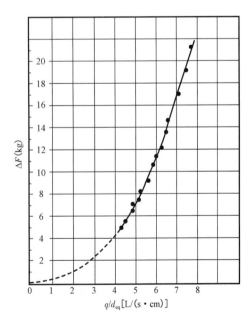

Fig. 6   Bottomhole impact force
deciine carve, $\Delta F = F_n - F_{rs}$

$$\hat{y} = f(\hat{K}_1 X_1, \hat{K}_2 X_2, \cdots, \hat{K}_n X_n) \tag{2}$$

The error between y and $\hat{y}$ is

$$E = y - \hat{y} \tag{3}$$

By an analysis of the characteristics of the BHFF, we know that

$$\Delta N = f(v_n, \rho, L) \tag{4}$$

Assuming that K_1 through K_4 are the exponents of ΔN, v_n, ρ, and L, respectively, we get a dimensionally homogeneous equation,

$$\begin{bmatrix} 1 & 0 & 1 & 0 \\ 1 & 1 & -4 & 1 \\ -1 & -1 & 2 & 0 \end{bmatrix} \begin{bmatrix} K_1 \\ K_2 \\ K_3 \\ K_4 \end{bmatrix} = 0 \tag{5}$$

Whose solution vector is $(K_1, K_2, K_3, K_4)^{\mathrm{T}} = [1, -3, -1, -2]^{\mathrm{T}}$. The π factor of the hydraulic horsepower on the RSHB is $\pi = \Delta N / v_n^3 \rho L^2$. Thus,

$$\Delta N = C_N \rho L_D^2 \frac{q^3}{d_{eq}^4} \tag{6}$$

Where C_N is the undetermined coefficient.

On the basis of experimental data, we have $C_N = 3.074 \times 10^{-4}$ by the least – squares method. Here, the standard deviation is $\sigma = 1.998$, and the percentage error is 4.3%. Hence,

$$\Delta N = 3.074 \times 10^{-4} \rho L_D^2 \frac{q^3}{d_{eq}^4} \tag{7}$$

In the same way, we obtain

$$\Delta F = 2.73 \times 10^{-3} \rho L_D^2 \frac{q^2}{d_{eq}^2} \tag{8}$$

The standard deviation of Eq. 8 is 3.178 and its percentage error is 6.23%.

It can be seen that the precision of Eqs. 7 and 8 is rather low. Fortunately, however, they have already made the black box "semitransparent".

Step 2. The precision of the models is improved by use of the methods of adding "white noise" and "filtering" in the system identification.

From Eq. 3, we get

$$y = f(\hat{K}_1 X_1, \hat{K}_2 X_2, \cdots, \hat{K}_n X_n) + E \tag{9}$$

By referring to Eq. 7 and assuming

$$\begin{aligned} \Delta N &= K_3 \rho L_D^2 \frac{q^3}{d_{eq}^4} + \sum_{i=0}^{2} k_i \rho L_D^2 \left(\frac{q}{d_{eq}^{4/3}} \right)^i \\ &= \sum_{i=0}^{3} k_i \rho L_D^2 \left(\frac{q}{d_{eq}^{4/3}} \right)^i \end{aligned} \tag{10}$$

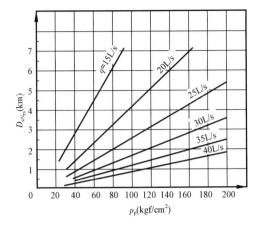

Fig. 7　D_c for maximum hydraullc horsepower
on the RSHB

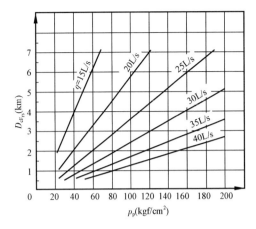

Fig. 8　D_c of the maximum impact force
on the RSHB

With the least – squares method, data were entered into the computer. After processing, we have the mathematical model of the hydraulic horsepower on the RSHB:

$$\Delta N = \left(0.1315\rho\,\frac{q^3}{d_{eq}^4} - 1.114\rho\,\frac{q^2}{d_{eq}^{\frac{4}{3}}} + 3.299\rho\,\frac{q}{d_{eq}^{\frac{4}{3}}}\right) \times 8.7665 \times 10^{-3}\,L_D^2$$

$$= 1.153 \times 10^{-3}\rho\,L_D^2\,\frac{q^3}{d_{eq}^4} + E_N$$

Which is written as follows:

$$N_{rs} = N_n - \left(1.153 \times 10^{-3}\rho\,L_d^2\,\frac{q^3}{d_{eq}^4} + E_N\right) \tag{11}$$

Similarly, we can obtain the mathematical model of the impact force on the RSHB:

$$F_{rs} = F_n - \left(4.19 \times 10^{-3}\rho\,L_d^2\,\frac{q^2}{d_{eq}^2} + E_F\right) \tag{12}$$

In Eqs. 11 and 12, $E_N = \rho L_{Dq}^2 (2.892 \times 10^{-2} - 9.766 \times 10^{-3} q/d_{eq}^{4/3})/d_{eq}^{4/3}$, the correction term of the bydraulic horsepower on the RSHB(in horsepower) ; $E_F = \rho L_D^2 (4.9 \times 10^{-3} - 8.96 \times 10^{-3} q/d_{eq})$, the correction term of the impact force on the RSHB(in kilograms) ; $N_n = [p_p - (M_{pD}D + M_p)q^2]q/7.5$, the hydraulic horsepower of the jet at the nozzle exit(in horsepower) ; and $F_n = 1.428Cq\sqrt{\gamma[p_p - (M_{PD})D + M_P)q^2]}$, the impact force of the jet at the nozzle exit(in kilograms).

The simulation errors of Eqs. 11 and 12 are about 0.95% and 0.72 %, respectively. The dimensions of the equations are correct and their physical meaning is very clear—that the hydraulic horse power and the impact force for a jet at the RSHB do decrease with the increase of the dimensionless jet distance.

4　HYDRAULIC PROGRAMS OF THE MAXIMUM HYDRAULIC HORSEPOWER AND IMPACT FORCE ON THE RSHB

On the basis of hydraulic energy transmission in the circulation system, the mathematical models (Eqs. 11 and 12) of the hydraulic horsepower and impact force on the RSHB, as well as the constraints in practical drilling operations, the mathematical models of the nonlinear programming of the maximum hydraulic horsepower and impact force on the RSHB can be derived as follows.

The mathematical model of nonlinear programming of the maximum hydraulic horsepower on the RSHB is

$$N_{rs_{max}} = \frac{q}{7.5}[p_p - (M_{PD}D + M_P)q^2] - 1.564 \times 10^{-6}\frac{\rho^2 C^3}{\sqrt{\gamma}}[p_p - (M_{PD}D + M_P)q^2]^{\frac{3}{2}} -$$

$$3.457 \times 10^{-5}\rho^2 \sqrt[3]{\frac{C^5}{q^2}} \sqrt[6]{\gamma[p_p - (M_{PD}D + M_P)q^2]^5} + 1.244 \times 10^{-5} L^2 \sqrt{\frac{C^7}{q}} \times$$

$$\sqrt[6]{\frac{1}{\gamma}[p_p - (M_{PD}D + M_P)q^2]^7} \tag{13}$$

where $q_{a_{min}} \leqslant q \leqslant q_R, p_p \leqslant P_R$, and $p_p, q_{a_{min}}$, and $q > 0$.

The mathematical model of the nonlinear programming of the maximum impact force on the RSHB is

$$F_{rs_{max}} = 1.428 Cq \sqrt{\gamma[p_p - (M_{PD}D + M_P)q^2]} -$$

$$5.17 \times 10^{-6} \rho^2 C^2[p_p - (M_{PD}D + M_P)q^2] +$$

$$5.498 \times 10^{-6}\frac{\rho^2 C}{q}\sqrt{\gamma[p_p - (M_{PD}D + M_P)q^2]} -$$

$$1.054 \times 10^{-5}\rho^2\sqrt{\frac{C^3}{q}} \times \sqrt[4]{\gamma[p_p - (M_{PD}D + M_P)q^2]^3} \tag{14}$$

where $q_{a_{min}} \leqslant q \leqslant q_R, p_p \leqslant p_R$, and $p_p, q_{a_{min}}$, and $q > 0$.

We can find the solution of the nonlinear programming of the maximum hydraulic horsepower and impact force on the RSHB when the well depth is deeper than or equal to the critical well depth of the hydraulic horsepower and impact force, respectively. The critical well depth formulas are implicit equations. The critical well depth, D_C, is defined as $D = D_C$, while $p_p = p_R$ and $q = q_R$. Because $p_R = (M_{PD}D_C + M_P)q_R^2 + p_B$, then $D_C = (p_R - p_B)/(M_{PD} - q_R^2) - M_P/M_{PD}$. For the sake of convenience for use in engineering work, Figs. 7 and 8 were made by means of numerical methods.

The problems of the nonlinear programmin of $N_{rs_{max}}$ and $F_{rs_{max}}$ were successfully solved with our NF computer program based on the "gold secant" method (i. e. , 0. 618 method). Drilling data from Shengli oil field and the North China oil field were processed with a computer and the following results were obtained.

When the well depth, D, is deeper than or equal to the critical well depth, the maximum hydraulic horsepower and impact force on the RSHB can be obtained. For $N_{rs_{max}}$ the ratio of the hydraulic horsepower distribution at the nozzle, R_N, is 0. 63 and the decline factor at the full standoff distance [135mm(5. 3in)] is about 0. 86. For $F_{rs_{max}}$, the ratio of the hydraulic horsepower distribution at the nozzle, R_N, is 0. 45 and the decline factor of the impact force at the full standoff distance is about 0. 89.

The optimized flow rate in the programs of the maximum hydraulic energy on the RSHB is about 7. 5% higher than that in the Programs of the maximum hydraulic energy at the jet bit(the other conditions are the same). The theoretical interpretation is that the whole circulating "path" of the new hydraulic program(the former) includes a section of the full standoff distance(this coincides with the drilling practice), comparing with that of the original hydraulic program(the latter). Therefore, we have emphasized the following aspect theoretically: that the true optimum flow rate should be a little higher than the "optimum flow rate" calculated from the hydraulic program based on the theory developed by Kendall and Goins. Thus, the horsepower of mud pump sets should be further increased.

With the practical drilling data of more than 100 wells from the Shengli oil field and 32 wells from the North China oil field , the method of multifactor variance analysis of these data found that the ROP increased clearly when the flow rate in the drilling practice was 7% to 10% greater than the flow rate optimized by the program of the maximum hydraulic energy on the bit(as shown in Table 1). Thus the theory developed in this paper has been proved primarily in field drilling practice.

Table1   Practical Drilling Data($D = 1500$ to 2000m)

Items	$q < q_{E_{opt}}$	$q = q_{E_{opt}}$	$q = (1 + 7\%$ to $10\%) q_{E_{opt}}$	$q > (1 + 15\%) q_{E_{opt}}$
Number of Wells	39	76	37	11
Average ROP(m/h)	7. 7	9. 7	11. 2	8. 1

Table 2   Example Data

Parameter	Program			
	$F_{rs_{max}}$	$F_{n_{max}}$	$N_{rs_{max}}$	$N_{n_{max}}$
$D(m)$	1500	1500	1500	1500
$\rho_p(kg/cm^2)$	105	90	100	85
$d_{eq}(cm)$	2. 24	2. 25	1. 91	1. 93
$q_{opt}(L/s)$	34. 3	31. 1	28. 8	26. 5
R_N	0. 45	0. 50	0. 625	0. 67

5   EXAMPLE

A well in the North China oil field has been drilled with the following tools and equipment: a 21. 6cm($8\frac{1}{2}$ in) three – cone bit [$L = 13. 5$ cm(5. 3in)] , 100m(330ft) of 17. 8cm(7in) drill collar, 12. 7cm(5in) drillpipe, and two $NB_8 - 600$ mud pumps ($N_R = 600$ hp [450kW] , $p_R = 150$ kgf/cm^2 , and the diameters of the cylinder are 13 and 15 cm(5. 1 and 5. 9in) for each pump, respectively).

The practical measuring data are $q = 35. 5$ L/s, $M_{PD} = 2. 4 \times 10^{-5}$ kg $\cdot$ s^2/10^8 cm^9, $M_P = 2. 4 \times 10^{-3}$ kg $\cdot$ s^2/10^6 cm^8 , $\gamma = 1. 2$ g/cm^3 (10lbm/gal) , and $C = 0. 96$.

The required minimum annular velocity in this area, $v_{a_{min}}$, is 0. 8 m/s(2. 6 ft/s). A transfer of our NF program gives the calculated results shown in Table 2.

6   CONCLUSIONS

(1) The black box theory is one of the effective methods for studying the BHFF.

(2) The experimental method used involved direct measurement of the hydraulic energy of the jet imposed on the RSHB in a fullscale experiment on an experimental bit device. From the empirical formulas of the hydraulic energy on the RSHB, and considering the constraints of practical drilling, mathematical models of the nonlinear programming of $N_{rs_{max}}$ and $F_{rs_{max}}$ have been developed. Thus, two unique optimum hydraulic programs have been provided—i. e. , maximum hydraulic horsepower and maximum impact force on the RSHB.

(3) When $D \geqslant D_c$ of $N_{rs_{max}}$ ($D_{CN_{rs}}$), $N_{rs_{max}}$ can be obtained with $R_N = 0.63$ at the nozzle and a hydraulic horsepower decline ratio, N_{rs}/N_n, of about 0.86 at the full standoff distance [135mm (5. 3in)]. When $D \geqslant D_c$ of $F_{rs_{max}}$ ($D_{CF_{rs}}$), $F_{rs_{max}}$ can be obtained with $R_N = 0.45$ at the noxxle and an inpact force decline ratio, F_{rs}/F_n, of 0.89 at the full standoff distance [135mm (5. 3 in)]. In drilling practice, it is reasonable that R_N is controlled at a range of 0.45 to 0.63.

(4) Under identical conditions of well depth, pump pressure, mud properties, drillstring configuration, and borehole quality, optimum hydraulic programs on the RSHB are compared with optimum hydraulic programs at the bit noxxle. The optimized flow rate of $N_{rs_{max}}$ is 7.38% higher than that of $N_{n_{max}}$. The optimized flow rate of the program of $F_{rs_{max}}$ is 7.54% greater than that of $F_{n_{max}}$.

Note that the full - scale experiment in this paper was carried out with water and a 21. 6cm [8½in.] steel - tooth three - cone bit. If a test is performed with mud and other types of bits with different sizes, the coefficients in empirical equations (Eqs. 11 and 12) can be examined and modified so that they can be used in a wider range.

NOMENCLATURE

C = dimensionless flow rate coefficient of nozzles, defined as ratio of theoretical flow rale and practical flow rate passing through a nozzle;

C_N = undetermined coefficient(see Eq. 6);

d_{eq} = equivalent diameter of nozzle, cm(in);

$$d_{eq} = \sqrt{\sum_{i=1}^{n} d_i^2}$$

$d_{eq_{opt}}$ = optimum equivalent diameter of nozzle, cm(in);

d_i = diameter of Nozzle i, cm(in);

D = well depth, m(ft);

D_c = critical well depth, m(ft);

$D_{CN_{rs}}$ = critical well depth for N_{rs}, m(ft);

$D_{CF_{rs}}$ = critical well depth for F_{rs}, m(ft);

E = error relationship between true value, y, and simulated value, $\hat{y}$ ($E = y - \hat{y}$);

E_F = correction term of impact force on RSHB, kgf(lbf);

E_N = correction term of hydraulic horsepower on RSHB, hp(kW);

f = function relationship between variables;

F_n = impact force of jet at nozzle exit, kgf(lbf);

$F_{n_{max}}$ = maximum impact force of jet striking at nozzle exit ,kgf(lbf) ;

F_{rs} = impact force of jet striking on RSHB,kgf(lbf) ;

$F_{rs_{max}}$ = maximum impact force of jet striking on RSHB,kgf(lbf) ;

K_n = coefficient;

L = standoff distance(jet distance) ,cm(in) ;

L_D = dimensionless standoff distance(dimensionless jet distance) ,L_D/d_{eq} ;

M_N = undetermined coefficient;

M_P = circulation − pressure − loss coefficient unrelated to D,kg · s^2/10^6 cm^8 ;

M_q = flow − rate coefficient of nozzles;

M_{PD} = circulation pressure loss related to D,kg · s^2/10^8 cm^9 ;

N = hydraulic horsepower of mud pumo,hp(kW) ;

N_n = hydraulic horsepower of jet at nozzle exit,hp(kW) ;

$N_{n_{max}}$ = maximum hydraulic horsepower of jet at nozzle exit,hp(kW) ;

N_{rs} = hydraulic horsepower of jet striking on RHSB,hp(kW) ;

$N_{rs_{max}}$ = maximum hydraulic horsepower of jet striking on RSHB,hp(kW) ;

N_R = rated hydraulic horsepower of mud pump,hp(kW) ;

p_B = pressure drop of rock bit,kgf/cm^2 ;

p_p = pump pressure,kgf/cm^2 ;

p_R = rated pressure of mud pump,kgf/cm^2 ;

q = flow rate,L/s;

$q_{a_{min}}$ = minimum flow rate in annulus,L/s;

$q_{E_{opt}}$ = optimized flow rate based on program of maximum hydraulic energy on bit(e. g. , $N_{n_{max}}$ and/or $F_{n_{max}}$) ,L/s;

q_{opt} = optimum flow rate,L/s;

q_R = rated flow rate,L/s;

R_N = ratio of hydraulic horsepower distribution at nozzle(e. g. ,$R_N = N_n/N$) ;

$v_{a_{min}}$ = minimum annular velocity,m/s(ft/s) ;

V_n = jet velocity at nozzle exit,m/s(ft/s) ;

X_n = coefficient;

y = true value;

$\hat{y}$ = simulated value;

γ = specific weight of drilling fluids,g/cm^3(lb/gal) ;

ρ = density of drilling mud,g · s^2/cm^4 ;

σ = standard deviation for measuring;

SUBSCRIPTS

i = ordinal number(1 ,2 ,3 ,⋯,n).

SUPERSCRIPTS

i = ordinal number(1 ,2 ,3 ,⋯,n) ;

T = inverted signal of a matrix.

REFERENCES

[1] Kendall H A, Goins W C. Design and Operation of Jet – Bit Programs for Maximum Hydraulic Horsepower Impact Force or Jet Velocity[J]. JPT. ,1960:238 – 247; *Trans.* ,AIME,219.

[2] Zhang S H. The Research Work of the Hole Bottom Flow Field of Jet Drilling on an Apparatus and the Field Test of the Single Nozzle Jet – Bit[J]. Oil Drill. & prod. Tech. ,1983(5):1 – 13(Chinese).

[3] Cholet H. Improved Hydraulics for Rock Bits[J]. SPE 7516,1978.

[4] New Drilling Tools: Improved Hydraulics For Rock Bits, Scienific Research Inst. of Petroleum in France(IFP), Ref. No. 27965(1977).

[5] Tibbitts G A, et al. Effects of Bit Hydraulics on Full – Scale Laboratay Drilled Shale[J]. JPT,1981:1180 – 1188.

SI Metric Conversion Factors

ft × 3. 048 *	E – 01 = m
in × 2. 54 *	E + 00 = cm
in^2 × 6. 4516 *	E + 00 = cm^2
lbm × 4. 535924	E – 01 = kg
miles × 1. 609344 *	E + 00 = km

* Conversion factor is exact.

Original SPE manuscript received for review March 14, 1986. Paper accepted for publication Nov. 19. 1987. Revised manuscript received Oct. 21. 1987. Paper(SPE 14851) first presented at the 1986 SPE lntl. Meeting on petroleum Engineering held in Beijing, March 17 – 20.

喷射钻井中井底岩面最大水功率和
最大冲击力工作方式[●]

张绍槐　　姚彩银

摘　要:本文首次把解决现代工程技术问题行之有效的"黑箱"理论用来研究井底射流流场。用一种新的全尺寸水力能量测试实验,直接测得三牙轮钻头下射流到达井底岩面(即钻进过程中钻头钻出的瞬时井底岩石表面)的水功率和冲击力。建立了计算井底水功率和冲击力的经验公式,提出了以井底岩面获得最大水功率和最大冲击力为喷射钻井水力程序设计准则的两种新的最优工作方式。

本文在所实验的条件下,获得了井底岩面最大水力能量的功率分配比值(R_N)和全喷距(135mm)下射流水力能量衰减系数的范围等极值条件。在同样的条件下,以井底岩面最大水力能量优选的最优排量比钻头最大水力能量的最优排量约提高7.5%左右。并从理论和实践上证实了适当提高排量和强化机泵的必要性。

1　概述

从1960年肯达尔(Kendall)和戈因斯(Goins)提出钻头最大水功率、最大冲击力和最大喷射速度[1]以来,国际上一些科研单位和学者做过井底流场流动规律、对称与不对称井底流场的特性[2-6]和排屑能力[7]等三方面的实验研究。迄今,还没有人直接测量过三牙轮钻头射流到达井底岩面的水力能量(水功率和冲击力),因而,许多喷射钻井水力分析和计算工作不得不把计算点放在钻头喷嘴出口处。但是,反映射流对地层产生作用的应该是射流到达井底岩面的水力能量。现有三牙轮钻头的喷距一般都大于100mm,这个喷距不小,对井底岩面水力参数影响较大,这就使我们考虑着这样两个问题:

第一,三牙轮钻头下实际射流的水力能量从喷嘴出口到达井底岩面时在数量上有多大的损失?

第二,以钻头最大水力能量进行水力程序设计所优选的水力参数(如Q_{opt},$d_{e,opt}$,R_N等)是不是真正的最优值。如果能以井底岩面最大水力能量来优选水力参数的话,最优水力参数值是多少? 两者之间又有多大的差别呢?

为了解决以上两个问题,我们进行了下述三方面的研究工作:

(1)在"黑箱"理论的指导下,用8½in 三牙轮钻头和模拟井眼造成一个实际的井底射流流场的条件,做全尺寸钻头的台架实验。用一个专门的测量装置直接测得射流到达井底岩面的水功率和冲击力的实验数据。

(2)在实验数据的基础上,借助于系统辨识的理论方法建立井底岩面水功率和冲击力的数学模型(经验公式)。

(3)依据这些经验公式分别建立并求解了井底岩面最大水功率($N_{rs_{max}}$)和井底岩面最大冲击力($F_{rs_{max}}$)非线性规律数学模型,从而提出了$N_{rs_{max}}$和$F_{rs_{max}}$两种新的最优工作方式。

---

❶ 系1986年3月中国第二次国际石油工程会议(北京)宣读英文论文的前期中文稿(英文稿在中文稿基础上进行充实)。

2 台架实验测井底岩面水力能量

转动着的三牙轮钻头下贴附井壁的淹没非自由多股射流形成的井底射流流场是一个非常复杂的流场(图1)。对这样复杂的流场,流体力学和湍流射流理论都不能从理论上解决它。我们只能而且可以把它当作一个模糊系统来研究。

井底岩面不仅是钻头的工作面,而且是射流的作用面。正是射流到达井底岩面的水力能量才起着克服"压持效应"和进行水力清岩和水力破岩等作用。因而,我们最关心的是射流到达井底岩面的水力能量以及钻头喷嘴和井底岩面之间水力能量的转换关系和衰减规律,而不是射流的中间过程。

用"黑箱"理论可以进行上述研究工作,用一个"黑箱"把钻头喷嘴出口平面、井底岩面和一个理想圆柱面(尺寸与井径相等)所围成的空间(即非常复杂的井底射流流场这个模糊系统)装起来(图2)。把喷嘴出口和井底岩面的水力能量分别作为"黑箱"的输入和输出信息。我们的任务之一是要根据这些输入和输出信息来建立能模拟这个"黑箱"的数学模型(图3)。数学模型的模拟量与实测量之间的偏差应在实际工程所要求的误差范围之内。

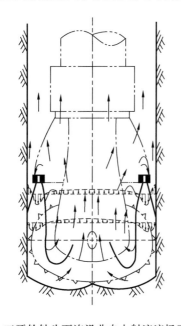

图1 三牙轮钻头下淹没非自由射流流场示意图

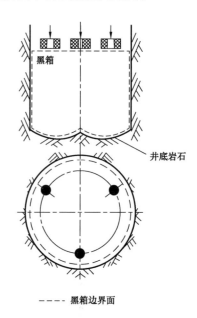

图2 井底"黑箱"示意图

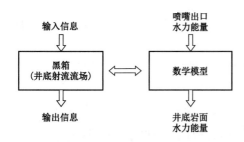

图3 井底射流流场系统方法的数学描述

喷嘴出口的水力能量(水功率和冲击力)已有理论计算公式。井底岩面的水力能量要由实验测定。

为了得到符合实际的结果,选用一只 8½ in(216mm)三牙轮钻头和模拟井眼做全尺寸实验(图4)。

在测量装置中有一个专用活动井底。专用活动井底配光电转速仪和荷重传感器检测出射流到达井底岩面的水功率和冲击力。用动态应变仪接光线记录示波器来记录实验曲线。

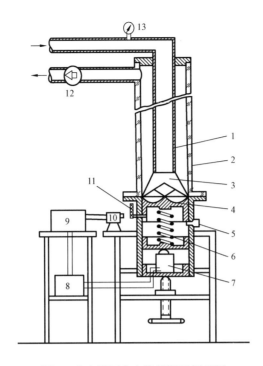

图4 井底岩面水力能量测量原理图

1—5 钻杆;2—有机玻璃井筒;3—8⅛in 三牙轮钻头;4—活动井底;5—定位插销;6—复位弹簧;7—荷重传感器;
8—动态应变仪;9—光线示波器;10—光电转速仪;11—位移刻度板;12—涡轮流量计;13—压力表

实验用水作循环液。通过改变喷嘴当量直径(d_e)和排量(Q)而得到一系列水功率和冲击力的实验数据。为便于观察井底水力能量的变化规律,把实验数据整理成数据图(图5和图6)。

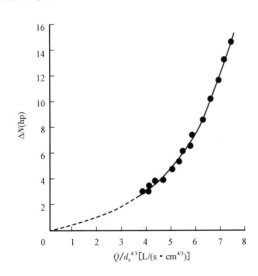

图5 井底水功率衰减实验数据图

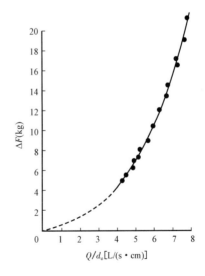

图6 井底冲击力衰减实验数据图

测量装置是用四等标准砝码标定的,用高斯(Gauss)法合成的误差小于或等于 1.51%。

$$\Delta N = N_a - N_{rs} \qquad\qquad \Delta F = F_a - F_{rs}$$

3 建立井底岩面水功率和冲击力的数学模型

本文采用"黑箱"法,分两步建立数学模型。

第一步,用π定理和量纲分析建立初始模型:

$$y = f(a_1 x_1, a_2 x_2, \cdots, a_n x_n) \tag{1}$$

式中 $x_1, x_2, \cdots, x_n$ 和 y 都是变量, $a_1, a_2, \cdots, a_n$ 是系数。

基于实验数据,用最小二乘法估计出模型中的系数 $\{\hat{a}_1, \hat{a}_2, \cdots, \hat{a}_n\}$ 后,得到:

$$\hat{y} = f(\hat{a}_1 x_1, \hat{a}_2 x_2, \cdots, \hat{a}_n x_n) \tag{2}$$

其误差为:

$$E = y - \hat{y} \tag{3}$$

分析井底射流流场的特性可知:

$$\Delta N = f(v_0, \rho, l) \tag{4}$$

式中 v_0——喷嘴出口射流速度,m/s;

ρ——钻井液密度,$g \cdot s^2 / cm^4$;

l——喷距,cm。

设 a_1, a_2, a_3 和 a_4 分别为 $\Delta N, v_0, \rho$ 和 l 的指数。

得量纲齐次方程:

$$\begin{bmatrix} 1 & 0 & 1 & 0 \\ 1 & 1 & -4 & 1 \\ -1 & -1 & 2 & 0 \end{bmatrix} \begin{bmatrix} a_1 \\ a_2 \\ a_3 \\ a_4 \end{bmatrix} = 0 \tag{5}$$

其解向量是:

$$[a_1, a_2, a_3, a_4]^T = [1, -3, -1, -2]^T$$

井底岩面水功率的π因子

$$\pi = \frac{\Delta N}{v_0^3 \rho l^2}$$

$$\Delta N = C_N \rho l'^2 \frac{Q^3}{d_e^4} \tag{6}$$

式中 l'——无量纲喷距,$l' = l / d_e$;

d_e——喷距当量直径, $d_e = \sqrt{\sum_{i=1}^{n} d_i^2}$,cm;

Q——排量,L/s;

C_N——待定系数。

由最小二乘法和实验数据得 $C_N = 3.074 \times 10^{-4}$。这时,标准差 $\sigma = 1.908$,相对误差为4.3%。

所以

$$\Delta N = 3.074 \times 10^{-4} \rho l'^2 \frac{Q^3}{d_e^4} \qquad (7)$$

同理,可得:

$$\Delta F = 2.73 \times 10^{-3} \rho l'^2 \frac{Q^2}{d_e^2} \qquad (8)$$

式(8)的标准差为3.178,相对误差为6.23%。

可见,式(7)和式(8)两式精度较低。但它们已经使"黑箱"变得"半透明"了。

第二步,用系统辨识加"白噪声""滤波"的方法提高模型精度,由式(3)得:

$$y = f(\hat{a}_1 x_1, \hat{a}_2 x_2, \cdots, \hat{a}_n x_n) + E \qquad (9)$$

参考式(7),设

$$\Delta N = a_3 \rho l'^2 \frac{Q^3}{d_e^4} + \sum_{i=0}^{2} a_i \rho l'^2 \left(\frac{Q}{d_e^{4/3}}\right)^i = \sum_{i=0}^{3} a_i \rho l'^2 \left(\frac{Q}{d_e^{4/3}}\right)^i \qquad (10)$$

用最小二乘法,并将实验数据输入计算机处理后得到井底岩面水功率数学模型:

$$\Delta N = \left(0.1315 \rho \frac{Q^3}{d_e^4} - 1.114 \rho \frac{Q^2}{d_e^{8/3}} + 3.299 \rho \frac{Q}{d_e^{4/3}}\right) \times 8.7665 \times 10^{-3} l'^2$$

$$= 1.153 \times 10^{-3} \rho l'^2 \frac{Q^3}{d_e^4} + E_N$$

或者写成

$$N_{rs} = N_n - \left(1.153 \times 10^{-3} \rho l'^2 \frac{Q^3}{d_e^4} + E_N\right) \qquad (11)$$

同理可得,井底岩面冲击力数学模型:

$$F_{rs} = F_n - \left(4.19 \times 10^{-3} \rho l'^2 \frac{Q^2}{d_e^2} + E_F\right) \qquad (12)$$

其中

$$E_N = \rho l'^2 \frac{Q}{d_e^{4/3}} \left(2.892 \times 10^{-2} - 9.766 \times 10^{-3} \frac{Q}{d_e^{4/3}}\right)$$

$$E_F = \rho l'^2 \left(4.9 \times 10^{-3} - 8.96 \times 10^{-3} \frac{Q}{d_e}\right)$$

$$N_n = \frac{Q}{7.5}[p_s - (mL + n)Q^2]$$

$$F_n = 1.428 CQ \sqrt{\gamma[p_s - (mL + n)Q^2]}$$

式中 N_{rs}, F_{rs}——分别是井底岩面水功率(hp)和冲击力(kgf);

E_N——井底岩面水功率修正项，hp；

E_F——井底岩面冲击力修正项，kgf；

N_n——喷嘴出口处射流的水功率，hp；

F_n——喷嘴出口处射流的冲击力，kgf；

p_s——泵压，kgf/cm²；

L——井深，m；

m——与 L 有关的循环压耗系数，kg·s²/10⁸cm⁹；

n——与 L 无关的循环压耗系数，kg·s²/10⁸cm⁸；

C——喷嘴流量系数；

γ——钻井液重度，g/cm³；

Q——排量，L/s；

ρ——钻井液密度，g·s²/cm⁴；

d_e——喷嘴当量直径，$d_e = \sqrt{\sum_{i=1}^{n} d_i^2}$，cm；

l'——无量纲喷距，$l' = l/d_e$（l 是喷距，cm）。

式(11)和式(12)两式的模拟误差分别为 0.95% 和 0.72%。它们的量纲正确，而且物理意义也比较清晰，射流到达井底岩面的水功率和冲击力都随无量纲喷距的增加而减小。

4 井底岩面最大水功率、最大冲击力工作方式

由循环管路水力能量传递规律、井底岩面水功率和冲击力数学模型式(11)和式(12)以及钻井实际约束条件可以导出下列井底岩面最大水功率和井底岩面最大冲击力非线性规划数学模型：

（1）井底岩面最大水功率非线性规划数学模型。

$$
\begin{cases}
N_{rs_{max}} = \dfrac{Q}{7.5}\left[p_s - (mL + n)Q^2\right] - 1.564 \times 10^{-6} \dfrac{l^2 C^3}{\sqrt{\gamma}}\left[p_s - (mL + n)Q^2\right]^{3/2} - \\[2mm]
\qquad 3.457 \times 10^{-5} l^2 \sqrt[3]{\dfrac{C^5}{Q^2}} \sqrt[6]{\gamma\left[p_s - (mL + n)Q^2\right]^5} + \\[2mm]
\qquad 1.244 \times 10^{-5} l^2 \sqrt[3]{\dfrac{C^7}{Q}} \sqrt[6]{\dfrac{1}{\gamma}\left[p_s - (mL + n)Q^2\right]^7} \\[2mm]
Q_a \leqslant Q \leqslant Q_r;\ p_s \leqslant p_r \\[1mm]
p_s, Q_a, Q > 0
\end{cases}
\tag{13}
$$

（2）井底岩面最大冲击力非线性规划数学模型。

$$
\begin{cases}
F_{rs_{max}} = 1.428 CQ \sqrt{\gamma\left[p_s - (mL + n)Q^2\right]} - 5.17 \times 10^{-6} l^2 C^2 \left[p_s - (mL + N)Q^2\right] + \\[2mm]
\qquad 5.498 \times 10^{-6} \dfrac{l^2 C}{Q} \sqrt{\gamma\left[p_s - (mL + n)Q^2\right]} - \\[2mm]
\qquad 1.054 \times 10^{-5} l^2 \sqrt{\dfrac{C^3}{Q}} \sqrt[4]{\gamma\left[p_s - (mL + n)Q^2\right]^3} \\[2mm]
Q_a \leqslant Q \leqslant Q_r;\ p_s \leqslant p_r \\[1mm]
p_s, Q_a, Q > 0
\end{cases}
\tag{14}
$$

式中 Q_r，p_r——分别是泵的额定排量（L/s）和额定压力（kgf/cm^2）；

Q_a——环空携岩最小排量，L/s。

其他符号含义与式（11）和式（12）中的相同。

井底岩面最大水功率和最大冲击力非线性规划解的存在条件分别是井深（L）大于或等于各自的临界井深。临界井深是隐式，为便于工程上使用，用数值计算方法计算后绘成图 7 和图 8。

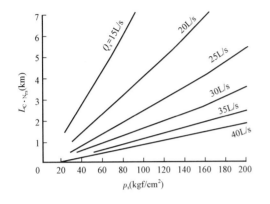 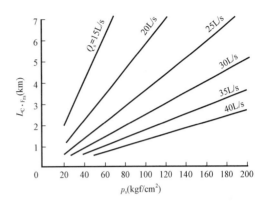

图 7　井底岩面最大水马力临界井深图　　　　图 8　井底岩面最大冲击力临界井深图

用黄金分割法编写的"NF"计算机程序成功地求解了 $N_{rs_{max}}$ 和 $F_{rs_{max}}$ 非线性规划问题。用胜利油田和华北油田的钻井资料，在电子计算机上处理后得到下列结果：

（1）当井深大于或等于临界井深时，可获得井底岩面最大水功率和最大冲击力。$N_{rs_{max}}$ 时，喷嘴功率分配比（R_N）为 0.63，全喷距（135mm）内水功率衰损值为 0.86；$F_{rs_{max}}$ 时，喷嘴功率分配比（R_N）为 0.45，全喷距内冲击力衰损值为 0.89。

（2）井底岩面最大水力能量工作方式的最优排量比钻头最大水力能量工作方式的最优排量略提高 7.5% 左右（其他条件都相同）。其理论解释是，因为新的工作方式（前者）所指的全循环"管路"比原有工作方式（后者）所指的全循环"管路"多了全喷距这一段（更符合实际）。这就从理论上提出，真正的最优排量要比肯达尔和戈因斯理论为基础目前还在使用的原有水力程序设计出的"最优排量"适当高一点，因而进一步强化机泵是必要的。

对胜利油田 100 多口井和华北油田 32 口井的实际钻井资料作多因素方差分析得知，当钻井实际用的排量比钻头最大水力能量工作方式优选的最优排量提高 7% ~ 10% 时，机械钻速提高较显著。可见，本文提出的新理论已在实践中得到初步证实。

5　结论

（1）"黑箱"理论是研究井底射流流场行之有效的方法之一。

（2）用全尺寸钻头台架实验直接测量射流到达井底岩面的水力能量是一种新的实验方法。本文以实验数据建立的井底岩面水力能量经验公式为基础，同时考虑钻井实际约束条件建立了 $N_{rs_{max}}$ 和 $F_{rs_{max}}$ 非线性规划数学模型，从而提出了两种新的最优工作方式：井底岩面最大水功率和井底岩面最大冲击力工作方式。

（3）获得 $N_{rs_{max}}$ 的条件是，当井深（L）大于或等于其临界井深（$L_{C \cdot N_{rs}}$）时，喷嘴功率分配比

值 $R_N = 0.63$，这时全喷距（135mm）下射流的水功率衰损比值（N_{rs}/N_a）为 0.86；获得 $F_{rs_{max}}$ 的条件是，当井深（L）大于或等于其临界井深（$L_{C \cdot F_{rs}}$）时，喷嘴功率分配比值 $R_N = 0.45$，这时全喷距（135mm）下射流的冲击力衰损比值（F_{rs}/F_a）为 0.89。在实际钻井中，控制 $R_N = 0.45 \sim 0.63$ 是合理的。

（4）井底岩面最优工作方式与钻头喷嘴最优工作方式相比，在井深、泵压、钻井液性能、钻柱和井身结构等完全相同的条件下，$N_{rs_{max}}$ 的最优排量比钻头喷嘴最大水功率的最优排量略提高 7.38%；$F_{rs_{max}}$ 的最优排量比钻头喷嘴出口最大冲击力的最优排量略提高 7.54%。

6　结束语

本文的全尺寸实验是用水和 $8\frac{1}{2}$in（216mm）钢齿三牙轮钻头做的。继续用钻井液和其他尺寸、类型的钻头做对比实验，可以检验和修正经验式（11）和式（12）中的系数。使它们具有更广泛的适应性。

参 考 文 献

[1] Kendall H A, Goins W C. Design and Operation of Jet – bit Programs for Maximum Hydraulic Horsepower, Impact Force of Jet Velocity[J]. Pet. Trans. , AIME, 1960, 219:238 – 247.

[2] 张绍槐. 喷射钻井井底流场的试验架研究及单喷嘴钻头的井下试验[J]. 石油钻采工艺, 1983(5), 1 – 13.

[3] Henri Cholet. Improved Hydraulics for Rock Bits[R]. SPE 7516, 1978.

[4] New Drilling Tools: Improved Hydraulics for Rock Bits[C]. 法国石油科学研究院（IFP）, Ref. 27965, 1977.

[5] Tibbitts G A, Sandstrom J S. Black A D, et al. The Effects of Bit Hydraulics on Full – Scale Laboratory Drilled Shale[R]. SPE 8439, 1979.

[6] 廖荣庆. 喷射钻头井底流场特性的研究与应用[J]. 石油学报, 1984, 5(3):85 – 93.

[7] 徐华义. 单喷嘴能提高机械钻速[J]. 西南石油学院学报, 1982(3):66 – 76。

（原文刊于《西南石油学院学报》1986 年第 4 期）

喷射钻井井底流场的研究

张绍槐

摘 要:在全尺寸试验架玻璃井筒内进行了喷射钻头井底流场试验。试验用贴线法研究多股液流在井底场空间流动时液流方向、路线等流向分布的全貌。一个良好的井底流场应能使液流在井底场的流动满足岩屑离开井底、在井底推移岩屑和从井底举升岩屑这 3 个基本动作并使之配合好。试验对比了对称井底流场和不对称井底流场的特征和优缺点。试验表明:有效的利用向下冲击的高速射流;合理地安排下行液流与上返液流的"流道"并尽量控制它们相互干扰的方面,利用它们相互促进的方面;扩大和强化液体沿井底的横向流动,是不对称井底流场的 3 个主要优点。为此,新型喷射钻头应以不对称井底流场为设计依据和发展方向。

喷射钻井要求最大限度地净化和改善井底清洁,消除重复切削岩屑的现象,以提高钻速,增加钻头行程进尺。国外近年的研究和我们进行初步试验说明:为了研究净化井底问题,需要研究井底场的压力、速度和液流方向等各个方面,其中井底流场的研究是研究喷射钻井的基本课题之一。

试验说明要研究井底净化问题,不能仅仅着眼于观察和研究井底这个平面内所发生的各种现象,还需要研究靠近井底的井眼最下部一段空间(可称为井底场)内所发生的现象和规律。井眼最下部一段空间大致可以认为是从钻头接头螺纹平面到井底平面之间。液体在这一段空间的流动状态是决定井底清洁程度好坏最直接的关键因素之一。20 世纪 60 年代以来对井底场的速度分布和压力分布已经进行了一些研究,但是也还没有完全搞清楚。井底速度场和井底压力场可以部分地表示循环液体在井底场的流动状态,但是并不能充分和直接地揭示液流在井底流动的全貌和规律。

本文是在初步进行井底流场试验的基础上,从理论上分析讨论岩屑的压持和在井底的运移;喷射钻井时循环液体在井底场的流动状态及其规律;并在此基础上分析讨论新型喷射钻头的发展方向。

1 岩屑的压持和在井底场的运移

钻头的机械破岩作用把井底基岩破碎并形成岩屑后,岩屑因压持作用被压持在井底的原破碎坑内。压持作用影响和降低着钻速已为人们所公认;但是对压持机理的认识并不一致。井底附近的液体压力分布影响着钻速大小。井眼液柱压力(p_m)与井底岩石孔隙中的流体压力(p_c)之差,即压差($p_m - p_c$)是自上而下地作用在井底的压持压力。岩屑被压持压力压在井底并紧贴在原破碎坑内而难以脱离基岩,从而使岩屑有可能被重复多次地切削。这种压持作用是造成井底不清洁并影响钻速的重要原因之一。压持压力($p_m - p_c$)是由 p_m 和 p_c 决定的,下面分别讨论 p_m 和 p_c 值。

在钻进时,井眼液柱压力(p_m)是钻井液液柱压力($p_{钻井液}$)与循环时环形空间压耗($p_{环耗}$)之和,即由钻井液循环当量相对密度($\gamma_{循当}$)所决定的当量液柱压力。

$$p_{\mathrm{m}} = p_{\text{钻井液}} + p_{\text{环耗}} = \frac{H\gamma_{\text{循当}}}{10}$$

$$\gamma_{\text{循当}} = \gamma_{\text{钻井液}} + \frac{10p_{\text{环耗}}}{H}$$

式中　　$\gamma_{\text{钻井液}}$——钻井液相对密度；

　　　　H——井深。

地层中原来的孔隙流体压力(p_{c})本来是某一固定压力值,即属于静态的。但钻进时,井底岩石孔隙中的流体压力就不一定是固定不变的而是处于动态的了。当岩屑已经形成但还没有离开它原来的破碎坑时,井底岩屑附近的液体压力分布还不会发生什么变化。在岩屑要离开它原来破碎坑的那一瞬时,必然要使它周围井底的空隙增大。如果这时液体(地层流体或钻井液滤液)能及时填充所增大的孔隙,则岩屑附近的井底压力不变,其值仍等于地层孔隙压力。如果这时液体(地层流体或钻井液滤液)不能及时填充所增大的空隙,就必然要使岩屑附近的井底瞬时压力降低,从而增大压持压力。根据 N. H. 万林根和 A. C. 波尔斯等的研究可知:在钻进时,井底岩石孔隙中的流体压力与岩石的渗透性密切有关,他们认为在渗透性地层和非渗透性地层中钻进时有两种不同的压持机理。在渗透性地层中不论用清水或钻井液钻进时,清水或钻井液滤液进入地层孔隙虽然也受滤饼阻力和地层孔隙物质阻力的影响,但总的来说,在钻进过程中滤液比较容易在地层孔隙中流动,并能及时进入井底以下一定深度(指距井底被钻切表面以下一定距离处)的岩石孔隙中。因此,岩屑下边受到的液体压力将等于(或很接近)孔隙流体压力 p_{c},即相当于静止时的地层孔隙流体压力,因而作用于岩屑上的压持压力实际上仍等于 $p_{\mathrm{m}} - p_{\mathrm{c}}$。因为在渗透性地层中的压持作用是由当量液柱压力与静态的孔隙流体压力之差来决定的,故称为静压持作用。

在非渗透性(包括渗透性很差,可认为渗透率在 1mD 以下者)地层中,钻井液滤液难以迅速克服破碎区内岩石孔隙和各种裂缝中的流动阻力并及时流至岩屑下面。因而不能及时充填岩屑离开它原来破碎坑时使其周围所增大的空隙,并导致瞬时压力降低,导致压持压力的增大。试验表明,钻头转速越高则空隙的增长越快,瞬时压力也降低得越多,岩屑所受到的压持作用也就越加严重。此外,由于转速加快,当钻头相邻的两个牙齿两次作用于井底某一点所间隔的时间减少时,瞬时压力降低的时间将占据该间隔时间的大部分,这也是加重压持作用的另一种表现。因为这种加重的压持作用是与钻头运动有关的,故称之为动压持作用。显然,动压持作用对岩屑的压持效应比静压持效应更严重,更不利于清除岩屑净化井底。这也可以解释非渗透性地层比渗透性地层钻速慢的原因。渗透性和非渗透性地层的压持机理和压持效应是不同的,但是应该用多大的渗透率来划分这两类地层呢?迄今,还没有见到明确的定量数值。从国外发表的文献来看[6-9],选作渗透性的地层的试验岩样,其渗透率为 3～4mD,而选作非渗透性地层的试验岩样其渗透率均小于 1mD。

通过上述分析说明,由压差($p_{\mathrm{m}} - p_{\mathrm{c}}$)造成的对岩屑的压持作用是肯定存在的,它是影响井底清洁的根本原因。对于不同岩石的压持机理和定量计算压持压力等还都需要通过试验来研究和深化。

一般来说,由($p_{\mathrm{m}} - p_{\mathrm{c}}$)产生的压持效应是客观存在而无法避免的。问题在于被压持在井底的岩屑如果不能及时被清除离开井底,就可能与井底滤饼粘结在一起,被钻头重复切削,变成细粉和塑性团块,形成夹在钻头牙齿与新井底之间的垫层而严重影响钻速。因此需要研究岩屑在被压持条件下清洗井底的机理。

清洗井底机理的实质就是岩屑在井底场的运移。从理论和试验分析可以认为岩屑在井底场的运移共有 3 个基本动作：

(1)首先要克服对岩屑的压持效应,使岩屑离开原来破碎坑,使岩屑与基岩分开。

(2)已脱离基岩的岩屑,若停留在井底则可能被钻头(牙轮)重新碾压,所以岩屑需要及时被沿着井底推移(平移);不论是在井底被径向推移、周向推移或沿某一方向推移,都要求能把岩屑平移至牙轮外面某一适当的"出口"位置,使之处于被举升的条件下。

(3)把岩屑由井底连续地举升到钻头体与井壁之间的环形空间(再进入钻铤与井壁之间的环形空间)。需要指出的是,由于井底场液流流动的复杂性,还应该防止已经离开井底正在举升中的岩屑重又"倒流"下行。

一个良好的井底流场,应该能使液流在井底场的流动满足岩屑离开井底、在井底被推移和从井底举升这 3 个基本动作,并使之配合默契,这就是分析研究井底流场的出发点和设计井底流场的根据。

2　液流在井底场的流动

20 世纪 60 年代以来,对井底场的速度分布和压力分布已经进行了一些研究。通过这些研究我们认识到:多喷嘴的井底流场是相当复杂的,在一定的排量、泵压等条件下,井底场的速度和压力的分布取决于喷嘴的数目、尺寸、喷距等因素。近年的研究进一步认识到喷嘴的布置方案极其重要,新型喷射钻头已从传统的、批量生产的、对称布置的三喷嘴发展到不对称布置的组合喷嘴、反喷嘴[7]、斜喷嘴和特殊结构的不对称钻头体的强化漫流喷射钻头等喷射钻头。目前研究井底场速度和压力的分布,因受测量手段的限制,还只能测量静态范围和平面范围的数据,虽然这些试验结果也可以部分地表示循环液体在井底的流动状态,但是并不能直接揭示井底场空间内液体从喷嘴喷射出来在整个井底流动的方向、路线和各种复杂的现象。在研究喷嘴布置方案和新型喷射钻头时,弄清楚多股射流在井底场流动时相互干扰和相互促进的关系是很有意义的;我们的工作应力求控制和减少其相互干扰的方面,利用和提高其相互促进的方面。这一节主要研究液流在井底场流动的方向、路线和相互作用。

2.1　试验装置和方法

试验装置用西南石油学院钻头试验架及喷射钻井实验架,配以透明玻璃井筒(图1)。

玻璃井筒使用了有机玻璃的方井筒(对边尺寸 232mm,高约 500mm)和普通玻璃的园井筒(内径 234mm,高约 700mm)。试验钻头为川厂 8½in × HP215Z − 1 喷射钻头。试验前将钻头体表面涂以白漆再在钻头体、牙轮和井底"贴线"(图2)。选用长 50mm 左右的有色软丝线,用粘合剂粘住一端,另一端可在液流中按液流方向自由漂浮。试验时钻头未旋转,接近井底,使用清水做循环液,试验所用排量为 3 ~ 6L/s。井筒出口处为常压,井筒内不憋压力。除压力条件外,试验是以淹没非自由射流全尺寸模拟方式进行的。试验证明在玻璃井筒中用贴线法做井底流场试验是能够弄清空间流场液流的分离、汇合、流道等现象及规律的。

2.2　试验结果

在贴线法井底流场试验资料的基础上,结合有关文献和理论分析,按对称的井底流场与不对称的井底流场两类情况讨论于下。

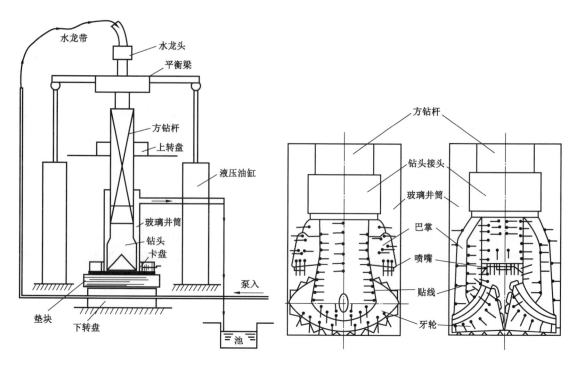

图1 试验装置示意图   图2 钻头贴线方法

2.2.1 对称的井底流场

图3是对称布置的3个喷嘴的喷射钻头井底流场贴线漂浮状态示意图。贴线自由段的漂浮状态可以表示该处液流的方向和液流流动的稳定情况。

根据图3,分析整理得出对称的井底流场液流方向、路线分析图(图4)。

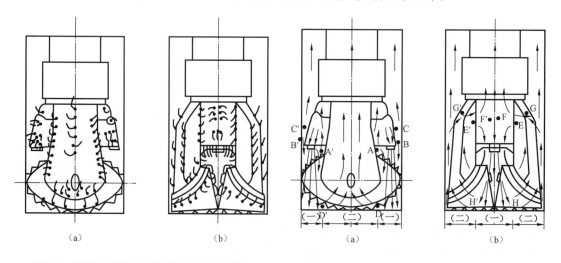

（a）   （b）   （a）   （b）

图3 对称的井底流场贴线漂浮状态示意图   图4 对称的井底流场液流方法、路线分析图

由图3和图4可知:

(1)由于高速射流与周围液体的动量交换,高速射流对周围液体有强烈的卷吸作用,因此喷嘴出口附近的液流随同高速射流一起向下流动。这种情况在图4(a)的 ABD(A′B′D′)和

图 4(b)的 FH(F'H')区域看得比较明显。A(A')与 B(B')附近的液流方向都是向下的。F(F')点虽在喷嘴出口的上方,但是在 F(F')点与喷嘴出口之间的那部分液流其流动方向也是向下的。这就使得整个井底场空间内的下行液流不仅包括从喷嘴直接喷射出来的高速射流,还应该包括以高速射流为中心并被它卷吸带动进来的一部分周围液体。这个现象使得下行液流的范围大于高速射流锥体本身,从而使下行液流对井底的冲击范围[图 4(a)(b)中(一)区]较大。过去一般文献都认为下行液流只限于高速射流本身。做试验以前我们对这一现象也是没有认识到的,特提出加以讨论。

(2)在有限的井底场空间内,井底和井壁是该有限空间的限定边界。下行液流到达井底以后必然要上返,因而下行液流与上返液流都要在该有限空间内各占据一定空间。试验表明,下行液流到达井底后随即上返。例如图 4(a)中下行液流在 D(D')点附近以及图 4(b)中下行液流在 H(H')点附近就都开始上返了。下行液流与上返液流的交界范围(D・H 或 D'・H'点附近)是很窄很有限的。这就是说,在对称的井底流场中受到井底和井壁限制的井底场有限空间中,液流在井底的横向流动(横向流、漫流)是受到很大限制的。仅仅从射流的井底靶心向井底中心的少部分井底范围存在径向的横向流。而且,对称布置的几个喷嘴其几股横向流还相互干扰,减弱了横向流对岩屑的横扫作用。《喷射式钻头喷嘴射流的漫流和冲击》[JPT,1964,16(11)]说:“井底的漫流是遍及整个或绝大部分井底的……”这一说法似乎不一定符合实际,有待进一步试验和分析。很有启发的是在对称的井底流场中横向流受到很大限制,这一问题的提出,引导我们考虑应该怎样改变喷嘴布置方案或在钻头结构上采取相应措施,来强化横向流以提高净化井底的能力。

(3)在井底场有限空间内,下行液流与上返液流各自都要占据一定的空间,从而产生了相互“夺路”的问题。例如在图 4 中,下行液流为(一)区,而上返液流为(二)区。(一)区和(二)区的交界面可以从贴线的漂浮状态来确定。例如在图 4(a)中,A(A')点附近就是下行液流与上返液流的分界处,贴线在 A(A')点以上和该点以内(朝钻头中心轴线为向内)向上漂浮,表明液流向上流动贴线在 A(A')以下和该点以外朝井壁为向外向下漂浮[图 3(a)],表明液流向下流动。在图 4(b)中,G(G')与 E(E')之间贴线呈水平方向左右漂浮[图 3(b)]:说明液流在这一区域内是由外向内水平方向流动的,形成井底场在图 4(b)中表示的 F(F')点附近液流分别向上、向下流动的现象,以及液流在(二)区上返后在 G(G')和 E(E')点附近先改变为水平流动的方向,继而再进入(一)区,并在 F(F')点以上再次变为上返液流的现象。在井底场有限空间内下行液流与上返液流相互“夺路”的现象,暴露了对称的井底流场的弱点,并启示我们认识到应该把有限的空间合理分配给下行液流和上返液流。使得它们各有自己的“流道”。这正是科学合理地设计喷嘴布置方案所应该加以研究的问题。

2.2.2 不对称的井底流场

喷嘴的各种不对称布置方案以及不对称的钻头体特殊结构都可以形成不对称的井底流场。我们初步试验了两种不对称的喷嘴布置方案:一种是封堵了一个喷嘴只留有两个喷嘴的喷射钻头[图 5(a)],另一种是两小一大($2 \times \phi 8mm + 1 \times \phi 11mm$)的组合喷嘴喷射钻头[图 5(b)]。

现根据试验情况并结合有关资料讨论分析不对称流场的特征。

(1)图 5(a)中的左喷嘴(D)被封堵,所以 D 附近就具备了没有下行液流的条件,同时由于一个喷嘴(图中左喷嘴)的封堵就相对地强化了从另两个喷嘴(图中右喷嘴)E 处喷出的高速射流的冲击和该射流对其周围液体的卷吸作用,从而强化和扩大了 AEB 区域的下行液流。液流到达井底后,从 B 点附近沿井底横向流动,并使液流集中从被封堵的喷嘴一侧 CDF 区域上返。这样就使下行液流与上返液流各偏靠井眼某一侧井壁,合理地分配了井底场的有限空间,解决了对称流场中下行液流与上返液流相互混杂并彼此"夺路"的相互干扰问题。图 5(b)所示的右喷嘴大于左喷嘴,所以右边的射流较左边的射流粗而强。再对比左右两侧相应的 A 和 B 两点的情况可知:A 点附近的液体由于要迅速填补 CK 区下行的液流,故 A 点附近的液流方向是向下的;而与 A 点相对应的左侧 B 点附近的情况就不同了,在 B 点以上的液流已开始上返进入环形空间即其方向是向上的。在距井底一定高度的 F 点以下井底场空间内液流的总趋势也大致有着与图 5(a)所示的同样优点,即其下行液流与上返液流基本上多偏靠井壁一侧,相互干扰不大。能在井底场有限空间内合理分配下行液流与上返液流的"流道",解决彼此"夺路"的相互干扰问题,是不对称流场的第一个特征。

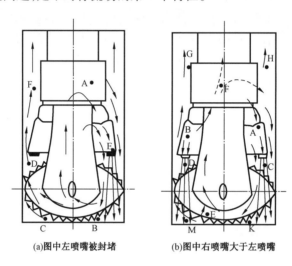

(a)图中左喷嘴被封堵　　　(b)图中右喷嘴大于左喷嘴

图 5　不对称的井底流场液流方向路线分析图

(2)不对称井底流场的第二个特征就是扩大和强化了液体沿井底的横向流动(漫流)。例如在图 5(a)中,从 B 点附近液体就沿井底流向 C 点附近,然后再上返进入钻头巴掌和井壁之间的环形空间。在图 5(b)中,从 K 点到 E 点的井底区域其横向流也同样被强化了。显然,被强化的横向流不仅仅限于图示的平面,而应包括既沿井底周向又沿其径向的大部分井底范围。

通过上述分析可知:有效的利用向下冲击的高速射流;合理的安排下行液流与上返液流的"流道",并尽量控制它们相互干扰的方面利用它们相互促进的方面;扩大和强化液体沿井底的横向流动(漫流)是不对称井底流场的 3 个主要优点。

20 世纪 60 年代以来,大量钻井实践证明组合喷嘴、堵喷嘴、斜喷嘴、加长喷嘴、反向喷嘴等喷射钻头是能够提高钻速增加进尺的。通过对不对称井底流场的研究认识到它们在速度场、压力场等方面的其他主要特点还有:

(1)井底压力梯度增大了,岩屑承受着不平衡的动压力,不仅强化了横向流也提高了排屑力,有利于岩屑的运移和井底净化;

(2)井底部分区域的动压减小了,在井底钻头附近的局部空间还可能出现"低压区",这就降低了压持压力,而这也是有利于净化的;

(3)不对称流场的净化能力提高后,对机泵的要求降低了,或者说在同样机泵条件下,净化井底的能力提高了。

　　不对称流场的特征和优点说明：在一定机泵条件和功率传递方式下，以不对称流场为设计依据的新型喷射钻头能够更有效地利用井底水力能量并提高井底净化效果，其意义与合理分配泵功率同样重要，应共同成为喷射钻井技术发展的两个方面。

3　新型喷射钻头的发展方向

　　分析国外近年新型喷射钻头的发展，根据井底流场的试验，试提出几点看法和意见。

　　目前生产中普遍大量使用的、批量生产的喷射钻头基本是属于对称的井底流场范畴。应该指出：在巴掌之间布置 3 个靠钻头边缘的外喷嘴，从井底液流流动过程和及时地排出牙轮下面的岩屑的观点来看是最不完善的。对称的井底流场不能充分发挥喷射钻头的水力潜在能力。新型喷射钻头的喷嘴布置方案应以不对称的井底流场为其主要设计方案的基础。不对称井底流场的设计方案除了主要从喷嘴的数目、位置、方向、尺寸和喷距等方面进行研究以外，还可以在钻头体的结构上进行考虑。美国史密斯公司 J. H. 艾伦 1979 年提出了一种强化漫流牙轮钻头（图6），就是既使用了不对称的喷嘴布置方案又在钻头体上设计了环形空间液流限流板（简称环空限流板）和钻头体圆穹液流限流板。

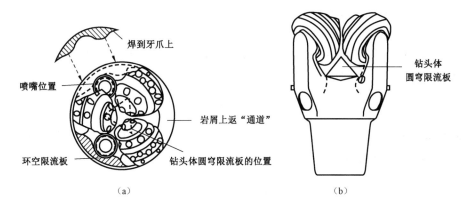

　　（a）　　　　　　　　　　　　　　　　　　（b）

图 6　强化漫流牙轮钻头

　　法、英、苏等国近年重视反向喷嘴的研究和应用。从井底流场的观点来看，反向喷嘴的反抽作用比正向喷嘴射流对井底的冲击作用在克服压持效应方面更好。实践证明，反向喷嘴的反抽作用能够从井底清洗出体积更大的岩屑，从而使这种钻头获得较好的钻速。在一个喷射钻头的喷嘴布置方案中，科学地把反向喷嘴和正向喷嘴等结合起来使用，可以大大有助于合理安排下行液流与上返液流的"流道"，并获得良好的井底流场。

　　在喷射钻头上使用斜喷嘴的研究已有很长时间了，但是应用在批量生产的钻头上还几乎没有成功。从井底流场的观点来看，斜嘴咀的最大优点是强化和扩大了横向流的作用，即强化了在井底场运移岩屑的第二个基本动作。我们认为应重视解决应用斜喷嘴的有关问题。

　　在研究和设计一个不对称冲洗装置的喷射钻头方案时，应该选择方向、位置……等几种不同特性的喷嘴，并有针对性地去完成岩屑在井底被运移的 3 个基本动作中的每一个动作，并使这几种不同特性的喷嘴相互配合，以获得不对称井底流场的预期效果。为此应该充分发挥正向喷嘴、反向喷嘴、斜向喷嘴等各类喷嘴的优点，综合运用各类冲洗装置并在钻头体的结构上加以相应的配合。我们建议试验研究下面几种喷射钻头：

（1）反向喷嘴、正向喷嘴与带环空限流板的"抽—冲—堵"相结合的喷射钻头（图7）

（2）正向喷嘴、反向喷嘴与斜向喷嘴相结合的"冲—抽—扫"相结合的喷射钻头（图8）。

（3）正向喷嘴、反向喷嘴、斜向喷嘴与带环空限流板的"冲—抽—扫—堵"相结合的喷射钻头（图9）。

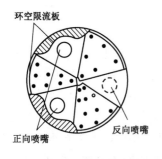
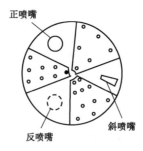
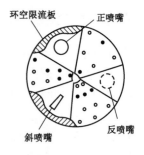

图7 "抽—冲—堵"结合的　　　图8 "冲—抽—扫"结合的　　　图9 "冲—抽—扫—堵"相
喷射钻头示意图　　　　　　喷射钻头示意图　　　　　　结合的喷射钻头示意图

这几种钻头的井底流场可能比图4（a）中的更为理想，因为还没有来得及做试验，这只是从理论上分析和推测，还需要通过试验和实践来验证。

下一步我们打算在喷嘴的数目、尺寸、位置、方向、喷距及其总体布置的不对称性等方面继续试验研究。以不对称流场为基础的新型喷射钻头的研究和使用是带有方向性的，可能为喷射钻井的进一步发展开辟一个新领域。

致　谢

井底流场试验是用西南石油学院钻头试验架进行的，在试验工作过程中得到西南石油学院钻头研究室的大力支持，在此谨表谢意。

参 考 文 献

[1] Sutko A A. The Effect of Nozzle Size, Number, and Extension on the Pressure Distribution under a Tricone Bit [J]. Drilling 1993:187 – 192.

[2] Sutko A A. Drilling Hydraulics—A Study of Chip Removal Free under a Full – size Jet Bit[J]. SPE J. ,1973 (4):233 –238.

[3] Sutko A A. Bit Nozzle Changes Could Improve Drilling Hydraulics[J]. OGJ.,1975,73(7):102 – 106.

[4] Feenstra R. Full Scale Experiments on Jets in Impermeable Rock Drilling[J]. Drilling,1973:119 – 126.

[5] Allen J H. The Development of Two – nozzle Enhanced Crossflow Rock Bits[R]. SPE 8379,1979.

[6] Pols A C. Tests Show Jet – drilling Hard – rock Potential[J]. OGJ. 1977:134 – 142.

（本文为石油工程学会1980年昆明学术会议论文并刊于《石油钻采工艺》1981年第1期）

喷射钻井井底流场的试验架研究及单喷嘴钻头的井下试验

张绍槐

本文介绍在试验架上进行井底场液流流动规律、喷嘴组合方式对排屑量的影响及井底场压力和速度等物理特性的研究。通过试验架与现场试验,证明单喷嘴钻头的优越性,并分析总结了使用单喷嘴钻头的技术问题。

为了研究射流的排屑净化作用机理,我们从1980年起在全尺寸钻头试验架上进行了井底流场的试验研究。采用流体力学的理论和试验方法,研究井底水力能量(指钻头水功率)的合理分布,即在一定机泵条件下,最合理地分配整个循环系统水力能量(指泵的水功率)的基础上,通过科学地设计钻头喷嘴组合和布置方案,把钻头喷嘴可能得到的井底总水力能量进行最合理地分布,从而在井底排屑中获得最好的净化效果。井底总水力能量的分布状况直接取决于喷嘴的数量、尺寸、方向、喷距、位置、组合方法和布置方案等因素。

在进行井底流场的试验研究时,不仅探索了井底流场的一般特性,而且在肯定了不对称流场的特点之后又得出了单喷嘴钻头净化能力最强的重要结论,并于1982年把这一研究成果拿到川中矿区进行现场试验,收到了很好效果。

1　井底流场的试验架研究

流体力学对于像井底流场液流流动这样复杂的研究对象,很难单纯用数学和力学的理论方法进行分析,而只能借助于试验方法进行研究。自20世纪60年代以来,世界上许多国家、公司的学者,一直在进行井底流场的试验架研究工作,经过研究逐步揭示了井底流场的复杂现象和机理,成为极为重要的、不断深入的研究领域。我国自1979年起也开始了这方面的工作。

近3年来,我们在试验室里初步进行了3个方面的研究。

1.1　井底场液流流动规律的试验研究

1.1.1　研究方法

试验研究井底场液流流动规律一般都先从观察、记录液体流动状态,即所谓液流显像试验入手。液流显像试验有示踪颗粒轨迹试验法、染色液法和贴线法等,我们用的是贴线法。

在全尺寸试验架(图1和图2)玻璃井筒内,把短丝线的一端粘贴在试验钻头上,用清水循环来观察并进行录像,研究喷嘴对称布置和不对称布置时多股液流在井底场定向流动的方向、路线、流向分布和流动特征。

1.1.2　主要结论

单喷嘴、不等径组合喷嘴、双喷嘴(即堵一个喷嘴)、反喷嘴及斜喷嘴,一般来说都程度不同地比等径三喷嘴的净化效果好,即从机理上说明不对称井底流场比对称井底流场好。在一定条件下不对称度越大越好,其机理是:(1)对称流场在有限的井底空间内下行液流与上返液

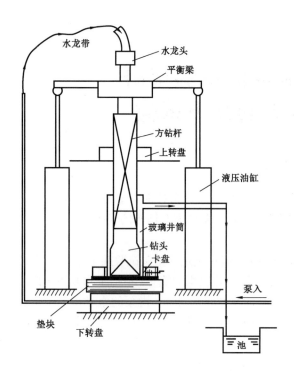

图1 "贴线法"试验架

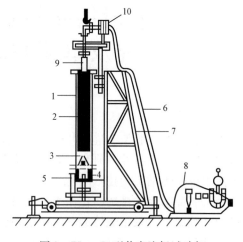

图2 ZJ₇₇-P₁型井底流场试验架

1—有机玻璃井筒;2—钻杆;3—钻头;

4—活动升降可移式井底;5—电桥盒及压力传感器;

6—上水管;7—可移式井架;

8—钻井泵;9—水龙头;10—电动机

流各自都要占据一定的空间,从而产生了相互"夺路"问题。而不对称井底流场的下行液流与上返液流各偏靠井眼某一侧井壁,合理地分配了井底场的有限空间,解决了对称流场中下行液流与上返液流相互混杂并彼此"夺路"的相互干扰问题。(2)在喷嘴总截面积一定时,一般来说,不对称流场的喷嘴数目少,有利于减少井底总冲击区面积及井底反喷液流的副作用,强化了射流的正冲击,增大了冲击压力及冲击区的压力梯度,利于排屑。这点在井底压力分布的试验中已定量地测出压力梯度予以证实(表1、图3至图6)。

表1 井底压力分布试验数据

序号	喷嘴组合类型	喷嘴尺寸 (数量×直径) (个×mm)	喷嘴当量直径 (mm)	井底最大压力 (kgf/cm²)	井底最小压力 (kgf/cm²)	计算压力梯度 p_{TM}[①] [(kgf/cm²)/cm]
1	三等径喷嘴	3×10	17.32	15.00	0.50	0.16
2	三不等径喷嘴	1×12+2×8.5	16.98	11.96	0.50	0.26
3	双等径喷嘴	2×12	16.97	7.19	0.50	0.33
4	双不等径喷嘴	1×15+1×9	17.49	13.14	0.55	0.62
5	侧边单喷嘴	1×17	17.00	15.16	0.70	0.57
6	侧边单喷嘴	1×16	16.00	14.78	0.89	0.68
7	侧边单喷嘴	1×14	14.00	22.62	0.98	1.11
8	中心单喷嘴	1×15	15.00	8.86	0.42	1.41

① p_{TM} 数值是由相应的井底压力分布图计算得出的。

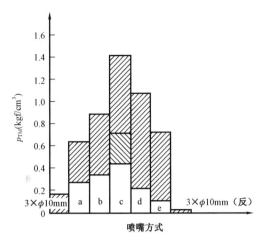

图3 喷嘴组合与井底压力梯度值的关系
a—不等径三喷嘴组合；b—不等径双喷嘴组合；
c—单喷嘴；d—具有中心喷嘴的组合；
e—中心喷嘴与反喷嘴组合

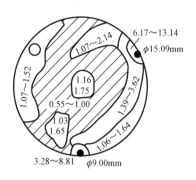

图4 双喷嘴($\phi15mm+\phi9mm$)
井底压力分布

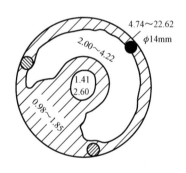

图5 侧边单喷嘴($\phi14mm$)井底压力分布

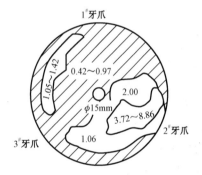

图6 中心单喷嘴($\phi15mm$)井底压力分布

（3）一般都认为漫流比冲击更重要，它是净化井底的主要作用力[1,2]。根据试验[2]，漫流速度剖面及其衰减情况如图7所示。B点的漫流速度最大（$v_c^\star$），在AB区间每厘米距离漫流速度由1衰减到0.86，即速度损失了14%。需要指出，在试验架的光滑井底条件下，漫流速度还衰减得这么快，可以设想在实际钻井中井底是凹凸不平的，漫流速度的衰减更快。我们的试验说明：不对称井底流场能扩大和强化液体沿井底的横向流动（漫流）。可以证明：

$$v_{c1}=\sqrt{2}v_{c2}=\sqrt{3}v_{c3}$$

式中 v_{c1}，v_{c2}，v_{c3}——分别为单喷嘴、双喷嘴和三喷嘴井底场的漫流速度。

1.2 喷嘴组合方式对井底净化效果的试验研究

1.2.1 研究方法

在这项试验工作中，首先要确定用什么方法来衡量和试验研究井底的净化效果。休特柯用测量液流对单颗岩屑的推力，即排屑力的方法来研究影响排屑力大小的因素。而我们仔细

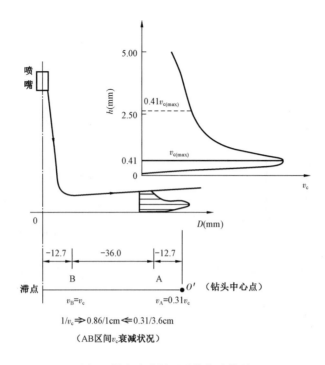

图7 漫流流速剖面及其衰减情况

分析对比了各油田使用各种喷嘴组合的钻进资料,定性地认为,在8½in钻头中:(1)不等径组合三喷嘴优于等径三喷嘴;(2)双喷嘴优于等径和组合三喷嘴;(3)布置不对称喷嘴好;(4)国外资料[3,4]介绍反喷嘴(限于12½in及9⅝in钻头)效果好。

因此,试验的目的是进一步用定量的方法证明上述认识并加以研究。

(1)寻求双喷嘴最佳直径比值。试验前曾认为可能存在一个最优比值,并预测最佳比值可能为0.3~0.5,当时并未认识到最佳比值为0,即单喷嘴时的效果最好。

(2)因为不能单独使用反喷嘴,必须寻求正、反喷嘴的组合方案,并进一步搞清反喷嘴特性。

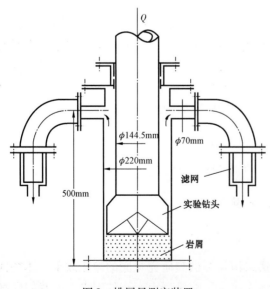

图8 排屑量测定装置

为了直接衡量和研究喷嘴组合对井底净化的影响,我们采用测定排屑量的试验方法,试验装置可以是玻璃井筒(低压)的,也可以是钢井筒(高压)的,其原理如图8所示。用玻璃井筒做试验,压力虽受限制,但是可以看到液流流动及岩屑运移状况,并可进行录像,便于分析。

用30多种不同的喷嘴组合,在相同的试验条件下进行对比试验。各种喷嘴组合的喷嘴当量直径(d_e)和喷嘴总截面积(A_n)不变或相近。

岩屑用实际岩屑,选自川中广深1井石灰岩段并逐粒挑选。每次实验先将一定量的实验岩屑堆放平铺于玻璃井筒内,堆放高度约150mm,并保持每次实验时井筒内的岩屑总量不变。试验时,用固定的排量和清水循环,钻头不旋转,循环30s,在井口收集排出的全部岩屑并称出其重量。每一种喷嘴组合重复实验10次,取其统计平均值,即为该喷嘴组合时的排屑量。因为是在相同的实验条件下测定的,故排屑量越大,表明该喷嘴组合的井底净化效果越好。这种方法的优点是:除钻头静止和井底压差外,最大限度地模拟了井下实际情况;而排屑量这一指标能直接地、综合地、定量地分析对比各种喷嘴组合对井底排屑净化效果的好坏。

1.2.2 试验结果与主要结论

(1)试验表明,等径双喷嘴优于等径三喷嘴。在喷嘴数目相同时,不等径组合优于等径组合。更重要的是随着不等径双喷嘴直径比值的不断减小,即随着井底流场不对称度的增大,净化能力不断提高,当比值等于零(即单喷嘴)时,井底净化效果最佳(图9)。

(2)适当减小喷嘴直径能有效地提高井底净化能力(图10和图11)[3],当然,d_e不是无限制地减小。喷嘴直径是控制和优选水力参数极为敏感的关键因素,必须全面考虑才能确定。

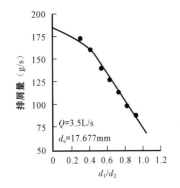

图9 喷嘴直径比值对井底净化的影响

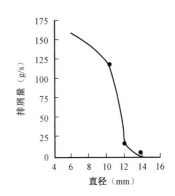

图10 喷嘴直径对井底净化的影响

(3)由图12及图13看出,反喷嘴的优越性及$d_反/d_正$最优直径配合比的范围为0.4左右,但受钻头尺寸的限制,在生产实际中反喷嘴不适用于8½in以下钻头。

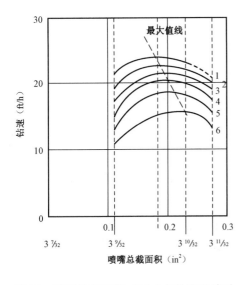

图11 喷嘴总截面积、水马力与钻速的关系

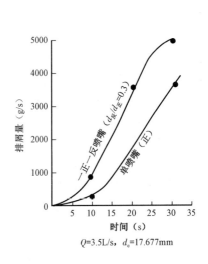

图12 反喷嘴净化效果的实验曲线

1.2.3 井底流场物理特性的研究

研究井底流场的物理特性,首先希望建立一个物理模型。但由于多喷嘴的多股射流在井底互相干扰十分复杂,迄今,国内外还没有人能够建立一个多喷嘴的近似井底流场物理模型。作为探索,我们从单喷嘴钻头入手,建立一个初步的单喷嘴井底流场物理模型。

1.2.3.1 单喷嘴井底流场物理模型的分析

两点假设:第一,单喷嘴在钻头中心,且喷嘴位置距井壁有一定距离;第二,钻头旋转速度低,引起的射流质点周向速度与轴向速度相比很小很小,故可假定钻头是静止的。

在井底场中,从喷嘴出来的射流是淹没非自由射流,有井底和井壁的限制(阻挡)。射流冲击到井底后又从井底反喷并向四周横向扩散,到达井壁附近向上拐而进入环形空间。井底场的物理模型可分为四个区。(图14):

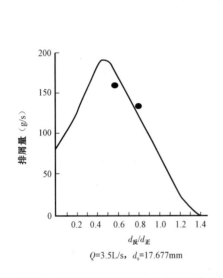

$Q=3.5$L/s, $d_e=17.677$mm

图 13 反喷嘴直径对井底净化的影响

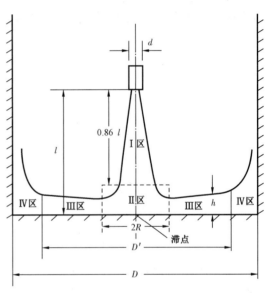

图 14 单喷嘴井底流场的物理模型

第 I 区——淹没射流,但近似于自由射流[4]。

第 II 区——冲击区,通过测速[6]可确定冲击区在轴向的开始位置约为 $0.86l$(l 是喷距),冲击中心是死点。在冲击区正向射流和反喷液流相互作用,必然形成强烈的漩涡。

第 III 区——井底漫流区,流体力学称为墙壁射流区(Wall Jet Region)。

第 IV 区——近井壁区,在这一区内有死区(滞流区),并有强烈的漩涡。

对第 I 区,可以用一般流体力学书中关于自由射流的特性和数学分析来说明,本文不多谈。第 II 区和第 IV 区比较复杂,目前还难用数学、力学方法分析。在第 III 区,流体质点的速度主要是沿井底向外的横向速度,沿井眼轴线方向的流速几乎为 0,可以近似地看作一维流动,即平面流,其运动微分方程和连续性方程分别为:

$$\left.\begin{array}{l} v_x \dfrac{\partial v_x}{\partial x} + v_y \dfrac{\partial v_x}{\partial y} = X - \dfrac{1}{\rho} \cdot \dfrac{\partial p}{\partial x} \\[3mm] v_x \dfrac{\partial v_y}{\partial x} + v_y \dfrac{\partial v_y}{\partial y} = Y - \dfrac{1}{\rho} \cdot \dfrac{\partial p}{\partial x} \end{array}\right\} \qquad (1)$$

$$\frac{\partial v_x}{\partial x} + \frac{\partial v_y}{\partial y} = 0 \tag{2}$$

式中　p——流体压力；

　　　ρ——流体密度；

　　　v_x, v_y——分别为速度矢量 v 在 x 和 y 坐标轴上的投影；

　　　x, y——分别为单位质量的质量力在 x 和 y 坐标轴上的投影。

经分析整理,可得井底平面流场速度分布近似表达式

$$v_c = \frac{\beta_0 \sqrt{A}}{2 \pi h} \cdot \frac{\sqrt{Q v_0}}{r} \tag{3}$$

式中　A——喷嘴出口截面积；

　　　r——距源点之半径；

　　　Q——喷嘴出口处的射流体积流量；

　　　v_0——喷嘴出口处的轴向射流速度；

　　　β_0——与喷嘴结构等有关的系数,由实验确定；

　　　h——漫流层厚度。

由图 14 知:

$$r \in \left[R, D'/2 \right]$$

再经变换,可得井底平面流场压力分布的近似表达式:

$$p = A^\circ - \frac{1}{2} \rho v_c^2 \tag{4}$$

式中　A°——积分常数,由实验确定。

式(3)表明,在其他条件都一定的情况下,井底平面流速场的流速与射流的动量通量的平方根 $(Q v_0)^{1/2}$ 成正比,与离源点的半径 r 成反比。式(4)表明,在平面流场中,当速度 v_c 减小时,压力急剧增大。由式(3)和式(4)知,自源点向外,速度不断减小,压力不断增大。

如前所述,实际的井底流场是非常复杂的,难以完全用数学和力学方法来分析。例如,仅仅表示第Ⅲ区并简化了的井底平面流场的式(3)和式(4)中一些系数,常数仍需由实验确定。因之还必须着重于试验研究工作。在流体力学中,压力和速度是相互关联的两个孪生基本参数,所以井底流场中的压力场和速度场是密切相关的。我们在 1982 年先进行了井底压力的测试研究。

1.2.3.2　井底压力分布试验方法的确定

大陆石油公司在 1970 年进行了这项试验[5],其方法是在试验井筒的钢质井底布有测压孔,用传压管分别把每个测点的液体压力经过传感器转换为电信号,经应力应变仪放大后用数字电压表和光线示波器等显示、记录、拍照。阿莫柯公司在 1982 年试验时则在试验井筒的井底和井壁都布有测压孔[4]。

我们的试验原理和方法也基本相同。试验装置为专门设计的 $\mathrm{ZJ_{77}-P_1}$ 试验架(图 2),测试方法如图 15 所示。在测试底盘的半径方向内均布 8 个测压孔,测压孔中心距为 13.5mm。钻头每次旋转角度可分别为 15°,10° 和 5°；井底测点的数目与密度见表 2。

表2　井底测点的数目与密度

钻头每次旋转角度(°)	15	10	5
钻头旋转一周的测试次数(次)	24	36	72
钻头静止时每次测试的测压点数(个)	8	8	8
钻头旋转一周时的测试点总数(个)	192	288	576
8½in 钻头测点密度(个/in²)	3.38	5.08	10.15

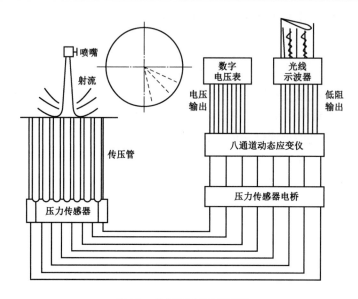

图 15　井底压力测试原理

1.2.3.3　对井底压力分布试验的主要认识

(1)井底压力分布试验能够测试、研究各种喷嘴组合条件下整个井底的压力分布状况,在钻头尺寸、排量、循环压力和循环液性能等条件相同时,能对比和优选喷嘴组合方案。如能进一步模拟实际井底表面状况就更符合井下实际条件了。

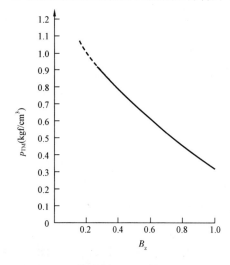

图 16　双喷嘴直径比值(B_z)与井底压力梯度值的关系

(2)从净化井底考虑,某种喷嘴组合的井底最大压力点压力越大,它与井底最小压力点压力的差值越大,则井底压力梯度值也越大,该种喷嘴组合较好。井底压力的高压区和低压区相对集中(而不是相互混杂),井底压力图等压线的区域性越分明,则井底流场越好,液流平稳,漩涡和滞流区小。

(3)试验说明,单喷嘴最好(包括侧边单喷嘴与中心单喷嘴),双喷嘴次之,三喷嘴最差。在双喷嘴和三喷嘴中,不等径双喷嘴优于等径双喷嘴;不等径三喷嘴优于等径三喷嘴。一般来说,井底压力梯度随喷嘴数目的减少而增大。喷嘴数目相同时,不等径的比等径的好,即井底压力梯度随流场不对称度的增大而增大。

(4)不等径双喷嘴的最优直径比值趋近于0

（图16）。这个结果与排屑量试验的结论完全吻合，再次证明单喷嘴是最好的。

（5）反喷嘴的机理是使反喷嘴附近井底压力降低，在该处形成相当低的压力区，并相应改善井底流场。

1.2.3.4　井底速度场的研究

井底速度场试验包括3个主要内容：（1）单股淹没非自由射流轴线速度和横向速度的测试研究；（2）各种喷嘴组合下井底表面漫流流速的测试研究；（3）各种喷嘴组合下测量井底场任意点的速度并绘制二维、三维速度分布图。

目前测试井底场速度分布有3种方法，我们正在进行研究和准备。

2　单喷嘴钻头的井下试验

总起来说，单喷嘴钻头的重要特点有：

（1）不对称度最大，漫流速度最大。

（2）单喷嘴是组合喷嘴的特例，排屑量实验已证明，双喷嘴直径比值等于0时，即单喷嘴的排屑净化效果最好。

（3）井底压力分布试验表明，在相同条件下，单喷嘴的井底压力梯度最大。

（4）钻速不仅与钻头水马力密切相关，而且对每个喷嘴水马力大小的反应也很敏感。根据实际资料可得经验公式[6]。

$$v_{t} = A(N_{b}/n)^{b} \tag{5}$$

式中　v_{t}——机械钻速；

　　　A——与v_{t}和N_{b}有关的试验常数，可由实钻资料求算；

　　　N_{b}——钻头水马力；

　　　n——喷嘴数目；

　　　b——与泵压有关的指数，$b = 0.29 \sim 0.34$，当泵压为700lbf/in² 时，$b = 0.29$；当泵压为
　　　　　4000lbf/in² 时，$b = 0.34$。

瑞德钻头公司只用式（4）说明双喷嘴比三喷嘴好[6]，并未提及单喷嘴更好。我们用这个经验公式，计算并对比了一些单喷嘴的实际资料，也同样符合这个公式的规律。这个经验公式说明，每个喷嘴上的能量大小（即每股射流的能量大小）是决定钻速指标的关键变量。

（5）单喷嘴是符合图7说明的。在一定条件下，喷嘴总截面积略小一些更好[3]。

根据实验和理论研究，我们对单喷嘴有了新的认识，认为它是能够提高钻速的。为此决定做井下试验。

2.1　第一只 8½in 单喷嘴钻头的井下试验

1982年5月，在川中金15井，1746.61～1826.03m 井段，8½inHP₂牙轮钻头用盲板堵住2个喷嘴孔，只留1个喷嘴钻进（金15－15号钻头）。试验条件与该井前一只钻头（金15－14号钻头）基本相同。两只钻头的喷嘴当量直径非常接近，两只钻头的使用情况对比见表3。

表3 川中金 15 井钻头使用情况对比

项目 钻头号	喷嘴 （数量×直径） （个×mm）	井段 （m）	进尺 （m）	钻速 （m/h）	排量 （L/s）	钻头 压降 （kgf/cm²）	泵功率 （hp）	射流 冲击力 （kgf）	上返速度 （m/s）	钻井液性能	
										相对 密度	漏斗黏度 （s）
金 15 - 14 号	3×9	1674.83 ~1746.61	71.78	1.88	22	86.9	254.6	258.7	0.93	1.23	37
金 15 - 15 号	1×15	1746.61 ~1826.03	79.42	2.07	20	82.9	211	231	0.85	1.22	40

注：（1）14 号钻头有泥包现象。15 号钻头牙齿清洁，取出新度高，返出岩屑大，无偏磨。
（2）14 号钻头比 15 号钻头的使用条件好（井深、排量、泵压、泵功率等）。
（3）钻压均为 14tf，转速均为 55~58r/min，泵压均为 100kgf/cm²。
（4）钻速提高了 10%，而据另一份资料可提高 16.1%。

这只单喷嘴钻头的试验成功，引起了川中矿区的极大兴趣和重视，并为继续下井试验打开了局面。

2.2 1982 年下半年的试验情况

自 1981 年 7 月以来，川中矿区共在 16 口井上进行喷射钻井，采用多喷嘴组合方式，在金华镇、八角场构造上经 4 口井试验的 10 只单喷嘴钻头都不同程度地取得了好效果，在 4 口井上使用 10 只单喷嘴钻头比 16 口井进行喷射钻井共用的 128 只钻头（包括全部单喷嘴、双喷嘴、三喷嘴钻头）平均进尺提高 69%，钻进时间平均提高 49.4%，平均机械钻速提高 13.3%。这 10 只单喷嘴钻头在使用中没有发生堵水眼和憋泵等问题，也没有发现牙轮轴承和钻头磨损不正常现象。在单喷嘴钻头钻进的井段内井径和井斜正常。表 4 是川中矿区试验推广喷射钻井技术比较好的两个井队（4059 队及 4064 队），在金华镇构造各打 3 口井的主要指标对比。

4064 队打的金 13 井，创造了川中矿区上双千米时间、月进尺和完井周期（55 天）3 项新纪录。初步计算，该井节约成本 16.3 万元。

表4 川中矿区喷射钻井主要指标对比

井号	井深 （m）	钻机月速 [m/（台· 月）]	平均机 械钻速 （m/h）	钻头消耗（只）			平均钻 头进尺 （m/只）	用单喷嘴 钻头数 （只）	用组合双 喷嘴数 （只）	井深上双 千米时间	钻井成本 （元/m）	
				引进	国产	共计					定额	实际
金 7	2461	730	2.13	1	34	35	70.31	0	5	50d7h35min	450.09	416.03
金 15	2615	692	2.11	0	35	35	74.71	3	0	52d15h00min	419.26	406.74
金 14	2526	817	2.23	2	21	23	109.83	3	9	36d0h50min	434.48	420.98
金 12	2702	693	2.10	1	52	53	50.98	0	0	40d2h10min	430.96	424.00
金 16	2625	702	2.16	4	9	13	201.92	0	4	32d12h50min	408.74	375.93
金 13	2523	1402	3.46	3	0	9	280.33	3	5	22d23h56min	411.00	336.81

注：前 3 口井为 4059 队所打，其钻机型号为 F-200，3NB-800 钻井泵；后 3 口井为 4064 队所打，其钻机型号为 F-200，2PN-630 钻井泵。

2.3 1983 年单喷嘴钻头试验情况

为了更系统地完善试验工作，金 23 井（4059 队）从二开（井深 400m）到 2128.86m 用 8½in

单喷嘴钻头进行了全井试验,结果用 5 只单喷嘴钻头取得了 16 天 21 时上双千米的新纪录,试验情况见表 5。

表 5　金 23 井单喷嘴钻头试验情况

钻头入井序号	地层	井段(m)	进尺(m)	机械钻速(m/h)	钻头		钻进参数		水力参数				钻井液性能	
					型号尺寸	单喷嘴直径(mm)	钻压(tf)	转速(r/min)	泵压(kgf/cm²)	排量(L/s)	比水马力(hp/in²)	喷速(m/s)	密度(g/cm³)	漏斗黏度(s)
1	重四	401.52~536.16	134.64	10.95	HP₂8½in	14	15	60~80	110	20	4.49	130	1.05	17.5
2	重三	~771.57	235.41	7.52	HP₂8½in	14	15~17	60~80	130	21	5.18	136	1.05	17
3	重三	~925.87	154.30	5.99	HP₂8½in	14	15~17	60~80	145	22	5.99	143	1.05	18.5
4	重二	~1403.15	477.28	7.14	J₃₃8½in	14.3	18	60	145	22.5	5.88	140	1.05	16.5
5	重二	~2128.86	725.71	4.9	J₄₄8½in	16	18~20	60	145	24	4.55	119	1.05	17

2.4　使用单喷嘴钻头时的技术措施

在使用不对称布置的组合喷嘴钻头时,往往产生以下顾虑:

(1)是否影响井身质量。

担心井斜是出自定向钻井有时用单喷嘴或"1 大 2 小"的不对称组合喷嘴进行定向和造斜,但是在进行这一作业时单喷嘴(或大喷嘴)的方位是用定向下钻的方法严格控制的,下完钻后定好方位,插上销子固定转盘,然后才开泵循环,用高速射流定向冲蚀,按要求方位单侧冲蚀定向造斜。另外一个关键技术措施是用"加压下顿"法送钻,就是间断地、不均匀地送钻(有意识不均匀送钻),使钻头从单侧冲蚀的井壁方向造斜。用单喷嘴钻头进行喷射钻井(打直井),钻头是旋转的,单股射流并不固定冲蚀某一方位,强调在操作上要均匀送钻,并采用"先开转盘、后开泵循环钻井液,先停泵再停转盘"的措施。不要在既不开转盘,又不送钻钻进的情况下长时间地大泵量循环洗井。可见两种措施是针锋相对又完全相反的。如果在易斜地区试用单喷嘴钻头,可在扶正器的选择及井底钻具组合等方面采取措施。还可加密测斜作业,以便及时监测井斜情况。最近,据不对称喷嘴钻头液压侧向力的室内测定试验,初步证明侧向力是很小的。

(2)是否影响钻头的使用。

使用不对称流场的组合喷嘴时,担心堵掉原钻头的 1~2 个喷孔,会不会影响对牙轮(包括轴承、牙轮体和牙齿)的冷却和清洗。实践证明,用过的 10 余只单喷嘴钻头和更多的双喷嘴钻头都没有发生牙轮轴承过热、牙齿偏磨或其他不正常现象。使用目前批量生产的三牙轮钻头,其第 3 号牙轮轴最短,工作负荷相对最轻,也就是说最适应恶劣环境,因此,不宜堵住第 1 号与第 2 号牙轮间的喷孔或第 2 号与第 3 号牙轮间的喷孔,剩下的两个喷孔供选定组合方案之用。如果使用单喷嘴钻进,则在下钻前堵死一个喷嘴,并按设计计算的喷嘴当量直径(d_e)安装两个等直径的喷嘴,下钻后如要洗井或划眼,就用这两个喷嘴循环钻井液。如要钻进,就投一个"球"堵住其中一个喷嘴(在泵压表上可以判断堵住与否),留一个喷嘴打钻。在接单根(或其他作业)时,这只"球"会在两只喷嘴之间"跳动"(也会在泵压表上反映出来)。堵"球"的"跳动",有利于使钻井液交替地从两个喷嘴进行循环,以利于钻头(及牙轮轴等)的清洗和冷却。这就是川中矿区摸索出的"双喷嘴划眼,单喷嘴打钻"的经验。

(3)是否会出现堵水眼、压力激动等复杂情况。

从试用的10只单喷嘴钻头来看,就是钻井液性能不好,井下沉砂多,有时下钻后要划眼几百米,也未发生堵水眼憋泵现象。使用单喷嘴钻头,虽然喷嘴数目减少了,喷嘴的当量直径(d_e)未变,即喷嘴开孔截面积不变。因而起下钻等作业中,钻柱及钻头在井下产生的激动压力并不大。为了保证井下清洁,提高举升和携带岩屑的能力,坚持定期(每天约两次)和在起钻前向井内灌高黏度、高切力的钻井液。

3 结束语

根据井底流场的试验架研究,单喷嘴钻头用于喷射钻井,不仅能提高钻速,降低钻井成本,而且技术上也简单可行。井底流场试验架和单喷嘴钻头井下试验是用现有批量生产的三牙轮钻头堵孔眼进行的,喷嘴孔位置受到原钻头的限制。如果在设计、制造钻头时从设计井底流场入手,合理布置喷嘴冲洗方案,将会收到更好的效果。

参 考 文 献

[1] 张绍槐. 喷射钻井井底流场的研究[J]. 石油钻采工艺,1981(1):1-7.

[2] Melean R H. Crossflow and Impact under Jet Bits[J]. JPT,1964.

[3] Tibbitts G A,et al. The Effects of Bit Hydraulics on Full-scale Laboratory Drilled Shale[R]. SPE 8439,1979.

[4] Warren T M,et al. The Effect of Nozzle Diameter on Jet Impact for a Tricone Bit[R]. SPE 11059,1982.

[5] Sutko A A. Drilling Hydraulics—A Study of Chip Removal Force under a Full-size Jet Bit[J]. SPE J. ,1973(4).

[6] Doiron H H,et al. Effects of Hydraulic Parameter Clening Variations on Rate of Penetration of Soft Formation Insert Bits[R]. SPE 11058,1982.

(原文刊于《石油钻采工艺》1983 年第 5 期)

井底射流的室内实验研究

姚彩银　　张绍槐

摘　要：本文阐述专用装置测量淹没非自由水射流作用在井底岩石表面(简称井底岩面)上的水力能量的方法及喷距、喷嘴数目与水力能量的关系,得到了最佳喷距为 8 ~ 10 倍喷嘴当量直径,以及减少喷嘴数目可以提高水力能量的结论。

在高压喷射井中,提高井底淹没非自由射流的效率可以提高钻井速度。

本文是从射流作用在井底岩面上的水力能量(即水功率和冲击力)的角度出发,对水力能量破岩和净化井底进行实验研究,此项研究对喷射钻井和高压水射流技术的应用都有一定实际意义。

1　实验装置和方法

1.1　实验装置

整个实验装置由循环系统、专用测量装置和记录仪表 3 部分组成,如图 1 所示。

循环系统包括 SNC – 300 型柱塞泵、空气包、高压管汇、φ140mm 钻杆、喷枪、模拟井筒和水箱。

专用测量装置由可动井底、位移刻度板、插销、弹簧和荷重传感器组成。

记录仪表包括动态应变仪、光线记录示波器、光电转速仪、涡轮流量计、压力表和喷距游标尺。

喷枪是把一只 φ216mm 三牙轮钻头的牙掌割掉之后制成的。喷枪上喷嘴直径和数量都可以改变,喷嘴是入口角为 13°30′的圆锥形喷嘴。

测量系统经标准砝码标定,用高斯法合成的总误差不大于 1.5%。

1.2　实验方法

淹没非自由多股流相互干扰,旋涡、回流和死区混在一起。对这样复杂的射流,流体力学和湍流射流理论尚无法进行纯理论计

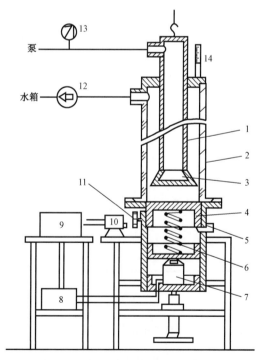

图 1　淹没非自由射流水力能量测量装置图

1—5½in 钻杆;2—8⅛in 模拟井筒;3—喷枪;4—可动井底;
5—插销;6—弹簧;7—荷重传感器;8—动态应变仪;
9—光线记录示波器;10—光电转速仪;11—位移刻度板;
12—涡轮流量计;13—压力表;14—喷距游标尺

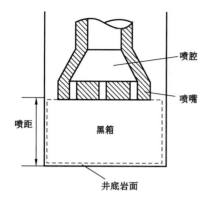

图2 射流流场"黑箱"示意图

算。本文将它当作一个模糊系统,用"黑箱"理论来研究和解决。

用一个"黑箱"把喷嘴出口平面、井底岩面和一个理想圆柱面(其直径等于井筒直径,高度等于喷距 L)所围成的空间装入。"黑箱"的高度可以随喷距而变,如图2所示。将喷嘴出口和井底岩面的水力能量作为"黑箱"的输入和输出。而把模糊不清的射流的中间过程和相互干扰用一个"黑箱"掩盖起来。

喷嘴出口的水力能量可以作理论计算,井底岩面的水力能量要由实验测量。

2 实验结果分析

2.1 实验

2.1.1 三喷嘴射流的喷距对井底岩面水力能量的影响

以井底岩面水功率 HP_{rs} 和无量纲喷距 L/d_e(d_e 为喷嘴当量直径)为坐标,实验结果如图3中 $3 \times \phi 6mm$ 曲线所示。

三股射流作用在井底岩面上的冲击力 F_{rs} 随无量纲喷距的变化规律如图4中 $3 \times \phi 6mm$ 曲线所示。

2.1.2 喷嘴数目对井底岩面水力能量的影响

又在喷嘴当量直径、喷距和喷速相等的条件下作了三喷嘴、两喷嘴和单喷嘴的射流作用在井底岩面上的水力能量对比试验,如图3和图4所示。

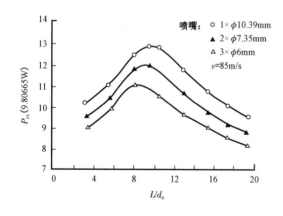

图3 喷嘴数目对井底岩面水功率的影响

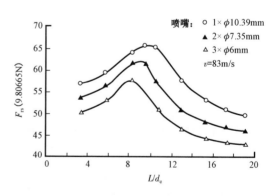

图4 喷嘴数目对井底岩面冲击力的影响

由图3和图4的实验曲线可以看出:

(1)当无量纲喷距为8时,三股淹没非自由射流作用在井底岩面的水功率和冲击力都达到最大值。

(2)当改变淹没非自由射流的喷距时,射流作用在井底岩面上水力能量存在一个峰值。

当无量纲喷距(L/d_e)为 8~10 时,射流作用在井底岩面上的水力能量最大。此喷距称最佳喷距,记作 L_{opt}。

(3)当喷距、喷速和喷嘴当量直径相等时,井底岩面水力能量随喷嘴数目减少而增大。

上述实验结果告诉我们,减少喷嘴数目和按最佳喷距考虑喷嘴距井底的长度能提高井底岩面水力能量,提高井底射流的效率。

2.2 实验结果分析

(1)在最佳喷距上,射流的"空化"作用使井底岩面水力能量出现了峰值。

从现代空化射流的理论研究得知,圆锥形入口喷嘴产生的淹没非自由射流产生空化气泡。空化气泡随射流前进的过程中,由于射流速度逐渐降低,压头逐渐升高,因而空化气泡受压也逐渐升高。当压力超过空化气泡膜的强度(空化气泡膜的强度等于极性水分子之间氢键的强度)时,空化气泡便在很短的时间内爆破,会立即产生很高的局部冲击压力($\gg \frac{1}{2}mv^2$)。

空化射流的理论告诉我们,大多数空化气泡的爆破区域距喷嘴出口的距离略大于射流的等速核长度。为使大多数空化气泡刚好运动到井底便爆破,先决条件是使喷距略大于 6 倍喷嘴直径。

当空化气泡的爆破能和射流的功能同步作用在井底岩面上时,井底岩面得到的能量最大。在我们的实验条件下,最佳喷距为 $8d_e \sim 10d_e$。

(2)从空化气泡爆破能和射流冲击区中流体团的总动能两方面分析喷距对井底岩面水力能量的影响。

根据流体力学和湍流射流理论建立单股淹没非自由射流的物理模型,如图 5 所示。我们把这种射流划分为等速核区(Ⅰ)、能量和速度的衰减区(Ⅱ)和冲击区(Ⅲ)。

显然,射流等速核长度 l 和喷距 L 始终满足不等式 l<L。区域Ⅰ、Ⅱ和Ⅲ的高度总是按比例与喷距成正比。它们的高度都随 L 而变。

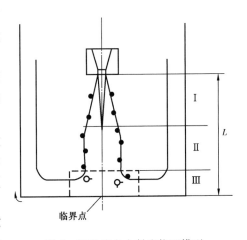

图 5　淹没非自由射流物理模型

当 $L<L_{opt}$,其他条件相同时,由于大多数空化气泡到达井底岩面还未爆破就被"反弹"到回流中去,因此井底岩面没有得到这些空化气泡的爆破能。此外,区域Ⅰ、Ⅱ和Ⅲ的高度都随 L 的减少而减少了。区域Ⅰ的高度减小意味着射流的等速核长度减小;区域Ⅱ的高度减小意味着射流进入冲击区时流体的速度稍有增大;区域Ⅲ的高度减小意味着冲击区内具有动能的流体团的数量减小。

我们认为关键在区域Ⅲ上。$L<L_{opt}$ 时,尽管射流进入冲击区的流体团速度稍大一点,但冲击区内具有动能的流体团总数,即流体团的质量总和(m)却减少了。因为动能 $E=\frac{1}{2}mv^2$,所以冲击区内所有流体团作用在井底岩面上的水力能量有 3 种可能:减少、不变或增大。总之,不管出现哪种可能,由于大多数空化气泡没有在井底岩面之上方爆破,所以井底岩面总的水力能量是小于最佳喷距时的。

当 $L>L_{opt}$ 时,井底岩面水力能量随喷距 L 增大而减少是很显然的。不再赘述。

（3）当喷嘴当量直径和其他条件都相同时,因三股、双股和单股射流的边界长度不同,则能量损失不同。所以,井底岩面得到的水力能量就不同。

射流边界上强烈的卷吸作用会产生旋涡。旋涡是使射流能量衰减的主要因素之一。当射流的受限条件、流体性质、喷嘴出口速度和射流扩散角都相同时,射流的边界长度越长,产生的旋涡就越多,能量损失就越大,到达井底岩面的水力能量就越小。

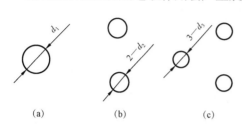

图 6 单股、双股和三股射流的边界

图 6 表示在射流的某一截面上,喷嘴当量直径相等的单股、双股和三股射流的边界。

设喷嘴的当量直径 d_e 相等,并且射流的扩散角相等,则:

$$\frac{\pi}{4}d_1^2 = 2\frac{\pi}{4}d_2^2 = 3\frac{\pi}{4}d_3^2$$

$$d_1 = \sqrt{2}d_2 = \sqrt{3}d_3$$

射流的边界总长度:

单股射流

$$l_1 = \pi d_1$$

双股射流

$$l_2 = 2\pi d_2 = \sqrt{2}\pi d_1 = \sqrt{2}l_1$$

三股射流

$$l_3 = 2\pi d_3 = \sqrt{2}\pi d_1 = \sqrt{3}l_1$$

所以, $l_3 > l_2 > l_1$。

由此可见,在三喷嘴、双喷嘴和单喷嘴当中,当喷嘴当量直径、射流扩散角和其他条件都相同时,三喷嘴射流不但边界总长最长,而且射流间的相互干扰最严重,所以能量损失最多,井底岩面得到的水力能量最少。单喷嘴射流不仅边界长度最短,而且不存在射流的相互干扰,所以能量损失最少,井底岩面得到的水力能量最大。双喷嘴射流居于两者之间。

3 结论

（1）用专用测量装置直接测量淹没非自由射流作用在井底岩面上的水功率和冲击力是一种新的实验方法。

（2）对圆锥形喷嘴产生的淹没非自由射流,无论是单股、双股还是三股射流都存在着一个最佳喷距。在最佳喷距上,射流作用在井底岩面上的水力能量最大,水力清岩和水力破岩的能力最强。在本文的实验条件下,最佳喷距为 8～10 倍喷嘴当量直径。

（3）在同样的条件下,减少喷嘴数目可以提高井底岩面上的水力能量。

（4）当淹没非自由射流的喷距小于最佳喷距后,射流的等速核长度随喷距的减小而缩短。

参 考 文 献

[1] 张绍槐. 喷射钻井井底流场的试验架研究及单喷嘴钻头的井下试验[J]. 石油钻采工艺,1983(5):1 - 13.
[2] 张绍槐、姚采银. 喷射钻井中井底岩面最大水功率和最大冲击力工作方式(英文)[C]. 第二次国际石油工程会议论文,1986.

(原文刊于《天然气工业》1987 年第 2 期(总第 7 期))

喷嘴射流和漫流特性对钻速的影响

廖荣庆　张绍槐　熊继有

通过现场调查和室内试验,认为在目前条件下,双喷嘴的最佳直径比值范围是 0.6 ~ 0.7;给出了射流轴心速度衰减方程;最大井底漫流速度在距井底 0 ~ 2.5mm 之间变化;对大多数岩石来说,只有形成破碎坑后,射流才有辅助破岩的作用。

改善喷射钻井的井底流场特性,提高井底净化效率,已经引起人们的重视[1]。研究表明,射流和流场特性对井底辅助破岩的影响也是一个应该重视的研究课题。近 20 年来,喷射钻井技术的研究、应用和发展,使我们加深了这一认识。这一研究,也是喷射钻井技术发展的重要内容。

本文主要介绍了 8½in 三牙轮钻头的现场调查和部分室内试验内容,提出了以下基本认识:

(1)喷嘴数量和组合比值对射流轴心速度的衰减和钻速有明显的影响。

(2)井底最大漫流速度值及其所处位置,受排量、喷距、喷嘴数量和组合比值等因素的影响。在试验条件下,最大漫流速度 $v_{c\,max}$ 在距井底 0 ~ 2.5mm 之间变化。

(3)在某些岩石中,射流对辅助机械破岩有明显的影响。

1　现场调查与分析

近几年来,我国许多油田广泛使用了组合双喷嘴钻头,进一步提高了钻速和钻头进尺。据四川石油管理局川中油田 1983 ~ 1985 年 48 口井共 850 只钻头统计表明,组合双喷嘴钻头占 81.6%,而在钻速和钻头进尺较高的钻头中,组合双喷嘴钻头则占 87.2%,其喷嘴直径比值及有关数据见表 1。

表 1　喷嘴直径比值与钻速、钻头进尺关系表

喷嘴直径比值	0.6	0.7	0.8	0.9
平均钻速(m/h)	12.50	7.20	6.70	5.60
平均进尺(m/只)	528.90	543.30	438.10	420.90
钻头数量(%)	5	27	46	22

统计的井深为 3000m 左右,且只统计了 8½in 三牙轮钻头单只进尺在 300m 以上的钻头,因受现有喷嘴直径系列的限制,现场喷嘴直径比值没有 0.6 以下的。在钻进过程中,钻压、转速和钻井液性能等因素确定后,钻速与水力因素和井底净化效率有关。

随着喷嘴组合方式的变化,人们开始用喷嘴水马力的加权平均值,即平均喷嘴水马力来代替通常意义上的钻头水马力[2],并得出以下关系

$$N_{co} = 3KN_c \tag{1}$$

式中　N_{co}——喷嘴比水马力,hp/in²;

　　　N_c——钻头比水马力,hp/in²;

K——与喷嘴数量有关的系数,组合双喷嘴 $0.50 < K \leqslant 1.00$。

图1是由现场资料统计分析得出的,表明双喷嘴直径比值与机械钻速和钻头进尺之间的关系,分析表明,理想的喷嘴直径比值范围为 $0.6 \sim 0.7$,并由此得出以下两点基本认识:

(1)必须保证每个喷嘴的射流对井底有足够的水力能量;

(2)在此前提下,有一个最佳喷嘴直径比值范围。

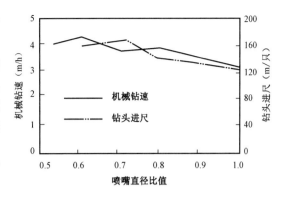

图1 喷嘴直径比值与机械钻速和钻头进尺的关系

必须指出,自1981年以来,我们的各项试验研究和有关论文都曾提出,双喷嘴组合其最佳直径比值是0,即只用一个喷嘴。但是,由于现有三牙轮钻头结构的影响,只能用一个侧喷嘴进行现场试验,因而其实际效果并不总是令人满意的。在统计的钻头中,单喷嘴钻头只占 12.80%,而且在逐渐减少。但是,这些研究结论是值得重视的。在我们以往的许多论文中也曾指出,应用这些结论的有效途径是,采用特殊的中心喷嘴或改变钻头结构。

2 射流轴心速度的衰减

图2至图5是室内试验研究结果,$Q_{II} = 4.95\text{L/s}$;$Q_{III} = 7.95\text{L/s}$,v_m 为测点轴心速度,v_0 为喷嘴出口速度。从图2可以看出,排量 Q 对射流轴心速度的影响。图3至图5表明喷嘴数量和直径 d 与轴心速度衰减的关系。以上各图中,曲线 $v_m/v_0 = 1$ 段是等速核长度,它基本符合 $l_0 = (4.8 \sim 5.0)d_0$ 的关系。

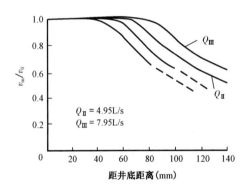

图2 排量与轴心速度的关系

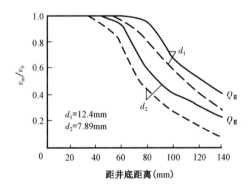

图3 喷嘴数量和直径与轴心速度衰减的关系曲线(不等径双喷嘴)

试验表明,射流的等速核长度和轴心速度衰减,受排量、喷嘴直径和数量的影响,这可以用动量交换和惯性原理来解释[3]。

射流轴心速度衰减随水力条件的不同有较大的差异,很难直接建立一个通用的模式,因而引入了 v_m/v_0 和 H/d_0 两个特征参数,并作出它们的关系曲线。本文只给出了双喷嘴组合时的特征参数曲线(图6)。从图6可以看出,所有试验点都集中在一条曲线附近,表明所选特征参数是合理的。

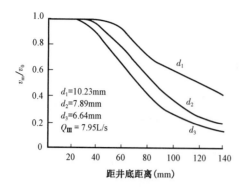

图4 喷嘴数量和直径与轴心速度衰减的
关系曲线(不等径三喷嘴)

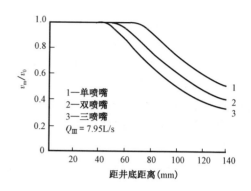

图5 喷嘴数目变化的影响

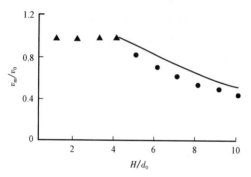

图6 不等径双喷嘴特征参数曲线

根据试验点相对集中及其变化趋势,引用射流任一截面上总动量保持不变的原理,经试验修正后可以得出方程:

$$\frac{v_m}{v_0} = \frac{0.97}{(0.16H/d_0) + 0.29} \qquad (2)$$

式中　v_m——测点轴心速度,m/s;

v_0——喷嘴出口处的速度,m/s;

H——喷距,mm;

d_0——喷嘴直径,mm。

研究表明,排量变化时也符合这一基本关系。

$$v_c — H \text{ 和 } v_c — R \text{ 关系}$$

$v_c — H$ 是漫流速度 v_c 随喷嘴距井底高度 H 的变化关系,$v_c — R$ 是漫流速度 v_c 在井底半径(R)方向上的变化关系。

如果将每个喷嘴射流在井底的冲击中心看作"源心",则井底漫流方向类似于辐射状。显然,在距射流冲击中心很近处无法测到井底漫流速度。为研究方便,在距井壁50mm处开始测量并绘制漫流速度剖面。由于测量是等间距升降,故用正交多项式拟合实验曲线。这一切都通过微机处理,并进行误差检验。图7至图10是部分 $v_c — H$ 曲线,图11至图14是部分 $v_c — R$ 曲线。在绘制 $v_c — R$ 曲线时,需要作更多一些方位上的漫流速度剖面图,并在此基础上增加测点密度,即可绘制出如图15至图19所示的井底漫流速度分布图,图中数字为实测漫流速度值(单位为m/s),百分比为所测区域占井底总面积的百分数。

试验结果表明:

(1)排量是影响井底漫流速度及其分布的重要因素;

(2)喷嘴数量及其直径比值影响井底漫流速度的分布;

(3)漫流速度最大值所在位置受许多因素的影响,试验条件下是在距井底0~2.5mm之间变化;

(4)井底漫流速度大小及其分布,将影响井底净化效率和机械钻速,这与我们以往的各项研究结论是一致的。

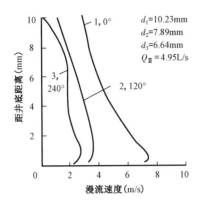

图 7　三喷嘴组合 v_c—H 关系

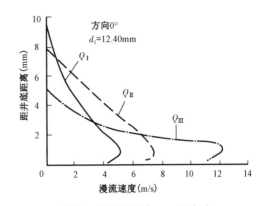

图 8　双喷嘴组合 v_c—H 关系

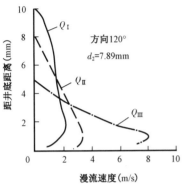

图 9　双喷嘴组合 v_c—H 关系

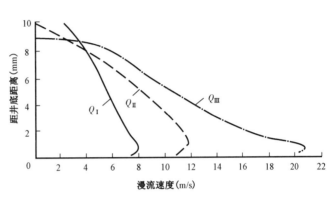

图 10　单侧喷嘴 v_c—H 关系

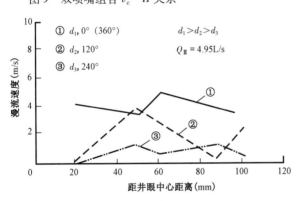

图 11　三喷嘴组合 v_c—R 关系

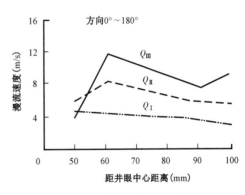

图 12　双喷嘴组合 v_c—R 关系

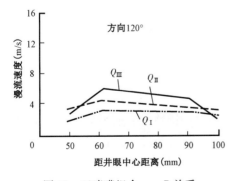

图 13　双喷嘴组合 v_c—R 关系

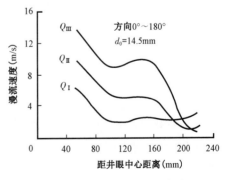

图 14　单侧喷嘴 v_c—R 关系

图 15　三喷嘴漫流速度图(Q_{II})

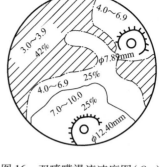

图 16　双喷嘴漫流速度图(Q_{II})

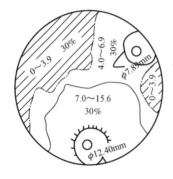

图 17　双喷嘴漫流速度图(Q_{III})

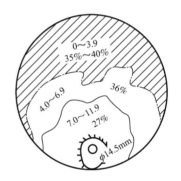

图 18　单喷嘴漫流速度图(Q_{II})

3　射流的水力辅助破岩试验

　　首先应该指出,本试验不是研究单纯的水力冲蚀方法,而是研究钻进过程中,水力因素和机械破碎的相互关系,以寻求获得更高钻速和钻井经济效益的途径。

　　在钻进过程中,常常发现水力因素的改善在某些地层中会明显地提高钻速,而在另外一些地层中却不是这样。因而仅仅用"井底净化"是难以解释的。如果通过室内和现场试验,能够确定各种地层中保持井底净化和产生有效辅助破岩的水力参数的极限值,就可能获得更好的经济效益,并有助于合理选择、

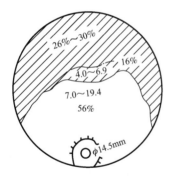

图 19　单喷嘴漫流速度图(Q_{III})

使用地面机泵,以及确定合理的泵系列。

　　试验是在井底流场综合试验架上进行的。综合试验架配备有两台功率为 115kW 的电动泵,最高额定泵压是 300kgf/cm²,单泵的最大排量是 11.7L/s,并有较完善的循环、监测系统和辅助设施。

　　在实际钻进过程中,喷嘴射流是属于非牛顿流体的淹没非自由射流,使模拟试验比较困难。但是有理由假定,一般井下温度变化对井底流场和射流特性没有明显影响。试验是在一定回压下进行的,而且用的是井下的实际岩心。

　　试验中的另外几个重要参数是:排量 3.12L/s,喷嘴压降 90 ~ 130kgf/cm²,喷距 30 ~ 120mm,井底回压 0 ~ 80kgf/cm²。

试验结果分析：

（1）在试验条件下，对于孔隙度大，渗透率好的粗粒砂岩，在已形成的机械破碎坑内，射流的冲蚀作用将使破碎坑体积增大 2~4 倍；

（2）在致密的泥岩、页岩和石灰岩中，只有形成明显的机械破碎坑后，射流才能产生有效地辅助破岩作用；

（3）水力的辅助破岩作用，与泵压、喷距、喷嘴直径及岩性等有关；

（4）采用新的射流方式和改变钻头结构是一个重要研究方向；

（5）这项研究成果也将适用于其他类型和尺寸的钻头，应用前景是十分明显的。

4 结论

（1）现场资料表明，喷嘴数量和直径比值，直接影响钻速和钻头进尺；室内试验表明，喷嘴数量和组合方式影响射流轴心速度衰减程度。

（2）由试验绘制的一系列 v_c—H 关系曲线表明，井底漫流速度受排量、喷距、喷嘴直径和组合比值的影响。在试验条件下，最大漫流速度 v_{cmax} 在距井底 0~2.5mm 之间变化。

（3）试验表明，喷嘴数量和直径比值对井底漫流速度及其分布有明显的影响。

（4）对大多数岩石来说，只有形成机械破碎坑以后，喷嘴的射流才能产生有效的辅助破岩作用。

（5）井底净化机理和水力辅助破岩的研究，应该和平衡钻井技术的研究结合起来进行。

参 考 文 献

[1] Liao R Q. Increased ROP of Jet Drilling From Improvement at Bottom Hole Flow Field[R]. SPE 14857.

[2] Tasl C R, Robinson L H. Improve Drilling Efficiency with two Zozzles and more Weight–on–Bit[R]. IADC/SPE 11410.

[3] 王德新:喷速对射流等速核长度及轴线动压力影响的试验研究[J]. 石油钻采工艺,1982(6):9–13.

（原文刊于《石油钻采工艺》1988 年第 2 期）

结　束　语

从 2015 年 7 月到 2017 年 12 月在耄耋之年终于完成了本书稿，了却近几年来"再写一本书"的心愿。由于工作调动和多次搬迁丢失了许多本来可以更多更好地利用的资料和成果，加之年事已高精力有限，书中不当之处恳请指正。

近 30 年来，世界和我国石油、天然气工业有了很大发展，技术上不断在发展与创新。全世界正在迎接孕育中即将到来的新一轮技术革命，石油天然气工业钻井完井工程的发展方向是以三个"I"（Information，Intelligent & Integration）为核心的（包括网络技术、软件技术等）信息化、智能化、集成化钻井完井工程的自动化作业新阶段。为此，有许多需要继续深入发展和创新的课题，主要是：

（1）三维长延伸的设计师型水平井，能够在各个分支井段进行选择性井下作业和分段压裂等作业并能在主眼与分支井眼中实施智能完井与智能开发作业的既能分采又能合采的 ML - 6 级和 ML - 6a 级分支井钻井完井采油开发作业；

（2）用更为先进的旋转导向钻井工具及机电仪配套装置提高旋转导向钻井的能力与降低作业成本；

（3）用与钻井工程配套的能够缩短测值到达滞后时差的新一代随钻测量（随钻电阻率、随钻中子—密度—伽马、随钻核磁共振等）随钻测控装备并和地质导向技术相结合的新技术，特别是如何把核测井、雷达测井与航天"三遥（遥测、遥导、遥控）"航天控轨变轨技术引进"入地工程"，实现全新的高效高精度的导向钻井作业，能经济有效地应用于陆海常规与非常规油气勘探开发作业；

（4）经济有效地应用有线智能钻柱及其集成系统进行智能钻井完井作业，尤其是提高深井、超深井、复杂井、海洋井和复杂地质条件下的钻井完井作业的安全性及作业效率与水平；

（5）应用地质—物探—测井—录井理论、油田化学理论与新型油田化学处理剂配方技术、纳米技术与新型材料理论等为安全钻井完井作业、保护储层与油气资源、绿色环境友好作业、提高产量、降低成本、提高采收率等提供理论依据；

（6）提高复杂地质—工程条件下（如：高温、高压、高含硫的"三高井"，具有强腐蚀性地下水对套管—水泥及井内装置腐蚀穿孔危害严重的作业环境的"严苛井"等）油气井全生命作业服役期的井筒完整性；

（7）提高油气井在钻井完井采油修井直到关停报废全生命服役周期内的作业安全性、连贯性、规范性与井筒完整性；

（8）深化钻井完井工程基础理论上的突破与创新，为钻井完井工程技术的新一轮技术革命和全面提升水平提供理论依据。

以上 8 个方面，本书在有关文章中已经有所述及，在结束语中作为"不结束语"加以强调。具有古代文明和现代进步的中国石油天然气工业必能为世界石油天然气工业做出新贡献！

致　谢

特别感谢王涛、侯祥麟、张永一老部长长期的教导和支持！

特别感谢罗平亚院士为本书的题词！

衷心感谢石油工业出版社张卫国、何莉等对出版本书高水平的策划、精心的编辑和反复的加工。

感谢本书文章的合作作者与提供宝贵资料者（按姓氏笔画排列）：

陈庭根　崔琪琳　段　勇　韩来聚　何华灿　胡　健　霍爱清　姜　伟　蒋传新
李军强　李　琪　李天太　廖荣庆　刘选朝　彭　勇　屈　展　施太和　汤　楠
万仁溥　汪跃龙　王同良　熊继有　闫文辉　余秉森　余　雷　袁鹏斌　张　洁
赵国珍　赵业荣等

感谢参加有关文章写作的当年研究生（现在已是专家、教授了）：

姚彩银　梅文荣　韩继勇　蒲春生　狄勤丰　蒋立江　石崇东

深深感谢老伴林敏诚在工作上的支持、生活上的关爱；还要感谢蒋华女士认真对本书初稿打印、校改、排版的辛勤工作。